책을 쓰면서,

『그림·사진으로 배우는 소방시설의이해』의 책이 나온지 20년이 되었습니다.
2003년 초판을 시작으로 그동안 개정판 책들이 독자 여러분의 사랑을 받았습니다.

그림과 사진으로 쉽게 학문에 접근하려고 노력하였으며,
그 결과 가슴 벅차도록 독자 여러분의 사랑을 받고 있습니다.

그 동안 많이 아껴 주셔서 고맙습니다.

앞으로 더욱 좋은 책이 되도록 노력하겠습니다.

소방업무를 하는 설계, 공사 및 감리자 그리고 소방을 공부하는 학생 및 현직 소방관
님들께 도움이 되는 자료가 되기를 바랍니다.

2025년   1월

책쓴이   김 태 완

2025년 개정판에서는,
화재안전기준이 신설되는 내용에 대하여 아래의 내용이 추가되었으며, 그 외에 화재안전기준 개정의 내용을
수정, 보완하고, 그 밖에 일부의 내용에 대하여 부분수정, 보완되었습니다.
(Ⅰ권 655p → 680p, Ⅱ권 653p → 678p 변경)
  1. 고체에어로졸 자동소화장치(Ⅰ권)
  2. 공동주택 소방시설(Ⅰ, Ⅱ권)
  3. 창고시설 소방시설(Ⅰ권)
  4. 건설현장 임시소방시설(Ⅰ권)
  5. 도로터널 소방시설(Ⅱ권)
  6. 지하구 소방시설(Ⅱ권)
  7. 고층건축물 소방시설(Ⅰ, Ⅱ권)
  8. 화재알림설비(Ⅱ권)
  9. 연결송수관설비 가압송수장치(펌프의 성능시험용 수조의 설치기준)(Ⅱ권)

순 서

1) 소화기 消火器

용기(통) 안에 소화약제가 들어 있는 것을 사람이 직접 작동시켜
불을 끄는 기구를 소화기라 한다.

소화기의 종류는 소화약제의 내용물에 따라 분말소화기,
이산화탄소소화기, 할론소화기, 할로겐화합물 및 불활성기체소화기,
강화액소화기, 물소화기 등이 있다.

할론 소화기 K급 소화기 자동확산 소화기 투척용 소화기 HCFC-123 소화기
할로겐화합물 및 불활성기체소화기

분말소화기(소형) 분말소화기(대형) 이산화탄소 소화기 캐비닛형 자동소화장치

1. 용어 설명

1. "소화약제"란 소화기구 및 자동소화장치에 사용되는 소화성능이 있는 고체·액체 및 기체의 물질을 말한다.

2. "소화기"란 소화약제를 압력에 따라 방사하는 기구로서 사람이 수동으로 조작하여 소화하는 다음 각 목의 것을 말한다.

   가. "소형소화기"란 능력단위가 1단위 이상이고 대형소화기의 능력단위 미만인 소화기를 말한다.
   나. "대형소화기"란 화재 시 사람이 운반할 수 있도록 운반대와 바퀴가 설치되어 있고 능력단위가 A급 10단위 이상, B급 20단위 이상인 소화기를 말한다.

3. "자동확산소화기"란 화재를 감지하여 자동으로 소화약제를 방출 확산시켜 국소적으로 소화하는 소화기를 말한다.

4. "자동소화장치"란 소화약제를 자동으로 방사하는 고정된 소화장치로서 법 제37조 또는 제40조에 따라 형식승인이나 성능인증을 받은 유효설치 범위(설계방호체적, 최대설치높이, 방호면적 등을 말한다) 이내에 설치하여 소화하는 다음 각 목의 것을 말한다.

   가. "주거용 자동소화장치"란 주거용 주방에 설치된 열발생 조리기구의 사용으로 인한 화재 발생 시 열원(전기 또는 가스)을 자동으로 차단하며 소화약제를 방출하는 소화장치를 말한다.
   나. "상업용 주방자동소화장치"란 상업용 주방에 설치된 열발생 조리기구의 사용으로 인한 화재 발생 시 열원(전기 또는 가스)을 자동으로 차단하며 소화약제를 방출하는 소화장치를 말한다.
   다. "캐비닛형 자동소화장치"란 열, 연기 또는 불꽃 등을 감지하여 소화약제를 방사하여 소화하는 캐비닛형태의 소화장치를 말한다.
   라. "가스 자동소화장치"란 열, 연기 또는 불꽃 등을 감지하여 가스계 소화약제를 방사하여 소화하는 소화장치를 말한다.
   마. "분말 자동소화장치"란 열, 연기 또는 불꽃 등을 감지하여 분말의 소화약제를 방사하여 소화하는 소화장치를 말한다.
   바. "고체에어로졸 자동소화장치"란 열, 연기 또는 불꽃 등을 감지하여 에어로졸의 소화약제를 방사하여 소화하는 소화장치를 말한다.

능력단위 : 소화기가 불을 끌 수 있는 소화능력을 표시하는 단위(수치)
국소적 局所的 : 전체 가운데 한 부분에 관계되는 것
고체 에어로졸 aerosol : 밀폐된 용기에 액화 가스와 함께 봉입한 미세한 가루 약품을 가스의 압력으로 뿜어내어 사용하는 방식

5. "거실"이란 거주 · 집무 · 작업 · 집회 · 오락 그 밖에 이와 유사한 목적을 위하여 사용하는 방을 말한다.

6. "능력단위"란 소화기 및 소화약제에 따른 간이소화용구에 있어서는 법에 따라 형식승인 된 수치를 말하며, 소화약제 외의 것을 이용한 간이소화용구에 있어서는 기준에 따른 수치를 말한다.

7. "일반화재(A급 화재)"란 나무, 섬유, 종이, 고무, 플라스틱류와 같은 일반 가연물이 타고 나서 재가 남는 화재를 말한다. 일반화재에 대한 소화기의 적응 화재별 표시는 'A'로 표시한다.

8. "유류화재(B급 화재)"란 인화성 액체, 가연성 액체, 석유 그리스, 타르, 오일, 유성도료, 솔벤트, 래커, 알코올 및 인화성 가스와 같은 유류가 타고 나서 재가 남지 않는 화재를 말한다. 유류화재에 대한 소화기의 적응 화재별 표시는 'B'로 표시한다.

9. "전기화재(C급 화재)"란 전류가 흐르고 있는 전기기기, 배선과 관련된 화재를 말한다. 전기화재에 대한 소화기의 적응 화재별 표시는 'C'로 표시한다.

10. "주방화재(K급 화재)"란 주방에서 동식물유를 취급하는 조리기구에서 일어나는 화재를 말한다. 주방화재에 대한 소화기의 적응 화재별 표시는 'K'로 표시한다.

11. "금속화재(D급 화재)란" 마그네슘 합금 등 가연성 금속에서 일어나는 화재를 말한다. 금속화재에 대한 소화기의 적응 화재별 표시는 'D'로 표시한다.〈 신설 2024. 7. 25. 〉

2. 소화기구 설치장소

가. 소화기구를 설치해야 하는 장소 소방시설설치 및 관리에관한법률 시행령 별표4

1) 연면적 33㎡ 이상인 것. 다만, 노유자 시설의 경우에는 투척용 소화용구 등을 화재안전기준에 따라 산정된(계산된) 소화기 수량의 2분의 1 이상으로 설치할 수 있다.
2) 1)에 해당하지 않는 시설로서 가스시설, 발전시설 중 전기저장시설 및 문화재
3) 터널
4) 지하구

나. 소화기 설치 제한장소 소화기구 및 자동소화장치의 화재안전성능기준 4조 ③

이산화탄소 또는 할로젠화합물을 방사하는 소화기구(자동확산소화기를 제외한다)는 지하층이나 무창층 또는 밀폐된 거실로서 그 바닥면적이 20㎡미만의 장소에는 설치할 수 없다. 다만, 배기를 위한 유효한 개구부가 있는 장소인 경우에는 그렇지 않다.(이유 : 질식 등 인명피해 우려)

다. 투척용소화기 설치할 수 있는 장소(의무적으로 설치해야 하는 장소는 아님)
소방시설설치 및 관리에관한법률 시행령 별표2 노유자시설

① 노인 관련시설
② 아동 관련시설
③ 장애인 관련시설
④ 정신질환자 관련시설
⑤ 노숙인 관련시설
⑥ 사회복지시설 중 결핵환자 또는 한센인 요양시설 등 다른 용도로 분류되지 않는 것

라. 주거용 주방자동소화장치를 설치해야 하는 장소
시행령 별표4

아파트등 및 오피스텔의 모든 층

연면적 (延面積) : 건물 각 층의 바닥 면적을 합한 전체 면적
무창층 無窓層 : 무창층이란 지상층 중 기준의 요건을 갖춘 개구부(건축물에서 채광, 환기, 통풍 또는 출입을 위하여 만든창, 출입구, 그 밖에 이와 유사한 것을 말한다)의 면적의 합계가 해당 층의 바닥면적의 $\frac{1}{30}$ 이하가 되는 층을 무창층이라 한다.

마. **캐비닛형 자동소화장치, 가스자동소화장치, 분말자동소화장치 또는 고체에어로졸 자동소화장치를 설치해야 하는 장소** 소방시설설치 및 관리에관한법률 시행령 별표4, 소화기구 및 자동소화장치의 화재안전기술기준 표 2.1.1.3

: 아래의 화재안전기술기준에서 정하는 장소

소화기구 및 자동소화장치의 화재안전기술기준 표 2.1.1.3

장소	설치하는 소방시설
발전실 · 변전실 · 송전실 · 변압기실 · 배전반실 · 통신기기실 · 전산기기실 · 기타 이와 유사한 시설이 있는 장소 다만, 제1호 다목의 장소를 제외한다.	해당 용도의 바닥면적 50㎡마다 적응성이 있는 소화기 1개 이상 또는 유효설치방호체적 이내의 가스 · 분말 · 고체에어로졸 자동소화장치, 캐비닛형 자동소화장치(다만, 통신기기실 · 전자기기실을 제외한 장소에 있어서는 교류 600V 또는 직류750V 이상의 것에 한한다)
위험물안전관리법시행령 별표1에 따른 지정수량의 1/5 이상 지정수량 미만의 위험물을 저장 또는 취급하는 장소	능력단위 2단위 이상 또는 유효설치방호체적 이내의 가스 · 분말 · 고체에어로졸 자동소화장치, 캐비닛형자동소화장치

제1호 다목의 장소 : 관리자의 출입이 곤란한 변전실, 송전실, 변압기실, 배전반실(불연재료로된 상자 안에 장치된 것을 제외한다)

지하구의 화재안전성능기준 5조 ②

장소	설치하는 소방시설
지하구 내 발전실 · 변전실 · 송전실 · 변압기실 · 배전반실 · 통신기기실 · 전산기기실 · 기타 이와 유사한 시설이 있는 장소 중 바닥면적이 300㎡ 미만인 곳	유효설치 방호체적 이내의 가스 · 분말 · 고체에어로졸 · 캐비닛형 자동소화장치를 설치해야 한다.

사 례
변전실의 바닥면적 120㎡의 장소에 소화기등을 몇 개 설치해야 하는가?

풀 이
1(소화기), 2(자동소화장치)를 설치해야 한다.

1. 소화기 개수 : $\dfrac{바닥면적}{50㎡} = \dfrac{120}{50} = 2.4$ ∴ 적응성(전기화재)이 있는 소화기3개

2. 자동소화장치 : 유효설치방호체적 이내의 가스 · 분말 · 고체에어로졸 자동소화장치, 캐비닛형자동소화장치

3. 소화기구 분류

가. 화재안전기술기준(NFSC)에 의한 분류

① 소화기

소화약제를 압력에 따라 방사하는 기구로서 사람이 수동으로 조작하여 소화하는 것을 말한다.

㉮ 소형소화기

능력단위가 1단위 이상이고 대형소화기의 능력단위 미만인 소화기를 말한다.

㉯ 대형소화기

화재 시 사람이 운반할 수 있도록 운반대와 바퀴가 설치되어 있고 능력단위가 A급 10단위 이상, B급 20단위 이상인 소화기를 말한다.

대형소화기 기준

근거 : 소화기의 형식승인 및 제품검사의 기술기준 10조

물소화기	80ℓ 이상
강화액소화기	60ℓ 이상
할로젠화합물소화기	30kg 이상
이산화탄소소화기	50kg 이상
분말소화기	20kg 이상
포소화기	20ℓ 이상

② 자동소화장치 소화기구 및 자동소화장치 화재안전기술기준 1.7.1.4

소화약제를 자동으로 방사하는 고정된 소화장치로서 종류는 아래와 같다.

- ㉮ 주거용 주방자동소화장치
- ㉯ 상업용 주방자동소화장치
- ㉰ 캐비닛형 자동소화장치
- ㉱ 가스 자동소화장치
- ㉲ 분말 자동소화장치
- ㉳ 고체에어로졸 자동소화장치

③ 간이소화용구

소화약제 외의 것(마른모래, 팽창진주암, 팽창질석)을 이용한 소화용구를 말한다.

능력단위(能力單位) : 소화기가 불을 끌 수 있는 소화능력을 표시하는 단위(수치)
방사(放射) : 중앙의 한지점에서 사방으로 뿌림
에어로졸(Aerosol) : 밀폐된 용기에 액화가스와 함께 봉입한 미세한 가루 소화약제를 가스의 압력으로 뿜어내어 사용하는 방식

나. 소화약제의 가압방식에 의한 분류

① 가압식加壓式 소화기

소화약제의 방출원이 되는 가압가스를 소화기 본체용기와는 별도의 전용용기에 충전하여 장치하고 소화기가압용가스용기의 작동 봉판(마개판)을 파괴하는 등의 조작에 의하여 방출되는 가스의 압력으로 소화약제를 방사하는 방식의 소화기를 말한다.

② 축압식蓄壓式 소화기

소화기 본체 용기내에 소화약제와 함께 소화약제를 방출할 수 있는 압축가스(질소 등)를 넣어 놓은 소화기로서 작동레버를 움켜지면 소화약제가 호스를 통하여 밖으로 방사하는 방식의 소화기이다.

가압식 분말소화기

③ 사용되는 가스

㉮ 가압식소화기

가압용기의 가스는 CO_2 (이산화탄소)를 사용한다. CO_2 는 압축압력이 크므로 주로 사용한다.
그러나 대형분말소화기는 용기의 구조상 높은 압력에 취약하므로 주로 N_2 (질소)를 사용한다.

압력계

㉯ 축압식소화기

소화약제통 안에 N_2 (질소)를 넣어 질소가스의 압력으로 소화약제를 소화기 밖으로 방출한다.
질소는 다른 물질과 반응하지 않는 안정된 기체이므로 소화약제와 직접 접촉하는 축압식분말소화기에 사용한다.

④ 소화기 종류 구별 방법

축압식소화기는 소화기에 압력계가 있지만 가압식소화기는 압력계가 없다.

축압식 분말소화기

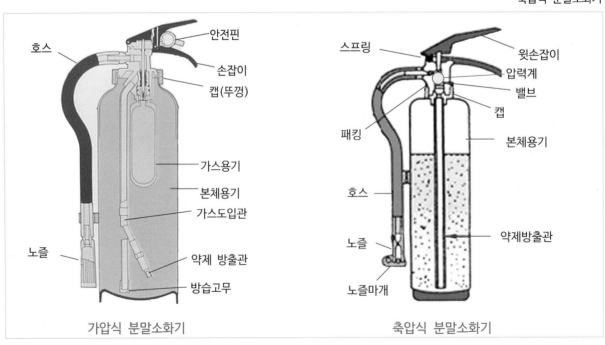

가압식 분말소화기   축압식 분말소화기

별도통
소화약제

소화약제

다. 화학반응식 소화기

소화기 안의 별도의 통에 한 종류의 소화약제를 넣고, 소화기의 안에는 다른 소화약제를 넣어서 소화기를 전도 (거꾸로 뒤집음)하면 별도통의 약제와 소화기의 약제가 혼합되면서 화학반응을 일으켜 발생한 가스의 압력에 의하여 소화약제가 소화기 밖으로 방사되는 소화기를 말한다.

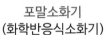

포말소화기
(화학반응식소화기)

소화기를 들어서 거꾸로 한번 뒤집었다 세우면
소화기 안에 소화약제가 혼합이 되어 화학반응을 일으켜
호스로 소화약제가 방사된다.
현재는 사용하지 않는 소화기이다.

소화기의 구분

소화기의 종류	구분(주성분)		표 시 방 법
물	물(H_2O)		물소화기
침윤 소화기	물 + 침윤제 첨가		침윤소화기
산·알카리	A제 : $NaHCO_3$, B제 : H_2SO_4		산알카리소화기
강화액	K_2CO_3		강화액소화기
포	화학포	A제 : $NaHCO_3$, B제 : $Al_2(SO_4)_3$	화학포 소화기
	기계포	수성막 계면활성제	기계식포 소화기
할론	CF_2ClBr		하론 1211 소화기
	CF_3Br		하론 1301 소화기
이산화탄소	CO_2		이산화탄소 소화기
분 말	중탄산나트륨($NaHCO_3$)		분말 (Na) 소화기
	중탄산칼륨($KHCO_3$)		분말 (K) 소화기
	인산암모늄($NH_4 \cdot H_2PO_4$)		분말(ABC)소화기
	중탄산칼륨, 요소		분말(KU) 소화기

관련자료 : 소화기구 및 자동소화장치 화재안전기술기준 표 2.1.1.1

소화약제 구분	가스			분말		액체				기타			
	이산화탄소 소화약제	할론 소화약제	할로겐 화합물 및 불활성 기체 소화약제	인산염류 소화약제	중탄산염류 소화약제	산알칼리 소화약제	강화액 소화약제	포 소화약제	물·침윤 소화약제	고체에어로졸 화합물	마른모래	팽창질석·팽창진주암	그 밖의 것

13

4. 소화기구 적응화재 표시방법

소화기 성능표기는 그림과 같이 소화할 수 있는 화재의 종류를 소화기 밖에 표기하고 있다.

종 류	내 용	소화기의 표시방법
A급(일반화재)	나무, 섬유, 종이, 고무, 플라스틱류와 같은 일반 가연물의 화재를 말한다. 타고 나서 재가 남는 화재이다. A급화재로 표시한다	보통 화재용(백색)
B급(유류화재)	인화성 액체, 가연성 액체, 석유 그리스, 타르, 오일, 유성도료, 솔벤트, 래커, 알코올 및 인화성 가스와 같은 유류화재를 말한다. 타고 나서 재가 남지 않는 화재이다. B급화재로 표시한다	유류 화재용(황색)
C급(전기화재)	전류가 흐르고 있는 전기설비에서 불이 난 화재를 말한다. C급화재로 표시한다. 그러나 전류가 흐르지 않는 전기설비의 화재는 A급 또는 B급화재가 될 수 있다.	전기 화재용(청색) 능력단위를 지정하지 않는다
D급(금속화재)	마그네슘, 티타늄, 지르코늄, 나트륨, 칼륨등의 가연성 금속화재를 말한다	무색(D로 표시한다)
K급(주방화재)	주방에서 동식물유를 취급하는 조리기구에서 일어나는 화재를 말한다.	주방 화재용 능력단위를 지정하지 않는다
가스화재	메탄, 에탄, 프로판, 암모니아, 수소 등의 가연성가스의 화재를 말한다. 국제적으로는 E급화재로 표시하지만 국내에서는 유류화재에 준하여 B급화재로 취급하고 있다.	가스 화재용(황색)

A급 화재표시

B급 화재표시

C급 화재표시

K급 화재표시

외국의 화재분류

	국제표준화기구(ISO 7165)		미국방화협회(NFPA 10)
A	연소시 불꽃을 발생하는 유기물질, 고체물질 화재	A	나무, 옷, 종이, 고무 등의 일반가연물
B	액체 또는 액화하는 고체의 화재	B	인화성액체, 가스 등의 유류화재
C	가스화재	C	통전중인 전기 등에서 발생한 화재
D	금속화재	D	Mg, Na, K 등의 금속성화재
F	가연성 튀김기름을 포함한 조리로 인한 화재	K	가연성 튀김기름을 포함한 조리로 인한 화재

5. 소화기구 설치기준

가. **소화기**는 다음의 기준에 따라 설치할 것

① 특정소방대상물의 각 층마다 설치하되, 각층이 2 이상의 거실로 구획된 경우에는 각 층마다 설치하는 것 외에 바닥면적이 33 ㎡ 이상으로 구획된 각 거실에도 배치할 것

② 특정소방대상물의 각 부분으로부터 1개의 소화기까지의 보행거리가 소형소화기의 경우에는 20 m 이내, 대형소화기의 경우에는 30 m 이내가 되도록 배치할 것. 다만, 가연성물질이 없는 작업장의 경우에는 작업장의 실정에 맞게 보행거리를 완화하여 배치할 수 있다.

나. 능력단위가 2단위 이상이 되도록 소화기를 설치해야 할 특정소방대상물 또는 그 부분에 있어서는 간이소화용구의 능력단위가 전체 능력단위의 2분의 1을 초과하지 않게 할 것. 다만, 노유자시설의 경우에는 그렇지 않다.

다. 소화기구(자동확산소화기를 제외한다)는 거주자 등이 손쉽게 사용할 수 있는 장소에 바닥으로부터 높이 1.5 m 이하의 곳에 비치하고, 소화기에 있어서는 "소화기", 투척용소화용구에 있어서는 "투척용소화용구", 마른모래에 있어서는 "소화용모래", 팽창질석 및 팽창진주암에 있어서는 "소화질석"이라고 표시한 표지를 보기 쉬운 곳에 부착할 것. 다만, 소화기 및 투척용소화용구의 표지는 「축광표지의 성능인증 및 제품검사의 기술기준」에 적합한 축광식표지로 설치하고, 주차장의 경우 표지를 바닥으로부터 1.5 m 이상의 높이에 설치할 것

라. **자동확산소화기**는 다음의 기준에 따라 설치할 것

① 방호대상물에 소화약제가 유효하게 방출될 수 있도록 설치할 것
② 작동에 지장이 없도록 견고하게 고정할 것

마. **자동소화장치**는 다음의 기준에 따라 설치해야 한다.

① 주거용 주방자동소화장치는 다음의 기준에 따라 설치할 것

㉮ 소화약제 방출구는 환기구(주방에서 발생하는 열기류 등을 밖으로 배출하는 장치를 말한다. 이하 같다)의 청소부분과 분리되어 있어야 하며, 형식승인 받은 유효설치 높이 및 방호면적에 따라 설치할 것

㉯ 감지부는 형식승인 받은 유효한 높이 및 위치에 설치할 것

㉰ 차단장치(전기 또는 가스)는 상시 확인 및 점검이 가능하도록 설치할 것

㉱ 가스용 주방자동소화장치를 사용하는 경우 탐지부는 수신부와 분리하여 설치하되, 공기보다 가벼운 가스를 사용하는 경우에는 천장 면으로부터 30 ㎝ 이하의 위치에 설치하고, 공기보다 무거운 가스를 사용하는 장소에는 바닥 면으로부터 30 ㎝ 이하의 위치에 설치할 것

㉲ 수신부는 주위의 열기류 또는 습기 등과 주위온도에 영향을 받지 않고 사용자가 상시 볼 수 있는 장소에 설치할 것

② 상업용 주방자동소화장치는 다음의 기준에 따라 설치할 것

㉮ 소화장치는 조리기구의 종류별로 성능인증을 받은 설계 매뉴얼에 적합하게 설치할 것

㉯ 감지부는 성능인증을 받은 유효높이 및 위치에 설치할 것

㉰ 차단장치(전기 또는 가스)는 상시 확인 및 점검이 가능하도록 설치할 것

㉱ 후드에 설치되는 분사헤드는 후드의 가장 긴 변의 길이까지 방출될 수 있도록 소화약제의 방출 방향 및 거리를 고려하여 설치할 것

㉲ 덕트에 설치되는 분사헤드는 성능인증을 받은 길이 이내로 설치할 것

③ **캐비닛형자동소화장치**는 다음 각 목의 기준에 따라 설치하여야 한다.

㉮ 분사헤드(방출구)의 설치 높이는 방호구역의 바닥으로부터 형식승인을 받은 범위 내에서 유효하게 소화약제를 방출시킬 수 있는 높이에 설치할 것

㉯ 화재감지기는 방호구역 내의 천장 또는 옥내에 면하는 부분에 설치하되「자동화재탐지설비 및 시각경보장치의 화재안전기술기준(NFTC 203)」2.4 (감지기)에 적합하도록 설치할 것

㉰ 방호구역 내의 화재감지기의 감지에 따라 작동되도록 할 것

㉱ 화재감지기의 회로는 교차회로방식으로 설치할 것. 다만, 화재감지기를 「자동화재탐지설비 및 시각경보장치의 화재안전기술기준(NFTC 203)」2.4.1 단서의 각 감지기로 설치하는 경우에는 그렇지 않다.

㉲ 교차회로 내의 각 화재감지기회로별로 설치된 화재감지기 1개가 담당하는 바닥면적은「자동화재탐지설비 및 시각경보장치의 화재안전기술기준(NFTC 203)」2.4.3.5, 2.4.3.8 및 2.4.3.10에 따른 바닥면적으로 할 것

㉳ 개구부 및 통기구(환기장치를 포함한다. 이하 같다)를 설치한 것에 있어서는 소화약제가 방출되기 전에 해당 개구부 및 통기구를 자동으로 폐쇄할 수 있도록 할 것. 다만, 가스압에 의하여 폐쇄되는 것은 소화약제 방출과 동시에 폐쇄할 수 있다.

㉴ 작동에 지장이 없도록 견고하게 고정할 것

㉵ 구획된 장소의 방호체적 이상을 방호할 수 있는 소화성능이 있을 것

④ **가스, 분말, 고체에어로졸 자동소화장치**는 다음의 기준에 따라 설치한다.

㉮ 소화약제 방출구는 형식승인을 받은 유효설치범위 내에 설치할 것

㉯ 자동소화장치는 방호구역 내에 형식승인 된 1개의 제품을 설치할 것. 이 경우 연동방식으로서 하나의 형식으로 형식승인을 받은 경우에는 1개의 제품으로 본다.

㉰ 감지부는 형식승인 된 유효설치범위 내에 설치해야 하며 설치장소의 평상시 최고주위온도에 따라 다음 표 2.1.2.4.3에 따른 표시온도의 것으로 설치할 것. 다만, 열감지선의 감지부는 형식승인 받은 최고주위온도범위 내에 설치해야 한다.

표 2.1.2.4.3

설치장소 최고주위온도	표시온도
39℃ 미만	79℃ 미만
39℃이상 64℃미만	79℃이상 121℃미만
64℃이상 106℃미만	121℃이상 162℃미만
106℃이상	162℃이상

㉱ 2.1.2.4.3에도 불구하고 화재감지기를 감지부로 사용하는 경우에는 <u>2.1.2.3의 2.1.2.3.2부터 2.1.2.3.5</u>까지의 설치방법에 따를 것

바. **이산화탄소 또는 할로겐화합물**을 방출하는 소화기구(자동확산소화기를 제외한다)는 지하층이나 무창층 또는 밀폐된 거실로서 그 바닥면적이 20 ㎡ 미만의 장소에는 설치할 수 없다. 다만, 배기를 위한 유효한 개구부가 있는 장소인 경우에는 그렇지 않다.

2.1.2.3의 2.1.2.3.2부터 2.1.2.3.5 :

2.1.2.3.2 화재감지기는 방호구역 내의 천장 또는 옥내에 면하는 부분에 설치하되「자동화재탐지설비 및 시각경보장치의 화재안전기술기준(NFTC 203)」2.4(감지기)에 적합하도록 설치할 것

2.1.2.3.3 방호구역 내의 화재감지기의 감지에 따라 작동되도록 할 것

2.1.2.3.4 화재감지기의 회로는 교차회로방식으로 설치할 것. 다만, 화재감지기를「자동화재탐지설비 및 시각경보장치의 화재안전기술기준(NFTC 203)」2.4.1 단서의 각 감지기로 설치하는 경우에는 그렇지 않다.

2.1.2.3.5 교차회로 내의 각 화재감지기회로별로 설치된 화재감지기 1개가 담당하는 바닥면적은「자동화재탐지설비 및 시각경보장치의 화재안전기술기준(NFTC 203)」2.4.3.5, 2.4.3.8 및 2.4.3.10에 따른 바닥면적으로 할 것

사. 소화기 감소

① 소형소화기를 설치해야 할 특정소방대상물 또는 그 부분에 옥내소화전설비·스프링클러설비·물분무등소화설비·옥외소화전설비 또는 대형소화기를 설치한 경우에는 해당 설비의 유효범위의 부분에 대하여는 2.1.1.2 및 2.1.1.3에 따른 소형소화기의 3분의 2 (대형소화기를 둔 경우에는 2분의 1)를 감소할 수 있다. 다만, 층수가 11층 이상인 부분, 근린생활시설, 위락시설, 문화 및 집회시설, 운동시설, 판매시설, 운수시설, 숙박시설, 노유자시설, 의료시설, 아파트, 업무시설(무인변전소를 제외한다), 방송통신시설, 교육연구시설, 항공기 및 자동차관련 시설, 관광 휴게시설은 그렇지 않다.

② 대형소화기를 설치해야 할 특정소방대상물 또는 그 부분에 옥내소화전설비·스프링클러설비·물분무등소화설비 또는 옥외소화전설비를 설치한 경우에는 해당 설비의 유효범위 안의 부분에 대하여는 대형소화기를 설치하지 않을 수 있다.

표2.1.1.1 소화기구의 소화약제별 적응성(24.7.25 개정)

소화약제 구분 / 적응대상	가스			분말		액체				기타			
	이산화탄소 소화약제	할론소화약제	할로겐화합물 및 불활성기체	인산염류 소화약제	중탄산염류 소화약제	산알칼리 소화약제	강화액 소화약제	포소화약제	물·침윤 소화약제	고체에어로졸화합물	마른모래	팽창질석·팽창진주암	그 밖의 것
일반화재 (A급 화재)	-	○	○	○	-	○	○	○	○	○	○	○	-
유류화재 (B급 화재)	○	○	○	○	○	○	○	○	○	○	○	○	-
전기화재 (C급 화재)	○	○	○	○	○	*	*	*	*	○	-	-	-
주방화재 (K급 화재)	-	-	-	-	*	-	*	*	*	-	-	-	*
금속화재 (D급 화재)	-	-	-	-	-	-	-	-	-	-	○	○	-

주) "*"의 소화약제별 적응성은 「소방시설 설치 및 관리에 관한 법률」 제37조에 의한 형식승인 및 제품검사의 기술기준에 따라 화재 종류별 적응성에 적합한 것으로 인정되는 경우에 한한다.

해 설
"○"은 적응의 표기, "-"는 적응하지 않는 표기, "*"의 표기는 한국소방안전기술원에서 검정받은 경우에는 적응한다는 표기

적응성 : 일정한 조건이나 환경 따위에 맞추어 알맞게 변화하는 성질을 말하며, 건축물의 화재에 소화약제가 불이 잘 꺼지는 등 소화약제로서 적합한 것이 적응성이 있다는 것이다(설치 가능한 것)

아. 공동주택 소화기 기준 – 공동주택의 화재안전기술기준(NFTC 608)

가. 바닥면적 100㎡ 마다 1단위 이상의 능력단위를 기준으로 설치한다.

나. 아파트등의 경우 각 세대 및 공용부(승강장, 복도 등)마다 설치한다.

다. 아파트등의 세대 내에 설치된 보일러실이 방화구획되거나, 스프링클러설비 · 간이스프링클러설비 · 물분무등소화설비 중 하나가 설치된 경우에는 부속용도별로 사용되는 부분에 대하여는 소화기구 및 자동소화장치를 추가하여 설치하는 내용을 적용하지 않을 수 있다.

라. 아파트등의 경우 소화기의 감소 규정을 적용하지 않는다.

마. 주거용 주방자동소화장치는 아파트등의 주방에 열원(가스 또는 전기)의 종류에 적합한 것으로 설치하고, 열원을 차단할 수 있는 차단장치를 설치해야 한다.

표 1.7.1.6 소화약제 외의 것을 이용한 간이소화용구의 능력단위

간 이 소 화 용 구		능력단위
1. 마른모래	삽을 상비한 50ℓ 이상의 것 1포	0.5 단위
2. 팽창질석 또는 팽창진주암	삽을 상비한 80ℓ 이상의 것 1포	

팽창질석

팽창진주암

----

1. **상비**(常備) : 필요할 때에 쓸 수 있게 늘 갖추어 둠

2. 팽창 진주암

팽창진주암(Perlite)은 천연유리를 조각으로 분쇄한 것을 말한다. 팽창진주암 조각에 형성된 얇은 공기막으로부터 반사에 의해 진주와 같은 빛을 발하기도 한다.

평상시는 백색가루로 보인다. 팽창진주암은 3~4%의 수분을 함유하고 있으며, 화재 시에 820~1100oC 의 온도에 노출 되면 체적이 약 15~20배 정도 팽창하는 특성이 있다.

3. 팽창 질석

팽창질석(Vermiculite)은 운모가 풍화 또는 변질되어 생성된것으로 함유하고 있는 수분이 탈수되면 팽창하여 늘어나는 성질을 가지고 있다. 색깔은 금색, 은색, 갈색 등이 있으며 내화성(내화온도 1400oC 정도)을 가지고 있다.

표 2.1.1.2 특정소방대상물별 소화기구의 능력단위 기준

특 정 소 방 대 상 물	소화기구의 능력단위
1. 위락시설	해당 용도의 바닥면적 30㎡ 마다 능력단위 1단위 이상
2. 공연장 · 집회장 · 관람장 · 문화재 · 장례식장 및 의료시설	해당 용도의 바닥면적 50㎡ 마다 능력단위 1단위 이상
3. 근린생활시설 · 판매시설 · 운수시설 · 숙박시설 · 노유자시설 · 전시장 · 공동주택 · 업무시설 · 방송통신시설 · 공장 · 창고시설 · 항공기 및 자동차관련시설 및 관광휴게시설	해당 용도의 바닥면적 100㎡ 마다 능력단위 1단위 이상
4. 그밖의 것	해당 용도의 바닥면적 200㎡ 마다 능력단위 1단위 이상

(주) 소화기구의 능력단위를 산출함에 있어서 건축물의 주요구조부가 내화구조이고, 벽 및 반자의 실내에 면하는 부분이 불연재료 · 준불연재료 또는 난연재료로 된 특정소방대상물에 있어서는 위 표의 기준 면적의 2배를 해당 특정소방대상물의 기준면적으로 한다.

사 례

근린생활시설의 바닥면적 500㎡인 곳에,
  1. 소화기의 필요한 능력단위 수는?
  2. 3단위 소화기 몇개 필요한가?
      (조건 : 건축물의 주요구조부가 내화구조이고, 벽 및 반자의 실내에 면하는 부분이 불연재료이다)

해 설

1. **소화기의 필요한 능력단위 수,** $\dfrac{\text{바닥면적}}{\text{기준면적}} = \dfrac{500\,㎡}{200\,㎡} = 2.5$ 단위,   ∴ 3단위

   (참고 : 근린생활시설은 기준면적이 100㎡이지만, 주요구조부가 내화구조이고, 벽 및 반자의 실내에 면하는 부분이 불연재료이므로 기준면적의 2배를 기준면적으로 하므로 200㎡가 기준면적이 된다. 계산한 결과 값의 소수점 이하는 1단위로 한다. 예를 들어 계산한 값이 2.2면 3단위가 된다)

2. **3단위 소화기 필요한 개수,** $\dfrac{\text{필요한 단위 수}}{\text{소화기 단위}} = \dfrac{3}{3} = 1$ ∴ 1개

특정소방대상물 : 특정소방대상물의 종류는 건물의 사용용도에 따라 분류한 것으로서 소방시설설치및관리에관한 법률 시행령 별표2에 상세한 분류를 하고 있다. 그러나 건축법에서도 건축물 용도를 분류하고 있지만 내용이 같지 않으며, 소방관계법을 적용할 때에는 건축법에서의 용도분류는 적용하지 않는다.
주요구조부 : 내력벽, 기둥, 바닥, 보, 지붕틀, 주계단을 말한다. (건축법 2조 ① 7에 내용이 있다)
단위 : 소화기 소화능력을 표기하는 수치이며, 소화기의 개수표기는 아님(24p 설명 있음)

표 2.2.2.3 부속용도별로 추가해야 할 소화기구 및 자동소화장치 (24.7.25 개정)

용 도 별	소화기구의 능력단위
1. 다음 각목의 시설. 다만, 스프링클러설비·간이스프링클러설비·물분무등소화설비 또는 상업용 주방자동소화장치가 설치된 경우에는 자동확산소화기를 설치하지 아니할 수 있다. 가. 보일러실·건조실·세탁소·대량화기취급소 나. 음식점(지하가의 음식점을 포함한다)·다중이용업소·호텔·기숙사·노유자 시설·의료시설·업무시설·공장·장례식장·교육연구시설·교정 및 군사시설의 주방 다만, 의료시설·업무시설 및 공장의 주방은 공동취사를 위한 것에 한한다. 다. 관리자의 출입이 곤란한 변전실·송전실·변압기실 및 배전반실(불연재료로된 상자안에 장치된 것을 제외한다)	1. 해당 용도의 바닥면적 25㎡마다 능력단위 1단위 이상의 소화기로 할 것. 이 경우 나목의 주방에 설치하는 소화기 중 1개 이상은 주방화재용 소화기(K급)를 설치하여야 한다. 2. 자동확산소화기는 해당 용도의 바닥면적을 기준으로 10㎡ 이하는 1개, 10㎡ 초과는 2개 이상을 설치하되, 보일러, 조리기구, 변전설비 등 방호대상에 유효하게 분사될 수 있는 위치에 배치될 수 있는 수량으로 설치할 것.
2. 발전실·변전실·송전실·변압기실·배전반실·통신기기실·전산기기실·기타 이와 유사한 시설이 있는 장소. 다만, 제1호 다목의 장소를 제외한다.	해당 용도의 바닥면적 50㎡마다 적응성이 있는 소화기 1개 이상 또는 유효설치방호체적 이내의 가스·분말·고체에어로졸 자동소화장치, 캐비닛형자동소화장치(다만, 통신기기실·전자기기실을 제외한 장소에 있어서는 교류 600V 또는 직류750V 이상의 것에 한한다)
3. 위험물안전관리법시행령 별표1에 따른 지정수량의 1/5 이상 지정수량 미만의 위험물을 저장 또는 취급하는 장소	능력단위 2단위 이상 또는 유효설치방호체적 이내의 가스·분말·고체에어로졸 자동소화장치, 캐비닛형자동소화장치

용 도 별		소화기구의 능력단위
4. "화재의 예방 및 안전관리에 관한 법률 시행령" 별표2에 따른 특수가연물을 저장 또는 취급하는 장소	"화재의 예방 및 안전관리에 관한 법률 시행령" 별표2에서 정하는 수량 이상	"화재의 예방 및 안전관리에 관한법률 시행령" 별표2에서 정하는 수량의 50배 이상마다 능력단위 1단위 이상
	"화재의 예방 및 안전관리에 관한 법률 시행령" 별표2에서 정하는 수량의 500배 이상	대형소화기 1개 이상
5. 고압가스안전관리법·액화석유가스의 안전관리 및 사업법 및 도시가스사업법에서 규정하는 가연성가스를 연료로 사용하는 장소	액화석유가스 기타 가연성가스를 연료로 사용하는 연소기가 있는 장소	각 연소기로부터 보행거리 10m 이내에 능력단위 3단위 이상의 소화기 1개 이상. 다만, 상업용 주방자동소화장치가 설치된 장소는 제외한다.
	액화석유가스 기타 가연성가스를 연료로 사용하기 위하여 저장하는 저장실(저장량 300kg 미만은 제외한다)	능력단위 5단위 이상의 소화기 2개 이상 및 대형소화기 1개 이상

용 도 별			소화기구의 능력단위
6. 고압가스안전관리법 액화석유가스의 안전관리 및 사업법 또는 도시가스사업법에서 규정하는 가연성가스를 제조하거나 연료외의 용도로 저장·사용하는 장소	저장하고 있는 양 또는 1개월동안 제조·사용하는 양	200kg 미만 — 저장하는 장소	능력단위 3단위 이상의 소화기 2개 이상
		200kg 미만 — 제조·사용하는 장소	능력단위 3단위 이상의 소화기 2개 이상
		200kg 이상 300kg 미만 — 저장하는 장소	능력단위 5단위 이상의 소화기 2개 이상
		200kg 이상 300kg 미만 — 제조·사용하는 장소	바닥면적 50㎡마다 능력단위 5단위 이상의 소화기 1개 이상
		300kg 이상 — 저장하는 장소	대형소화기 2개 이상
		300kg 이상 — 제조·사용하는 장소	바닥면적 50㎡ 마다 능력단위 5단위 이상의 소화기 1개 이상
7. 마그네슘 합금 칩을 저장 또는 취급하는 장소			금속화재용 소화기(D급) 1개 이상을 금속재료로부터 보행거리 20m 이내로 설치할 것

비고 : 액화석유가스·기타 가연성가스를 제조하거나 연료외의 용도로 사용하는 장소에 소화기를 설치하는 때에는 해당 장소 바닥면적 50㎡ 이하인 경우에도 해당 소화기를 2개 이상 비치(설치)하여야 한다.

사 례

근린생활시설 건물로서 음식점의 바닥면적 110㎡인 곳에 주방의 면적은 20㎡이다.
1. 음식점의 바닥면적에 필요한 소화기 개수는?
2. 주방(20㎡)에 추가하여 설치해야 하는 소화기는?
3. 음식점에 필요한 소화기 개수는?
   (조건 : 가. 건축물의 주요구조부는 내화구조이고, 벽 및 반자의 실내에 면하는 부분이 불연재료이다.
          나. 소화기는 3단위 소화기로 한다)

해 설

1. 음식점의 바닥면적에 필요한 소화기 개수

소화기의 필요한 능력단위 수, $\dfrac{\text{바닥면적}}{\text{기준면적}} = \dfrac{110㎡}{200㎡} = 0.55단위$, ∴ 1단위

필요한 개수(3단위 소화기), $\dfrac{\text{필요한 단위 수}}{\text{소화기 단위}} = \dfrac{1}{3} = 0.33$ ∴ 1개

(참고 : 근린생활시설은 기준면적이 100㎡이지만, 주요구조부가 내화구조이고, 벽 및 반자의 실내에 면하는 부분이 불연재료이므로 기준면적의 2배를 기준면적으로 하므로 200㎡가 기준면적이 된다. 계산한 결과 값의 소수점 이하는 1단위로 한다. 그러므로 0.55단위가 필요하므로 1단위가 된다)

2. 주방(20㎡)에 추가하여 설치해야 하는 소화기 개수

기준 내용
1. 해당 용도의 바닥면적 25㎡마다 능력단위 1단위 이상의 소화기로 하고, 그 외에 자동확산소화기를 바닥면적 10㎡ 이하는 1개, 10㎡ 초과는 2개를 설치한다.
2. 주방의 경우, 1호에 의하여 설치하는 소화기중 1개 이상은 주방화재용 소화기(K급)를 설치해야 한다.

가. 주방에 추가하여 설치해야 하는 소화기 개수 : $\dfrac{\text{바닥면적}}{\text{기준면적}} = \dfrac{20㎡}{25㎡} = 0.8단위$, ∴ 1단위

3단위 소화기 필요한 개수, $\dfrac{\text{필요한 단위 수}}{\text{소화기 단위}} = \dfrac{1}{3} = 0.33$ ∴ 1개(주방화재용 K급 소화기)

나. 주방에 추가하여 설치해야 하는 **자동확산소화기 개수** :
         주방의 바닥면적 20㎡, 10㎡ 초과하므로 2개를 설치한다.   ∴ 2개

3. 음식점에 필요한 소화기 개수

가. 음식점 전체면적 110㎡에 필요한 소화기(3단위) 1개,
나. 주방에 추가하여 설치해야 하는 소화기 : 주방화재용 K급 소화기(3단위) 1개, 자동확산소화기 2개

∴ 소화기(3단위) 1개, K급 소화기(3단위) 1개, 자동확산소화기 2개

6. 소화기 점검방법

가. 축압식 분말소화기 점검방법

소화기의 지시압력계가 녹색표시의 범위(7~9.8kgf/cm²) 안에 있어야 적합하다.

빨간색부분은 과압(압력이 너무높음)의 범위이며, 노란색부분은
소화기안의 압력이 부족한 것으로 소화약제를 정상적으로 방사할 수 없어 사용을
하지 못하는 소화기이다.

(소화기내의 압력은 고압가스안전관리법에 의하여 최대사용압력을
 9.8 kgf/cm² 로 한다)

압력이 빠진 소화기로서
사용하지 못하는 것이다

압력이 너무 높은 상태인 소화기
(사용이 가능하다)

소화기 지시압력계

나. 자동확산소화기 점검방법

소화기의 지시압력계 상태를 확인한다.
지시압력계가 녹색의 범위 안에 있어야 정상이다.
지시압력계가 노란색부분에 있다면 소화기 안의
압력이 부족한 것으로서 소화기는 사용할 수 없다.

지시압력계

다. 가압식 분말소화기 구조 및 부품

가압식소화기는 생산중단이 된지 15년 이상이 되었으며,
건물등에 일부 남아있는 소화기를 수거하여 폐기하고 있는 실정이다.
그러므로 점검방법은 생략하며, 구조와 부품을 소개한다.

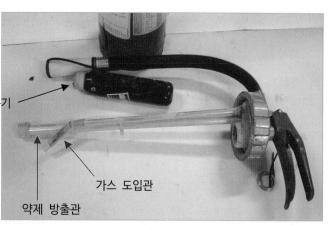

가압용 가스용기

가스 도입관

약제 방출관

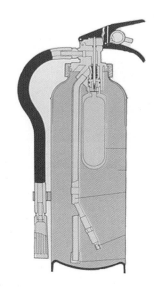

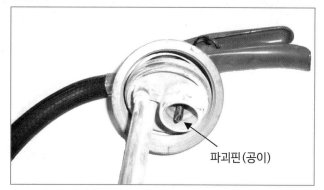

파괴핀(공이)

소화기 내부(가루의 소화약제)

가압용 가스용기

가압용 가스용기

7. 소화기 능력단위

가. 능력단위

소화기가 불을 끌 수 있는 소화능력을 표시한 단위(수치)로서 능력단위라는 용어를 사용한다. 건축물이나 위험물시설 등에 필요한 소화기의 양(개수)을 계산하는 기준단위에 해당된다.

예를 들어 소화기 화재안전기술기준에서는 근린생활시설 건물에는 바닥면적 100㎡에 소화기구 1단위 이상을 설계하도록 하고 있으며, 근린생활시설의 바닥면적 500㎡의 장소에는 5단위가 필요하다. 소화기에 표시된 수치에 해당되는 능력단위의 양 만큼 소화기를 현장에 비치(설치)하는 것이다.

1단위가 소화기 1개를 의미하는 것은 아니며, 불을 끌 수 있는 소화능력의 단위이다. 소화기에는 능력단위를 표기하고 있다.

한국소방산업기술원 검정 현장
(장작을 쌓은 모형에 불을 붙인 현장)

A급시험 현장

나. 능력단위 부여방법

소화기를 만드는 회사에서는 소화기 제품을 한국소방산업기술원에 검정의뢰를 하여 소화기의 능력단위 검정을 받는다.

검정을 받을 시험제품을 한국소방산업기술원에 A급 몇단위, B급 몇단위, C급 적응 등의 검정받을 내용에 대하여 검정의뢰를 한다.

한국소방산업기술원에서는 그림과 같이 실험모형에 불을 붙여 소화시험을 하여 검정의뢰한 내용에 대하여 적합한지를 시험하여 적합여부를 판단한다.

B급시험현장

제조회사에서는 검정받은 제품의 종류에 대하여 능력단위를 표시하여 생산을 한다.
검정받은 제품과 다른 내용의 제품(규격이나 용량등이 다른 제품)을 생산 하려면 그에 대하여 검정을 받아야 한다.

다. 능력단위 측정방법

① A급 화재용 소화기의 소화능력시험 측정방법

1. 측정은 다음 그림의 제1모형 또는 제2모형에 의하여 행하되, 제2모형은 이를 2개 이상 사용할 수 없다.

모형의 배열방법은 다음과 같다

S (임의의 수치를 말한다)개의 제1모형을 사용할 경우의 배열

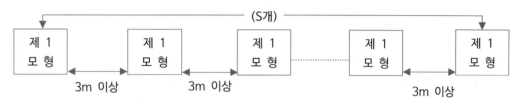

S개의 제1모형 및 1개의 제2모형을 사용할 경우의 배열

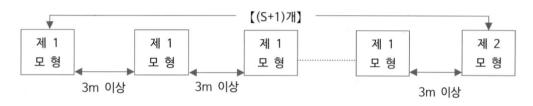

2. 제1모형의 연소대에는 3ℓ, 제2모형의 연소대에는 1.5ℓ의 휘발유를 넣어 최초의 제1모형으로부터 순차적으로 불을 붙인다.

3. 소화는 최초의 모형에 불을 붙인 다음 3분 후에 시작하되, 불을 붙인 순으로 한다. 이 경우 그 모형에 잔염(불꽃)이 있다고 인정될 경우에는 다음 모형에 대한 소화를 계속할 수 없다.

4. 소화는 무풍상태(풍속이 초속 0.5m 이하에서 실시)에서 한다.

5. 소화약제의 방사가 완료된 때 잔염(남은불꽃)이 없어야 하며, 방사완료 후 2분 이내에 다시 불이타지 아니한 경우 그 모형은 완전히 소화된 것으로 본다.

6. A급화재용소화기 소화능력단위 수치는 S개의 제1모형을 완전히 소화한 것은 2S로, S개의 제1모형과 1개의 제2모형을 완전히 소화한 것은 2S+1로 한다.

사 례   예를 들어 검정하는 소화기로서
1. A급 화재 제1모형(2단위 모형) 1개(S)를 소화하였다면 2S로서 2×1개 = 2단위이다.
2. A급 화재 제1모형(2단위 모형) 2개(S)를 소화하였다면 2S로서 2×2개 = 4단위이다.
3. A급 화재 제1모형(2단위 모형) 1개(S)와 제2모형 1개를 소화하였다면 2S+1로서 (2×1개)+1 = 3단위이다.

잔염 殘炎 : 남은 불꽃

A급 화재 제1모형(2단위 모형)

(단위mm)

(정면)

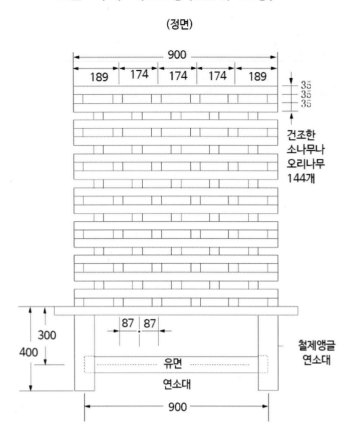

건조한
소나무나
오리나무
144개

철제앵글
연소대

유면
연소대

(측면)

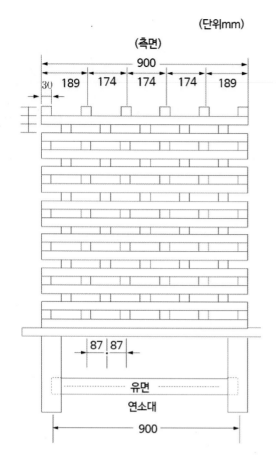

유면
연소대

A급 화재 제2모형(1단위 모형)

(단위mm)

(정면)

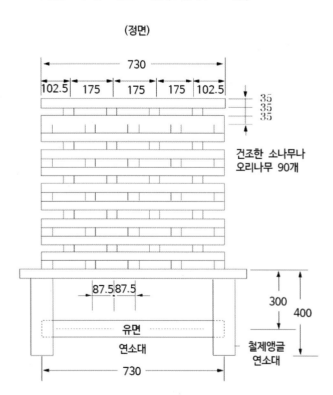

건조한 소나무나
오리나무 90개

유면
연소대

철제앵글
연소대

(측면)

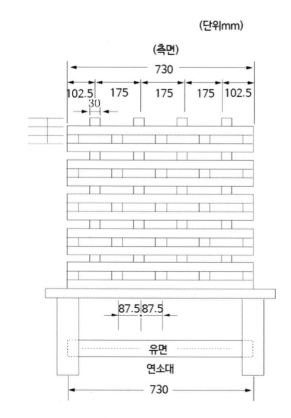

유면
연소대

② B급 화재용 소화기의 소화능력 시험 측정방법

B급화재용 소화기의 능력단위 수치는 제2소화시험 및 제3소화시험에 의하여 측정한다.

가. 제2소화시험 측정방법

1. 모형은 다음 그림의 형상을 가진 것으로서 나(모형의 종류)표중 모형 번호 수치가 1이상인 것을 1개 사용한다.

가. 모형 모양

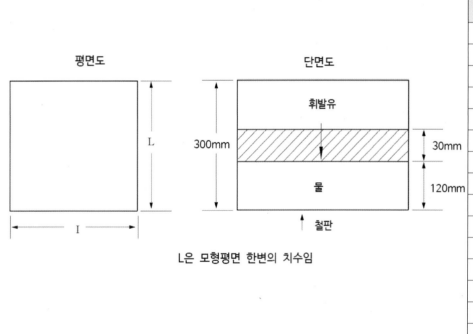

나. 모형의 종류

모형번호수치 (T)	연소면적 (㎡)	일변의길이 (cm)(L)
0.5	0.1	31.6
1	0.2	44.7
2	0.4	63.3
3	0.6	77.5
4	0.8	89.4
5	1.0	100.0
6	1.2	109.5
7	1.4	118.3
8	1.6	126.5
9	1.8	134.1
10	2.0	141.3
12	2.4	155.0
14	2.8	167.4
16	3.2	178.9
18	3.6	189.7
20	4.0	200.0

2. 소화는 모형에 불을 붙인 다음 1분 후에 시작한다.
3. 소화는 무풍상태와 사용상태에서 한다.
4. 소화약제 방사완료 후 1분 이내에 다시 불타지 않은 경우 그 모형은 완전히 소화된 것으로 본다.

나. 제3소화시험 측정방법

1. 제2소화시험에서 그 소화기가 완전히 소화한 모형번호 수치의 2분의 1이하인 것을 2개 이상 5개 이하 사용한다.
2. 모형의 배열방법은 모형번호수치가 큰 모형으로부터 작은 모형 순으로 평면상에 일직선으로 배열하고, 모형과 모형 간의 간격은 상호 인접한 모형 중 그 번호 중 그 번호의 수치가 큰 모형의 한 변의 길이보다 길게 하여야 한다.
3. 모형에 불을 붙이는 순서는 모형번호수치가 큰 것부터 순차로 하되 시간간격을 두지 않는다.
4. 소화는 최초의 모형에 불을 붙인 다음 1분 후에 시작하되, 불을 붙인 손으로 실시하며, 잔염이 있다고 인정될 경우에는 다음 모형에 대한 소화를 계속할 수 없다.
5. 소화는 무풍상태와 시용상태에서 실시한다.
6. 소화약제 방사완료 후 1분 이내에 다시 불타지 아니한 경우에 그 모형은 완전히 소화된 것으로 본다.

다. B급소화기 능력단위 계산

제2소화시험 및 제3소화시험을 실시한 B급화재에 대한 능력단위의 수치는 제2소화시험에서 완전히 소화한 모형번호의 수치와 제3소화시험에서 완전히 소화한 모형번호 수치의 합계수와의 산술평균치로 한다.
이 경우 산술평균치에서 1미만의 끝수는 버린다.

③ C급 화재용 소화기의 측정방법

C급 화재용 소화기 능력단위는 정하지 않는다.
C급 화재용 소화기의 전기 전도성 시험을 한다.

C급화재용소화기의 전기전도성은 다음 각 호의 이격거리 (소화기 방사노즐 선단과 금속판 중심의 이격거리를 말한다) 및 전압을 가한 상태에서 소화약제를 방사하는 경우 통전전류가 0.5 mA이하 이어야 한다.
1. 이격거리 50 ㎝인 경우 AC (35 ± 3.5) kV
2. 이격거리 90 ㎝인 경우 AC (100 ± 10) kV

소화기의 능력단위는 그림과 같이 소화기에 표시된다.
A2. B4. C 적응의 표기 내용은, ABC급 소화기이다.
A급 2단위, B급 4단위, C급 적응을 기록한 것이다

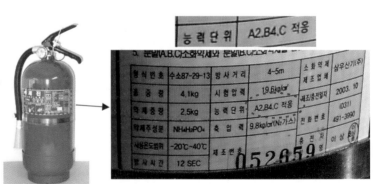

④ K급 화재용 소화기의 소화성능시험 방법

1. 공통사항

가. 시험은 최소 6 m × 6 m × 4 m(가로*세로*높이) 크기 이상의 실내에서 실시한다.

나. 시험 조건은 주위온도 (5 ~ 30) ℃, 무풍 상태에서 실시한다.

다. 제2호 소화성능시험과 제3호 스플래시 시험에 모두 적합한 경우에만 적합한 것으로 판정한다.

2. 소화성능시험은 다음 각 목의 방법에 따른다.

가. 모형은 다음 그림의 형상을 가진 것으로 사용하여 실시한다.
   1) 가스버너(전기적 가열장치 사용 가능) 지지대
   2) 화염가림막(자연발화전 점화 방지용)
   3) 바닥으로부터 높이
      * X : 610 mm, Y : 460 mm

나. 시험모형에 대두유를 모형 상단에서 기름 표면까지의 수직거리가 75 mm가 되도록 붓고 (대두유의 온도가 175 ℃ ~ 195 ℃일 때 75 mm가 되도록 한다) 열원을 배치하여 가열하였을 때 260 ℃부터 자연발화될 때까지의 가열 속도는 (5 ± 2) ℃/min 범위 이내이어야 한다. 이 경우 기름의 온도 측정을 위한 온도센서는 기름 표면으로부터 아래로 25 mm 지점에 모형 벽면으로부터 75 mm 이격하여 설치한다.

다. 계속 가열하여 대두유를 자연발화 시킨다. 자연발화가 되면 열원을 차단하고 2분간 자유연소 시킨 후 소화기를 완전히 방출하여 소화한다.

라. 소화시험 시 소화기를 작동하는 동안 연료 모형과 노즐간의 거리가 최소 1 m 이상 유지되도록 하여야 한다.

마. 소화시험에 사용되는 소화기는 사용상한온도 및 사용하한온도에서 각각 16시간 이상 보존 후 시험하여야 하며 각각 2회 연속 시험하여 다음에 모두 적합한 경우 소화된 것으로 판정

한다.
1) 완전히 소화되어야 한다.
2) 방사 종료 후 20분 동안 재연되지 않아야 한다.
3) 대두유의 온도가 발화온도의 35 ℃ 이하로 내려갈 때까지 재연되지 않아야 한다.

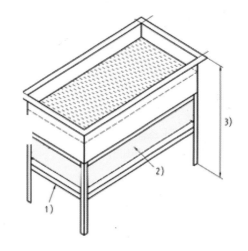

가. 모형은 다음 그림의 형상을 가진 것으로 사용하여 실시한다.
   a : 연료대 길이 + 750 mm
   b : 표면에 약 2 mm 두께로 중탄산나트륨 도포
   c : 연료대(소화성능시험 모형과 동일한 것)
   d : 모형 상단에서 기름 표면까지의 수직거리(대두유의 온도가 175 ℃ ~ 195 ℃일 때 75 mm)

나. 시험모형에 소화성능시험시와 동일하게 대두유를 붓고 열원을 배치하여 (175 ~ 190) ℃까지 가열한다. 이 경우 기름의 온도 측정을 위한 온도센서는 기름 표면으로부터 아래로 25 mm 지점에 모형 벽면으로부터 75 mm 이격하여 설치한다.

다. 나목에서 기름의 온도가 175 ~ 190 ℃ 된 후 소화기를 연료대 중앙을 향해 연속적으로 완전히 방사한다. 이 경우 노즐과 연료대 모서리와의 최대 거리가 2 m를 초과해서는 안 된다.

라. 시험에 사용하는 소화기는 (20 ± 5) ℃ 및 소화기의 사용상한온도에서 각각 16시간 이상 보존 한 소화기로 각각 실시한다.(시험을 위하여 소화기의 온도조건을 해지한 경우에는 5분 이내에 방사 개시)

3. 스플래시시험은 다음 각 목의 방법에 따른다.

마. 다목에서 소화기 방사 완료 후 2 mm 두께로 도포된 중탄산나트륨 표면에 소화기 방사 시 비산된 기름의 액적 크기를 측정하였을 때 그 크기가 5 mm 이내 이어야 한다.

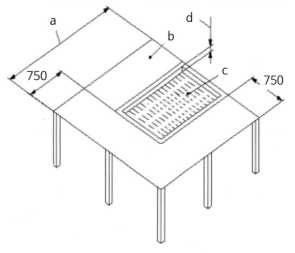

8. 건축물 소화기 계산방법

건축물에 필요한 소화기 단위는 아래의 가~바의 모든 내용에 적합하게 계산해야 한다.

가. 소화기는 소방대상물에 따라 소화기구 및 자동소화장치 화재안전기술기준 표2.1.1.1에 의하여 적합한 종류의 것으로 해야 한다.

(설치장소에 적합한 종류의 소화기는 표 2.1.1.1(17p)에서 선정(선택)한다)

예를 들어,

건축물(사무실, 아파트, 창고, 식당, 상점등)은 이산화탄소소화기는 적응하지 않으며(설치하면 안됨), 할론소화기, 분말소화기 등은 적응한다. 통신기기실은 이산화탄소소화기, 할론소화기, 할로겐화합물 및 불활성기체소화기는 적응하며 분말소화기등 그 밖의 소화기는 적응하지 않는다.

나. 바닥면적에 대하여 필요한 소화기
　　능력단위를 계산한다.

　　　(표 2.1.1.2)

표 2.1.1.2 특정소방대상물 별 소화기구의 능력단위

대 상 물	능력단위 (1단위의기준 바닥면적)
위락시설	30㎡
공연장·집회장·관람장·문화재·장례식장 및 의료시설	50㎡
근린생활시설·판매시설·운수시설·숙박시설· 노유자시설·전시장·공동주택· 업무시설· 방송통신시설·공장·창고·항공기 및 자동차 관련시설 및 관광휴게시설	100㎡
그 밖의 것	200㎡

다. 각 층마다 설치하되 소방대상물의
　　각 부분으로 부터 보행거리가 다음의
　　거리 이내가 되도록 계산한다.
　　○ 소형소화기 : 20m 이내
　　○ 대형소화기 : 30m 이내

라. 각 층마다 설치하는 것 외에 바닥면적이
　　33㎡ 이상으로 구획된 각 거실(아파트의
　　경우에는 각 세대를 말한다)에도 배치한다.

(주) 소화기구의 능력단위를 산출함에 있어서 건축물의 주요구조부가 내화구조이고, 벽 및 반자의 실내에 면하는 부분이 불연재료·준불연재료 또는 난연재료로 된 소방대상물에 있어서는 위표의 기준면적의 2배를 당해 소방대상물의 기준면적으로 한다.

마. 부속용도별 추가하여야 할 소화기구를
　　계산한다

바. 소방시설의 설치된 종류에 따라 필요한 소요단위 계산에서 감소(경감)를 해 준다.

참 고

1. 소화기의 양을 계산하는 장소에는 위의 가 ~ 바의 항목의 내용에 대하여 모두 충족되도록 계산을 해야 한다.
2. 보행거리 : 측정하는 위치에서 가장 짧은거리로 측정하는 곳 까지 걸었을 경우의 걸어간(보행) 거리를 말한다.
3. 거실 : 거주, 집무, 작업, 집회. 오락 그 밖에 이와 유사한 목적을 위하여 사용하는 방을 말한다(화장실, 복도, 현관 등은 거실에 속하지 않는다)
3. 위험물에 대한 소화기계산은 위험물안전관리법에 별도로 있으며, 소화기구 및 자동소화장치 화재기술기준을 적용하지 않는다.

9. 소화기 계산

업무용 빌딩의 바닥면적 1,500㎡인 보험회사 사무실이다.
2단위 분말소화기일 때와, 3단위 분말소화기일 때 필요한 소화기 개수를 각각 계산하시오?
(조건 : 건축물의 <u>주요구조부</u>가 내화구조이고, 벽 및 반자의 실내에 면하는 부분이 불연재료 · 준불연재료 또는
　　　 난연재료가 아니다)

주요구조부 : 내력벽(耐力壁), 기둥, 바닥, 보, 지붕틀, 주계단

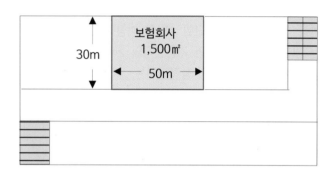

해설

보험회사 사무실의 바닥면적에 대하여 필요한 소화기의 능력단위를 계산하면,
업무용빌딩은 소방시설설치 및 관리에관한법률 시행령 별표2에서 업무시설에 해당한다.
업무시설은 소화기구 및 자동소화장치 화재기술기준 표2.1.1.2에서 바닥면적 100㎡마다 능력단위 1단위 이상이
되어야 한다.

표 2.1.1.2 특정소방대상물 별 소화기구의 능력단위

필요한 소화기 능력단위는,

$$\frac{바닥면적(사용면적)}{기준면적} = \frac{1,500㎡}{100㎡}$$
$$= 15단위가 필요하다.$$

소 방 대 상 물	소화기구의 능력단위
3. 근린생활시설 · 판매시설 · 운수시설 · 숙박시설 · 노유자시설 · 전시장 · 공동주택 · 업무시설 · 방송통신시설 · 공장 · 창고 · 항공기 및 자동차관련시설 및 관광휴게시설	해당 용도의 바닥면적 100㎡마다 능력단위 1단위 이상

1. 2단위 소화기 개수는,

   $\frac{15}{2}$ = 7.5로서, 8개가 필요하다(소수점 이하는 1을 계산해야 한다)

2. 3단위 소화기 개수는,　　$\frac{15}{3}$ = 5로서, 5개가 필요하다.

답 : 2단위 소화기는 8개,　　3단위 소화기는　5개

창고로서 규모가 가로 40m 세로 10m인 곳에 2단위 분말소화기가 몇 개 필요한가?
(조건 : 건축물의 주요구조부가 내화구조이고, 벽 및 반자의 실내에 면하는 부분이 불연재료로 되어 있다)

해 설

창고는,
바닥면적 100㎡마다 능력단위 1단위 이상이 필요하지만 건축물의 주요구조부가 내화구조이고 벽 및 반자의 실내에 면하는 부분이 불연재료이면 기준면적의 2배를 해당장소의 기준면적으로 하므로 200㎡ 마다 능력단위 1단위 이상이 되어야 한다. 필요한 소화기 능력단위는,

$$\frac{바닥면적(사용면적)}{기준면적} = \frac{400\,㎡}{200\,㎡} = 2단위, \quad 2단위\ 소화기의\ 개수는, \quad \frac{2}{2} = 1개$$

그러나 창고의 중앙에 1개를 놓으면,
그림2와 같이 소화기로부터 20.6m가 되어 보행거리 20m 초과하므로 그림1과 같이 2개를 배치하여
바닥면적의 능력단위 기준과 보행거리 20m 이내의 기준에 적합하게 설계가 되어야 한다.

답 : 2단위 분말소화기 2개

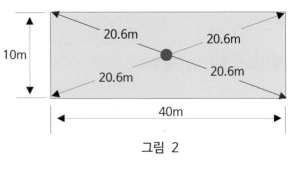

그림 2

표 2.1.1.2 특정소방대상물 별 소화기구의 능력단위

대 상 물	능력단위 (1단위의기준 바닥면적)
근린생활시설 · 판매시설 · 운수시설 · 숙박시설 · 노유자시설 · 전시장 · 공동주택 · 업무시설 · 방송통신시설 · 공장 · 창고시설 · 항공기 및 자동차관련시설 및 관광휴게시설	100㎡

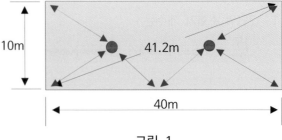

그림 1

아래 그림과 같은 건축물에 대하여 각 실별로 분말소화기(3단위) 및 기타 필요한 소화기를 계산 하시오?

(조건)
1. 건축물의 주요구조부가 내화구조이고 벽 및 반자의 실내에 면하는 부분이 난연재료로 된 장소이다.
2. 지상의 모든 층에는 옥내소화전이 설치되어 있으며, 지하1층의 주차장과 보일러실에는 스프링클러설비가 설치되어 있다.

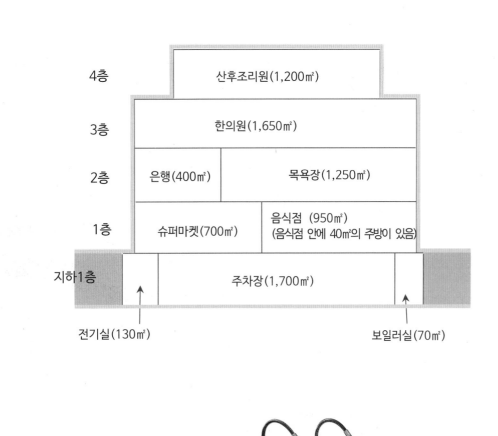

4층	산후조리원(1,200㎡)
3층	한의원(1,650㎡)
2층	은행(400㎡) 목욕장(1,250㎡)
1층	슈퍼마켓(700㎡) 음식점 (950㎡) (음식점 안에 40㎡의 주방이 있음)
지하1층	주차장(1,700㎡)

전기실(130㎡)　　　　　　　　　　　　보일러실(70㎡)

이산화탄소 소화기(대형)

이산화탄소 소화기(소형)

소화기를 계산하기 위해서는,
이 건물이 특정소방대상물의 분류에서 어디에 속하는지를 『소방시설 설치 및 관리에 관한 법률 시행령』 별표2에서 검토가
되어야 한다.

- 4층의 산후조리원(1,200㎡)은 별표2에서 근린생활시설 – 라에 해당된다.
- 3층의 한의원(1,650㎡)은 근린생활시설 – 라에 해당된다.
- 2층의 은행(400㎡)은 근린생활시설 – 사에 해당, 목욕장(1,250㎡)은 다에 해당된다.
- 1층의 슈퍼마켓(700㎡)는 근린생활시설 – 가에 해당, 음식점(950㎡)은 나에 해당된다.
- 지하층의 전기실, 주차장, 보일러실은 이 건물의 부속용도이므로 이 건물의 주용도(대상물의 분류)와 동일한 분류에 해당된다.(주차장은 건물의 부속용도라고 소방청에서는 유권해석 하고 있다)

이 건물은 위의 내용과 같이 모두 근린생활시설로 이루어진 **근린생활시설의 건물**이 된다.

소화기의 계산은 위에서의 분류와 같이 건물의 대표성을 따져서 소화기구 및 자동소화장치 화재기술기준 표2.1.1.1을 적용
한다. 각층별, 각실별의 용도별로 소화기를 각각 계산을 하는 방법은 적합하지 않다.

그러므로 이 건물은 모두 기준면적 200㎡에 1단위가 되도록 계산을 한다.
문제의 내용에서 각실별(은행, 목욕장 등)로 소화기를 계산할 것을 요구하였지만, 이렇게 하지 않고
문제의 요구하는 내용과 다르게 각 층별 바닥면적 전체에 대하여 소화기를 계산하는 방법도 있다.

소화기등 모든 소방시설의 설계는 우선 위에서와 같이 특정소방대상물 분류가 우선 검토되어야 한다.

(근린생활시설은 옥내소화전, 스프링클러설비 등이 설치되어도 소화기의 $\frac{2}{3}$를 감소하지 않는다)

특 정 소 방 대 상 물	소화기구의 능력단위
1. 위락시설	해당 용도의 바닥면적 30㎡ 마다 능력단위 1단위 이상
2. 공연장 · 집회장 · 관람장 · 문화재 · 장례식장 및 의료시설	해당 용도의 바닥면적 50㎡ 마다 능력단위 1단위 이상
3. **근린생활시설** · 판매시설 · 운수시설 · 숙박시설 · 노유자시설 · 전시장 · 공동주택 · 업무시설 · 방송통신시설 · 공장 · 창고시설 · 항공기 및 자동차관련시설 및 관광휴게시설	해당 용도의 바닥면적 **100㎡** 마다 능력단위 1단위 이상
4. 그밖의 것	해당 용도의 바닥면적 200㎡ 마다 능력단위 1단위 이상

(주) 소화기구의 능력단위를 산출함에 있어서 건축물의 주요구조부가 내화구조이고, 벽 및 반자의 실내에 면하는 부분이
불연재료 · 준불연재료 또는 난연재료로 된 소방대상물에 있어서는 위표의 기준면적의 2배를 당해 소방대상물의 기준
면적으로 한다.

층	용도	계산
4층	산후조리원	$\dfrac{바닥면적(1,200\,m^2)}{기준면적(200\,m^2)} = 6단위, \quad \dfrac{6단위}{3단위} = 2$ 3단위 분말소화기 2개
3층	한의원	$\dfrac{바닥면적(1,650\,m^2)}{기준면적(200\,m^2)} = 8.25단위, \quad \dfrac{9단위}{3단위} = 3$ 3단위 분말소화기 3개
2층	은행	$\dfrac{바닥면적(400\,m^2)}{기준면적(200\,m^2)} = 2단위, \quad \dfrac{2단위}{3단위} = 0.67$ 3단위 분말소화기 1개
2층	목욕장	$\dfrac{바닥면적(1,250\,m^2)}{기준면적(200\,m^2)} = 6.25단위, \quad \dfrac{7단위}{3단위} = 2.33$ 3단위 분말소화기 3개
1층	슈퍼마켓	$\dfrac{바닥면적(700\,m^2)}{기준면적(200\,m^2)} = 3.5단위, \quad \dfrac{4단위}{3단위} = 1.33$ 3단위 분말소화기 2개
1층	음식점	$\dfrac{바닥면적(950\,m^2)}{기준면적(200\,m^2)} = 4.75단위, \quad \dfrac{5단위}{3단위} = 1.67$ 3단위 분말소화기 2개 주방 부속용도에 추가하는 소화기 : $\dfrac{바닥면적(40\,m^2)}{기준면적(25\,m^2)} = 1.6단위, \quad \dfrac{2단위}{3단위} = 0.53$ 바닥면적 10 m²를 초과하므로 자동확산소화기 2개 3단위 K급분말소화기 1개, 자동확산소화기 2개
지하1층	전기실	$\dfrac{바닥면적(130\,m^2)}{기준면적(200\,m^2)} = 0.65단위, \quad \dfrac{0.65단위}{3단위} = 0.67$ 3단위 분말소화기 1개 부속용도에 추가하는 소화기 : $\dfrac{바닥면적(130\,m^2)}{기준면적(50\,m^2)} = 2.6$ 적응성(C)급 소화기 3개
지하1층	주차장	$\dfrac{바닥면적(1,700\,m^2)}{기준면적(200\,m^2)} = 8.5단위, \quad \dfrac{9단위}{3단위} = 3$ 3단위 분말소화기 3개
지하1층	보일러실	$\dfrac{바닥면적(70\,m^2)}{기준면적(200\,m^2)} = 0.35단위, \quad \dfrac{1단위}{3단위} = 0.33$ 3단위 분말소화기 1개 부속용도에 추가하는 소화기 : $\dfrac{바닥면적(70\,m^2)}{기준면적(25\,m^2)} = 2.8단위, \quad \dfrac{3단위}{3단위} = 1$ 3단위 분말소화기 1개 스프링클러설비가 설치되어 있으므로 자동확산소화기는 면제된다(별표4)
소화기 개수		3단위 분말소화기 : 19개, 3단위 K급분말소화기 : 1개 적응성(C)급 소화기 : 3개. 자동확산소화기 : 2개

4층 산후조리원(1,200㎡)
3층 한의원(1,650㎡)
2층 은행(400㎡) 목욕장(1,250㎡)
1층 슈퍼마켓(700㎡) 음식점 (950㎡) (음식점 안에 40㎡의 주방이 있음)
지하1층 주차장(1,700㎡)
전기실(130㎡) 보일러실(70㎡)

복합건축물이며 그림과 같이 각층의 바닥면적은 300㎡, 연면적은 1,800㎡이다.   지하1층에는 스프링클러설비가
1 ~ 5층은 옥내소화전, 자동화재탐지설비가 설치되어 있다.
각 층별 필요한 2단위 분말소화기로 몇 개가 필요한가?
(주요구조부는 내화구조이고, 내장재는 불연재료로 마감되어 있다)

(5층)　300㎡ (업무시설)	
(4층)　300㎡ (업무시설)	
(3층)　300㎡ (업무시설)	
(2층)　300㎡ (위락시설)	
(1층)　285㎡ (업무시설)	주방　15㎡
(지하1층)　275㎡ (주차장)	보일러실　25㎡

해 설

1. 지하1층

· 이 건물은 업무시설과 위락시설로 구성된 복합건축물로서 소화기를 계산한다.
· 주차장은 이 건물(복합건축물)의 부속용도이다(소방청에서는 이렇게 유권해석 한다)
· 바닥면적【300㎡ ÷ 400㎡】×1/3(소화기감소 적용) = 0.25단위(2단위소화기 1개)
　기준면적 400으로 나누는 것은 복합건축물은 별표3의 그 밖의 것에 해당되며, 주요구조부가 내화구조이므로
　200㎡의 2배인 400㎡가 기준면적이다. 스프링클러설비가 설치되어 있으므로 2/3를 감소해 준다.

　(부속용도별 추가)

① 보일러실 25㎡ ÷ 25㎡ = 1단위(2단위 소화기 1개)
② 보일러실에는 부속용도별 추가해야할 소화기로서 자동확산소화기를 설치해야 하지만 스프링클러설비가 설치되어
　있으므로 자동확산소화기의 설치가 면제된다.

2. 1층

· 바닥면적【300㎡ ÷ 400㎡】× 1/3(소화기감소 적용) =0.25단위(2단위소화기 1개)
(부속용도별 추가)

① 주방 15㎡ ÷ 25㎡ = 0.6단위(2단위 소화기 1개)
② 주방이 10㎡를 초과하므로 부속용도별 추가 해야할 소화기로서 자동확산소화기 2개

3. 2~5층

· 바닥면적【300㎡ ÷ 400㎡】×1/3(소화기감소 적용) = 0.25단위 (2단위 소화기 1개)
　1/3을 곱하는 것은 스프링클러설비, 옥내소화전이 설치되어 2/3를 감소하여 계산을 하므로 1/3을 곱한다.

참 고

소방시설의 설계에 있어서 이 건물은 복합건축물이므로 복합건축물에 대한 소화기의 설계를 한다.
각층의 용도별로 설계를 하는 것은 적합하지 않다.

소방시설의 설계에 있어서 소화기등 모든 종류의 소방시설의 설계를 함에 있어서 우선적으로 설계를 하는 건축물의 소방대상물 업종의 분류를 소방시설설치 및 관리에 관한 법률시행령 별표2에 의하여 분류해야 한다.

업종의 분류를 한 상태에서 별표4의 갖추어야 하는 소방시설을 설계하여야 하며, 소방시설별 구체적인 설계는 화재안전기준에 맞게 설계해야 한다.
위에서 설명한 방법으로 소방시설을 설계하면 소화기 또는 제연설비 등 일부의 소방시설이 형평성이 맞지 않으며, 특히 복합건축물에는 소화기의 개수가 너무 적게 설계되거나

제연설비가 해당이 되지 않는 등 설계방법이 맞지 않는다고 주장하는 사람도 있다.

모든 건축물에 동일하고 형평성에 맞게 법을 만드는 것은 쉽지 않으며, 현재의 법을 인정하고 현재의 법에 적합하게 해석을 하여야 하며, 일부 법의 내용이 소방대상물의 종류에 따라 형평성이 맞지 않다는 자의적 판단으로 법의 내용과는 다르게 해석하는 것은 적합하지 않다.

특히 건물내에 있는 주차장을 항공기 및 자동차관련시설로 해석하여 소방시설을 설계하는 설계자는 크게 잘못 해석하고 있다.

(소방청에서는 건물내의 주차장은 건물의 부속용도로 보고 있으며, 건물의 용도와 같은 용도로 유권해석 한다)

답

5층	1개
4층	1개
3층	1개
2층	1개
1층	2개, 자동확산소화기 2개
지하1층	2개
계	8개, 자동확산소화기 2개

자동확산소화기 설치현장

그림과 같이 바닥면적 400㎡, 연면적 6,800㎡이며, 지하1층 기름탱크실(옥내탱크저장소에 경유 2,000리터 저장)이 있다.
소방시설은 전층에 스프링클러설비, 자동화재탐지설비가 설치되어 있다.
2단위 분말소화기 몇 개가 필요한가?
(주요구조부는 내화구조이며, 내장재는 불연재료이다)

참고

소화기를 설계할 때에는 몇 단위의 소화기를 설계를 할 것인지의 선택은 설계자의 판단이다.

이 건축물의 주용도 분류방법

- 4층 ~ 15층의 오피스텔 : 별표2 12. 나에 해당하는 업무시설이다.
- 1층 ~ 4층의 근린 : 별표2 2에 해당하는 근린생활시설이다.
- 지하1층 : 위락은 별표2 14에 해당하는 위락시설이다.
- 지하1층 : 옥내탱크저장소, 보일러실은 이 건물의 주용도의 부속용도이다.
- 지하2층 : 차고, 변전실은 이 건물의 주용도의 부속용도이다.

그러므로,
이 건축물은 12.업무시설, 2.근린생활시설, 14.위락시설로서
3의 용도로 사용되는 별표2 30.복합건축물에 해당된다.

참고자료

소방시설설치 및 관리에관한법률 시행령 별표2

30. 복합건축물
   가. 하나의 건축물이 제1호부터 제27호까지의 것 중 둘 이상의 용도로 사용되는 것.

층	면적 (용도)		
15	400㎡ (오피스텔)		
14	400㎡ (오피스텔)		
13	400㎡ (오피스텔)		
12	400㎡ (오피스텔)		
11	400㎡ (오피스텔)		
10	400㎡ (오피스텔)		
9	400㎡ (종교시설)		
8	400㎡ (종교시설)		
7	400㎡ (업무시설)		
6	400㎡ (업무시설)		
5	400㎡ (업무시설)		
4	380㎡ (근린)		20㎡ (주방)
3	400㎡ (근린)		
2	400㎡ (근린)		
1층	400㎡ (근린)		
지하1층	361㎡ (위락)	9㎡ (옥내탱크저장소)	30㎡ (보일러실)
지하2층	280㎡ (차고)		120㎡ (변전실)

· 이 건물은 복합건축물로 분류되어 소화기 필요단위수를 계산한다(이 건물의 소화기 외의 소방시설의 설계도 마찬가지로 복합건축물에 대하여 필요한 소방시설을 설계한다)

· 지하2층 차고는 이 건물의 부속용도이므로 복합건축물에 대한 소방시설 설계를 한다.

· 주요구조부가 내화구조이며 내장재는 불연재료이므로 1단위 기준면적은 200㎡의 2배인 400㎡가 된다.

특 정 소 방 대 상 물	소화기구의 능력단위
1. 위락시설	해당 용도의 바닥면적 30㎡ 마다 능력단위 1단위 이상
2. 공연장 · 집회장 · 관람장 · 문화재 · 장례식장 및 의료시설	해당 용도의 바닥면적 50㎡ 마다 능력단위 1단위 이상
3. 근린생활시설 · 판매시설 · 운수시설 · 숙박시설 · 노유자시설 · 전시장 · 공동주택 · 업무시설 · 방송통신시설 · 공장 · 창고시설 · 항공기 및 자동차관련시설 및 관광휴게시설	해당 용도의 바닥면적 100㎡ 마다 능력단위 1단위 이상
4. 그밖의 것	해당 용도의 바닥면적 200㎡ 마다 능력단위 1단위 이상

(주) 소화기구의 능력단위를 산출함에 있어서 건축물의 주요구조부가 내화구조이고, 벽 및 반자의 실내에 면하는 부분이 불연재료 · 준불연재료 또는 난연재료로 된 소방대상물에 있어서는 위표의 기준면적의 2배를 당해 소방대상물의 기준면적으로 한다.

1. 지하1층

· 바닥면적【400㎡ ÷ 400㎡】×1/3(2/3를 감소 계산하므로) = 0.33단위(2단위소화기 1개)

(부속용도별 추가)
① 보일러실 30㎡ ÷ 25㎡ = 1.2단위(2단위 1개)
② 보일러실의 부속용도별 추가해야할 소화기 중 자동확산소화기는 스프링클러설비가 설치되어 있어 면제된다.

③ 옥내탱크저장소(기름탱크실)는 『위험물안전관리법 시행규칙』 별표17에 의하면 대형수동식소화기 1개와 소형수동식소화기 1개가 필요하다.

2. 지하2층

· 바닥면적 400㎡ ÷ 400㎡ = 1단위
  스프링클러가 설치되어 있으므로 2/3를 감소하면, 1단위 × 1/3
   = 0.33단위(2단위 1개)

(부속용도별 추가)
· 변전실 120㎡ ÷ 50㎡ = 2.4개(변전실에 적응하는 C급소화기 3개)

3. 1~3층

· 바닥면적 400㎡ ÷ 400㎡ = 1단위
  스프링클러가 설치되어 있으므로 2/3를 감소하면, 1단위 × 1/3
   = 0.33단위(2단위 1개)

4. 4층

· 바닥면적 400㎡ ÷ 400㎡ = 1단위
  스프링클러가 설치되어 있으므로 2/3를 감소하면, 1단위 × 1/3
   = 0.33단위(2단위 1개)

(부속용도별 추가)
① 주방 20㎡ ÷ 25㎡ = 0.8단위(2단위 1개)
② 주방의 추가하여야 하는 자동확산소화기는 스프링클러설비가 설치되어
   있으므로 면제된다.

5. 5~10층

· 바닥면적 400㎡ ÷ 400㎡ = 1단위
  스프링클러가 설치되어 있으므로 2/3를 감소하면, 1단위 × 1/3
   = 0.33단위(2단위 1개)

6. 11~15층

· 바닥면적 400㎡ ÷ 400㎡ = 1단위(2단위소화기 1개)
   - 11층 이상은 소화기의 감소(경감)에 해당되지 않는다.

층	면적/용도		
15	400㎡ (오피스텔)		
14	400㎡ (오피스텔)		
13	400㎡ (오피스텔)		
12	400㎡ (오피스텔)		
11	400㎡ (오피스텔)		
10	400㎡ (오피스텔)		
9	400㎡ (종교시설)		
8	400㎡ (종교시설)		
7	400㎡ (업무시설)		
6	400㎡ (업무시설)		
5	400㎡ (업무시설)		
4	380㎡ (근린)		20㎡(주방)
3	400㎡ (근린)		
2	400㎡ (근린)		
1층	400㎡ (근린)		
지하1층	361㎡ (위락)	9㎡ (옥내탱크 저장소)	30㎡ (보일러실)
지하2층	280㎡ (차고)		120㎡ (변전실)

문제는 2단위 분말소화기로 계산한다

(15층) 2단위 1개		
(14층) 2단위 1개		
(13층) 2단위 1개		
(12층) 2단위 1개		
(11층) 2단위 1개		
(10층) 2단위 1개		
(9층) 2단위 1개		
(8층) 2단위 1개		
(7층) 2단위 1개		
(6층) 2단위 1개		
(5층) 2단위 1개		
(4층) 근린, 2단위 1개	주방 2단위 1개	
(3층) 2단위 1개		
(2층) 2단위 1개		
(1층) 2단위 1개		
(지1층)위락 2단위 1개	기름탱크실 대형1,2단위1개	보일러실 2단위 1개
(지2층) 2단위 1개	변전실 C급 소화기 3개	
계 : 2단위 20개, 대형 1개 변전실 적응 소화기 3개,		

1층 건물이며 건물내부의 구조는 그림과 같다, 소화기 계산을 각 실별로 계산하시오?

조건 : 1. 주요구조부가 내화구조이며 벽 및 반자에 면하는 부분이 불연재료이다.
2. 소방시설은 옥내소화전이 설치되어 있다
3. 2단위 분말소화기로 계산을 한다.

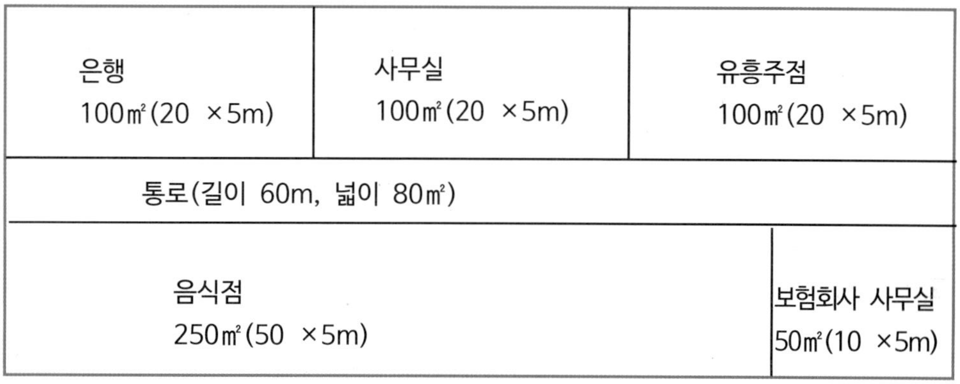

은행 100㎡(20 ×5m)	사무실 100㎡(20 ×5m)	유흥주점 100㎡(20 ×5m)
통로(길이 60m, 넓이 80㎡)		
음식점 250㎡(50 ×5m)		보험회사 사무실 50㎡(10 ×5m)

해 설

이 건물은 『소방시설설치 및 관리에관한법률 시행령』 별표2에서 특정소방대상물 분류의 어디에 속하는지를 검토한다.

소방시설설치 및 관리에관한법률 시행령 별표2

1. 은행, 보험회사, 사무실의 바닥면적을 합하여 500㎡ 미만이면 근린생활시설이며, 500㎡ 이상이면 업무시설에 해당된다. 그러므로 바닥면적을 합하면 350㎡(100㎡ + 150㎡ +100㎡ = 350㎡)로서 근린생활시설이다
2. 음식점은 근린생활시설이다
3. 유흥주점은 위락시설이다

그러므로 이 건물은 근린생활시설과 위락시설로 구성된 복합건축물에 해당된다.
1단위의 기준 바닥면적은 200㎡이지만 주요구조부가 내화구조이므로 기준면적(200㎡)의 2배인 400㎡가 된다.

참고 자료
소방시설설치 및 관리에관한 법률 시행령 별표2
30. 복합건축물
  가. 하나의 건축물이 제1호부터 제27호까지의 것 중 둘 이상의 용도로 사용되는 것.

소화기 개수 계산

호실명	계 산	필요개수
음식점	250㎡ ÷ 400㎡ × 1/3 = 0.21단위 음식점의 중앙에 소화기가 있다고 계산하면 보행거리 20m 내에 충족하지 못하므로 2개를 설치해야 한다. (복합건축물은 소화기구 및 자동소화장치 화재기술기준 표2.1.1.1 그밖의 것에 해당되어 기준면적은 바닥면적 200㎡마다 1단위가 필요하며, 주요구조부가 내화구조이므로 기준면적의 2배인 400㎡마다 1단위가 필요하다, 그리고 옥내소화전이 설치되어 있으므로 소화기의 능력단위 2/3를 감소를 할 수 있으므로 1/3만 계산한다)	2단위 2개
보험회사	50 ÷ 400㎡ × 1/3 = 0.042단위	2단위 1개
은행	100 ÷ 400㎡ × 1/3 = 0.08단위	2단위 1개
사무실	100 ÷ 400㎡ × 1/3 = 0.08단위	2단위 1개
유흥주점	100 ÷ 400㎡ × 1/3 = 0.08단위	2단위 1개
통로	80 ÷ 400㎡ × 1/3 = 0.07단위 보행거리 20m 이내가 충족되도록 2개가 필요함	2단위 2개
계	2단위 8개	

은행 100㎡(20 ×5m)	사무실 100㎡(20 ×5m)	유흥주점 100㎡(20 ×5m)
통로(길이 60m, 넓이 80㎡)		
음식점 250㎡(50 ×5m)		보험회사 사무실 50㎡(10 ×5m)

참고

이 건물의 소화기 계산은 문제의 주어진 내용과 같이 각실별로 계산을 하지 않고 1층 전체의 바닥면적 680㎡에 대하여 계산을 할 수도 있다.
이렇게 계산을 하면,

$$\frac{680㎡(바닥면적)}{400㎡(기준면적)} = 1.7, \quad 1.7 \times \frac{1}{3} = 0.57단위로서 \ 2단위 \ 소화기 \ 1개가 \ 필요하다.$$

그러나 1층에 필요한 소화기 1개와, 구획된 거실(33㎡ 이상인 거실) 마다 소화기를 설치하여야 하므로 은행, 사무실, 유흥주점, 보험회사사무실 각 1개와 음식점 2개, 통로에 1개로서 8개의 소화기가 필요하다.

그림의 아파트에 소화기 및 주거용 주방자동소화장치의 필요한 설치 개수를 계산하시오?

〈조건〉
1. 건축물의 주요구조부가 내화구조이고, 벽 및 반자의 실내에 면하는 부분이 불연재료로 마감되어 있다.
2. 지상 1층부터 26층은 아파트 지하1층은 주차장이다.
3. 전층에 스프링클러설비가 설치되어 있다.(발코니에 설치된 보일러실에는 스프링클러설비가 설치안됨).
4. 보일러실은 방화구획이 되어 있지 않다.
5. 소화기는 2단위 분말소화기로 한다.

아파트 1개층의 평면도(350㎡)

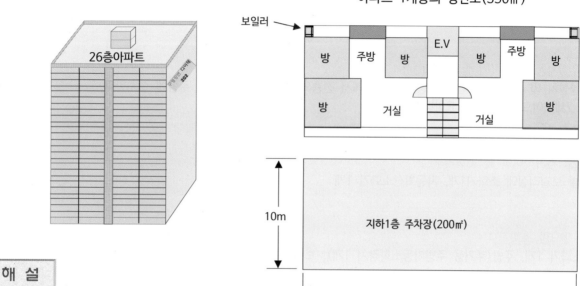

해 설

아파트의 필요한 소화기의 능력단위를 계산하면,
아파트(공동주택)는 100㎡가 1단위 설계의 기준면적이 된다.(공동주택 화재안전성능기준 제 5조①.1)

$$1개층에 필요한 소화기 능력단위 = \frac{바닥면적(사용면적)}{기준면적} = \frac{350㎡}{100㎡} = 3.5단위$$

아파트의 1개층에는 면적으로 계산하면 3.5단위가 필요하다. 그러나 아파트는 각 세대 및 공용부(승강장, 복도 등)마다 소화기를 설치해야 한다. 그러므로 1개층에 2세대(각각 1개), 공용부 1개 총 3개를 설치해야 한다.

공동주택의 화재안전성능기준(NFPC 608) 24.1.1 시행

제5조(소화기구 및 자동소화장치)
1. 바닥면적 100제곱미터 마다 1단위 이상의 능력단위를 기준으로 설치할 것
2. 아파트등의 경우 각 세대 및 공용부(승강장, 복도 등)마다 설치할 것
3. 아파트등의 세대 내에 설치된 보일러실이 방화구획되거나, 스프링클러설비·간이스프링클러설비·물분무등소화설비 중 하나가 설치된 경우에는 「소화기구 및 자동소화장치의 화재안전성능기준(NFPC 101)」제4조제1항제3호를 적용하지 않을 수 있다.
4. 아파트등의 경우 「소화기구 및 자동소화장치의 화재안전성능기준(NFPC 101)」 제5조의 기준에 따른 소화기의 감소 규정을 적용하지 않을 것

◈ 스프링클러설비가 설치되어 있어도 아파트는 소화기 감소 적용을 하는 장소가 아니다.

지하1층 주차장은 아파트의 부속용도이며, 기준면적 100㎡ 마다 1단위가 필요하다.

$$필요한\ 소화기능력단위\ =\ \frac{바닥면적(사용면적)}{기준면적}\ =\ \frac{200㎡}{100㎡}\ =\ 2단위$$

주차장은 아파트와 마찬가지로 2단위소화기 1개가 필요하다. 주차장의 중앙에 소화기 1개를 두면 대각선의 보행거리는 20m가 넘지 않는다.

◈ 아파트의 주차장을 『소방시설설치 및 관리에관한법률 시행령 별표2』의 항공기 및 자동차관련시설로 해석하여 소방시설을 적용하는 설계자가 있다면 잘못 해석하고 있다.
건물의 주차장은 건물의 부속용도이므로 건물의 용도와 동일하다. 즉 업무시설빌딩의 주차장은 업무시설이다, 모든 소방시설의 적용도 이렇게 해석하여 적용해야 한다.(소방청 질의회신에서도 이와 같이 답변함)

주거용 주방자동소화장치의 필요한 개수는
『소방시설설치 및 관리에관한법률 시행령 별표4』에서 전층의 각세대별 아파트의 주방에 설치한다.
1개층에 2세대이므로 2개가 필요하다.

부속용도별 추가하여야 할 소화기구
각 세대별 보일러실에 소화기1개, 자동확산소화기 1개

1세대에 필요한 소화기 :
2단위 소화기 1개, 주방(주거용 주방자동소화장치 1개), 보일러실(2단위소화기 1개, 자동확산소화기 1개)

각층 2세대 소화기 2개, 승강장 1개
2세대 보일러실 소화기2개

아파트의 소화기 계산

층수	소화기	주거용 주방자동 소화장치	자동확산 소화기	층수	소화기	주거용 주방자동 소화장치	자동 확산 소화기	층수	소화기	주거용 주방자동 소화장치	자동확산 소화기
지하	1			10	5	2	2	20	5	2	2
1층	5	2	2	11	5	2	2	21	5	2	2
2	5	2	2	12	5	2	2	22	5	2	2
3	5	2	2	13	5	2	2	23	5	2	2
4	5	2	2	14	5	2	2	24	5	2	2
5	5	2	2	15	5	2	2	25	5	2	2
6	5	2	2	16	5	2	2	26	5	2	2
7	5	2	2	17	5	2	2				
8	5	2	2	18	5	2	2	계	131	52	52
9	5	2	2	19	5	2	2				

10. 도로터널의 소화기 도로터널의 화재안전기술기준 2.1.1

가. 기준

1. 소화기의 능력단위는 (「소화기구 및 자동소화장치의 화재안전기술기준(NFTC 101)」 1.7.1.6에 따른 수치를 말한다)는 A급 화재는 3단위 이상, B급 화재는 5단위 이상 및 C급 화재에 적응성이 있는 것으로 할 것
2. 소화기의 총중량은 사용 및 운반의 편리성을 고려하여 7 kg 이하로 할 것
3. 소화기는 주행차로의 우측 측벽에 50 m 이내의 간격으로 2개 이상 설치하며, 편도 2차선 이상의 양방향 터널과 4차로 이상의 일방향터널의 경우에는 양쪽 측벽에 각각 50 m 이내의 간격으로 엇갈리게 2개 이상을 설치할 것
4. 바닥면(차로 또는 보행로를 말한다. 이하 같다)으로부터 1.5 m 이하의 높이에 설치할 것
5. 소화기구함의 상부에 "소화기"라고 조명식 또는 반사식의 표지판을 부착하여 사용자가 쉽게 인지할 수 있도록 할 것

해 설

터널의 소화기는 자동차화재의 불을 끄기 위한 용도이므로 소화기의 규격을 크게하여 A급 3단위, B급 5단위 이상이 되는 것으로 하여야 한다. 그리고 운전자 등이 사용하기 편리하게 소화기 무게를 너무 무겁지 않게 7kg 이하의 소화기로서 한 곳에 2개 이상씩 설치하도록 하였다.

나. 소화기 계산 사례

사례 1

편도1차선 양방향터널의 길이가 540m인 곳의 필요한 소화기의 개수는?

$$\frac{도로터널의길이}{50m} = \frac{540m}{50m} = 10.8개소 \therefore 10개소, \qquad 소화기 개수 = 10개소 \times 2개 = 20개$$

편도1차선의 양방향 터널

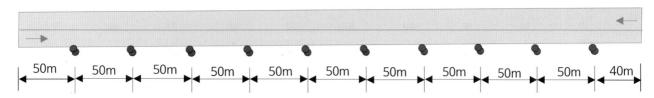

편도1차선 : 가고 오는 길 가운데 한쪽이 1차선
편도2차선 : 가고 오는 길 가운데 한쪽이 2차선

편도2차선 양방향 도로터널 길이가 540m인 곳의 필요한 소화기의 개수는?

1방향에 필요한 소화기의 개수 = $\dfrac{\text{도로터널의길이}}{50m}$ = $\dfrac{540m}{50m}$ = 10.8   ∴ 10개소 × 2 = 20개, 11개소 × 2 = 22개

양방향에 필요한 소화기 개수 = 20 + 22 = 42

편도2차선의 양방향 터널

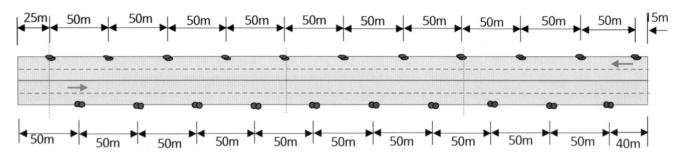

그 밖의 사례

3차로의 일방향 터널

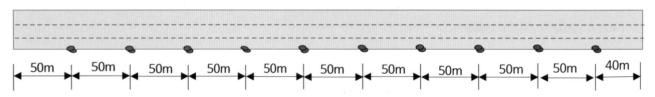

4차로의 일방향 터널

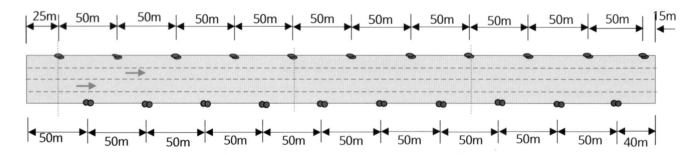

참고

소화기 배치를 터널의 시작지점에서 50m 간격으로 설치하고, 반대편의 배치는 배치한 위치와 엇갈리게 배치해야 하므로 반대편의 배치는 터널 시작지점에서는 그림에서와 같이 50m 간격을 유지할 수 없게 된다.
소화기 배치를 터널의 시작지점에서 25m 지점에서 시작해야 한다는 주장도 있을 수 있지만 기준에서는 「유효거리 25m」가 아니고 「50m 간격」으로 설치하는 기준이다.

11. 지하구 소화기 지하구의 화재안전기술기준 2.1

가. 소화기

① 소화기의 능력단위(「소화기구 및 자동소화장치의 화재안전기술기준(NFTC 101)」 1.7.1.6에 따른 수치를 말한다. 이하 같다)는 A급 화재는 개당 3단위 이상, B급 화재는 개당 5단위 이상 및 C급 화재에 적응성이 있는 것으로 할 것

② 소화기 한대의 총중량은 사용 및 운반의 편리성을 고려하여 7 ㎏ 이하로 할 것

③ 소화기는 사람이 출입할 수 있는 출입구(환기구, 작업구를 포함한다) 부근에 5개 이상 설치할 것

④ 소화기는 바닥면으로부터 1.5 m 이하의 높이에 설치할 것

⑤ 소화기의 상부에 "소화기"라고 표시한 조명식 또는 반사식의 표지판을 부착하여 사용자가 쉽게 알 수 있도록 할 것

해 설 **지하구 소화기 설치 내용**

① 지하구의 규모와 상관없이 사람의 출입이 가능한 출입구(환기구, 작업구를 포함) 부근에 5개 이상 설치한다.

② 소화기의 1개 단위수는 A급 3단위 이상, B급 5단위 이상 및 C급 적응성이 있는 것으로 한다.

③ 소화기의 1개의 무게는 7㎏ 이하로 한다.

나. 가스 · 분말 · 고체에어로졸 · 캐비닛형 자동소화장치

지하구 내 발전실 · 변전실 · 송전실 · 변압기실 · 배전반실 · 통신기기실 · 전산기기실 · 기타 이와 유사한 시설이 있는 장소 중 바닥면적이 300 ㎡ 미만인 곳에는 유효설치 방호체적 이내의 가스 · 분말 · 고체에어로졸 · 캐비닛형 자동소화장치를 설치해야 한다. 다만, 해당 장소에 물분무등소화설비를 설치한 경우에는 설치하지 않을 수 있다.

다. 소공간용 소화용구

제어반 또는 분전반마다 가스 · 분말 · 고체에어로졸 자동소화장치 또는 유효설치 방호체적 이내의 소공간용 소화용구를 설치해야 한다.

라. 자동소화장치

케이블접속부(절연유를 포함한 접속부에 한한다)마다 다음의 어느 하나에 해당하는 자동소화장치를 설치하되 소화성능이 확보될 수 있도록 방호공간을 구획하는 등 유효한 조치를 해야 한다.

① 가스 · 분말 · 고체에어로졸 자동소화장치

② 중앙소방기술심의위원회의 심의를 거쳐 소방청장이 인정하는 자동소화장치

지하구의 길이 1,500m 인 장소에 사람이 출입할 수 있는 출입구 2곳과 환기구 3곳이 있다.
필요한 최소한의 소화기 개수는?
(단 지하구에는 A, B, C급 화재에 적응하는 소화기를 비치해야 하며, A급, B급 각각 5단위 소화기로 한다)

해 설

소화기 개수 : 출입구 및 환기구 개수 × 5개
【출입구(2곳) + 환기구(3곳)】 × 5개 = **25개**

∴ 5단위 분말(ABC)소화기 25개

고체에어로졸 자동소화장치
(소공간 자동소화장치)

캐비닛형
자동소화장치

12. 투척용 소화기

화재가 발생한 장소에 소화기를 던져서 불을 끄는 소화기를 투척용소화기라 한다. 소화기의 재질은 유리 등으로서 던지면 쉽게 깨지는 것으로 만들어져 있다. 화염속에서 소화약제가 냉각작용과 산소를 차단하며, 연소의 연쇄반응을 차단하여 화재를 소화하게 된다.

가. 투척용소화기를 설치할 수 있는 장소(설치해야 하는 의무 장소는 아니다)

소방시설설치 및 관리에관한법률 시행령 별표4

노유자시설에는 모두 설치할 수 있으며, 노유자시설의 종류는 아래와 같다.

시행령 별표2

① **노인 관련 시설** : 「노인복지법」에 따른 노인주거복지시설, 노인의료복지시설, 노인여가복지시설, 주·야간보호서비스나 단기보호서비스를 제공하는 재가노인복지시설(「노인장기요양보험법」에 따른 장기요양기관을 포함한다), 노인보호전문기관, 노인일자리지원기관, 학대피해노인 전용쉼터, 그 밖에 이와 비슷한 것

② **아동 관련 시설** : 「아동복지법」에 따른 아동복지시설, 「영유아보육법」에 따른 어린이집, 「유아교육법」에 따른 유치원[제8호가목1)에 따른 학교의 교사 중 병설유치원으로 사용되는 부분을 포함한다], 그 밖에 이와 비슷한 것

③ **장애인 관련 시설** : 「장애인복지법」에 따른 장애인 거주시설, 장애인 지역사회재활시설(장애인 심부름센터, 한국수어통역센터, 점자도서 및 녹음서 출판시설 등 장애인이 직접 그 시설 자체를 이용하는 것을 주된 목적으로 하지 않는 시설은 제외한다), 장애인 직업재활시설, 그 밖에 이와 비슷한 것

④ **정신질환자 관련 시설** : 「정신건강증진 및 정신질환자 복지서비스 지원에 관한 법률」에 따른 정신재활시설(생산품 판매시설은 제외한다), 정신요양시설, 그 밖에 이와 비슷한 것

⑤ **노숙인 관련 시설** : 「노숙인 등의 복지 및 자립지원에 관한 법률」 제2조제2호에 따른 노숙인복지시설(노숙인일시보호시설, 노숙인자활시설, 노숙인재활시설, 노숙인요양시설 및 쪽방상담소만 해당한다), 노숙인종합지원센터 및 그 밖에 이와 비슷한 것

⑥ **가목부터 마목까지에서 규정한 것 외에** 「사회복지사업법」에 따른 사회복지시설 중 결핵환자 또는 한센인 요양시설 등 다른 용도로 분류되지 않는 것

나. 소화기 설치 수량

소화기구 및 자동소화장치 화재기술기준에 따라 <u>산정된 소화기 수량의 2분의 1이상으로 설치할 수 있다.</u>
예를 들어 노인의료복지시설 건출물에 3단위 소화기를 계산하여 10개 필요하다면, 5개에 해당되는 15 능력단위(5개 × 3단위) 또는 그 이상의 소화기를 투척용소화기로 설치할 수 있다.
그러나 필수적으로 투척용소화기를 설치하지 않아도 된다.

- - - - - - - - - - - - -
투척(投擲) : 던지다

다. 투척용소화기 사용방법

① 소화기의 커버를 벗긴다.
② 소화기를 꺼낸다.
③ 불을 향하여 불속에 던진다.

커버를 벗긴다   약제를 꺼낸다   불을 향해 던진다

라. 투척용소화기 성분 등

① 적응화재 : A급 화재

② 소화방법

냉각작용과 수성막포제에 의한 산소차단 작용을 동시에 수행하며, 던져 깨진 앰플의 소화액이 기화되며, 연소물을 냉각한다. 소화약제의 인산암모늄이 암모니아가스와 탄산가스를 발생하여 연쇄 화학반응을 억제한다. 중탄산암모늄과 열에 의해 발생한 탄소가 산소를 차단한다.

③ 주성분

요소 25중량%, 염화암모늄 5중량%, 무수탄산소다 10중량%, 규산나트륨 5중량%, 황산암모늄 20중량%, 소명반 5중량%, 에틸렌글리콜 20중량%, 수성막포제 10중량%
(제조회사에 따라 성분의 내용이 조금씩 다르다)
소화기 검정기준의 내용 - 소화약제의 성분 및 성질 : 소화탄의 소화약제는 불연성 성분(요소, 암모늄염, 알카리금속류의 염화물, 탄산염, 중탄산염, 황산염 또는 인산염 등)을 함유하는 용액

④ 무인無人 화재시

사람이 없는 곳에는 화재가 발생한 장소에서 화재의 열에 의하여 90~100°C 사이에 소화기가 깨져 소화기능을 한다.

투척용소화기

2) 자동소화장치

소화약제를 자동으로 방사하는 고정된 소화장치를 자동소화장치라 하며 종류는 다음과 같다.

1. 주거용 주방자동소화장치
2. 상업용 주방자동소화장치
3. 캐비닛형 자동소화장치
4. 가스 자동소화장치
5. 분말 자동소화장치
6. 고체에어로졸 자동소화장치

소화약제 저장용기

방출구

가스차단밸브

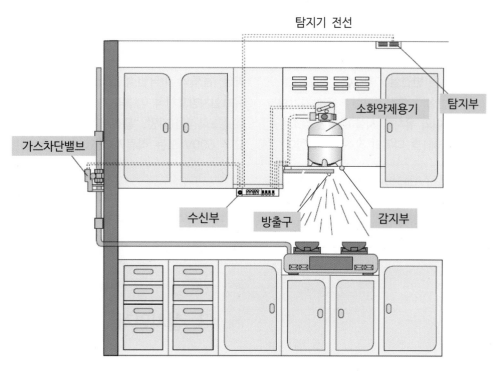

주거용 주방자동소화장치

Ⅰ. 주거용 주방자동소화장치

1. 개 요

아파트 주방 및 오피스텔의 각 실별 주방의 가스(전기)렌지에서 조리중인 냄비 등의 화재를 소화할 목적으로 렌지 윗 부분에 소화약제가 방출되는 헤드를 설치하는 소화기로서, 소화기능 및 가스누설탐지, 화재경보 그리고 가스공급의 차단기능도 할 수 있도록 만든 소화기이다.

아파트의 주방 전체를 소화할 목적으로 설치하는 소화기는 아니다. 소화기의 소화능력은 조리중인 냄비, 후라이팬 등의 화재를 소화하며, 주방전체를 소화할 수 있는 능력이 되지 못한다.

2. 자동소화장치를 설치해야 하는 장소

소방시설설치 및 관리에관한법률행령 별표4

가. 주거용 주방자동소화장치를 설치해야 하는 장소 : 아파트등 및 오피스텔의 모든 층

나. 캐비닛형 자동소화장치, 가스자동소화장치, 분말자동소화장치 또는 고정에어로졸자동소화장치를 설치해야 하는 장소

장소	설치하는 소방시설
발전실 · 변전실 · 송전실 · 변압기실 · 배전반실 · 통신기기실 · 전산기기실 · 기타 이와 유사한 시설이 있는 장소 다만, 제1호 다목의 장소를 제외한다.	해당 용도의 바닥면적 50㎡마다 적응성이 있는 소화기 1개 이상 또는 유효설치방호체적 이내의 가스 · 분말 · 고체에어로졸 자동소화장치, 캐비닛형 자동소화장치(다만, 통신기기실 · 전자기기실을 제외한 장소에 있어서는 교류 600V 또는 직류750V 이상의 것에 한한다)
위험물안전관리법시행령 별표1에 따른 지정수량의 1/5 이상 지정수량 미만의 위험물을 저장 또는 취급하는 장소	능력단위 2단위 이상 또는 유효설치방호체적 이내의 가스 · 분말 · 고체 에어로졸 자동소화장치, 캐비닛형자동소화장치

3. 설치면제

소방시설설치 및 관리에관한법률행령 별표5

자동소화장치(주거용 주방자동소화장치 및 상업용 주방자동소화장치는 제외한다)를 설치해야 하는 특정소방대상물에 물분무등소화설비를 화재안전기준에 적합하게 설치한 경우에는 그 설비의 유효범위(해당 소방시설이 화재를 감지 · 소화 또는 경보할 수 있는 부분을 말한다)에서 설치가 면제된다.

4. 주거용 주방자동소화장치 설치기준

소화기구 및 자동소화장치의 화재안전기술기준 4조 ②

가. 소화약제 방출구는 환기구(주방에서 발생하는 열기류 등을 밖으로 배출하는 장치를 말한다)의 청소부분과 분리되어 있어야 하며, 형식승인 받은 유효설치 높이 및 방호면적에 따라 설치할 것

나. 감지부는 형식승인 받은 유효한 높이 및 위치에 설치할 것

다. 차단장치(전기 또는 가스)는 상시 확인 및 점검이 가능하도록 설치할 것

라. 가스용 주방자동소화장치를 사용하는 경우 탐지부는 수신부와 분리하여 설치하되, 공기보다 가벼운 가스를 사용하는 경우에는 천장 면으로부터 30 ㎝ 이하의 위치에 설치하고, 공기보다 무거운 가스를 사용하는 장소에는 바닥 면으로부터 30 ㎝ 이하의 위치에 설치할 것

마. 수신부는 주위의 열기류 또는 습기 등과 주위온도에 영향을 받지 않고 사용자가 상시 볼 수 있는 장소에 설치할 것

5. 종류

가. 주방의 사용 열원에 따른 소화기 종류
가스식, 전기식, 하이브리드식

나. 소화기 작동방식에 따른 소화기 종류
가압식, 축압식

물분무등소화설비 : 물분무등소화설비, 물분무소화설비, 미분무소화설비, 포소화설비, 이산화탄소소화설비, 할론소화설비, 할로겐화합물 및 불활성기체(다른 원소와 화학반응을 일으키기 어려운 기체를 말한다) 소화설비, 분말소화설비, 강화액소화설비, 고체에어로졸소화설비(소방시설설치및관리에관한 법률 시행령 별표1에 있음)

6. 부 품

가. 감지부

화재의 발생을 감지(인식)하는 부품이며 자동화재탐지설비에서의 감지기와 같은 기능을 한다.
감지부는 형식승인 받은 유효한 높이 및 위치에 설치한다.

나. 방출구

화재 발생시에 소화약제를 방사하는 헤드를 말하며, 그림과 같이 가스렌지 후드 밑부분에 주로 설치한다.
소화약제 방출구는 환기구(주방에서 발생하는 열기류 등을 밖으로 배출하는 장치를 말한다)의 청소부분과 분리되어 있어야 하며, 형식승인 받은 유효설치 높이 및 방호면적에 따라 설치할 것

다. 수신부

주방용 자동소화장치의 작동을 제어하는 기기로서 설치하는 위치는 주위의 열기류 또는 습기 등과 주위온도에 영향을 받지 않고 사용자가 상시 볼 수 있는 장소에 설치해야 한다.

수신부

주방배관의 개폐밸브

방출구   감지부

감지부

후드(hood) : 연기, 냄새를 배출시키기 위하여 가스대 위에 장치한 공기 배출 장치

라. 차단장치

차단장치(전기 또는 가스)는 상시 확인 및 점검이 가능하도록 설치할 것
아파트등의 주방에 열원(가스 또는 전기)의 종류에 적합한 것을 설치하고, 열원을 차단할 수 있는 차단장치를 설치할 것.

마. 탐지부

주방의 가스가 새는 것을 탐지(인식)하는 부품으로서 LPG(액화석유가스)등 공기보다 무거운 가스를 사용하는 곳에는 가스가 누설하면 주방의 바닥부분에 먼저 머물기 때문에 탐지부를 바닥부근에 설치하며, LNG(액화석유가스)등 공기보다 가벼운 가스를 사용하는 곳에는 가스가 누설하면 먼저 천장부분에 머물기 때문에 탐지부를 천장 부근에 설치한다.

탐지부는 수신부와 분리하여 설치하되, 공기보다 가벼운 가스를 사용하는 경우에는 천장 면으로부터 30 ㎝ 이하의 위치에 설치하고, 공기보다 무거운 가스를 사용하는 장소에는 바닥 면으로부터 30 ㎝ 이하의 위치에 설치할 것

바. 소화약제 저장용기

소화약제가 담겨있는 용기로서 축압식소화기는 압력지시계와 솔레노이드밸브가 있으며, 가압식소화기는 솔레노이드 밸브와 가압용가스용기가 설치되어 있다. 소화약제는 강화액을 주로 사용한다.

탐지부

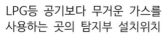

LNG등 공기보다 가벼운 가스를
사용하는 곳의 탐지부 설치위치

LPG등 공기보다 무거운 가스를
사용하는 곳의 탐지부 설치위치

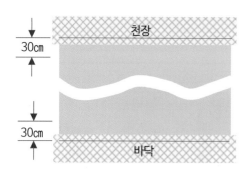

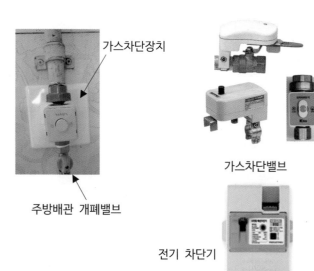

가스차단장치

주방배관 개폐밸브

가스차단밸브

전기 차단기

용기밸브

감지부

방출구(헤드)

차단(遮斷) : 가스의 이동(공급)을 막는 것
탐지(探知) : 찾아서 알아내는 것

7. 작동순서

가. 화재가 발생한 경우

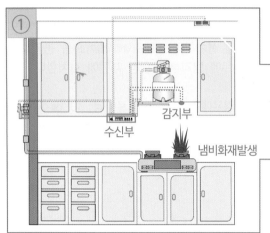

① 냄비에 화재가 발생하여 화재열에 의하여 1차 감지부(1차온도 감지 95~100도)가 작동하면 수신부에 작동신호가 전달된다.

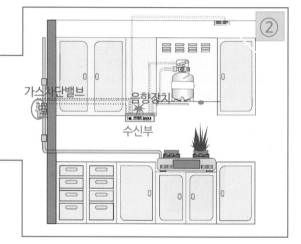

② 수신부내에 설치된 음향장치에서 화재경보음이 발생한다.
수신부에서 가스/전기 차단한다

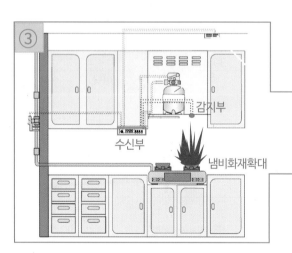

③ 냄비의 화재열에 의하여 2차 감지부(2차온도 감지 130~140도)가 작동하면 수신부에 작동신호가 전달된다.

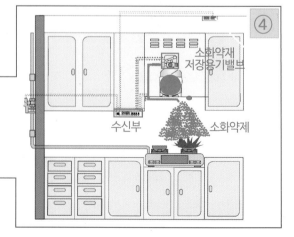

④ 수신부에서는 소화약제 용기밸브에 신호를 보내며, 소화약제저장 용기밸브가 열려 소화기안에 들어 있는 소화약제가 배관을 거쳐 헤드로 소화약제가 방사된다.

나. 주거용 주방자동소화장치 작동 흐름도

축압식

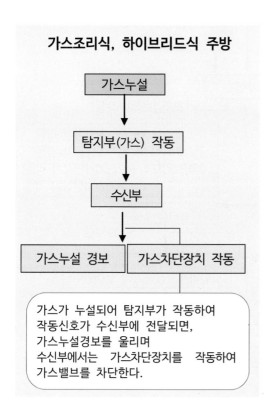

가스조리식, 하이브리드식 주방

가스누설

↓

탐지부(가스) 작동

↓

수신부

↓

가스누설 경보 　 가스차단장치 작동

가스가 누설되어 탐지부가 작동하여 작동신호가 수신부에 전달되면, 가스누설경보를 울리며 수신부에서는 가스차단장치를 작동하여 가스밸브를 차단한다.

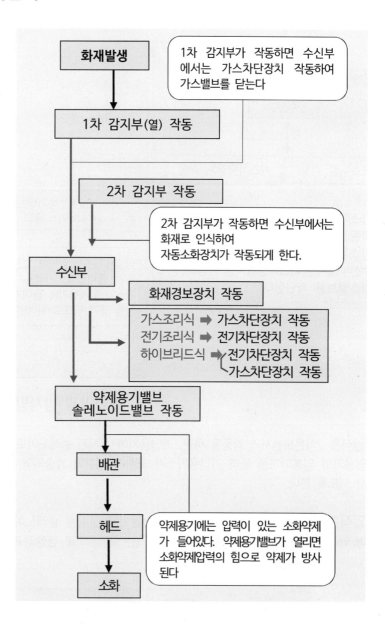

화재발생

1차 감지부가 작동하면 수신부에서는 가스차단장치 작동하여 가스밸브를 닫는다

↓

1차 감지부(열) 작동

2차 감지부 작동

2차 감지부가 작동하면 수신부에서는 화재로 인식하여 자동소화장치가 작동되게 한다.

수신부

화재경보장치 작동

가스조리식 ➡ 가스차단장치 작동
전기조리식 ➡ 전기차단장치 작동
하이브리드식 ➡ 전기차단장치 작동
　　　　　　　　 가스차단장치 작동

약제용기밸브 솔레노이드밸브 작동

↓

배관

↓

헤드

↓

소화

약제용기에는 압력이 있는 소화약제가 들어있다. 약제용기밸브가 열리면 소화약제압력의 힘으로 약제가 방사된다

주방 조리방식에 대한 차단장치 작동내용

주방 조리방식	1차 감지부 작동후 작동내용	2차 감지부 작동후 작동내용
가스조리식	가스차단장치 작동	소화약제 방출
전기조리식	전기차단장치 작동	
하이브리드식 (전기레인지+가스레인지)	전기차단장치 작동, 가스차단장치 작동	

가압식

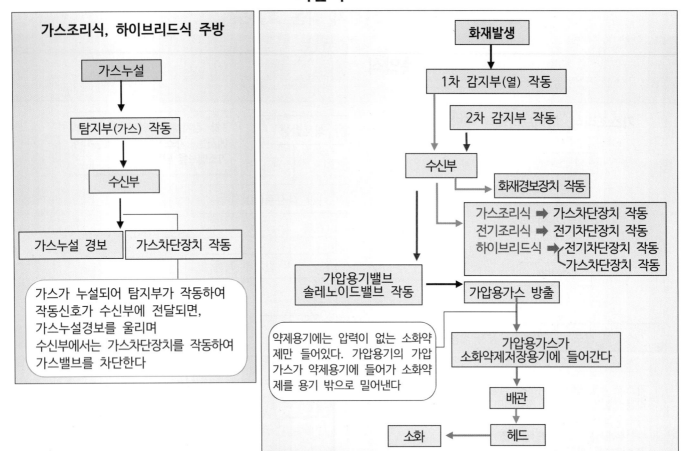

가스조리식, 하이브리드식 주방

가스누설 → 탐지부(가스) 작동 → 수신부 → 가스누설 경보 / 가스차단장치 작동

가스가 누설되어 탐지부가 작동하여 작동신호가 수신부에 전달되면, 가스누설경보를 울리며 수신부에서는 가스차단장치를 작동하여 가스밸브를 차단한다

화재발생 → 1차 감지부(열) 작동 → 2차 감지부 작동 → 수신부 → 화재경보장치 작동

가스조리식 ➡ 가스차단장치 작동
전기조리식 ➡ 전기차단장치 작동
하이브리드식 ➡ 전기차단장치 작동 / 가스차단장치 작동

가압용기밸브 솔레노이드밸브 작동 → 가압용가스 방출 → 가압용가스가 소화약제저장용기에 들어간다 → 배관 → 헤드 → 소화

약제용기에는 압력이 없는 소화약제만 들어있다. 가압용기의 가압가스가 약제용기에 들어가 소화약제를 용기 밖으로 밀어낸다

소화약제 방사방법

가압식은 2차온도센서가 작동을 하면, 가압용기에 설치된 솔레노이드밸브가 작동하여 파괴핀이 가압용기의 밀봉마개를 뚫어 가압용가스가 소화기 내부에 방출되어 약제 저장용기 내의 약제를 밖으로 밀어내어 노즐로 분사 되도록 한다.

축압식은 2차온도센서가 작동을 하면, 저장용기에 설치된 솔레노이드밸브가 작동하여 파괴핀이 저장용기의 밀봉마개를 뚫어 약제가 노즐로 분사 된다.(대부분의 소화기는 축압식으로 생산되고 있다)

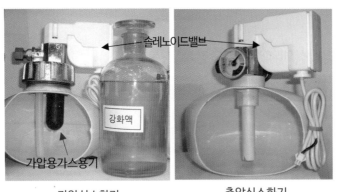

가압식소화기   축압식소화기

8. 작동점검 방법

가. 가스누설탐지부 작동점검

점검용 가스를 가스누설탐지부에 뿌린다.

(확인할 내용)

① 화재 경보음이 울리는지 확인한다.

② 가스누설차단밸브가 작동하는지 확인한다.

　　(가스차단밸브가 닫힌다)

나. 가스누설차단밸브 작동시험

(작동시험방법 3가지)

① 수동작동버턴을 눌러 작동이 되는지 확인하는 방법

② 온도 감지센서에 가열시험을 하여 1차감지온도에서 가스 차단밸브가 작동하는지 점검하는 방법

③ 가스누설탐지부의 작동시험으로 가스 차단밸브가 작동하는지 점검방법

다. 예비전원시험 (시험방법 2가지)

① 예비전원 점검버턴을 눌러 점검한다.

② 전원의 플러그를 뽑는 방법

　　(플러그를 뽑으면 수신부의 예비전원램프가 켜지면 정상이다)

라. 감지부 시험

감지센서에 가열시험기로 가열하여 작동하는 방법으로서,

축압형소화기는,

1차 감지하면 경보 및 가스차단밸브 작동,

2차 감지하면 소화약제가 방출된다.

(감지부의 직접시험은 약제방출의 우려가 있으므로 저장용기밸브의 솔레노이드밸브를 분리하고 작동시험을 하는 방법과 수신부에서 2차감지하여 소화기용기밸브 작동 출력신호를 보내는 회로를 차단하여 1차, 2차 감지의 시험을 할 수 있으나 조심스런 시험이다)

가압형소화기는 저장용기밸브의 솔레노이드밸브를 분리해 놓고 감지부를 작동시켜 파괴핀이 작동하는지 확인한다.

마. 수신부 점검

수신부에서 자동점검 기능이 있어 가스센스나 온도센스 및 예비전원에 이상이 생기면 자동으로 등이 켜지며, 소화기 상태의 이상이 있을 경우 경보음이 울린다.

바. 약제 저장용기 점검

자동소화장치는 축압형과 가압형이 있다.

소화약제는 강화액을 주로 사용한다.

축압식소화기는 지시 압력계가 설치되어 있으며, 압력지시계가 녹색의 범위내에 있는지를 확인한다.

가압형소화기는 가압설비(가압용가스용기, 솔레노이드밸브) 및 약제상태를 점검한다.

사. 전기차단장치 작동시험

1차감지온도에서 전기차단장치가 작동하는지 작동점검한다.

소화기를 점검할 때에는 소화약제의 압력이 정상적인지 확인해야 한다.
압력이 빠져 노란색부분에 <u>게기지시침</u>이 있을 때에는 즉시 소화기를 교체 또는 충전해야 한다.

Ⅱ. 고체에어로졸 자동소화설비(장치)

1. 개요

로켓의 고체연료기술을 응용한 에어로졸 설비는 특수성분의 고체 화합물 연소 시 발생하는 고농도 화학물질 소화성분을 에어로졸 형태로 방사하여 화재를 부촉매효과로 연소의 연쇄반응을 차단하여 화재를 소화한다. 열, 연기 또는 불꽃 등을 자동으로 감지하여 에어로졸의 소화약제를 방사하여 소화하는 소화장치를 말한다. 에어로졸의 라디칼이 O,H,OH 라디칼과 반응하여 화재가 진압된다. 화재소화후 소화장치의 소화액 잔존물이 없다.

연동형 자동소화장치
(화재감지장치 : 감지기)

2. 종류

가. 기계식(유리벌브 작동장치)
　　EPS(전기설비)실, TPS(통신설비)실, MDF(주배전반)실과 같은
　　소규모의 장소 및 분전반 판넬 등에 설치한다.

나. 전기식
　　규모가 큰 장소에 설치한다.

단독형 자동소화장치
(화재감지장치 : 유리벌브식)

3. 소화원리

화염에서 산소(O_2) 와 수소(H_2) 분해되어 수산화기(-OH) 생성 확산한다. 칼륨 원소(K)가 O, H 및 OH와 융합됨으로써 질식소화 작용과 무관하게 산소농도의 저하없이 화학적인 방법으로 화재를 소화한다.

4. 작동원리

가. 기계식(유리벌브형) 작동장치
화재의 열에 의해 유리벌브가 팽창하여 개방(파괴)되며 막혀 있던 헤드 부분이 열려 소화약제가 방사된다.

나. 전기식 작동장치
자동소화장치 작동용 감지기가 작동하여 수신기 신호에 의해 소화 약제 저장용기 밸브가 개방되어 소화약제가 방사된다.

유리벌브 작동장치
전기 작동장치
소화약제
냉각제
에어로졸

EPS(Electrical Piping Shaft) : 전기실
TPS(Telecommunication Pipe Shaft) : 통신실
MDF(Main Distribution Frame) : 주배선반

5. 기술기준

가. 일반조건

① 고체에어로졸은 전기 전도성이 없을 것
② 약제 방출 후 해당 화재의 재발화 방지를 위하여 최소 10분간 소화밀도를 유지한다.
③ 고체에어로졸소화설비에 사용되는 주요 구성품은 소방청장이 정하여 고시한 「고체에어로졸자동소화장치의 형식승인 및 제품검사의 기술기준」에 적합한 것일 것
④ 고체에어로졸소화설비는 비상주장소에 한하여 설치한다. 다만, 고체에어로졸소화설비 약제의 성분이 인체에 무해함을 국내·외 국가 공인시험기관에서 인증받고, 과학적으로 입증된 최대허용설계밀도를 초과하지 않는 양으로 설계하는 경우 상주장소에 설치할 수 있다.
⑤ 고체에어로졸소화설비의 소화성능이 발휘될 수 있도록 방호구역 내부의 밀폐성을 확보한다.
⑥ 방호구역 출입구 인근에 고체에어로졸 방출 시 주의사항에 관한 내용의 표지를 설치한다.
⑦ 이 기준에서 규정하지 않은 사항은 형식승인 받은 제조업체의 설계 매뉴얼에 따를 것

나. 설치제외

① 니트로셀룰로오스, 화약 등의 산화성 물질
② 리튬, 나트륨, 칼륨, 마그네슘, 티타늄, 지르코늄, 우라늄 및 플루토늄과 같은 자기반응성 금속
③ 금속 수소화물
④ 유기 과산화수소, 히드라진 등 자동 열분해를 하는 화학물질
⑤ 가연성 증기 또는 분진 등 폭발성 물질이 대기에 존재할 가능성이 있는 장소

다. 고체에어로졸 발생기

① 밀폐성이 보장된 방호구역 내에 설치하거나, 밀폐성능을 인정할 수 있는 별도의 조치를 취할 것
② 천장이나 벽면 상부에 설치하되 고체에어로졸 화합물이 균일하게 방출되도록 설치한다.
③ 직사광선 및 빗물이 침투할 우려가 없는 곳에 설치한다.
④ 고체에어로졸발생기는 다음 각 기준의 최소 열 안전 이격거리를 준수하여 설치한다.
   1. 인체와의 최소 이격거리는 고체에어로졸 방출 시 75 ℃를 초과하는 온도가 인체에 영향을 미치지 않는 거리
   2. 가연물과의 최소 이격거리는 고체에어로졸 방출 시 200 ℃를 초과하는 온도가 가연물에 영향을 미치지 않는 거리
⑤ 하나의 방호구역에는 동일 제품군 및 동일한 크기의 고체에어로졸발생기를 설치한다.
⑥ 방호구역의 높이는 형식승인 받은 고체에어로졸발생기의 최대 설치높이 이하로 한다.

라. 고체에어로졸화합물의 양

방호구역 내 소화를 위한 고체에어로졸화합물의 최소 질량은 다음의 식에 따라 산출한 양 이상으로 계산해야 한다.

$$m = d \times V$$

    m : 필수소화약제량(g)
    d : 설계밀도(g/㎥) = 소화밀도(g/㎥) × 1.3(안전계수)
    소화밀도 : 형식승인 받은 제조사의 설계 매뉴얼에 제시된 소화밀도
    V : 방호체적(㎥)

마. 기동

① 고체에어로졸소화설비는 화재감지기 및 수동식 기동장치의 작동과 연동하여 기계적 또는 전기적 방식으로 작동해야 한다.

② 고체에어로졸소화설비의 기동 시에는 1분 이내에 고체에어로졸 설계밀도의 95 % 이상을 방호구역에 균일하게 방출해야 한다.

③ 고체에어로졸소화설비의 수동식 기동장치는 다음의 기준에 따라 설치해야 한다.
   1. 제어반마다 설치한다.
   2. 방호구역의 출입구마다 설치하되 출입구 인근에 사람이 쉽게 조작할 수 있는 위치에 설치한다.
   3. 기동장치의 조작부는 바닥으로부터 0.8 m 이상 1.5 m 이하의 위치에 설치한다.
   4. 기동장치의 조작부에 보호판 등의 보호장치를 부착한다.
   5. 기동장치 인근의 보기 쉬운 곳에 "고체에어로졸소화설비 수동식 기동장치"라고 표시한 표지를 부착한다.
   6. 전기를 사용하는 기동장치에는 전원표시등을 설치한다.
   7. 방출용 스위치의 작동을 명시하는 표시등을 설치한다.
   8. 50 N 이하의 힘으로 방출용 스위치를 기동할 수 있도록 한다.

④ 고체에어로졸의 방출을 지연시키기 위해 방출지연스위치를 다음의 기준에 따라 설치해야 한다.
   1. 수동으로 작동하는 방식으로 설치하되 누르고 있는 동안만 지연되도록 한다.
   2. 방호구역의 출입구마다 설치하되 피난이 용이한 출입구 인근에 사람이 쉽게 조작할 수 있는 위치에 설치한다.
   3. 방출지연스위치 작동 시에는 음향경보를 발한다.
   4. 방출지연스위치 작동 중 수동식 기동장치가 작동되면 수동식 기동장치의 기능이 우선될 것

바. 음향장치

① 화재감지기가 작동하거나 수동식 기동장치가 작동할 경우 음향장치가 작동한다.

② 음향장치는 방호구역마다 설치하되 해당 구역의 각 부분으로부터 하나의 음향장치까지의 수평거리는 25 m 이하가 되도록 한다.

③ 음향장치는 경종 또는 사이렌(전자식 사이렌을 포함한다)으로 하되, 주위의 소음 및 다른 용도의 경보와 구별이 가능한 음색으로 한다. 이 경우 경종 또는 사이렌은 자동화재탐지설비 · 비상벨설비 또는 자동식사이렌설비의 음향장치와 겸용할 수 있다.

④ 주 음향장치는 화재표시반의 내부 또는 그 직근에 설치한다.

⑤ 음향장치는 다음의 기준에 따른 구조 및 성능의 것으로 한다.
   1. 정격전압의 80 % 전압에서 음향을 발할 수 있는 것으로 한다.
   2. 음량은 부착된 음향장치의 중심으로부터 1 m 떨어진 위치에서 90 dB 이상이 되는 것으로 한다.

⑥ 고체에어로졸의 방출 개시 후 1분 이상 경보를 계속 발한다.

사. 화재감지기

① 고체에어로졸소화설비에는 다음의 감지기 중 하나를 설치한다.
   1. 광전식 공기흡입형 감지기
   2. 아날로그 방식의 광전식 스포트형 감지기
   3. 중앙소방기술심의위원회의 심의를 통해 고체에어로졸소화설비에 적응성이 있다고 인정된 감지기

② 화재감지기 1개가 담당하는 바닥면적은 「자동화재탐지설비 및 시각경보장치의 화재안전기술기준」의 2.4.3의 규정에 따른 바닥면적으로 한다.

아. 방호구역의 자동폐쇄장치

고체에어로졸소화설비의 방호구역은 고체에어로졸소화설비가 기동할 경우 다음 기준에 따라 자동적으로 폐쇄되어야 한다.
1. 방호구역 내의 개구부와 통기구는 고체에어로졸이 방출되기 전에 폐쇄되도록 한다.
2. 방호구역 내의 환기장치는 고체에어로졸이 방출되기 전에 정지되도록 한다.
3. 자동폐쇄장치의 복구장치는 제어반 또는 그 직근에 설치하고, 해당 장치를 표시하는 표지를 부착한다.

자. 비상전원

고체에어로졸소화설비에는 자가발전설비, 축전지설비(제어반에 내장하는 경우를 포함한다. 이하 같다) 또는 전기저장장치(외부 전기에너지를 저장해 두었다가 필요한 때 전기를 공급하는 장치. 이하 같다)에 따른 비상전원을 다음의 기준에 따라 설치해야 한다. 다만, 2 이상의 변전소(「전기사업법」 제67조에 따른 변전소를 말한다. 이하 같다)에서 전력을 동시에 공급받을 수 있거나 하나의 변전소로부터 전력의 공급이 중단되는 때에는 자동으로 다른 변전소로부터 전력을 공급받을 수 있도록 상용전원을 설치한 경우에는 비상전원을 설치하지 않을 수 있다.

1. 점검에 편리하고 화재 및 침수 등의 재해로 인한 피해를 받을 우려가 없는 곳에 설치한다.
2. 고체에어로졸소화설비에 최소 20분 이상 유효하게 전원을 공급한다.
3. 상용전원으로부터 전력의 공급이 중단된 때에는 자동으로 비상전원으로부터 전력을 공급받을 수 있도록 한다.
4. 비상전원의 설치장소는 다른 장소와 방화구획 한다.(제어반에 내장하는 경우는 제외한다). 이 경우 그 장소에는 비상전원의 공급에 필요한 기구나 설비 외의 것(열병합발전설비에 필요한 기구나 설비는 제외)을 두어서는 아니 된다.
5. 비상전원을 실내에 설치하는 때에는 그 실내에 비상조명등을 설치한다.

차. 과압배출구

고체에어로졸소화설비가 설치된 방호구역에는 소화약제 방출 시 과압으로 인한 구조물 등의 손상을 방지하기 위하여 과압배출구를 설치해야 한다.

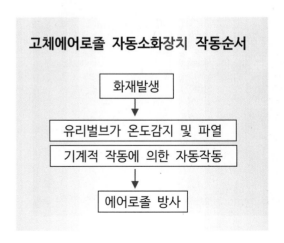

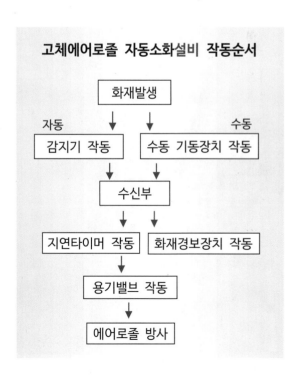

고체에어로졸 자동소화설비 계통도

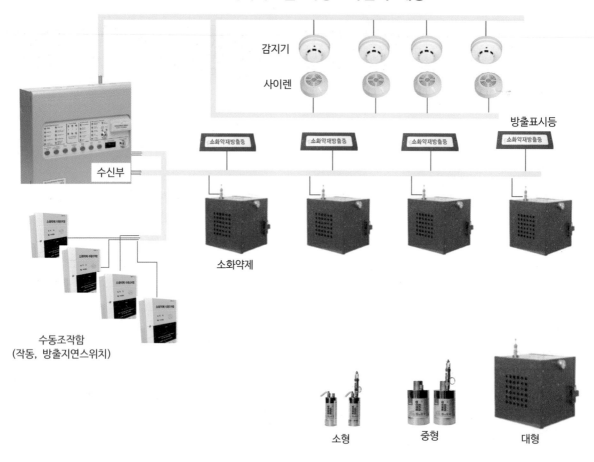

감지기

사이렌

방출표시등

수신부

소화약재방출중 소화약재방출중 소화약재방출중 소화약재방출중

소화약제

수동조작함
(작동, 방출지연스위치)

소형   중형   대형

고체에어로졸 자동소화장치(설비) 설치현장

소화약제 방사

Ⅲ. 분말 자동소화장치

① 개요

소화약제 용기에 분말소화약제(제1인산암모늄-$NH_4H_2PO_4$)를 저장하여 감지기의 작동으로 자동으로 소화약제가 방출되어 소화하는 기기이다.

② 설치장소 근거   소화기구 및 자동소화장치 화재기술기준 표2.1.1.1,   지하구의 화재안전기술기준 2.1.2

가. 발전실 · 변전실 · 송전실 · 변압기실 · 배전반실 · 통신기기실 · 전산기기실 · 기타 이와 유사한 시설이 있는 장소
나. 위험물안전관리법시행령 별표1에 따른 지정수량의 1/5 이상 지정수량 미만의 위험물을 저장 또는 취급하는 장소
다. 지하구의 발전실 · 변전실 · 송전실 · 변압기실 · 배전반실 · 통신기기실 · 전산기기실 · 기타 이와 유사한 시설이 있는 장소
   중 바닥면적이 300㎡ 미만인 곳

③ 소화장치 구조

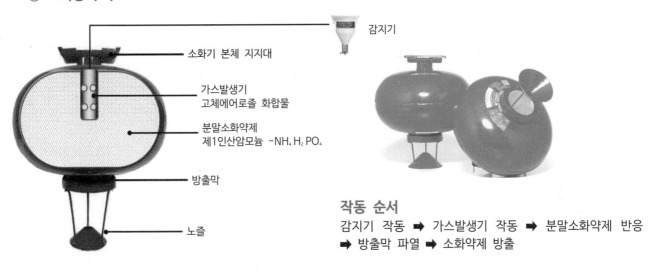

감지기

소화기 본체 지지대

가스발생기
고체에어로졸 화합물

분말소화약제
제1인산암모늄 -$NH_4H_2PO_4$

방출막

노즐

작동 순서
감지기 작동 ➡ 가스발생기 작동 ➡ 분말소화약제 반응
➡ 방출막 파열 ➡ 소화약제 방출

⑤ 설치 현장

작동 순서
화재발생
➡ 열에의해 유리벌브 파열
➡ 소화약제 방출

Ⅳ. 캐비닛형 자동소화장치

소화기구 및 자동소화장치 화재기술기준 표2.1.1.1

1. 분사헤드
설치높이는 방호구역의 바닥으로부터 최소 0.2m 이상 최대 3.7m 이하로 해야 한다. 다만, 별도의 높이로 형식승인 받은 경우에는 그 범위 내에서 설치할 수 있다.

2. 화재감지기
방호구역내의 천장 또는 옥내에 면하는 부분에 설치하되, 자동화재탐지설비 및 시각경보장치의 화재안전성능기준에 적합하도록 설치한다.

3. 작동
방호구역내 화재감지기의 감지에 따라 작동되도록 한다.

4. 화재감지기 회로
감지기회로는 교차회로방식으로 설치한다. 다만, 화재감지기를 다음의 감지기(불꽃감지기, 정온식감지선형감지기, 분포형감지기, 복합형감지기, 광전식분리형감지기, 아날로그방식의감지기, 다신호방식의감지기, 축적방식의감지기)를 설치하는 경우에는 그러하지 아니하다.

5. 감지기 유효작동면적
교차회로내의 각 화재감지기회로별로 설치된 감지기 1개가 담당하는 바닥면적은 자동화재탐지설비 및 시각경보장치의 화재안전성능기준에 의한다.

6. 개구부 및 통기구
개구부 및 통기구(환기장치를 포함한다)를 설치한 것에 있어서는 약제가 방사되기 전에 해당 개구부 및 통기구를 자동으로 폐쇄할 수 있도록 한다. 다만, 가스압에 의하여 폐쇄되는 것은 소화약제방출과 동시에 폐쇄할 수 있다.

7. 설치
작동에 지장이 없도록 견고하게 고정한다.

8. 소화성능
구획된 장소의 방호체적 이상을 방호할 수 있는 소화성능이 있어야 한다.

캐비닛형 자동소화장치

아날로그 analogue : 어떤 수치를 길이라든가 각도 또는 전류라고 하는 연속된 물리량으로 나타내는 일. 예를 들면, 글자판에 바늘로 시간을 나타내는 시계, 수은주의 길이로 온도를 나타내는 온도계 따위가 있다
개구부(開口部) : 집의 창문, 출입문이나 환기구 따위를 통틀어 이르는 말
통기구(通氣口) : 공기가 통하도록 만든 구멍

3) 옥내소화전

1. 개 요

옥내소화전은 건축물 안에서 화재가 발생한 경우에 발생 초기에 신속하게 불을 끌 수 있도록 설치하는 소화설비이다. 소화전 밸브를 열면 물이 나오는 설비로서 소화전까지 배관안에는 항상 물이 들어 있는 자동작동방식과 소화전함의 수동스위치에 의해 작동하는 수동작동방식이 있으나 대부분의 설비는 자동작동방식으로 설치되어 있다.

수원(물탱크), 가압송수장치(펌프등), 배관, 옥내소화전함, 방수구, 송수구, 제어반, 비상전원 등으로 구성되어 있다.

2. 옥내소화전을 설치해야 하는 장소 소방시설설치 및 관리에관한법률시행령 별표4

옥내소화전설비를 설치해야 하는 특정소방대상물은 다음의 어느 하나에 해당하는 것으로 한다. 다만, 위험물 저장 및 처리 시설 중 가스시설, 지하구 및 업무시설 중 무인변전소(방재실 등에서 스프링클러설비 또는 물분무등소화 설비를 원격으로 조정할 수 있는 무인변전소로 한정한다)는 제외한다.

1) 다음의 어느 하나에 해당하는 경우에는 모든 층
   가) 연면적 3천㎡ 이상인 것(지하가 중 터널은 제외한다)
   나) 지하층 · 무창층(축사는 제외한다)으로서 바닥면적이 600㎡ 이상인 층이 있는 것
   다) 층수가 4층 이상인 것 중 바닥면적이 600㎡ 이상인 층이 있는 것

2) 1)에 해당하지 않는 근린생활시설, 판매시설, 운수시설, 의료시설, 노유자 시설, 업무시설, 숙박시설, 위락시설, 공장, 창고시설, 항공기 및 자동차 관련 시설, 교정 및 군사시설 중 국방 · 군사시설, 방송통신시설, 발전시설, 장례시설 또는 복합건축물로서 다음의 어느 하나에 해당하는 경우에는 모든 층
   가) 연면적 1천5백㎡ 이상인 것
   나) 지하층 · 무창층으로서 바닥면적이 300㎡ 이상인 층이 있는 것
   다) 층수가 4층 이상인 것 중 바닥면적이 300㎡ 이상인 층이 있는 것

3) 건축물의 옥상에 설치된 차고 · 주차장으로서 사용되는 면적이 200㎡ 이상인 경우 해당 부분

4) 지하가 중 터널로서 다음에 해당하는 터널
   가) 길이가 1천m 이상인 터널
   나) 예상교통량, 경사도 등 터널의 특성을 고려하여 행정안전부령으로 정하는 터널

5) 1) 및 2)에 해당하지 않는 공장 또는 창고시설로서 「화재의 예방 및 안전관리에 관한 법률 시행령」 별표 2에서 정하는 수량의 750배 이상의 특수가연물을 저장 · 취급하는 것

2-1. 옥내소화전 설치 면제 기준 소방시설설치 및 관리에관한법률시행령 별표5

소방본부장 또는 소방서장이 옥내소화전설비의 설치가 곤란하다고 인정하는 경우로서 호스릴 방식의 미분무소화설비 또는 옥외소화전설비를 화재안전기준에 적합하게 설치한 경우에는 그 설비의 유효범위에서 설치가 면제된다.

2-2. 옥내소화전 방수구 설치제외 장소 옥내소화전설비의 화재안전기술기준 2.8

옥내소화전을 설치하는 장소가 불연재료로 된 특정소방대상물 또는 그 부분으로서 다음의 어느 하나에 해당하는 곳에는 옥내소화전 방수구를 설치하지 않을 수 있다.

　　가. 냉장창고 중 온도가 영하인 냉장실 또는 냉동창고의 냉동실
　　나. 고온의 노가 설치된 장소 또는 물과 격렬하게 반응하는 물품의 저장 또는 취급 장소
　　다. 발전소 · 변전소 등으로서 전기시설이 설치된 장소
　　라. 식물원 · 수족관 · 목욕실 · 수영장(관람석 부분을 제외한다) 또는 그 밖의 이와 비슷한 장소
　　마. 야외음악당 · 야외극장 또는 그 밖의 이와 비슷한 장소

> **참고자료**

건물 전체가 방수구 설치제외 장소에 해당되는 곳에는 옥내소화전설비의 설치가 면제되는 장소가 된다.

공동주택은 호스릴(hose reel) 방식으로 설치해야 한다. (공동주택 화재안전성능기준 제6조 - 24.1.1시행)

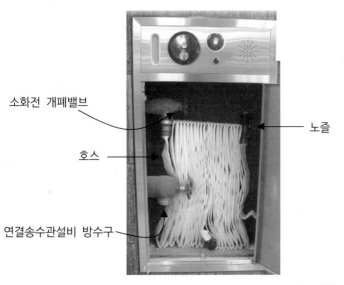 

소화전 개폐밸브
노즐
호스
연결송수관설비 방수구

옥내소화전함

3. 설비 형태별 분류

가. 가압방식

옥내소화전설비 배관 안의 물에 압력이 있게 하여 불을 끌 수 있는 압력수를 만드는 방법에 따라 설비의 형태를 분류하면 아래와 같다.

① 가압송수장치를 이용하는 방식

㉮ 전동기펌프를 사용하는 방식(Pump type)
전동기펌프를 가압송수장치로 사용하는 형태로서 대부분의 장소에서 사용되고 있다.
사용이 편리하며 설치장소 및 경제적인 면에서 다른 방식보다 비교우위에 있어 가장 많이 사용하고 있다.
그러나 동력은 전력회사의 전기를 사용하므로 정전이나 화재 등으로 전기가 단전이 되었을 경우에는 사용을 하지 못하게 되며 이에 대비하여 가격이 비싼 비상발전기를 설치해야 하는 어려움이 있다.

㉯ 내연기관(엔진)펌프를 사용하는 방식
내연기관 등의 엔진에 펌프를 설치하는 형태로서 전기를 동력으로 사용하지 않고 휘발유, 경유 등으로 엔진을 작동하기 때문에 정전의 사고에도 관계없이 사용할 수 있는 장점이 있지만 설치비용과 설치장소 등에 어려움이 있다

② 고가수조 방식_{高架水槽}, Gravity tank type(중력탱크 형식)
수조(물탱크)를 높은 장소에 설치하여 물탱크와 소화전과의 수직높이에서 발생하는 자연낙차(自然落差)에 의한 압력을 소방시설에 사용하는 방식으로서 펌프 등의 별도의 가압송수장치를 사용하지 않으며 순수한 낙차압력을 이용하는 방식이다.
합리적이고 고장이 날 가능성은 극히 적다, 그러나 수조를 높은 곳에 설치해야하는 어려움이 있으며,
지형이 언덕이나 산 등의 높은 곳에 물탱크를 설치할 수 있는 곳에는 적합한 시설이다.

③ 압력수조 방식(Pressure tank type)
수조를 압력탱크의 형태로 하여 이 압력탱크에 에어컴프레서를 이용하여 공기를 불어 넣어서, 압력탱크 안의 물을 공기가 압력을 더하게 하는 형식으로서 공기의 압력에 의하여 소화설비에 필요한 압력수를 사용하는 방식이다.
압력탱크의 제작비가 많이 들어 실용성이 없으므로 현장에서는 찾기가 힘든다.

④ 가압수조 방식
수조를 압력탱크의 형태로 하여 이 압력탱크에 가압용 기체통을 연결하여 가압용기체(질소, 이산화탄소, 공기등)를 압력탱크에 불어 넣어 압력탱크 내의 물이 소화설비에 필요한 압력을 얻을 수 있도록 한 설비이다.
가압용기 기체를 이용하여 필요한 압력을 얻는 방식으로서 전기가 필요하지 않는 무전원 설비로서 고장이 일어날 가능성은 적고 설비의 작동에 대한 신뢰성은 높다.

가압송수장치(加壓送水裝置) : 압력을 가하여 배관등을 통하여 물을 보내는 기계
에어컴프레서 air compressor : 공기를 대기압 이상의 압력으로 압축하여 압축 공기를 만드는 기계

나. 펌프 작동방식

옥내소화전시설의 펌프작동이 자동으로 작동하느냐 또는 수동스위치에 의해 작동하느냐에 따라 분류한다

① 자동기동(작동) 방식

옥내소화전배관에 항상 물이 들어 있으며 소화전 노즐의 밸브를 열면 물이 나오는 시설이다.
배관의 물 압력이 낮아지면 펌프가 자동으로 작동하는 시설이다.

참고 : 옥내소화전은 자동기동방식으로 설치해야 한다.

(근거 자료 : 옥내소화전설비의 화재안전기술기준 2.2.1.9)

② 수동기동 방식

평소 옥내소화전배관에는 물이 없으며 물이 있어도 고여 있는 물이다. 소화전을 사용할 때 소화전함에 설치된 펌프 작동스위치로 펌프를 작동하는 설비이다.

참고 : 옥내소화전은 예외로 수동기동방식으로도 할 수 있다(근거 자료 : 옥내소화전설비의 화재안전기술기준 2.2.1.9)

> 옥내소화전설비의 화재안전기술기준 2.2.1.9
> 기동장치로는 기동용수압개폐장치 또는 이와 동등 이상의 성능이 있는 것을 설치할 것. 다만, 학교 · 공장 · 창고시설
> (옥상수조를 설치한 대상은 제외한다)로서 동결의 우려가 있는 장소에 있어서는 기동스위치에 보호판을 부착하여
> 옥내소화전함 내에 설치할 수 있다.

옥내소화전함(자동기동방식)　　　　　　　옥내소화전함(수동기동방식)

3-1. 설비 형태별 그림 해설

가. 가압송수장치加壓送水裝置를 이용하는 방식중 전동기펌프를 사용하는 방식

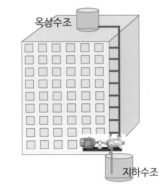

펌프를 낮은층에 설치하는 방식으로서
가장 많이 사용되는 설비방식이다

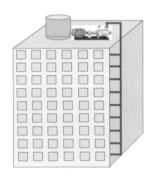

펌프를 옥상에 설치한 장소

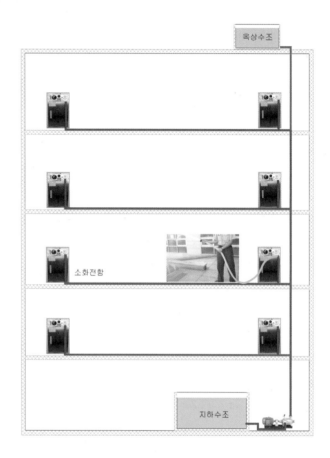

주펌프   충압펌프   압력챔버

나. 가압송수장치를 이용하는 방식중 내연기관(엔진)펌프를 사용하는 방식

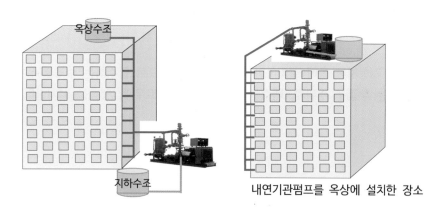

내연기관펌프를 옥상에 설치한 장소

내연기관(엔진)펌프

내연기관(엔진)펌프는 엔진의 동력으로 펌프를 돌려 물을 보내는 시설으로서 전기를 이용하는 전동기펌프와는 다르며 휘발유, 경유 등으로 내연기관을 작동하는 펌프를 말한다.

내연기관의 작동(시동)은 밧데리(축전지)로서 하며, 밧데리가 상용전원常用電源 및 비상전원非常電源의 역할도 함께 하므로 별도의 비상발전기 등의 비상전원이 필요하지 않는다.

평소 전력회사의 전기를 연결하여 밧데리(축전지)에 충전이 되도록 연결하고 있다.

내연기관펌프는 휘발유, 경유 등으로 작동하므로 전력회사의 단전·정전 등의 사고에 대비한 비상전원용의 비상발전기가 필요하지 않는다.

내연기관펌프를 주펌프로 사용하는 곳에서는 충압펌프는 전동기펌프를 주로 설치하며 충압펌프에 대하여 별도로 비상전원을 설치하지 않아도 된다.

【기 준】 옥내소화전설비의 화재안전기술기준 2.2.1.14

내연기관을 사용하는 경우에는 다음 각 목의 기준에 적합한 것으로 한다.

가. 내연기관의 기동은 기동장치를 설치하거나 또는 소화전함의 위치에서 원격조작이 가능하고 기동을 명시하는 적색등을 설치할 것

나. 제어반에 따라 내연기관의 자동기동 및 수동기동이 가능하고, 상시 충전되어 있는 축전지설비를 갖출 것

다. 내연기관의 연료량은 펌프를 20분(층수가 30층 이상 49층 이하는 40분, 50층 이상은 60분) 이상 운전할 수 있는 용량으로 한다.

참고

위 그림과 같이 내연기관펌프를 주펌프로 설치한 현장이 많이 있으나, 문제점(잦은 고장)이 있어 현재의 옥내소화전의 화재안전기술기준 2.2.1에서는 가압송수장치의 주펌프는 전동기펌프를 설치하도록 되어 있다.

엔진(engine) 펌프
내연기관 펌프

다. 고가수조高架水槽 방식(Gravity tank type)

옥내소화전설비의 화재안전기술기준 1.7, 2.2.2.2

"고가수조"란 구조물 또는 지형지물 등에 설치하여 자연낙차의 압력으로 급수하는 수조를 말한다.
고가수조에 설치해야 하는 부품은 수위계, 배수관, 급수관, 오버플로우관, 맨홀을 설치한다

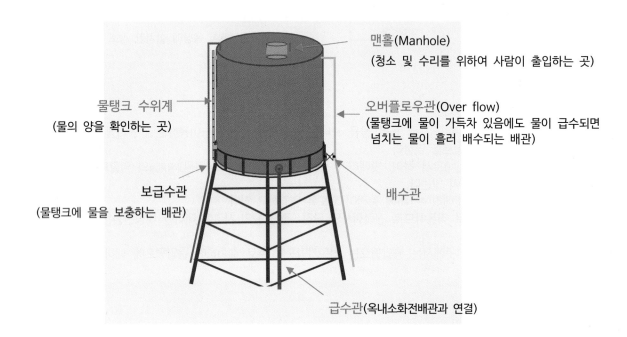

맨홀(Manhole)
(청소 및 수리를 위하여 사람이 출입하는 곳)

물탱크 수위계
(물의 양을 확인하는 곳)

오버플로우관(Over flow)
(물탱크에 물이 가득차 있음에도 물이 급수되면
넘치는 물이 흘러 배수되는 배관)

보급수관
(물탱크에 물을 보충하는 배관)

배수관

급수관(옥내소화전배관과 연결)

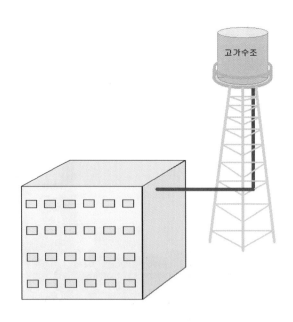

고가수조

라. 압력수조壓力水槽 방식(Pressure tank type)

옥내소화전설비의 화재안전기술기준 2.2.3.2

압력수조 방식은 소화용수와 공기를 채우고 일정압력 이상으로 가압하여 그 압력으로 급수하는 수조를 말한다.

압력수조에 설치해야 하는 부품은 수위계, 급수관, 배수관, 급기관, 맨홀, 압력계, 안전장치 및 압력저하 방지를 위한 자동식공기압축기를 설치한다.

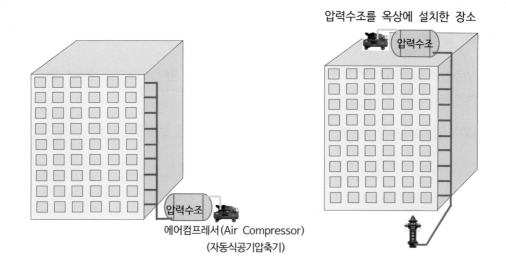

압력수조를 옥상에 설치한 장소

압력수조

에어컴프레서(Air Compressor)
(자동식공기압축기)

마. 가압수조加壓水槽 방식

가압수조 방식은 압축공기 또는 불연성 고압기체 압력의 힘을 이용하여 물탱크 안의 물을 소화용수로 사용할 수 있도록 한 시설이다.

물탱크에 $\frac{2}{3}$ 정도 들어 있는 물을 가압기체(공기등)가 물탱크 안에 들어가서 물에 압력을 가하게 된다.

가압기체는 압력조정기(레귤레이터)를 거쳐 물탱크로 이동하므로 필요한 방수압력은 압력조정기를 조정하면 된다. 압력조정기의 조정압력에 따라 가압가스가 물탱크에 들어가게 되어 있다. 소화전의 노즐이나 스프링클러설비의 헤드로 방수가 되어 물탱크의 압력이 떨어지면 가압용기의 가스는 열려진 압력조정기를 거쳐 자동으로 물탱크에 들어가게 된다.

물탱크안에 조정된 방수압력 만큼 가압기체가 들어오면 압력조정기는 닫히게 된다. 그러므로 배관내 물의 압력은 가압가스와 압력조정기에 의하여 자동으로 유지가 된다.

물탱크의 물이 감소되어 감수스위치가 작동하면 물 보충펌프가 물탱크의 물을 보충하게 된다.

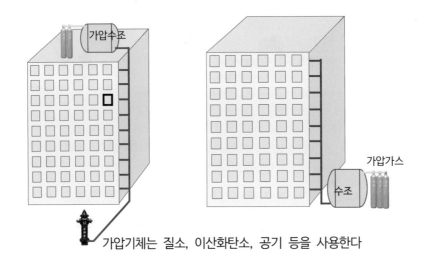

가압기체는 질소, 이산화탄소, 공기 등을 사용한다

압력수조와 가압수조 차이점

내용	압력수조	가압수조
수조(물탱크)형태	압력탱크	압력탱크
물의 압력발생방식	에어컴프레서의 작동하는 공기가 물에 압력을 더한다	기체통 안의 기체가 물에 압력을 더한다
설비의 전기(전원)	에어컴프레서를 작동시키기 위해서는 전기가 필요하다	전기가 필요없다. 그러나 수신기에는 전기가 필요하다
작동의 신뢰성	에어컴프레서의 고장 또는 전기가 정전되면 작동이 되지 않는다	설비의 작동에 전기가 필요하지 않으므로 정전과 상관없이 작동되므로 작동의 신뢰성이 높다

불연성 : 불에 타지 않는 성질

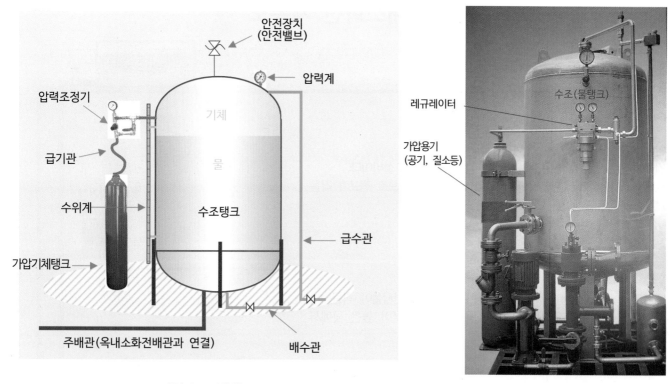

가압수조 방식

가압수조의 기준 옥내소화전설비의 화재안전기술기준 2.2.4

1. 가압수조의 압력은 <u>2.2.1.3</u>에 따른 방수압 및 방수량을 20분 이상 유지되도록 할 것
2. 가압수조 및 <u>가압원</u>은 「건축법 시행령」 제46조에 따른 방화구획 된 장소에 설치할 것
3. 가압수조를 이용한 가압송수장치는 소방청장이 정하여 고시한 「가압수조식가압송수장치의 성능인증 및 제품검사의 기술기준」에 적합한 것으로 설치할 것

2.2.1.3 : 특정소방대상물의 어느 층에 있어서도 해당 층의 옥내소화전(2개 이상 설치된 경우에는 2개의 옥내소화전)을 동시에 사용할 경우 각 소화전의 노즐 선단에서의 방수압력이 0.17 ㎫(호스릴옥내소화전설비를 포함한다) 이상이고, 방수량이 130 L/min(호스릴옥내소화전설비를 포함한다) 이상이 되는 성능의 것으로 할 것. 다만, 하나의 옥내소화전을 사용하는 노즐선단에서의 방수압력이 0.7 ㎫을 초과할 경우에는 호스접결구의 인입 측에 감압장치를 설치해야 한다.

가압원 : 물탱크에 압력을 넣는 기체통

4. 옥내소화전 계통도

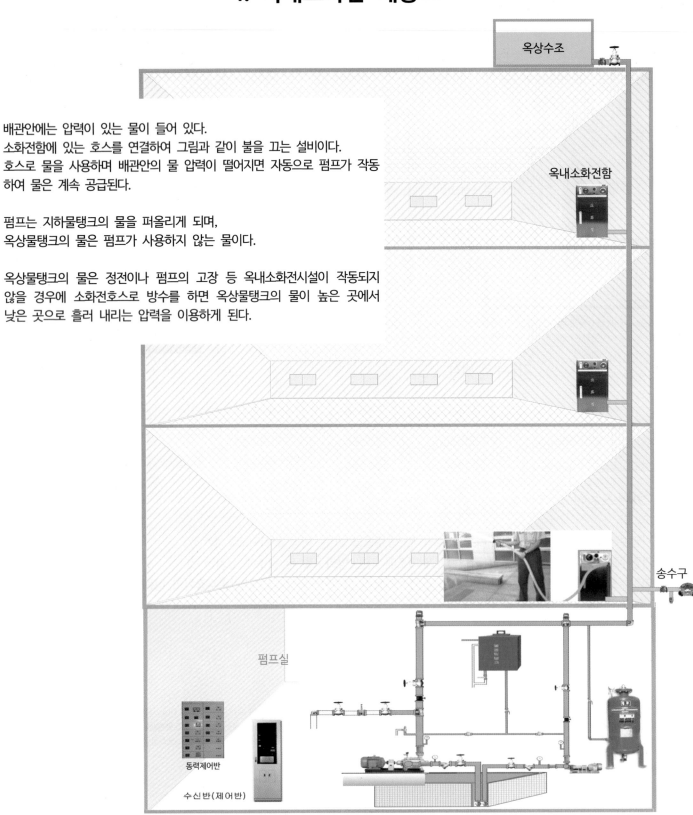

배관안에는 압력이 있는 물이 들어 있다.
소화전함에 있는 호스를 연결하여 그림과 같이 불을 끄는 설비이다.
호스로 물을 사용하며 배관안의 물 압력이 떨어지면 자동으로 펌프가 작동
하여 물은 계속 공급된다.

펌프는 지하물탱크의 물을 퍼올리게 되며,
옥상물탱크의 물은 펌프가 사용하지 않는 물이다.

옥상물탱크의 물은 정전이나 펌프의 고장 등 옥내소화전시설이 작동되지
않을 경우에 소화전호스로 방수를 하면 옥상물탱크의 물이 높은 곳에서
낮은 곳으로 흘러 내리는 압력을 이용하게 된다.

옥상수조

옥내소화전함

송수구

펌프실

동력제어반

수신반(제어반)

4-1. 펌프주변 배관 상세도(물올림탱크가 있는 경우)

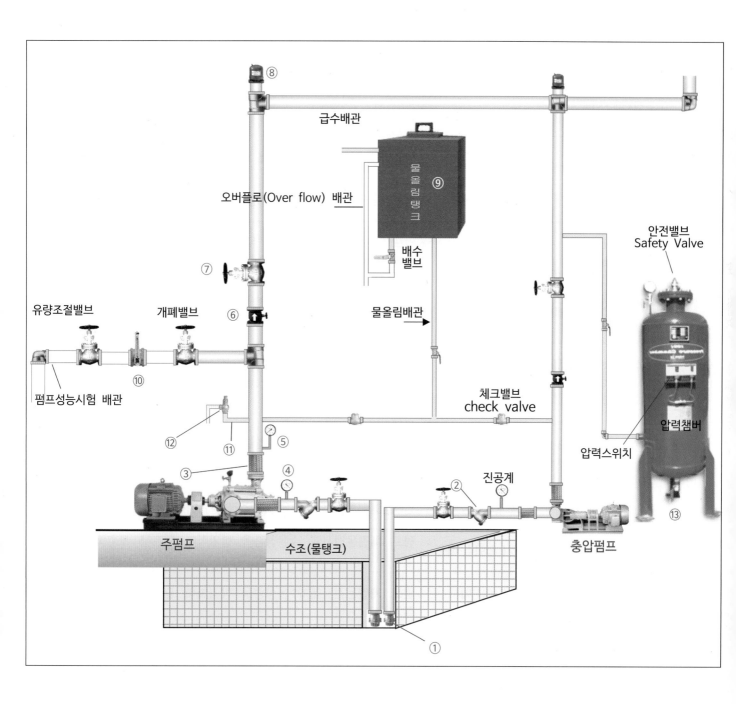

번호	명 칭	기 능	설 치 목 적
①	풋밸브 Foot Valve	체크밸브 및 찌꺼기 여과기능	물탱크가 펌프보다 아래에 설치된 경우 흡입배관의 물이 항시 고여 있도록 하여 펌프가 작동하면 즉시 물을 흡입할 수 있도록 한다
②	스트레이너 Strainer	여과기능	펌프가 물탱크을 물을 흡입할 때 물의 찌꺼기를 걸러 임펠러를 보호한다
③	후렉시블조인트 Flexible Joint	충격흡수	펌프 작동 시의 진동을 배관에 전달되는 것을 흡수하여 배관을 보호한다
④	연성계 (진공계)	흡입압력 표시	펌프의 흡입양정을 알기 위해 설치한다
⑤	압력계 Pressure Guage	배관의 물 압력 표시	펌프성능시험 시에 펌프의 토출압력을 알기 위해서 설치한다
⑥	체크밸브 Check Valve	물의 역류방지기능	펌프 토출측배관 안의 압력을 유지하고 펌프 작동 시 펌프의 기동부하를 줄이기 위한 목적으로 설치한다
⑦	개폐표시형 개폐밸브	밸브의 열고, 닫는 기능	펌프의 수리 및 보수 시에 밸브 2차측의 물을 배수하지 않고 할 수 있으며, 펌프성능시험을 할 때 사용한다
⑧	수격방지기 WHC	배관 내 압력변동 및 수격 흡수 기능	배관내의 급격한 물의 압력 변동 현상을 흡수하여 배관을 보호한다 WHC (Water Hamber Cushion)
⑨	물올림탱크	펌프 임펠러실에 물공급 및 풋밸브에서 펌프사이의 흡입배관에 물 공급	물탱크가 펌프보다 낮은 장소에서 흡입배관의 물이 누수되어 펌프 임펠러실에 물이 없을 때 물올림탱크의 물을 자동으로 공급하여 펌프가 물을 흡입할 수 있도록 한다
⑩	유량계	펌프 유량측정	펌프성응시험을 할 때 유량을 측정하기 위하여 설치한다
⑪	순환배관	체절운전시 압력수 배출	펌프 체절운전시에 수온상승을 방지하여 펌프를 보호하기 위하여 설치한다
⑫	릴리프밸브 Relief valve	체절압력 이하에서 압력수 방출	펌프 체절운전시에 수온상승을 방지하여 펌프를 보호하기 위하여 설치한다
⑬	배수밸브	배수배관 열고 닫는 기능	압력챔버의 공기교체 및 압력챔버의 이물질 제거시에 배수밸브 기능

4-2. 펌프주변 배관 상세도

(압력챔버 대신에 압력스위치를 설치한 경우)

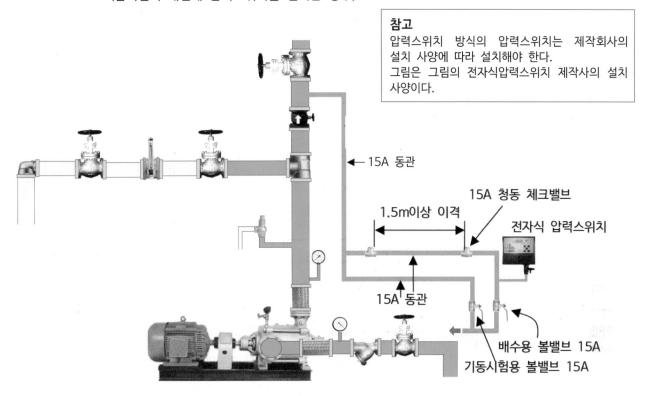

참고
압력스위치 방식의 압력스위치는 제작회사의 설치 사양에 따라 설치해야 한다.
그림은 그림의 전자식압력스위치 제작사의 설치 사양이다.

15A 동관

15A 청동 체크밸브

전자식 압력스위치

1.5m이상 이격

15A 동관

배수용 볼밸브 15A

기동시험용 볼밸브 15A

부르동관 압력계

부르동관 압력계(Bourdon-tube gauge, Bordon gauge)

부르동관은 압력을 재는 데에 쓰는 구부러진 금속관을 말한다. 관은 탄력성이 있어서 내부의 압력에 따라 구부러지는 정도가 달라 압력의 변화를 알 수 있다. 프랑스의 발명가 부르동(Bourdon, E.)이 고안했다.

부르동관 선단의 변화는 관의 내부와 같거나 압력에 비례한다. 이 성질을 이용하여 관의 선단에 변위의 확대 기구를 설치, 압력의 크기를 지시할 수 있도록 한 것이 부르동관 압력계이다

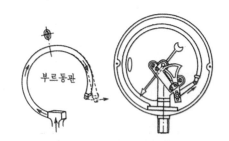

부르동관은 동 또는 황동제로서 그림과 같이 그 단면이 편평한 타원형의 관을 원호상으로 구부려 한쪽 끝을 고정하고 다른 쪽 끝은 폐쇄한 관을 말한다. 부르동관에 그림과 같이 화살표 방향으로부터 물의 압력이 가해지면 그 압력에 비례하여 점선과 같이 퍼져서 직선으로 되고 압력이 떨어지면 원래되로 구부러진다. 이 부르동관의 성질을 이용하여 그 변형 정도를 확대하여 눈금판 위에 나타내도록 한 압력계를 말한다.

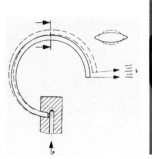

압력계 내부 모습

4-2. 펌프주변 배관 계통도(물올림탱크가 있는 경우)

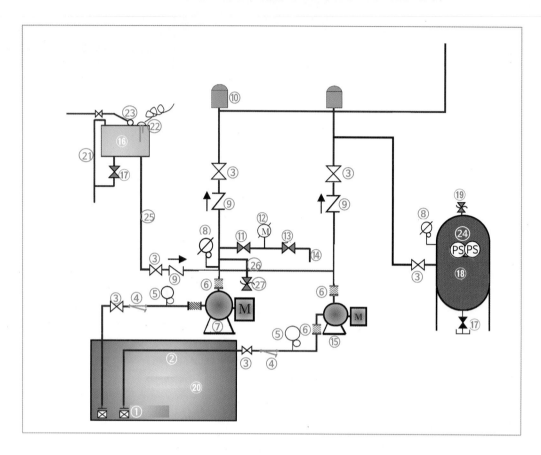

번호	명칭	번호	명칭	번호	명칭
①	풋밸브 foot valve	⑩	수격 방지기 水擊 부딪칠격	⑲	안전밸브
②	흡입배관	⑪	개폐밸브	⑳	수조(물탱크)
③	개폐밸브	⑫	유량계	㉑	오브플로우 over flow배관
④	스트레이너(여과기) strainer	⑬	유량조절 밸브	㉒	감수減水경보 장치
⑤	진공계	⑭	펌프성능시험 배관	㉓	볼탭 ball tap
⑥	플렉시블조인트 flexible joint	⑮	충압펌프	㉔	압력스위치
⑦	주펌프	⑯	물올림 탱크	㉕	물올림 배관
⑧	압력계	⑰	배수밸브	㉖	순환배관
⑨	체크밸브 check Valve	⑱	압력챔버	㉗	릴리프 밸브 relief valve

4-3. 펌프주변 배관 계통도(물올림탱크가 없는 경우)

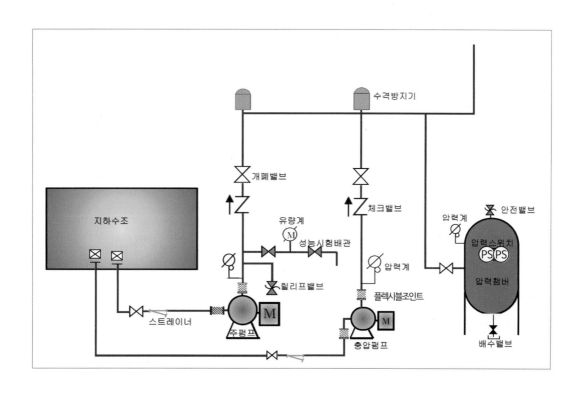

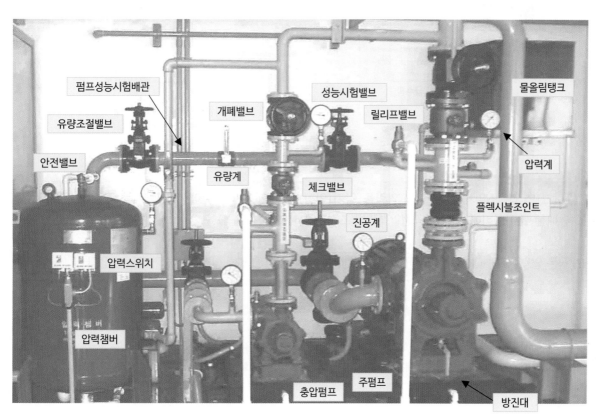

5. 압력수조의 주변배관 상세도

압력수조에 설치해야 하는 부품 옥내소화전설비의 화재안전기술기준 2.2.3.2

수위계, 급수관, 배수관, 급기관, 맨홀 Manhole, 압력계, 안전장치 및 압력저하 방지를 위한 자동식공기압축기 (에어컴프레서)를 설치한다.

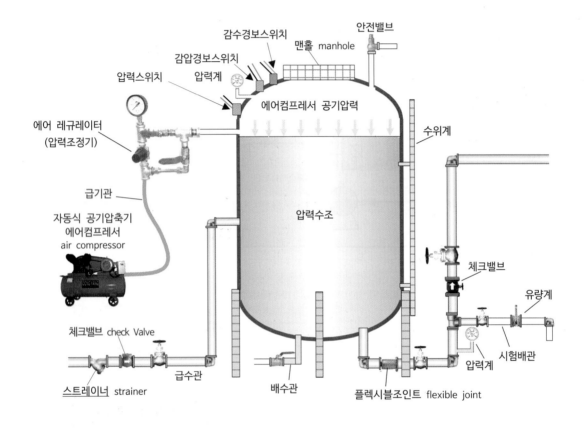

압력수조(물탱크)의 압력스위치가 수조안의 압력을 감지(인식)하여 제어반에서 에어컴프레서를 작동(기동) 또는 정지하며 압력수조 안에는 소화설비에 필요한 적정압력(압력조정기에서 조정된 압력)을 항상 유지한다.

압력수조방식은 압력수조에 대한 제작비가 많이 들기 때문에 경제성이 떨어져 현장에는 쉽게 볼 수 없다.

스트레이너 Strainer : 찌꺼기 여과장치
에어컴프레서(공기압축기) Air Compressor : 공기를 대기압 이상의 압력으로 압축하여 압축 공기를 만드는 기계.

6. 펌프용량(크기) 옥내소화전설비의 화재안전기술기준 2.2.1.3

옥내소화전설비에 사용하는 펌프는 설치하는 장소에 적합한 크기(토출량, 방수압력)가 되어야 한다.

특정소방대상물의 어느 층에 있어서도 해당 층의 옥내소화전(2개 이상 설치된 경우에는 2개의 옥내소화전)을 동시에 사용할 경우 각 소화전의 노즐선단(끝)에서의 방수압력이 0.17 MPa(호스릴옥내소화전설비를 포함한다) 이상이고, 방수량이 130 L/min(호스릴옥내소화전설비를 포함한다) 이상이 되는 성능이 되어야 한다.

방수압력의 기준에 맞게 설계하기 위해서는 설치하는 장소의 소화전 노즐에서의 방수압력이 가장 낮게 나오는 소화전함을 설계의 장소(기준점)로 정하여 펌프용량의 방수압력과 방수량을 계산하면 그 밖의 소화전은 기준 이상의 방수압력과 방수량이 된다.

방수량은 단위시간에 소화전노즐에서 흘러나온 물의 양을 말하는 것으로서 130ℓ/min은 1분에 130리터를 말하는 것이다.

방수량 설계는 설치장소의 소화전이 가장 많이 설치된 층의 소화전(2개 이상인 경우 2개)에서 동시에 130ℓ/min 이상의 방수량이 되도록 해야 한다.

> **펌프의 용량을 계산하는 공식**은
>
> $$P(Kw) = \frac{\gamma \times Q \times H}{102 \times E} \times K \text{ 이다.}$$
>
> γ : 비중량(Kgf/㎥, 물의 비중량 = 1000Kgf/㎥)
> Q : 유량(㎥/sec)
> H : 전양정(m)
> E : 펌프의 효율
> K : 전달계수

◎ **펌프의 효율(E)**은 펌프 토출 배관 구경에 따라 정해진 값의 수치가 있다.

◎ **펌프의 토출량(Q)**은 설계하는 장소의 소화전이 가장 많이 설치된 층의 소화전 개수(2개 이상인 경우 2개)에 130ℓ/min을 곱하여 나온 값이다. Q의 유량은 단위를 ㎥/sec로 환산해야 한다.

◎ **양정(H)**은 소화전 펌프가 설치된 물탱크의 풋밸브에서 가장 높은 곳에 설치된 소화전함 앵글밸브까지의 수직높이와 배관 및 소방호스의 마찰손실 값과 소화전 방수압력을 합한 수치가 된다.

◎ **전달계수(K)**는 전동기가 작동하여 펌프에 전달하는 동력의 전달 값으로서 1.1을 계산한다.

7. 펌프 종류

터보형(Turbo Pump) 펌프 임펠러를 케이싱 내에서 회전시켜 액체에 에너지를 부여하는 펌프	원심 펌프(遠心 Pump) 임펠러의 원심력에 의해 액체에 압력 및 속도에너지를 주는 펌프	**볼류트(Volute Pump) 펌프** -벌류트펌프 빨아들이는 관과 내보내는 관을 가진 나선형의 공간 속에서 날개차를 고속으로 회전하게 하여 그 원심력으로 액체를 운반하는 기계이다. 임펠러로부터 나온 액체의 속도에너지를 압력에너지로 변환을 볼류트가 행하는 펌프이다.
		디퓨져 펌프(터빈(Turbine Pump) 펌프) 많은 날개가 달린 바퀴를 고속으로 회전시켜, 그 원심력으로 물을 끌어올리는 펌프이다. 임펠러로 부터 나온 액체의 속도에너지를 압력에너지로 변환을 안내 깃으로 행하는 펌프이다.
	사류 펌프 임펠러로의 원심력 및 양력에 의해 액체에 압력 및 속도에너지를 주는 펌프	**볼류트 사류 펌프** 안내 깃을 속도에너지를 압력에너지로 변환하는 것이 일반적인 원심펌프 중의 볼류트 펌프와 같이 볼류트에 의해 행하는 펌프이다.
		사류 펌프 임펠러로부터 나온 액체의 속도에너지를 압력에너지로 변환을 안내 깃으로 행하는 펌프이다.
	축류 펌프 깃의 양력에 의해 액체에 압력 및 속도에너지를 주고, 더욱이 안내 깃으로 속도에너지를 압력에너지로 변환하는 펌프	
용적형 펌프 피스톤, 플렌지 또는 모터 등의 압력 작용에 의해 액체를 압송하는 펌프	왕복 펌프 피스톤의 왕복운동에 의해 액체를 압송하는 펌프	**피스톤 펌프 플렌저 펌프 다이아프램 펌프 위싱턴 펌프**
	회전 펌프 스크류, 기어, 편심모터 등의 회전운동에 의해 액체를 압송하는 펌프	**기어 펌프 스크류 펌프 나사 펌프 갬 펌프 베인 펌프**
특수형 펌프		**와류 펌프**　　　**기포 펌프** **제트 펌프**　　　**전자 펌프** **수격 펌프**　　　**진공 펌프** **점성 펌프**

8. 소방용 펌프

소방시설에 사용하는 펌프는 주로 원심펌프를 사용한다.
원심펌프는 임펠러의 원심력에 의해 액체에 압력 및 속도에너지를 주는 펌프이다.
원심펌프는 볼류트 펌프와 터빈 펌프의 2종류가 있다.
볼류트 펌프는 임펠러로 부터 나온 액체의 속도에너지를 압력에너지로 변환을 해서 작동하는 펌프이다.
터빈 펌프는 임펠러로부터 나온 액체의 속도에너지를 압력에너지로 변환을 안내 깃으로 작동하는 펌프이다.

원심펌프	볼류트 펌프	임펠러 주위에 물의 안내날개가 없으며, 임펠러로 부터 나온 액체의 속도에너지를 압력에너지로 변환을 볼류트가 행하는 펌프다. 양정이 낮고 방수량이 많은 곳에 사용한다.
	터빈 펌프	임펠러 주위에 물의 안내날개가 있으며, 액체의 속도에너지를 압력에너지로 변환을 안내 깃으로 작동하는 펌프이다. 양정이 높고 방출압력이 높은 곳에 사용한다.

펌프의 특성

내용	볼류트 펌프(Volute Pump)	터빈 펌프(Turbine Pump)
안내 날개(깃)	없다	있다
송수 유량	많다	적다
송수 압력	낮다	높다
펌프의 크기	구조가 간단하다	구조가 복잡하고 펌프 몸체가 크다
양수량 조절	양수량 조절이 쉽다	유량변화에 따라 동력의 변화가 많다
분해 조립	분해 조립이 쉽다	부품이 많아 복잡하다
효율의 변화	효율의 변화가 많다(급상승, 급강하)	효율의 변화가 적다

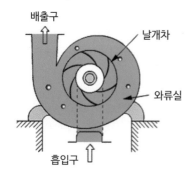

볼류트 펌프

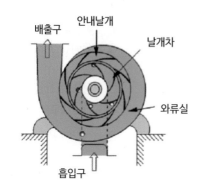

터빈 펌프

볼류트 Volute : 소용돌이 날개

1. 전동기 용량(모터동력)

$$P(KW) = \frac{\gamma \times Q \times H}{102 \times E} \times K, \quad P(KW) = \frac{0.163 \times Q_1 \times H}{E} \times K$$

2. 내연기관 용량

$$P(HP) = \frac{\gamma \times Q \times H}{76 \times E} \times K, \quad P(PS) = \frac{\gamma \times Q \times H}{75 \times E} \times K$$

3. 축동력

$$Ls(KW) = \frac{\gamma \times Q \times H}{102 \times E}, \quad Ls(HP) = \frac{\gamma \times Q \times H}{76 \times E}, \quad Ls(PS) = \frac{\gamma \times Q \times H}{75 \times E}$$

(축동력 계산은 전달계수 K값은 무시한다)

4. 수동력

$$Lw((KW) = \frac{\gamma \times Q \times H}{102}, \quad Ls(HP) = \frac{\gamma \times Q \times H}{76}, \quad Ls(PS) = \frac{\gamma \times Q \times H}{75}$$

(수동력 계산은 펌프의 효율 및 전달계수 K값은 무시한다)

γ : 비중량(Kgf/㎥, 물의 비중량 = 1000Kgf/㎥)

Q : 유량(㎥/sec)

H : 전양정(m)

E : 펌프의 효율

K : 전달계수

Q_1 : 유량(㎥/min) $0.163 = \frac{1000}{102 \times 60}$

1KW = 102 Kgf · m/sec

1HP = 76 Kgf · m/sec

1PS = 75 Kgf · m/sec

가. 펌프용량 계산 사례

아래 그림과 같은 건물의 옥내소화전설비에 적합한 펌프의 양정 및 전동기용량을 계산하시오.

〈조건〉
- 펌프의 효율은 60%
- 전달계수는 1.1
- 4층 건물이며 1개층에 2개의 소화전함을 설치한다.
- 관부속품은 표시된 것만 계산한다.
  (레듀샤 등 관부속품이 추가로 있지만 문제를 단순화하여 이해를 돕기 위하여 생략한다)
- 소화전의 소방호스 길이는 15m의 40mm 고무내장호스 각 2매씩 연결한다

참 고

펌프의 양정 계산은 방수압력이 가장 낮게 나오는 최고 높은층에 설치된 옥내소화전의 노즐을 설계의 기준점으로 하여 지하수조의 풋밸브에서 청색 점선을 표시한 부분의 배관 및 관부속품의 마찰손실 등을 계산하면 된다.

설계에서는 층별 평면도와 펌프실 배관상세도 등을 검토하여 배관 및 관부속품등의 상세자료를 이용하여 설계를 해야 한다.

여기서는 이해를 돕기 위하여 층별 평면도와 펌프실 배관상세도 등이 생략된 상태에서 내용을 단순화 했다.

펌프실의 성능시험배관이나 그 밖에 생략된 내용들이 많이 있으며, 실제는 펌프실의 평면도와 입면도와 각 층별 평면도와 입면도에서 배관의 상세한 내용을 알 수 있다.

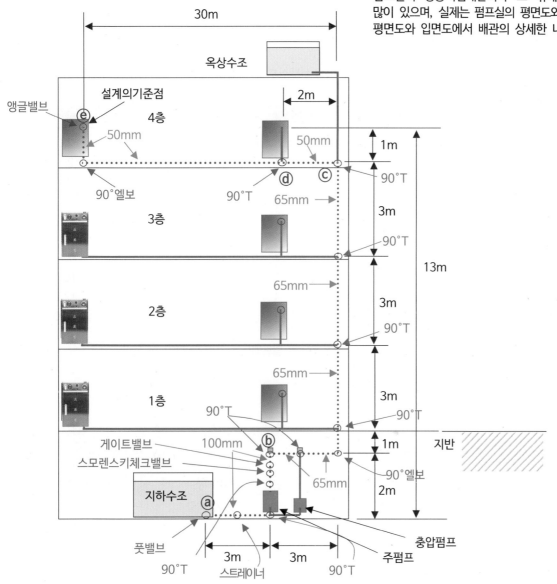

89

<표 1> 소방용 호스의 마찰손실수두(호스 100m 당)

구경종별 유량 (ℓ/min)	호스의 구경(mm)					
	40		50		65	
	마제호스	고무내장호스	마제호스	고무내장호스	마제호스	고무내장호스
130	26	12	7	3	-	-
350	-	-	-	-	10	4

<표 2> 직관의 마찰손실수두 (관길이 100m 당)

유 량 (ℓ/min)	관의 구경(mm)						
	40	50	65	80	100	125	150
130(1개)	13.32	4.15	1.23	0.53	0.14	0.05	0.02
260(2개)	47.84	14.90	4.40	1.90	0.15	0.18	0.08
390(3개)		31.60	9.34	4.02	1.10	0.38	0.17
520(4개)			15.65	6.76	1.86	0.64	0.28
650(5개)				10.37	2.84	0.99	0.43

<표 3> 관이음쇠 · 밸브류 등의 마찰손실수두에 상당하는 직관길이 (m)

종 류 호칭구경	90° 엘 보	45° 엘 보	90° T (분류)	90° T (직류)	게이트 밸 브	볼밸브	앵 글 밸 브	체크밸브
25	0.90	0.54	1.50	0.27	0.18	7.50	4.50	2.0
32	1.20	0.72	1.80	0.36	0.24	10.50	5.40	2.5
40	1.5	0.9	2.1	0.45	0.30	13.5	6.5	3.1
50	2.1	1.2	3.0	0.60	0.39	16.5	8.4	4.0
65	2.4	1.5	3.6	0.75	0.48	19.5	10.2	4.6
80	3.0	1.8	4.5	0.90	0.63	24.0	12.0	5.7
100	4.2	2.4	6.3	1.20	0.81	37.5	16.5	7.6
125	5.1	3.0	7.5	1.50	0.99	42.0	21.0	10.0
150	6.0	3.6	9.0	1.80	1.20	49.5	24.0	12.0
200	6.5	3.7	14.0	4.0	1.40	70.0	33.0	15.0

(주) 스모렌스키체크밸브, 풋밸브, 스트레이너, 알람밸브는 표의 앵글밸브와 같다

<표 4> 펌프의 효율 E값

펌프 토출 구경(mm)	E의 수치(효율)
40	0.4 ~ 0.45
50 ~ 65	0.45 ~ 0.55
80	0.55 ~ 0.60
100	0.6 ~ 0.65
125 ~ 150	0.65 ~ 0.70
200 ~ 250	0.7 ~ 0.75

<표 5> 전달계수 K값

전력의 형식	K 수치
전동기 직결	1.1
전동기 이외의 원동기	1.15 ~ 1.2

해 설

양정(H) 계산

앞의 그림 내용과 같이 펌프에서 가장 높은층, 높은층에서도 수직 주배관에서 가장먼 위치에 있는 소화전을 설계의 기준점으로 펌프의 양정, 전동기용량을 계산한다.
이해를 돕기 위하여 양정을 계산하는 배관은 청색점선으로 표시를 했다.

설계의 기준점을 가장 높은층에 있는 소화전 중, 주배관에서 가장 멀리 있는 소화전으로 하는 이유는, 펌프에서 물을 송수했을 경우 제일 높은층의 가장 먼 위치의 소화전이 방수압력, 방수량이 가장 낮게 나오므로 여기를 기준점으로 하여 펌프의 성능이 충분한 용량이 되도록 하기 위하여 설계의 기준점으로 한다.

$H = h_1 + h_2 + h_3 + 17m$
　　h_1 : 소방호스의 마찰손실수두(m)
　　h_2 : 배관의 마찰손실수두(m)
　　h_3 : 낙차수두(m)
　　17m : 소화전노즐의 방수압력 환산수두(m)

h_1 (소방호스의 마찰손실수두)
고무내장호스 40mm 2매(15m × 2매 = 30m)는 호스 길이 100m당 12m의 마찰손실이 생기므로 호스 30m에 대한 마찰손실은 30m × 12/100 = 3.6m의 마찰손실이 생긴다.

h_2 (배관의 마찰손실수두)
여기서는 이해를 돕기 위하여 관부속품 하나하나를 풋밸브에서 부터 소화전함까지 차례로 계산한다.

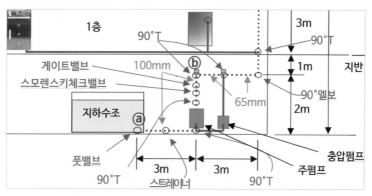

구간	구경, 유수량	마찰손실 계산	마찰손실
ⓐ ~ ⓑ 구간	100mm 260ℓ/min	**직관 :** 3 + 2m = **5m** **관부속품** · 풋밸브1개 × 16.5 = 16.5m · 스트레이너1개 × 16.5 = 16.5m · 90°T(분류)1개(흡입배관에서 주펌프로 분기되는 지점) × 6.3 = 6.3m · 90°T(직류)1개(펌프성능시험배관으로 분기되는 지점) × 1.2 = 1.2m · 스모렌스키 체크밸브1개×16.5 = 16.5m · 게이트밸브1개 × 0.81 = 0.81m · 90°T(분류)1개(펌프 입상관의 수격방지기에서 분기되는 지점) × 6.3 = 6.3m **계 69.11m** **직관의 마찰손실수두로 계산하면** 69.11m × 0.15/100 = **0.103m**	0.103m

----

수두 水頭 : 물 1㎏이 가지고 있는 에너지를 물의 높이로 나타낸 값,　　**낙차** 落差 : 높낮이의 차이
환산수두 換算水頭 : 어떤 단위로 나타낸 수를 다른 단위로 고쳐 셈함 값의 수두(높이)
마찰손실수두 : 물이 배관이나 소방호스 안을 지나면서 내부의 마찰 저항력에 의해 수두값이 떨어진(손실된) 것,　　**직관** : 직선으로 생긴 배관,

마찰손실 계산 해설

ⓐ~ⓑ구간의 배관에 대한 마찰손실 계산은 100mm 배관으로서 배관이 감당해야할 방수량은 260ℓ/min(소화전2개 × 260ℓ/min)이다.

ⓐ~ⓑ구간 직관(직선배관)은 3 + 2m = 5m이다.

관부속품은 100mm 직선관으로 환산하는 계산을 하는 것이 풋밸브1개×16.5 = 16.5m이다.
100mm 풋밸브 1개는 100mm 직선관으로 마찰손실을 계산하면 직관으로 16.5m가 된다는 내용이다.

표3의 16.5m의 자료표는 이미 검정된 자료이며 이 자료를 활용

하는 것이다.

90°T(분류), 90°T(직류), 스모렌스키체크밸브, 게이트밸브의 관부속품을 모두 100mm 직선관으로 환산을 한다.
직관길이 5m와 관부속품을 직선관으로 환산한 자료를 같이 합하여 총직선관길이가 69.11m가 된 것이다.

100mm배관에 유량이 260ℓ/min일 때 배관길이 100m에 마찰손실이 0.15m 발생한다는 표2의 자료값을 계산하면 69.11m × 0.15/100 = 0.103m로서 ⓐ~ⓑ구간에는 배관의 마찰손실이 0.103m이며 압력으로 환산하면 0.0103kgf/㎠ 의 마찰압력손실이 발생하는 것이다.

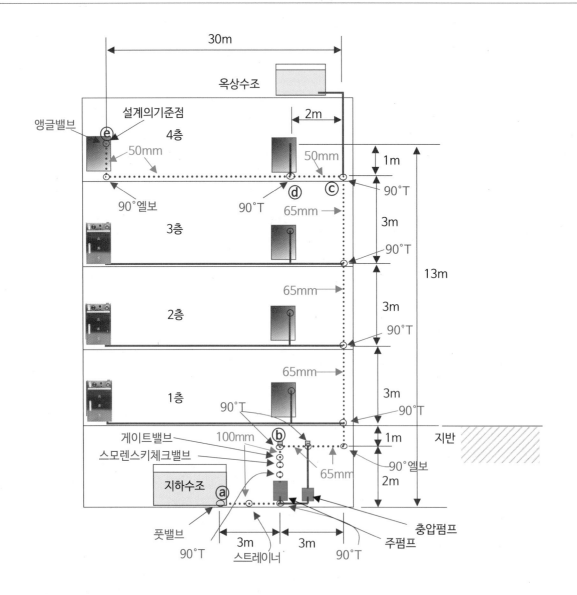

구간	구경, 유수량	마찰손실 계산	마찰손실

ⓑ ~ ⓒ 구간	65mm 260ℓ/min	**직관 :** 3 + 1 + 3 + 3 + 3m = **13m**
		관부속품 · 90°T(직류)1개 × 0.75 = 0.75m
		          · 90°엘보우 1개 × 2.4 = 2.4m
		          · 90°T(직류)1개 × 0.75 = 0.75m
		          · 90°T(직류)1개 × 0.75 = 0.75m
		          · 90°T(직류)1개 × 0.75 = 0.75m
		          · 90°T(분류)1개 × 3.6 = 3.6m **계 22m**
		
		직관의 마찰손실수두로 계산하면, 22m × 4.40/100 = 0.968**m**
			0.968m

ⓒ ~ ⓓ 구간	50mm 260ℓ/min	**직관 :** **2m** **관부속품** · 90°T(직류)1개 × 0.60 = **0.60m** **계 2.60m** **직관의 마찰손실수두로 계산하면,** 2.60m × 14.9/100 = **0.387m** 해 설 ⓒ~ⓓ구간의 배관에 대한 마찰손실 계산은 50mm 배관으로서 배관이 감당해야할 방수량은 260ℓ/min(소화전2개 × 260ℓ/min)이다. ⓒ~ⓓ구간 직관(직선배관)은 2m이다. 관부속품은 50mm 직선관 으로 환산하는 계산을 하는 것이, 90°T(직류)1개 × 0.60 = 0.60m이다. 50mm 90°T(직류)1개는 50mm 직선관으로 마찰손실을 계산하면 직관으로 0.60m가 된다는 내용이다. 표3의 0.60m의 자료표는 이미 검정된 자료이며 이 자료를 활용하는 것이다. 직관길이 2m와 90°T(직류)을 직선관으로 환산한 자료 0.60m와 합하여 총직선관 길이가 2.60m가 된 것이다. 50mm배관에 유량이 260ℓ/min일 때 배관길이 100m에 마찰손실이 14.9m 발생한다는 표2의 자료값을 계산하면 2.60m × 14.9/100 = 0.387m로서 ⓐ~ⓑ구간에는 배관의 마찰손실이 0.387m이다.	0.387m

ⓓ ~ ⓔ 구간	50mm 130ℓ/min	**직관 :** 28 + 1 = **29m**
		관부속품
		        · 90°엘보 1개 × 2.1 = 2.1m
		        · 앵글밸브1개 × 8.4 = 8.4m **계 39.5m**
		
		직관의 마찰손실수두로 계산하면, 39.5m × 4.15/100 = **1.639m**
			1.639m

계			3.097m

직관 : 직선 관
관부속품 : 직선관이나 다른 배관등과 연결하는되 필요한 부품

h₃ (낙차수두) : 13m

∴ H(양정) = $h_1 + h_2 + h_3$ + 17m = 3.6 + 3.10 + 13 + 17m = **36.7m**

Q = 펌프의 토출량

가장 많이 설치된 층의 소화전함 개수가 2개이므로,

소화전 1개의 방수량(130ℓ/min) × 소화전 2개 = 130ℓ/min ×2 = 260ℓ/min이 필요하다.

아래의 펌프용량을 구하는 공식에 대입하기 위해서는 펌프의 토출량(Q)은 ℓ의 단위를 ㎥로 바꾸어야 한다.

260ℓ = 0.26㎥이다. 그러므로 Q = 0.26㎥/min를 ㎥/sec로 변환하면 $\frac{0.26}{60}$ = 0.004333㎥/sec 이다.

참고 : 1,000ℓ = 1㎥

전동기용량 $P(Kw) = \frac{\gamma \times Q \times H}{102 \times E} \times K = \frac{1000 \times (\frac{0.13 \times 2개}{60}) \times 36.7}{102 \times 0.6} \times 1.1$ = 2.86 Kw

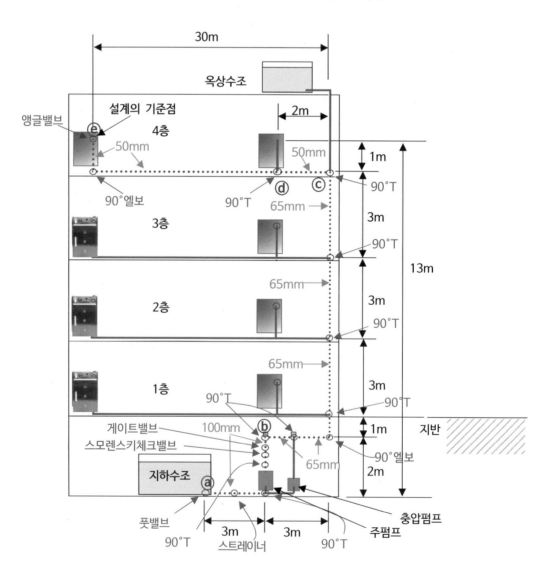

94

문제 2

옥내소화전설비 펌프용량을 계산하시오?

(조건)

1. 펌프의 효율은 55%
2. 전달계수는 1.1
3. 관부속품은 표현한 것만 계산한다.
4. 소방호스는 길이 15m의 40mm 고무내장호스로서 소화전에 각각 2매씩 연결한다.
5. 가지배관의 구경은 모두 40mm 배관이다.
6. 소화전함에 40mm 앵글밸브가 설치된다.
7. 배관의 길이를 표시하지 않은 부분은 생략한다.
8. 계산은 소수점 2자리에서 반올림하여 계산한다.

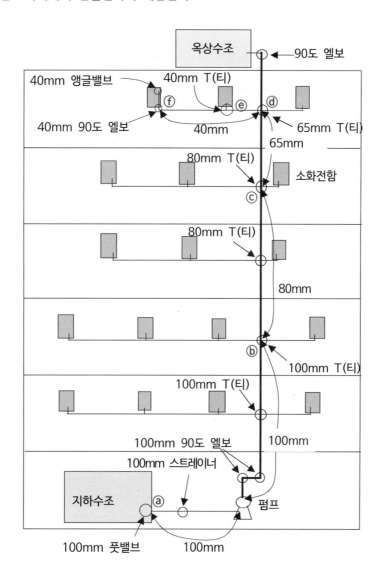

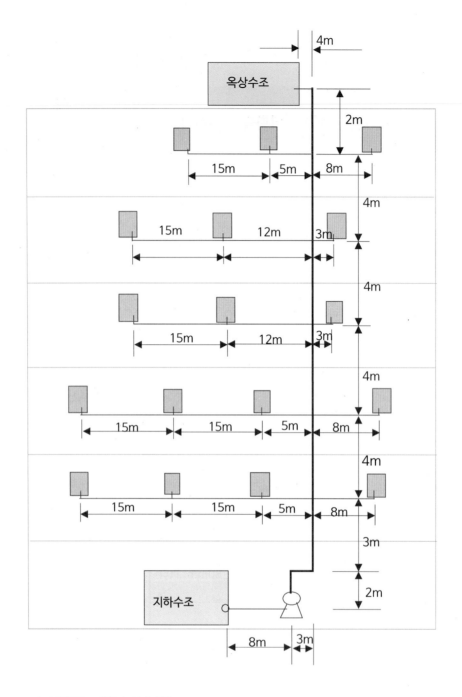

해 설

h2(배관 마찰손실수두)

구간	배관 및 배관부속품 마찰손실 계산
ⓐ~ⓑ 100mm, 260ℓ/min	**직관** : 8 + 2 + 3 + 3 + 4 = 20m **배관부속품** 　• 풋밸브 1개 × 16.5m = 16.5m 　• 스트레이너 1개 × 16.5m = 16.5m　　　직관(직선배관)으로 　• 90도 엘보 2개 × 4.2m = 8.4m　　　　환산하는 계산이다 　• 90도 T직류 2개 × 1.2m = 2.4m -- 계　63.8m.　　직관의 마찰손실수두로 계산하면,　63.8m × $\dfrac{0.15}{100}$　= 0.0957m

ⓑ ~ ⓒ 80mm, 260ℓ/min	직관 : 4 + 4 = 8m **배관부속품** • 90도 T직류 2개 × 0.90 = 1.8m -- 계 9.8m. 직관의 마찰손실수두로 계산하면, 9.8m × $\dfrac{1.90}{100}$ = 0.1862m
ⓒ ~ ⓓ 65mm, 260ℓ/min	직관 : 4m **배관부속품** • 90도 T분류 1개 × 3.6m = 3.6m -- 계 7.6m. 직관의 마찰손실수두로 계산하면, 7.6m × $\dfrac{4.4}{100}$ = 0.3344m
ⓓ ~ ⓔ 40mm, 260ℓ/min	직관 : 5m **배관부속품** • 90도 T직류 1개 × 0.45m = 0.45m -- 계 5.45m. 직관의 마찰손실수두로 계산하면, 5.45m × $\dfrac{47.84}{100}$ = 2.61m
ⓔ ~ ⓕ 40mm, 130ℓ/min	직관 : 15m **배관부속품** • 90도 엘보 1개 × 1.5m = 1.5m • 앵글밸브 1개 × 6.5m = 6.5m -- 계 23m. 직관의 마찰손실수두로 계산하면, 23m × $\dfrac{13.32}{100}$ = 3.06m
h2(배관 마찰손실수두) 6.2863m	

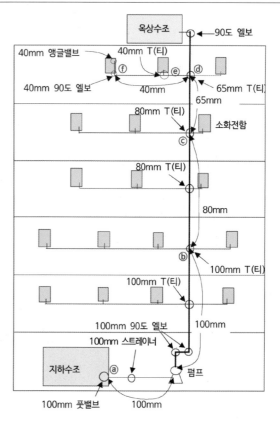

h1(소방호스 마찰손실수두)

소방호스는 길이 15m의 40mm 고무내장호스로서 각각 2매씩 연결하므로,

$15m \times 2매 = 30m$, $30m \times \dfrac{12}{100} = 3.6m$

40mm고무내장호스는 100당 12m의 마찰손실이 발생하므로 소방호스의 2매 길이 30m에 $\dfrac{12}{100}$를 곱한다

h3(낙차) : $2 + 3 + 4 + 4 + 4 + 4 = 21m$

펌프용량 계산

H(총양정)   = h1(소방호스 마찰손실수두) + h2(배관 마찰손실수두) + h3(낙차) + 17m
          = 3.6 + 6.29 + 21 + 17 = 47.89m

전동기 용량 P(Kw) = $\dfrac{\gamma \times Q \times H}{102 \times E} \times K = \dfrac{1,000 \times \left(\dfrac{0.13 \times 2개}{60}\right) \times 47.89}{102 \times 0.55} \times 1.1 = $ **4.07Kw**

문제 3

습식스프링클러설비 펌프용량을 설계하시오?

(조건)

그림에 표현된 배관이나 부품만 계산하며, 레듀셔reduce나 부품의 길이 그 밖에 생략된 내용들은 계산하지 않는다.

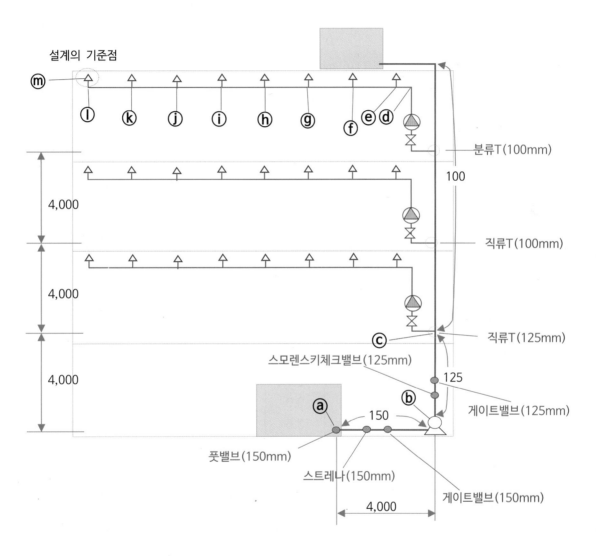

《표 1》 펌프의 효율 E값	
펌프 토출 구경(mm)	E의 수치(효율)
40	0.4 ~ 0.45
50 ~ 65	0.45 ~ 0.55
80	0.55 ~ 0.60
100	0.6 ~ 0.65
125 ~ 150	0.65 ~ 0.70
200 ~ 250	0.7 ~ 0.75

《표 2》 전달계수 K값	
전력의 형식	K 수치
전동기 직결	1.1
전동기 이외의 원동기	1.15 ~ 1.2

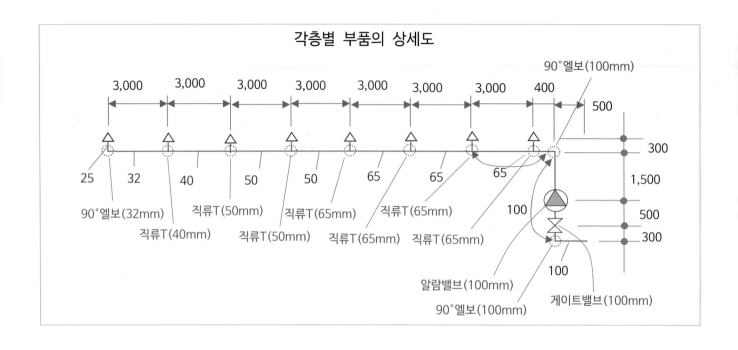

각층별 부품의 상세도

《표 3》 관이음쇠 · 밸브류 등의 마찰손실수두에 상당하는 직관길이 (m)

호칭구경＼종류	90° 엘보	45° 엘보	90° T (분류)	90° T (직류)	게이트 밸브	볼밸브	앵글 밸브	체크밸브
25	0.90	0.54	1.50	0.27	0.18	7.50	4.50	2.0
32	1.20	0.72	1.80	0.36	0.24	10.50	5.40	2.5
40	1.5	0.9	2.1	0.45	0.30	13.8	6.5	3.1
50	2.1	1.2	3.0	0.60	0.39	16.5	8.4	4.0
65	2.4	1.3	3.6	0.75	0.48	19.5	10.2	4.6
80	3.0	1.8	4.5	0.90	0.60	24.0	12.0	5.7
100	4.2	2.4	6.3	1.20	0.81	37.5	16.5	7.6
125	5.1	3.0	7.5	1.50	0.99	42.0	21.0	10.0
150	6.0	3.6	9.0	1.80	0.20	49.5	24.0	12.0

(주) 스모렌스키 체크밸브, 풋밸브, 스트레나, 알람밸브는 표의 앵글밸브와 같다

배관의 마찰손실수두 계산

구간	구경, 유수량	마찰손실 계산	마찰손실
ⓐ~ⓑ	150mm, 640 ℓ/min	직관 : 4m 배관부속품 • 풋밸브 1개 × 24 = 24m • 스트레나 1개 × 24 = 24m • 게이트밸브 1개 × 0.20 = 0.20m ---------------------------------- 계 <u>52.2m</u>	$52.2 \times \dfrac{0.42}{100} = 0.22m$
ⓑ~ⓒ	125mm, 640 ℓ/min	직관 : 4m 배관부속품 • 스모렌스키 체크밸브 1개 × 21 = 21m • 게이트밸브 1개 × 0.99 = 0.99m • 직류90°T 1개 × 1.50 = 1.50m ---------------------------------- 계 <u>27.49m</u>	$27.49 \times \dfrac{0.96}{100} = 0.26m$
ⓒ~ⓓ	100mm, 640 ℓ/min	직관 : 4 + 4 + 0.5 + 0.3 + 0.5 + 1.5 = 10.8m 배관부속품 • 직류90°T 1개 × 1.20 = 1.20m • 분류90°T 1개 × 6.3 = 6.3m • 90°엘보 2개 × 4.2 = 8.4m • 게이트밸브 1개 × 0.81 = 0.81m • 알람밸브 1개 × 16.5 = 16.5m ---------------------------------- 계 <u>44.01m</u>	$44.01 \times \dfrac{2.76}{100} = 1.21m$

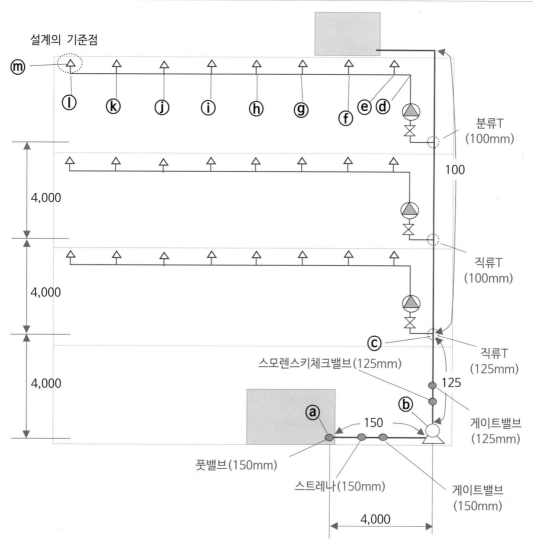

101

구간	관경, 유량	배관 상당길이	마찰손실계산
ⓓ~ⓔ	65mm, 640ℓ/min	직관 : 0.4m 배관부속품 • 직류90°T 1개 × 0.75 = 0.75m ――――――――――――――――― 계 <u>1.15m</u>	$1.15 \times \dfrac{23.33}{100} = 0.27m$
ⓔ~ⓕ	65mm, 560ℓ/min	직관 : 3m 배관부속품 • 직류90°T 1개 × 0.75 = 0.75m ――――――――――――――――― 계 <u>3.75m</u>	$3.75 \times \dfrac{18.23}{100} = 0.68m$
ⓕ~ⓖ	65mm, 480ℓ/min	직관 : 3m 배관부속품 • 직류90°T 1개 × 0.75 = 0.75m ――――――――――――――――― 계 <u>3.75m</u>	$3.75 \times \dfrac{14.01}{100} = 0.53m$
ⓖ~ⓗ	65mm, 400ℓ/min	직관 : 3m 배관부속품 • 직류90°T 1개 × 0.75 = 0.75m ――――――――――――――――― 계 <u>3.75m</u>	$3.75 \times \dfrac{9.79}{100} = 0.37m$
ⓗ~ⓘ	50mm, 320ℓ/min	직관 : 3m 배관부속품 • 직류90°T 1개 × 0.60 = 0.60m ――――――――――――――――― 계 <u>3.6m</u>	$3.6 \times \dfrac{21.93}{100} = 0.79m$
ⓘ~ⓙ	50mm, 240ℓ/min	직관 : 3m 배관부속품 • 직류90°T 1개 × 0.60 = 0.60m ――――――――――――――――― 계 <u>3.6m</u>	$3.6 \times \dfrac{12.93}{100} = 0.47m$
ⓙ~ⓚ	40mm, 180ℓ/min	직관 : 3m 배관부속품 • 직류90°T 1개 × 0.45 = 0.45m ――――――――――――――――― 계 <u>3.45m</u>	$3.45 \times \dfrac{20.29}{100} = 0.70m$
ⓚ~ⓛ	32mm, 80ℓ/min	직관 : 3m 배관부속품 • 90°엘보 1개 × 1.20 = 1.20m ――――――――――――――――― 계 <u>4.2m</u>	$4.2 \times \dfrac{11.38}{100} = 0.48m$
ⓛ~ⓜ	25mm, 80ℓ/min	직관 : <u>0.3m</u>	$0.3 \times \dfrac{38.92}{100} = 0.12m$
계		6.1	

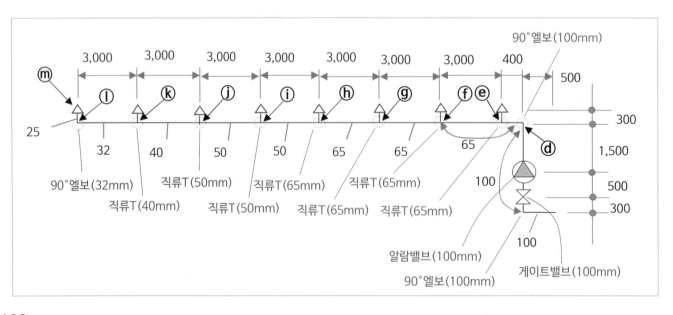

총양정(H) = h1(배관의 마찰손실수두) + h2(낙차) + 10m

h1(배관의 마찰손실수두) : 6.1m

h2(낙차) : 4 + 4 + 4 + 0.3 + 0.5 + 1.5 + 0.3 = 14.6m

그러므로 총양정(H) = 6.1m + 14.6m + 10m = 30.7m

Q(토출양) = 80ℓ/min × 8개 = 640ℓ/min = 0.64㎥/min,

$$Q = 0.64㎥/min를 ㎥/sec로 변환하면 \frac{0.64}{60} = 0.010666㎥/sec 이다.$$

$$전동기용량(P) = \frac{\gamma \times Q \times H}{102 \times E} \times K = \frac{1000 \times \frac{0.64}{60} \times 30.7}{102 \times 0.65} \times 1.1 = 5.43\ Kw$$

《표 4》 배관(직관)의 마찰손실수두(배관 100m 당)

헤드개수	유량 (ℓ/min)	25	32	40	50	65	80	100	125	150	200
1	80	38.92	11.38	5.40	1.68	0.50	0.22				
2	160	150.42	42.34	20.29	6.32	1.87	0.80	0.22	0.08		
3	240	307.77	87.66	41.51	12.93	3.82	1.65	0.45	0.16	0.07	
4	320	521.92	148.66	70.40	21.93	6.48	2.79	0.77	0.27	0.12	
5	400	789.04	224.75	106.31	32.99	9.79	4.22	1.16	0.40	0.17	0.05
6	480		321.55	152.26	47.33	14.01	6.04	1.66	0.68	0.25	0.06
7	560		418.37	198.11	61.71	18.23	7.86	2.16	0.75	0.33	0.08
8	640		535.46	253.55	78.98	23.33	10.06	2.76	0.96	0.42	0.11
9	720		665.39	315.08	90.14	29.00	12.50	3.43	1.19	0.52	0.13
10	800			380.08	119.08	35.31	15.23	4.17	1.45	0.63	0.16
11	880			457.21	142.42	42.08	18.14	4.98	1.73	0.75	0.19
12	960			536.43	167.09	49.37	31.28	5.83	2.03	0.88	0.23
13	1,040			619.25	192.89	56.99	24.56	6.74	2.34	1.02	0.26
14	1,120			713.76	222.33	65.69	28.31	7.77	2.70	1.11	0.30
15	1,200			810.82	252.56	74.80	32.26	8.83	3.07	1.34	0.35
16	1,280			911.84	284.02	83.92	36.17	9.92	3.45	1.50	0.39
17	1,360				318.36	94.12	40.57	11.13	3.87	1.68	0.43
18	1,440				353.56	104.46	45.03	12.35	4.29	1.87	0.48
19	1,520				390.93	115.51	49.78	13.66	4.74	2.06	0.54
20	1,600				415.01	122.61	54.90	15.03	5.23	2.27	0.59
21	1,680				470.71	139.07	59.94	16.44	5.71	2.49	0.64
22	1,760				513.01	151.57	65.33	17.92	6.23	2.71	0.70
23	1,840				557.05	164.58	70.94	19.46	6.76	2.94	0.76
24	1,920				602.46	178.00	76.72	21.05	7.31	3.18	0.82
25	2,000				649.74	191.97	82.98	22.77	7.90	3.40	0.89
26	2,080				698.89	206.49	89.00	24.42	8.48	3.69	0.96
27	2,160				749.00	221.29	95.38	26.17	9.09	3.96	1.02
28	2,240				800.58	236.55	101.95	27.97	9.71	4.23	1.09
29	2,320				855.19	252.67	103.91	29.88	10.38	4.52	1.17
30	2,400				910.41	268.98	115.94	31.85	11.07	4.82	1.25

나. 참고자료(직류 T와 분류 T의 구분)

관부속품 T의 부품 중 설계의 기준점을 향하여 물이 흘러가는 방향이 화살표와 같이 직선으로 흐르느냐 직각으로 흐르느냐에 따라서 T를 직류, 분류로 구분한다.(동일한 제품을 마찰손실 계산에서 구분한다)

설계의 기준점 방향
(설계의 기준 소화전함 또는 스프링클러헤드로 물이 흘러가는 방향)

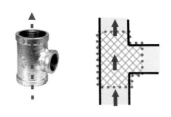

직류T(물의 흐름이 직진)

설계의 기준점 방향

분류T(물의 흐름이 90°회전)

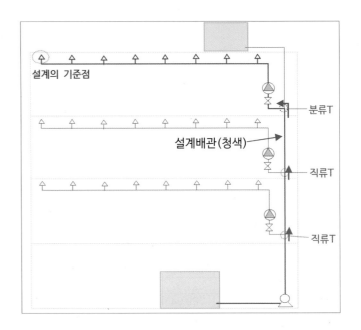

설계의 기준점

설계배관(청색)

분류T

직류T

직류T

개폐표시형 개폐밸브
(OS & Y Valve)

밸브의 외관상으로 밸브가 열려있는지 닫혀있는지 알 수 있는 밸브를 개폐표시형밸브라 한다.
아래의 밸브는 밸브 축이 길게 나와 있으면 열린 것이며 들어가 있으면 닫힌 것이다.

수직회전축펌프(입형 또는 인라인펌프라고도 부른다)

수직회전축펌프는 흡입배관이 없는 구조이며 진공계(연성계), 물올림장치가 필요없다.

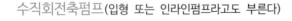

밸브 축

밸브 마개가 아래 위로 움직인다

9. 고가수조 高架水槽 와 옥상수조 屋上水槽

가. 고가수조

수조(물탱크)를 높은 장소에 설치하여 물탱크와 소화전, 스프링클러헤드 등과의 상호간 수직높이에 의한 자연낙차自然落差에 의하여 발생한 압력을 소방시설에 사용하는 물탱크 설비이다. 펌프나 압력수조등 별도의 가압송수장치가 없는 무동력의 소방시설으로서 가압송수장치가 없으므로 고장이나 작동이 안될 가능성은 거의 없는 이상적인 설비이지만 필요한 낙차압력을 얻기 위해서 수조 (물탱크)를 높은 곳에 설치할 수 있는 조건이 되는 장소에만 가능하다.

나. 옥상수조

옥내소화전, 스프링클러설비 등이 설치되는 건물의 옥상에 설치되는 수조(물탱크)를 말한다. 화재안전기준에서는 비상용수조의 용도로 사용하는 것으로서 가압송수장치(펌프등)가 정전등으로 사용하지 못하는 경우에 대비하여 비상시에 자연낙차압력으로 사용하기 위하여 설치하도록 하고 있다.

다. 고가수조와 옥상수조의 차이

두가지 모두 자연낙차압력을 이용하여 소방시설에 사용하는 설비이지만 고가수조는 소방시설을 고가수조의 낙차압력으로만 사용하는 설비의 물탱크이며 별도의 가압장치인 펌프 등을 설치하지 않는 설비이다.
그러나 옥상수조는 펌프 등의 가압장치를 주 설비로 사용하면서 펌프 고장 등의 사고로 인하여 펌프를 사용할 수 없을 때 비상시에 최소한의 낙차압력을 이용하여 불을 끄는 보조물탱크를 말한다.
그러나 흔히 옥상수조를 높은 장소에 설치되어 있다는 의미에서 지하수조에 대비하여 고가수조라 부르기도 한다.

라. 자연낙차 自然落差

높은 장소에서 배관을 통하여 낮은 장소로 물이 흐를 때 수직높이에 따라 중력에 의하여 낮은 장소에는 물의 압력이 발생한다.
수직 10m 높이에서 지면에 떨어질 때의 물의 압력은 약 0.987MPa(1kgf/㎠)의 압력이 발생하며 이것은 10m의 낙차가 있는 것이다.

참고자료

1MPa = 10.197162kgf/㎠,   1kgf/㎠ ≒ 10kgf/㎠ 이며,   MPa은 **메가파스칼**이라 읽는다.
국제미터협약이 체결되어 각종 단위를 표기함에 있어서 SI단위 사용권고에 따라
화재안전기술기준에서는 압력의 단위 kgf/㎠를 MPa로 변경했다.   이책에서는 편의상 1MPa 을 10kgf/㎠으로 계산한다.

고가 수조 高架水槽 (架 -시렁 가) : 높은 곳의 설치대에 설치한 물탱크
　　　시렁 : 물건을 얹어 놓기 위하여 방이나 마루 벽에 두 개의 긴 나무를 가로질러 선반처럼 만든 것
낙차(落差) : 낮은 곳과 높은 곳의 높이 차이

10. 전 원

옥내소화전설비의 화재안전기술기준 2.5, 소방시설용비상전원수전설비의 화재안전성능기준 별표1, 별표2

가. 전원(전기)의 종류

전원은 상용전원과 비상전원이 있으며, 소방시설에 평상 시 사용하는 전기를 상용전원이라 한다.
평상 시 사용하는 상용전기가 정전 또는 단전 등으로 사용을 할 수 없을 때에 소방시설에 전기를 사용할 수 있도록 한 상용전원 이외의 별도로 마련한 전기를 비상전원이라 하며 보통 발전기 등으로 전기를 생산한다.

나. 상용전원회로의 배선

평소 옥내소화전에 사용하는 전기(상용전원)는 소방대상물의 수전방식에 따라 옥내소화전설비의 전기배선을 아래와 같이 설치해야 한다. 다만, 가압수조방식으로서 모든 기능이 20분 이상(층수가 30층 이상 49층 이하는 40분 이상, 50층 이상은 60분 이상) 유효하게 지속될 수 있는 경우에는 그러하지 아니하다.

소방시설전기배선 방식 기준

① 저압수전인 경우

인입개폐기의 직후에서 분기하여 전용배선으로 하여야 하며, 전용의 전선관에 보호 되도록 한다.

② 특별고압수전 또는 고압수전일 경우

전력용 변압기 2차측의 주차단기 1차측에서 분기하여 전용배선으로 하되, 상용전원의 상시공급에 지장이 없을 경우에는 주차단기 2차측에서 분기하여 전용배선으로 한다. 다만, 가압송수장치의 정격입력전압이 수전전압과 같은 경우에는 ①의 기준에 따른다.

예를 들어서 건물에 한전의 전기가 380V가 들어 온다면(수전한다면) 저압이 수전되므로 옥내소화전에 연결되는 전기 배선은, 그림1과 같이 인입개폐기의 직후에서 분기하여 전용배선으로 옥내소화전에 연결하여야 한다.

수전 受電 : 건물에 들어오는 전기를 말한다
저압수전 低壓受電 : 건물에 들어오는 한전의 전기가 1,000V 이하인 것
특별고압수전 : 건물에 들어오는 한전의 전기가 7,000V 초과하는 것
고압수전 : 건물에 들어오는 한전의 전기가 1,000V 초과 7,000V 이하인 것
인입개폐기 引入開閉機 : 건물에 들어오는 전기를 차단 또는 들어오게 하는 스위치이며, 누전차단기에 해당한다
전용배선 專用配線 : 하나의 용도(소방시설용)로만 사용하는 배선(전선)

예를 들어서 건물에 한전의 전기 3,300V가 들어 온다면 고압이 수전이므로,

옥내소화전에 연결되는 전기배선은,

1. 그림2, 3과 같이 전력용 변압기 2차측의 주차단기 1차측에서 분기하여 전용배선으로 하는 방법과,
2. 상용전원의 상시공급에 지장이 없을 경우에는 주차단기 2차측에서 분기하여 전용배선으로 한다.
3. 가압송수장치의 정격입력전압이 수전전압과 같은 경우에는 인입개폐기의 직후에서 분기하여
   전용배선으로 옥내소화전에 연결해야 한다.

교류전류 분류	
저압	1,000V 이하
고압	1,000V 초과 7,000V 이하
특별고압	7,000V 초과

그림 1

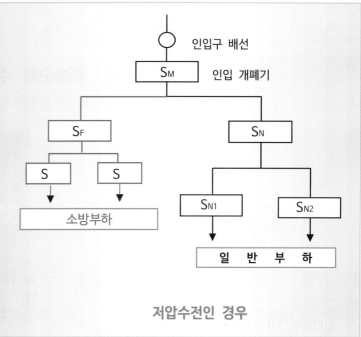

저압수전인 경우

주 1. 일반회로의 과부하 또는 단락사고시 S_M이 S_N, S_{N1} 및 S_{N2}
　　　보다 먼저 차단 되어서는 아니된다.
　2. S_F는 S_N과 동등 이상의 차단용량일 것.

수전受電방식 : 한전에서 건물에 들어오는 전기의 전압에 따라 저압수전, 고압수전, 특별고압수전으로 나눈다.
상용常用전원 : 평상시에 사용하는 전기로서 대부분의 장소에는 한전의 전기를 상용전원으로 사용하고 있다.

고압 또는 특별고압 수전인 경우
(전용의 전력용변압기에서 소방부하에 전원을 공급하는 경우)

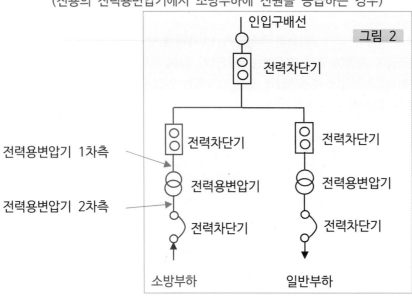

고압 또는 특별고압 수전인 경우
(공용의 전력용변압기에서 소방부하에 전원을 공급하는 경우)

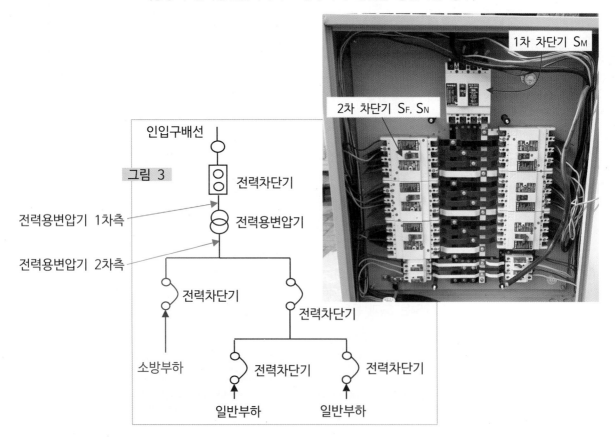

다. 비상전원

상용전원(한전 전기)을 사용할 수 없는 상태에서 옥내소화전설비에 전원(전기)을 공급하여 설비를 작동하는 것이 비상전원이다.

① 옥내소화전이 설치된 장소 중 비상전원을 설치해야 하는 장소

1. 층수가 7층 이상으로서 연면적이 2,000㎡ 이상
2. 1호에 해당하지 않는 특정소방대상물로서 지하층의 바닥면적의 합계가 3,000㎡ 이상

② 비상전원 종류

비상전원은 자가발전설비 또는 축전지설비(내연기관에 따른 펌프를 사용하는 경우에는 내연기관의 기동 및 제어용 축전지를 말한다) 또는 전기저장장치(외부 전기에너지를 저장해 두었다가 필요한 때 전기를 공급하는 장치)

③ 비상전원 설치기준

㉮ 점검에 편리하고 화재 및 침수 등의 재해로 인한 피해를 받을 우려가 없는 곳에 설치한다.
㉯ 옥내소화전설비를 유효하게 20분 이상 작동할 수 있어야 한다.
㉰ 상용전원으로부터 전력의 공급이 중단된 때에는 자동으로 비상전원으로부터 전력을 공급받을 수 있도록 한다.

> **해 설**
>
> 한전의 전기가 정전 등으로 전기 공급이 중단되면, 자동으로 즉시 비상발전기 엔진에 시동이 걸리거나 전기저장장치와 연결되어 옥내소화전을 사용할 수 있어야 한다.

㉱ 비상전원(내연기관의 기동 및 제어용 축전기를 제외한다)의 설치장소는 다른 장소와 방화구획 한다. 이 경우 그 장소에는 비상전원의 공급에 필요한 기구나 설비외의 것(열병합발전설비에 필요한 기구나 설비는 제외한다)을 두어서는 아니 된다.
㉲ 비상전원을 실내에 설치하는 때에는 그 실내에 비상조명등을 설치한다.

④ 비상전원을 설치해야 하는 장소 중 설치제외 장소(비상전원 설치제외 장소)

㉮ 2 이상의 변전소(「전기사업법」 제67조 및 「전기설비기술기준」 제3조제1항제2호에 따른 변전소를 말한다)에서 전력을 동시에 공급받을 수 있는 곳
㉯ 하나의 변전소로부터 전력의 공급이 중단되는 때에는 자동으로 다른 변전소로부터 전원을 공급받을 수 있도록 상용전원을 설치한 경우
㉰ 가압수조방식을 설치한 장소

라. 옥내소화전설비 비상전원 요약

장소 \ 내용	비상전원 용량	비상전원 종류	비상전원 면제장소
1. 층수가 7층 이상으로서 연면적이 2,000㎡ 이상인 장소 2. 지하층의 바닥면적의 합계가 3,000㎡ 이상인 장소	옥내소화전설비를 20분 이상 작동할 수 있어야 한다	1. **자가발전설비** 2. **축전지설비** (내연기관에 따른 펌프를 사용하는 경우에는 내연기관의 기동 및 제어용 축전지를 말한다) 3. **전기저장장치** (외부 전기에너지를 저장해 두었다가 필요한 때 전기를 공급하는 장치)	1. 2이상의 변전소에서 전력을 동시에 공급받을 수 있는 경우 2. 하나의 변전소로부터 전력의 공급이 중단되는 때에는 자동으로 다른 변전소로부터 전력을 공급받을 수 있도록 상용전원을 설치한 경우 3. 가압수조방식
고층건축물 (30층 이상이거나 높이 120m 이상인 건물)	옥내소화전설비를 40분 이상 작동할 수 있어야 한다		면제내용 없다
50층 이상 건물	옥내소화전설비를 60분 이상 작동할 수 있어야 한다		면제내용 없다

참고 내용

7층 이하의 건물 또는 7층 이상의 건물로서 연면적이 2,000㎡ 미만인 장소, 지하층의 바닥면적의 합계가 3,000㎡ 미만인 장소에는 비상전원을 설치하지 않는다.

11. 제어반

옥내소화전설비의 화재안전기술기준 2.6

소방시설의 작동 및 정지와 작동의 상태을 감시하며, 또한 소방시설에 전원을 공급할 수 있도록 현장의 소방시설을 전기선으로 연결하여 방재센타등의 1곳에서 위의 내용들을 조작할 수 있게 만든 스위치 등으로 구성된 판넬을 제어반 이라 한다.

가. 제어반의 종류

① 감시제어반
가압송수장치, 상용전원, 비상전원, 수조, 물올림수조, 예비전원 등을 감시 · 제어 및 시험할 수 있는 기능을 갖추 시설을 말한다.

② 동력제어반
옥내소화전시설에 동력(전기)을 공급하고 통제하는 시설을 말한다.

나. 감시제어반과 동력제어반 구분설치

감시제어반과 동력제어반은 구분하여 설치해야 한다. 다만 아래 어느 하나의 장소는 구분하여 설치하지 아니할 수 있다.
- ㉮ 『층수가 7층 이상으로서 연면적이 2,000㎡ 이상』이 되지 않는 곳
- ㉯ ㉮에 해당하지 아니하는 소방대상물로서 지하층의 바닥면적의 합계가 3,000㎡ 이상이 되지 않는 곳
- ㉰ 내연기관에 따른 가압송수장치를 사용하는 옥내소화전설비
- ㉱ 고가수조에 따른 가압송수장치를 사용하는 옥내소화전설비
- ㉲ 가압수조에 따른 가압송수장치를 사용하는 옥내소화전설비

감시제어반

R형 수신기

P형 수신기

제어반 : 기계나 장치의 원격 조작에서, 제어용의 계기류나 스위치 따위를 일정한 곳에 집중적으로 설비한 기계

다. 감시제어반

① 기능

㉮ 각 펌프의 작동여부를 확인할 수 있는 표시등 및 음향경보기능이 있어야 할 것

㉯ 각 펌프를 자동 및 수동으로 작동시키거나 중단시킬 수 있어야 할 것

㉰ 비상전원을 설치한 경우에는 상용전원 및 비상전원의 공급여부를 확인할 수 있어야 할 것

㉱ 수조 또는 물올림수조가 저수위로 될 때 표시등 및 음향으로 경보할 것

㉲ 다음의 각 확인회로마다 도통시험 및 작동시험을 할 수 있도록 할 것

　　1) 기동용수압개폐장치의 압력스위치회로,　　　2) 수조 또는 물올림수조의 저수위감시회로

　　3) 2.3.10에 따른 개폐밸브의 폐쇄상태 확인회로,　　4) 그 밖의 이와 비슷한 회로

㉳ 예비전원이 확보되고 예비전원의 적합여부를 시험할 수 있어야 한다.

② 감지제어반의 설치기준

㉮ 화재 또는 침수 등의 재해로 인한 피해를 받을 우려가 없는 곳에 설치할 것

㉯ 감시제어반은 옥내소화전설비의 전용으로 할 것. 다만, 옥내소화전설비의 제어에 지장이 없는 경우에는 다른 설비와 겸용할 수 있다.

㉰ 감시제어반은 다음의 기준에 따른 전용실 안에 설치할 것. 다만, 2.6.1의 단서에 따른 각 기준의 어느 하나에 해당하는 경우와 공장, 발전소 등에서 설비를 집중 제어·운전할 목적으로 설치하는 중앙제어실 내에 감시제어반을 설치하는 경우에는 그렇지 않다.

　1) 다른 부분과 방화구획을 할 것. 이 경우 전용실의 벽에는 기계실 또는 전기실 등의 감시를 위하여 두께 7 ㎜ 이상의 망입유리(두께 16.3 ㎜ 이상의 접합유리 또는 두께 28 ㎜ 이상의 복층유리를 포함한다)로 된 4 ㎡ 미만의 붙박이창을 설치할 수 있다.

　2) 피난층 또는 지하 1층에 설치할 것. 다만, 다음의 어느 하나에 해당하는 경우에는 지상 2층에 설치하거나 지하 1층 외의 지하층에 설치할 수 있다.

　　가)「건축법 시행령」제35조에 따라 특별피난계단이 설치되고 그 계단(부속실을 포함한다) 출입구로부터 보행거리 5 m 이내에 전용실의 출입구가 있는 경우

　　나) 아파트의 관리동(관리동이 없는 경우에는 경비실)에 설치하는 경우

> **공동주택 화재안전성능기준 제 6조(24.1.1 시행)**
> 감시제어반 전용실은 피난층 또는 지하 1층에 설치할 것. 다만, 상시 사람이 근무하는 장소 또는 관계인이 쉽게 접근할 수 있고 관리가 용이한 장소에 감시제어반 전용실을 설치할 경우에는 지상 2층 또는 지하 2층에 설치할 수 있다.

　3) 비상조명등 및 급·배기설비를 설치할 것

　4)「무선통신보조설비의 화재안전기술기준(NFTC 505)」에 따라 유효하게 통신이 가능할 것(영 별표 4의 제5호마목에 따른 무선통신보조설비가 설치된 특정소방대상물에 한한다)

　5) 바닥면적은 감지제어반의 설치에 필요한 면적 외에 화재 시 소방대원이 그 감시제어반의 조작에 필요한 최소면적 이상으로 할 것

㉱ 전용실에는 특정소방대상물의 기계·기구 또는 시설 등의 제어 및 감시설비 외의 것을 두지 않을 것

> **옥내소화전설비의 화재안전기술기준**
> 2.3.10 : 급수배관에 설치되어 급수를 차단할 수 있는 개폐밸브(옥내소화전방수구를 제외한다)
> 2.6.1 :
> 　다음의 어느 하나에 해당하지 않는 특정소방대상물에 설치되는 옥내소화전설비
> 　1. 2 이상의 변전소에서 전력을 동시에 공급받을 수 있거나 하나의 변전소로부터 전력의 공급이 중단되는 때에는 자동으로 다른 변전소로부터 전원을 공급받을 수 있도록 상용전원을 설치한 경우, 가압수조방식
> 　2. 내연기관에 따른 가압송수장치를 사용하는 옥내소화전설비
> 　3. 고가수조에 따른 가압송수장치를 사용하는 옥내소화전설비
> 　4. 가압수조에 따른 가압송수장치를 사용하는 옥내소화전설비

라. 동력제어반

옥내소화전설비의 화재안전기술기준 2.6.4

① 설치기준

㉮ 앞면은 적색으로 하고 "옥내소화전설비용 동력제어반"이라고 표시한 표지를 설치한다.

㉯ 외함은 두께 1.5㎜ 이상의 강판 또는 이와 동등 이상의 강도 및 내열성능이 있는 것으로 한다.

㉰ 화재 및 침수 등의 재해로 인한 피해를 받을 우려가 없는 곳에 설치한다.

㉱ 옥내소화전설비의 전용으로 한다. 다만, 옥내소화전설비의 제어에 지장이 없는 경우에는 다른 설비와 겸용할 수 있다.

동력제어반

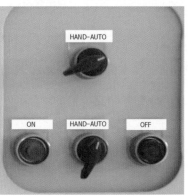

12. 배 선

옥내소화전시설의 전기배선(전선)으로 사용가능한 전선의 종류에 대한 기준은 아래와 같다.

가. 배선의 설치기준

① 비상전원으로부터 동력제어반 및 가압송수장치에 이르는 전원회로의 배선은 내화배선으로 한다. 다만, 자가발전설비와 동력제어반이 동일한 실에 설치된 경우에는 자가발전기로부터 그 제어반에 이르는 전원회로의 배선은 그러하지 아니하다.

② 상용전원으로부터 동력제어반에 이르는 배선, 그 밖의 옥내소화전설비의 감시 · 조작 또는 표시등회로의 배선은 <u>내화배선</u> 또는 <u>내열배선</u>으로 한다. 다만, 감시제어반 또는 동력제어반 안의 감시·조작 또는 표시등회로의 배선은 그러하지 아니하다.

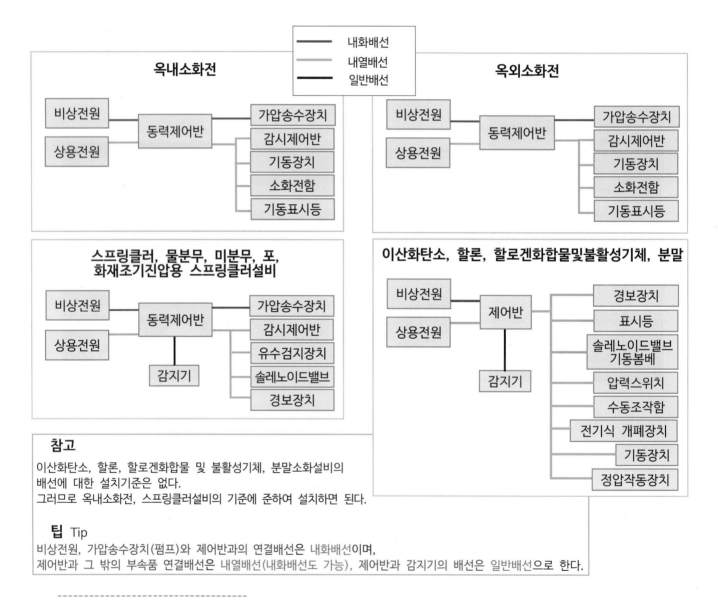

참고
이산화탄소, 할론, 할로겐화합물 및 불활성기체, 분말소화설비의 배선에 대한 설치기준은 없다.
그러므로 옥내소화전, 스프링클러설비의 기준에 준하여 설치하면 된다.

팁 Tip
비상전원, 가압송수장치(펌프)와 제어반과의 연결배선은 내화배선이며,
제어반과 그 밖의 부속품 연결배선은 내열배선(내화배선도 가능), 제어반과 감지기의 배선은 일반배선으로 한다.

배선((配線)) : 소방시설이 작동되게 전기선을 짝지어 연결하는 것
내화배선((耐火配線)) : 불에 타지 아니하고 잘 견디는 전선
내열배선((耐熱配線)) : 높은 열에 잘 견디는 전선

나. 배선에 사용되는 전선의 종류 및 공사방법

옥내소화전설비의 화재안전기술기준 표 2.7.2

① 내화배선

사용전선의 종류	공 사 방 법
1. 450/750V 저독성 난연 가교 폴리올레핀 절연 전선 2. 0.6/1KV 가교 폴리에틸렌 절연 저독성 난연 폴리올레핀 시스 전력 케이블 3. 6/10kV 가교 폴리에틸렌 절연 저독성 난연 폴리올레핀 시스 전력용 케이블 4. 가교 폴리에틸렌 절연 비닐시스 트레이용 난연 전력 케이블 5. 0.6/1kV EP 고무절연 클로로프렌 시스 케이블 6. 300/500V 내열성 실리콘 고무 절연전선(180℃) 7. 내열성 에틸렌-비닐 아세테이트 고무 절연 케이블 8. 버스덕트(Bus Duct) 9. 기타 전기용품안전관리법 및 전기설비기술기준에 따라 동등 이상의 내화성능이 있다고 주무부장관이 인정하는 것	금속관·2종 금속제 가요전선관 또는 합성 수지관에 수납하여 내화구조로 된 벽 또는 바닥 등에 벽 또는 바닥의 표면으로부터 25㎜ 이상의 깊이로 매설하여야 한다. 다만 다음 각목의 기준에 적합하게 설치하는 경우에는 그러하지 아니하다. 가. 배선을 내화성능을 갖는 배선전용실 또는 배선용 샤프트·피트·덕트 등에 설치하는 경우 나. 배선전용실 또는 배선용 샤프트·피트·덕트 등에 다른 설비의 배선이 있는 경우에는 이로 부터 15㎝ 이상 떨어지게 하거나 소화설비의 배선과 이웃하는 다른 설비의 배선사이에 배선지름(배선의 지름이 다른 경우에는 가장 큰 것을 기준으로 한다)의 1.5배 이상의 높이의 불연성 격벽을 설치하는 경우
내화전선	케이블공사의 방법에 따라 설치하여야 한다.

(비고) 내화전선의 내화성능은 KS C IEC 60331-1과 2(온도 830℃/가열시간 120분)표준 이상을 충족하고 난연성능 확보를 위해 KS C IEC 60332-3-24 성능 이상을 충족할 것

② 내열배선

사용전선의 종류	공 사 방 법
1. 450/750V 저독성 난연 가교 폴리올레핀 절연 전선 2. 0.6/1KV 가교 폴리에틸렌 절연 저독성 난연 폴리올레핀 시스 전력 케이블 3. 6/10kV 가교 폴리에틸렌 절연 저독성 난연 폴리올레핀 시스 전력용 케이블 4. 가교 폴리에틸렌 절연 비닐시스 트레이용 난연 전력 케이블 5. 0.6/1kV EP 고무절연 클로로프렌 시스 케이블 6. 300/500V 내열성 실리콘 고무 절연전선(180℃) 7. 내열성 에틸렌-비닐 아세테이트 고무 절연 케이블 8. 버스덕트(Bus Duct) 9. 기타 전기용품안전관리법 및 전기설비기술기준에 따라 동등 이상의 내열성능이 있다고 주무부장관이 인정하는 것	금속관 · 금속제 가요전선관 · 금속덕트 또는 케이블(불연성덕트에 설치하는 경우에 한한다.) 공사방법에 따라야 한다. 다만, 다음 각목의 기준에 적합하게 설치하는 경우에는 그러하지 아니하다. 가. 배선을 내화성능을 갖는 배선전용실 또는 배선용 샤프트 · 피트 · 덕트 등에 설치하는 경우 나. 배선전용실 또는 배선용 샤프트 · 피트 · 덕트 등에 다른 설비의 배선이 있는 경우에는 이로부터 15㎝ 이상 떨어지게 하거나 소화설비의 배선과 이웃하는 다른 설비의 배선사이에 배선지름(배선의 지름이 다른 경우에는 지름이 가장 큰 것을 기준으로 한다)의 1.5배 이상의 높이의 불연성 격벽을 설치하는 경우
내화전선	케이블공사의 방법에 따라 설치하여야 한다

13. 배 관

옥내소화전설비의 물이 이동하는 배관 등에 대하여 배관의 재질 및 배관의 굵기에 대한 기준은 아래와 같다.

가. 기 준

① 배관과 배관이음쇠는 다음의 어느 하나에 해당하는 것 또는 동등 이상의 강도·내식성 및 내열성 등을 국내·외 공인 기관으로부터 인정받은 것을 사용해야 하고, 배관용 스테인리스 강관(KS D 3576)의 이음을 용접으로 할 경우에는 텅스텐 불활성 가스 아크 용접(Tungsten Inertgas Arc Welding)방식에 따른다. 다만, 2.3에서 정하지 않은 사항은 「건설기술 진흥법」 제44조제1항의 규정에 따른 "건설기준"에 따른다.

1. 배관 내 사용압력이 1.2 ㎫ 미만일 경우에는 다음의 어느 하나에 해당하는 것
    가. 배관용 탄소 강관(KS D 3507)
    나. 이음매 없는 구리 및 구리합금관(KS D 5301). 다만, 습식의 배관에 한한다
    다. 배관용 스테인리스 강관(KS D 3576) 또는 일반배관용 스테인리스 강관(KS D 3595)
    라. 덕타일 주철관(KS D 4311)

2. 배관 내 사용압력이 1.2 ㎫ 이상일 경우에는 다음의 어느 하나에 해당하는 것
    가. 압력 배관용 탄소 강관(KS D 3562)
    나. 배관용 아크용접 탄소강 강관(KS D 3583)

② ①에도 불구하고 다음의 어느 하나에 해당하는 장소에는 소방청장이 정하여 고시한 「소방용합성수지배관의 성능인증 및 제품검사의 기술기준」에 적합한 소방용 합성수지배관으로 설치할 수 있다.

1. 배관을 지하에 매설하는 경우
2. 다른 부분과 내화구조로 구획된 덕트 또는 피트의 내부에 설치하는 경우
3. 천장(상층이 있는 경우에는 상층바닥의 하단을 포함한다. 이하 같다)과 반자를 불연재료 또는 준불연 재료로 설치 하고 소화배관 내부에 항상 소화수가 채워진 상태로 설치하는 경우

질의 - (소방제도운영팀-715, 2006.2.16)
NFSC 102 제6조(배관 등) 제1항 및 NFSC 103 제8조(배관) 제1항에서 "배관내 사용압력이 1.2MPa이상"이란 문구의 의미는?

회신
배관내 사용압력이란 가압송수장치를 갖는 소화설비에서 펌프의 체절압력을 말합니다.

강도 強度 : 센 정도
내식성 耐蝕性 : 부식이나 침식을 잘 견디는 성질, 또는 그 정도
내열성 耐熱性 : 높은 온도에서도 변하지 않고 잘 견디어 내는 성질
이음매 : 두 개의 배관을 서로 이은 자리
합성수지 合成樹脂 : 유기 화합물의 합성으로 만들어진 수지 모양의 고분자 화합물을 통틀어 이르는 말. 프라스틱등의 배관을 말한다

체절압력 : 배관에 설치된 밸브등이 닫혀 있어 물이 배관 밖으로 나가지 못하는 상태에서 펌프가 작동하여 배관안에서의 가장 높은 물의 압력

나. 급수 배관 옥내소화전설비의 화재안전기술기준 2.3.3,   1.7.1.10

『수원 또는 송수구 등으로부터 소화설비에 급수하는 배관』을 급수배관이라 한다.
물탱크의 풋밸브에서부터 옥내소화전함의 방수구까지에 이르는 배관으로서 구체적
으로는 아래와 같다.

<u>수원(물탱크)</u> ⇔ <u>소화펌프</u> ⇔ <u>주배관</u> ⇔ <u>옥내소화전 방수구</u> **및** <u>옥외송수구</u>
⇔ <u>주배관</u> ⇔ <u>옥내소화전 방수구</u>, <u>옥상물탱크</u> ⇔ <u>주배관</u> ⇔ <u>옥내소화전 방수구</u>
까지의 배관을 말한다.

참고 : 물올림탱크 배관(물올림배관), 충압펌프 배관(충압배관), 압력챔버 배관은
급수배관이 아님

급수배관은 옥내소화전설비에 전용으로 설치하는 것이 원칙이다.

하나의 배관에 다른용도(소방시설 이외의 용도)와 함께 사용하는 것은 원칙적으로
허용이 되지 않는다.
다만, 옥내소화전의 기동장치의 조작과 동시에 다른 설비의 용도에 사용하는
배관의 송수를 차단할 수 있거나, 옥내소화전설비의 성능에 지장이 없는 경우에는
다른 설비와 겸용할 수 있다.

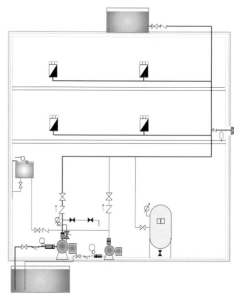

빨간색 배관이 급수배관

다. 급수배관의 개폐밸브 옥내소화전설비의 화재안전기술기준 2.3.10

급수배관에 설치되어 급수를 차단할 수 있는 개폐밸브(옥내소화전방수구를 제외한다)는 개폐표시형으로 해야 한다.
이 경우 펌프의 흡입측 배관에는 버터플라이밸브 외의 개폐표시형밸브를 설치해야 한다.

해 설	**펌프 흡입측 배관에 버터플라이밸브 설치를 못하게 한 이유**

① 난류를 형성하고, 마찰손실(유체저항)이 커서 펌프의 **공동현상**이 발생하여 원활한 흡입에 장애를 줄 수 있다.
② 개폐(열고 닫힘)가 신속히 이루어지므로 **수격작용**(Water Hammering)이 발생할 가능성이 있다.

라. 펌프의 흡입측 배관 옥내소화전설비의 화재안전기술기준 **2.4.4**

① 공기고임이 생기지 않는 구조로 하고 여과장치를 설치한다.
② 수조가 펌프보다 낮게 설치된 경우 각 펌프(충압펌프 포함한다)마다 수조로부터 별도로 설치한다.

난류 亂流 : 각 지점에서의 속도의 크기와 방향이 시간적으로 변하는 유체의 흐름
공동 현상 空洞現象 : 빠른 속도로 물속을 운동하는 물체의 표면에 수증기가 생기며 포화 증기로 가득 찬 빈 구멍이 생기는 현상

마. 배관 구경(배관 굵기) 옥내소화전설비의 화재안전기술기준 2.3.5, 2.3.6

기 준

① 펌프의 **토출측** 주배관의 구경은 유속이 **4m/s** 이하가 될 수 있는 크기 이상으로 하여야 하고, 옥내소화전방수구와 연결되는 가지배관의 구경은 40mm(호스릴 옥내소화전설비의 경우에는 25mm) 이상으로 하여야 하며, 주배관중 수직배관의 구경은 50mm(호스릴 옥내소화전설비의 경우에는 32mm) 이상으로 해야 한다.

② 연결송수관설비의 배관과 겸용할 경우의 주배관은 구경 100mm 이상, 방수구로 연결되는 배관의 구경은 65mm 이상으로 해야 한다.

해 설

기준의 구체적인 내용은 아래와 같다.

① <u>흡입배관</u> : 굵기에 대한 기준은 없다.

② <u>펌프의 토출측 주배관</u>(펌프에서 소화전 방향으로 송수하는 배관) : 유속이 4m/s 이하가 되는 크기 이상
　- 배관의 구경(굵기)은 $Q = A \cdot V$ 의 공식으로 유속(V)이 4m/s 이하가 되도록 배관 구경의 크기를 계산해야 한다. 그러나 뒷장에서 수리계산을 하면 배관의 크기가 너무작다. 유속이 4m/s 이하가 되는 크기 이상의 기준은 배관의 최소한의 크기의 기준이다.

③ <u>주배관중 수직배관</u> : 50mm(호스릴 옥내소화전설비의 경우에는 32mm) 이상으로 해야 한다.

④ <u>주배관중 교차배관, 수평배관(주배관으로 본다)</u> : 유속 4m/s 이하의 크기로 해야 한다.

⑤ <u>방수구와 연결되는 가지배관</u> : 40mm(호스릴 옥내소화전설비의 경우에는 25mm) 이상으로 해야 한다.

⑥ <u>연결송수관설비와 옥내소화전설비를 하나의 배관으로 겸용으로 사용하는 경우</u>
　㉮ 주배관 : 100mm 이상
　㉯ 가지배관(주배관에서 방수구까지 배관) : 65mm 이상

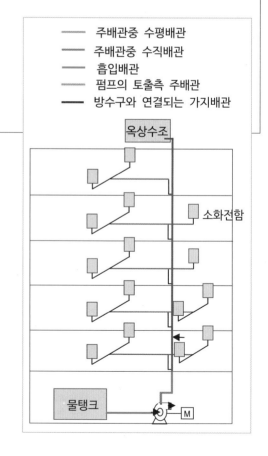

실무(현장의 설계자)에서는 설계자들이 주로 아래의 표와 같이 배관의 구경을 설계하고 있으며, 화재안전기술기준에서는 이러한 기준의 표가 없다.

소화전의 유수량과 배관의 구경

수화전 개수	1개	2개	3개	4개	5개
유수량(ℓ/min)	130	260	390	520	650
배관구경(mm)	40	50	65	80	100

토출측 : 펌프의 물이 나가는 쪽
유속 : 유체의 속도
4m/s : 1초에 4m의 움직임의 속도

바. 배관구경(지름) 설계

문 제

그림의 옥내소화전설비 배관의 구경(굵기)을 계산하시오?
(마지막 계산은 소수점 2자리에서 반올림하여 계산한다)

아래의 문제풀이는 옥내소화전설비의 화재안전기술기준에 의하여 설계를 한 것이다.

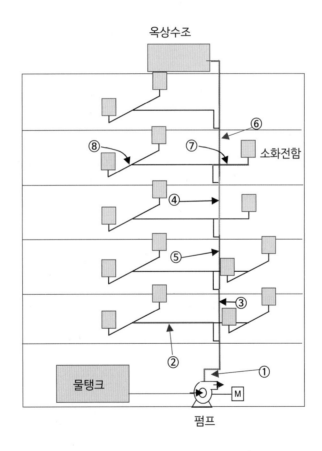

배관의 구경 계산

배관	옥내소화전설비의 화재안전기술기준에 의한 풀이내용
①	펌프 토출측 주배관에 해당되며, 유속 4m/s 이하가 되어야 한다. $Q = 130 \ell/\text{min} \times 2개 = 260\ell/\text{min} = 0.26㎥/\text{min}$, $\dfrac{0.26}{60}$㎥/sec = 0.0043㎥/sec $D = \sqrt{\dfrac{4Q}{\pi V}} = \sqrt{\dfrac{4 \times 0.0043}{3.14 \times 4}} = 0.036\text{m} = 36\text{mm}$, 토출측 주배관은 주배관중 수직배관보다 크거나 같아야 한다. 그러므로 50mm 배관
②	주배관에 해당되며(수평배관의 기준이 없으므로 수평배관을 주배관으로 본다), 유속 4m/s 이하가 되어야 한다. $Q = 130\ell/\text{min} \times 2개 = 260\ell/\text{min} = 0.26㎥/\text{min}$, $\dfrac{0.26}{60}$㎥/sec = 0.0043㎥/sec $D = \sqrt{\dfrac{4Q}{\pi V}} = \sqrt{\dfrac{4 \times 0.0043}{3.14 \times 4}}$ = 0.036m = 36mm, 그러므로 40mm 배관
③	주배관 중 수직배관에 해당되며 50mm 이상이 되어야 한다.
④	주배관 중 수직배관에 해당되며 50mm 이상이 되어야 한다.
⑤	주배관 중 수직배관에 해당되며 50mm 이상이 되어야 한다.
⑥	주배관 중 수직배관에 해당되며 50mm 이상이 되어야 한다.
⑦	주배관에 해당되며(수평배관의 기준이 없으므로 수평배관을 주배관으로 본다), 유속 4m/s 이하가 되어야 한다. $Q = 130\ell/\text{min} \times 2개 = 260\ell/\text{min} = 0.26㎥/\text{min}$, $\dfrac{0.26}{60}$㎥/sec = 0.0043㎥/sec $D = \sqrt{\dfrac{4Q}{\pi V}} = \sqrt{\dfrac{4 \times 0.0043}{3.14 \times 4}}$ = 0.036m = 36mm, 그러므로 40mm 배관
⑧	가지배관이므로 40mm 배관

배관선정의 참고내용

국내의 생산하는 배관규격은,

25, 32, 40, 50, 65, 80, 100, 125, 150, 200mm를 생산하고 있다.

④의 배관계산에서 45.5mm 이상이어야 하면 그 보다 큰 규격의 배관은 50mm 이다.
①의 배관계산에서 52.5mm 이상이어야 하면 그 보다 큰 규격의 배관은 65mm 이다.

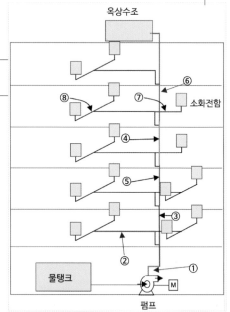

사. 펌프설계의 기준점

펌프의 설치위치는 건물에 따라 지하, 옥상, 중간층 등 다양한 위치에 설치할 수 있다.

펌프 용량 설계는 설계를 하는 건물의 소화전이나 스프링클러헤드 등의 방수압력이 가장 낮게 나오는 위치를 설계의 기준점으로 하여 펌프용량을 설계하면 다른 위치의 소화전이나 스프링클러헤드는 설계의 기준장소보다 더 많은 방수량과, 더 높은 방수압력이 나오므로 건물의 모든 곳에 방수압력과 방수량이 충족이 된다. 아래 그림의 점선으로 표기한 소화전이 설계의 기준 소화전함이다.

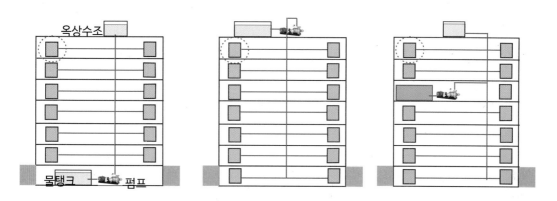

아. 배관 동결방지조치   옥내소화전설비의 화재안전기술기준 2.3.9

【기 준】

배관은 동결방지조치를 하거나 동결의 우려가 없는 장소에 설치해야 한다. 다만, 보온재를 사용할 경우에는 난연재료 성능 이상의 것으로 해야 한다.

옥내소화전 배관안에는 배관의 물이 겨울에 얼지 않도록 동결(동파)방지 조치를 해야 한다.

참고 : 화재안전기준에는 동결방지조치 방법의 구체적인 기준은 없다. 동결우려가 있는 배관은 현장의 상황에 적합하게 아래와 같은 방법 중 선택하여 하면 된다.

동결방지조치의 구체적인 방법은,

① 배관안의 물에 부동액을 넣는 방법
② 배관 밖에 보온재를 감아서 물이 얼지 않도록 하는 방법
③ 배관 밖에 전열선(Heating Coil)을 감아서 물이 얼지 않도록 하는 방법.
④ 배관의 물을 순환하는 방법(순환펌프를 이용하여 배관의 물을 계속 순환시킨다)
⑤ 배관이 있는 건물을 난방하는 방법
⑥ 배관을 동결심도(얼지 않는 깊이 이상의 땅 깊이) 밑으로 배관을 매설하는 방법
⑦ 수조 내에 온수 배관(Heating pipe)를 설치하여 물의 온도를 높이는 방법.

14. 송수구 送水口

물을 사용하는 소화설비에서 소화설비배관에 소방차의 물을 넣어 그 물로 불을 끄기 위하여 건물의 외벽에 소방차 호스를 연결하는 곳을 송수구라 한다.

가. 송수구 설치목적

화재가 발생한 건물의 옥내소화전 가압송수장치의 펌프고장 또는 정전, 물탱크의 물이 없는 상태등 소방시설이 작동되지 않는 경우에 소방대의 소방차가 송수구에 소방호스를 연결하여 배관으로 물을 보내어 소화전 호스의 물로 불을 끄기 위한 것이다.

나. 기 준

① 소방차가 쉽게 접근할 수 있고 잘 보이는 장소에 설치하고, 화재층으로부터 지면으로 떨어지는 유리창 등이 송수 및 그 밖의 소화작업에 지장을 주지 않는 장소에 설치한다.
② 송수구로부터 옥내소화전설비의 주배관에 이르는 연결배관에는 개폐밸브를 설치하지 않을 것. 다만, 스프링클러설비 · 물분무소화설비 · 포소화설비 · 또는 연결송수관설비의 배관과 겸용하는 경우에는 그렇지 않다.
③ 지면으로부터 높이가 0.5 m 이상 1 m 이하의 위치에 설치한다.
④ 송수구는 구경 65 ㎜의 쌍구형 또는 단구형으로 한다.
⑤ 송수구의 부근에는 자동배수밸브(또는 직경 5 ㎜의 배수공) 및 체크밸브를 다음의 기준에 따라 설치한다. 이 경우 자동배수밸브는 배관 안의 물이 잘 빠질 수 있는 위치에 설치하되, 배수로 인하여 다른 물건이나 장소에 피해를 주지 않아야 한다.
⑥ 송수구에는 이물질을 막기 위한 마개를 씌울 것

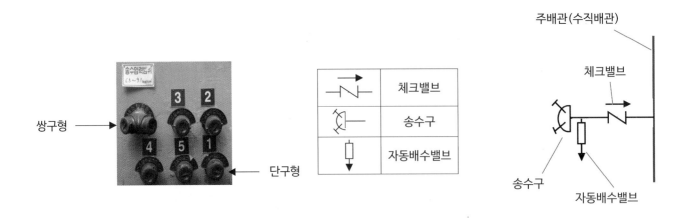

직경 5㎜의 배수공 : 송수구와 주배관과 연결하는 배관에 자동배수밸브를 설치하지 않고 그 위치의 배관에 직경 5㎜의 구멍을 뚫어 놓는 방법을 허용하고 있다. 이렇게 구멍을 뚫어 놓으면 소방차로 송수를 할 때 구멍으로 물이 누수가 된다.

다. 송수구 송수압력 표지판

옥내소화전설비는 송수구에 송수압력범위를 표시한 표지를 설치하도록 한 기준이 없다. 이후에 기준이 마련된다면 아래와 같이 송수압력범위를 계산할 수 있다.

표지판

> 옥내소화전 송수구
>
> 송수압력 0.3~0.7MPa

송수압력범위 표시내용 계산방법

● **압력 표시** : 최소압력 00 MPa ~ 최대압력 00 Mpa
● **최소압력** : 가장 높은 층의 방수구 소방호스 노즐에서 0.17 MPa 이상의 송수압력이 나와야 한다.

구체적인 최소압력 계산 내용

> 송수구에서 가장 높은층의 방수구까지의 수직높이(m를 압력으로 환산)
> + 송수구의 송수압력이 제일 낮게 나오는 옥내소화전 방수구까지의 배관 마찰손실(m를 압력으로 환산)
> + 소방호스의 마찰손실(m를 압력으로 환산)
> + 노즐 방수압력(0.17 MPa)

● **최대압력** : 배관의 허용압력 이하이면서, 화재진압작전의 허용범위 이하(옥내소화전설비 노즐의 허용 방수압력 0.7MPa)의 압력이 되어야 한다.

구체적인 최대압력 계산 내용

> 송수구에서 가장 높은층의 방수구까지의 수직높이(m를 압력으로 환산)
> + 송수구의 송수압력이 제일 낮게 나오는 옥내소화전 방수구까지의 배관 마찰손실(m를 압력으로 환산)
> + 소방호스의 마찰손실(m를 압력으로 환산)
> + 【0.17MPa(방수압력) + 0.53MPa 정도(여유압력)】
>   -저층에 0.7MPa 이상의 방수압력이 나오는 곳에는 감압장치를 설치해야 한다.

문 제

아래와 같은 조건의 옥내소화전설비가 설치된 건물의 송수구 최소압력, 최대압력 및 송수압력범위를 계산하시오.

【조 건】
   1. 송수구에서 가장 높은층의 옥내소화전 방수구까지의 수직높이 : 50m
   2. 송수구의서 송수압력이 제일 낮게 나오는 옥내소화전 방수구까지의 배관 마찰손실 : 12m
   3. 소방호스의 마찰손실 : 3.6m
   4. 노즐의 최대 방수압력 : 0.4 MPa
   5. 계산의 편의를 위해 10m = 0.1MPa으로 계산한다.
   6. 저층에 방수압력이 0.7MPa 이상인 장소에는 감압장치를 설치한다.

정 답

   1. **최소압력** : 50m + 12m + 3.6 + 17m = 82.6m   ∴ 0.826MPa
   2. **최대압력** : 50m + 12m + 3.6 + 40m = 105.6m   ∴ 1.056MPa
   3. **송수압력범위** : 0.826 ~ 1.056MPa

라. 송수구 기준 해석

① 기준②의 해석

옥내소화전설비만 사용하는 송수구 배관에는 그림과 같이 주배관과 연결하는 배관에 개폐밸브를 설치하지 않아야 한다. 그 이유는 밸브가 잠긴 상태에서는 송수가 되지 않기 때문이다.

그러나 하나의 송수구를 옥내소화전과 스프링클러설비등의 배관과 겸용하는 경우에는 개폐밸브를 설치할 수 있다.

② 2가지 이상의 소화설비에 송수구 겸용 사용

하나의 펌프로 2가지 이상의 소화설비를 사용하면 주배관도 겸용으로 사용하므로 송수구도 하나의 송수구로 겸용으로 사용할 수 있다는 내용이므로 송수구의 기준을 스프링클러설비 · 간이스프링클러설비 · 화재조기진압용스프링클러설비 · 물분무소화설비 · 미분무소화설비 · 포소화설비 또는 연결송수관비의 송수구와 겸용으로 설치하는 경우에는 스프링클러설비의 송수구의 설치기준에 따르고, 연결살수설비의 송수구와 겸용으로 설치하는 경우에는 옥내소화전설비의 송수구의 설치기준에 따른다.

③ 구경 65㎜의 쌍구형 또는 단구형

소방호스를 2곳에 연결할 수 있는 것이 쌍구형이며, 한곳에 연결할 수 있는 것은 단구형이라 한다.

④ 자동배수밸브(또는 직경 5㎜의 배수공) 및 체크밸브 설치

송수구로부터 소방차의 물을 송수를 한후에 송수구와 체크밸브 사이에 고여 있는 물을 자동으로 배수하여야 배관의 동파(얼어서 터짐)를 방지할 수 있다.

자동배수밸브 대신에 직경 5mm의 배수공(배관에 구멍)을 뚫어도 된다.
그림과 같이 자동배수밸브를 설치하는 위치의 배관에 배수구멍을 뚫어 배수가 되도록 하는 것이다.

자동배수밸브를 설치한 곳에서는 소방차로 송수를 할 때는 자동배수밸브가 닫혀 배수가 되지 않고 송수를 멈추면 배관의 압력이 낮아져 자동배수밸브가 열려 배수가 된다. 그러나 배관의 밑 부분에 배수공을 뚫으면 송수를 할 때에 누수가 되는 단점은 있다.

현장에는 배수공(구멍)을 뚫은 현장은 거의 없으며, 대부분 자동배수밸브를 설치한다.

15. 옥내소화전의 방수압력, 방수량 측정

가. 방수압력 측정장소 선정

① 건물의 최소방수압력 측정위치

방수압력 측정은 건물의 옥내소화전 중에서 가장 방수압력이 낮게 나오는 위치를 선정해야 한다.
건물의 제일 높은층의 소화전이 방수압력이 가장 낮게 나온다.

그러므로 제일 높은층의 모든 소화전(2개 이상이면 2개)을 열며 그 중 방수압력이 가장 낮게 나오는 소화전인 주배관에서 가장 먼 위치에 있는 소화전의 방수압력을 측정한다. 방수압력은 0.17MPa(약 1.7㎏/㎠) 이상이 되어야 한다.

② 건물의 최대방수압력 측정위치

건물의 방수압력이 가장 큰 장소는 건물의 가장 낮은 층에서 주배관과 가장 가까운 소화전이다.
방수압력을 측정했을 때에 0.7MPa(약 7㎏/㎠) 이하가 되어야 한다.

● **최고 방수압력 0.7MPa를 정한 이유** : 소화전을 사용하여 불을 끌 때 방수압력이 너무 높으면 사용자가 힘이 부쳐 노즐을 통제하기 곤란하며 사용자의 통제할 수 있는 힘보다 소방호스 및 노즐의 압력이 높으면 사용자가 압력의 힘을 통제하지 못하고 넘어지는 등 다치게 된다.

● **0.7MPa이상이 되는 소화전** : 감압변(밸브)을 설치하여 방수압력을 낮추어야 한다.

> **참고** : 배관에 감압밸브를 설치해도 배관안의 물의 압력은 변동이 없다(감압이 되지 않는다).
> 노즐로 방수할 때 감압밸브를 통과하면서 방수압력이 낮아질 뿐이다.

감압변(밸브)

③ 도로터널의 옥내소화전 방수압력   도로터널의 화재안전기술기준 2.2.1.3

방수압력은 0.35MPa 이상이 되어야 한다.

나. 피토게이지 Pitot gauge 사용방법

소화전의 방수압력을 측정하는 기구는 피토게이지이다. 그림과 같이 노즐끝으로 부터 노즐구경의 $\frac{1}{2}$ 거리 만큼 앞쪽에 방수되는 물줄기의 중심선과 일치시켜 피토게이지에 나타난 압력을 읽는다.

【방수압력 측정방법】

그림과 같이 노즐구경의 $\frac{1}{2}$ 되는 위치에 피토케이지를 대어 방수압력을 측정한다.

예를 들어 노즐구경이 13mm이면 노즐의 끝에서 6.5mm 떨어진 위치에 피토게이지를 대어 측정한다.

측정된 방수압력의 값을 방수량으로 환산하는 공식은 Q = 0.653 $D^2 \sqrt{P}$ 이다.(D : 노즐 구경, P : 측정된 압력)

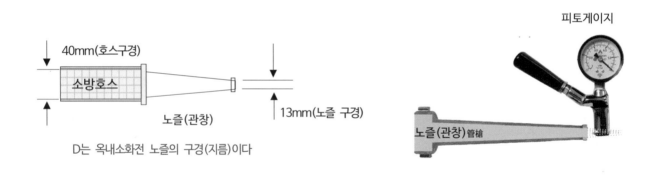

40mm(호스구경)

소방호스

노즐(관창)

13mm(노즐 구경)

D는 옥내소화전 노즐의 구경(지름)이다

피토게이지

노즐(관창)嘧槍

다. 방수량 계산

방수량을 측정하는 기구는 국내에서는 사용하지 않고 있다. 피토게이지로 측정한 압력을 방수량으로 계산하면 된다.

방수량 계산 공식은, $Q = 0.653 \, D^2 \sqrt{P}$

Q (ℓ/min) : 방수량

D(mm) : 노즐 구경(옥내소화전 : 13mm, 옥외소화전 : 19mm)

P(kgf/㎠) : 방수압력

예를 들어서 피토게이지로 측정한 값이 2kgf/㎠이 되었다면, 방수량(Q) = $0.653 \, D^2 \sqrt{P_1}$의 공식에 대입한다.
측정한 값이 0.2MPa이 되었다면, 방수량(Q) = $2.086 \, D^2 \sqrt{P_2}$의 공식에 대입한다.

$0.653 \times 13^2 \times \sqrt{2}$ = 156 ℓ/min이 되며, 옥내소화전 방수량이 130 ℓ/min 이상으로서 적합하다.

【참고】
옥내소화전의 호스 구경은 40mm이지만 직사형 노즐의 끝부분 지름은 13mm가 많으며, 구경이 다른 노즐도 있을 수 있다. 13mm의 노즐을 사용하여 측정을 하였다면 D를 13mm로 계산한다.

라. 측정 할 때 노즐 종류

피토게이지로 방수압력을 측정할 때에는 직사형 노즐을 사용해야 한다.

직, 방사형노즐을 직사형태로 방수하여 측정을 해도 정확한 방수압력의 측정은 되지 않는다.

직사형 노즐   직, 방사형 노즐

직사형 노즐 Nozzle : 노즐에서 방수되는 물줄기의 형태가 일직선으로 방수되는 노즐을 말한다.
방사형(직,방사형) 노즐 : 노즐에서 방수되는 물줄기가 분무형태와 일직선 형태로 조절할 수 있는 노즐을 말한다.
참고자료 : 1 MPa = 10.197162 kgf/㎠,   1 kgf/㎠ = 0.098067 MPa

문 제 1

옥내소화전 노즐의 방수압력을 피토게이지를 이용한 측정방법을 설명하고, 피토게이지로 방수압력을 측정한 결과 0.3MPa이며, 노즐의 내경은 13mm 이다. 이때 1분당 방수량(ℓ/min)을 구하시오.

1. 방수압력 측정방법   2. 방수량(ℓ/min)

정 답

1. 노즐 끝(선단)에서 노즐 내경의 $\frac{1}{2}$ 만큼 떨어진 위치에서 피토게이지 입구를 물줄기의 중심선에 대어 게이지에 측정되는 압력을 읽는다.

2. **계산과정** : $Q = 0.653 \ D^2 \ \sqrt{P_1}$ (P_1 : kg/㎠), $Q = 2.086 \ D^2 \ \sqrt{P_2}$ (P_2 : MPa)

   $Q = 2.086 \times 13^2 \times \sqrt{0.3} = 193.09 \ \ell$/min

   답 : 193.09 ℓ/min

참고자료 : D : 노즐 내경(지름),   P : 압력(kg/㎠)
1MPa = 10.197162kg/㎠,   1kg/㎠ = 0.098MPa

문 제 2

지하3층 지상20층 건물에 설치된 옥내소화전설비의 방수압력 측정에 있어서 측정 소화전 위치, 측정방법, 측정결과 판정에 대하여 기술하시오.

정 답

1. 측정위치 : 최저압 소화전 측정 : 20층,   최고압 소화전 측정 : 지하3층

가. 최저압 소화전 방수압력 측정
   20층 소화전 방수구를 모두 개방한다(20층에 소화전이 2개 이상이면 2개, 2개 이하이면 설치된 소화전 모두 개방) 개방한 소화전의 방수압력을 피토게이지로 측정한다.

나. 최고압 소화전 방수압력 측정
   지하3층의 소화전 방수압력을 피토게이지로 측정한다.

2. 측정방법
   측정하는 소화전의 노즐끝으로 부터 노즐구경의 $\frac{1}{2}$ 거리 만큼 앞쪽에 방수되는 물줄기의 중심선과 일치시켜 피토 게이지에 나타난 압력을 읽는다.

3. 측정결과 판정
   20층과 지하3층에서 측정한 결과 방수압력이 0.17 MPa 이상 0.7MPa가 되는지 확인한다.

16. 펌프성능시험배관·유량계

펌프의 성능을 시험하는 곳으로서 성능시험배관에는 유량계와 밸브가 설치되어야 한다.

가. 성능시험배관

① 기 준 　옥내소화전설비의 화재안전기술기준 2.3.7

펌프의 성능시험배관은 다음의 기준에 적합하도록 설치해야 한다.

㉮ 성능시험배관은 펌프의 토출 측에 설치된 개폐밸브 이전에서 분기하여 직선으로 설치하고, 유량측정장치를 기준으로 전단 직관부에는 개폐밸브를 후단 직관부에는 유량조절밸브를 설치할 것. 이 경우 개폐밸브와 유량측정장치 사이의 직관부 거리 및 유량측정장치와 유량조절밸브 사이의 직관부 거리는 해당 유량측정장치 제조사의 설치사양에 따르고, 성능시험배관의 호칭지름은 유량측정장치의 호칭지름에 따른다.
㉯ 유량측정장치는 펌프의 정격토출량의 175 % 이상까지 측정할 수 있는 성능이 있을 것

② 성능시험배관의 구경(지름) 계산

성능시험배관의 구경은 설치되는 유량계의 종류에 따라 다르며, 유량계 제작회사의 자료에 의해야 한다.

아래의 Orifice Type 또는 Screw Type(나사식, 플렌지식)과 Clamp Type (밴드형)의 구경 표에서와 같이 예를 들어서 설명을 한다.
(일부의 책에서 $Q = 0.653 \, D^2 \sqrt{P}$의 공식으로 펌프성능시험배관을 계산하는 방법은 잘못되었다)

③ 유량계의 크기(규격)

예를 들어서 펌프의 토출량이 1,000ℓ/min인 경우에는,
유량계는 측정할 수 있는 최대규격이 1,000ℓ/min의 175% 이상을 측정할 수 있는 유량계
즉 1,000ℓ/min × 175% = 1,750ℓ/min 이상을 측정 할 수 있는 유량계를 설치해야 한다.

④ 성능시험배관 구경(굵기) 선정 사례

예를 들어서 ③에서 계산한 유량계의 최대유량이 3,500ℓ/min인 경우 성능시험배관의 구경은

㉮ Orifice Type or Screw Type(나사식, 플렌지식)은 100A, 125A 또는 150A를 선정한다.
㉯ Clamp Type(밴드형)은 125A 또는 150A를 선정한다.

유량계의 종류별 유량측정 범위

1. Orifice Type or Screw Type(나사식, 플랜지식)

구분	25A	32A	40A	50A	65A	80A	100A	125A	150A
유량범위 (ℓ/min)	37 ~ 180	70 ~ 360	110 ~ 550	220 ~ 1,100	450 ~ 2,200	700 ~ 3,300	900 ~ 4,500	1,200 ~ 6,000	2,000 ~ 10,000

2. Clamp Type (밴드형)

구분	25A	32A	40A	50A	65A	80A	100A	150A	200A
유량범위 (ℓ/min)	20 ~ 150	55 ~ 275	75 ~ 375	150 ~ 550	250 ~ 900	300 ~ 1,125	500 ~ 2,000	900 ~ 3,900	1,800 ~ 7,200

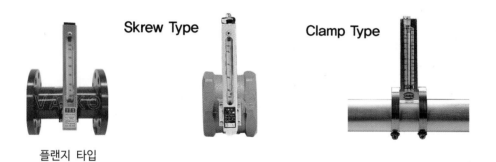

Skrew Type Clamp Type

플랜지 타입

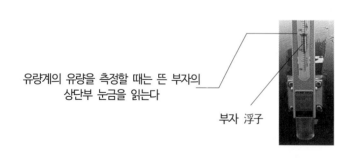

유량계의 유량을 측정할 때는 뜬 부자의 상단부 눈금을 읽는다

부자 浮子

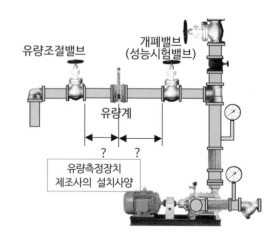

유량조절밸브   개폐밸브
(성능시험밸브)

유량계

유량측정장치
제조사의 설치사양

⑤ 성능시험 배관 유량계 및 밸브설치 위치

예를 들어서 2,000ℓ/min의 유량계를 설치하는 위치를 살펴보면,

㉮ **Orifice Type or Screw Type(나사식, 플렌지식)**의 규격 900~4,500ℓ/min 유량계를 성능시험배관 100A(100mm)에 설치한다면 아래와 같은 위치에 설치한다.(유량계 설치사양이 8, 5배 이상의 위치에 설치한다면)
유량계의 설치위치는 앞측(개폐밸브 쪽)으로는 100A × 8배 = 800mm 위치에
뒷측(유량조절밸브 쪽)으로는 100A × 5배 = 500mm 위치에 설치한다

구분	25A	32A	40A	50A	65A	80A	100A	125A	150A
유량범위 (ℓ/min)	37 ~ 180	70 ~ 360	110 ~ 550	220 ~ 1,100	450 ~ 2,200	700 ~ 3,300	900 ~ 4,500	1,200 ~ 6,000	2,000 ~ 10,000

㉯ **Clamp Type(밴드형)** 150A, 900~3,900ℓ/min 유량계를 선정한다면,
(유량계 설치사양이 8, 5배 이상의 위치에 설치한다면)
유량계의 설치위치는 상류측(개폐밸브 쪽)으로는 150A × 8배 = 1,200mm 위치에
하류측(유량조절밸브 쪽)으로는 150A × 5배 = 750mm 위치에 설치한다.

구분	25A	32A	40A	50A	65A	80A	100A	150A	200A
유량범위 (ℓ/min)	20 ~ 150	55 ~ 275	75 ~ 375	150 ~ 550	250 ~ 900	300 ~ 1,125	500 ~ 2,000	900 ~ 3,900	1,800 ~ 7,200

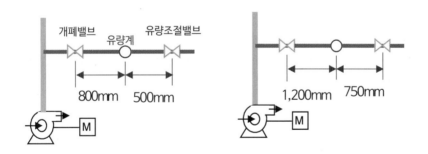

참고

옥내소화전설비의 화재안전기술기준 2.3.7.1.에서,

『성능시험배관은 펌프의 토출 측에 설치된 개폐밸브 이전에서 분기하여 직선으로 설치하고, 유량측정장치를 기준으로 전단 직관부에는 개폐밸브를 후단 직관부에는 유량조절밸브를 설치할 것. 이 경우 개폐밸브와 유량측정장치 사이의 직관부 거리 및 유량측정장치와 유량조절밸브 사이의 직관부 거리는 해당 유량측정장치 제조사의 설치사양에 따르고, 성능시험배관의 호칭지름은 유량측정장치의 호칭지름에 따른다』

⑥ 펌프성능시험배관의 잘못된 현장 사례 내용

1. 유량조절밸브가 설치안된 곳이 있다.
2. 유량계의 규격과 배관의 구경(크기)이 맞지 않은 것을 설치한 곳이 있다.
   (유량계의 규격과 성능시험배관의 구경(크기)이 맞지 않으면, 부자가 뜨지 않아 유량측정이 되지 않은 현장이 있다)
3. 성능시험밸브(개폐밸브)와 유량계의 설치간격(호칭구경의 8배 이상) 유량조절밸브와 유량계의 설치간격(호칭구경의 5배 이상)이 맞지 않은 현장이 많다.
   - 8배, 5배 이격하여 밸브를 설치하는 이유는 물의 흐름이 층류(난류 반대)흐름을 유도하기 위한 것이다.
4. 유량계와 배관의 연결부분의 결함으로 유량계에 기포(공기방울)가 생기는 사례가 있다.

⑦ 유량조절밸브(2차측밸브)가 설치안된 경우의 문제점

1차측밸브(성능시험밸브)만 설치된 경우에는 펌프성능시험배관으로 송수할 경우 난류亂流가 일어나 유량의 측정이 정확하지 못하다.

성능시험배관에 설치하는 밸브를 구경의 8배, 5배 이상을 거리를 두고 설치하는 이유는 유체(물)가 성능시험배관의 개폐밸브를 지날 때 난류가 일어나므로 난류가 층류(유체의 각 부분들이 상호 얽힘 없이 질서정연하고 규칙적으로 흐르는 상태)가 되는 부분까지 거리를 두고 유량계를 설치하여 정확한 유량측정을 하기 위함이다.

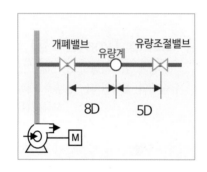

⑧ 정격토출량이란

펌프의 명판(제품에 제원을 기록한 표기판)에 기록되어 있는 펌프의 성능을 말하며, 일부의 자료에는 설치된 건물의 소방시설(옥내소화전, 스프링클러설비등)에 필요한 토출량으로 이해하여 옥내소화전이 1층에 2개 설치된 곳에는 130ℓ/min × 2개 = 260ℓ/min이며, 260ℓ/min × **175% = 455ℓ/min 이상을 측정할 수 있는 유량계를 설치**하면 된다고 하지만 그것은 잘못된 이해이다.

사례 이 펌프의 정격토출량은 36㎥/h이다.

36㎥/h = 36,000ℓ/h, 시간(h)을 분(min)으로 환산하면,

$$36{,}000ℓ/h = \frac{36{,}000}{60}ℓ/min = 600ℓ/min$$

이 펌프에 설치해야 하는 유량계 성능은,

600ℓ/min × 175%(1.75) = 1,050ℓ/min

∴ 1,050ℓ/min 이상을 측정할 수 있는 유량계를 설치해야 한다.

난류 亂流 : 각 지점에서의 속도의 크기와 방향이 시간적으로 변하는 유체의 흐름. 난류의 반대는 층류다

나. 유량계 종류

펌프의 성능중 펌프의 토출유량(양수량)을 측정하는 유량계는 많은 종류가 있지만 소방펌프에 사용하는 유량계는 로타미터, 벤트리미터, 오리피스미터 유량계, 부동전 유량계가 있다.

① 로터미터(Rotameter)

유량계 내에 부자(float)가 뜨면 뜬 부자 눈금의 유량(흐르는 양)을 직접 눈으로 볼 수 있도록 한 계기이다. 유체의 압력손실이 적고 측정범위가 넓으며, 설치비용이 저렴하여 가장 많이 사용되고 있다.

로타미터(Rotameter)

② 벤투리 미터(Venturi meter) 유량계

유량 측정을 할 때에는, 양쪽 **코크를 열어** 배수를 하면서 **유량계**의 계기를 본다

성능시험배관이며 펌프가 1,000마력 이상이 되는 설비이다.

③ 부동전 유량계

④ 오리피스 미터(Orifice meter) 유량계

오리피스

펌프성능시험배관

유량계계기판

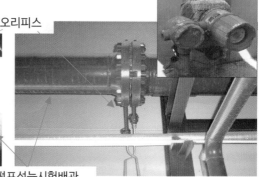

부자(浮子) : 부표, 일정한 표지로 삶기 위해 물위에 띄워 놓은 물건

오리피스 방식의 유량계로서 인입(들어오는)측 압력은 12kg/㎠, 토출(나가는)측 압력은 3kg/㎠이면
유량(ℓ/min)은 얼마인가? (오리피스 상수는 600이다)

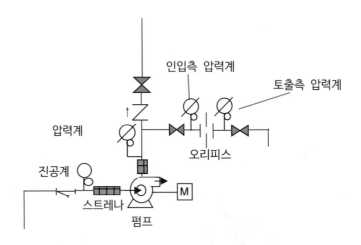

해 설

$Q = k\sqrt{P}$ $\triangle P = 12 - 3 = 9$

$Q = 600\sqrt{9} = 600 \times 3 = 1,800 \, ℓ/min$

Screw Type

Clamp Type

로터미터 유량계

17. 펌프성능시험

가. 펌프성능시험의 종류별 시험방법

1. 성능시험 준비

① 동력제어반의 주펌프와 충압펌프의 운전선택스위치 ⑦을 수동(정지, HAND)으로 한다.

② 펌프토출측 주배관의 개폐밸브 ①을 닫는다(폐쇄)

③ 설치된 펌프의 정격토출량, 정격토출양정을 파악하여 펌프성능시험표에 기재하기 위하여 표작성 준비한다.

④ 릴리프밸브 ⑤의 캡을 열고 조정나사를 돌려 개방압력이 최대가 되게한다.

2. 체절운전시험

① 동력제어반의 주펌프스위치를 수동기동(ON ⑧)한다.

② 펌프가 체절운전(ON)하여 가장 높게 나오는 체절압력을 압력계 ⑥으로 확인하여 기록한다.

③ 체절압력을 확인한 후 동력제어반의 주펌프스위치를 정지(OFF ⑨) 한다.

3. 정격운전시험

① 성능시험배관의 1차측 개폐밸브 ③을 개방한다.

② 동력제어반의 주펌프스위치를 작동(ON ⑧) 한다.

③ 성능시험배관의 2차측 개폐밸브(유량조절밸브) ④를 서서히 개방하여 유량계와 압력계의 자료를 성능시험표에 기재하며, 정격토출량(100% 유량)일 때 정격토출압력인지 확인한다.

④ 동력제어반의 주펌프스위치를 정지(OFF ⑨) 한다.

4. 최대부하운전(과부하운전)시험

① 동력제어반의 주펌프스위치를 작동(ON ⑧) 한다.

② 성능시험배관의 2차측 개폐밸브(유량조절밸브) ④를 더욱 개방하여 유량계와 압력계를 확인하며, 유량이 정격토출량의 150%일 때 압력은 정격토출압력의 65% 이상인지 확인한다.

③ 동력제어반의 주펌프스위치를 정지(OFF ⑨) 한다.

5. 복구

① 성능시험배관의 1차측 개폐밸브 ③, 2차측 개폐밸브(유량조절밸브) ④를 닫는다.

② 동력제어반의 주펌프스위치를 작동(ON ⑧)하여 릴리프밸브 ⑤의 개방압력을 재 설정한 후, 주펌프스위치를 정지(OFF ⑨) 한다.

③ 주배관의 개폐밸브 ①을 개방한다.

④ 동력제어반의 주펌프와 충압펌프의 운전선택스위치 ⑦을 자동(운전, AUTO)으로 한다.

펌프성능시험 결과표

(펌프 성능 : 토출량 2,000ℓ/min, 양정 100m)

구분		체절운전	정격운전(100%)	최대부하운전 (정격유량의 150%운전)
정상의 펌프성능	토출량(ℓ/min)	0	2,000ℓ/min	3,000ℓ/min
	토출압력 (MPa, kgf/㎠)	1.4 MPa 이하, 약 14kgf/㎠ 이하	1 MPa 이상, 약 10kgf/㎠ 이상	0.65 MPa 이상, 약 6.5kgf/㎠ 이상
시험결과	압력 (양호)	1.3 MPa	1.1 MPa	0.67 MPa
	유량 (양호)	0 ℓ/min	2,000 ℓ/min	3,000 ℓ/min
	압력 (불량)	1.5 MPa	0.9 MPa	0.6 MPa
	유량 (불량)	0 ℓ/min	2,000 ℓ/min	3,000 ℓ/min
릴리프밸브 작동압력 : 1.2 MPa				

펌프성능시험을 한 결과 위의 결과표와 같이 양호의 값인지, 불량의 값인지 확인하여 펌프의 수리 또는 교체여부를 판단해야 한다.

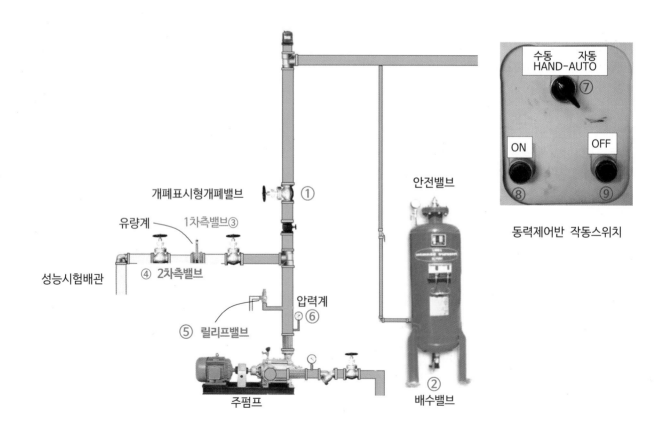

나. 펌프성능시험 순서

1 주배관의 개폐밸브(①)를 닫는다

2 동력제어반에서 주펌프와 충압펌프스위치를 작동중지한다
(스위치를 자동위치(AUTO)에서 수동위치(HAND)로 돌린다)

3 펌프성능 시험배관의 2차측밸브(④)를 완전히 닫고 1차측밸브(③)를 완전히 개방한다

4 제어반의 주펌프 수동기동 스위치(ON스위치)를 누른다

5 펌프성능을 측정한다

1. 체절운전
   펌프성능시험배관의 2차측밸브(④)를 닫은상태(체절운전)에서 펌프의 체절압력을 압력계(⑤)를 보고 읽는다.
2. 펌프성능시험(정격운전시험, 최대부하운전시험)
   펌프성능시험배관의 2차측밸브(④)를 서서히 열면서 유량계(⑥)와 압력계(⑤)를 확인하면서 펌프성능을 2차측밸브를 완전히 개방될 때 까지 측정한다(펌프성능시험곡선의 자료를 측정한다)
3. 정격운전시험
   2의 방법으로 성능을 측정할 때에 유량계(⑥)와 압력계(⑤)를 확인하면서 정격토출유량이 되었을 때 펌프토출측 압력계의 압력이 정격토출압력 이상인지 확인한다.
4. 최대부하운전(과부하운전)시험
   2의 방법으로 성능을 측정할 때에 유량이 정격토출유량의 150%가 될 때에 펌프 토출측 압력계의 압력이 정격토출압력의 65% 이상인지 확인한다.

6 측정완료후 복구

1. 제어반의 주펌프 작동정지스위치(OFF스위치)를 누른다
2. 주배관의 개폐밸브(①)를 개방한다.
3. 펌프성능시험배관의 1차측밸브(③)를 닫는다.
4. 제어반의 주펌프와 충압펌프 스위치를 자동위치(AUTO)로 돌려 놓는다

동력제어반에서 수동작동이 되도록 스위치를 HAND 위치로 돌린상태

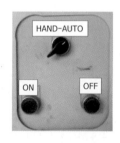

동력제어반에서 자동작동이 되도록 스위치를 AUTO 위치로 돌린상태

제어반 수위치

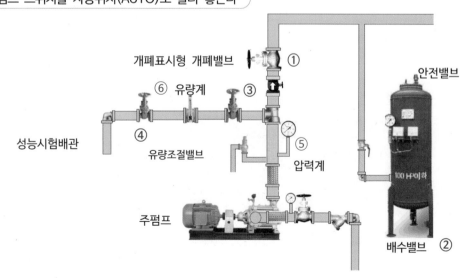

다. 펌프성능 시험표 작성방법(사례 : 양수량-3.2㎥/min, 전양정-150m)

1. 펌프성능시험을 위한 자료계산

내 용		계산 내용	비 고
정격토출 양정(m) - 전양정		150m	펌프 명판의 내용
정격 토출량(ℓ/min) - 양수량		3,200ℓ/min(3.2㎥/min)	
체절운전	체절양정(m) / 체절압력(MPa)	150×1.4 =210m / 2.1MPa 이하	전양정 × 140%의 값 압력계 눈금 확인한다
	체절 토출량	0	유량계 눈금확인한다
정격운전	정격토출량 100%일 때 토출량	3,200ℓ/min	유량계 눈금확인한다
	정격압력	1.5MPa(150m) 이상	압력계 눈금 확인한다
최대부하운전 (과부하운전)	정격 토출량의 150% 값	3,200×1.5 = 4,800ℓ/min	정격 토출량 × 150% 유량계 눈금확인한다
	전양정의 65%값	150×0.65 =97.5m / 0.975MPa 이상	전양정 × 65%의 값 압력계 눈금확인한다

2. 펌프성능시험 결과표

구분		체절운전	정격운전 (100%)	정격유량의 150% 운전	적정여부	○ 설정압력 ○ 주펌프
토출량 (L/min)	주	0	3,200	4,800	1.체절운전시 토출압은 정격토출압의 140% 이하일 것(○)	기동:1.4MPa 정지: MPa
	예비				2. 정격운전시 토출량과 토출압이 규정치 이상일 것(○)	○ 예비펌프 기동: MPa 정지: MPa
토출압 (MPa)	주	1.9	1.55	1.25	3. 정격토출량 150%에서 토출압이 정격토출압의 65% 이상일 것(○)	○ 충압펌프 기동:1.4MPa 정지:1.2MPa
	예비					

※ 릴리프밸브 작동 압력 : 1.7 MPa

3. 성능시험 펌프에 붙어있는 명판

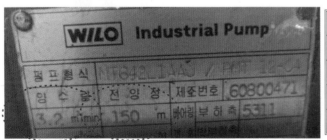

4. 펌프성능시험표 작성

구분	체절(0%)	정격(100%)	최대(150%)
토출량	0	3,200	4,800
토출압(MPa)	1.9	1.55	1.15
판단기준	2.1이하	1.5이상	0.975이상
결과	합격	합격	합격

※ 릴리프밸브 작동 압력 : 1.7 MPa(합격)

라. 펌프성능시험의 목적

펌프성능시험을 하여 얻은 자료를 이용하여 펌프의 성능곡선을 그려보고,
설치당시의 펌프성능곡선과 어느정도의 편차가 있는지 펌프의 성능이 떨어진 상태를 확인하여
펌프의 보수 및 유지관리를 위한 자료파악에 있다.

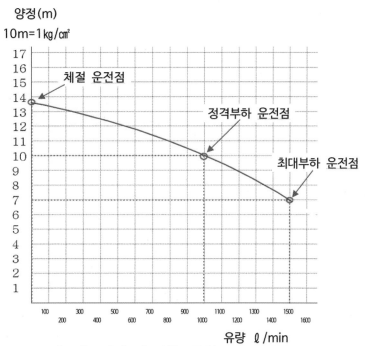

펌프제조시의 펌프성능 곡선

제조당시의 펌프성능곡선

아래 펌프 명판 내용은 위의 펌프성능곡선과 관련 없음

펌프명판(사양서) 내용
● 양정(H) : 120m
● 토출량(Q) : 3.6㎥/h
● 펌프용량(P) : 7.5KW

마. 펌프성능시험 결과 활용

펌프를 장기간 사용하면 펌프의 성능은 떨어질 것이며 성능시험을 하여 어느 정도 성능이 떨어 졌을 때에 펌프를 수리 또는 교체를 해야 하는가의 판단의 기준이 있어야 할 것이다.

펌프의 설계는 설치장소에 필요한 총양정과 필요한 토출량 이상이 되는 펌프를 선정하여 설치하므로 필요한 성능 보다 높은 성능의 펌프가 이미 설치되어 있다.
펌프의 성능은 설치된 건물에서 필요한 총양정과 토출량 이하가 되면 펌프를 수리해야 하는 기준이 될 것이다.

설치된 건물에 필요한 펌프의 성능이 총양정 100m, 토출량이 900ℓ/min 인 A지점이라면,
시험결과인 위의 성능곡선중 C곡선이면 총양정과 토출량이 충족되므로 정상적인 펌프가 된다
그러나, 시험결과가 성능곡선중 B곡선이면 총양정과 토출량을 충족하지 못하는 성능이므로 펌프를 수리 또는 교체를 해야 한다.

펌프성능시험을 통하여 얻은 자료(가정)

양정(10m) kg/cm²	13	12	11	10	9	8	7	6	5	4
유량 ℓ/min	0	300	530	710	870	990	1070	1160	1260	1330

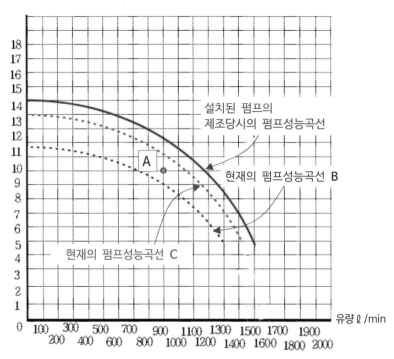

140

용 어 해 설

1. 총양정

건물에 설치하는 소방시설의 펌프가 필요로 하는 방수압력을 수직높이(m)로 계산한 값을 말한다.

옥내소화전시설은 설계 기준점의 소화전에서 필요한 방수압력(MPa)을 m로 계산한 것이다.

펌프의 크기(용량)를 설계 할 때에는 총양정과 총토출량을 계산하여 펌프의 용량(크기)을 결정한다.

2. 펌프의 정격 토출압력 1.7.1.5

펌프의 성능 중 토출압력으로서 수직으로 물을 올릴 수 있는 능력을 말한다. 펌프를 만든 회사에서 펌프의 성능을 표시한 수치이며 펌프의 몸체에 보통 양정으로 표기가 되어 있다.

양정 50m(H = 50m) 이면 정격토출압력은 5kg/㎠(0.4904MPa, 약 0.5MPa)이 된다.

3. 펌프의 정격토출량 1.7.1.4

펌프의 성능 중 토출량으로서 펌프가 단위시간당 퍼낼 수 있는 물의 양을 말한다. 펌프를 만드는 회사에서 펌프의 성능을 표시한 수치이며 펌프의 몸체에 보통 토출량으로 표기가 되어 있다.

토출양의 표기가 10㎥/h이면 1시간당 10톤(㎥)을 펌핑(Pumping) 할 수 있다는 내용이며, 이것을 분(分)으로 환산하면 166.7ℓ/min이 된다.

$$10㎥/h = 10,000ℓ/h, \quad 시간을 분으로 계산하면 \frac{10,000}{60} = 166.7ℓ/min이다.$$

4. 체절운전(무부하 시험 - No Flow Condition)

펌프의 토출(송수)측 배관에 있는 밸브가 잠긴 상태(펌프에서 토출되는 가압수의 출구가 없는 상태)에서의 펌프운전을 체절운전이라 한다. 체절운전상태에서의 배관안의 압력을 체절압력(수두는 체절양정)이라 한다. 펌프의 토출측(물이 나가는 쪽) 밸브를 잠그고 펌프를 운전하는 무부하 운전상태를 말하며 이 때에는 압력 및 수온이 상승하고 펌프가 공회전을 하게 된다. 미국 NFPA Code는 Churn pressure라 한다. 체절양정은 정격양정의 140% 이하가 되어야 한다.

5. 정격부하 운전 定格負荷運轉(정격부하시험 - Rated Load)

기계 또는 그 밖의 기기에서, 지정된 정격(지정 조건) 조건하에서 행하는 운전을 말한다.

펌프를 작동한 상태에서 유량조절밸브를 열어 유량계의 유량이 정격 유량상태(100%)일 때의 운전상태를 말한다.

6. 최대운전(피크부하 시험, Peak Load)

유량조절밸브를 열어 정격토출량의 150%가 되었을 때, 정격양정은 65%이상이 되는 상태의 운전을 말한다.

정격(定格) : 제조회사에서 정한 제품의 성능범위
토출(吐出) : 펌프가 물탱크의 물을 빨아들여 밖으로 퍼냄, 토출 - 먹은 것을 토해 냄
양정(揚程) : 오를수 있는 길이(높이) (揚 : 오를양, 程 : 길이단위 정)
토출량 : 펌프가 작동하여 나오는 물의 양

18. 압력챔버 설정(조정)압력 계산 및 조정방법

옥내소화전, 스프링클러설비등의 물을 소화재로 사용하는 시설은 화재 발생시에 즉시 사용이 가능하게 배관안에 압력이 있는 물을 채워 놓은 상태로 있다.

배관의 물이 사용되면 압력이 떨어질 것이며, 펌프를 작동시켜 배관에 물을 자동으로 채워 압력을 높여야 할 것이다.

이렇게 배관의 물의 압력을 감지(인식)하여 원하는(필요로 하는) 압력을 읽고 펌프를 작동 및 정지시키는 역할을 하는 설비가 압력챔버에 설치된 압력스위치이다.

아래의 내용은 압력챔버의 압력스위치를 장소에 따라 필요로 하는 압력에 대하여 조정방법을 설명한 것이다.

가. 설정(조정)압력 계산

① 주펌프

㉮ RANGE(작동정지압력)

주펌프의 작동 정지압력이다. 배관안의 압력이 RANGE 압력만큼 올라가면 주펌프가 작동이 정지되는 압력이다. RANGE를 설정한다면 총양정의 1/10의 값이 적합하다.

화재안전기술기준에서는 펌프가 작동이 된 경우에는 자동으로 정지되지 않도록 되어 있다.
그러므로 주펌프는 RANGE값이 없다.

㉯ DIFF   DIFF 값은 없다.

② 충압펌프

㉮ RANGE(작동정지압력)

충압펌프의 작동 정지압력이다. 주펌프의 RANGE가 있다고 가정한 계산 값과 동일하게 또는 조금 낮게 조정한다.

㉯ DIFF(차이-Difference의 약자임)

RANGE 값에서 DIFF 값 만큼 배관안의 압력이 떨어지면 펌프가 작동하는 수치이다.
예를들면, RANGE 조정값이 1이고, DIFF 조정값이 0.2이면 배관안의 압력이 1MPa(약10㎏/㎠)이 되면 펌프의 작동이 정지되고, 0.8 = (1 - 0.2)MPa이 되면 정지되었던 펌프가 다시 작동하는 작동압력이 된다.
(펌프작동은 배관안의 압력이 0.8MPa일때 펌프가 작동하여 배관안의 압력이 올라가 1MPa에서 펌프가 정지한다)

DIFF 값이 0.1 , 0.2MPa 또는 얼마의 값을 조정하는 것이 적합하다고 하는 자료들이 있지만,
현장의 상황에 따라 0.05가 될 수 있으며 0.3 또는 0.4MPa이 되는 것이 적합할 수도 있다. 낮은 건물은 0.1MPa 정도, 고층건물은 0.3 또는 0.4MPa을 설정하는 것이 적합한 장소도 있다.
(이러한 내용은 현장의 상황에 따라 다르게 적용한다)

충압(充壓) : 압력을 채움

주펌프 자동정지하지 않는 기능

1. 화재안전성능기준

옥내소화전의 화재안전성능기준 제5조 ①항 14호에서는,
『가압송수장치가 기동이 되는 경우에는 자동으로 정지되지 아니하도록 해야 한다. 다만, 충압펌프의 경우에는 그러하지 아니하다』
로 되어 있다.

2. 이 내용이 만들어진 이유

소방호스나 스프링클러헤드로 불을 끄는 중에도 주펌프가 작동하여 일시적으로 배관 안의 물의 압력이 Range 값 만큼 도달하면 펌프가 일시정지한 다음에 소방호스나 스프링클러헤드로 계속 방수하여 배관의 압력이 감소하면 펌프가 재작동해야 하나, 펌프가 재 작동이 안되는 사고가 일어날 수 있으므로 이에 대비하기 위하여 소방 호스로 물을 사용하면 주펌프는 계속 작동되도록 한 것이다.

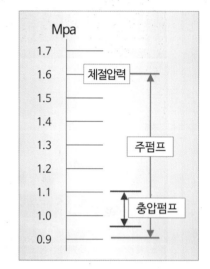

3. 주펌프 작동 및 정지 조정방법

가. 기계적 방법

Range 값(주펌프의 정지 값)을 체절압력 이상으로 조정한다.

사 례		
펌프설치조건	·펌프 양정 : 120m ·펌프 체절압력 : 1.6Mpa ·건물의 총양정 : 110m	**펌프 압력스위치 작동세팅** ·충압펌프 : Range – 1.1, Diff – 0.15 ·주펌프 : Range – 1.6, Diff – 0.7

나. 전기적 방법

제어반(감시제어반 또는 동력제어반)에 자기유지회로를 설치한다.
주펌프의 Range 값(주펌프의 정지 값)을 펌프 전양정에 세팅

(조정)하고 배관의 압력이 설정압력 이하에서 펌프가 기동하면 자기유지회로에 의해 펌프를 계속하여 작동시키는 방법이다.

자기유지회로(自己維持回路)

동작 조건이 주어지고, 계전기가 동작한 후에는 동작 조건이 소멸해도 계전기가 동작을 계속할 수 있는 조건을 자기의 접점을 더한 접점 회로에 따라 형성하는 계전기 회로.

그림에서 계전기 A는 접점 회로 α가 닫혀 동작하지만, 닫힌 접점 회로 α가 열리기 전에 접점 회로 β가 닫혀 있다면 닫혀 있는 접점 회로 β가 열릴 때까지 동작을 계속한다.

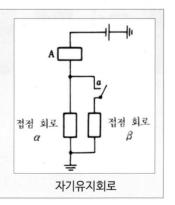

자기유지회로

이 책에서는 압력스위치 조정방법의 설명은 주펌프가 자동정지되는 방법으로 설명을 한다.

압력챔버에는,
주펌프의 압력스위치와
충압펌프의 압력스위치가 각각 설치되어 있다

그림의 압력스위치 윗부분에
2개의 피스(나사)가 있으며
뒤의 것은 RANGE 조정용이며
앞의 것은 DIFF 조정용으로서,
드라이브로 좌, 우로 돌리면 조정지시침이
아래 위로 움직인다.

압력스위치의 뚜껑(캡)을 앞으로 당기면
그림과 같이 내부의 모습이 나타난다.

2개의 압력스위치 어느펌프의 것인지
확인하는 방법은
작동스위치를 눌러 펌프가 작동하는 것이
해당펌프의 압력스위치가 된다.

작동스위치이며 누르면
펌프가 작동한다

그림과 같이 작동스위치를   평소의 작동스위치
누르면 해당펌프가 작동한다

144

나. 압력스위치(Pressure Switch) 조정방법

현장에서는 조정방법1과 같이 하는 경우도 있고 2의 방법으로 하는 경우도 있다

주펌프가 자동으로 정지하는 방법

(조정방법 1)   주펌프   -   Range : 0.8 , Diff : 0.25

충압펌프 -   Range : 0.8 , Diff : 0.2

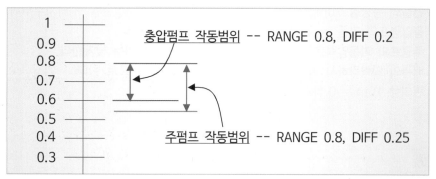

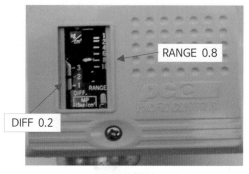

충압펌프

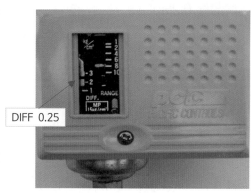

주펌프

(조정방법 2)

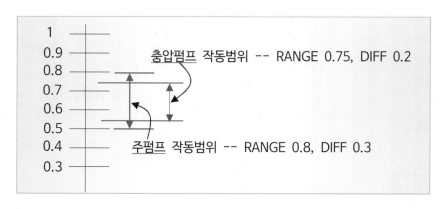

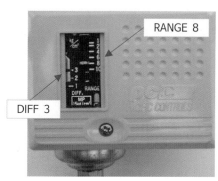

주펌프

다. 압력스위치 조정방법 실무 사례

【사례 1】

펌프의 양정이 80m(체절압력 1.12MPa)인 옥외소화전의 주펌프와 충압펌프의 압력스위치 압력조정 방법은?
  1. 노즐의 방수압력이 0.25MPa일 때 조정방법을 쓰시오.
  2. 노즐의 방수압력이 0.45MPa일 때 조정방법 쓰시오.

【조건】
  1. 건물의 총양정 70m(배관의 마찰손실 + 소방호스의 마찰손실 + 낙차수두 + 방수압력 25m)이다.
  2. 충압펌프의 기동 ~ 정지의 압력차이는 0.1MPa로 한다.
  3. 주펌프의 기동압력은 충압펌프의 기동압력보다 0.05MPa 낮게한다.
  4. 배관의 압력강하시 자동기동은 충압펌프 → 주펌프 순으로 한다.
  5. 편의상 10m = 0.1MPa로 한다.

【정 답】

1. 노즐의 방수압력 0.25MPa일 때 조정방법

가. 주펌프
  ● Range : 1.12MPa(체절압력)
  ● Diff : 0.57MPa
   : 1.12(체절압력)-0.7(충압펌프 정지압력) + 0.1(충압펌프 Diff)
     + 0.05(주펌프와 충압펌프의 기동압력 차이) = 0.57

나. 충압펌프
  ● Range : 0.7MPa(총양정 70m)
  ● Diff : 0.1MPa

2. 노즐의 방수압력 0.45MPa일 때 조정방법

가. 주펌프
  ● Range : 1.12MPa(체절압력)
  ● Diff : 0.37MPa
   : 1.12(체절압력)- 0.9(충압펌프 정지압력) + 0.1(충압펌프 Diff)
     + 0.05(주펌프와 충압펌프의 기동압력 차이) = 0.37

나. 충압펌프
  ● Range : 0.9MPa(총양정 90m)
   : 총양정 70m + 20m(0.2Mpa) = 90m(0.9Mpa)
  ● Diff : 0.1MPa

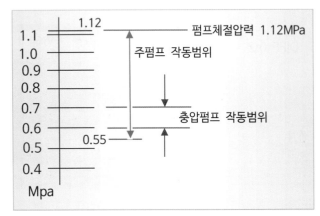

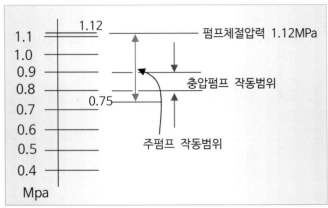

【사례 2】

아래와 같은 조건의 펌프에 대하여 전자압력스위치를 설치하는 곳일 경우 압력설정 값(MPa)을 계산하시오

【조건】
1. 주펌프 작동정지 양정 120m, 충압펌프 작동정지 양정 120m
2. 충압펌프의 기동과 정지의 압력차이는 0.1MPa
3. 주펌프의 기동압력은 충압펌프의 기동압력보다 0.05MPa 낮게한다.
4. 배관의 압력강하시 자동기동은 충압펌프 → 주펌프 순으로 한다.
5. 편의상 10m = 0.1MPa으로 한다.

【정 답】

1. 주펌프
   ● 기동점 = 1.2 - 0.1 - 0.05 = 1.05MPa
   ● 정지점 = 정지점 없음(또는 체절압력 120m × 1.4 = 168m, 약 1.68MPa)

2. 충압펌프
   ● 기동점 = 1.2 - 0.1 = 1.1MPa
   ● 정지점 = 1.2MPa

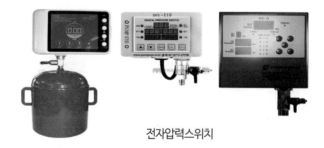

전자압력스위치

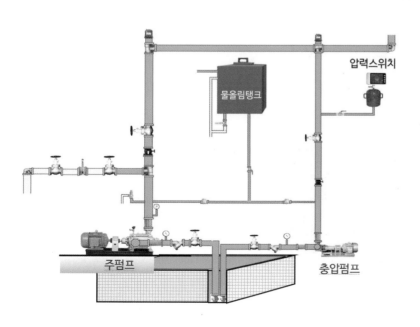

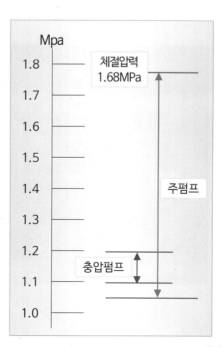

19. 소화펌프 기동용 수압개폐장치

소화펌프인 주펌프와 충압펌프가 배관안의 물의 압력 변화에 따라 자동으로 펌프가 작동과 작동정지가 되게하는 시설을 기동용 수압개폐장치라 한다.

가. 기동용 수압개폐장치 기능

옥내소화전설비 배관안의 물 압력을 인식하여 펌프를 자동으로 작동 또는 정지하게 하는 기능을 한다.

나. 기동용 수압개폐장치 종류

기동용수압개폐방치는 압력챔버와 기동용압력스위치 등이 있다.
기동용압력스위치는 부르동관식과 전자식 기동용압력스위치가 있다.

① 압력챔버 chamber(통, 실)

우리나라와 일본에서 일반적으로 사용하고 있다. 압력탱크에 압력스위치를 설치하여 압력탱크 안의 물의 압력에 의해 압력스위치가 작동하여 펌프가 작동하는 방식이다.
압력챔버 안에는 아무것도 없이 텅 빈 공간이며 공기를 가득 채워서 압력탱크에 물을 넣으면 압력챔버의 윗부분에 공기가 압축되어 있게 되며 압력챔버는 배관의 물의 압력과 순간적인 맥동압력을 흡수하는 역할을 한다. 그러나 압력챔버의 공기가 일부 누설 또는 없으면 물의 압력이나 맥동압력의 흡수능력이 떨어진다.

압력챔버

- -
맥동압력 [脈動壓力] : 맥박처럼 주기적으로 움직임을 비유적으로 이르는 말로서 맥박처럼 주기적으로 힘차게 움직이며 압박을 가하는 힘

148

② 기동용 압력스위치

소화설비의 주배관에 압력스위치를 설치하여 압력스위치의 작동으로 펌프를 작동 또는 정지하게 하는 방식이다. 기동용압력스위치는 수격 또는 순간압력변동 등으로부터 안정적으로 압력을 인식할 수 있도록 부르동관 또는 압력검지신호 제어장치(전자식) 등을 사용하는 기동용수압개폐장치를 말한다.

미국, 영국 등 많은 나라에서 일반적으로 사용하고 있다. 압력챔버를 설치하지 않고 배관에 압력스위치를 직접 연결하는 방법이다. 이 방식에 대하여는 화재안전기준에서는 구체적인 기준이 없는 상태이며, 상세한 기준은 소방청장고시 『기동용수압개폐장치의 형식승인 및 제품검사의 기술기준』에 있다.

부르동관식 기동용압력스위치의 구조는 압력표시부, 접속나사부, 부르동관, 제어부 및 시험밸브 등으로 구성되어야 하며,
전자식 기동용압력스위치의 구조는 압력표시부, 접속나사부, 압력조정부, 신호제어부 및 시험밸브로 구성되어야 한다.

부르동관 Bourdon管 식 과 기동용압력스위치 설치내용

미국, 영국 등에서와 같이 펌프의 기동장치를 압력챔버를 설치하지 않고 압력스위치를 설치한 현장이다.
일본, 우리나라와 같이 일부의 나라에서는 압력챔버에 압력스위치를 설치하여 사용하고 있다.
우리나라에도 부르동관 압력스위치 및 전자압력스위치를 설치하고 있다.

압력스위치 방식(부르동관 압력스위치)

부르동관 압력스위치로서 주배관의 수압에 따라 펌프를 기동, 정지하게 하는 압력스위치이다

20. 물올림장치(Priming Tank-마중물 물통) 옥내소화전설비의 화재안전기술기준 2.2.1.12

정의 : 물탱크가 펌프보다 낮은 곳에 물올림탱크를 설치하여 펌프임펠러실에 물이 없을 때에 물을 자동으로 급수하는 시설

가. 설치목적 및 기능

펌프의 흡입배관 끝에 설치한 풋밸브의 고장 또는 흡입배관의 누수로 인하여 펌프 임펠러(회전날개)실에 물이 없으면 펌프가 작동할 때에 펌프가 물을 흡입 할 수 없기 때문에 물올림탱크의 물이 펌프의 임펠러실에 자동으로 물을 채워 펌프가 물탱크의 물을 흡입할 수 있게 하는 기능을 한다.

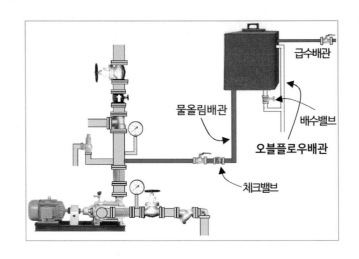

나. 기준

수원의 수위가 펌프보다 낮은 위치에 있는 가압송수장치에는 다음 각 목의 기준에 따른 물올림장치를 설치한다.

① **전용의 탱크를 설치한다.**
② **탱크의 유효수량은 100ℓ 이상으로 한다.**
③ **구경 15mm 이상의 급수배관에 의해 물올림탱크에 물이 계속 보급이 되도록 한다.**
③ **저수위 경보장치(제어반의 갖추어야 할 기능에 기준이 있다 - 옥내소화전설비의 화재안전기술기준 2.6.2.5)**

화재안전기술기준에 없는 내용　1. 오버플로우(Over Flow)배관 설치
　　　　　　　　　　　　　　　2. 배수배관, 배수밸브 설치
　　　　　　　　　　　　　　　3. 물올림배관에 개폐밸브 체크밸브 설치
　　　　　　　　　　　　　　　4. 자동급수장치(볼탑 등) 설치

다. 물올림장치를 설치하지 않아도 되는곳

수원(물탱크)의 <u>수위</u>가 펌프보다 높은 위치에 있는 곳.
(수위 높이의 판단은 펌프의 임펠러실 높이와 수조의 풋밸브의 높이를 기준으로 하면 된다)

수위 : 물 높이
임펠러 impeller : 물이나 증기 따위를 받아 그 동력으로 바퀴를
　　　　　　 회전하기 위하여 수차(水車), 터빈 따위의 회전축에
　　　　　　 날개를 단 것

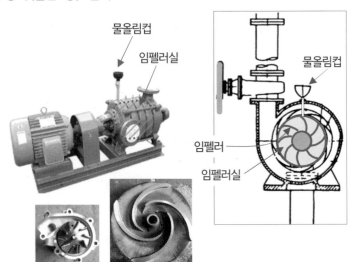

임펠러

라. 점검 내용

① 물올림탱크 물의 양 점검

물올림탱크 물의 양이 100ℓ 이상이 되는지 확인한다.

② 자동급수장치 작동점검

물올림탱크의 배수밸브를 열어 물올림탱크의 물이 줄어들었을 때(저수량 100ℓ 미만)에 급수배관의 물이 물올림탱크에 자동으로 급수가 되는지 확인한다.

③ 펌프에 물이 공급이 되는지 점검

물올림컵밸브를 열어 물올림컵에 물이 연속하여 넘치는지 확인한다. 물올림컵으로 넘치는 물이 물올림탱크에서 내려오는 물이다. 물올림컵으로 어느 정도 물이 나오다가 그친다면 나왔던 물은 주배관의 배관 안에 들어 있었던 물이다.

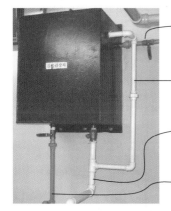

급수배관(수도배관 등에 연결하여 물통안에 물이 줄어들면 자동으로 물통에 물이 공급되는 구조로 해야 한다)

오버플로우 over flow 배관(물통 안에 너무 많은 물이 급수되면 물이 넘쳐 흘러 배관을 통하여 배수가 되는 배관이다)

배수배관(물올림탱크의 수리나 청소등을 할 때에 물통 안의 물을 배수하는 배관이다)

물올림배관(물올림탱크의 물이 펌프임펠러실 안으로 물이 공급되는 배관이다)

물올림컵   물올림컵 밸브

물올림컵에서 물이 나오고 있다

④ 저수위(감수) 경보장치 작동점검

㉮ 급수밸브(②)를 닫는다
㉯ 배수밸브(①)를 개방한다

물올림탱크의 물이 $\dfrac{2}{3}$ 정도 감소되었을 때에 ㉰의 내용을 확인한다.

㉰ 확인할 내용
1. 저수위 경보음이 나오는지 확인한다.
2. 수신반에서 저수위 감시표시등이 켜지는지 확인한다.

㉱ 복구
1. 배수밸브(①)를 닫는다.
2. 급수밸브(②)를 개방한다.
3. 수신반에 복구버튼을 눌러 경보음이 울리지 않게하고 저수위 감시표시등을 소등한다.

⑤ 제어반에서 도통시험, 작동시험 옥내소화전설비의 화재안전기술기준 2.6.2.5

물올림탱크의 저수위 감시회로에 대하여 제어반에서 도통시험 및 작동시험을 실시하여 작동여부를 확인한다.

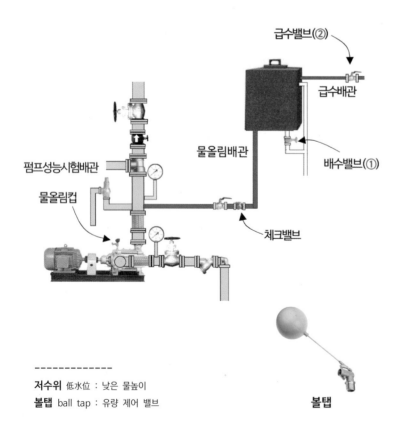

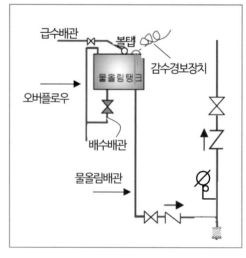

볼탭

저수위 低水位 : 낮은 물높이
볼탭 ball tap : 유량 제어 밸브

물올림장치의 정의, 설치목적 및 기능, 설치기준, 물올림장치를 설치하지 않아도 되는 곳, 작동기능 점검항목별 내용 5가지 설명, 감수경보장치 점검방법, 감수경보장치가 작동한다면 그 원인 5가지를 쓰시오?

1. 정의 : 펌프 임펠러실에 물이 없을 때에 물을 자동으로 급수하는 시설

2. 설치목적 및 기능 : 펌프의 흡입배관 끝에 설치한 후드밸브의 고장 또는 흡입배관의 누수로 인하여 펌프 임펠러(회전날개)실에 물이 없으면 펌프가 작동할 때에 펌프가 물을 흡입 할 수 없기 때문에 물올림탱크의 물이 펌프의 임펠러실에 자동으로 물을 채워 펌프가 물탱크의 물을 흡입할 수 있게 하는 기능을 한다.

3. 설치기준 :
① 전용의 탱크를 설치한다.
② 탱크의 유효수량은 100ℓ 이상으로 한다.
③ 구경 15mm 이상의 급수배관에 의해 물올림탱크에 물이 계속 보급이 되도록 한다.

4. 물올림장치를 설치하지 않아도 되는 곳 : 수원의 수위가 펌프보다 높은 위치에 있는 곳

5. 작동기능 점검항목별 내용 5가지 설명

① 물올림탱크 물의 양 점검 : 물올림탱크 물의 양이 100ℓ 이상이 되는지 확인한다.

② 급수배관의 자동급수장치 작동점검 : 물올림탱크의 배수밸브를 열어 물올림탱크의 물이 $\frac{2}{3}$ 정도 줄어들었을 때에 급수배관의 물이 물올림탱크에 자동으로 급수가 되는지 확인한다.

③ 펌프에 물이 자동으로 공급이 되는지 확인점검 : 물올림컵밸브를 열어 물올림컵에 물이 연속하여 넘치는지 확인한다

④ 저수위(감수) 경보장치 작동점검
㉮ 급수밸브를 닫는다
㉯ 배수밸브를 개방한다 - 물올림탱크의 물이 $\frac{1}{2}$정도 감소되었을 때에 ㉰의 내용을 확인한다.
㉰ 확인할 내용 : 저수위 경보음이 나오는지 확인한다. 수신반에서 저수위 감시표시등이 켜지는지 확인한다.
㉱ 복구 : 배수밸브를 닫는다. 급수밸브를 개방한다. 수신반에 복구버튼을 눌러 경보음이 울리지 않게하고 저수위 감시표시등을 소등한다.

⑤ 감수경보장치에 대하여 제어반에서 도통시험 및 작동시험

6. 감수경보장치가 작동한다면 그 원인 5가지

① 풋(후드)밸브 고장 또는 이물질 낌
② 흡입배관 누수
③ 자동급수장치 고장
④ 외부의 급수장치 고장 또는 차단
⑤ 감수경보장치 고장
⑥ 펌프 고장으로 누수
⑦ 물올림탱크의 배수밸브 고장 또는 열림
⑧ 물올림탱크 누수

21. 펌프의 체절운전 및 릴리프밸브 조정방법

가. 체절운전(Shutoff Pressure)

펌프의 성능시험을 목적으로 펌프토출측의 개폐밸브를 닫은 상태에서 펌프를 운전하는 것을 말한다.
펌프의 토출측 배관의 밸브(① ②)가 모두 잠긴 상태에서 펌프가 계속 기동(작동)하여, 최고높은 압력에서 펌프가 공회전하는 운전이 체절운전이다

펌프가 체절운전을 하고 있을 때, 배관안의 물의 압력을 체절압력이라 한다.
체절운전을 할 때에 체크밸브와 펌프사이에 체절압력 미만에서 열리는 순환배관 또는 릴리프밸브를 설치한다.

나. 체절압력

가압송수장치의 체절운전상태에서 배관안의 압력을 체절압력이라 한다.
펌프의 명판(사양서)에 표시되어 있는 펌프의 양정값에 140%를 곱한 값을 압력으로 환산한 것이 펌프의 체절압력과 비슷하다.

예를 들면 펌프의 양정이 100m이면, 여기에 140%를 곱한

140m를 압력으로 환산한 약 1.4MPa이 체절압력이다
(10m ≒ 0.1MPa). 그러나 펌프가 노후되면 체절압력도 낮아지게 된다.

☆ 건물의 총양정값을 압력으로 환산한(1/10) 것이 체절압력이라는 자료가 있으나 잘못된 것이다.

다. 릴리프밸브 설치 옥내소화전설비의 화재안전성능기준 6조 ⑧

배관의 체절압력을 배관 밖으로 빼내기 위하여 배관에 설치하는 부품이며 배출압력의 조정이 가능하다.

체크밸브와 펌프사이에서 분기한 구경 20mm 이상의 배관에 체절압력 미만에서 열리는 릴리프밸브를 설치한다.

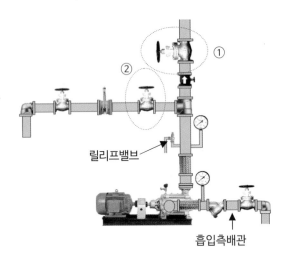

①
②
릴리프밸브
흡입측배관

체절운전(공회전) : 기계가 일을 하지 않은 상태에서 기계를 움직이는 것. 밸브가 닫혀 펌프가 물을 퍼올리지 못하고 작동하고 있는 상태의 운전
체절 : 닫다[締(체-닫다), 切(절-끊다)]
릴리프밸브 Relief Valve : 압력이 규정 이상 오르게 되면 저절로 밸브가 열려 초과 압력을 밖으로 빼내는 안전장치

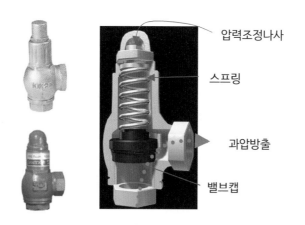

압력조정나사

스프링

과압방출

밸브캡

압력조정나사를 조으면 스프링의 힘이 세져 물의 높은 압력에서 밸브캡이 열리며,
압력조정나사를 풀면 스프링의 힘이 약해져 낮은 압력에서도 밸브캡이 열리게 된다

라. 릴리프밸브를 잘못 설치한 사례

① 규격에 맞지 않는 릴리프밸브를 설치한 경우(체절압력에도 열리지 않는 밸브)
② 릴리프밸브의 연결 배관을 그림1과 같이 펌프 흡입측 배관과 연결한 경우
③ 릴리프밸브에서 배출되는 배관을 그림2와 같이 물탱크에 연결하는 등 릴리프밸브의 작동으로 배출되는 물을 확인
할 수 없도록 설치한 경우

(그림1, 그림2와 같이 설치하면 릴리프밸브가 작동이 되었는지 물의 흐르는 소리나 흐름을 확인 할 수 없다)

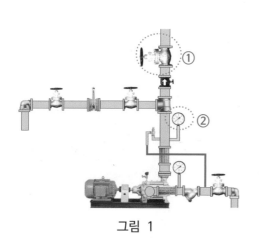

그림 1

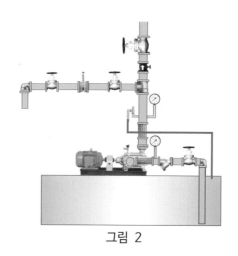

그림 2

마. 릴리프밸브의 조정방법

준비.

① 동력제어반의 주펌프, 충압펌프 작동스위치를 수동(HAND)으로 전환한다.
② 릴리프밸브의 캡을 열고 조정나사를 최대한 조여(닫아) 개방압력을 높인다.
③ 주배관의 개폐밸브를 닫고 동력제어반의 주펌프 수동작동스위치(ON)를 누른다.
④ 주배관의 압력계의 압력을 보고 체절압력을 확인한다.
   (체절운전상태에서 압력이 더 상승하지 않고 머무는 압력이 체절압력이다)

조정.

⑤ 릴리프밸브 개방압력을 조정한다.
   【릴리프밸브 개방압력(체절압력의 90% 정도)을 정하고 압력조정나사를 스패너로 돌려 밸브가 열리는 압력을
   압력계를 보면서 조정한다】

복구.

⑥ 동력제어반의 주펌프 수동작동정지스위치(OFF)를 누른다.
⑦ 주배관의 개폐밸브를 개방한다.
⑧ 동력제어반의 주펌프, 충압펌프 작동스위치를 자동(AUTO)으로 전환한다.

조정압력 정하는 참고내용

체절압력 보다 조금 낮은 압력(체절압력의 90% 정도)에서 릴리프밸브가 열려 가압수가 나오도록 조정을 한다.
(화재안전기준에서는 체절압력미만에서 개방되는 릴리프밸브를 설치하도록 하고 있다)

예를 들어서 체절압력이 12kg/㎠이면 릴리프밸브의 작동(개방)압력은 12kg/㎠ 의 90%인 10.8kg/㎠ 정도면 적합하다.
압력조정나사를 오른쪽으로 돌리면 릴리프밸브의 개방압력이 높아지며,
왼쪽으로 돌리면 개방압력이 낮아진다.

바. 펌프 체절운전에 대한 순환배관

옥내소화전설비의 화재안전기술기준 2.2.1.8

기 준 『가압송수장치에는 체절운전 시 수온의 상승을 방지하기 위한 순환배관을 설치할 것. 다만, 충압펌프의 경우에는 그렇지 않다』

펌프실에서는 체절운전에 대비하여 릴리프밸브를 설치한다. 화재안전기술 기준, 성능기준에서는 릴리프밸브 및 순환배관을 설치하도록 하고 있다.

순환배관은 그림과 같이 체크밸브 이전에 배관을 분기하여 작은 오리피스를 설치하여 펌프의 물을 소화수조로 보내거나 바닥에 방류하는 형식의 순환배관을 설치하여 펌프가 운전을 하면 항상 일정한 물이 오리피스를 통하여 배출이 되는 방식이다.

펌프가 기동을 할 때에 항상 순환배관을 통하여 물이 누출이 되므로 펌프의 효율성은 떨어질 수 있지만 체절운전에 대비하는 하나의 방법이다.

화재안전기술기준에서는 순환배관을 설치하도록 하고 있지만 구체적인 기준이 없다.

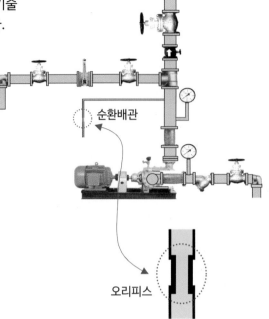

순환배관

오리피스

오리피스(Orifice) : 구멍(Hole)

사. 릴리프밸브 조정방법 사례

아래와 같은 조건의 건물이 있다면 릴리프밸브의 조정을 어떻게 하여야 할까요?

조 건

- 펌프가 설치된 건물의 총양정은 80m
- 펌프의 정격토출양정은 90m
  - 펌프의 몸체에 붙은 명판에는 양정 90m로 표기되어 있다
- 체절압력 = 1.2MPa

조정 방법

체절압력 1.2MPa 미만에서 릴리프밸브가 열리도록 조정해야 한다.
릴리프밸브는 체절압력의 90%인 1.08MPa 정도에 열리도록 조정하면 적합하다.
릴리프밸브의 조정을 너무 낮게 조정하면 주펌프가 작동중 릴리프밸브가 열리는 현상이 일어나는 경우가 있다.

22. 펌프성능시험배관, 물올림배관 및 릴리프밸브 설치위치

가. 펌프성능시험배관

옥내소화전설비의 화재안전기술기준 2.2.1.7
옥내소화전설비의 화재안전성능기준 6조 ⑦

기 준

1. 펌프의 성능은 체절운전 시 정격토출압력의 140 %를 초과하지 않고, 정격토출량의 150 %로 운전 시 정격토출압력의 65 % 이상이 되어야 하며, 펌프의 성능을 시험할 수 있는 성능시험배관을 설치할 것. 다만, 충압펌프의 경우에는 그렇지 않다.

2. **펌프의 성능시험배관**은 다음의 기준에 적합하도록 설치해야 한다. 다만, 공인된 방법에 의한 별도의 성능을 제시할 경우에는 그렇지 않으며 그 성능을 별도의 기준에 따라 확인해야 한다.

   가. 성능시험배관은 펌프의 토출 측에 설치된 개폐밸브 이전에서 분기하여 직선으로 설치하고, 유량측정장치를 기준으로 전단 직관부에는 개폐밸브를 후단 직관부에는 유량조절밸브를 설치할 것. 이 경우 개폐밸브와 유량측정장치 사이의 직관부 거리 및 유량측정장치와 유량조절밸브 사이의 직관부 거리는 해당 유량측정장치 제조사의 설치사양에 따르고, 성능시험배관의 호칭지름은 유량측정장치의 호칭지름에 따른다.

   나. 유량측정장치는 펌프의 정격토출량의 175 % 이상까지 측정할 수 있는 성능이 있을 것

나. 물올림배관

물올림탱크의 물을 펌프임펠러실에 공급되는 배관을 물올림배관이라 한다.

펌프와 체크밸브 사이의 적정한 장소에 설치하면 된다.

(근거 : 근거규정(기준)은 없으며, 물올림탱크의 물이 펌프에 공급되기 위해서는 체크밸브 이전에 주배관에 설치를 해야 한다)

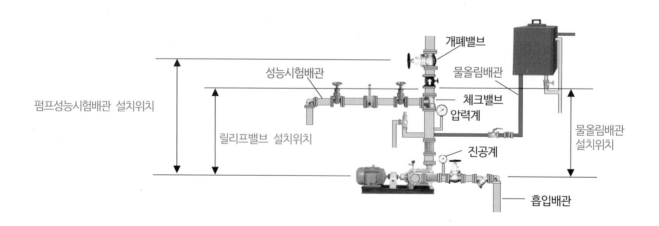

분기(分岐) : 나뉘어서 갈라짐

다. 릴리프밸브 relief valve(안전밸브) 옥내소화전설비의 화재안전기술기준 2.3.8

배관안의 압력이 조정된 압력 이상이 되면 밸브가 자동으로 열리며, 배관의 압력이 낮아지면 자동으로 닫히는 안전밸브를 릴리프밸브라 한다. 가압송수장치(펌프)의 체절운전시 수온의 상승을 방지하기 위하여 체크밸브와 펌프사이에서 분기한 구경 20㎜ 이상의 배관에 체절압력 미만에서 열리는 릴리프밸브를 설치해야 한다.

라. 압력계, 진공계 옥내소화전설비의 화재안전기술기준 2.2.1.6

펌프의 토출 측에는 압력계를 체크밸브 이전에 펌프 토출 측 플랜지에서 가까운 곳에 설치하고, 흡입 측에는 연성계 또는 진공계를 설치할 것. 다만, 수원의 수위가 펌프의 위치보다 높거나 수직회전축펌프의 경우에는 연성계 또는 진공계를 설치하지 않을 수 있다.

플랜지(Flange) : 관과 관, 관과 다른 기계분분을 결합할 때 쓰이는 부품

문 제

그림은 펌프의 양적곡선이다. 릴리프밸브의 작동압력은(MPa)은 얼마인가?

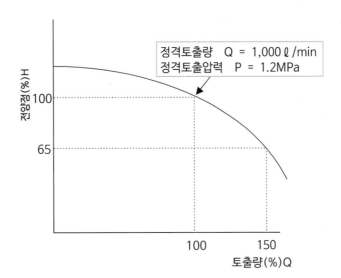

정 답

릴리프밸브의 작동압력은 체절압력 미만에서 작동해야 한다. 체절압력은 설계점의 정격토출압력의 1.4배이다
∴ 릴리프밸브의 작동압력 = 1.2(MPa) × 1.4 미만 = **1.68 MPa 미만**

23. 압력챔버(Chamber- 통)에 공기 채우는 방법

가. 공기취입(공기를 넣음)의 필요성

배관 안의 압력변화의 완충역할을 할 수 있도록 압력챔버안에 공기를 넣는다.
압력챔버 안의 공기는 배관안의 압력을 흡수하여 펌프의 잦은 작동(기동)의 방지 및 수격작용을 방지한다.
공기를 넣는 양은 압력챔버에 공기를 가득 넣는다.

제어반 스위치

나. 공기 채우는(취입) 방법

① 동력제어반의 주펌프와 충압펌프의 스위치를 자동에서 수동으로 전환한다.
　【자동(AUTO)에서 수동(HAND)으로 돌린다】
② 압력챔버의 압력수 공급밸브(G1 밸브)를 닫는다.
③ 압력챔버의 안전밸브(G2)와 배수밸브(G3)를 열어 물을 모두 배수한다.
④ 배수가 끝난후 안전밸브(G2)와 배수밸브(G3)를 닫는다.
　(압력챔버안에 공기만 가득 들어있는 상태)
⑤ 압력챔버의 압력수 공급밸브(G1 밸브)를 개방한다.
⑥ 제어반의 주펌프와 충압펌프의 스위치를 수동에서 자동으로 전환한다.
　【스위치를 수동(HAND)에서 자동(AUTO)으로 돌린다】

G2 밸브(압력챔버의 안전밸브)

잠긴상태　　　열린상태

다. 압력챔버의 규격

화재안전기술기준에서는 압력챔버의 크기는 100 ℓ 이상으로 하게 되어 있다.
압력챔버 안에 공기를 가득 채운 상태에서 물(압력수)이 공기를 밀어 올린 상태이다.
압력챔버에 공기를 1/3 또는 몇 리터를 채운다는 것은 잘못 이해하고 있는 것이다.

주 의

펌프성능시험을 할 때에 압력챔버의 안전밸브를 열어 펌프를 작동하는 방법은 잘못된 것이다.
이러한 방법은 설비를 잘 못 이해하고 있으며 압력챔버에 들어 있는 공기가 밖으로 빠지게 되는 것이다.

라. 미국(NFPA), 영국 등과의 비교

미국(NFPA),영국 등에는 압력챔버를 설치하지 않고 주배관에 압력스위치를 설치하는 방식으로 하고 있으며,
우리나라에서도 이러한 방식을 설치하고 있으며, 화재안전기술기준, 성능기준에서 정하고 있다.

24. 압력챔버 안에 공기가 들어 있는지 확인방법

가. 제어반의 주펌프와 충압펌프의 스위치를 작동 중지한다. (자동에서 수동으로 스위치를 돌린다)

나. 개폐밸브(G1)를 닫는다

다. 배수밸브(G3)를 열어 물이 흐르는 상태를 보고 공기가 들어 있는지 없는지 판단한다

① 압력챔버 안에 그림1과 같이 공기가 있는 정상적인 상태일 때의 현상

G1 밸브를 닫고 배수밸브(G3)를 열면 배수밸브로 물이 세차게 배수가 된다. 그림1과 같이 압력챔버 안의 압축되어 있는 공기의 힘에 의하여 배수밸브를 열면 배수밸브를 통하여 물이 세차게 배수되는 현상이 일어난다.

② 압력챔버 안에 그림2와 같이 공기가 없고 물만 가득 들어 있을 때의 현상

G1 밸브를 닫고 배수밸브(G3)를 열면 배수밸브로 물이 전혀 나오지 않는다 던지 또는 물이 조금 흐르다 중단되는 경우는 그림2와 같이 압력챔버 안에 공기가 전혀 없고 물만 가득찬 경우이다.
압력챔버안에 공기가 없을 때에는 배수밸브를 열어도 압력챔버안의 물이 일시적으로 배수가 되고 배수가 되지 않는다.

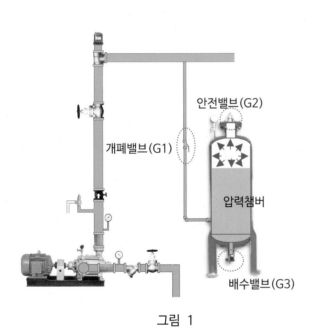

그림 1

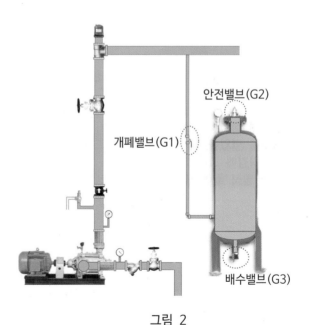

그림 2

개폐밸브(開閉 Valve) : 열고 닫는 밸브
배수밸브(排水 Valve) : 안에 고여있는 물을 밖으로 빼내는 밸브

25. 펌프실의 고장 진단 및 수리방법

증 상	원 인	수리방안
① 체절운전에서도 릴리프밸브가 열리지 않는다	릴리프밸브의 고장, 또는 릴리프밸브 개방 압력의 조정이 잘못됨	릴리프밸브의 교체 또는 릴리프밸브의 캡을 열고 스패너로 돌려서 릴리프밸브의 개방압력을 조정한다
② 물올림탱크로 물의 넘침 또는 오버플로우 배관으로 물의 넘침 현상이 일어난다	1. 물올림탱크와 펌프사이의 물공급 배관에 체크밸브가 고장이 나서 펌프가 작동하면 물올림탱크로 물이 역류된다. 2. 물올림탱크의 자동급수장치(볼탑등)가 고장이 나서 물이 계속 급수가 된다.	1. 체크밸브 교체, 수리 2. 자동급수장치 교체, 수리
③ 펌프성능시험을 할 때 유량계에서 작은 기포(공기방울)가 올라온다	1. 흡입측 배관 연결부분의 결함으로 공기가 흡입되는 현상. 2. 유량계 연결부분의 결함으로 공기가 흡입이 되는 현상.	1. 흡입배관의 수리 2. 유량계 접속부분 수리
④ 펌프의 작동 또는 정지할 때 배관에 수격작용(꽝꽝하는 소음)이 일어난다 수격작용(Water hamber)	1. 수격방지기가 설치안된 경우. 2. 수격방지기가 고장난 경우. 3. 압력챔버안에 공기가 안 들어 있는 경우. 4. 배관의 굴곡이 심하게 설치된 경우	1. 수격방지기(Surge Absorber) 설치 2. 수격방지기 교체, 수리 3. 압력챔버내 공기 채움 4. 배관공사의 직선화
⑤ 주펌프가 먼저 작동한다	압력챔버에 주펌프와 충압펌프의 압력스위치 조정이 잘못됨.	압력스위치 설정압력조정
⑥ 펌프임펠러 케이스의 상단에 설치된 테스트 밸브를 열었을 때 물올림컵에 고여있는 물이 빨려 들어간다	1. 풋밸브의 고장으로 체크밸브 기능을 하지 못하여 펌프의 임펠러실 내와 흡입배관의 물이 배수되는 현상 2. 흡입배관의 누수	1. 풋밸브 수리, 교체 2. 흡입배관의 수리
⑦ 펌프가 진공이 되지 않아 물이 흡입이 되지 않는다. (펌프 공동현상이 일어난다) 공동현상(Cavitation)	1. 흡입양정이 펌프의 흡입수두 보다 큰 경우 2. 흡입측배관의 마찰손실이 큰 경우 3. 흡입관경이 너무 작은 경우 4. 수온이 높을 경우 5. 펌프의 흡입압력이 유체의 증기압보다 낮은 경우 6. 펌프 임펠러속도가 지나치게 큰 경우	1. 펌프의 설치위치를 가능한 낮게 한다 2. 흡입관의 마찰손실은 가능한 적게한다. (흡입관의 길이는 짧게, 배관의 휨은 적게, 관경은 굵게) 3. 임펠러속도를 낮게운전 (펌프를 저회전 운전) 4. 지나치게 고양정펌프를 피한다 5. 계획토출량보다 현저하게 벗어나는 운전을 피한다 6. 양흡입펌프를 사용한다 7. 펌프의 흡입측을 가압한다

증 상	원 인	수리방안
⑧흡입측 배관안의 물이 배수가 된다	1. 풋밸브의 고장으로 체크밸브의 기능을 하지 못하여 물이 배수가 된다 2. 흡입배관의 누수	1. 풋밸브 수리,교체 2. 흡입배관의 누수 수리

⑨ 풋(Foot Valve)밸브 고장상태 점검방법

1. 시험 준비
① 물올림배관의 개폐밸브㉮를 닫는다(폐쇄)
② 물올림컵에 물을 가득 채운다.
③ 물올림컵밸브㉯를 개방한다.

2. 고장상태 확인
① 물올림컵의 물이 일시적으로 넘친 후 물이 그대로 있는 경우에는 **풋밸브는 정상**이다.
② 물올림컵의 물이 빠지는 경우에는 **풋밸브의 고장**이다.
③ 물올림컵의 물이 계속 흘러 넘치는 경우에는 **펌프토출측 체크밸브(스모렌스키 체크밸브)㉰가 고장**이거나 **체크밸브의 바이패스밸브가 열려있는 경우**이다.

3. 복구
① 물올림배관의 개폐밸브㉮를 개방한다.
② 물올림컵밸브㉯를 닫는다.

4. 풋밸브 고장 내용
① 그림과 같이 클래퍼에 이물질이 끼여 체크밸브 기능을 하지 못하는 경우
② 풋밸브의 클래퍼가 파손된 경우

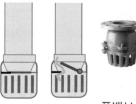

풋밸브

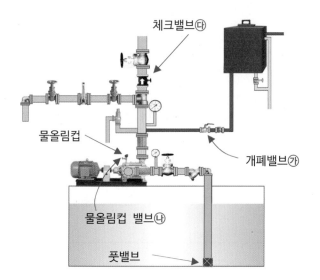

증 상	원 인	수리방안
⑩ **배관의 압력이 서서히 샌다** (배관의 압력이 누설되어 펌프가 일정한 시간의 간격으로 주기적으로 작동한다)	1. 옥상수조의 배관에 설치된 체크밸브의 고장으로 옥상수조로 물이 역류하여 배관의 압력이 빠진다. 2. 지하수조의 풋밸브 고장. 3. 배관의 누수.	눈으로 배관의 누수가 확인이 안되면서도 20~30초 정도(또는 일정시간의 간격)의 시간이 지나면 배관 안의 압력이 빠져 펌프가 작동되는 현상이 반복될 때 확인하는 방법은, ▶ 펌프위에 설치된 주배관의 개폐밸브를 닫는다 ▶ 그후 압력챔버의 압력이 떨어지지 않으면 펌프를 중심으로 개폐밸브 밑 부분의 흡입측배관 또는 풋밸브의 고장이다. ▶ 압력챔버의 압력이 떨어지면 개폐밸브 윗부분의 배관에 압력이 빠지는 것이다. 주로 옥상수조의 체크밸브가 고장일 가능성이 많다.
⑪ **물올림탱크의 저수위 감시회로에 저수위 확인등이 점등된다**	1. 풋밸브의 고장 2. 자동급수장치 고장 3. 흡입측배관의 누수 4. 감시제어반의 오작동 5. 저수위 감시스위치 고장	고장부분의 교체, 수리
⑫ **배관안의 압력이 조금만 빠져도 펌프가 작동 및 정지 현상을 반복적으로 일으킨다**	1. 압력챔버가 배관안의 물의 압력을 흡수 해 주는 완충역할을 충분히 하지 못할 때 2. 압력스위치의 Diff의 설정수치가 너무 낮을 때	1. 압력챔버의 공기를 다시 채워서 공기가 배관의 수압변동을 흡수해 줄 수 있도록 한다. 2. 압력스위치의 Diff의 설정(조정) 수치를 조금더 높인다
⑬ **충압펌프가 자주 작동한다**	1. 옥상수조와 주배관과 연결된 배관상에 설치하는 체크밸브는 수평형을 사용함으로 체크밸브 하부에 이물질이 축적되어 밸브 시트가 완전히 폐쇄되지 않아 배관내에 가압된 소화수가 옥상수조 쪽으로 조금씩 역류하여 배관의 압력이 빠져 충압펌프가 자주 작동한다. 2. 주펌프 토출측에 설치한 스모렌스키 체크밸브의 By Pass밸브가 열려있거나 밸브시트에 이물질이 끼어 있는 경우 수조 쪽으로 가압수가 역류하여 충압펌프가 기동(작동) 할 수 있다. 3. 스프링클러설비인 경우 알람밸브에 설치한 드레인밸브의 미세한 열림이나 말단시험밸브의 미세한 열림으로 인하여 배관의 압력이 빠져 충압펌프가 기동 할 수도 있고 입상배관, 수평주행배관, 가지배관, OS & Y 밸브, 송수구의 오토드립밸브 등에서의 누수로 충압펌프가 기동(작동) 할 수 있다.	

증 상	원 인
⑭ 옥내소화전노즐을 열어 방수를 했으나, 펌프가 작동이 되지 않는 경우에 예상되는 원인	1. 동력제어반의 자동, 수동 선택스위치를 수동위치에 돌려 놓았다. 2. 동력제어반의 전원스위치를 OFF에 돌려 놓았다. 3. 동력제어반의 전자접촉기가 고장이다. 4. 동력제어반에 설치된 전자접촉기의 과부하차단장치(THR)가 작동하였다. 5. 동력제어반의 펌프 기동 · 정지 시퀀스가 고장이나 전선이 단선이다. 6. 상용전원이 공급되지 않는다(상용전원 정전, 차단) 7. 상용전원의 차단시 비상전원이 공급되지 않았다. 8. 펌프 또는 전동기의 고장이다. 9. 감시제어반에서 선택스위치를 펌프 연동정지 및 수동의 위치에 놓았다. 10. 감시제어반에서 압력챔버의 압력스위치까지 배선이 단선이다. 11. 감시제어반 고장 12. 압력챔버에 설치된 압력스위치 고장

⑮ 흡입배관이 잘못 설치된 사례

흡입배관을 주펌프와 충압펌프에 그림2와 같이 공용으로 사용하는 것보다 그림1과 같이 주펌프와 충압펌프의 흡입배관을 각각 별도로 설치하는 것이 적합하다.

아래의 그림2와 같이 하나의 흡입배관으로 주펌프와 충압펌프를 사용할 경우에는 주펌프 또는 충압펌프가 작동시에 물올림탱크안의 물도 흡입하게 되며, 물올림탱크의 물이 없어지게 되어 결국 물올림탱크를 통하여 공기를 흡입하게 되어 에어포켓(Air Pocket) 현상으로 펌프가 정상적인 물의 흡입이 되지 않는다.

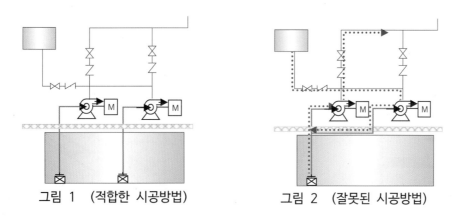

그림 1 (적합한 시공방법)   그림 2 (잘못된 시공방법)

원심펌프의 공동空洞현상(Cavitation)

펌프작동으로 물을 흡입하여 끌어 올리는 원리는 펌프가 흡입배관에 진공을 만들어 흡수된 물을 높은 곳으로 밀어 올리는 형식의 기계이므로 만약 펌프내부 어디에서 액체가 기화하는 압력까지 압력이 낮아지는 부분이 있으면 액체는 그 부분에 도달하면 기화되어 기포가 발생하고 액체 속에 공동(기체의 거품)이 생기게 되는데 이러한 현상을 공동현상이라 한다

수격水擊작용(Water Hammer)   격(擊) - 부딪치다

배관 안에서 유체가 흐를 때 펌프의 순간적인 정지 및 기동(작동), 밸브의 급격한 열고 닫힘, 배관의 급격한 굴곡 등에 의하여 유체의 속도가 급속히 변화하면 유체의 운동에너지가 압력에너지로 변하여 순간적으로 큰 압력 변화가 발생하여 배관벽을 치는(때리는) 충격파 소리가 발생하는 현상을 말한다.

26. 배관의 압력누설(빠짐) 현상으로 주펌프·충압펌프가 일정한 시간 간격으로 주기적으로 작동되는 현상의 원인

가. 옥상수조와 주배관과 연결되는 배관에 설치되는 체크밸브의 고장

체크밸브의 고무시트 부분에 이물질이 낀 현상 또는 고무시트의 노후로 인하여 밀착성이 떨어져 밸브가 체크밸브의 기능을 하지 못하고 옥상수조 쪽으로 미세하게 물이 역류되어 배관의 물압력이 빠지는 현상

대 책

체크밸브를 교체 또는 수리한다.

나. 펌프의 토출측 주배관에 설치된 스모렌스키 체크밸브의 By-Pass 밸브가 열려 있는 경우

평소에 잠겨 있어야 하는 By-Pass밸브가 열려 배관의 물이 펌프와 지하수조 쪽으로 물이 흘러 압력이 빠지는 현상

대 책

스모렌스키 체크밸브의 By-Pass밸브를 닫는다.

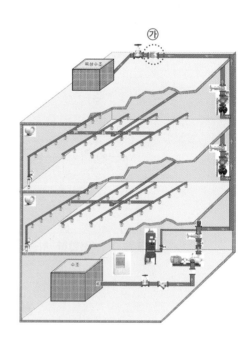

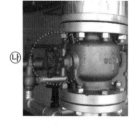

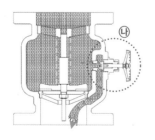

By-Pass밸브(우회로 밸브)
배관의 물을 우회로 흐르게 물을 흐름 방향을 바꾸는 밸브를 말한다.
평소 By-Pass밸브는 잠겨 있으며 배관의 수리 또는 다른 용도로 필요할 때에는 배관의 물을 배수하기 위하여 By-Pass밸브를 열면 그림과 같이 물이 빠진다.
By-Pass밸브가 열려 지하물탱크 쪽으로 물이 빠지는 현상으로 물이 배수되는 소리가 귀로는 잘 들리지 않는다.

다. 송수구와 입상배관(주배관)의 연결부분에 설치된 체크밸브의 고장

체크밸브의 고무시트 부분에 이물질이 낀 현상 또는 고무시트의 노후
로 인하여 밀착성이 떨어져 밸브가 체크밸브의 기능을 하지 못하고
송수구 쪽으로 미세하게 물이 빠져 자동배수밸브 쪽으로 물이 흘러
내리게 되어 배관의 압력이 빠지는 현상

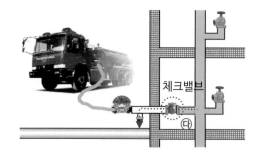

체크밸브

⑪

대 책

체크밸브를 교체 또는 수리한다.

**라. 스프링클러설비의 알람밸브에 설치된 드레인밸브(배수밸브)가
    조금 열려 소량의 물이 누수되는 경우**

평소에 잠겨 있어야 하는 알람밸브의 드레인밸브가 열려져 있으면,
열려진 틈으로 배관의 물이 빠져 배관의 압력이 떨어지는 현상이다.

⑪

배수밸브

대 책

알람밸브의 드레인밸브를 닫는다.

마. 스프링클러설비의 시험밸브가 조금 열려 소량의 물이 누수되는 경우

평소에 잠겨 있어야 하는 시험밸브에 열려진 틈으로 물이 흘러 배관의 압력이 빠지는 현상

대 책

시험밸브를 닫는다.

바. 배관이 누수되는 경우

배관의 연결부분 등에 소량으로 누수되는 현상

대 책

배관의 누수되는 부분을 찾아 수리한다.

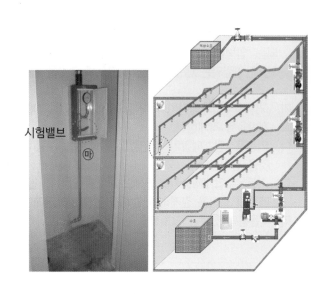

시험밸브

⑪

사. 압력챔버의 배수밸브 미세한 개방, 누수

대 책

배수밸브 닫음

27. 주펌프의 작동과 정지가 연속하여 반복적으로 일어나는 현상
헌팅현상(hunting)

가. 개요

소화전 노즐로 물을 뿌려서 배관의 물의 압력이 빠진 후 노즐을 닫은 경우에 펌프가 작동을 하여 배관안에 압력을 보충을 하면 펌프의 작동이 정지되어야 하지만 펌프가 정지를 하지 않고 기동(작동)과 정지를 연속적으로 반복하는 현상이 일어나는 경우가 있다.

MCC PANEL의 전자접촉기가 계속하여 On, Off가 반복되고 배관의 수격현상이 일어나며 이러한 현상을 방치하면 MCC PANEL의 전자접촉기가 손상(고장)이 된다.

나. 원인

배관의 압력을 채우기 위하여 펌프가 작동을 하여 전체 배관 안에 압력스위치에 설정된 압력을 채우기 전에 압력스위치로 전달되는 압력이 정지압력에 도달하며, 다시 순간적으로

압력스위치내 기동압력으로 전달되어 기동용수압개폐장치의 압력스위치에 물의 기동압력과 정지압력이 반복적으로 전달되어 펌프가 기동, 정지가 반복해서 일어나는 현상이다.

다. 개선(조치) 방법

① 이러한 현상이 일어나는 주 원인은 배관전체의 평균 압력과는 다르게 펌프의 작동으로 일어나는 순간적인 압력 변화를 압력스위치에 민감하게 전달되어 일어나는 현상이며, 이러한 원인의 제거가 필요하다.

② 기동용수압개폐장치에 전달되는 압력과 배관전체에 전달되는 압력이 같아지도록 기동용수압개폐장치(압력스위치)에 연결되는 배관에 저항이 크도록 조절을 한다.

  가. 기동용수압개폐장치와 연결되는 배관에 개폐밸브의 개방율을 작게한다.
  나. 기동용수압개폐장치와 연결되는 배관의 구경이 작은 것을 설치한다.
  다. 기동용수압개폐장치의 압력스위치로 압력을 전달하는 배관의 길이를 길게하여 압력의 전달이 느리게 한다.
  라. 작은홀이 있는 체크밸브를 설치한다.

③ 펌프의 정지압력을 정격양정의 환산압력보다 최소한 2~3kg/㎠보다 높게 설정하고, 펌프토출측 게이트밸브 이후에 피난배관을 설치하고, 펌프의 정격압력에서 작동하는 피난밸브를 설치한다.

  가. 피난배관의 구경 및 토출량은 펌프의 토출량에 의하여, 주펌프가 정지점에 서서히 이를 수 있도록 한다.
  나. 피난배관으로 나온 물로 인한 피해가 없어야 하며, 소화에 필요한 유효수량이 감소되지 아니하도록 고려해야 한다.

④ 기동용수압개폐장치(압력챔버)에 공기를 교체하여 최대한 많은 양의 공기를 넣는다.

헌팅현상 hunting現象
수위, 수압 등 어떤 양을 제어하려 할 때 피억제량과 억제장치의 작용이 서로 증감을 반복하여 계속해서 안정되지 않는 상태.

28. 수계소화설비의 배관에 공기고임 현상
(부르는 이름 : 에어 포켓-Air Pocket, 에어 락-Air Lock)

가. 정의
배관내부에 부분적인 공기고임이 생겨 고인 공기로 인해 배관의 물이 흐르지 못하거나 물의 흐름에 방해를 주는 현상

나. 배관내에 공기고임이 생기는 이유
① 흡입배관에 구멍이나 파손부분이 생겨 펌프가 흡입중 구멍이나 파손된 배관으로 공기가 흡입되어 배관에 공기가 체류하는 현상.
② 흡입배관의 배관부속품 연결부분이 느슨하여 펌프흡입중 배관부속 연결부분으로 공기가 흡입이 되어 배관에 공기가 체류하는 현상.
③ 배관이나 밸브류, 스트레너, 배관부속품 등 기기류 수리 시 배관내에 있는 물을 빼는 작업(drain)을 하고 수리한 다음 물을 채우면서 굴곡진 배관내에 공기가 일부 고여 있는 현상
④ 배관상의 펌프류 등에서 임펠러의 속도수두가 압력수두로 변환 시 일부 공기 발생한다.
⑤ 배관상의 물의 온도 상승으로 인하여 공기 발생한다.
⑥ 주펌프와 충압펌프가 후트 밸브에서 펌프에 이르는 흡입배관을 공용하는 경우 하나의 펌프가 작동 시 역류현상이 발생되어 그로 인한 에어 포켓이 발생하게 된다.

다. 에어포켓이 생겼다고 판단되는 내용(이유)
① 펌프는 정상적으로 작동하고 있으나 노즐이나 헤드로 정상적인 방수압력과 방수량이 나오지 않을 때
② 펌프가 동작되었을 때 펌프 토출측 압력계가 상승되지 못하고, 방출수의 압력이 연속적이지 못하면서 방사 압력이 낮아질 때

라. 방지대책
① 흡입배관에 구멍이나 파손부분이 없도록 시공하여 펌프가 흡입할 때 공기가 흡입되지 않도록 한다.
② 흡입배관의 배관부속품 연결부분을 완전히 조여 펌프가 흡입할 때 공기가 흡입되지 않도록 한다.
③ 배관공사를 할 때 공기가 고일 수 있는 굴곡진 배관공사를 하지 않는다.
④ 주펌프와 충압펌프의 흡입배관을 공용으로 공사하지 않는다.
⑤ 에어포켓현상이 발생했을 때는 옥내소화전 노즐 또는 스프링클러 시험배관, 배수배관등을 개방하여 펌프의 높은 압력으로 배관내의 공기빼내기 작업을 한다.
⑥ 배관상의 배관이나 밸브류, 스트레너, 배관부속품 등 기기류 수리시 배관내에 있는 물을 빼는 작업(drain)을 하고 수리한 다음 물을 채울 때 배관내에 공기가 들어가지 않게 작업을 한다.
⑦ 펌프가 작동할 때 수조로부터 공기가 유입되지 않도록 한다.
⑧ 스트레이너가 이물질 등으로 막히지 않게 한다.(펌프 흡입측 진공으로 증발)
⑨ 흡입측 개폐밸브가 잠겨 있지 않도록 한다.(펌프 흡입측 진공으로 증발)
⑩ 공동현상이 발생되지 않도록 한다.

  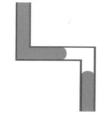

에어 포켓 현상

29. 수격작용 Water hammering

가. 정의

배관내에서 유체가 흐르고 있을 때에 펌프의 정지 또는 밸브를 차단할 경우 흐르고 있는 유체의 운동에너지가 압력에너지로 변하여 배관의 유체가 고압이 발생하고 유속이 급변하여 압력변화를 가져와 압력파가 배관의 벽면을 타격(때리는)하는 현상이다.

나. 발생원인

① 펌프가 작동하여 배관에 물이 흐르고 있을 때 정전 등으로 갑자기 펌프가 정지할 경우
② 펌프가 작동하여 배관에 물이 흐르고 있을 때 밸브를 급히 닫을 경우
③ 펌프의 정상 운전시 유체의 압력변동이 있는 경우
④ 수격방지기가 고장나거나 설치안된 경우.
⑤ 배관의 굴곡이 심하게 설치된 경우
⑥ 압력챔버안에 공기가 안 들어 있는 경우.

다. 발생현상

① 배관을 망치로 치는 것과 같이 소음과 진동이 발생한다.
② 압력상승에 의해 펌프, 밸브, 플랜지 배관 등 여러 기기가 파손된다.
③ 주기적인 압력변동 때문에 자동제어계등 압력컨트롤을 하는 기기들이 난조(정상적인 작동범위 벗어남)를 일으킨다.

라. 방지대책

① 관로(배관)의 관경(배관의 굵기)을 크게한다.
② 배관내의 유속을 낮게한다.
③ 펌프의 플라이 휠(Fly Wheel)을 설치하여 펌프의 급변속을 방지한다.
④ 수격방지기 또는 조압수조(surge tank)를 설치한다.
⑤ 펌프 송출구 가까이 밸브를 설치하여 압력상승 시 제어한다.

플라이휠 flywheel : 회전하는 물체의 회전 속도를 고르게 하기 위하여 회전축에 달아 놓은 바퀴
조압수조 調壓水槽 : 압력조절 물탱크

라. 수격방지기 설치위치

화재안전기술기준, 성능기준에는 수격방지기를 설치해야 한다던지, 구체적인 설치장소에 대한 기준은 없다.

주로 관행적으로 설치하는 장소는 아래와 같다.
- 펌프실의 펌프(주펌프, 충압펌프) 토출측 배관 수직배관 끝
- 주배관의 수직배관 끝
- 유수검지장치의 수직배관 끝
- 수평주행배관의 끝
- 교차배관의 끝
- 수평배관과 교차배관이 분기되는 곳
- 그 밖의 펌프 토출측 주배관의 수평, 수직배관의 끝.

설계나 시공에서 수격방지기 설치에 대한 의견이 다를 수 있지만 기준이 없다.
수격방지기는 수격작용의 방지 수단이므로 근거없이 너무 무리하게 설치를 주장을 하는 것도 이해의 부족일 수 있다.
수격방지기의 설계는 소방시설 배관의 구경, 배관의 굴곡 내용, 배관의 길이, 유속, 설치하는 개폐밸브의 종류 및 개수 등을 종합적으로 판단해야 한다. 과학적인 설계 프로그램이 필요한 부분이다.

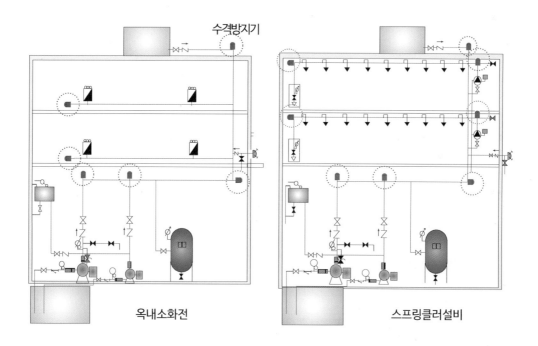

옥내소화전   스프링클러설비

내부모습

작동전   작동후

교차배관 끝에 설치된 수격방지기

171

30. 펌프의 공동현상(Cavitation) (空洞, 빌空, 동굴洞)

가. 개요

펌프 흡입구에서 물의 흐름배관의 변화로 인하여 압력강하가 생겨 그 부분의 압력이 <u>포화증기압</u> 보다 낮아지면 표면에 증기가 발생되어 액체와 분리되어 기포가 나타나는 현상.

나. 판정방법

공동현상이 발생하면 펌프성능이 현저히 떨어져 화재 시 규정방사압과 규정방수량을 확보하지 못하는 현상이 나타난다.

다. 발생원인

① 펌프 <u>임펠러</u> 깃에서 물의 압력이 포화증기압 이하로 내려가면 증발하여 기포가 발생한다.
② 흡입양정이 펌프의 흡입수두 보다 큰 경우(펌프의 흡입측 낙차가 클 경우)
③ 수온이 높을 경우
④ 펌프 흡입측 배관의 마찰손실이 클 경우
⑤ 흡입관경이 너무 작은 경우
⑥ 펌프 임펠러 속도가 지나치게 클 경우

라. 발생현상

① 소음과 진동 발생
② 펌프의 성능(토출량, 양정, 효율) 감소
③ 임펠러의 <u>침식</u> 발생
④ 심하면 양수불능 상태가 된다.

마. 방지대책

① 펌프 내 포화증기압 이하의 부분이 발생하지 않도록 조치한다.
② 펌프의 설치위치는 가능한 낮게 한다.
③ 수온을 30℃이상 상승하지 않도록 릴리프밸브를 설치한다.
④ 펌프의 흡입배관 마찰손실을 적게한다. (흡입관의 길이는 짧게, 배관의 휨은 적게, 관경은 굵게한다)
⑤ 펌프 임펠러속도를 낮게 운전한다(펌프를 저회전 운전한다)
⑥ 펌프의 회전수를 낮춘다.
⑦ 양흡입 펌프를 사용한다.
⑧ 펌프 흡입측은 버터플라이밸브 설치 제한, 편심레듀샤 사용, 스트레이너 주기적인 청소, 급수 또는 순환되는 배관과 이격거리 확보

포화증기압 : 증기의 압력을 말한다. 일정한 온도에 있어서 액상 또는 고상으로 평형하게 있을 때의 증기상의 압력을 말한다.
임펠러(impeller) : 펌프 안에 설치된 부품으로서 물을 받아 그 동력으로 바퀴를 회전하기 위한 수차(水車), 터빈 따위의 회전축에 날개를 단 것
침식 Erossion : 깍임

31. 서징현상(맥동, Surging)

가. 개요

액체가 정해진 단면적과 파이프를 일정하게 흐르고 있을 때 흐르는 방향의 반대편으로 역류하려고 하는 순간적인 힘을 말한다.
펌프의 운전상태에서 압력, 유량, 회전수, 소요동력 등이 주기적으로 변동하여 일종의 자려진동을 일으키는 현상이다.

펌프의 운전 중에 압력계기의 눈금이 어떤 주기를 가지고 큰 진폭으로 흔들림과 동시에 토출량은 어떤 범위에서 주기적으로 변동이 발생하고 흡입 및 토출배관의 주기적인 진동과 소음을 수반한다. 이를 맥동(Surging) 현상이라 한다.

나. 원인

① 펌프의 성능시험곡선(H-Q 곡선)이 오른쪽 상향 구배(산모양) 특성을 가지고 운전점이 정상부일 때.
② 펌프의 토출관로가 길고, 배관 중간에 수조 또는 기체상태인 부분(공기가 고여 있는 부분)이 존재하고 있을 때.
③ 배관중에 수조가 있을 때.

다. 발생현상

① 흡입 및 토출배관의 주기적인 진동과 소음 수반한다.
② 한번 발생하면 그 변동 주기는 비교적 일정하고, 송출밸브로 송출량을 조작하여 인위적으로 운전상태를 바꾸지 않는 한 이 상태가 지속한다.

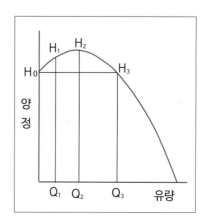

라. 방지대책

① 펌프의 성능시험곡선(H-Q 곡선)이 오른쪽 하향 구배 특성을 가진 펌프를 사용한다.
② 회전차나 안내깃의 형상 치수를 바꾸어 그 특성을 변화시킨다.
③ 바이패스배관을 사용 운전한다.
④ 배관 중간에 수조 또는 기체상태인 부분이 존재하지 않도록 배관한다.
⑤ 유량조절밸브를 펌프 토출측 직후에 위치시킨다.
⑥ 불필요한 공기탱크나 잔류공기를 제어하고, 관로의 단면적, 유속, 저항 등을 바꾼다.

Surging : 밀려들다, 급증 급등
자려진동 自勵振動 : 진동의 상태에 따라 저항의 부호가 달라져도 진폭이 늘거나 줄지 아니하고 지속되는 진동

32. 클로킹 현상(Clogging-막힘)

가. 정의

배관내의 이물질에 의해 스프링클러 헤드가 막히는 현상을 말한다.
배관 내 이물질(용접 및 부식 잔해물)에 의해 소화수 방사 시 헤드가 막혀 살수가 되지 못하는 현상 또는 일부분이 막혀 균일한 살수 밀도를 저해하게 된다.

나. 방지대책

① 배관을 청소하여 클로킹 현상이 일어나지 않도록 관리한다.
  ㉮ 건축물 모든 부분(건축설비 포함)을 완성한 시점부터 연 1회 이상 실시하여 성능 등을 확인한다.
  ㉯ 스프링클러설비의 성능시험은 가압송수장치 기준에 따라 실시한다.

② 배관 등의 청소
배관의 수리계산 시 설계된 최대방출량으로 방출하여 배관 내 이물질이 제거될 수 있는 충분한 시간 동안 실시한다.

③ 막힘시험
  ㉮ 오염된 물을 최소설계압력에서 30분간 연속적으로 방사한다.
  ㉯ 막힘이 없을 것
  ㉰ 막힘시험 실시 전·후에 각각 측정한 방수량의 편차는 10% 이하가 되어야 한다.

클로킹 Clogging : 미세한 먼지나 조각이 축적된 상태.막힘 현상,

　　　　클로킹의 용어에 대하여 우리말로 표현하는 단어는 아직 없다.("헤드구멍 막힘"이라 하면 될 것이다)

33. 수원(수조, 물탱크)

옥내소화전설비의 화재안전기술기준 2.1
고층건축물의 화재안전기술기준 2.1.1

옥내소화전설비는 시설을 작동하기 위하여 물이 필요하며 물의 저장량과 물탱크의 구체적인 기준을 정하고 있다. 물탱크(수조)에 대한 내용을 수원水原이라고 하고 있으며, 물탱크의 양은 소화전의 설치 개수에 따라 물의 저장량을 정하고 있다.

가. 수원(물탱크) 양 계산(옥내소화전)

① 기 준

옥내소화전의 설치개수가 가장 많은 층의 설치 개수(2개 이상인 경우 2개)에 2.6㎥(호스릴옥내소화전설비를 포함한다)를 곱한 양 이상이 되도록 해야 한다.

고층건축물(30층 이상이거나 높이 120m 이상)은, 설치 개수(5개 이상인 경우 5개)에 5.2㎥(호스릴옥내소화전설비를 포함한다)를 곱한 양 이상이 되도록 해야 한다.
다만, 층수가 50층 이상인 건축물의 경우에는 7.8㎥를 곱한 양 이상이 되도록 해야 한다.

도로터널 수원 기준 도로터널의 화재안전성능기준 6조

도로터널 옥내소화전의 방수압력은 0.35MPa 이상,
방수량은 190 ℓ/min 이상이어야 한다.
물탱크의 양은 옥내소화전의 설치개수 2개(4차로 이상의 터널의 경우 3개)를 동시에 40분 이상 사용할 수 있는 충분한 양 이상으로 한다.

옥내소화전 물탱크 양 계산 요약

장소	물탱크 양 계산방법
29층 이하 건축물	가장 많은 층의 설치 개수(2개 이상인 경우 2개) × 2.6㎥(130ℓ×20분) 5개 이상인 경우 5개의 내용을 개정했다.
고층건축물 (30층 이상이거나 높이 120m 이상인 건물)	가장 많은 층의 설치 개수(5개 이상인 경우 5개) × 5.2㎥(130ℓ×40분)
50층 이상 건축물	가장 많은 층의 설치 개수(5개 이상인 경우 5개) × 7.8㎥(130ℓ×60분)
도로터널	설치개수 2개(4차로 이상의 터널의 경우 3개) × 7.6㎥(190ℓ×40분)

② 수원(물탱크) 양 계산 해설

1. 건축물의 옥내소화전 물탱크 양 :

가장 많이 설치된 층의 소화전 개수(2개 이상인 경우 2개) × 2.6(또는 5.2, 7.8)㎥

◆ 2.6, 5.2, 7.8㎥의 근거 - 소화전 1개에서 1분에 130ℓ를 방수하는 양으로서, 20분, 40분, 60분간
　　　　　　　　　　　　　 방수하는 양,

$$2.6㎥ = 130ℓ × 20분, \quad 5.2㎥ = 130ℓ × 40분, \quad 7.8㎥ = 130ℓ × 60분$$

소화전을 20, 40, 60분간 사용할 수 있도록 물탱크의 양을 기준으로 한 것은 화재가 발생한 시간부터 소방대가 도착하기 까지의 소화전 사용시간이다. 일반 건물은 20분 동안, 30층 이상 49층 이하의 건물은 40분 동안, 50층 이상은 60분 동안 옥내소화전을 사용한다는 추정계산이다.

2. 도로터널 물탱크 양 :

소화전 개수 × 7.6㎥

◆ 7.6㎥의 근거 - 소화전 1개에서 1분에 190ℓ를 방수하는 양으로서, 40분간 방수하는 양,

$$7.6㎥ = 190ℓ × 40분$$

지하수조 수원의 양 계산

◎ 수조 유효수량 = a × b × c

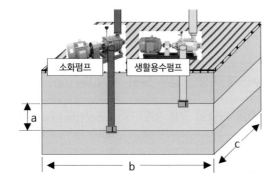

고가수조(또는 옥상수조) 수원의 양 계산

◎ 수조 유효수량 = a × b × c

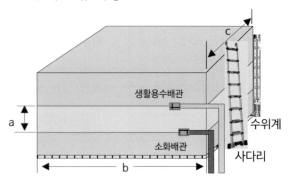

나. 옥상수조(물탱크)

① 옥상수조 수원 기준

옥내소화전에서 필요한 물탱크의 유효수량 외에 유효수량의 3분의 1이상(옥내소화전설비가 설치된 건축물의 주된 옥상을 말한다)에 설치해야 한다. 다만, 아래에 해당하는 경우에는 그러하지 아니하다.
층수가 30층 이상도 옥상수조를 설치해야 한다. 다만, 아래의 ㉯, ㉰,에 해당하는 경우에는 옥상수조를 설치하지 않아도 된다.

옥상수조를 설치하지 않아도 되는 경우
　　　㉮ 지하층만 있는 건축물
　　　㉯ 고가수조를 가압송수장치로 설치한 설비
　　　㉰ 수원이 건축물의 최상층에 설치된 방수구보다 높은 위치에 설치된 경우
　　　㉱ 건축물의 높이가 지표면으로 부터 10m이하인 경우
　　　㉲ 주펌프와 동등 이상의 성능이 있는 별도의 펌프로서 내연기관의 기동(작동)과 연동하여 작동되거나,
　　　　비상전원을 연결하여 설치한 경우
　　　㉳ 학교 · 공장 · 창고시설(옥상수조를 설치한 대상은 제외한다)로서 동결의 우려가 있는 장소에 펌프를
　　　　수동기동방식으로 설치한 경우
　　　㉴ 가압수조를 가압송수장치로 설치한 설비

② 옥상수조의 의미

소방시설에 필요한 물탱크의 유효수량외에 유효수량의 1/3 이상의 양 만큼 건축물의 옥상에 설치하는 물탱크를 말한다.

③ 옥상수조를 설치하는 목적

가압송수장치(펌프)가 고장이 나거나 정전 및 그 밖의 원인으로 옥내소화전설비를 사용하지 못하게 되어도 화재시에 옥상에 설치한 수조의 자연낙차압력으로 불을 끌 수 있도록 하는 것을 목적으로 하며, 물의 양은 최소한으로 하여 비상시에 사용하기 위한 것이다.

④ 옥상수조의 기능

펌프가 정상적으로 작동되는 때에는 옥상수조의 물은 사용되지 않는다. 펌프가 고장이 나거나 정전이 되어 펌프가 작동이 되지 않을 때에는 옥상수조의 물이 소화전이나 스프링클러 헤드로 방수가 된다.

연동[連動] : 기계나 장치 따위에서 한 부분을 움직이면 연결 되어 있는 다른 부분도 잇따라 함께 움직이는 일

자연낙차 自然落差 : 물탱크와 소화전과의 수직 높낮이 차이에 의하여 소화전에서 자연적으로 일어나는 물의 압력

다. 전용수조. 水槽.(물탱크)   옥내소화전설비의 화재안전기술기준 2.1.4

① 소방설비용 <u>전용수조</u>를 원칙으로 한다.
② 예외로 아래와 어느 하나의 조건일 경우에는 소방시설 이외의 용도와 <u>겸용수조</u>로도 가능하다.
   ㉮ 소화전펌프의 풋밸브(Foot valve) 또는 흡수배관의 흡수구(수직회전축펌프의 흡수구를 포함한다)를 다른 설비(소방용설비외의 것)의 풋밸브 또는 흡수구보다 낮은 위치에 설치한 때.
   ㉯ 고가수조로부터 옥내소화전설비의 수직배관에 물을 공급하는 급수구를 다른설비의 급수구 보다 낮은 위치에 설치할 때.

라. 수조(물탱크)의 기준 옥내소화전설비의 화재안전기술기준 2.1.6

1. 점검에 편리한 곳에 설치한다.
2. 동결방지조치를 하거나 동결의 우려가 없는 장소에 설치한다.
3. 수조의 외측에 수위계를 설치한다. 다만, 구조상 불가피한 경우에는 수조의 맨홀 등을 통하여 수조 안의 물의 양을 쉽게 확인할 수 있도록 하여야 한다.
4. 수조의 상단이 바닥보다 높은 때에는 수조의 외측에 고정식 사다리를 설치한다.
5. 수조가 실내에 설치된 때에는 그 실내에 조명설비를 설치한다.
6. 수조의 밑 부분에는 청소용 배수밸브 또는 배수관을 설치한다.
7. 수조 외측의 보기 쉬운 곳에 "옥내소화전소화설비용 수조"라고 표시한 표지를 할 것. 이 경우 그 수조를 다른 설비와 겸용하는 때에는 그 겸용되는 설비의 이름을 표시한 표지를 함께 해야 한다.
8. 소화설비용 펌프의 흡수배관 또는 소화설비의 수직배관과 수조의 접속부분에는 "옥내소화전소화설비용 배관"이라고 표시한 표지를 할 것. 다만, 수조와 가까운 장소에 소화설비용 펌프가 설치되고 해당 펌프에 2.2.1.15에 따른 표지를 설치한 때에는 그렇지 않다

옥내소화전 수원, 수조 점검내용

근거자료 : 소방시설 자체점검사항 등에 관한 고시(소방청장 고시) [별지 4] 2. 옥내소화전설비 점검표

번호	점검항목	점검결과
2-A. 수원		
2-A-001 2-A-002	○ 주된수원의 유효수량 적정 여부(겸용설비 포함) ○ 보조수원(옥상)의 유효수량 적정 여부	
2-B. 수조		
2-B-001 2-B-002 2-B-003 2-B-004 2-B-005 2-B-006 2-B-007	○ 동결방지조치 상태 적정 여부 ○ 수위계 설치상태 적정 또는 수위 확인 가능 여부 ○ 수조 외측 고정사다리 설치상태 적정 여부(바닥보다 낮은 경우 제외) ○ 실내설치 시 조명설비 설치상태 적정 여부 ○ "옥내소화전설비용 수조"표지 설치상태 적정 여부 ○ 다른 소화설비와 겸용 시 겸용설비의 이름 표시한 표지 설치상태 적정 여부 ○ 수조-수직배관 접속부분"옥내소화전설비용 배관"표지 설치상태 적정 여부	

전용수조 : 소방시설의 수조로만 사용하는 물탱크를 말한다
겸용수조 : 소방시설의 수조와 기타 생활용수 또는 공장 등의 공업용 용수 등과 하나의 물탱크로 공동으로 사용하는 수조를 말한다.
2.2.1.15 : 가압송수장치에는 "옥내소화전소화펌프"라고 표시한 표지를 할 것. 이 경우 그 가압송수장치를 다른 설비와 겸용하는 때에는 그 겸용되는 설비의 이름을 표시한 표지를 함께 해야 한다.

마. 옥상수조 설치를 면제한 이유

1. 옥상수조가 효용성이 적은 경우

① 지하층만 있는 건축물
건축물이 지하층으로 이루어지고 지상층이 없는 건축물은 옥상수조를 설치하지 않아도 된다.

② 건축물의 높이가 지표면으로부터 10m 이하인 경우
낮은 건물에 옥상수조를 설치하면 자연낙차압력이 낮게 나오므로 옥상수조의 설치를 면제한다.
(높이의 차이 계산은 지면에서 소화전밸브까지의 높이로 적용하는 것이 합리적일 수 있지만 기준의 내용은 지붕까지의 높이로 하고 있다)

③ 가압수조 방식
가압수조방식은 무전원설비이며 가압송수장치(펌프)가 없으므로 고장의 요인은 적으므로 옥상수조를 면제했다.

④ 수동기동방식의 건축물

2. 건물보다 높은 곳에 수조를 설치한 경우

① 고가수조를 가압송수장치로 설치한 옥내소화전설비
② 수원이 건축물의 최상층에 설치된 방수구보다 높은 위치에 설치된 경우

3. 예비펌프를 설치한 경우

주펌프와 동등 이상의 성능이 있는 별도의 펌프로서 내연기관의 기동과 연동하여 작동되거나 비상전원을 연결하여 설치한 경우

물탱크 용량 계산 사례

문 제

지하2층 지상15층 사무용 건물에서 1개층에 옥내소화전 함이 3개 설치되어 있다.
이 건물의 옥내소화전설비에 필요한 수원(물탱크) 용량과 옥상수조(물탱크)의 필요한 양을 계산하시오.

정 답

1. 물탱크 용량 :
   1개층에 소화전 설치개수(2개 이상인 경우 2개) × 2.6㎥(2,600ℓ) = 5.2㎥(5,200ℓ)

2. 옥상수조(물탱크) 용량 :
   물탱크 양 × 1/3 = 5.2㎥ × 1/3 = 1.73㎥(1,730ℓ)

2이상의 소방대상물이 있어도 1개소에만 옥상수조를 설치할 수 있는 경우

옥내소화전설비의 화재안전성능기준 4조
옥내소화전설비의 화재안전기술기준 2.1.3

기 준

옥상수조는 이와 연결된 배관을 통하여 상시 소화수를 공급할 수 있는 구조의 특정소방대상물인 경우에는 둘 이상의 특정소방대상물이 있더라도 하나의 특정소방대상물에만 이를 설치할 수 있다.

(그림과 같이 옥상수조와 연결된 배관을 통하여 2이상의 소방대상물에 모두 소화수를 공급할 수 있는 구조인 경우에는 A, C동은 옥상수조를 설치하지 않아도 된다)

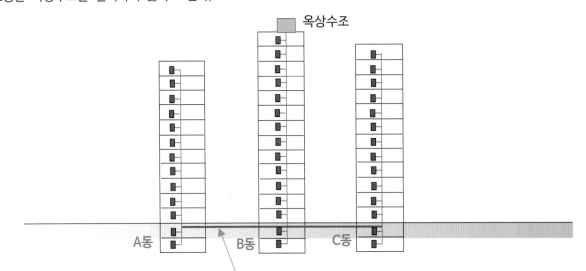

B동의 물탱크가 <u>배관</u>을 통하여 A, C동의 소화전에도 물이 공급되므로 A, C동은 옥상수조를 설치하지 않아도 된다

수원(물탱크) 계산에서 풋밸브(Foot Valve)의 측정위치

화재안전기술기준에서는 풋밸브의 측정위치에 대한 기준은 없다. 그러나 일반적으로 풋밸브가 물을 흡입하는 부분인 풋밸브의 클래프(Clapper, 개폐 Seat) 위치(높이)를 기준으로 한다.

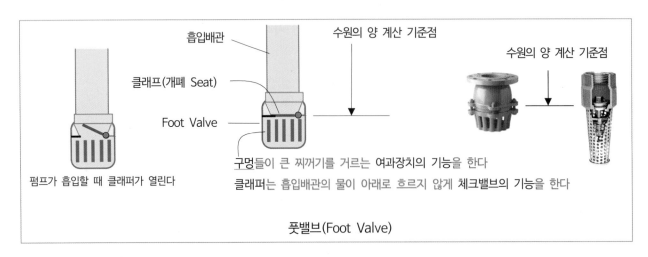

풋밸브(Foot Valve)

34. 펌프 주변의 잘못된 현장사례 내용들

가. 펌프성능 시험배관이 개폐표시형개폐밸브 위쪽에 설치된 곳.

나. 펌프성능시험배관에 성능시험밸브가 설치 안된 곳.

다. 펌프성능시험배관에 유량조절밸브가 설치 안된 곳.

라. 물올림배관이 체크밸브 위쪽 주배관에 연결하여 설치된 곳.

마. 물올림배관에 체크밸브가 설치되지 않은 곳.

바. 릴리프밸브의 배출구 배관을 흡입측배관에 연결한 곳.

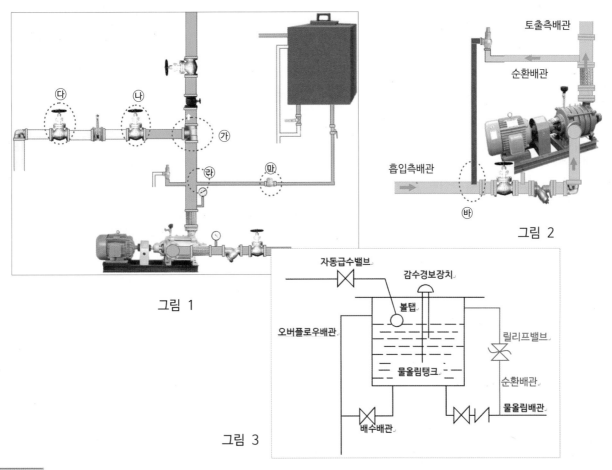

그림 1

그림 2

그림 3

해 설

1. 현장에는 릴리프밸브를 그림1과 같이 설치하며, 계통도(그림3)와 같이 물올림탱크 배관에 설치하는 장소는 없다.

2. 라의 내용과 같이 물올림배관이 체크밸브 아래쪽 배관에 설치되어야 물올림탱크의 물이 펌프로 공급된다.

3. 마의 내용과 같이 물올림배관에 체크밸브가 설치되지 않으면 펌프에서 나오는 물이 물올림탱크로 이동이 된다.

4. 바의 내용과 같이 릴리프밸브를 그림2와 같이 흡입배관 또는 성능시험배관 등에 연결하면 릴리프밸브가 작동하여 흐르는 물을 확인할 수 없으므로 릴리프밸브가 작동을 하고 있는지를 알 수가 없다.

사. 유량계 크기가 맞지 않은 것(유량계의 측정범위가 필요한 크기 이하인 것)을 설치한 곳

유량측정장치는 펌프 정격토출량의 175%이상 측정할 수 있는 성능이어야 한다.
예를 들어서,
설치된 펌프의 정격토출량 3,000ℓ/min 성능을 가진 펌프【명판-사양서에 3,000ℓ/min】는,
3,000 × 175% = 5,250ℓ/min 이상
10㎥/min 성능을 가진 펌프는, 10,000 × 175% = 17,500ℓ/min 이상의
성능을 측정할 수 있는 유량계가 설치되어야 한다.

펌프명판(사양서)
● 양정(H) : 120m
● 토출량(Q) : 3.6㎥/h
● 펌프용량(P) : 7.5KW

아. 흡입측 배관에 진공계(연성계)가 아닌 압력계가 설치된 곳

펌프의 설치위치가 수조(물탱크)의 높이보다 높이 설치된 곳에는 진공계가 설치되어야 하며, 펌프의 설치위치가 수조보다 낮은 곳에는 진공계를 설치할 필요가 없다.
진공계가 설치되어야 하는 장소에 압력계가 설치된 곳이 있다.
현장의 실무자들이 펌프와 수조의 설치된 높이의 기준점에 대한 의문을 가진 사람이 많다.

기준점은 펌프 임펠러실의 높이와 수조는 흡입배관의 풋밸브의 높이를 기준점으로 하여 비교하는 것이 적합하다.

수조의 윗부분 높이를 펌프의 높이와 높낮이를 비교해야 한다고 주장하는 이도 있지만 수조의 물이 항시 가득 들어 있다는 보장이 없으므로 적합하지 않다.

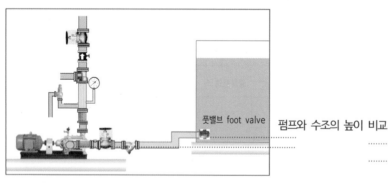

물올림장치, 진공계를 설치하지 않는 곳

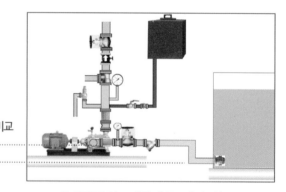

물올림장치, 진공계를 설치하는 곳

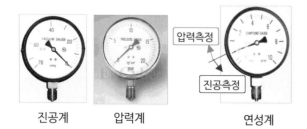

진공계   압력계   연성계

압력계 壓力計 : 액체 또는 기체의 압력을 재는 기기
진공계 眞空計 : 용기 안의 진공 정도를 측정하는 계기
연성계 連成計 : 압력계의 하나로, 대기압 이상의 압력과 이하의
　　　　　　　 압력을 계측하는 기기
풋밸브 foot valve : 흡입배관의 끝에 설치하며, 찌꺼기를 거르는
　　　　　　　 여과기능과 체크밸브의 기능을 한다.

자. 물올림탱크에 물이 계속 공급되는 구조로 되지 않은 곳

① 물올림탱크 안의 물이 줄어 들었을 때에 급수배관을 통하여 자동으로 물을 보충되는 구조이어야 한다.
급수방법은 감수스위치를 설치한 자동급수장치 또는 기계적인 자동급수장치(볼탭밸브 등)를 설치하면 된다.

② 일부의 장소에는 자동급수장치의 기능이 없고 물올림탱크에 물이 줄었을 경우에 수동으로 밸브를 열어 급수하는 시설로 잘 못 설치되어 있다. 급수배관이 반드시 수도배관에 연결되어야 한다는 것은 아니며 물올림탱크의 물이 줄어 들었을 때에 자동으로 급수되는 구조이면 된다.

볼탭밸브 ball tap

물통의 물이 줄어들었을 때 볼탭밸브가 자동으로 열려 물통에 물이 급수되고 물통의 물이 적정높이 까지 찼을 때 밸브가 자동으로 닫히는 밸브이다.

차. 릴리프밸브를 개폐밸브의 위쪽 배관에 설치된 곳

가압송수장치의 체절운전시 수온의 상승을 방지하기 위하여 체크밸브와 펌프사이에서 분기한 구경 20mm 이상의 배관에 **체절압력** 미만에서 열리는 릴리프밸브를 설치해야 한다.

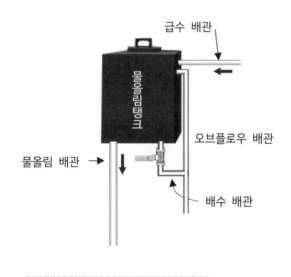

그림과 같이 릴리프밸브가 잘못 설치된 곳에는 개폐밸브가 닫힌 상태의 체절운전에서는 순환배관 또는 릴리프밸브로 가압수가 방출될 수 없으므로 적합하지 않다.

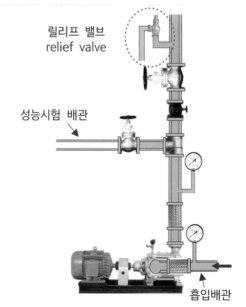

체절압력
체절운전 상태에서 배관안의 압력을 체절압력이라 한다.
주배관의 개폐밸브를 닫고 펌프를 작동하여 압력계를 보고 체절압력을 확인한다.
체절압력은 펌프의 명판(사양서)에 표시되어 있는 펌프의 정격토출압력의 140% 이하가 되어야 한다.

카. 흡입측 배관에 버터플라이밸브를 설치한 곳

화재안전성능기준에서는 흡입측 배관에는 버터플라이밸브외의 개폐표시형밸브를 설치하도록 하고 있다.

> **기 준** 옥내소화전설비의 화재안전성능기준 제6조 ⑩
> 급수배관에 설치되어 급수를 차단할 수 있는 개폐밸브는 개폐표시형으로 해야 한다.
> 이 경우 펌프의 흡입측 배관에는 버터플라이밸브 외의 개폐표시형밸브를 설치해야 한다.

펌프 흡입측 배관에 버터플라이밸브 설치를 못하게 한 이유

1. **난류를 형성하고, 마찰손실(유체저항)이** 커서 펌프의 공동현상이 발생하며 펌프의 원활한 흡입에 장애를 줄 수 있다.
2. 개폐(열고 닫힘)가 신속히 이루어지므로 밸브를 닫을 때 **수격작용**(Water Hammering)**이** 발생할 가능성이 있다.

그림과 같이 버터플라이밸브는 밸브 안에 원판이 밸브를 열고 닫는 형태의 밸브이므로 배관으로 물이 이송될 때에 이 원판에 의한 저항(마찰손실)이 게이트밸브나, 콕밸브, 볼밸브등 다른 형태의 밸브보다 큰 편이다.

원판

버터플라이밸브(Butterfly Valve)
원판을 회전시켜 관로(管路)를 열고 닫음으로써 유량이나 유압을 조절하는 밸브

볼 형식의 버터플라이밸브
내부모습

레버식 버터플라이밸브

기어식 버터플라이밸브

볼 형식의 버터플라이밸브

버터플라이 : butterfly(나비)
난류 亂流 : 각 지점에서의 속도의 크기와 방향이 시간적으로 변하는 유체의 흐름

35. 호스릴(hose reel-호스 얼레) 옥내소화전설비

고무를 주재료로 만든 호스로서 천을 주재료로 만든 옥내소화전 호스와는 다르며 굵기가 가늘은 고무호스를 호스말이 (릴)에 감아둔 상태로 있으며 사용할 때에는 호스를 당기면 감겨있는 호스가 릴에서 풀어져 쉽게 사용할 수 있도록 된 설비이다. 그러나 호스의 구경(굵기)이 작은 것이 옥내소화전호스와는 다르다.

옥내소화전과 고층건축물 옥내소화전, 호스릴 옥내소화전 기준비교

시설종류 / 내용	일반건축물 옥내소화전	고층건축물 옥내소화전	호스릴 옥내소화전
방수압력	0.17 MPa 이상	0.17 MPa 이상	0.17 MPa 이상
방수량	130 ℓ/min 이상	130 ℓ/min 이상	130 ℓ/min 이상
호스구경	40 mm 이상	40 mm 이상	25 mm 이상
가지배관구경	40 mm 이상	40 mm 이상	25 mm 이상
주배관 입상관 구경	50 mm 이상	50 mm 이상	32 mm 이상
방수구의 수평거리	25m 이하	25m 이하	25m 이하
수원(물의 양)	하나의 층의 설치개수 (2개 이상인 경우 2개) × 2.6㎥	하나의 층의 설치개수 (5개 이상인 경우 5개) × 5.2(50층 이상은 7.8)㎥	일반건축물, 고층건축물 기준과 같다
비상전원 작동시간	20분	40분(50층 이상은 60분)	일반건축물, 고층건축물 기준과 같다
고가수조 낙차 계산	$H = h_1 + h_2 + 17m$	$H = h_1 + h_2 + 17m$	$H = h_1 + h_2 + 17m$
압력수조압력 계산	$P = p_1 + p_2 + p_3 + 0.17MPa$	$P = p_1 + p_2 + p_3 + 0.17MPa$	$P = p_1 + p_2 + p_3 + 0.17 MPa$

고층건축물 : 30층 이상이거나 높이 120m 이상인 건축물

36. 충압펌프 充壓 Pump

가. 개 요

충압펌프는 옥내소화전설비나 스프링클러설비등에서 배관 안의 물의 압력이 낮아졌을 때에 떨어진 압력을 채워주는 기능을 한다.

배관안의 압력이 빠진 경우에 배관안의 압력을 보충하기 위하여 주펌프가 작동할 경우에는 주펌프(큰 펌프)의 작동으로 배관등 설비에 부담을 주며, 주펌프의 잦은 기동으로 인한 주펌프 고장등의 문제점이 발생하므로 이러한 문제점을 해결하기 위하여 배관안의 압력빠짐은 소형의 충압펌프가 압력을 채워준다.

그러나 시중의 많은 자료나 현장의 설계, 시공자들이 보조펌프라는 용어를 많이 사용하고 있다.

옥내소화전설비 화재안전기술기준에서는 충압펌프라는 용어를 사용하고 있다.

보조펌프라는 용어를 사용해도 앞의 설명과 같은 기능을 한다는 인식에서는 큰 문제는 없지만 용어의 통일이 바람직 하다.

보조펌프는 주펌프가 고장이 발생했을 때에 대체 설비로 서의 보조펌프 또는 주펌프의 기능을 보충하기 위하여 토출압력 및 토출양정을 보충한다는 의미로 해석할 수 있는 오해의 의미가 있다.

> 용어정의 옥내소화전설비의 화재안전성능기준 3조 3.
> "충압펌프"란 배관 내 압력손실에 따른 주펌프의 빈번한 기동을 방지하기 위하여 충압역할을 하는 펌프를 말한다.

나. 충압펌프 설치

기동용수압개폐장치를 기동장치로 사용하는 시설은 충압펌프를 설치해야 한다.

다. 충압펌프의 성능 기준 옥내소화전설비의 화재안전기술기준 2.2.2.13

기동용수압개폐장치를 기동장치로 사용할 경우에는 다음 각 목의 기준에 따른 충압펌프를 설치할 것
① 펌프의 토출압력은 그 설비의 최고위 호스접결구의 자연압보다 적어도 0.2MPa이 더 크도록 하거나 가압 송수장치의 정격토출압력과 같게 할 것

② 펌프의 정격토출량은 정상적인 누설량보다 적어서는 안 되며, 옥내소화전설비가 자동적으로 작동할 수 있도록 충분한 토출량을 유지할 것

충압 充壓 : 압력을 채움
토출압력 吐出壓力 : 펌프가 물을 밖으로 내보내는 압력, 펌프의 토출부 또는 송출부의 압력
정격토출압력 : 펌프제조회사의 펌프성능기준으로 성능으로 정한 토출양정일때의 토출압력
정격토출량 : 펌프제조회사의 펌프성능기준으로 성능으로 정한 토출압력일때의 토출량

37. 옥내소화전 가압송수장치, 송수구등 점검 내용

소방시설 자체점검사항 등에 관한 고시(소방청장 고시) [별지 4] 2. 옥내소화전설비 점검표

번호	점검항목	점검결과
2-C. 가압송수장치		
2-C-001	**[펌프방식]** ○ 동결방지조치 상태 적정 여부	
2-C-002	○ 옥내소화전 방수량 및 방수압력 적정 여부	
2-C-003	○ 감압장치 설치 여부(방수압력 0.7MPa 초과 조건)	
2-C-004	○ 성능시험배관을 통한 펌프 성능시험 적정 여부	
2-C-005	○ 다른 소화설비와 겸용인 경우 펌프 성능 확보 가능 여부	
2-C-006	○ 펌프 흡입측 연성계·진공계 및 토출측 압력계 등 부속장치의 변형·손상 유무	
2-C-007	○ 기동장치 적정 설치 및 기동압력 설정 적정 여부	
2-C-008	○ 기동스위치 설치 적정 여부(ON/OFF 방식)	
2-C-009	○ 주펌프와 동등이상 펌프 추가설치 여부	
2-C-010	○ 물올림장치 설치 적정(전용 여부, 유효수량, 배관구경, 자동급수) 여부	
2-C-011	○ 충압펌프 설치 적정(토출압력, 정격토출량) 여부	
2-C-012	○ 내연기관 방식의 펌프 설치 적정(정상기동(기동장치 및 제어반) 여부, 축전지 상태, 연료량) 여부	
2-C-013	○ 가압송수장치의"옥내소화전펌프"표지설치 여부 또는 다른 소화설비와 겸용 시 겸용설비 이름 표시 부착 여부	
2-D. 송수구		
2-D-001	○ 설치장소 적정 여부	
2-D-002	○ 연결배관에 개폐밸브를 설치한 경우 개폐상태 확인 및 조작가능 여부	
2-D-003	○ 송수구 설치 높이 및 구경 적정 여부	
2-D-004	○ 자동배수밸브(또는 배수공)·체크밸브 설치 여부 및 설치 상태 적정 여부	
2-D-005	○ 송수구 마개 설치 여부	
2-E. 배관 등		
2-E-001	○ 펌프의 흡입측 배관 여과장치의 상태 확인	
2-E-002	○ 성능시험배관 설치(개폐밸브, 유량조절밸브, 유량측정장치) 적정 여부	
2-E-003	○ 순환배관 설치(설치위치·배관구경, 릴리프밸브 개방압력) 적정 여부	
2-E-004	○ 동결방지조치 상태 적정 여부	
2-E-005	○ 급수배관 개폐밸브 설치(개폐표시형, 흡입측 버터플라이 제외) 적정 여부	
2-E-006	○ 다른 설비의 배관과의 구분 상태 적정 여부	
2-F. 함 및 방수구 등		
2-F-001	○ 함 개방 용이성 및 장애물 설치 여부 등 사용 편의성 적정 여부	
2-F-002	○ 위치·기동 표시등 적정 설치 및 정상 점등 여부	
2-F-003	○"소화전"표시 및 사용요령(외국어 병기) 기재 표지판 설치상태 적정 여부	
2-F-004	○ 대형공간(기둥 또는 벽이 없는 구조) 소화전 함 설치 적정 여부	
2-F-005	○ 방수구 설치 적정 여부	
2-F-006	○ 함 내 소방호스 및 관창 비치 적정 여부	
2-F-007	○ 호스의 접결상태, 구경, 방수 압력 적정 여부	
2-F-008	○ 호스릴방식 노즐 개폐장치 사용 용이 여부	

> **점검부 활용방법**
> 1. 점검할 때 검정할 구체적인 내용 파악(인식)
> 2. 자격시험에서 항목별 내용을 묻는 출제 가능성

38. 도로터널 옥내소화전설비

터널의 길이가 1,000m 이상이 되는 곳에는 터널안에서 발생하는 차량 화재의 불을 끄기 위하여 설치하는 옥내소화전설비이다. 터널의 옥내소화전설비는 건축물에 설치하는 옥내소화전설비와는 기준이 조금씩 다르다.

가. 설치 장소 소방시설 설치 및 관리에 관한 법률 시행령 [별표 4] , 시행규칙 제16조

지하가 중 터널로서 다음에 해당하는 터널
1. 길이가 1,000m 이상인 터널
2. 예상교통량, 경사도 등 터널의 특성을 고려하여
   <u>행정안전부령으로 정하는 터널</u>

> **행정안전부령으로 정하는 터널**
>
> 「도로의 구조·시설 기준에 관한 규칙」 제48조에 따라 국토교통부장관이 정하는 도로의 구조 및 시설에 관한 세부 기준에 따라 옥내소화전설비를 설치해야 하는 터널을 말한다.

제연설비

옥내소화전

나. 소화전 설치 개수 도로터널의 화재안전기술기준 2.2

소화전함과 방수구는 주행차로 우측 측벽을 따라 50m 이내의 간격으로 설치하며, 편도 2차선 이상의 양방향 터널이나 4차로 이상의 일방향 터널의 경우에는 **양쪽 측벽에 각각 50m 이내의 간격으로 엇갈리게** 설치한다.

소화전 개수 계산

편도1차선 양방향 터널의 터널 길이가 1,510m인 곳의 옥내소화전 설치 개수는?

$$\frac{도로터널의길이}{50m} = \frac{1,510m}{50m} = 30.2개 \quad \therefore 30개$$

편도1차선의 양방향 터널

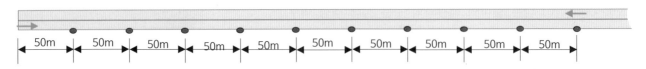

| 50m | 50m | 50m | 50m | 50m | 50m | 50m | 50m | 50m | 50m |

참고

> 소화전함 배치를 터널의 시작지점에서 25m 지점에서 시작해야 한다는 주장도 있을 수 있지만 기준에서는 「유효거리 25m」가 아니고 「50m 이내의 간격」으로 설치하는 기준이다.

편도 : 가고 오는 길 가운데 어느 한쪽. 또는 그 길

편도2차선 양방향 터널의 터널 길이가 1,510m인 곳의 옥내소화전 설치 개수는?

$$\left[\frac{도로터널의길이}{50m} \right] \times 2곳(양쪽) = \left[\frac{1,510m}{50m} \right] \times 2 = (30.2)30개 \times 2 = 60개$$

편도2차선 이상의 양방향 터널

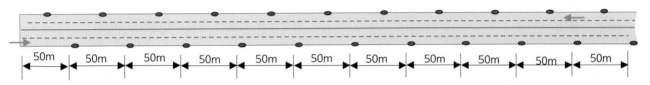

> 참고
>
> 소화전함 배치를 터널의 시작지점에서 50m 간격으로 설치하고, 반대편의 배치는 배치한 위치와 엇갈리게 배치해야 하므로 반대편의 배치는 시작지점에서는 그림에서와 같이 50m 간격을 유지할 수 없게 된다.
> 소화전함 배치를 터널의 시작지점에서 25m 지점에서 시작해야 한다는 주장도 있을 수 있지만 기준에서는 「유효거리 25m」가 아니고 「50m 이내의 간격」으로 설치하는 기준이다.

그 밖의 사례

3차로 이하의 일방향 터널

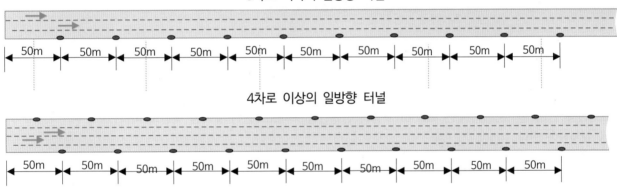

4차로 이상의 일방향 터널

다. 수원(물탱크 저수량) 도로터널의 화재안전기술기준 2.2.1.2

터널의 옥내소화전설비 수원은 그 저수량이 옥내소화전의 설치개수 2개(4차로 이상의 터널의 경우 3개)를 동시에 40분 이상 사용할 수 있는 충분한 양 이상을 확보한다.

수원의 양 = 소화전 개수 2개(4차로 이상의 터널은 3개) × 190ℓ × 40분

사례

- 3차로 이하의 터널 옥내소화전설비 저수량
  소화전 2개 × 190ℓ/min × 40분 = 15,200리터(15.2㎥) 이상

- 4차로 이상의 터널 옥내소화전설비 저수량
  소화전 3개 × 190ℓ/min × 40분 = 22,800리터(22.8㎥) 이상

라. 가압송수장치(펌프) 도로터널의 화재안전기술기준 2.2.1.3

옥내소화전 2개(4차로 이상의 터널인 경우 3개)를 동시에 사용할 경우 각 옥내소화전의 <u>노즐선단</u>에서의 방수압력은 0.35 MPa 이상이고 방수량은 190 L/min 이상이 되는 성능의 것으로 할 것. 다만, 하나의 옥내소화전을 사용하는 노즐선단에서의 방수압력이 0.7 MPa을 초과할 경우에는 호스접결구의 인입측에 감압장치를 설치해야 한다.

요약

- 방수압력 : 0.35MPa 이상
- 방수량 : 190 ℓ/min 이상

마. 예비펌프

건축물과 터널의 옥내소화전기준 비교

내용	건축물	터널
방수압력	0.17MPa 이상	0.35MPa 이상
방수량	130 ℓ/min 이상	190 ℓ/min 이상
물탱크용량	2.6㎥ (또는 5.2, 7.8) × 소화전개수【2개(5개) 이상일 경우 2개(5개)】	7.6㎥ ×소화전개수 2개 (4차로 이상은 3개)

터널의 옥내소화전설비는 건축물의 옥내소화전설비와는 다르게 압력수조나 고가수조가 아닌 전동기 및 내연기관에 의한 펌프를 이용하는 가압송수장치는 주펌프와 동등 이상인 별도의 예비펌프를 설치해야 한다.
예비펌프는 충압펌프가 아니며, 주펌프가 고장으로 사용을 할 수 없는 경우에 사용하는 주펌프와 동일한 성능의 펌프이며, 주펌프가 고장으로 작동이 되지 않는 경우에 예비펌프가 자동으로 작동이 되어야 한다.

바. 방수구

옥내소화전함 안에 설치된 방수구는 40mm 구경의 <u>단구형</u>을 옥내소화전이 설치된 벽면의 바닥면으로부터 1.5m 이하의 높이에 설치해야 한다.

사. 소화전함안에 비치할 내용물

옥내소화전 방수구 1개와 15m 이상의 소방호스 3본(장) 이상 및 방수노즐을 비치한다.

아. 비상전원

터널옥내소화전설비의 상용전원이 <u>단전</u> 또는 <u>정전</u>이 되었을 때에 옥내소화전설비를 작동시킬 수 있는 비상전원의 용량은 설비를 40분 이상 작동할 수 있도록 해야 한다.

노즐 nozzle : 옥내소화전호스의 끝에 설치하는 장치
선단 先端 : 끝 부분
단구형 單球形 : 방수하는 구멍이 1개인 것
쌍구형 雙球形 : 방수하는 구멍이 2개인 것
단전 斷電 : 전기의 공급이 중단되는 것(한전의 의도적인 중단)
정전 停電 : 오던 전기가 끊어지는 것(사고로 인한 공급 중단)

옥내소화전함

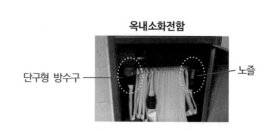

단구형 방수구 — 노즐

39. 고층건축물 옥내소화전설비

고층건축물의 화재안전기술기준 2.1

가. 기 준

① 수원은 그 저수량이 옥내소화전의 설치개수가 가장 많은 층의 설치개수(5개 이상 설치된 경우에는 5개)에 5.2 ㎥(호스릴옥내소화전설비를 포함한다)를 곱한 양 이상이 되도록 해야 한다. 다만, 층수가 50층 이상인 건축물의 경우에는 7.8 ㎥를 곱한 양 이상이 되도록 해야 한다.

② 수원은 ①에 따라 산출된 유효수량 외에 유효수량의 3분의 1 이상을 옥상(옥내소화전설비가 설치된 건축물의 주된 옥상을 말한다)에 설치해야 한다. 다만, 「옥내소화전설비의 화재안전기술기준」 2.1.2(2) 또는 2.1.2(3)에 해당하는 경우에는 그렇지 않다.

③ 전동기 또는 내연기관에 의한 펌프를 이용하는 가압송수장치는 옥내소화전설비 전용으로 설치해야 하며, 주펌프와 동등 이상의 성능이 있는 별도의 펌프로서 내연기관의 기동과 연동하여 작동되거나 비상전원을 연결한 예비펌프를 추가로 설치해야 한다.

④ 내연기관의 연료량은 펌프를 40분(50층 이상인 건축물의 경우에는 60분) 이상 운전할 수 있는 용량일 것

⑤ 급수배관은 전용으로 해야 한다. 다만, 옥내소화전설비의 성능에 지장이 없는 경우에는 연결송수관설비의 배관과 겸용할 수 있다.

⑥ 50층 이상인 건축물의 옥내소화전 주배관 중 수직배관은 2개 이상(주배관 성능을 갖는 동일 호칭배관)으로 설치해야 하며, 하나의 수직배관의 파손 등 작동 불능 시에도 다른 수직배관으로부터 소화용수가 공급되도록 구성해야 한다.

⑦ 비상전원은 자가발전설비, 축전지설비(내연기관에 따른 펌프를 사용하는 경우에는 내연기관의 기동 및 제어용 축전지를 말한다) 또는 전기저장장치(외부 전기에너지를 저장해 두었다가 필요한 때 전기를 공급하는 장치. 이하 같다)로서 옥내소화전설비를 유효하게 40분(50층 이상인 건축물의 경우에는 60분) 이상 작동할 수 있어야 한다.

나. 수원(물탱크)

건물별 물탱크 저수량

건축물 종류 \ 저수량	기준	사례(1개층에 소화전 개수 4개 설치된 장소)	
		수조 양	옥상수조 양
일반건축물 (29층 이하, 높이 120m 미만 건축물)	소화전 설치개수(2개 이상은 2개) × 2.6㎥	2개 × 2.6 = 5.2㎥	$5.2 \times \frac{1}{3}$ = 1.73㎥
고층건축물	소화전 설치개수(5개 이상은 5개) × 5.2㎥	4개 × 5.2 = 20.8㎥	$20.8 \times \frac{1}{3}$ = 6.93㎥
50층 이상 건축물	소화전 설치개수(5개 이상은 5개) × 7.8㎥	4개 × 7.8 = 31.2㎥	$31.2 \times \frac{1}{3}$ = 10.4㎥

옥내소화전설비의 화재안전기술기준(NFTC 102)」 2.1.2(2) 또는 2.1.2(3) :
    (2) 고가수조를 가압송수장치로 설치한 경우
    (3) 수원이 건축물의 최상층에 설치된 방수구보다 높은 위치에 설치된 경우
고층건축물 : 30층 이상이거나 높이 120m 이상인 건물(건축법 제2조제1항제19호 규정에 따른 건축물)

다. 비상전원

고층건축물의 비상전원은 자가발전설비, 축전지설비 또는 전기저장장치로서 옥내소화전설비를 40분 이상 작동할 수 있을 것. 다만, 50층 이상인 건축물의 경우에는 60분 이상 작동할 수 있어야 한다.

비상전원 종류

1. **자가발전설비**
2. **축전지설비**(내연기관에 따른 펌프를 사용하는 경우에는 내연기관의 기동 및 제어용 축전지를 말한다)
3. **전기저장장치**(외부 전기에너지를 저장해 두었다가 필요한 때 전기를 공급하는 장치)

건물별 비상전원 용량

건축물 종류　　　　　　저수량	용량
일반건축물(29층 이하 건축물)	20분 이상 작동 용량
고층건축물 (30층 이상이거나 높이 120m 이상인 건물)	40분 이상 작동 용량
50층 이상 건축물	60분 이상 작동 용량

라. 50층 이상 건물의 소방시설 계통도

예비펌프와 2이상의 수직배관 설치

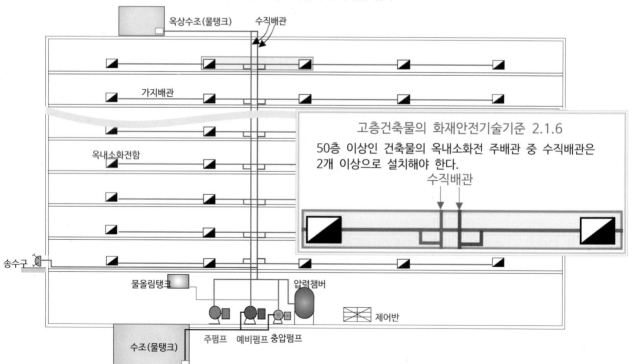

고층건축물의 화재안전기술기준 2.1.6

50층 이상인 건축물의 옥내소화전 주배관 중 수직배관은 2개 이상으로 설치해야 한다.

40. 수원 · 펌프 겸용_(공용)

하나의 건물에 2이상의 소방시설이 설치되는 경우에 옥내소화전, 스프링클러, 물분무소화설비등 소방시설별로 가압송수장치(펌프)와 수원(물탱크)을 각각 별도로 설치하는 것이 원칙이지만, 설비별 기능이나 성능에 지장이 없다면 펌프와 수원을 겸용(공용)으로 설치해도 된다고 아래와 같이 기준을 정하고 있다.

가. 기 준 　옥내소화전설비의 화재안전기술기준 2.9

① 옥내소화전설비의 수원을 스프링클러설비 · 간이스프링클러설비 · 화재조기진압용 스프링클러설비 · 물분무소화설비 · 포소화전설비 및 옥외소화전설비의 수원과 겸용하여 설치하는 경우의 저수량은 각 소화설비에 필요한 저수량을 합한 양 이상이 되도록 해야 한다.

다만, 이들 소화설비 중 고정식 소화설비(펌프·배관과 소화수 또는 소화약제를 최종 방출하는 방출구가 고정된 설비를 말한다. 이하 같다)가 2 이상 설치되어 있고, 그 소화설비가 설치된 부분이 방화벽과 방화문으로 구획되어 있는 경우에는 각 고정식 소화설비에 필요한 저수량 중 최대의 것 이상으로 할 수 있다.

② 옥내소화전설비의 가압송수장치로 사용하는 펌프를 스프링클러설비 · 간이스프링클러설비 · 화재조기진압용 스프링클러설비 · 물분무소화설비 · 포소화전설비 및 옥외소화전설비의 가압송수장치와 겸용하여 설치하는 경우의 펌프의 토출량은 각 소화설비에 해당하는 토출량을 합한 양 이상이 되도록 해야 한다.

다만, 이들 소화설비 중 고정식 소화설비가 2 이상 설치되어 있고, 그 소화설비가 설치된 부분이 방화벽과 방화문으로 구획되어 있으며 각 소화설비에 지장이 없는 경우에는 펌프의 토출량 중 최대의 것 이상으로 할 수 있다.

③ 옥내소화전설비 · 스프링클러설비 · 간이스프링클러설비 · 화재조기진압용 스프링클러설비 · 물분무소화설비 · 포소화전설비 및 옥외소화전설비의 가압송수장치에 있어서 각 토출측 배관과 일반급수용의 가압송수장치의 토출측 배관을 상호 연결하여 화재 시 사용할 수 있다. 이 경우 연결 배관에는 개폐표시형밸브를 설치해야 하며, 각 소화설비의 성능에 지장이 없도록 해야 한다.

④ 옥내소화전설비의 송수구를 스프링클러설비 · 간이스프링클러설비 · 화재조기진압용 스프링클러설비 · 물분무소화설비 · 포소화전설비 또는 연결송수관설비의 송수구와 겸용으로 설치하는 경우에는 스프링클러설비의 송수구의 설치기준에 따르고, 연결살수설비의 송수구와 겸용으로 설치하는 경우에는 옥내소화전설비의 송수구의 설치기준에 따르되 각각의 소화설비의 기능에 지장이 없도록 해야 한다.

수원 水原 : 소방시설 물탱크
겸용 兼用 : 한 가지를 여러 가지 목적으로 씀
저수량 貯水量 : 저장해 두어야 하는 물의 양. 貯(쌓을저)

나. 기준의 구체적인 해석

① 수원(물탱크의 용량)

하나의 건물 또는 몇 개의 건물로 이루어진 공장 등에서 옥내소화전과 스프링클러, 간이스프링클러, 화재조기진압용 스프링클러, 물분무소화설비, 포소화전설비, 옥외소화전설비가 2가지 이상이 설치된 장소에는,

각 설비별로 수원(물탱크)을 각각 별도로 설치하는 것이 원칙이다.

물탱크를 겸용(공용)하여 사용하는 경우를 예로 들어서 어느 건물에 옥내소화전과 스프링클러, 간이스프링클러가 설치되어 있으며, 각설비별 필요한 수원의 양이 옥내소화전(5.2㎥), 스프링클러(16㎥), 간이스프링클러(1㎥)이면,

　수원(물의 양) = 옥내소화전(5.2㎥) + 스프링클러(16㎥) + 간이스프링클러(1㎥) = 22.2㎥이 되어야 한다

그러나 예외로 소화설비가 설치된 부분이 방화벽과 방화문으로 구획되어 있는 경우에는 2가지 이상의 설비중 가장 물의 양이 많이 필요한 설비의 물의 양으로 할 수 있다.

위의 예에서 스프링클러(16㎥)가 가장 물의 양이 많이 필요하므로 수원(물탱크 용량)을 16㎥로 가능하다

(여기서 소화설비가 설치된 부분이 방화벽과 방화문으로 구획되어 있는 경우에 대한 내용에 대하여 해석에 신중을 기해야 한다)

② 고정식 소화설비

옥내소화전, 스프링클러설비, 간이스프링클러설비, 화재조기진압용스프링클러설비, 물분무소화설비, 미분무소화설비, 포소화설비, 옥외소화전설비를 고정식 소화설비라 한다.

옥내소화전과 옥외소화전설비를 고정식 소화설비로 보지 않는 해석을 하는 사람이 있지만 그렇지 않으며,

고정식 소화설비로 해석되는 근거로는 옥내소화전과 옥외소화전의 호스접결구가 고정된 설비이다.

호스가 이동이 가능하다고 이동식 설비로 보는 것은 맞지 않으며, 특히 옥내소화전, 옥외소화전 화재안전기술기준에서 수원 및 가압송수장치의 겸용기준을 상세히 기술하고 있는 것은 옥내소화전설비, 옥외소화전설비가 고정식 소화설비이므로 그 외의 고정식설비와 동일한 건물에 설치되는 경우에 대한 내용들이다.

옥내소화전설비가 이동식설비이면 고정식 소화설비에 대한 기준을 옥내소화전 화재안전기술, 성능기준에서 기술할 이유가 없을 것이다.

③ 펌프 용량

하나의 건물 또는 몇 개의 건물로 이루어진 공장 등에서 옥내소화전과 스프링클러, 간이스프링클러, 화재조기진압용 스프링클러, 물분무소화설비, 포소화전설비, 옥외소화전설비가 2가지 이상이 설치된 장소에는,

각 설비별로 펌프를 각각 별도로 설치하는 것이 원칙이다.

그러나 설치비용을 줄이기 위하여 2가지 이상의 소방시설에 대하여 하나의 펌프로 겸용(공용)할 수 있으며, 겸용 펌프의 경우에는 각각의 소화설비에 필요한 토출량을 합한 양 이상이 되는 것이 원칙이다.

사 례

여러종류의 소방시설을 하나의 펌프로 겸용하는 경우를 예로 들어서,
어느 건물에 옥내소화전과 스프링클러, 간이스프링클러가 설치되어 있으며, 각 설비의 토출량이,
- 옥내소화전설비(260ℓ/min)
- 스프링클러설비(1,600ℓ/min)
- 간이스프링클러설비(100ℓ/min)가 필요하면,

정 답

펌프의 토출량 = 옥내소화전(260ℓ/min) + 스프링클러(1,600ℓ/min) + 간이스프링클러(100ℓ/min)
         = 1,960ℓ/min 이 되어야 한다.

그러나 예외로 소화설비가 설치된 부분이 방화벽과 방화문으로 구획되어 있는 경우에는 2가지 이상의
설비중 펌프의 토출량이 최대의 것 이상으로 할 수 있다.
위의 예에서 스프링클러(1,600ℓ/min)가 가장 토출량이 많으므로 1,600ℓ/min로 가능하다.

(여기서 소화설비가 설치된 부분이 방화벽과 방화문으로 구획되어 있는 경우에 대한 내용에 대하여 해석에 신중을 기해야 한다)

하나의 펌프로 2이상의 건물에 겸용(공용)으로 사용할 경우 펌프의 방수량 계산

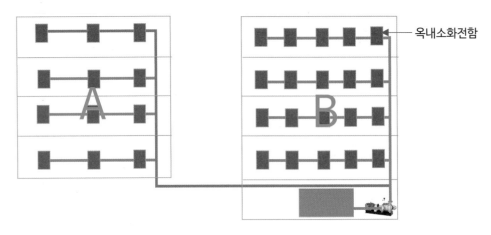

A동 1개층에 소화전 3개   B동 1개층에 소화전 5개

해 설

펌프를 A동과 B동을 함께 사용하는 경우에 펌프의 용량을 계산함에 있어서,

    1방법 : "A동 2개 + B동 2개 = 4개"를 기준으로 계산하는 방법
    2방법 : "A동, B동의 소화전 개수 2개"를 기준으로 계산하는 방법이 있다.

소방청에서는 여러개의 건물을 함께 사용하는 경우에는 동별로 소화전을 작동시켜 만족하면 된다는 2방법으로의 유권해석을 하고 있다.
그림과 같은 장소에는 B동의 소화전 2개를 소화전 펌프용량의 기준개수로 하여,

방수량은 2개 × 130ℓ/min = 260ℓ/min 이상으로 하면 된다.

④ 펌프의 토출압력(양정)

2종류 이상의 소화설비를 하나의 펌프로 겸용으로 사용하는 경우 토출압력(양정)에 대한 기준은 없다.
그러나 토출압력(양정)은 각각의 설비의 토출압력(양정)을 합할 필요는 없으며 또한 각각의 설비가 방호벽 등으로 구획됨과는 상관없이 설비중 가장 높은 토출압력(양정)으로 하면 된다.
그 이유는 최고 높은 토출압력이 필요한 설비의 펌프는 그 보다 낮은 토출압력이 필요한 설비에 모두 충족이 되기 때문이다.

지상 10층 건물의 각 층에 옥내소화전 3개씩 설치한다. 아래 조건을 참고하여 각 물음에 답하시오.

【조 건】
1. 소화전 1개의 방수량 : 140ℓ/min
2. 낙차 : 25m
3. 배관 마찰손실수두 : 10m
4. 호스 마찰손실수두 : 7.8m
5. 펌프효율 : 60%, 여유율 10%
6. 20분간 연속으로 방수되는 것으로 한다.

【물 음】
1. 펌프의 최소 토출량(㎥/min)을 구하시오.
2. 전양정(m)을 구하시오.
3. 펌프모터의 최소동력(Kw)을 구하시오.
4. 수원의 최소 저수량(㎥)을 구하시오.

정 답

1. 펌프의 최소 토출량(㎥/min)

· 계산 : Q = 1개층의 소화전 개수(가장 많이 설치된 소화전 층 − 2개 이상인 경우 2개) × 소화전 1개의 방수량
= 2개 × 140ℓ/min = 280ℓ/min = 0.28㎥/min
· 답 : 0.28㎥/min

2. 전양정(m)

· 계산 : H = h_1 + h_2 + h_3 + 17m h_3 : 낙차수두(m) : 25m
  h_1 : 소방호스의 마찰손실수두(m) : 7.8m   17m : 소화전노즐의 방수압력 환산수두(m)
  h_2 : 배관의 마찰손실수두(m) : 10m

  H = h_1 + h_2 + h_3 + 17m = 7.8 + 10 + 25 + 17 = 59.8m
· 답 : 59.8m

3. 펌프모터의 최소동력(Kw)

· 계산 : $P(Kw) = \dfrac{\gamma \times Q \times H}{102 \times E} \times K$

γ : 비중량(Kgf/㎥,   물의 비중량 = 1000Kgf/㎥)
Q : 유량(㎥/sec),   H : 전양정(m),
E : 펌프의 효율,   K : 전달계수

$P(Kw) = \dfrac{1000 Kgf/㎥ \times (0.28㎥/60 sec) \times 59.8m}{102 \times 0.6} \times 1.1 = 5.0159 Kw$

· 답 : 5.02Kw

4. 수원의 최소 저수량(㎥)

① 수조(지하수조)
· 계산 : Q = 소화전개수 × 소화전 1개에서의 방수량 × 20분
  2 × 140ℓ/min × 20분 = 5,600ℓ = 5.6㎥
· 답 : 5.6㎥

② 옥상수조
· 계산 : 수조의 양 × 1/3,   5.6㎥ × 1/3 = 1.866㎥
· 답 : 1.87㎥

1. 전동기 용량(모터동력)

$$P(KW) = \frac{\gamma \times Q \times H}{102 \times E} \times K, \quad P(KW) = \frac{0.163 \times Q_1 \times H}{E} \times K$$

2. 내연기관 용량

$$P(HP) = \frac{\gamma \times Q \times H}{76 \times E} \times K, \quad P(PS) = \frac{\gamma \times Q \times H}{75 \times E} \times K$$

3. 축동력

$$Ls(KW) = \frac{\gamma \times Q \times H}{102 \times E}, \quad Ls(HP) = \frac{\gamma \times Q \times H}{76 \times E}, \quad Ls(PS) = \frac{\gamma \times Q \times H}{75 \times E}$$

(축동력 계산은 전달계수 K값은 무시한다)

4. 수동력

$$Lw((KW) = \frac{\gamma \times Q \times H}{102}, \quad Ls(HP) = \frac{\gamma \times Q \times H}{76}, \quad Ls(PS) = \frac{\gamma \times Q \times H}{75}$$

(수동력 계산은 펌프의 효율 및 전달계수 K값은 무시한다)

γ : 비중량(Kgf/㎥, 물의 비중량 = 1000Kgf/㎥)

Q : 유량(㎥/sec)

H : 전양정(m)

E : 펌프의 효율

K : 전달계수

Q_1 : 유량(㎥/min) $0.163 = \dfrac{1000}{102 \times 60}$

1KW = 102 Kgf · m/sec

1HP = 76 Kgf · m/sec

1PS = 75 Kgf · m/sec

41. 옥내소화전설비 주요부품의 기능

부 품 이 름	주 요 기 능
압력챔버(기동용 수압개폐장치)  — 안전밸브 — 압력스위치	**압력챔버** 　옥내소화전설비의 배관안의 압력을 감지(인식)하여 **1. 주펌프와 충압펌프를 기동(작동) 및 정지하게 하는 기능**을 하며, 　또한 압력챔버안에 공기를 채워서 배관의 압력변동을 흡수한다. **2. 압력변동의 완충장치의 기능으로 배관의 수격작용을 방지** 한다. **3. 설비의 필요한 방수압력을 유지한다.** (여기서 압력챔버는 압력스위치등 부품이 설치된 압력챔버 전체를 말한다) **안전밸브** 　압력챔버안에 이상 과압(높은 압력)이 발생하였을 때에 **높은압력을 탱크 밖으로 방출(빼내는것)하는 압력챔버의 안전장치**를 말한다 **압력스위치** 　탱크 및 배관안의 압력을 감지(인식)하여 **주펌프와 충압펌프를 기동(작동) 및 정지하게 하는 기능**을 한다

수격방지기(<u>WHC</u>)

작동전　작동후
　가스식　　　스프링식

펌프가 작동하다 정지 할 때 또는 배관에 물이 흐르고 있을 때에 갑자기 밸브를 닫으면 배관안의 물의 유속의 변화가 커서 배관안에 수격현상이 일어날 수 있다. 이러한 **유속(압력)변화를 흡수하여 배관의 수격현상을 방지**하는 기능을 한다.

수격현상 : 물이 가득 찬 상태로 흐르는 관의 통로를 갑자기 막을 때, 수압의 빠른 상승으로 인하여 압력파가 빠르게 관내를 왕복하는 현상

WHC : 수격방지기
　　　　(Water Hamber Cushion)

수격방지기 설치위치

관행적으로 설치하는 장소는 펌프실의 펌프 수직배관 끝, 주배관의 수직배관 끝, 유수검지장치의 수직배관 끝, 수평주행배관의 끝, 교차배관의 끝, 그 밖의 펌프 토출측 주배관의 수평, 수직배간의 끝에 설치한다.

그러나 수격방지기를 필수적으로 설치해야 하는 장소를 정한 화재안전기술기준은 없다. 수격현상이 일어나지 않으면 관행적으로 설치하는 장소에 설치하지 않아도 될 것이며, 수격현상이 일어나면 더 많은 수격방지기를 설치해야 할 것이다.

수격 水擊 : 배관 안에 물이 흐르고 있을 때 갑자기 밸브를 차단하는 등 물의 흐름이 정지될 때 유속의 급격한 감소로 압력 변화가 생겨 배관에 가해지는 충격현상.

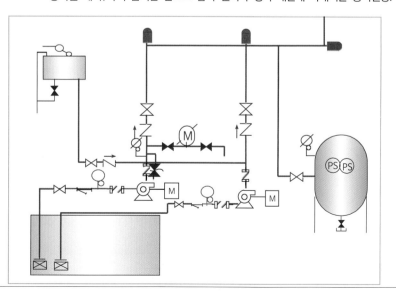

부 품 이 름	주 요 기 능
스트레이너(Strainer) - 여과기  Y형 스트레이너 도시기호  Y형 스트레이너 V형 스트레이너 	배관안에 흐르는 물의 찌꺼기 등 이물질을 여과(거름)하는 기능을 한다. 종류 1. Y형 스트레이너 45° 경사진 Y형체의 밸브 본체에 원통형 여과망을 넣은 것으로서 흐르는 유체의 저항을 줄이기 위하여 유체가 망의 안쪽에서 바깥쪽으로 흐르게 되어 있다. 흡입측 배관에 설치하여 수조(물탱크)의 물을 펌프가 흡입 할 때에 물 속의 찌꺼기를 거르는 기능을 한다 Y형 스트레이너 도시기호   여과망 Y형 스트레이너 2. U형 스트레이너 원통형의 여과망을 수직으로 넣어 유체가 망의 안쪽에서 바깥쪽으로 흐르는 형식이며 Y형보다는 유체저항은 크지만 수리나 점검은 편리하다. U형 스트레이너 도시기호 ⊔ 3. V형 스트레이너 여과망을 V형으로 끼운 것으로서 유체가 직선으로 흐르게 되어 있으며, 저항이 적고 여과망의 교환이나 점검, 수리 등이 편리하다

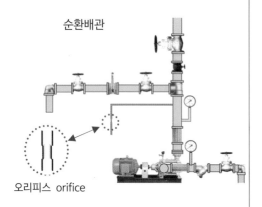

순환배관

오리피스 orifice

펌프 토출측배관(물이 나오는 배관)의 체크밸브 이전에 배관을 나누어 갈라져 연결한 배관에 오리피스를 설치한다.

평소 펌프가 운전을 할 때에 순환배관으로 일정량의 물이 빠지도록 하여 체절운전이 되고 있을 때에도 순환배관으로 물이 빠지므로서 **수온의 상승을 방지**하게 된다.

국내에서는 순환배관은 설치하지 않고 있으며,
릴리프밸브를 설치한 배관을 순환배관으로 잘못 오해하고 있다.
(화재안전기술,성능기준에는 순환배관을 설치하도록 하고 있다)

오리피스 orifice : 배관의 작은구멍

부 품 이 름	주 요 기 능
릴리프밸브(Relief valve) 도시기호	펌프가 체절운전이 되고 있을 때에 <u>수온의 상승을 방지하기</u> <u>위하여 배관안의 높은압력을 배관 밖으로 빼내는 기능</u>을 한다.
압력계 (Pressure Guage) 도시기호	<u>배관안의 압력을 측정</u>하며, 펌프의 토출측 주배관과 압력챔버에 설치된다.
연성계(連成計) (Compound Guage) 도시기호	<u>배관안의 진공압(부압)과 양압을 측정</u>한다. 펌프의 흡입측 배관에 설치하여 배관의 압력과 진공상태를 확인한다. 부압(-압력), 양압(+압력) **부(負)압력** : - 압력
진공계	<u>배관안의 부(負)의 압력을 측정</u>한다. 펌프의 흡입측 배관에 설치하여 배관의 진공상태를 확인한다.
프렉시블 조인트 (Flexible Joint) 신축성 연결 도시기호	펌프가 작동할 때에 <u>배관의 압력이나 진동을 흡수하는 기능</u>을 하는 것으로서 펌프의 흡입측 배관과 토출측 배관에 설치한다
글로브밸브(globe valve)	유체의 흐름을 수평으로 흐르게 하면서 열고 닫는 밸브
앵글밸브(Angle Valve) 앵글밸브 내부　　도시기호	유체의 흐름을 90도 방향으로 전환시키며 흐르게 하는 밸브로서 소화전을 열고 닫는 밸브에 사용한다. Angle : ㄱ자형의 구부린 쇠붙이

유량계 ⓜ 도시기호 	펌프의 성능중 **토출량(유량)을 측정**한다. 토출량(유량)이란, 펌프가 물탱크에서 물을 빨아들여 펌프 밖으로 물을 전달할 수 있는 양으로서 단위 시간당 부피로 표시한다. (ℓ/min , ℓ/h , ㎥/min , ㎥/h - 【예를 들어 2㎥/h는 1시간에 2㎥의 양】) **토출량**(吐出量) : 펌프가 밖으로 내보내는 물의 양을 말한다
풋밸브 (Foot Valve) 도시기호 	펌프 흡입배관 끝에 설치하며, 물의 **찌꺼기를 여과**하며, 물을 한쪽으로만 흐르게 하는 **체크밸브의 기능도** 하므로 한번 펌프가 물을 흡입하면 흡입배관 안에는 풋밸브에 의하여 항시 물이 고여있다.
개폐표시형밸브  버터플라이밸브　(OS&Y 밸브)	밸브가 **개방(열림)되었는지 폐쇄(잠김)되었는지를 눈으로 확인**할 수 있는 밸브이다. 개폐표시형밸브는 OS & Y 밸브, 버터플라이밸브(개폐표시 기능이 있는 것)가 있다 　　**OS & Y 밸브** : 바깥나사식 게이트밸브(Outside Screw And Yoke Valve) 　　　　　로서 밸브 축이 올라와 있으면 열린 것이다. 　　**버터플라이밸브** : 나비핸들 손잡이가 있어 손잡이를 돌려 열고 닫는 밸브로서 　　　　　손잡이가 배관과 수평으로 있으면 열린 것이다.
물올림장치 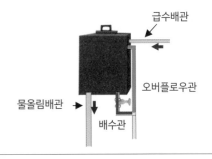	호수조 또는 프라이밍탱크(Priming Tank)라고도 부른다. 펌프보다 수원(물탱크)의 수위(물높이)가 아래에 있는 경우에 설치를 해야 하며, 수직회전축펌프에는 설치하지 않는다. 주요 기능은 펌프의 흡입관 끝에 설치하는 풋밸브의 고장 또는 흡입배관의 누수로 인하여 펌프 임펠러(회전날개)실에 물이 없으면 펌프가 작동할 때에 펌프가 물을 흡입 할 수 없기 때문에 **펌프의 임펠러실 안에 자동으로 물을 공급하는 기능**을 한다
자동배수밸브 (오토드립밸브) auto drip 도시기호 	배관안의 물의 압력이 낮을 때에는 밸브가 열려 배관 안의 물이 배관 밖으로 자동으로 빠지며, 배관 안의 물의 압력이 높으면 물의 압력에 의해 자동배수밸브가 자동으로 닫혀 밸브 밖으로 배수가 되지 않는 밸브이다 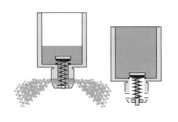
감압밸브(변) 	소화전을 사용하여 불을 끌 때 방수압력이 너무 높으면 사용자가 힘이 부쳐 노즐을 통제하기 곤란하며 사용자의 통제할 수 있는 힘보다 소방호스 및 노즐의 압력이 높으면 사용자가 압력의 힘을 통제하지 못하고 넘어지는 등 다치게 된다. 그러므로 노즐의 방수압력을 감압밸브(변)를 설치하여 압력을 낮춘다.(감압밸브를 설치해도 배관안의 물압력이 감소하지 않는다)

체크밸브

도시기호

유체를 한쪽 방향으로만 흐르게 하고 반대방향으로는 흐르지 못하게 하는 밸브이다.

체크밸브(Check Valve)의 종류

1. 스윙 체크밸브(Swing Check Valve)
물의 흐름에 따라 클래프(디스크)가 위로 열리며, 유체의 흐름이 없으면 열렸던 클래퍼가 자체의 무게에 의해 닫히는 밸브이다.
물올림장치와 펌프배관과 연결하는 배관, 유수검지장치의 주변배관에 주로 설치한다.

2. 리프트 체크밸브(Lift Check Valve)
유체의 압력에 밸브 클래프(디스크)가 수직으로 올라가고 유체의 흐름이 없으면 올라간 클래퍼가 자체의 무게에 의해 내려오는 밸브이다.

3. 스모렌스키 체크밸브(Smolensky Check Valve)
리프트 체크밸브의 일종이며 스모렌스키라는 용어는 상품이름이다.
밸브내부의 유체를 일시적으로 역류할 수 있도록 바이패스밸브(by pass Valve)가 설치되어 있다. 펌프의 토출측 주배관에 설치한다.
　　기능 : 역류방지기능, 역류기능(By Pass 기능), 수격방지기능

4. 듀 체크밸브(Duo Check Valve)
내부의 스프링이 내장된 시트가 물의 흐름이 없으면 스프링에 의해 닫히고 유수발생시에 시트가 개방되어 체크밸브 기능을 하는 밸브다.

5. 볼 체크밸브(Ball Check Valve)
체크밸브 내부에 볼(쇠구슬)이 있어 볼의 무게에 의해 체크 기능을 한다.
유수검지장치의 주변배관에 설치한다.

스윙 체크밸브
(Swing Check Valve)

열림　　　　닫힘

리프트 체크밸브
(Lift Check Valve)

열림　　　　닫힘

스모렌스키체크밸브
Smolensky Check Valve

볼 체크밸브
(Ball Check Valve)

열림　　　　닫힘

스모렌스키 체크밸브 내부

스모렌스키는 체크밸브를 만든 미국 회사이름이며, 이명칭이 대명사처럼 사용되고 있다

스프링

평상시의 닫힌상태로서 1, 2차가 같은 압력이며 크래퍼는 스프링의 작용으로 인하여 닫혀있다

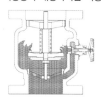

1차측의 유수가 크래퍼를 열어 물이 흐른다

역류방지 –
2차측으로 나온 물이 역류되지 못하며 체크밸브의 기능을 한다

역류밸브(바이패스밸브)를 개방 –
역류밸브를 개방하여 체크밸브의 기능을 해제시킨다

42. 배관 공사 자재 부품

번호	명칭	그림	용도
1	45°엘보(elbow) 도시기호		배관과 배관을 연결 할 때 배관내 물의 흐름을 45°의 방향으로 바꿀 때 사용하는 연결부품
2	90°엘보(elbow)		배관과 배관을 연결 할 때 배관내 물의 흐름을 90°의 방향으로 바꿀 때 사용하는 연결부품
3	이경엘보 (異徑 elbow) 異 : 다를이		배관과 배관을 연결 할 때 연결하는 배관의 구경이 다른 배관을 90°의 방향으로 바꿀 때 사용하는 부품

4	캡(cap)		배관의 끝을 막는 부품(암나사로 되어 있다)
			  캡, 플러그(12번)는 배관을 막는 기능을 하지만
			  캡은 암나사로 되어 있고, 플러그는 숫나사로 되어 있다.

5	원심 레듀샤 (reducer)		배관과 배관을 연결 할 때 구경이 다른 배관을 상호 연결할 때 사용하는 연결 부품
6	편심 레듀샤		구경이 다른 배관을 상호 연결할 때 사용하는 연결 부품중 배관의 중심선이 다르게 한 레듀샤를 말한다. 편심은 원하는 방향으로 최대한 공간을 확보할수가 있는 장점을 가지고 있다
7	부싱 (bushing)		전선의 절연피복을 보호하기 위해 금속관 끝에 끼우는 부품
8	유니온(union)		배관과 배관을 연결 할 때 배관을 유지할 경우 조립, 분리 및 재조립을 편리하도록 하는 연결 부품
9	이경티 (reducing)		주배관에 대하여 90도로 분기배관을 연결 할 때 사용하는 부품으로 분기배관이 주배관과 구경이 다른 배관의 연결에 사용하는 부품
10	티(straight)		주배관에 대하여 90도로 분기배관을 연결 할 때 사용하는 부품, 분기배관이 주배관과 구경이 동일한 배관 연결 부품

번호	명칭	그림	용도
11	플랜지(flange), (후렌지)		배관과 배관을 연결 할 때 축이나, 원통의 단면에 붙혀져 있는 쇠테
12	플러그(plug)		배관의 끝을 막는 부품(숫나사로 되어 있다)
13	로크너트 (lock-nut)		진동 따위로 조임이 풀리는 것을 막기 위하여 덧끼우는 암나사, 금속관과 박스를 접속할 때 사용되는 부품으로 최소 2개를 사용한다
14	니플(nipple)		금속관과 금속관을 연결하기 위해 직선축의 양단에 숫나사가 내어져 있는 관이음 부품
15	이경니플		구경이 각각 다른 금속관과 금속관을 연결하기 위해 직선축의 양단에 숫나사가 내어져 있는 관이음 부품
16	소켓 (socket)		금속관과 금속관을 연결하기 위한 부품으로서, 니플과 비슷한 기능을 한다 니플은 양쪽이 바깥나사로 되어있는 부속이라면, 소켓은 양쪽이 안쪽나사로 되어있는 배관부속이다
17	자동배수밸브		배관안에 평소에 물이 들어있지 않아야 하는 배관에 물을 자동으로 배수하기 위해 설치한다.
18	앵글밸브		옥내소화전함의 소화전 배관 끝에 설치하여 소방호스와 연결하는 밸브
19	분기배관(티뽑기)	배관의 측면에 구멍을 뚫어 배관 중심선으로부터 직각이 되도록 현장에서 용접을 하여 배관을 연결하는 방식을 분기배관이라 한다.	
	확관형 분기배관		배관의 측면에 조그만 구멍을 뚫고 소성가공으로 확관시켜 배관 용접이음자리를 만들거나 배관 용접이음자리에 배관이음쇠를 용접 이음한 배관을 말한다. 확관형은 가공에 의해 배관이 약간 T분기처럼 되고 여기에 용접, 나사, 그루브방식 등으로 배관을 부착한다.
	비확관형 분기배관		배관의 측면에 분기호칭내경 이상의 구멍을 뚫고 배관 이음쇠를 용접 이음한 배관을 말한다. 구멍을 뚫은 곳에 배관을 부착할 수 있도록 아울렛이나 메카니칼티와 같은 배관이음쇠를 부착한다.

옥내소화전설비의 방수압력과 방수량 측정에 대한 내용 중 옳은 것은?

1. 최소방수압력의 측정은 제일 낮은층의 방수구에서 측정하며 방수압력은 0.17MPa 이상이 되어야 한다.
2. 최대방수압력의 측정은 제일 높은층의 방수구에서 측정하며 방수압력은 0.7MPa 이하가 되어야 한다.
3. 방수량 측정값은 1분동안 130리터 이상이 나와야 하며 제일 낮은층에서 측정해야 한다.
4. 하나의 층에 소화전이 5개 설치된 건물이면 2개의 소화전을 동시에 열고 방수압력과 방수량을 측정해야 한다.

해 설

1. 2. 최소방수압력의 측정은 제일 높은층, 최대방수압력은 제일 낮은층에서 측정해야 한다.
3. 방수량 측정은 제일 높은층에서 측정해야 한다.

4. 옥내소화전설비 화재안전성능, 기술기준 참고

정 답 4

옥내소화전설비 물올림탱크의 점검 내용에 대하여 틀린 것은?

1. 물올림탱크에 물이 급수되는 배관 구경은 15mm 이상이며 급수배관으로 자동으로 급수가 되는지 확인한다.
2. 고가수조방식의 물올림탱크의 유효수량은 100리터 이상이 되는지 확인한다.
3. 배수밸브를 개방하여 적정량의 물이 배수되었을 때 제어반에서 감수경보가 울리는지 확인한다.
4. 제어반에서 물올림탱크의 감시회로에 도통시험 및 작동시험을 실시하여 확인한다.

해 설

2. 고가수조방식은 물올림탱크가 없다

3. 옥내소화전설비의 화재안전기술기준 2.2.1.12
4. 옥내소화전설비의 화재안전성능기준 9조 ②

정 답 2

옥내소화전설비 펌프실에 설치된 릴리프밸브에 대한 내용에 대하여 틀린 것은?

1. 펌프와 체크밸브 사이의 배관에 분기하여 릴리프밸브를 설치한다.
2. 펌프의 체절운전시에 수온상승을 방지하여 펌프를 보호하기 위하여 릴리프밸브를 설치한다.
3. 펌프의 체절압력이 12MPa 인 곳에는 릴리프밸브의 개방압력은 12MPa 미만에서 개방되도록 조정해야 한다.
4. 펌프의 양정이 120m 이면 릴리프밸브의 작동압력은 12MPa 미만이어야 한다.

해 설

4. 양정 120m의 펌프는 체절압력은 (120m × 140% = 168m)약 16.8MPa이 된다.

그러므로 릴리프밸브의 작동압력은 16.8MPa 미만이 되어야 한다.

정 답 4

문제 4

펌프의 정격토출양정이 90m이면 릴리프밸브의 개방압력으로 적합한 것은?
(단, 계산의 편의를 위해 10kg/㎠ = 1MPa로 계산한다)

1. 12.6MPa
2. 12MPa
3. 10MPa
4. 9MPa

해 설

양정 90m의 체절압력은 양정의 140%가 체절압력이다.
그러므로 체절압력은 0.9MPa × 1.4 = 12.6MPa

릴리프밸브의 작동압력은 체절압력(12.6MPa) 미만에서 개방되어야 한다.

정 답 2

문제 5

옥내소화전함이 1개층에 3개씩 설치된 10층 건물에 물탱크의 용량과 옥상수조의 용량 계산이 적합한 것은?

1. 물탱크 용량 13㎥, 옥상물탱크 용량 4.34㎥
2. 물탱크 용량 7.8㎥, 옥상물탱크 용량 2.6㎥
3. 물탱크 용량 5.2㎥, 옥상물탱크 용량 1.74㎥
4. 물탱크 용량 1.3㎥, 옥상물탱크 용량 0.44㎥

해 설

옥내소화전설비 화재안전성능기준 제4조(수원)

① 옥내소화전설비의 수원은 그 저수량이 옥내소화전의 설치개수가 가장 많은 층의 설치개수(2개 이상 설치된

   경우에는 2개)에 2.6㎥(호스릴옥내소화전설비를 포함한다)를 곱한 양 이상이 되도록 하여야 한다.
② 옥내소화전설비의 수원은 제1항에 따라 산출된 유효수량 외에 유효수량의 3분의 1 이상을 옥상에 설치해야 한다.

그러므로 물탱크 양은 2개 × 2.6㎥ = 5.2㎥, 옥상수조의 양은 $5.2㎥ \times \frac{1}{3}$ = 1.74㎥

정 답 3

문제 6

옥내소화전설비의 작동 중 수격작용이 발생하고 있다면 수격작용 방지에 대한 조치내용에 해당하지 않는 것은?

1. 배관에 수격방지기로 더 많이 설치한다.
2. 압력챔버에 공기를 가득채운 후 설비를 가동한다.
3. 배관의 구경을 더 큰 것으로 교체한다.
4. 압력챔버의 압력스위치 작동 설정압력을 조정한다.

해 설

압력챔버의 압력스위치를 작동 설정압력을 조정해도 수격작용을 방지할 수 없다.

정 답 4

4) 옥외소화전

1. 개 요

건축물 밖에 설치하는 소화전으로서 건축물에 화재가 발생하는 경우에 건물밖에서 소화전호스를 연결하여 건물의 불을 끄는 기능 또는 인접 건축물에 대한 연소확대의 방지 용도로 사용한다.

옥외소화전은 건축물의 1, 2층 부분에 대하여 불을 끄는 용도로서 소화에 유효하다고 인정하고 있다.

주요 구성 부속품은 수원(물탱크), 가압송수장치(펌프등), 배관, 옥외소화전함, 제어반 등으로 되어 있다.
옥내소화전설비의 구조원리와 유사하며 옥외소화전 및 소화전함, 방수구의 규격등이 다를 뿐이다.

위치표시등   펌프 작동표시등

개폐핸들

캡(호스 연결구 뚜껑)

옥외소화전함

펌프 작동표시등은 펌프가 작동하면 작동표시등이 켜지며, 펌프가 작동이 되고 있는지를 확인하는 표시등이다.

위치표시등은 항시 등이 켜져 있으며 야간에도 옥외소화전의 위치를 알 수 있게 한다.

옥외소화전함 안에는 65mm 호스와 노즐(관창) 및 소화전 개폐기 (스패너)가 들어 있다.
사용할 때에는 소화전의 캡을 열고 그 부분에 호스를 연결한 후 개폐기를 이용하여 개폐핸들을 개방한다.

2. 옥외소화전을 설치해야 하는 장소

소방시설설치및관리에관한법률 시행령 별표4

옥외소화전설비를 설치해야 하는 특정소방대상물(아파트등, 위험물 저장 및 처리 시설 중 가스시설, 지하구 및 지하가 중 터널은 제외한다)은 다음의 어느 하나에 해당하는 것으로 한다.

가. 지상 1층 및 2층의 바닥면적의 합계가 9,000㎡ 이상인 것. 이 경우 같은 구(區) 내의 둘 이상의 특정소방대상물이 행정안전부령으로 정하는 연소(延燒) 우려가 있는 구조인 경우에는 이를 하나의 특정소방대상물로 본다.
나. 문화재 중 「문화재보호법」 제23조에 따라 보물 또는 국보로 지정된 목조건축물
다. 가에 해당하지 않는 공장 또는 창고시설로서 「화재의 예방 및 안전관리에 관한 법률 시행령」 별표 2에서 정하는 수량의 750배 이상의 특수가연물을 저장·취급하는 것

3. 옥외소화전 면제기준

소방시설설치 및 관리에관한법률시행령 별표5

옥외소화전설비를 설치해야 하는 문화재인 목조건축물에 상수도소화용수설비를 화재안전기준에서 정하는 방수압력·방수량·옥외소화전함 및 호스의 기준에 적합하게 설치한 경우에는 설치가 면제된다.

같은 구(區) 내 : 동일 부지 내, 한 공장 내(안)
행정안전부령이 정하는 연소우려가 있는 구조 :
건축물의 외벽으로부터 수평거리가 지상 1층에 있어서는 6m이하, 지상 2층에 있어서는 10m이하인 것은 이를 1개의 건축물로 본다. 다음페이지(210p) 그림사례 있음
연소(燃燒) : 물질이 타는 것
연소(延燒) : 다른 곳의 불씨가 옮겨와 불이 붙는 것

4. 옥외소화전 설치사례

연소(延燒) 우려가 있는 구조의 특정소방대상물 사례
(같은 부지 안에 2이상의 건물이 가까이 있는 경우, 옥외소화전을 설치해야 하는 대상물에 해당하는지 검토 사례)

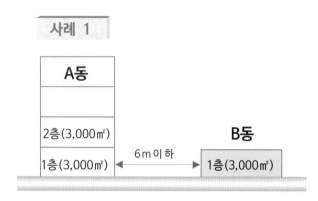

2개의 건물 A, B동의 외벽으로부터 수평거리가
지상 1층에서 6m 이하로소 연소우려가 있는 구조이므로,
A, B동을 하나의 건축물로 보며,
A, B동의 1, 2층의 바닥면적을 합하면
A동(1층, 3,000 + 2층, 3,000) + B동 1층(3,000) = 9,000㎡이므로,

A, B동의 1층 및 2층의 바닥면적의 합계가 9,000㎡ 이상으로서,
옥외소화전의 설치대상이 된다.

2개의 건물 A, B동의 외벽으로부터 수평거리가
지상 2층에서 10m 이하이므로
A, B동을 하나의 건축물로 보며,
A, B동의 1, 2층의 바닥면적을 합하면
A동 (1층, 3,000 + 2층, 3,000)
        + B동 (1층, 3,000 + 2층, 3,000) = 12,000㎡이므로,

A, B동의 1층 및 2층의 바닥면적의 합계가 9,000㎡ 이상으로서,
옥외소화전의 설치대상이 된다.

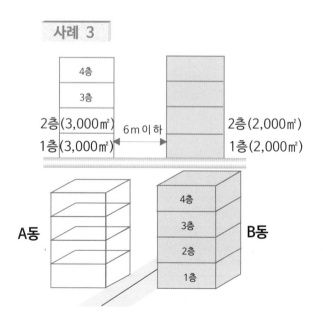

2개의 건물 A, B동의 외벽으로부터 수평거리가 2층에서
10m 이하이므로
A, B동을 하나의 건축물로 보며,
A, B동의 1, 2층의 바닥면적을 합하면
A동 (1층, 3,000 + 2층, 3,000) + B동 (1층, 2,000 + 2층, 2,000) = 10,000㎡이므로,

A, B동의 1층 및 2층의 바닥면적의 합계가 9,000㎡ 이상으로서,
옥외소화전의 설치대상이 된다.

5. 수 원(물탱크) 옥외소화전설비의 화재안전기술기준 2.1

가. 물탱크 용량

물탱크의 용량은 옥외소화전의 설치개수(옥외소화전이 2개 이상 설치된 경우에는 2개)에 7㎥를 곱한 양 이상이 되도록 해야 한다.

$$물탱크의 양 = 옥외소화전개수(2개 이상은 2개) \times 7㎥$$

> **7㎥의 근거 : 350ℓ/min × 20분**
> 소방대가 도착하기전에 1개의 노즐에서 1분에 350리터의 물을 뿌려 20분의 시간 동안 불을 끄는 기준이다.

나. 옥상수조

옥상수조를 설치하지 않는다. (2015.1.23일 옥상수조를 두어야 하는 내용이 삭제됨)

다. 사 례

옥외소화전이 4개 설치된 건물의 물탱크 용량을 계산하시오?

《해 설》
옥외소화전설비 물탱크 용량 = 옥외소화전 설치개수(최대 2개) × 7㎥ = 2개 × 7㎥ = 14㎥ 이상

라. 수조 설치기준 옥외소화전설비의 화재안전기술기준 2.1.4

① 점검에 편리한 곳에 설치한다.
② 동결방지조치를 하거나 동결 우려가 없는 장소에 설치한다.
③ 수조의 외측에 수위계를 설치한다. 다만, 구조상 불가피한 경우에는 수조의 맨홀 등을 통하여 수조 안의 물의 양을 쉽게 확인할 수 있도록 해야 한다.
④ 수조의 상단이 바닥보다 높은 때에는 수조의 외측에 고정식 사다리를 설치한다.
⑤ 수조가 실내에 설치된 때에는 그 실내에 조명설비를 설치한다.
⑥ 수조의 밑 부분에는 청소용 배수밸브 또는 배수관을 설치한다.
⑦ 수조의 외측의 보기 쉬운 곳에 "옥외소화전설비용 수조"라고 표시한 표지를 설치할 것. 이 경우 그 수조를 다른 설비와 겸용하는 때에는 그 겸용되는 설비의 이름을 표시한 표지를 함께 해야 한다.
⑧ 소화설비용 흡수배관 또는 소화설비의 수직배관과 수조의 접속부분에는 "옥외소화전설비용 배관"이라고 표시한 표지를 한다. 다만, 수조와 가까운 장소에 소화설비용 펌프가 설치되고 해당 펌프에 2.2.1.13에 따른 표지를 설치한 때에는 그렇지 않다.

2.2.1.13 : 가압송수장치에는 "옥외소화전펌프"라고 표시한 표지를 할 것. 이 경우 그 가압송수장치를 다른 설비와 겸용하는 때에는 그 겸용되는 설비의 이름을 표시한 표지를 함께 해야 한다.

6. 가압송수장치(펌프 등)

가. 방수압력

옥외소화전 노즐선단(nozzle끝)에서의 방수압력은 0.25MPa 이상이 되어야 한다.

나. 방수량

옥외소화전 노즐선단에서의 방수량은 350ℓ/min 이상이 되어야 한다.

다. 옥내소화전과 옥외소화전 기준비교

	옥내소화전	옥외소화전
방수량	130ℓ/min 이상	350ℓ/min 이상
방수압력	0.17MPa 이상 (0.7MPa을 초과할 경우 감압장치를 설치해야 한다)	0.25MPa 이상 (0.7MPa을 초과할 경우 감압장치를 설치해야 한다)
수원 (물의 양)	소화전이 가장 많이 설치된 층의 소화전 개수(2개 이상일 경우 2개) × 2.6(5.2, 7.8)㎥(호스릴 옥내소화전도 동일하다)	옥외소화전 설치개수(2개 이상일 경우 2개) × 7㎥
옥상수조	수원의 $\frac{1}{3}$ 이상의 양을 옥상수조로 두어야 한다	옥상수조를 두지 않는다
설비의 유효거리	25m(호스릴옥내소화전도 같다) 소방대상물의 각 부분으로부터 하나의 호스접결구 까지의 수평거리	40m 소방대상물의 각 부분으로부터 하나의 호스접결구 까지의 수평거리
호스구경	40mm 이상 (호스릴옥내소화전은 25mm이상)	65mm
소화전함	옥내소화전마다 1개씩 설치한다	소화전마다 1개씩 소화전함을 설치하는 것을 원칙으로 하면서 그 기준은, 1. 옥외소화전이 10개 이하 설치된 때에는 옥외소화전마다 5m 이내의 장소에 1개 이상의 소화전함을 설치해야 한다. 2. 옥외소화전이 11개 이상 30개 이하 설치된 때에는 11개 이상의 소화전함을 각각 분산하여 설치 해야 한다. 3. 옥외소화전이 31개 이상 설치된 때에는 옥외소화전 3개마다 1개 이상의 소화전함을 설치해야 한다

노즐 nozzle : 액체나 기체를 내뿜는 대롱형의 작은 구멍, 옥외소화전 호스의 끝에 끼워 물을 내뿜는 기구
MPa(메가파스칼) : 압력단위
ℓ/min : 1분의 시간 안에 흐르는 유체 양(리터)
감압장치 : 압력을 낮추는 장치

라. 옥외소화전함 설치

옥외소화전설비의 화재안전성능기준 7조

옥외소화전함은 옥외소화전으로 부터 5m이내에 설치해야 한다.

마. 옥외소화전함 설계

호스접결구는 소방대상물의 각부분으로부터 하나의 호스접결구까지의 수평거리가 40m 이하가 되도록 설치해야 한다.
옥외소화전을 설계할 때에는 평면도상에서 수평거리로 40m 이하의 부분이 유효거리이므로 유효부분에서 빠지는 부분이 없도록 소화전을 설치해야 한다.

5m 이내

호스 접결구(연결구멍)

바. 배관 및 호스 마찰손실

직관 마찰손실수두(배관 100m 당)

유량 \ 관경	50 mm	65 mm	80 mm	100 mm	125 mm	150 mm	200 mm
350 ℓ/min		5.02	2.30	0.64	0.23	0.10	0.03
700 ℓ/min				2.31	0.82	0.35	0.09

관이음쇠 · 밸브류 등의 마찰손실수두에 상당하는 직관길이 (m)

호칭구경 \ 종류	90° 엘 보	45° 엘 보	90° T (분류)	카플링 90° T(직류)	게이트 밸브	볼밸브	앵글밸브
25	0.90	0.54	1.50	0.27	0.18	7.50	4.50
32	1.20	0.72	1.80	0.36	0.24	10.50	5.40
40	1.5	0.9	2.1	0.45	0.30	13.8	6.5
50	2.1	1.2	3.0	0.60	0.39	16.5	8.4
65	2.4	1.3	3.6	0.75	0.48	19.5	10.2
80	3.0	1.8	4.5	0.90	0.60	24.0	12.0
100	4.2	2.4	6.3	1.20	0.81	37.5	16.5
125	5.1	3.0	7.5	1.50	0.99	42.0	21.0
150	6.0	3.6	9.0	1.80	0.20	49.5	24.0

호스 마찰손실수두(호스 100m 당)

유량 ℓ/min	65 mm 호스	
	마호스	고무내장호스
350	10m	4m

목 차

5) 스프링클러설비
Sprinkler System

1. 개 요

스프링클러설비는 화재가 발생했을 때에 펌프가 작동하여 물탱크의 물을 배관으로 보내어 천장, 벽 등에 설치된 헤드로 물을 뿌려 불을 끄는 자동소화설비이다.

감지기 또는 폐쇄형 스프링클러헤드의 작동에 의하여 화재를 인식하여 제어반에서 시설을 작동시켜 헤드로 물을 뿌리는 시설이다. 시설의 주요 구성품은 수원(물탱크), 가압송수장치(펌프등), 유수검지장치(또는 일제개방밸브), 헤드, 배관, 수신기, 제어반 등으로 구성되어 있다.

2. 용어 정의

1. "고가수조"란 구조물 또는 지형지물 등에 설치하여 자연낙차의 압력으로 급수하는 수조를 말한다.
2. "압력수조"란 소화용수와 공기를 채우고 일정압력 이상으로 가압하여 그 압력으로 급수하는 수조를 말한다.
3. "충압펌프"란 배관 내 압력손실에 따른 주펌프의 빈번한 기동을 방지하기 위하여 충압역할을 하는 펌프를 말한다.
4. "정격토출량"이란 펌프의 정격부하운전 시 토출량으로서 정격토출압력에서의 토출량을 말한다.
5. "정격토출압력"이란 펌프의 정격부하운전 시 토출압력으로서 정격토출량에서의 토출측 압력을 말한다.
6. "진공계"란 대기압 이하의 압력을 측정하는 계측기를 말한다.
7. "연성계"란 대기압 이상의 압력과 대기압 이하의 압력을 측정할 수 있는 계측기를 말한다.
8. "체절운전"이란 펌프의 성능시험을 목적으로 펌프 토출측의 개폐밸브를 닫은 상태에서 펌프를 운전하는 것을 말한다.
9. "기동용수압개폐장치"란 소화설비의 배관 내 압력변동을 검지하여 자동적으로 펌프를 기동 및 정지시키는 것으로서 압력챔버 또는 기동용압력스위치 등을 말한다.
10. "개방형스프링클러헤드"란 감열체 없이 방수구가 항상 열려져 있는 헤드를 말한다.
11. "폐쇄형스프링클러헤드"란 정상상태에서 방수구를 막고 있는 감열체가 일정온도에서 자동적으로 파괴·용융 또는 이탈됨으로써 방수구가 개방되는 헤드를 말한다.
12. "조기반응형 스프링클러헤드"란 표준형 스프링클러헤드 보다 기류온도 및 기류속도에 빠르게 반응하는 헤드를 말한다.
13. "측벽형스프링클러헤드"란 가압된 물이 분사될 때 헤드의 축심을 중심으로 한 반원상에 균일하게 분산시키는 헤드를 말한다.
14. "건식스프링클러헤드"란 물과 오리피스가 분리되어 동파를 방지할 수 있는 스프링클러헤드를 말한다.
15. "유수검지장치"란 유수현상을 자동적으로 검지하여 신호 또는 경보를 발하는 장치를 말한다.
16. "일제개방밸브"란 일제살수식스프링클러설비에 설치되는 유수검지장치를 말한다.
17. "가지배관"이란 헤드가 설치되어 있는 배관을 말한다.
18. "교차배관"이란 가지배관에 급수하는 배관을 말한다.
19. "주배관"이란 가압송수장치 또는 송수구 등과 직접 연결되어 소화수를 이송하는 주된 배관을 말한다.
20. "신축배관"이란 가지배관과 스프링클러헤드를 연결하는 구부림이 용이하고 유연성을 가진 배관을 말한다.
21. "급수배관"이란 수원 송수구 등으로 부터 소화설비에 급수하는 배관을 말한다.
22. "분기배관"이란 배관 측면에 구멍을 뚫어 둘 이상의 관로가 생기도록 가공한 배관으로서 다음 각 목의 분기배관을 말한다.
    - 가. "확관형 분기배관"이란 배관의 측면에 조그만 구멍을 뚫고 소성가공으로 확관시켜 배관 용접이음자리를 만들거나 배관 용접이음자리에 배관이음쇠를 용접 이음한 배관을 말한다.
    - 나. "비확관형 분기배관"이란 배관의 측면에 분기호칭내경 이상의 구멍을 뚫고 배관이음쇠를 용접 이음한 배관을 말한다.

확관형 분기배관
비확관형 분기배관

23. "습식스프링클러설비"란 가압송수장치에서 폐쇄형스프링클러헤드까지 배관 내에 항상 물이 가압되어 있다가 화재로 인한 열로 폐쇄형스프링클러헤드가 개방되면 배관 내에 유수가 발생하여 습식유수검지장치가 작동하게 되는 스프링클러설비를 말한다.

24. "부압식스프링클러설비"란 가압송수장치에서 준비작동식유수검지장치의 1차 측까지는 항상 정압의 물이 가압되고, 2차 측 폐쇄형 스프링클러헤드까지는 소화수가 부압으로 되어 있다가 화재 시 감지기의 작동에 의해 정압으로 변하여 유수가 발생하면 작동하는 스프링클러설비를 말한다.

25. "준비작동식스프링클러설비"란 가압송수장치에서 준비작동식유수검지장치 1차 측까지 배관 내에 항상 물이 가압되어 있고, 2차 측에서 폐쇄형스프링클러헤드까지 대기압 또는 저압으로 있다가 화재발생시 감지기의 작동으로 준비작동식밸브가 개방되면 폐쇄형스프링클러헤드까지 소화수가 송수되고, 폐쇄형스프링클러헤드가 열에 의해 개방되면 방수가 되는 방식의 스프링클러설비를 말한다.

26. "건식스프링클러설비"란 건식유수검지장치 2차 측에 압축공기 또는 질소 등의 기체로 충전된 배관에 폐쇄형스프링클러헤드가 부착된 스프링클러설비로서, 폐쇄형스프링클러헤드가 개방되어 배관 내의 압축공기 등이 방출되면 건식유수검지장치 1차 측의 수압에 의하여 건식유수검지장치가 작동하게 되는 스프링클러설비를 말한다.

27. "일제살수식스프링클러설비"란 가압송수장치에서 일제개방밸브 1차 측까지 배관 내에 항상 물이 가압되어 있고 2차 측에서 개방형스프링클러헤드까지 대기압으로 있다가 화재 시 자동감지장치 또는 수동식 기동장치의 작동으로 일제개방밸브가 개방되면 스프링클러헤드까지 소화수가 송수되는 방식의 스프링클러설비를 말한다.

28. "반사판(디플렉터)"이란 스프링클러헤드의 방수구에서 유출되는 물을 세분시키는 작용을 하는 것을 말한다.

29. "개폐표시형밸브"란 밸브의 개폐여부를 외부에서 식별이 가능한 밸브를 말한다.

30. "연소할 우려가 있는 개구부"란 각 방화구획을 관통하는 컨베이어 · 에스컬레이터 또는 이와 유사한 시설의 주위로서 방화구획을 할 수 없는 부분을 말한다.

31. "가압수조"란 가압원인 압축공기 또는 불연성 기체의 압력으로 소화용수를 가압하여 그 압력으로 급수하는 수조를 말한다.

32. "소방부하"란 법 제2조제1항제1호에 따른 소방시설 및 방화 · 피난 · 소화활동을 위한 시설의 전력부하를 말한다.

33. "소방전원 보존형 발전기"란 소방부하 및 소방부하 이외의 부하(이하 비상부하라 한다)겸용의 비상발전기로서, 상용전원 중단 시에는 소방부하 및 비상부하에 비상전원이 동시에 공급되고, 화재 시 과부하에 접근될 경우 비상부하의 일부 또는 전부를 자동적으로 차단하는 제어장치를 구비하여, 소방부하에 비상전원을 연속 공급하는 자가발전설비를 말한다.

34. "건식유수검지장치"란 건식스프링클러설비에 설치되는 유수검지장치를 말한다.

35. "습식유수검지장치"란 습식스프링클러설비 또는 부압식스프링클러설비에 설치되는 유수검지장치를 말한다.

36. "준비작동식유수검지장치"란 준비작동식스프링클러설비에 설치되는 유수검지장치를 말한다.

37. "패들형유수검지장치"란 소화수의 흐름에 의하여 패들이 움직이고 접점이 형성되면 신호를 발하는 유수검지장치를 말한다.

38. "주펌프"란 구동장치의 회전 또는 왕복운동으로 소화수를 가압하여 그 압력으로 급수하는 주된 펌프를 말한다.

39. "예비펌프"란 주펌프와 동등 이상의 성능이 있는 별도의 펌프를 말한다.

3. 설치장소 소방시설설치및관리에관한법률시행령 별표4

1) 층수가 6층 이상인 특정소방대상물의 경우에는 모든 층. 다만, 다음의 어느 하나에 해당하는 경우는 제외한다.
   가) 주택 관련 법령에 따라 기존의 아파트등을 리모델링하는 경우로서 건축물의 연면적 및 층의 높이가 변경되지 않는 경우. 이 경우 해당 아파트등의 사용검사 당시의 소방시설의 설치에 관한 대통령령 또는 화재안전기준을 적용한다.
   나) 스프링클러설비가 없는 기존의 특정소방대상물을 용도변경하는 경우. 다만, 2)부터 6)까지 및 9)부터 12)까지의 규정에 해당하는 특정소방대상물로 용도변경하는 경우에는 해당 규정에 따라 스프링클러설비를 설치한다.
2) 기숙사(교육연구시설·수련시설 내에 있는 학생 수용을 위한 것을 말한다) 또는 복합건축물로서 연면적 5천㎡ 이상인 경우에는 모든 층
3) 문화 및 집회시설(동·식물원은 제외한다), 종교시설(주요구조부가 목조인 것은 제외한다), 운동시설(물놀이형 시설 및 바닥이 불연재료이고 관람석이 없는 운동시설은 제외한다)로서 다음의 어느 하나에 해당하는 경우에는 모든 층
   가) 수용인원이 100명 이상인 것
   나) 영화상영관의 용도로 쓰는 층의 바닥면적이 지하층 또는 무창층인 경우에는 500㎡ 이상, 그 밖의 층의 경우에는 1천㎡ 이상인 것
   다) 무대부가 지하층·무창층 또는 4층 이상의 층에 있는 경우에는 무대부의 면적이 300㎡ 이상인 것
   라) 무대부가 다) 외의 층에 있는 경우에는 무대부의 면적이 500㎡ 이상인 것
4) 판매시설, 운수시설 및 창고시설(물류터미널로 한정한다)로서 바닥면적의 합계가 5천㎡ 이상이거나 수용인원이 500명 이상인 경우에는 모든 층
5) 다음의 어느 하나에 해당하는 용도로 사용되는 시설의 바닥면적의 합계가 600㎡ 이상인 것은 모든 층
   가) 근린생활시설 중 조산원 및 산후조리원
   나) 의료시설 중 정신의료기관
   다) 의료시설 중 종합병원, 병원, 치과병원, 한방병원 및 요양병원
   라) 노유자 시설
   마) 숙박이 가능한 수련시설
   바) 숙박시설
6) 창고시설(물류터미널은 제외한다)로서 바닥면적 합계가 5천㎡ 이상인 경우에는 모든 층
7) 특정소방대상물의 지하층·무창층(축사는 제외한다) 또는 층수가 4층 이상인 층으로서 바닥면적이 1천㎡ 이상인 층이 있는 경우에는 해당 층
8) 랙식 창고(rack warehouse): 랙(물건을 수납할 수 있는 선반이나 이와 비슷한 것을 말한다. 이하 같다)을 갖춘 것으로서 천장 또는 반자(반자가 없는 경우에는 지붕의 옥내에 면하는 부분을 말한다)의 높이가 10m를 초과하고, 랙이 설치된 층의 바닥면적의 합계가 1천5백㎡ 이상인 경우에는 모든 층
9) 공장 또는 창고시설로서 다음의 어느 하나에 해당하는 시설
   가)「화재의 예방 및 안전관리에 관한 법률 시행령」별표 2에서 정하는 수량의 1천 배 이상의 특수가연물을 저장·취급하는 시설
   나)「원자력안전법 시행령」제2조제1호에 따른 중·저준위방사성폐기물(이하 "중·저준위방사성폐기물"이라 한다)의 저장시설 중 소화수를 수집·처리하는 설비가 있는 저장시설
10) 지붕 또는 외벽이 불연재료가 아니거나 내화구조가 아닌 공장 또는 창고시설로서 다음의 어느 하나에 해당하는 것
   가) 창고시설(물류터미널로 한정한다) 중 4)에 해당하지 않는 것으로서 바닥면적의 합계가 2천5백㎡ 이상이거나 수용인원이 250명 이상인 경우에는 모든 층
   나) 창고시설(물류터미널은 제외한다) 중 6)에 해당하지 않는 것으로서 바닥면적의 합계가 2천5백㎡ 이상인 경우에는 모든 층
   다) 공장 또는 창고시설 중 7)에 해당하지 않는 것으로서 지하층·무창층 또는 층수가 4층 이상인 것 중 바닥면적이 500㎡ 이상인 경우에는 모든 층
   라) 랙식 창고 중 8)에 해당하지 않는 것으로서 바닥면적의 합계가 750㎡ 이상인 경우에는 모든 층
   마) 공장 또는 창고시설 중 9)가)에 해당하지 않는 것으로서「화재의 예방 및 안전관리에 관한 법률 시행령」별표 2에서 정하는 수량의 500배 이상의 특수가연물을 저장·취급하는 시설
11) 교정 및 군사시설 중 다음의 어느 하나에 해당하는 경우에는 해당 장소
   가) 보호감호소, 교도소, 구치소 및 그 지소, 보호관찰소, 갱생보호시설, 치료감호시설, 소년원 및 소년분류심사원의 수용거실
   나)「출입국관리법」제52조제2항에 따른 보호시설(외국인보호소의 경우에는 보호대상자의 생활공간으로 한정한다. 이하 같다)로 사용하는 부분. 다만, 보호시설이 임차건물에 있는 경우는 제외한다.
   다)「경찰관 직무집행법」제9조에 따른 유치장
12) 지하가(터널은 제외한다)로서 연면적 1천㎡ 이상인 것
13) 발전시설 중 전기저장시설
14) 1)부터 13)까지의 특정소방대상물에 부속된 보일러실 또는 연결통로 등

3-1. 설치 면제장소 별표5

가. 스프링클러설비를 설치해야 하는 특정소방대상물(발전시설 중 전기저장시설은 제외한다)에 적응성 있는 자동소화장치 또는 물분무등소화설비를 화재안전기준에 적합하게 설치한 경우에는 그 설비의 유효범위에서 설치가 면제된다.

나. 스프링클러설비를 설치해야 하는 전기저장시설에 소화설비를 소방청장이 정하여 고시하는 방법에 따라 설치한 경우에는 그 설비의 유효범위에서 설치가 면제된다.

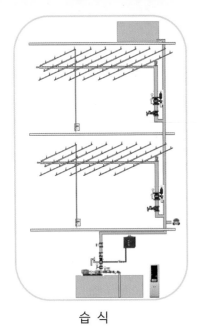

습 식

4. 종 류

스프링클러설비의 화재안전기술기준 1.7.1.23~27

스프링클러설비는 작동방식 및 구조에 따라 스프링클러설비
화재안전기술기준에서는 5가지로 분류하고 있다.

① 습식濕式 스프링클러설비
② 준비작동식準備作動式 스프링클러설비
③ 건식乾式 스프링클러설비
④ 일제살수식—齊撒水式 스프링클러설비
⑤ 부압식負壓式 스프링클러설비

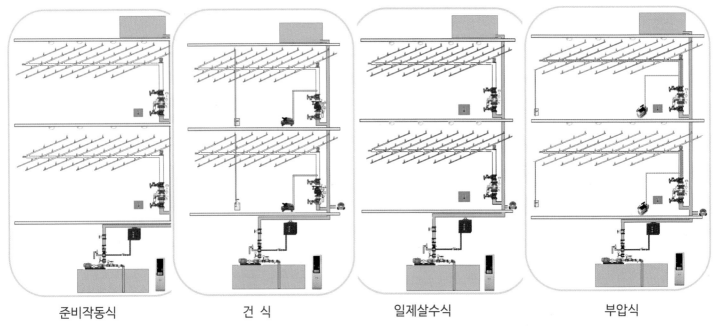

준비작동식   건 식   일제살수식   부압식

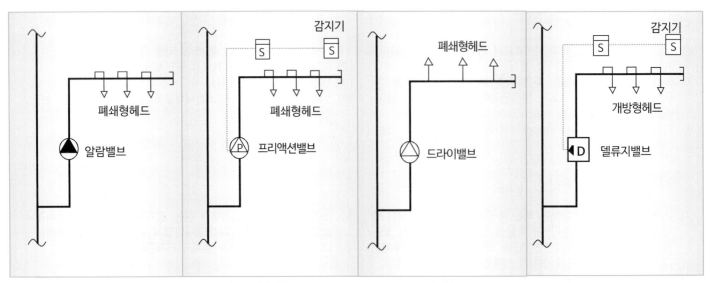

습 식   준비작동식   건 식   일제살수식

가. 습식 스프링클러설비(Wet Pipe System)

펌프에서 부터 폐쇄형헤드까지 전체 배관안에 펌프가 가압한 물이 들어 있는 설비로서 화재의 열에 의해 헤드가 열리면, 열린 헤드로 물을 뿌려 불이 끄지게 된다. 펌프는 배관의 물의 압력이 떨어지면 자동으로 작동하여 물탱크의 물을 배관으로 보내고 열린 헤드로는 계속 물이 뿌려지게 된다.

나. 준비작동식 스프링클러설비(Pre-action Sprinkler System)

펌프에서부터 프리액션밸브(준비작동식 유수검지장치) 1차측까지는 배관안에는 물이 들어 있다.
프리액션밸브 2차측부터 폐쇄형헤드 까지는 대기압 또는 저압의 공기가 들어 있는 빈 배관이다. 화재발생으로 감지기가 작동하면 화재경보가 울리며 닫혀있던 프리액션밸브가 열리면서 배관안의 물이 2차측 빈 배관으로 흘러 들어간다.
화재의 열에 의하여 폐쇄형헤드가 열리며 배관에 들어있는 물이 열린 헤드로 물이 쏟아져 불을 끈다.

준비작동식 스프링클러설비의 종류

외국에서 사용하고 있는 준비작동식스프링클러설비는 프리액션밸브를 개방하는 화재발생의 작동신호 방식에 따라 아래와 같이 3가지 방식으로 분류하여 사용하고 있다.

그러나 우리나라는 변형된 더블인터록방식인 감지기 교차회로 작동방식을 사용하고 있다.
아래의 내용은 외국의 설비에 대하여 설명한 내용이다.

1. 싱글 인터락 방식(Single Interlock)

하나의 작동신호에 의하여 작동하는 시스템으로서 수신기에서 화재의 신호를 받으면 프리액션밸브에 열림신호가 전달되어 글래퍼(다이어프램)이 열리며, 2차측 배관으로 물이 흘러 들어가게 된다. 이 방식은 화재의 감지(인식) 방식에 따라 2가지 형태로 분류한다.
① 화재 감지기를 사용하는 방식(Electric Actuation 방식)과,
② 폐쇄형 스프링클러 헤드(별도의 물이 들어 있는 배관에 헤드를 설치)를 사용하는 방식(Wet Pilot Actuation 방식)으로 나누어진다.
　우리나라에서는 감지기를 사용하는 방식을 화재안전기준에서는 정하고 있다.
　Wet Pilot Actuation 방식의 감지용 헤드는 스프링클러 헤드보다 낮은 온도에서 작동 또는 스프링클러 헤드보다 먼저 작동이 되어야 한다.

우리나라의 화재안전기준에서는 화재의 감지(인식)를 폐쇄형 스프링클러 헤드(별도의 가압수가 들어 있는 배관에 헤드를 설치)를 사용하는 방식을 정하지 않고 있으며, 물분무소화설비와 포소화설비에서는 정하고 있다.
국내의 설비는 2차측 배관에 공기(대기압)가 들어 있는 상태이지만 우리나라에서 사용하는 방식과는 다른 방법으로서 2차측 배관에 낮은 압력(건식스프링클러처럼 높은 압력이 아님)의 공기나 질소를 채워서 배관의 균열 또는 헤드의 빠짐 등의 원인으로 배관의 압력이 샐 경우 배관안의 압력의 감소를 즉시 확인하여 조치를 할 수 있도록 하는 저압 경보시스템을 설치하는 방식도 있다.

교차회로방식 : 감지기를 2회로 이상 설치하여, 2개이상의 회로가 작동이 되었을 때 유수검지장치의 전동볼밸브(솔레노이드밸브)가 작동하도록 하므로서, 화재가 아닐 경우에 감지기 1개의 오동작에 의한 설비의 작동을 방지하는 기능을 한다
다이어프램(Diaphragm) : 칸막이, 격막, 가로막, 칸막이벽

2. 더블 인터락 방식(Double Interlock)

감지기와 헤드의 작동이 모두 이루어 져야 밸브가 열리는 설비로서 2가지의 종류 있다.
1. 감지기의 작동과 화재감지용 헤드가 열리는 방식(헤드보다 더 빨리 작동하는 작동용 스프링클러 헤드 설치)
2. 감지기의 작동과 헤드가 열리는 방식(2차측 배관에 부압의 공기를 넣어 헤드가 개방되면 작동)

> **참고** : 전기저장시설의 화재안전성능기준(NFPC 607)
> 제3조(정의) 5. "더블인터락(Double-Interlock) 방식"이란 준비작동식스프링클러설비의 작동방식 중 화재감지기와 스프링클러헤드가 모두 작동되는 경우 준비작동식유수검지장치가 개방되는 방식을 말한다.

3. 논 인터락 방식(Non - Interlock 방식)

화재감지기 또는 작동용 헤드 중 어느 하나가 작동이 되면 프리액션밸브가 열리는 방식이다.
이설비의 장점은 작동의 신뢰성에서는 우수하다. 즉 감지기가 고장이 나도 화재의 열에 의해 헤드가 열리면 프리액션밸브가 작동하게 된다. 그 반면에 <u>오작동</u>의 우려가 큰 것이 단점이 된다.

오작동 : 거짓 작동, 잘못된 작동

싱글 인터락 방식(Single Interlock)

① 화재 감지기를 사용하는 방식-감지기는 교차회로가 아님
(Electric Actuation 방식)

② 폐쇄형 스프링클러 헤드를 사용하는 방식
(Wet Pilot Actuation 방식)

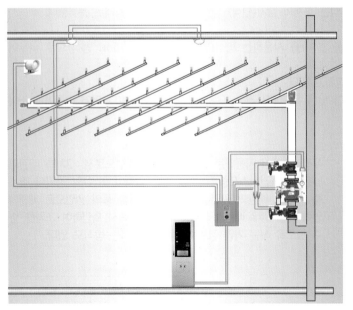

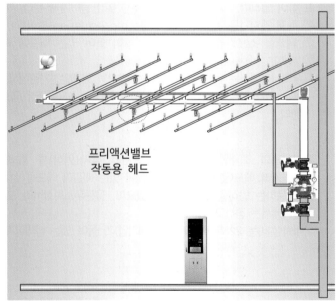

프리액션밸브
작동용 헤드

더블 인터락 방식(Double Interlock)

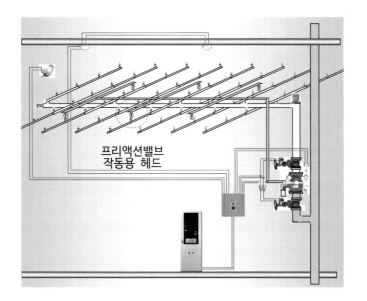

프리액션밸브
작동용 헤드

감지기와 작동용헤드의 작동에 의해 밸브가 열리는 방식

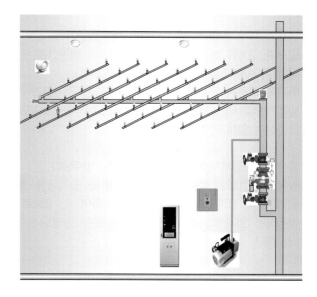

감지기와 헤드의 작동에 의해 밸브가 열리는 방식

논 인터락 방식(Non - Interlock 방식)

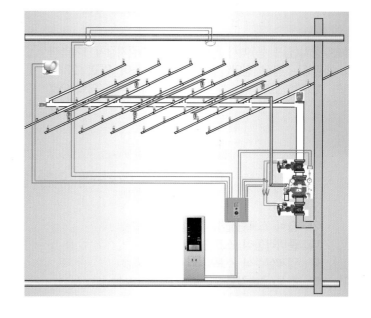

다. 건식 스프링클러설비(Dry Pipe Sprinkler System)

펌프에서 건식(드라이)밸브 1차측까지는 배관에 물에 압력이 있으며, 2차측 배관 안에는 폐쇄형헤드까지 압축공기 또는 질소가 들어 있다.
2차측 배관에는 에어컴프레서로 공기를 불어 넣으며 질소를 배관안에 넣는 현장은 국내에서는 거의 없는 실정이다.

화재의 열에 의하여 폐쇄형헤드가 열리면 드라이밸브의 2차측 배관에 있는 압축공기가 헤드로 빠지며 드라이밸브의 1차측 물이 드라이밸브 클래퍼를 들어 올리며 가압수가 2차측 배관으로 이동하게 된다. 헤드까지 이동한 물이 열린 헤드로 방수된다.

에어컴프레서(Air Compressor) : 공기압축기
클래퍼(Clapper) : 혀, 물막이 판

221

라. 일제살수식 스프링클러설비(Deluge Sprinkler System)

펌프에서 일제개방밸브 1차측까지는 배관에 가압수가 들어 있으며, 2차측 배관의 개방형헤드 까지의 배관안에는 공기(대기압)가 들어 있고, 헤드는 모두 개방형이다.
화재에 의하여 일제개방밸브 기동(작동)용 감지기가 작동하면 일제개방밸브에 설치된 전동볼밸브(또는 솔레노이드밸브)가 작동하여 일제개방밸브가 열린다.

물은 열린 일제개방밸브를 거쳐 헤드로 방수된다.
일제개방밸브의 작동용감지기는 설비의 오작동을 방지하기 위하여 A, B회로의 교차회로로 설치하여 A, B회로가 모두 작동하면 일제개방밸브의 전동볼밸브(또는 솔레노이드밸브)가 작동한다.

우리나라의 화재안전기준에서는 폐쇄형헤드의 작동에 의하여 일제개방밸브가 작동하는 시스템은 인정하지 않고 있다.

뒤에서 소개하는 감지기 기동방식의 일제살수식 스프링클러설비의 2가지 그림(227,228p)은 국내에 설치되고 있는 현장의 계통도 그림이며 외국에서는 폐쇄형스프링클러헤드에 의한 기동방식도 이와 같은 시스템이 있다.
국내의 빌딩중 극장, 집회장, 나이트클럽 등의 무대부에 설치하는 일제살수식 스프링클러설비는 작동시스템1(227p)의 형태로 대부분 설치를 하며, 시스템2(228p)는 공장이나 창고 등 대규모의 장소에 포헤드설비가 이러한 시스템으로 설치하고 있다.

마. 부압식 스프링클러설비

가압송수장치(펌프 등)에서 준비작동식 유수검지장치 1차측까지의 배관에는 항상 정압(+압력)의 물이 들어 있고, 2차측 배관의 폐쇄형 스프링클러헤드까지는 물이 부압(-압력)으로

되어 있다가 화재 시 감지기의 작동에 의해 정압으로 변하여 유수가 발생하면 작동하는 설비를 말한다.

바. 미국 NAPA Code에 의한 분류

가. 습식 스프링클러시스템
나. 준비작동식 스프링클러시스템
다. 일제살수식 스프링클러시스템
라. 건식/준비작동식조합 스프링클러시스템

마. 동결방지 스프링클러시스템
바. 일반급수설비에 연결된 스프링클러시스템
사. 노출보호 스프링클러시스템

문 제

부압식스프링클러설비에서 준비작동식유수검지장치를 기준으로 1차측과 2차측의 배관 내 물의 상태를 간단히 기술 하시오.

정 답

1차측 배관 : 항상 정상의 물이 가압(+압력)되어 있는 상태
2차측 배관 : 소화수가 부압(-압력)으로 있는 상태

---

5. 스프링클러설비 장 · 단점

장 점	단 점
1. 초기 화재의 소화에 큰 효과가 있다 2. 소화제가 물이므로, 소화비용이 적게들고 설비가 작동한 후에도 복구가 쉽다 3. 감지부의 구조가 기계적인 설비(습식, 건식스프링클러)는 오작동이나 비화재보가 적다 4. 조작이 간편하고 안전하다 5. 자동소화설비로서 사람이 없는 시간이라도 자동으로 화재를 인식하여 소화 및 경보를 한다	1. 초기에 설치비용이 많이 든다 2. 다른 소방시설보다 공사가 복잡하다 3. 소화를 한 물로 인한 <u>수손피해</u>가 크다 **수손피해** : 물에 젖어 일어나는 피해

유수검지장치와 일제개방밸브의 1차측과 2차측

■ **유수검지장치**란 물의 흐름 또는 이동하는 현상을 인식하는 장치로서 종류는 습식유수검지장치(알람밸브,패들형스위치), 건식유수검지장치(드라이밸브), 준비작동식유수검지장치(프리액션밸브)가 있다.

■ **일제개방밸브**(딜류즈밸브)란 스프링클러설비, 물분무소화설비 또는 포소화설비에 사용하는 밸브로서 화재발생시 자동 또는 수동식 기동장치에 의하여 밸브가 열리는 것을 말한다.

■ **1차측**이란 본체(유수검지장치, 일제개방밸브)의 유입구에서 시트까지의 부분(클래퍼 또는 다이어프램 등으로 부터 펌프쪽의 부분)을 말한다.

■ **2차측**이란 시트에서부터 유출구(클래퍼 또는 다이아후램 등으로 부터 헤드 쪽의 부분)까지의 부분을 말한다.

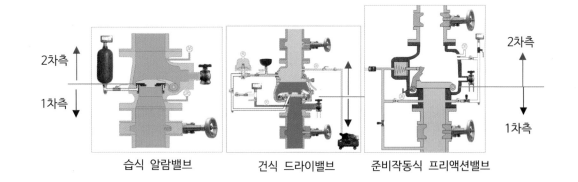

| 습식 알람밸브 | 건식 드라이밸브 | 준비작동식 프리액션밸브 |

■ 용어 해설

1. 오작동(오동작)
화재가 발생하지 않았으나 기계가 잘못 인식을 하여 소화설비가 작동하는 것

2. 오화재보(비화재보)
화재가 발생하지 않았으나 설비가 작동하여 화재경보를 울리는 현상

3. 자동소화설비
불을 끄는 소화설비가 자동으로 작동하느냐, 사람이 수동조작하여 작동하느냐의 작동방식에 따라서 자동과 수동소화설비로 나눌 수 있다.
자동소화설비는 기계가 화재발생을 스스로 인식하여 소화설비를 작동시켜 화재발생 장소에 물이나 소화약제를 뿌려 소화를 하는 설비이며, 수동소화설비는 소화설비를 사람이 직접 작동(조작)을 하여 불을 끄는 설비를 말한다.

가. 습식 스프링클러설비 장·단점

1. 장점

① 화재감지기가 없는 설비로서 구조가 간단하고 공사비가 다른 종류의 스프링클러설비 보다 저렴하다.
② 화재가 발생하면 물이 즉시 방수되므로 소화가 빠르며 또한 작동에 있어서 가장 신뢰성이 있는 설비이다.
③ 다른 종류의 스프링클러설비 보다 유지관리가 쉽다.

2. 단점

① 배관의 물이 동결(얼) 우려가 있는 장소에는 설치할 수 없다.
② 배관의 누수 등으로 물에 의한 피해(수손-水損)가 우려되는 장소에는 적합하지 않다.
③ 화재발생 시 감지기 작동방식 보다 화재경보가 늦게 울린다.
④ 한개층의 층고(층의 높이)가 높은 장소에는 헤드의 작동(개방)이 늦어 화재발생으로 인한 신속한 방수가 되지 못한다.

나. 준비작동식 스프링클러설비 장·단점

1. 장점

① 물이 얼어 배관이 동파될 우려가 있는 추운 장소에도 설치할 수 있다.
② 화재의 초기에 화재 경보음이 빨리 울린다.
③ 평상시에 헤드, 가지배관등이 파손되어도 수손피해가 없다.

2. 단점

① 설비가 복잡하며 설치비용이 많이 필요하다.
② 고장의 우려 및 화재 시 작동에 대한 신뢰성이 낮다.
③ 복잡한 설비로서 관리가 어렵다.

다. 건식 스프링클러설비 장·단점

1. 장점

① 실내의 온도가 영하로 내려가는 추운 장소에도 설치할 수 있다.
② 감지기를 설치하지 않으므로 설치공사가 간단하다.
③ 준비작동식 스프링클러설비에 비하여 장소에 따라서는 공사비가 저렴할 수 있다.
④ 폐쇄형헤드의 열림에 의하여 설비가 작동하므로 오작동의 우려가 적다.

2. 단점

① 건식밸브에 공기충전기(에어컴프레서)등의 설치로 인하여 밸브실이 넓어야 한다.
② 배관안의 압축공기가 화재시에는 화세(불)를 더욱 확대시킬 우려가 있다.
③ 배관안의 압축공기가 방출된 후에 방수가 되므로 방수가 늦어진다.

라. 부압식 스프링클러설비 장·단점

1. 장점

① 헤드가 파손되어도 화재가 아니면 헤드로 누수되지 않으므로 수손피해가 없다.
② 배관의 부식으로 작은 구멍(핀홀)등이 발생해도 누수되지 않으므로 수손피해가 없다.

2. 단점

① 2차측배관에 물이 들어 있으므로 동파의 우려가 있는 장소에는 설치할 수 없다.
② 진공펌프가 작동되지 않을 때에는 수손피해의 기능이 상실된다.

마. 일제살수식 스프링클러설비 장·단점

1. 장점

① 설치된 전체헤드에서 동시에 살수되므로 화재를 빠른 시간안에 소화할 수 있다.
② 감지기 작동에 의해 일제개방밸브가 작동하므로 층고가 높은 장소에도 설치가 가능하다.

2. 단점

① 감지기의 오작동으로 인하여 설비가 작동 될 수 있으므로 수손피해(물의 피해)가 생길 수 있다.
② 감지기 오작동의 문제로 인하여 시스템 전체가 신뢰성이 떨어진다.
③ 헤드가 모두 개방형이므로 오작동시에는 수손의 피해가 크다

6. 스프링클러설비 종류별 그림 해설

가. 습식 스프링클러설비(Wet Pipe System)

평소에 펌프가 작동하여 물탱크의 물을 배관 전체에 채워 놓고 있다.
화재가 발생하면 열에 의하여 헤드가 열리며, 열린 헤드로 물이 방수되어 불을 끄는 설비이다.

헤드로 물이 방수되면 펌프가 작동하여 물탱크의 물이 열린 헤드로 이동할 것이며, 물의 이동(흐름)에 의하여 알람밸브의 압력스위치가 작동하여 작동신호가 수신기에 전달되어 화재경보가 울린다.

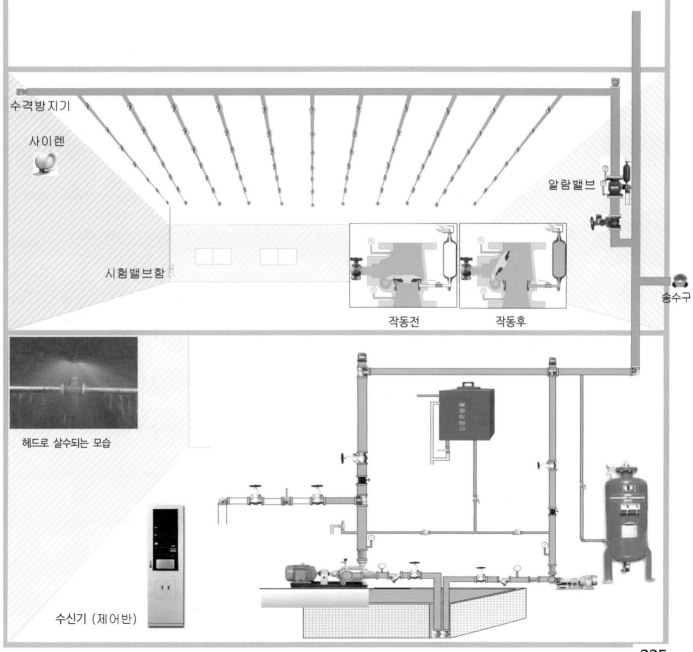

수격방지기

사이렌

알람밸브

시험밸브함

작동전   작동후

송수구

헤드로 살수되는 모습

수신기 (제어반)

나. 부압식 스프링클러설비

평소에는 가압송수장치(펌프)에서 프리액션밸브 1차측까지의 배관안에는 정압(+압력)의 물이 들어 있으며, 프리액션밸브 2차측부터 헤드까지의 배관안에는 부압(-압력)의 물이 들어있다.

화재발생으로 감지기가 작동하면 프리액션밸브 전동볼밸브가 열려 클래퍼가 개방되며, 1차측배관의 물의 압력에 의해 2차측의 부압의 물이 정압으로 바뀌며, 열에 의하여 헤드가 열리면 헤드로 물이 방수된다.

프리액션밸브 2차측부터 헤드까지의 배관에는 부압(-압력)의 물이 들어 있는 것은 진공펌프의 작동에 의한 것이다.

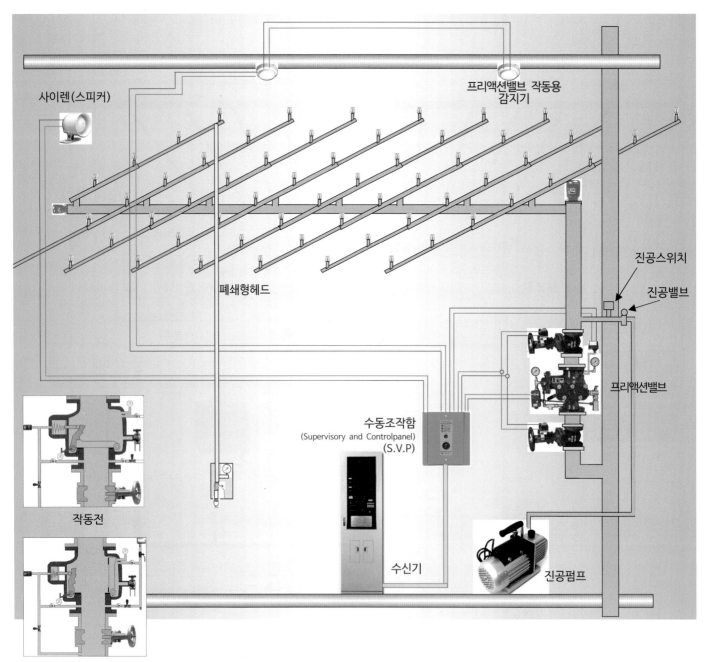

다. 준비작동식 스프링클러설비

(Pre-Action Sprinkler System)

펌프에서부터 프리액션밸브 1차측까지는 배관안에 가압수가 들어 있으며, 프리액션밸브 2차측배관에는 대기압 또는 저압의 공기가 들어 있는 빈 배관이다.

화재발생으로 감지기가 작동하면 화재경보가 울리며 닫혀 있던 프리액션밸브가 열리면서 배관안의 물이 프리액션

밸브 2차측 빈 배관으로 흘러 들어가 헤드로 방수될 수 있게 배관에 물이 가득찬다.

화재의 열에 의하여 폐쇄형헤드가 열리면 배관에 들어있는 물이 열린 헤드로 방수된다.

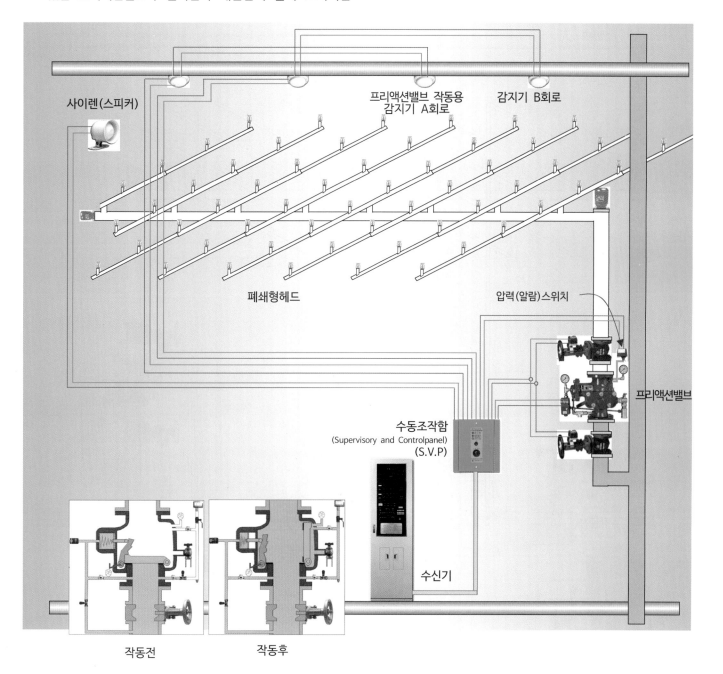

라. 건식 스프링클러설비
(Dry Pipe Sprinkler System)

수조(물탱크)에서 건식(드라이)밸브 1차측까지는 가압수가 들어 있으며, 2차측 배관 안에는 폐쇄형헤드까지 압축공기가 들어 있다.

건식밸브의 2차측 배관에는 에어컴프레서로 공기를 불어 넣는다(질소를 배관안에 넣는 현장은 국내에는 없다)

화재의 열에 의하여 헤드가 열리면 열린 헤드로 공기가 빠진후 방수된다.

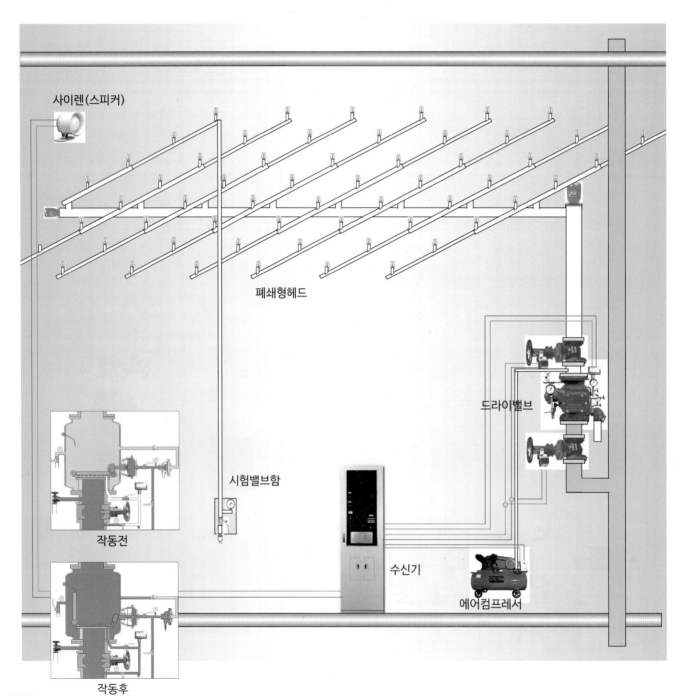

사이렌(스피커)

폐쇄형헤드

드라이밸브

시험밸브함

작동전

작동후

수신기

에어컴프레서

마. 일제살수식 스프링클러설비(Deluge system)

펌프에서 일제개방밸브 1차측까지 배관 안에 가압수가 들어 있고, 2차측에서 개방형 스프링클러헤드까지의 배관 안에는 대기압으로 있다가 화재발생 시 감지기의 작동으로 일제개방 밸브가 열리면 헤드로 물이 방수된다.

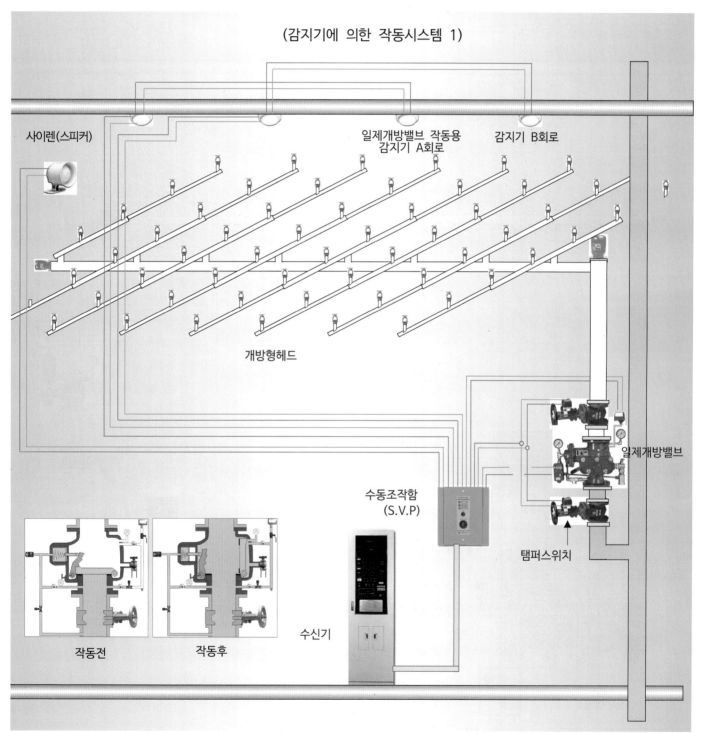

(감지기에 의한 작동시스템 1)

사이렌(스피커)

일제개방밸브 작동용
감지기 A회로

감지기 B회로

개방형헤드

일제개방밸브

수동조작함
(S.V.P)

탬퍼스위치

작동전

작동후

수신기

일제살수식 스프링클러설비(Deluge system)
(감지기에 의한 작동시스템 2)

감지기가 교차회로 작동하면 제어반의 신호에 의해 일제개방밸브가 열린다. 배관의 물이 헤드로 이동하면 알람밸브의 압력스위치가 작동하여 유수경보가 울린다. 이러한 형태의 설비는 한 곳에 여러개의 방수구역이 필요한 장소에 설치한다. 공장의 포헤드설비는 대부분 이러한 설비이다.

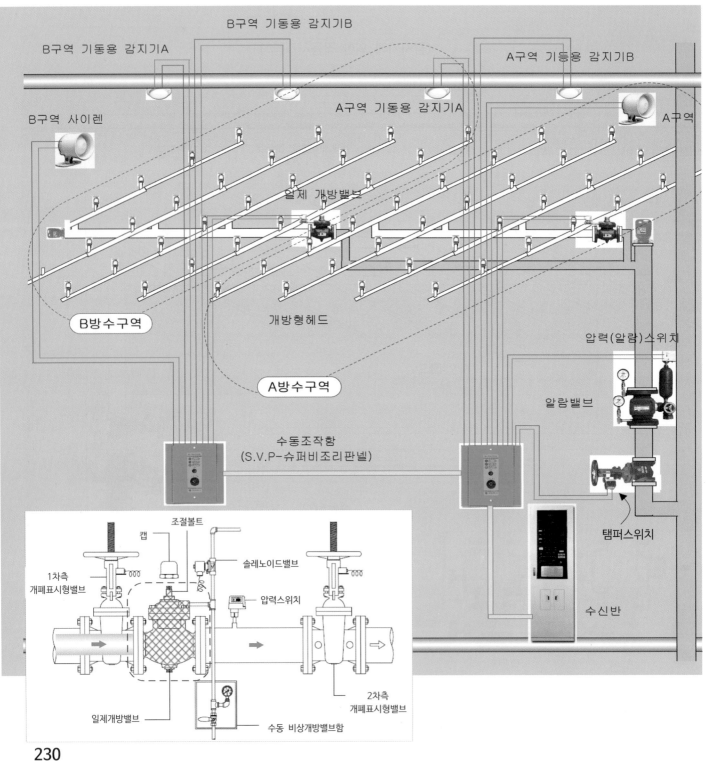

B구역 기동용 감지기B
B구역 기동용 감지기A
A구역 기동용 감지기B
B구역 사이렌
A구역 기동용 감지기A
A구역
일제 개방밸브
B방수구역
개방형헤드
압력(알람)스위치
A방수구역
알람밸브
수동조작함
(S.V.P-슈퍼비조리판넬)
탬퍼스위치
수신반

조절볼트
캡
솔레노이드밸브
1차측
개폐표시형밸브
압력스위치
2차측
개폐표시형밸브
일제개방밸브
수동 비상개방밸브함

7. 스프링클러설비 작동순서

가. 습식 스프링클러설비 작동순서

① 화재발생

② 화재의 열에 의하여 헤드가 열린다.

③ 배관안에 있는 물이 열린 헤드로 방수가 된다.

④ 알람밸브가 <u>유수현상</u>를 <u>검지</u>(인식)한다 - (압력스위치가 유수현상를 인식한다)

  ㉮ 열린 헤드로 물이 방수되면 배관의 물은 열린 헤드 쪽으로 이동(유수)하게 된다.

    가지배관의 물이 헤드로 방수되면 교차배관, 수평주행배관, 입상관의 물이 압력이 낮은 가지배관 쪽으로 이동할 것이며 알람밸브 아래의 물도 알람밸브 위쪽으로 이동한다.

  ㉯ 평소에는 <u>클래퍼</u> 자체 무게의 힘으로 닫혀 있다.

    물이 알람밸브의 1차측에서 2차측으로 이동하면 클래퍼는 이동하는 물의 힘에 의하여 열린다.

    이때 평소에는 클래퍼에 의하여 막혀있던 압력스위치로 연결된 물 구멍이 열려 배관안의 물이 압력스위치로 이동하여 압력스위치가 작동하게 된다.

⑤ 압력스위치의 작동신호가 수신기에 전달되어 화재경보음이 울리며, 수신기에는 화재표시등 및 지구표시등이 켜진다.

⑥ 헤드로 물이 방수되어 배관안의 물의 압력이 떨어지면,

    압력<u>챔버</u>에 설치된 압력스위치가 작동하여 펌프가 기동(작동)한다.

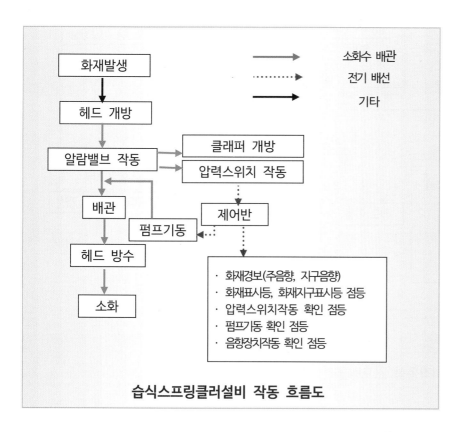

습식스프링클러설비 작동 흐름도

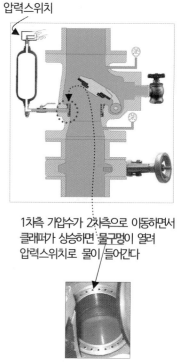

압력스위치

1차측 가압수가 2차측으로 이동하면서 클래퍼가 상승하면 물구멍이 열려 압력스위치로 물이 들어간다

유수 流水 : 흐르는물
검지 檢知 : 검사하여 알아냄, 인식
클래퍼 Clapper : 막, 혀바닥
챔버 Chamber : 실(室), 통

나. 준비작동식 스프링클러설비 작동순서

① 화재발생

② 감지기 1회로 작동

③ 화재경보 울림

④ 감지기 2개회로 이상(교차회로) 작동

⑤ 프리액션밸브의 전동볼밸브(또는 솔레노이드밸브) 작동, 클래퍼(다이어프램) 개방(열림)

⑥ 프리액션밸브 1차측 물이 2차측 배관 안으로 흘러 들어간다.

⑦ 프리액션밸브 2차측 배관으로 흐르는 물이 압력스위치를 작동하여 유수경보가 울린다.

⑧ 배관안의 물의 압력이 떨어지면 압력챔버에 설치된 압력스위치가 작동하여 펌프가 작동한다.

⑨ 불이 더욱 확대되어 열에 의해 폐쇄형헤드가 열리면 열린 헤드로 물이 방수되어 소화 작업이 시작된다.

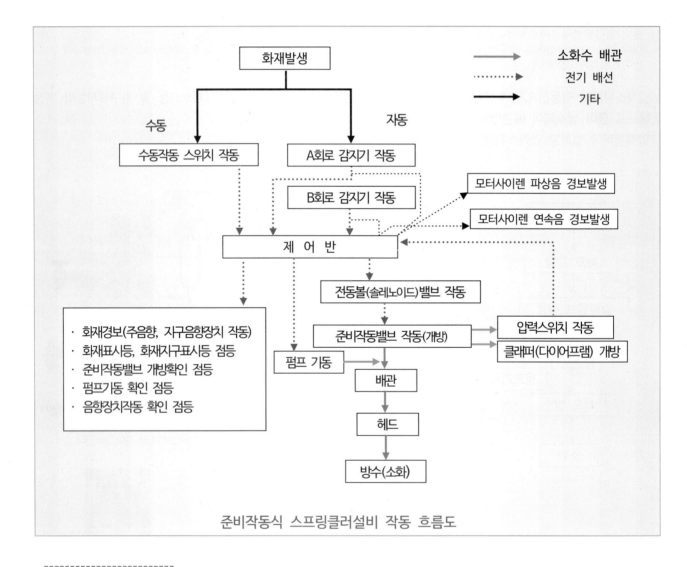

준비작동식 스프링클러설비 작동 흐름도

프리액션밸브 Pre-Action : 준비작동밸브
솔레노이드 solenoid : 전자
챔버 Chamber : 실(室), 통
클래퍼 Clapper : 막, 혀바닥
다이어프램 diaphragm : 칸막이 판, 격벽

다. 부압식스프링클러 작동순서

① 화재발생

② 감지기가 작동하여 수신기에 감지기 작동신호가 전달된다.
  ㉮ 수신기에 화재표시등이 켜진다.
  ㉯ 화재예고신호 경보가 울린다.

③ 수신기에 신호를 보내어 진공밸브를 닫는다.

④ 프리액션밸브의 전동볼밸브가 작동하여 프리액션밸브가 열린다.
  ㉮ 1차측배관의 물에 의해 2차측배관의 물이 정압으로 변환된다(부압에서 정압으로 바뀐다).
  ㉯ 압력스위치가 작동하여 유수경보가 울린다.
  ㉰ 배관안의 물 압력이 떨어져 펌프실의 펌프가 작동하여 배관으로 물을 보낸다.

⑤ 화재의 열에 의하여 헤드가 열린다.

⑥ 헤드로 물이 방수된다.

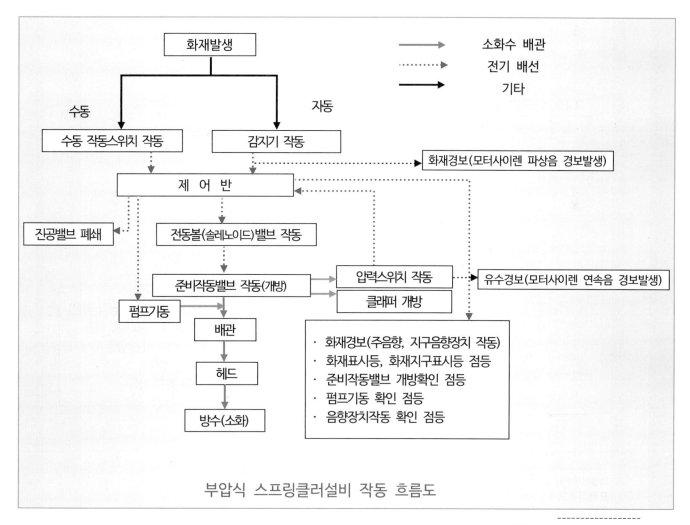

부압식 스프링클러설비 작동 흐름도

부압(負壓) : 대기압보다 낮은 압력

233

라. 건식 스프링클러설비(건식밸브) 작동순서

① 화재발생

② 화재의 열에 의하여 폐쇄형헤드 개방된다.

③ 2차측 배관 안의 압축된 공기가 열린 헤드로 빠져나간다.

④ 2차측 배관 안의 공기압력 감소로 인하여 급속개방기구(액셀레이터)가 작동한다.(액셀레이터가 없는 밸브도 있다)

⑤ 급속개방기구는 공기 공급밸브로부터 드라이밸브 안의 공기를 급속개방기구 출구밸브로 공기를 빼낸다.

⑥ 1차측배관 물의 압력과 2차측배관의 공기압력 힘의 균형이 깨어져 클래퍼가 물의 압력에 의해 열린다.

⑦ 열린 클래퍼의 시트 사이에 중간실로 물이 들어가 압력스위치를 작동시켜 유수경보가 울린다.

⑧ 2차측 배관 안으로 물이 흘러 들어가며, 열에 의하여 열린 헤드로 배관안의 압축공기가 빠진 후에 물이 방수된다.

⑨ 배관안의 압력감소를 압력챔버의 압력스위치가 감지(인식)하여 펌프가 작동한다.

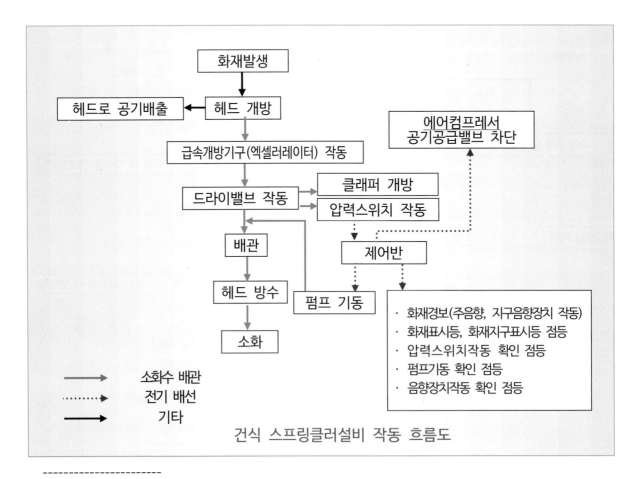

건식 스프링클러설비 작동 흐름도

액셀러레이터 accelerator : 가속장치, 급속개방기구
드라이밸브 Dry valve : 건식밸브
클래퍼 Clapper : 막, 혀바닥
챔버 Chamber : 실(室), 통
에어컴프레서 air compressor : 공기압축기

마. 건식 스프링클러설비(저압건식밸브) 작동순서

① 화재발생
② 화재의 열에 의하여 폐쇄형헤드가 열린다.
③ 2차측 배관 안의 압축된 공기가 열린 헤드로 공기가 밖으로 빠져나간다.
④ 2차측 배관 안의 공기압력 감소로 인하여 액츄에이터가 작동한다.
⑤ 클래퍼가 열린다.
   (액추에이터의 작동으로 클래퍼를 닫고 있는 잠금장치인 푸시핀과 래치가 풀리게 되어 클래퍼가 열린다)
⑥ 열린 클래퍼의 시트를 통하여 물이 압력스위치를 작동하여 화재경보가 울린다.
⑦ 2차측 배관 안으로 물이 흘러 들어가며, 화재의 열에 의하여 열린 헤드로 배관안의 압축공기가 빠진 후에 물이 방수된다.
⑧ 배관안의 압력감소를 압력챔버의 압력스위치가 감지(인식)하여 펌프가 작동한다.

저업드라이밸브에는 엑셀레이터 부품이 없다

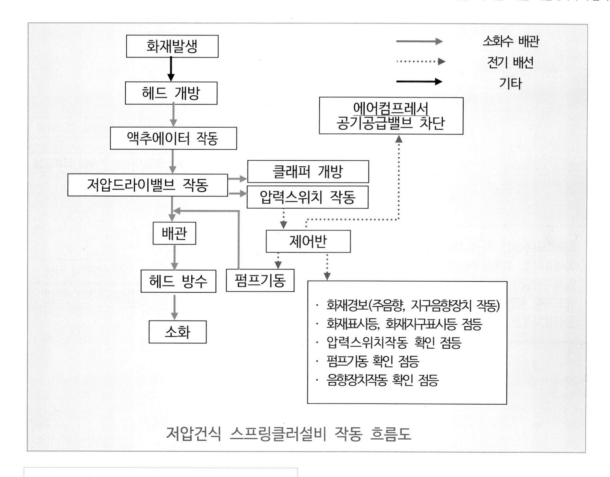

저압건식 스프링클러설비 작동 흐름도

건식과 저압건식밸브 차이점
건식밸브를 성능이 더 좋은 밸브로 개량한 것이 저압건식밸브이며,
요즘은 건식밸브를 생산하지 않는다.

- - - - - - - - - - - - - - - - - - - -
액추에이터 actuator : 작동기
푸시핀 push-pin : 누름 스위치
래치 latch : 걸쇠
클래퍼 Clapper : 막, 혀바닥
시트 seat : 자리, 받침대
에어컴프레서 air compressor : 공기압축기

바. 일제살수식 스프링클러설비 작동순서

① 화재발생
② 감지기 1회로 작동
③ 화재경보 울림
④ 감지기 2개회로(교차회로)이상 작동
⑤ 일제개방밸브의 전동볼밸브(또는 솔레노이드밸브)가 작동(개방)한다.
⑥ 일제개방밸브가 작동되며, 일제개방밸브의 1차측 물이 2차측의 빈 배관으로 이동하여 헤드로 방수된다.
⑦ 흐르는 물이 일제개방밸브 2차측에 설치된 압력스위치를 작동하여 유수경보를 울린다.
⑧ 배관안의 물 압력이 떨어지면 압력챔버에 설치된 압력스위치가 작동하여 펌프가 작동한다.
⑨ 헤드로 방수가 된다.

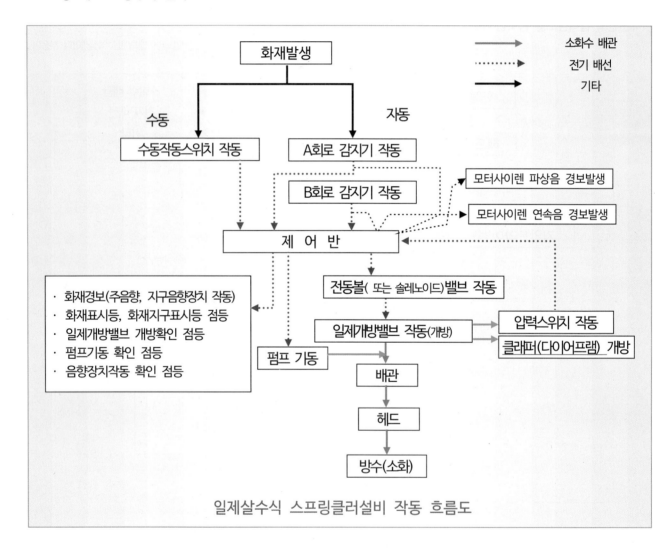

일제살수식 스프링클러설비 작동 흐름도

솔레노이드 solenoid : 전자
챔버 Chamber : 실(室), 통
클래퍼 Clapper : 막, 혀바닥
다이어프램 diaphragm : 칸막이 판, 격벽

8. 스프링클러설비 점검방법

가. 습식 스프링클러설비

① 알람밸브 작동점검 방법

㉮ **시험밸브를 개방한다**

배관의 물이 시험배관으로 방수되며 화재(유수)경보가 울린다.

(화재경보가 울리기 시작하는 시간은 배관의 길이, 방수압력, 압력스위치 작동압력 등에 따라서 차이가 난다. 화재경보가 빨리 울리는 곳은 1, 2초 정도, 경보가 늦게 울리는 곳은 더 긴 시간이 걸릴 수 있다. 그 원인은, 압력스위치에 전달되는 단위시간당 유수(흐르는 물)량과 속도의 차이로 인한 것이다)

㉯ **작동상태 확인한다**

○ 시험배관으로 방수되는 방수압력과 방수량을 측정한다(측정된 방수압력 측정 값을 방수량으로 계산한다)
○ 화재(유수)경보가 울리는지 확인한다.
○ 수신기에 화재표시등과 지구표시등이 켜지는지 확인한다.
○ 배관안에 적정압력이 빠진 후에는 펌프가 자동으로 기동(작동)하는지 확인한다.

㉰ **복구**

○ 시험밸브를 닫는다.
○ 수신기의 복구 스위치를 눌러 울리고 있는 화재경보 사이렌 소리를 끄고, 화재표시등과 지구표시등의 켜진 등을 소등한다.

알람밸브를 시험(점검)할 때는,

▶ 시험밸브로 시험을 해야 한다.

▶ 시험밸브로 시험을 하지 않고 알람밸브의 드레인(배수)밸브 개방 또는 그 밖의 방법으로 시험하는 방법은 적합하지 못하다.

그 이유는 알람밸브의 압력스위치 작동에 있어서 화재발생에 의한 스프링클러의 헤드 1개가 방수되는 방수량과 같은 물의 흐름을 조건으로 시험을 하는 것이 시험밸브이다
드레인 밸브를 열면 많은 양의 물이 배관에서 빠져나가므로 압력(알람)스위치의 작동은 잘 되지만 실제의 화재 발생과 같은 조건의 시험은 되지 못한다.

요즘은 일부 현장에서 알람밸브에 시험밸브가 설치된 곳이 있다(그림 참고).
이런 현장은 피토게이지 압력측정을 할 수 없다.

② 방수압력 측정 및 방수량 계산방법

1. 사례

· 피토게이지에서 방수압력 1kgf/㎠이 측정되었다면 방수량은?
· 피토게이지에서 방수압력 0.1MPa이 측정되었다면 방수량은?

2. 방수량 계산

$Q = 0.653 D^2 \sqrt{P}$ (측정값의 단위가 kgf/㎠ 인 경우), $Q = 2.086 D^2 \sqrt{P}$ (측정값의 단위가 MPa인 경우)

Q (ℓ/min) : 방수량(?)

D(mm) : 헤드노즐 구경(11.2mm) - 구경이 다른 헤드는 그 구경 값을 적용한다.

P(kgf/㎠) : 방수압력(1kgf/㎠), (0.1MPa)

$Q = 0.653 D^2 \sqrt{P} = 0.653 \times 11.2^2 \times \sqrt{1} = 81.91$ ℓ/min

$Q = 2.086 D^2 \sqrt{P} = 2.086 \times 11.2^2 \times \sqrt{0.1} = 82.75$ ℓ/min

3. 참고자료

P_1의 압력단위가 kgf/㎠인 경우 적용하는 공식 : $Q = 0.653 D^2 \sqrt{P_1}$ (P_1 : kgf/㎠),

P_2의 압력단위가 MPa인 경우 적용하는 공식 : $Q = 2.086 D^2 \sqrt{P_2}$ (P_2 : MPa)

4. 피토게이지 방수압력 측정방법

시험배관의 끝에 그림과 같이 노즐 구경의 $\frac{1}{2}$ 되는 지점에 피토게이지를 대어 압력계의 눈금을 읽는다.

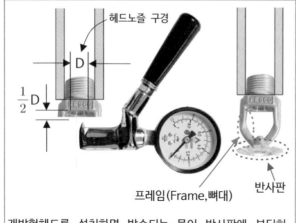

헤드노즐 구경

$\frac{1}{2}$ D

프레임(Frame,뼈대)

반사판

개방형헤드를 설치하면 방수되는 물이 반사판에 부딪혀
방수압력 측정이 정확하지 못하므로 헤드의 반사판과
프레임을 제거한 헤드를 설치해야 한다

시험밸브함

시험배관의 끝에 피토게이지로
방수압력 측정하는 현장

③ 그림으로 배우는 알람밸브 작동점검 방법

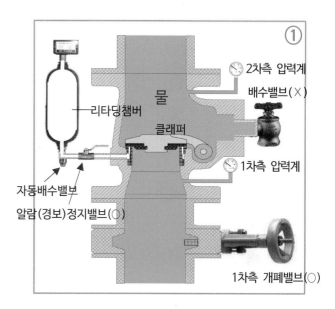

① 작동전(평소)의 세팅Setting상태

* 1차측 개폐밸브 – 열림(○)
* 배수밸브 – 닫힘(×)
* 알람(경보)정지밸브 – 열림(○)
* 클래퍼 – 닫힘(×)
    클래퍼는 자체의 무게에 의하여 그림과 같이 시트위에 올려져 있다.
* 1차측압력계 – 1차측 배관의 물의 압력이 나타남
* 2차측압력계 – 2차측 배관의 물의 압력이 나타남

참 고

현장에서는 2차측 압력과 1차측 압력이 같거나 2차측 압력이 높다.
그 이유는 클래퍼가 닫혀있으므로 펌프가 작동하여 최종 압력이 2차측 배관에 압력이 그대로 유지되지만,
1차측 압력은 펌프를 통하여 배관의 압력이 빠질 수 있기 때문에 압력이 낮게된다.

세팅 Setting : 기계가 정상적으로 작동되기 위한 조정상태를 말한다

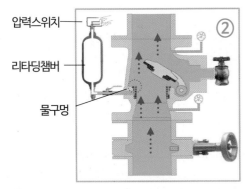

압력스위치
리타딩챔버
물구멍

② 작동시험 실시

시험밸브를 개방한다. 그러면, 그림②와 같이 물이
헤드로 이동하며 이동하는 물의 힘에 의하여 클래퍼가 상승한다.
클래퍼 시트에 있는 물구멍을 통하여 리타딩챔버와 압력스위치로
물이 이동한다.

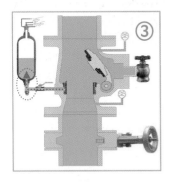

③ 작동 그림과 같이 리타딩챔버 안으로
물이 들어간다

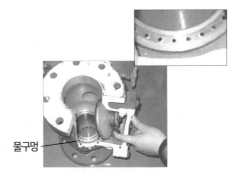

물구멍

④ 압력(알람)스위치 작동

리타딩챔버로 들어간 물이 압력스위치를 작동하여 화재(유수)경보가 울린다.

(확인할 내용)

㉮ 시험밸브로 방수되는 방수압력과 방수량을 피토게이지로 측정한다.
㉯ 화재경보가 울리는지 확인한다.
㉰ 수신기에 화재표시등과 지구표시등이 켜지는지 확인한다.
㉱ 배관안에 적정압력이 빠진 후 펌프가 자동으로 작동(기동)하는지 확인한다.

⑤ 작동 중지(복구)

열린 시험밸브를 닫으면, 배관안의 물의 이동이 없으므로 그림과 같이 클래퍼는 내려오며,
리타딩챔버로 들어간 물은 자동배수밸브를 통하여 배수가 되어 작동한 알람스위치는 복구된다.

(복구)

수신기의 복구버튼을 누르면 울리고 있는 화재경보는 정지하며,
화재표시등과 지구창표시등은 소등된다.

알람밸브 작동점검 흐름도

작 동	**시험밸브 개방**	시험배관함의 시험밸브를 개방한다. (알람밸브에서 배수밸브를 개방하여 시험하는 것은 적합하지 않다)

확 인	**압력스위치 작동** 1. 유수(화재)경보 발생 2. 수신기에 화재표시등 점등, 지구화재표시등 점등	시험배관으로 방수되면 배관안의 물의 이동(유수)이 생겨 알람밸브의 클래퍼가 열리며, 압력스위치가 작동하여 작동신호가 제어반에 전달되어 유수(화재)경보발생, 화재표시등이 점등한다. 시험배관으로 방수되는 곳에서 피토게이지로 방수 압력과 방수량을 측정한다.

복 구	1. **시험밸브 닫음** 2. **수신반의 복구버튼 누름**	시험이 끝나면 시험밸브를 닫는다. 배관안에 물의 이동이 없으면 알람밸브의 클래퍼는 자체 무게에 의해 닫힌다. 화재경보음과 수신반의 화재표시등은 켜져 있다. 수신반의 복구버튼을 누르면 화재경보음이 차단되고 화재표시등도 소등된다

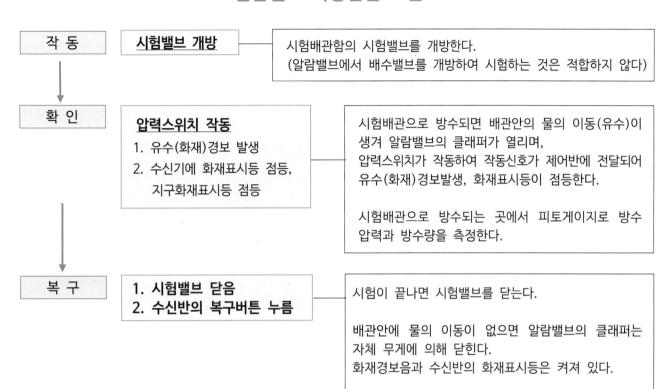

④ 알람밸브 세팅(정상)상태의 부속밸브 확인할 내용

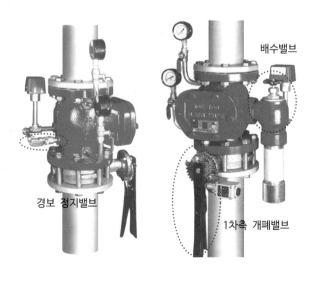

배수밸브

경보 정지밸브

1차측 개폐밸브

① 경보 정지밸브는 열려있어야 한다.
(경보정지밸브가 잠겨 있을 때에는 화재가 발생하여 헤드로 물이 방수되어도 압력스위치로 물이 이동하지 못하므로 화재 경보가 울리지 않는다)

② 주 배수밸브는 잠겨있어야 한다.

③ 1차측 개폐밸브는 열려있어야 한다.

> 스프링클러설비 시험장치에 대하여 아래의 내용을 기술하시오?
>   1. 시험장치의 설치기준
>   2. 시험장치의 설치목적
>   3. 시험 시 확인할 내용
>   4. 시험장치를 설치하는 스프링클러설비 종류
>   5. 시험장치의 설치내용을 도시기호로 그리세요

1. 시험장치의 설치기준 - 스프링클러설비의 화재안전기술기준 2.5.12

① 습식스프링클러설비 및 부압식스프링클러설비에 있어서는 유수검지장치 2차 측 배관에 연결하여 설치하고 건식 스프링클러설비인 경우 유수검지장치에서 가장 먼 거리에 위치한 가지배관의 끝으로부터 연결하여 설치할 것. 이 경우 유수검지장치 2차 측 설비의 내용적이 2,840 L를 초과하는 건식스프링클러설비는 시험장치 개폐밸브를 완전 개방 후 1분 이내에 물이 방사되어야 한다.

② 시험장치 배관의 구경은 25 ㎜ 이상으로 하고, 그 끝에 개폐밸브 및 개방형헤드 또는 스프링클러헤드와 동등한 방수성능을 가진 오리피스를 설치할 것. 이 경우 개방형헤드는 반사판 및 프레임을 제거한 오리피스만으로 설치할 수 있다.

③ 시험배관의 끝에는 물받이 통 및 배수관을 설치하여 시험 중 방사된 물이 바닥에 흘러내리지 않도록 할 것. 다만, 목욕실·화장실 또는 그 밖의 곳으로서 배수처리가 쉬운 장소에 시험배관을 설치한 경우에는 그렇지 않다.

2. 시험장치의 설치목적

습식스프링클러설비 작동점검을 하기 위하여 헤드 1개를 방수하는 방법의 시험장치로서 방수압력, 방수량 측정 및 유수경보장치 작동 확인을 하기 위하여 설치한다.

3. 시험 시 확인할 내용

① 시험밸브로 방수되는 방수압력과 방수량을 측정한다.
② 유수(화재)경보가 울리는지 확인한다.
③ 수신기에 화재표시등과 지구표시등이 켜지는지 확인한다.
④ 배관안에 적정압력이 빠진 후에는 펌프가 자동으로 작동하는지 확인한다.

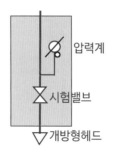

4. 시험장치를 설치하는 스프링클러설비 종류

습식(패들형 포함) 스프링클러설비,
건식 스프링클러설비,
부압식 스프링클러설비

5. 시험밸브함 설치내용 도시기호

압력계
시험밸브
개방형헤드

> 시험밸브함
> 시험밸브함에 대한 기준은 없다
> 설치 의무도 없다(소방청 해석)
> 기사시험 등에는 있는 것으로
> 출제가 된다.

⑤ 알람밸브의 점검 및 조치요령

이 상 발 생 내 용		원 인	조 치
세팅(조정)이 안될 때		배관의 압력이 낮을 때	펌프 자동운전 확인한다
배수밸브로 누수		시트에 이물질이 붙었을 때	이물질 제거한다
		펌프압력이 낮을 때	펌프 자동운전 확인한다
작동후 경보신호가 울리지 않을 때		경보 정지 밸브가 닫힘	밸브를 개방한다
		배관의 물이 분당 80리터 이하로 흐를 때	펌프운전 확인한다
		수신기의 문제	수신기 경보스위치가 정상위치에 있는지 확인한다
시험밸브를 닫고 수신기에서 복구버튼을 눌러도 경보음이 계속 울릴 때	시트에 이물질이 끼인 경우	클래퍼가 작동을 한후에 클래퍼와 시트 사이에 이물질이 끼여 압력스위치로 가압수가 들어가 압력스위치가 작동을 하는 경우	1. 배수밸브를 개방하여 이물질이 배수배관으로 나가게 하는 방법 2. 그래도 이물질이 배출되지 않으면 알람밸브의 커버를 열고 손으로 이물질을 제거한다
	압력 스위치 고장	경보정지밸브를 닫아도 경보음이 계속 나올 때에는 압력스위치가 고장이다	압력스위치 수리 또는 교체한다
	자동 배수밸브 고장	알람밸브의 압력스위치와 연결된 배관에 설치된 자동배수밸브가 막힌 경우에는 배수가 되지 않아 가압수가 계속 압력스위치를 작동하고 있다.	자동배수밸브를 수리 또는 교체한다
	시트고무 파손	알람밸브의 시트고무가 파손이나 변형된 경우	시트고무 교체한다
	배수밸브 개방	알람밸브의 배수밸브가 열려 누수되고 있는 경우	배수밸브 닫는다
	시험밸브 개방	시험밸브가 덜 닫혀 누수가 되고 있는 경우	시험밸브 닫는다
	배관 누수	2차측배관의 누수부분이 있는 경우	배관 누수부분 수리한다

⑥ 알람밸브 화재경보 신호의 복구가 안될 경우 조치방법

작동한 알람밸브의 압력스위치가 복구가 되지 않아 경보가 계속 울리는 현상의 원인은,

압력스위치로 물이 이동하는 배관에 설치된 자동배수밸브가 찌꺼기(오물)에 의하여 배수구가 막힌 것이다.
배수되어야 할 물이 배수가 되지 않아 가압수가 압력스위치를 계속 작동하여 경보가 울리고 있는 현상이다.

그림과 같이 배관을 풀어 철사 등으로 자동배수밸브의 막힌 구멍을 뚫는다

알람밸브의 배수밸브 속에 자동배수밸브가 함께 만들어져 있다.

철사 등으로 자동배수밸브의
막힌 구멍을 뚫는다

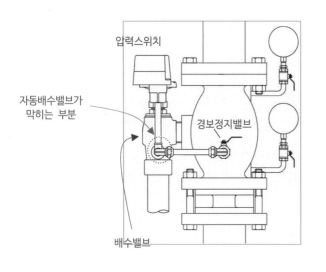

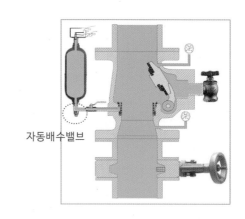

문 제

알람밸브가 설치된 습식스프링클러설비에서 평소에 수시로 오경보가 울린 경우 그 원인을 찾기 위해 점검해야 할 내용 3가지를 쓰시오.

정 답

1. 클래퍼와 시트 사이에 이물질이 끼여 가압수가 들어가 압력스위치를 작동을 하고 있는지 확인한다.
2. 압력스위치의 접점이 붙어 복구가 되지 않고 작동하고 있는지 확인한다.
3. 자동배수밸브에 이물질이 막혀 배수가 되지 않아 가압수가 계속 압력스위치를 작동하고 있는지 확인한다.
4. 알람밸브의 배수밸브가 열려 누수가 되고 있는지 확인한다.

⑦ 패들형 유수검지장치(패들스위치) 작동점검 방법

습식스프링클러설비에 사용하는 알람밸브를 설치하지 않고 일부의 장소에는 패들형 유수검지장치를 설치하고 있다.

㉮ 2차측배관에 설치된 시험밸브를 개방한다.

㉯ 작동상태의 내용을 확인한다.
   1) 시험밸브로 방수되는 방수압력과 방수량을 측정한다.
   2) 화재경보가 울리는지 확인한다.
   3) 수신기에 화재표시등, 지구창표시등이 켜지는지 확인한다.
   4) 배관안의 물이 시험밸브로 흘러나갈 때 펌프가 자동으로 기동(작동)이 되는지 확인한다.

㉰ 복구
 1) 시험밸브를 닫는다.
 2) 수신기의 복구버튼을 눌러 울리고 있는 경보를 울리지 않게하고, 화재표시등과 지구창표시등을 소등시켜 복구한다.

참고 자료

패들형유수검지장치의 배수(시험)밸브를 열어 패들스위치의 작동상태를 확인할 수 있지만 정상적인 점검방법은 되지 못한다. 그 이유는 배수(시험)밸브로 배수되는 많은 양의 유수는 패들스위치의 작동은 잘 되지만 그러나 시험밸브를 개방하여 스프링클러헤드 1개가 방수되는 상태와 동일한 조건의 방수량은 아니기 때문이다.

패들 paddle : 배의 노, 밥퍼는 주걱

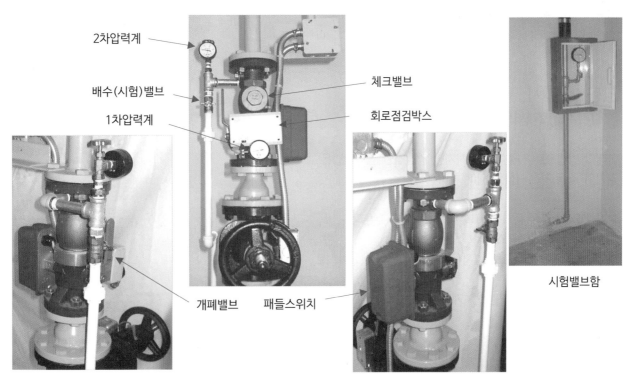

2차압력계　　체크밸브　　회로점검박스　　배수(시험)밸브　　1차압력계　　개폐밸브　　패들스위치　　시험밸브함

나. 준비작동식 스프링클러설비

1. 준비작동(프리액션)밸브 작동점검 방법

압력스위치

㉮ 프리액션밸브 2차측 개폐밸브를 닫는다.

2차측 밸브를 닫는 이유는,
밸브작동 시험중에 2차측 배관으로 물이 흘러 들어가면 복구를 하면서 배관 안의 물을 배수하는데 많은 시간이 필요하므로 2차측의 빈 배관으로 물을 보내지 않고 프리액션밸브의 작동시험만 하기 위해서이다.

㉯ 배수밸브를 개방한다.

배수밸브를 개방하는 이유는,
프리액션밸브 전동볼밸브(또는 솔레노이드밸브)가 작동하여 클래퍼(다이어프램)이 열린 후에 1차측 물이 배수밸브로 흘려 보내어 유수현상의 확인과 펌프의 자동기동 기능을 확인하기 위하여 한다.

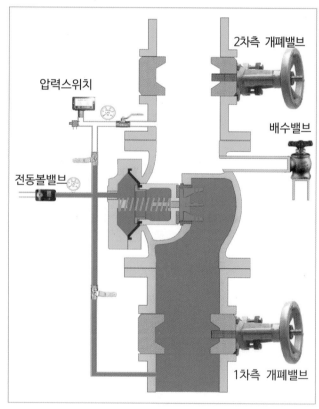

다이아프램 형식 프리액션밸브

㉰ 작동시험 실시
감지기를 2개회로 이상(교차회로) 작동한다.

(아래의 방법으로 시험이 가능하지만 정상적인 점검방법은 감지기 작동으로 시험을 해야 한다)

㉮ 슈퍼비죠리판넬(수동조작함)의 작동스위치를 누른다.
㉯ 수신기에서 밸브기동 스위치를 작동한다.
㉰ 수신기에서 동작시험으로 감지기를 2개회로 이상(교차회로) 작동한다.
㉱ 프리액션밸브의 전동볼밸브를 개방한다.

㉣ 작동상태 확인내용

1) 프리액션밸브의 전동볼밸브가 작동하여 클래퍼(다이어프램)가 열리는지 확인한다.
   (2차측 압력계가 올라가면 클래퍼(다이어프램)가 열려 물이 2차측으로 이동한 증거다)
2) 화재경보가 울리는지 확인한다.
3) 수신기에 화재표시등이 켜지는지 확인한다.
4) 배관안에 적정압력이 빠진후 펌프가 자동으로 작동(기동)이 되는지 확인한다.

㉤ 복구

1) 프리액션밸브 1차측 개폐밸브를 닫는다.
2) 수신기의 복구스위치(버튼)를 눌러 울리고 있는 경보를 중지하고, 화재표시등을 끈다.
3) 배수밸브로 배수가 된 후에는 배수밸브를 닫는다.
4) 전동볼밸브를 수동으로 복구한다(닫는다)
   (전동볼밸브를 돌려 복구했으나 핸들이 다시 돌아가 열리며 복구가 되지 않는다면 수신기에 복구를 하지 않은 것이다)
5) 급수밸브(세팅밸브)를 열어 중간챔버에 급수를 한 후 다시 닫는다.
6) 1차측 개폐밸브를 개방한다.
   (2차측 압력게이지가 0상태를 유지하면 다이어프램이 복구된 것이다)
7) 2차측 개폐밸브를 개방한다.

수동작동스위치함

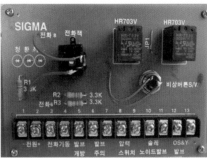

슈퍼비죠리판넬 내부

(Supervisory & Control Panel)

슈퍼비죠리판넬

전동볼밸브 핸들을
손으로 돌려 복구한다

다이어프램 diaphragm : 칸막이판, 격막

2. 그림으로 배우는 준비작동(프리액션-**다이아후램형**)밸브 작동점검 방법

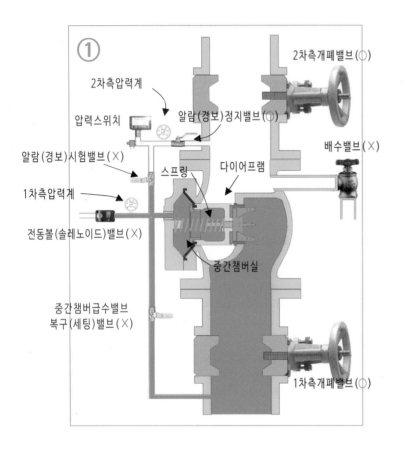

① 작동전(평소)의 상태

- 1차측 개폐밸브 – 열림(○)
- 2차측 개폐밸브 – 열림(○)
- 배수밸브 – 닫힘(×)
- 전동볼(솔레노이드)밸브 – 닫힘(×)
- 알람(경보)정지밸브 – 열림(○)
- 알람(경보)시험밸브 – 닫힘(×)
- 중간챔버급수밸브
  - 복구(세팅)밸브 – 닫힘(×)
- 다이어프램 – 닫힘(×)
- 1차측압력계 – 물의 압력이 나타남
- 2차측압력계 – 압력은 없다

솔레노이드밸브가 설치된 곳에는 수동작동밸브를 설치해야 하며,
전동볼밸브를 설치한 곳에는 전동볼밸브의 작동핸들 자체가 수동작동이 가능하므로 수동작동밸브를 설치하지 않는다.

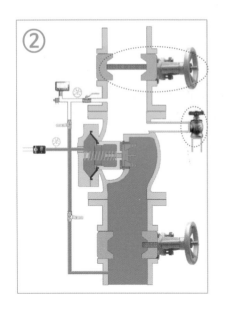

② 프리액션밸브 2차측 개폐밸브를 닫는다

○ 2차측 개폐밸브를 닫는 이유는,
  밸브작동 시험중 2차측 배관으로 물이 흘러 들어가면 복구를 할 때에 배관안의 물을 배수하는데 많은 시간이 필요하므로 2차측의 빈 배관으로 물이 들어가지 않도록 하고, 누수배관, 누수헤드로 방수되지 것을 방지한다.

○ 프리액션밸브 작동시험에서 배수밸브를 열어도 되며, 열지 않아도 된다.

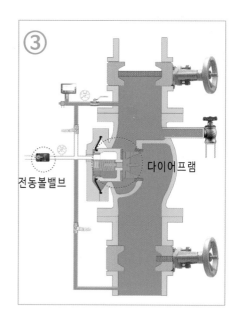

전동볼밸브

다이어프램

③ 작동시험 실시

감지기를 2개회로 이상(교차회로) 작동한다.

(아래의 방법으로 시험이 가능하지만 감지기 작동으로 시험을 해야 한다)
㉮ 슈퍼비죠리판넬(수동조작함)의 작동스위치를 누른다.
㉯ 수신기에서 밸브기동 스위치를 작동한다.
㉰ 수신기에서 동작시험으로 감지기를 2개회로 이상(교차회로) 작동한다.
㉱ 프리액션밸브의 전동볼밸브를 개방한다.

전동볼밸브가 작동(열림)되어
 - 중간챔버실의 물이 전동볼밸브를 통하여 밸브 밖으로 나오며,
 - 다이어프램이 열려 1차측 가압수가 2차측으로 이동한다.
 - 2차측으로 흘러간 물이 압력스위치를 작동한다.

(작동상태 확인할 내용)

㉮ 프리액션밸브의 전동볼밸브가 작동하여 다이어프램이 열리는지 확인한다.
 • 전동볼밸브가 작동이 되는지는 밸브의 핸들이 돌아가는 것이 보인다.
 • 2차측 압력계 지시침이 올라가면 다이어프램이 열려 물이 2차측으로 이동한 증거다.

㉯ 화재경보 및 유수경보가 울리는지 확인한다.
 • 전동볼밸브가 작동하여 압력계가 올라갔지만 경보가 울리지 않는다면 그 고장의 원인은 압력스위치, 사이렌 또는 수신기 등의 고장으로 추정할 수 있다.

㉰ 수신기에 화재표시등이 켜지는지 확인한다.

㉱ 배관안의 물 압력이 낮아진후 펌프가 자동으로 작동되는지 확인한다.

2차압력계

압력스위치

경보시험밸브

1차압력계

세팅밸브

전동볼밸브

드레인밸브

1차측개폐밸브

슈퍼비죠리판넬(수동조작함, Supervisory and Controlpane, S.V.P) : 기계의 작동을 수동으로 작동시키는 스위치가 설치된 함
프리액션밸브 Pre-Action Valve : 준비작동밸브
다이어프램 diaphragm : 칸막이, 격막, 칸막이벽

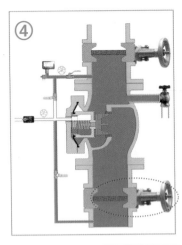

④ **복구 준비**

1차측 개폐밸브를 닫는다

⑤ **복구 준비**

배수밸브를 열어 다이어프램 위의 물을 배수한다.
배수가 되면 배수밸브를 닫는다.

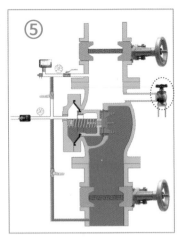

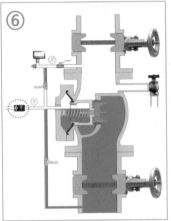

⑥ **복구 준비**

- 수신기의 복구버튼을 눌러 복구를 한다.
- 전동볼밸브의 핸들을 돌려 닫는다.
  (수신기의 복구버튼을 눌러 작동해제를 하지
   않으면 전동볼밸브 핸들을 돌려도 다시 작동이 된다)

⑦ 중간챔버실에 급수한다

- 중간챔버 급수밸브《복구(세팅)밸브》를 열어
  중간챔버실 안에 1차측 물을 넣는다.

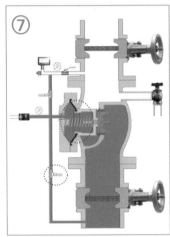

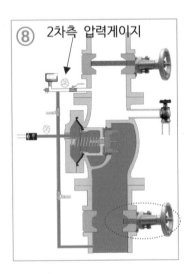

2차측 압력게이지

⑧ **1차측 개폐밸브를 개방한다**

- 1차측 개폐밸브를 열었는데 2차측압력계 지시침이 올라간다면
  클래퍼(다이어프램)가 복구되지 않고 열린 것이므로, 1차측
  개폐밸브를 닫고, 배수밸브를 열어 배수를 한후 다시 배수밸
  브를 닫고, ⑦번 순서와 같이 중간챔버 급수밸브《복구(세팅)밸
  브》를 열어 중간챔버에 1차측 물을 넣는다.

  복구가 되면 1차측 개폐밸브를 개방한다.

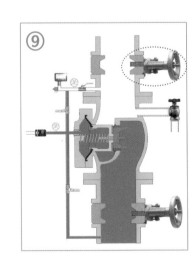

⑨ 2차측 개폐밸브를 개방한다

3. 그림으로 배우는 준비작동(프리액션-클래퍼형)밸브 작동점검 방법

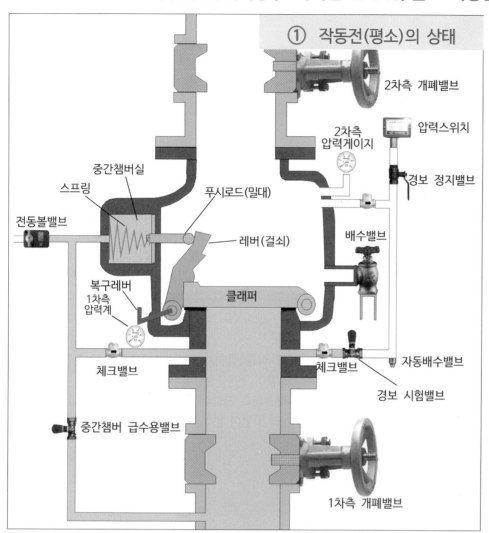

① 작동전(평소)의 상태

2차측 개폐밸브
압력스위치
2차측 압력게이지
경보 정지밸브
중간챔버실
스프링
푸시로드(밀대)
전동볼밸브
레버(걸쇠)
배수밸브
복구레버
1차측 압력계
클래퍼
체크밸브
체크밸브
자동배수밸브
중간챔버 급수용밸브
경보 시험밸브
1차측 개폐밸브

클래퍼형
프리액션밸브

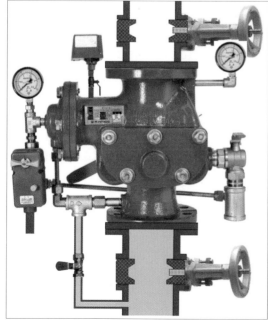

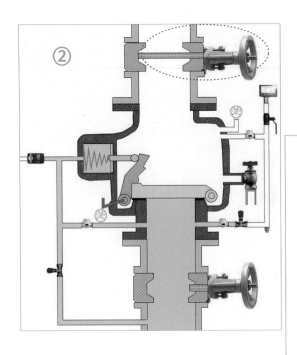

② 프리액션밸브 2차측 개폐밸브를 닫는다

③ 작동시험 실시

감지기를 2개회로 이상(교차회로) 작동한다.

(아래의 방법으로 시험이 가능하지만 감지기 작동으로 시험을 해야 한다)
㉮ 슈퍼비죠리판넬(수동조작함)의 작동스위치를 누른다.
㉯ 수신기에서 밸브기동 스위치를 작동한다.
㉰ 수신기에서 동작시험으로 감지기를 2개회로 이상(교차회로) 작동한다.
㉱ 프리액션밸브의 긴급해제(시험)밸브를 연다.
㉲ 전동볼밸브를 작동(개방)한다.

전동볼밸브가 작동(열림)되어
- 중간챔버실의 물이 전동볼밸브를 통하여 밸브 밖으로 나오며,
- 클래퍼가 열려 1차측 가압수가 2차측으로 이동한다.
- 2차측으로 흘러간 물이 압력스위치를 작동한다.

(작동상태 확인할 내용)

㉮ 프리액션밸브 전동볼밸브가 작동하여 클래퍼가 열리는지 확인한다.
　• 전동볼밸브가 작동이 되는지는 밸브의 핸들이 돌아가는 것이 보인다.
　• 2차측 압력계 지시침이 올라가면 클래퍼가 열려 물이 2차측
　　으로 이동한 증거이다.

㉯ 화재경보 및 유수경보가 울리는지 확인한다.
　• 전동볼밸브가 작동하여 압력계가 올라갔지만 경보가 울리지 않는
　　다면 그 고장의 원인은 압력스위치, 사이렌 또는 수신기 등의 고장
　　으로 추정할 수 있다.

㉰ 수신기에 화재표시등이 켜지는지 확인한다.

㉱ 배관안의 물 압력이 낮아진후 펌프가 자동으로 작동되는지 확인한다.

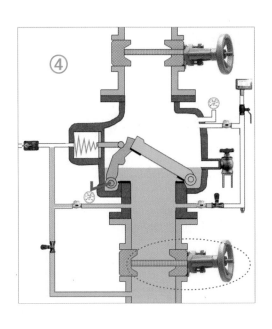

④ 복구 준비

1차측 개폐밸브를 닫는다.

배수밸브를 열어 클래퍼 위의 물을 배수한다.
배수가 되면 배수밸브를 닫는다.

⑤ 복구 준비

- 수신기의 복구버튼을 눌러 복구를 한다.

- 전동볼밸브의 핸들을 돌려 닫는다.
  (수신기의 복구버튼을 눌러 작동해제를 하지
  않으면 전동볼밸브 핸들을 돌려도 다시 작동이 된다)

- 클래퍼 복구 레버를 돌려 클래퍼를 제위치로 복구한다.

- 중간챔버 급수밸브《복구(세팅)밸브》를 열어
  중간챔버실 안에 1차측 물을 넣는다.

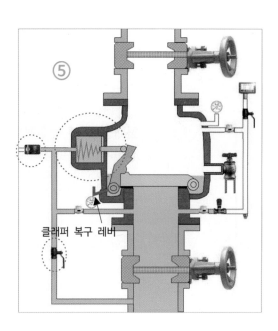

클래퍼 복구 레버

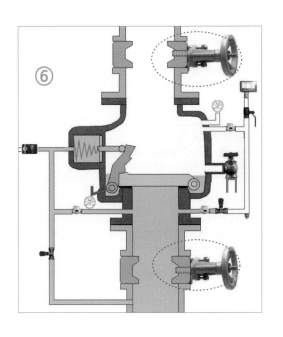

⑥ 1차측, 2차측 개폐밸브를 개방한다.

4. 준비작동(프리액션)밸브 작동점검 흐름도

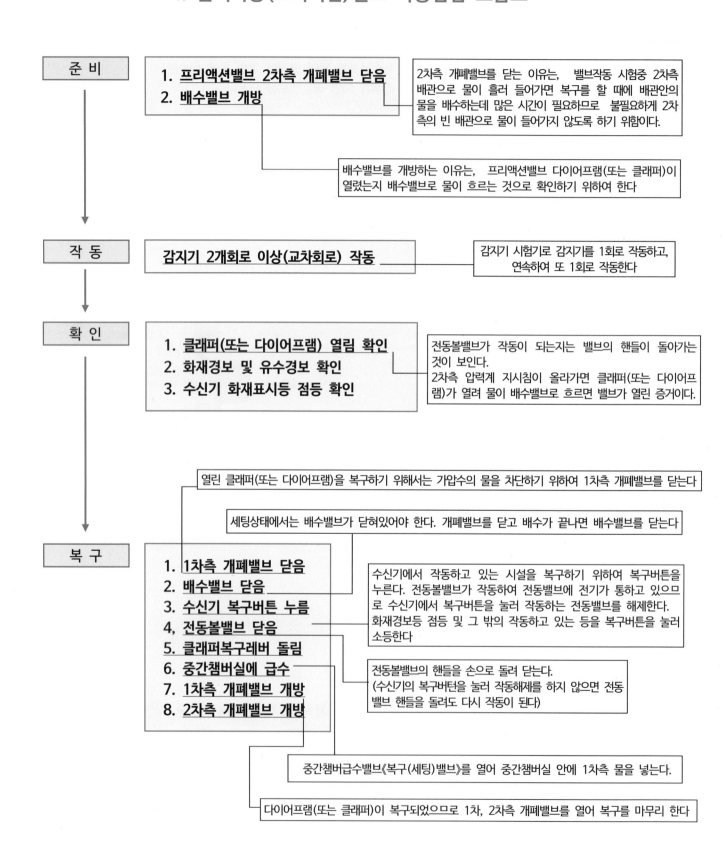

준 비

1. **프리액션밸브 2차측 개폐밸브 닫음**
2. **배수밸브 개방**

2차측 개폐밸브를 닫는 이유는, 밸브작동 시험중 2차측 배관으로 물이 흘러 들어가면 복구를 할 때에 배관안의 물을 배수하는데 많은 시간이 필요하므로 불필요하게 2차측의 빈 배관으로 물이 들어가지 않도록 하기 위함이다.

배수밸브를 개방하는 이유는, 프리액션밸브 다이어프램(또는 클래퍼)이 열렸는지 배수밸브로 물이 흐르는 것으로 확인하기 위하여 한다

작 동

감지기 2개회로 이상(교차회로) 작동

감지기 시험기로 감지기를 1회로 작동하고, 연속하여 또 1회로 작동한다

확 인

1. **클래퍼(또는 다이어프램) 열림 확인**
2. **화재경보 및 유수경보 확인**
3. **수신기 화재표시등 점등 확인**

전동볼밸브가 작동이 되는지는 밸브의 핸들이 돌아가는 것이 보인다.
2차측 압력계 지시침이 올라가면 클래퍼(또는 다이어프램)가 열려 물이 배수밸브로 흐르면 밸브가 열린 증거이다.

열린 클래퍼(또는 다이어프램)을 복구하기 위해서는 가압수의 물을 차단하기 위하여 1차측 개폐밸브를 닫는다

세팅상태에서는 배수밸브가 닫혀있어야 한다. 개폐밸브를 닫고 배수가 끝나면 배수밸브를 닫는다

복 구

1. **1차측 개폐밸브 닫음**
2. **배수밸브 닫음**
3. **수신기 복구버튼 누름**
4. **전동볼밸브 닫음**
5. **클래퍼복구레버 돌림**
6. **중간챔버실에 급수**
7. **1차측 개폐밸브 개방**
8. **2차측 개폐밸브 개방**

수신기에서 작동하고 있는 시설을 복구하기 위하여 복구버튼을 누른다. 전동볼밸브가 작동하여 전동밸브에 전기가 통하고 있으므로 수신기에서 복구버튼을 눌러 작동하는 전동밸브를 해제한다. 화재경보등 점등 및 그 밖의 작동하고 있는 등을 복구버튼을 눌러 소등한다

전동볼밸브의 핸들을 손으로 돌려 닫는다.
(수신기의 복구버턴을 눌러 작동해제를 하지 않으면 전동밸브 핸들을 돌려도 다시 작동이 된다)

중간챔버급수밸브《복구(세팅)밸브》를 열어 중간챔버실 안에 1차측 물을 넣는다.

다이어프램(또는 클래퍼)이 복구되었으므로 1차, 2차측 개폐밸브를 열어 복구를 마무리 한다

254

5. 압력스위치 작동점검 방법

프리액션밸브를 작동하지 않고 압력스위치를 작동하여
화재경보가 울리는지 간편하게 점검하는 방법이다.

그림과 같이 경보시험밸브를 열면 압력스위치가 작동하여 유수
경보가 울리게 된다.

작동 확인을 한 후에는 경보시험밸브를 닫고,
수신기에 복구버튼을 눌러 유수경보를 멈추게 한다.

세팅 setting : 조정

참고
압력스위치를 알람스위치로 부르는 사람도 있지만
부품명칭은 압력스위치이다

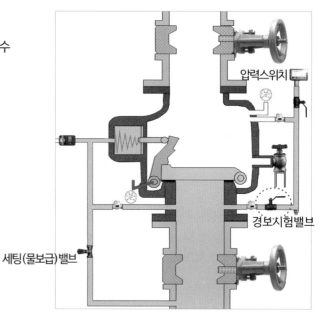

클래퍼형

프리액션밸브 내부모습

경보시험밸브

세팅(물보급)밸브

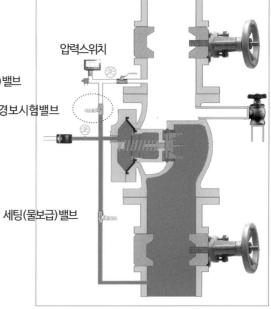

압력스위치

경보시험밸브

세팅(물보급)밸브

다이어프램형

다. 건식 스프링클러설비

1. 건식(드라이)밸브 작동점검 방법

㉮ 압력스위치 작동시험

압력스위치가 작동하여 유수(화재)경보가 울리는지 확인하는 시험이다.

1. **작동시험**

   평상 시 운전 상태에서 드라이밸브의 경보시험밸브를 개방한다.

   (밸브가 열리면 1차측 배관의 물이 압력스위치를 작동하여 유수(화재)경보가 울린다)

2. **확인할 내용**

   ① 유수(화재)경보가 울리는지 확인한다.

   ② 수신기에 화재표시등과 지구창표시등이 켜지는지 확인한다.

3. **복구**

   ① 경보시험밸브를 닫는다.

   ② 수신기에 복구버튼을 누른다.

   (복구버튼을 누르면 경보가 울리지 않고, 수신기의 화재표시등과

   지구창표시등이 꺼진다)

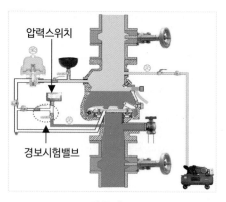

작동전

㉯ 건식밸브 작동시험

1) 시스템 전체를 시험할 때에는

   1. **가지배관 끝에 설치된 시험밸브를 개방한다.**

   2. **확인할 내용**

      ① 화재경보가 울리는지 확인한다.

      ② 수신기에 화재표시등과 지구창표시등이 켜지는지 확인한다.

   3. **복구**

      ① 시험밸브를 닫는다.

      ② 수신기에 복구버튼을 누른다.

      복구내용의 순서대로 건식밸브를 복구한다.

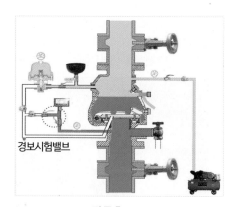

작동후

2) 드라이밸브 작동 시험방법

1. 2차측 개폐밸브를 닫는다 (1차측배관의 물이 2차측배관으로
   이동하지 못하게 밸브를 닫는다)
2. 수위 조절밸브(시험밸브)를 개방한다 (시험밸브를 열면 드라이밸브안의 공기가
   밖으로 빠지면 1차측 물의 압력에 의하여 클래퍼가 상승한다)
3. 급속개방기구가 작동하여 건식밸브가 작동한다.

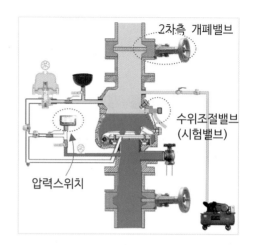

확인할 내용

1. 화재경보가 울리는지 확인한다.

   (1차측 물이 압력(알람)스위치를 작동하여 화재경보가 울린다)

2. 수신기에 화재표시등 및 지구창표시등이 켜지는지 확인한다.
3. 배관 안의 물의 압력이 빠진후 펌프가 자동으로 작동(기동)이 되는지 확인한다.

복 구

1. 급속개방기구(엑셀러레이터) 입 · 출구밸브를 닫는다.
2. 알람 정지밸브를 닫고 수신기에 복구버튼을 누르면 경보가 멈춘다.
3. 1차측 개폐밸브를 닫고, 에어컴프레서 공기주입밸브를 닫고, 배수밸브를 개방한다.
4. 배수밸브로 부터 배수가 완전히 끝나면 레치를 조작하여 올라간 클레퍼를 복구한다(내린다)

   (클레퍼 복구래치가 없는 예전의 밸브는 건식밸브 덮개의 볼트를 풀어 연다.
    클래퍼를 살짝 들고 레치의 앞 부분을 밑으로 누른 다음, 시트링에 가볍게 올려 놓는다.
    서로 접촉이 잘 되었는지 약간씩 흔들어서 확인한다. 그리고 덮개를 몸체에 붙여 볼트, 너트를 끼운다)

5. 급속개방기구의 공기빼기 주입구를 눌러 압력이 "0"이 되게 한다.
6. 예비수 공급밸브를 열어 클래퍼 위에 예비수를 채운다.
7. 에어컴프레서 공기주입밸브를 열어 2차측배관에 공기를 넣는다.
8. 공기주입이 끝난후 1차측 개폐밸브를 열고 경보정지밸브도 개방한다.

참고자료

건식스프링클러설비 건식밸브 작동시험은 가지배관의 끝에 설치된 시험밸브를 열어 시험하는 방법이 가장 적합한 방법이다. 그 이유는 습식스프링클러의 알람밸브 테스트와 같은 방법으로서 화재가 발생한 것과 비슷하게 헤드1개를 열어 방수되는 방수량과 같은 조건으로 시험하는 방법이다.

이와 같은 시험방법은 2차측의 빈 배관으로 들어간 물을 배수하는데 많은 시간이 필요하지만 정상적인 건식스프링클러 테스트는 이와 같은 방법이 적합하다.

액셀러레이터(엑셀레이터)accelerator : 가속장치

2. 저압건식(저압드라이)밸브 작동점검 방법

(시스템 전체 점검 방법)

㉮ 시험밸브를 개방한다

㉯ 작동상태를 확인한다

확인할 내용

1) 화재경보가 울리는지 확인한다.
2) 수신기에 화재표시등, 지구표시등이 켜지는지 확인한다.
3) 배관안의 물 압력이 빠지면 펌프가 자동으로 기동(작동)이 되는지 확인한다.
4) 시험밸브로 물이 방수되는지 확인하며 방수되는 물의 방수압력과 방수량을 측정한다.

㉰ 복구

1) 1차측 개폐밸브를 닫는다.
2) 드라이밸브의 주 배수밸브를 개방한다.
3) 에어컴프레서에서 드라이밸브에 공급되는 공기 공급밸브를 닫는다.
4) 수신기의 복구버튼을 누른다. 그러면 경보가 멈추고 수신기의 화재표시등과 지구창표시등이 소등한다.
5) 시험배관과 드라이밸브의 주 배수밸브를 통하여 배관의 물을 모두 배수한다.
6) 래치 복구레버를 작동하여 클래퍼 위의 물을 배수하고 클래퍼도 시트링 위의 제자리에 올려 놓는다.
7) 드라이밸브에 공급되는 공기 공급밸브를 열어 액추에이터와 2차측배관에 공기를 공급한다.
8) 복구 급수밸브를 열어 푸쉬로드 박스에 1차측 물을 보낸다.
9) 1차측 게이지의 물의 세팅압력과 2차측 게이지의 공기 세딩압력이 정상으로 나타나면 1차측 개폐밸브를 개방한다.

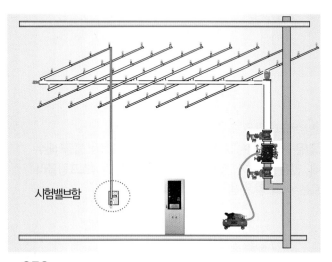

시험밸브함

(저압드라이밸브 작동점검 방법) - 저압드라이밸브의 작동점검만 실시하는 경우

㉮ **2차측 개폐밸브를 닫는다.**
㉯ **누설 시험밸브(작동 시험밸브)를 개방한다.**
㉰ **작동상태를 확인한다.**

확인할 내용

1) 화재경보가 울리는지 확인한다.
2) 수신기에 화재표시등, 지구표시등이 켜지는지 확인한다.
3) 배관의 물의 압력이 빠지면 펌프가 자동으로 기동
   (작동)이 되는지 확인한다.

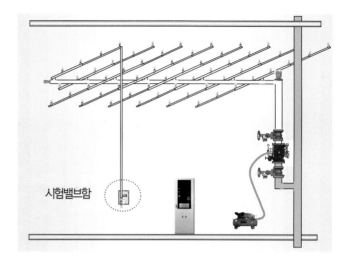

시험밸브함

㉱ **복구**

1) 1차측 개폐밸브를 닫는다.
2) 드라이밸브의 주 배수밸브를 개방한다.
3) 에어컴프레서에서 드라이밸브에 공급되는 공기 공급밸브를 닫는다.
4) 수신기의 복구버튼을 눌러 경보를 멈추게 하고 화재표시등과 지구창표시등이 꺼지게 한다.
5) 주 배수밸브를 통하여 배관의 물을 모두 배수한다.
6) 래치 복구레버를 작동하여 클래퍼 위의 물을 배수하고 클래퍼도 시트링 위의 제자리에 올려 놓는다.
7) 드라이밸브에 공급되는 공기공급밸브를 열어 저압드라이밸브와 <u>액추에이터</u>에 공기를 공급한다.
8) 복구 급수밸브를 개방하여 푸쉬로드 박스에 1차측 가압수를 보낸다.
9) 1차측 게이지의 물 <u>세팅</u>압력과 2차측 게이지의 공기 세딩 압력이 정상적으로 나타나면 1차측 개폐밸브를 연다.
10) 2차측 개폐밸브를 개방한다.

참고할 내용

1. 시설이 작동되거나 작동시험이 끝난 후 경보를 멈추려고 하면 알람정지밸브를 닫고 수신기 복구버튼을 누르면 된다.
2. 복구를 했는데 복구가 되지 않고 작동이 될 때에는 아래와 같이 다시 복구를 순서대로 한다.
   ① 1차측 개폐밸브를 닫은 후 물 공급밸브를 닫고 주 배수밸브를 연다.
   ② 주 배수밸브와 볼 드립밸브로부터 배수가 완전히 끝나면, 레버를 시계 반대 방향으로 돌려 클래퍼를 닫는다.
   ③ 각 부품의 배수가 완료되면 세팅 절차에 의해 다시 세팅한다.

액추에이터 actuator : 작동기(장치)
세팅 Setting : 설치, 정상적인 작동상태로의 설치

3. 그림으로 배우는 건식(드라이)밸브 작동점검 방법

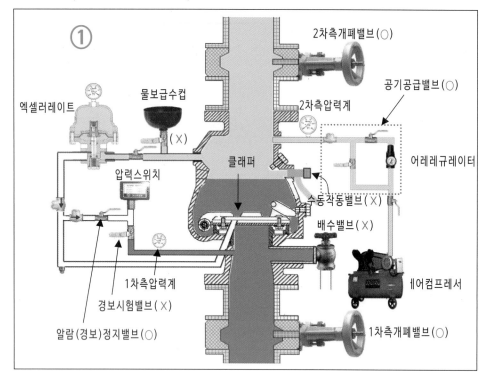

참고
지금은 생산되지 않는 드라이
밸브이며, 예전에 설치된 현장은
있다.

① 작동전(평소)의 상태

- 1차측 개폐밸브 - 열림(○)
- 2차측 개폐밸브 - 열림(○)
- 배수밸브 - 닫힘(×)
- 수동작동밸브 - 닫힘(×)
- 알람(경보)정지밸브 - 열림(○)
- 알람(경보)시험밸브 - 닫힘(×)
- 물보급수컵밸브 - 닫힘(×)
- 공기공급밸브 - 열림(○)
- 클래퍼 - 닫힘(×)
- 1차측압력계 - 물의 압력이 나타남
- 2차측압력계 - 압축공기의 압력이 나타남

에어레규레이터 주변의 부속품 상세내용

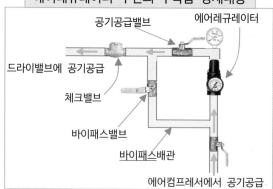

에어컴프레서에서 공급하는 공기가 에어레규레이터를 통하여 공기공급밸브, 체크밸브를 거쳐 드라이밸브 및 2차측배관에 공급된다.

에어레규레이터는 손으로 돌려 공기공급압력을 조절할 수 있다.
2차측배관에 공급하는 공기의 압력은 에어레규레이터로 한번 조정하면 그 이후에는 조정할 필요가 없다.
바이패스밸브는 평소에 잠겨져 있고 바이패스밸브는 평소에는 사용하지 않는다. 에어레규레이터를 거치지 않고 2차측배관으로 공기를 공급할 때 사용한다.

바이패스 Bypass : 우회로, 돌아서 감
에어컴프레서 air compressor : 공기압축기, 공기를 대기압 이상의 압력으로 압축하여 압축 공기를 만드는 기계
에어레규레이터 air regulator : 공기압력 조절기

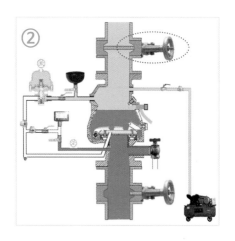

② 드라이밸브의 2차측 개폐밸브를 닫는다

2차측 개폐밸브를 닫는 이유는,
드라이밸브작동 시험중 2차측 배관으로 물이 흘러 들어가면 복구를 할 때에 배관안의 물을 배수하는데 많은 시간이 걸리므로 2차측의 빈 배관으로 물이 들어가지 않도록 하기 위함이며, 또한 불량한 헤드나 누수 배관으로 물이 누수되는 사고를 방지하기 위해서 한다.
(뒷부분은 궁색한 이유이며, 누수부분이 있다면 점검해야 할 내용이 될 수 있다)

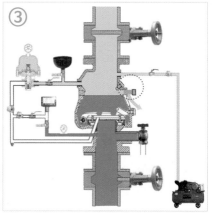

③ 작동시험 실시

수동작동밸브(수위조절밸브)를 개방한다.
밸브를 열면 공기가 밸브 밖으로 빠진다.

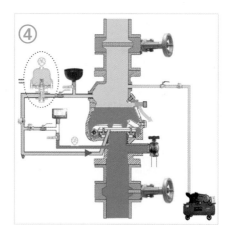

④ 작동

엑셀레이터가 작동한다.
드라이밸브 안의 공기가 열려진 엑셀러레이트를 통하여 화살표와 같이 배관으로 공기가 빠진다.

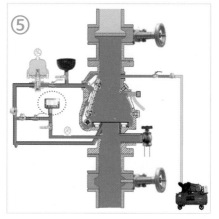

⑤ 작동

㉮ 드라이밸브 안의 공기가 수동작동밸브 외부로 빠지며, 엑셀러레이터의 작동으로 공기가 추가로 빠지므로 1차측 물의 압력에 의하여 클래퍼가 열린다.
㉯ 1차측 물이 알람(압력)스위치를 작동하여 유수(화재)경보가 울린다.
㉰ 수신기에는 화재표시등 및 지구표시등이 켜진다.

⑥ 복구

1차측 개폐밸브를 닫는다.

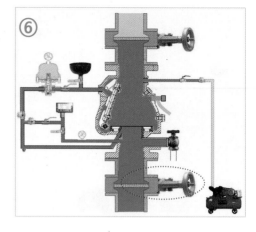

⑦ 복구

㉮ 공기공급밸브를 닫는다.

㉯ 배수밸브를 개방한다(그림과 같이 배수밸브로 밸브안의 물이 밸브 밖으로 배수된다)

㉰ 수신기에서 복구버튼을 눌러 경보를 멈추게 하고 화재표시등 및 지구표시등을 끈다.

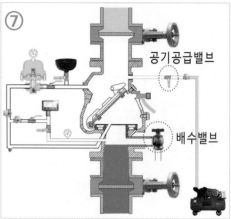

⑧ 복구

래치를 풀어 클래퍼를 내린다.

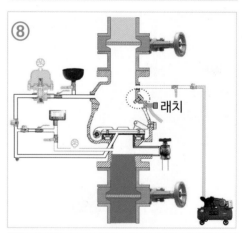

⑨ 복구

배수밸브를 닫는다.

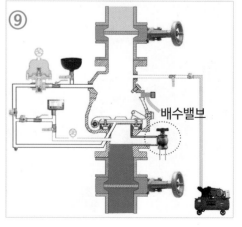

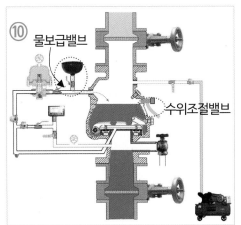

⑩ 물보급밸브
수위조절밸브

⑩ 복구

물올림컵을 통하여 클래퍼 위에 그림과 같이 수위조절밸브의 높이 만큼 물을 채운다.

수위조절밸브로 물이 흐르면 물보급밸브를 닫고, 수위조절밸브를 닫는다.

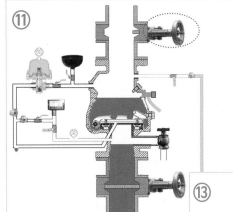

⑪

⑪ 복구

2차측 개폐밸브를 개방한다.

⑫ 공기공급밸브

⑬

⑬ 복구

1차측 개폐밸브를 개방한다.

⑫ 복구

공기공급밸브를 열어 드라이밸브 2차측 및 배관안에 에어컴프레서로 가압공기를 채운다.

공기공급밸브를 열면 에어컴프레서가 작동하여 레귤레이터를 통하여 공기가 드라이밸브로 공급되며, 이미 레귤레이터에 조정되어 있는 공기압력 만큼 공급되면 자동으로 공기공급이 중단된다.

드라이밸브와 저압드라이밸브 비교

	드라이밸브	저압드라이밸브
1차측배관 물 압력 : 2차측배관 공기 압력(셋팅)	1 : 0.5~0.7(MPa)	1 : 0.05~0.1(MPa)
장, 단점	1. 저압밸브보다는 구조가 간단하다. 2. 2차측 배관 공기압력이 높아 유지관리가 어렵고, 좋지않다.	1. 드라이밸브보다 구조가 복잡하다. 2. 2차측 배관 공기압력이 낮아 유지관리가 쉽고, 화재발생시에 헤드로 빨리 방수된다.
현장의 실태	제품생산이 중단된지 오래되었다.	국내에서 3개사에서 생산했지만 현장의 수요가 적어 1개사만 생산하고 있다.
현장에서 외면받는 이유	2차측배관의 공기압력이 낮으면 더 좋은 제품이므로 드라이밸브는 기술력에서 밀려났지만 저압 드라이밸브는 구조적으로 복잡하여 오작동이 일어나며, 프리액션밸브와 비교하여 시장에서 밀려 나고 있다. 향후 저압드라이밸블를 더 개선해야 할 것 같다.	

4. 그림으로 배우는 저압건식(드라이)밸브 작동점검 방법

① 작동전(평소) 셋팅 상태

* 1차측 개폐밸브 – 열림(○)
* 2차측 개폐밸브 – 열림(○)
* 배수밸브 – 닫힘(×)
* 수동작동밸브 – 닫힘(×)
* 알람(경보)정지밸브 – 열림(○)
* 알람(경보)시험밸브 – 닫힘(×)
* 공기공급밸브 – 열림(○)
* 중간챔버보급수밸브 – 닫힘(×)
* 클래퍼 – 닫힘(×)
* 1차측압력계 – 물의 압력이 나타남
* 2차측압력계 – 압축공기 압력이 나타남

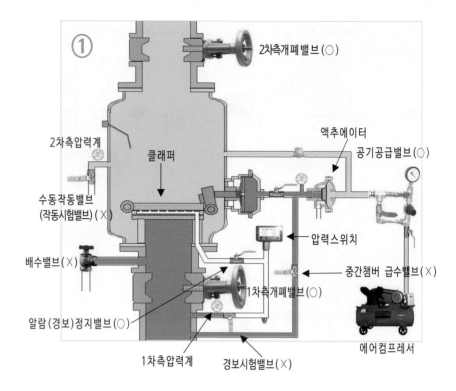

번호의 이름 쓰기(기사시험 기출문제)

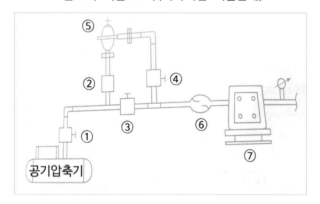

① 개폐밸브(열림)
② 개폐밸브(열림)
③ 바이패스 밸브(By Pass Valve) (닫힘)
④ 개폐밸브(공기공급밸브) (열림)
⑤ 에어레규레이터(공기압력조절기)
⑥ 체크밸브
⑦ 건식밸브(드라이밸브)

에어레규레이터 주변 부속품 상세내용

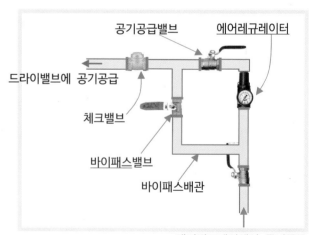

에어레규레이터 air regulator : 공기압력 조절기
바이패스 Bypass : 우회로, 돌아서 감
에어컴프레서 air compressor : 공기를 대기압 이상의 압력으로 압축하여 압축 공기를 만드는 기계

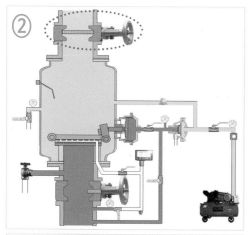

건식스프링클러의 작동점검은 가지배관의 끝에 설치된 시험밸브를 개방하여 방수압력을 측정하고, 드라이밸브의 작동에 대하여 점검해야 한다. 점검을 하기 위해서 시험밸브를 설치해 두었다.

시험밸브를 열어 점검하는 내용은 헤드 1개가 방수되는 양(80ℓ/min)으로 방수하여 드라이밸브의 압력스위치(유수검지장치)가 정상적으로 작동되어 화재경보가 울리는지, 드라이밸브의 클래퍼가 정상적으로 작동되어 1차측 배관의 가압수가 2차측 배관으로 흐르는지 점검하는 것이다.

그러나, 여기서는 2차측 배관으로 물을 보내지 않고 드라이밸브 작동점검을 하는 약식점검에 대한 내용이다.

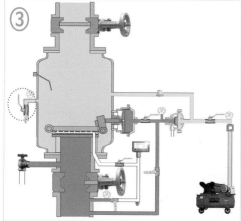

② 저압드라이밸브의 2차측 개폐밸브를 닫는다

2차측 개폐밸브를 닫는 이유는,
밸브작동 시험중 2차측 배관으로 물이 흘러 들어가면 복구 할 때에
배관안의 물을 배수하는데 많은 시간이 필요하므로
2차측의 빈 배관으로 물이 들어가지 않도록 하기 위함이다.

③ 작동시험 실시

작동시험밸브를 개방한다.
저압드라이밸브 외부로 공기가 빠져나가면 <u>액추에이터</u>가 작동한다.

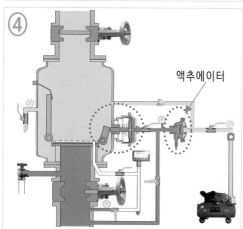

액추에이터

④ 작동

액추에이터가 작동되어 액추에이터 밖으로 그림과 같이
물이 밖으로 빠져나간다.
　　- <u>래치</u>(걸쇠)와 <u>푸시핀</u>(밀대)이 풀려 클래퍼가 열린다.

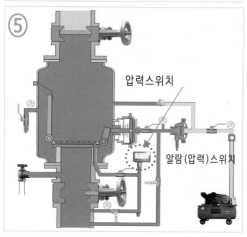

압력스위치

알람(압력)스위치

⑤ 작동(확인할 내용)

㉮ 물에 의하여 압력스위치가 작동하여 화재경보가 울리는지 확인한다.
㉯ 수신기에 화재표시등, 지구표시등이 켜지는지 확인한다.
㉰ 배관안에 적정압력이 빠진후 펌프가 자동으로 작동이 되는지 확인한다.

액추에이터 actuator : 작동기(장치)
래치 latch : 상태를 유지해 주는 장치
푸시핀 push pin : 밀대

⑥ **복구**

1차측 개폐밸브를 닫는다.

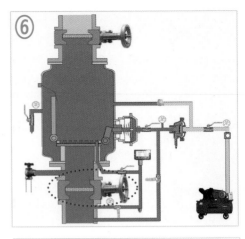

⑦ **복구**

㉮ 공기공급밸브를 닫는다.
㉯ 시험밸브를 닫는다.
㉰ 배수밸브를 개방한다.
㉱ 수신기에 복구버튼을 눌러 경보정지, 화재표시등,
　 지구표시등을 끈다.

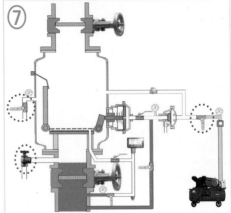

⑧ **복구**

래치(걸쇠)를 풀어 열린 클래퍼를 내린다.

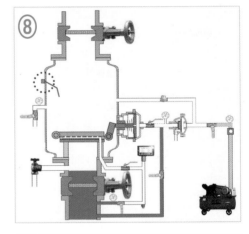

⑨ **복구**

㉮ 배수밸브를 닫는다.
㉯ 공기공급밸브를 개방한다.

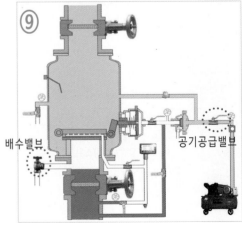

배수밸브　　　　공기공급밸브

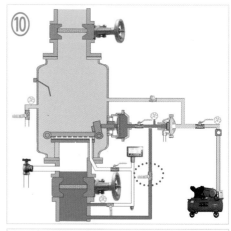

⑩ 복구

중간챔버 보급수 밸브를 열어 중간챔버에 물을 공급한 후
보급수 밸브를 닫는다.

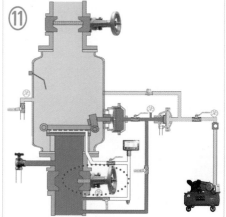

⑪ 복구

1차측 개폐밸브를 개방한다.

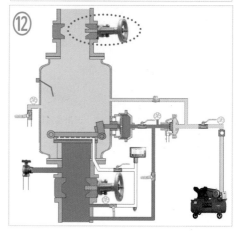

⑫ 복구

2차측 개폐밸브를 개방한다.

압력조절밸브

에어레규레이터 air regulator(공기압력 조절기)
건식설비의 2차측 배관에 유지해야 하는 압력을 압력조절밸브를 좌, 우로 돌려
압력을 조절한다.
2차측배관의 공기압력은 한번 조정하면 큰 변화가 없으면 조정된 상태로 유지
관리하면 된다.

라. 일제개방(델류즈 - deluge)밸브 작동점검 방법

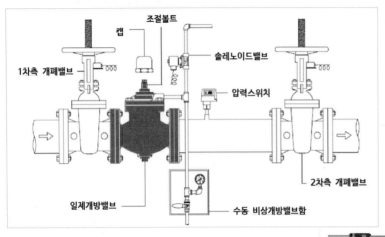

① 작동전(평소)의 상태

- 1차측 개폐밸브 - 열림(○)
- 2차측 개폐밸브 - 열림(○)
- 배수밸브 - 닫힘(×)
- 전동볼(또는 솔레노이드)밸브 - 닫힘(×)
- 수동작동밸브 - 닫힘(×)
- 중간챔버급수밸브
    - 복구(세팅)밸브 - 닫힘(×)
- 피스톤 - 닫힘(×)
- 1차측압력계 - 물의 압력이 나타남
- 2차측압력계 - 압력은 없다

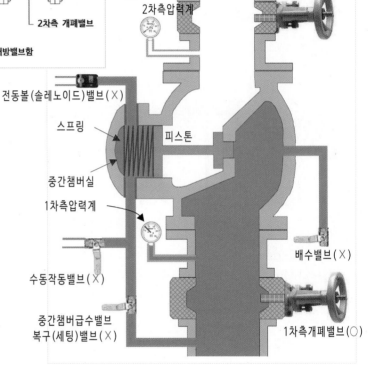

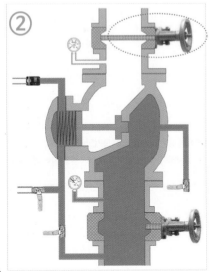

② 델류즈밸브의 2차측 밸브를 닫는다

▶ 2차측 밸브를 닫는 이유는,

밸브작동 시험중 2차측 배관으로 물이 흘러 들어가면 개방형 헤드로 방수되는 것을 막으며,
복구를 할 때에 배관안의 물을 배수하는데 많은 시간이 필요하므로 2차측의 빈 배관으로 물이 들어가지 않도록 하기 위해서이다.

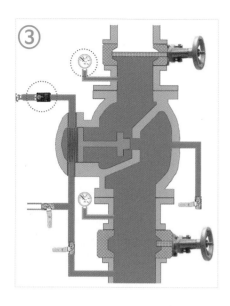

③

③ 작동시험 실시

(아래의 어느 한가지 방법으로 선택하여 시험을 한다)
㉮ 감지기를 2개회로 이상(교차회로) 작동한다.
㉯ 슈퍼비죠리판넬(수동작동함)의 작동스위치를 누른다.
㉰ 수신기에서 밸브기동 스위치를 작동한다.
㉱ 수신기에서 동작시험으로 감지기를 2개회로(교차회로) 작동한다.
㉲ 딜류즈밸브의 수동작동밸브를 개방한다.

작동시험을 실시하면,
전동볼(또는 솔레노이드)밸브가 작동(열림)되어
 - 중간챔버실의 물이 전동볼밸브를 통하여 밸브 밖으로 나오며,
 - 중간챔버실의 물 압력이 감압되어 피스톤이 열려 1차측 배관의 물이
   2차측배관으로 이동한다.

【작동상태의 확인할 내용】

㉮ 델류즈밸브의 전동볼밸브(또는 솔레노이드밸브)가 작동하여 피스톤이
   열리는지 확인한다.

 • 전동볼밸브가 작동이 되는지는 밸브의 핸들이 돌아가는 것이
   보인다.
 • 2차측 압력계가 올라가면 피스톤이 열려 가압수가 2차측으로
   이동한 증거가 된다.

㉯ 화재경보(유슈경보)가 울리는지 확인한다.

㉰ 수신기의 화재표시등, 지구표시등이 켜지는지 확인한다.

㉱ 배관안에 적정압력이 빠진후 펌프가 자동으로 작동되는지 확인한다.

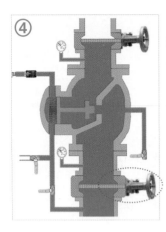

④ 복구 준비

1차측 개폐밸브를 닫는다

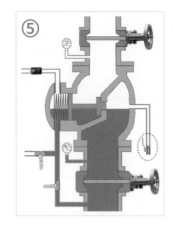

⑤ 복구 준비

배수밸브를 개방하여
피스톤 위의
물을 배수한다.

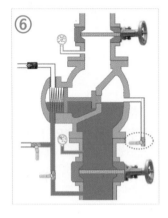

⑥ 복구 준비

배수가 끝나면
배수밸브를 닫는다.

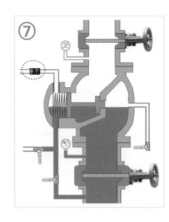

⑦ 복구 준비

• 수신기에서 복구버튼을
  눌러 복구를 한다.

• 전동볼밸브의 핸들을
  돌려 닫는다.

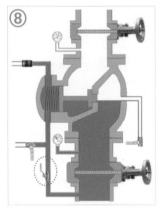

⑧ 중간챔버에 급수한다

중간챔버 급수밸브를 열어
중간챔버에 1차측 물을 넣는다.

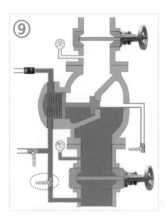

⑨ 중간챔버급수밸브를
   닫는다

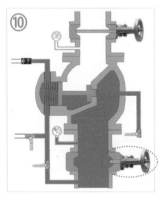

⑩ 1차측 개폐밸브를 개방한다

밸브를 열어 복구되지 않고 2차측압력계가
올라가면 피스톤이 복구되지 않고 열린
것이다.

그러면 다시 ④번부터 복구 순서대로 1차
측개폐밸브를 닫고 배수밸브를 열어 배수
를 한후 다시 배수밸브를 닫고 중간챔버
급수밸브《복구(세팅)밸브》를 개방하여
중간챔버에 1차측 가압수를 넣는다.

복구가 되면 1차측개폐밸브를 개방한다.

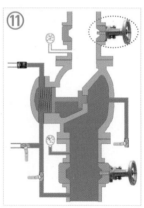

⑪ 2차측 개폐밸브를
   개방한다

9. 수원(물탱크)

스프링클러설비의 화재안전기술기준 2.1

스프링클러설비에 필요한 물을 수원이라 한다.
적정 물탱크의 용량을 정하는 기준은 설치한 헤드가 폐쇄형 또는 개방형에 따라 각각 다르게 기준을 정하고 있으며, 또한 폐쇄형헤드를 사용하는 경우에는 스프링클러설비 설치 장소별

스프링클러헤드의 기준개수를 정하여 물탱크의 용량을 계산한다. 물탱크의 물의 양을 정한 기준은 스프링클러설비를 설치한 장소의 특성에 맞게 화재의 성질을 판단하여 그에 적합하게 불을 끄기 위한 최소한의 적정한 물의 양을 정한 것이다.

가. 수원 저수량 기준 스프링클러설비의 화재안전기술기준 2.1, 고층건축물의 화재안전기술기준 2.2

① 폐쇄형 스프링클러헤드를 사용하는 경우(습식, 준비작동식, 건식)

스프링클러설비 설치장소별 스프링클러헤드의 기준개수[스프링클러헤드의 설치개수가 가장 많은 층에 설치된 스프링클러헤드의 개수가 기준개수보다 작은 경우에는 그 설치개수를 말한다]에 1.6 ㎥를 곱한 양 이상이 되도록 할 것

고층건축물(30층 이상이거나 높이 120m 이상)은, 설치장소별 스프링클러헤드의 기준개수에 3.2㎥를 곱한 양 이상이 되도록 해야 한다. 다만, 50층 이상인 건축물의 경우에는 4.8㎥를 곱한 양 이상이 되도록 해야 한다.

수원의 양 = 기준개수 × 1.6(고층건축물은 3.2, 50층 이상의 건축물은 4.8)㎥

설치장소별 헤드 기준개수

스프링클러의 설치장소			기준개수
공동주택 (아파트)	아파트		10
	각 동이 주차장으로 서로 연결된 구조인 경우 해당 주차장 부분		30
지하층을 제외한 층수가 10층이하인 소방대상물	공장	특수가연물을 저장 · 취급하는 것	30
		그밖의 것	20
	근린생활시설 · 판매시설 · 운수시설 또는 복합건축물	판매시설 또는 복합건축물 (판매시설이 설치되는 복합건축물을 말한다)	30
		그밖의 것	20
	그밖의 것	헤드의 부착높이가 8m 이상의 것	20
		헤드의 부착높이가 8m 미만의 것	10
지하층을 제외한 층수가 11층 이상인 소방대상물(아파트를 제외한다) · 지하가 또는 지하역사			30
비고 : 하나의 소방대상물이 2이상의 "스프링클러헤드의 기준개수"란에 해당하는 때에는 기준개수가 많은 것을 기준으로 한다. 다만, 각 기준개수에 해당하는 수원을 별도로 설치하는 경우에는 그러하지 아니하다.			

② 개방형 스프링클러헤드를 사용하는 경우(일제살수식 스프링클러)

수원은 최대 방수구역에 설치된 스프링클러헤드의 개수가 30개 이하일 경우에는 설치헤드수에 1.6 ㎥를 곱한 양 이상으로 하고, 30개를 초과하는 경우에는 수리계산에 따를 것

③ 옥상 물탱크 설치   스프링클러설비의 화재안전기술기준 2.1.2

수원의 양으로 계산된 유효수량외 유효수량의 3분의 1 이상을 옥상(스프링클러설비가 설치된 건축물의 주된 옥상을 말한다)에 설치해야 한다.

그러나 다음 각호의 1에 해당하는 경우에는 옥상수조(물탱크)를 설치하지 않는다.
(해 설 - 아래의 내용중 하나의 내용에만 해당이 되어도 옥상의 수조(물탱크)를 설치하지 않아도 된다)

    ㉮ 지하층만 있는 건축물
    ㉯ 고가수조를 가압송수장치로 설치한 경우
    ㉰ 수원이 건축물의 최상층에 설치된 헤드보다 높은 위치에 설치된 경우
    ㉱ 건축물의 높이가 지표면으로부터 10 m 이하인 경우
    ㉲ 주펌프와 동등 이상의 성능이 있는 별도의 펌프로서 내연기관의 기동과 연동하여 작동되거나 비상전원을 연결하여 설치한 경우
    ㉳ 가압수조를 가압송수장치로 설치한 경우

④ 고층건축물 옥상 물탱크 설치   고층건축물의 화재안전기술기준 2.2.2

수원의 양으로 계산된 유효수량외 유효수량의 3분의 1 이상을 옥상(스프링클러설비가 설치된 건축물의 주된 옥상을 말한다)에 설치해야 한다.

그러나 다음 각호의 1에 해당하는 경우에는 옥상수조(물탱크)를 설치하지 않는다.
    ㉮ 수원이 건축물의 최상층에 설치된 헤드보다 높은 위치에 설치된 경우
    ㉯ 건축물의 높이가 지표면으로부터 10 m 이하인 경우

⑤ 헤드의 개수에 1.6, 3.2(30층 이상 49층 이하), 4.8㎥(50층 이상)를 계산하는 근거

헤드 1개의 방수량은 1분에 80ℓ로 계산하며, 소방대가 도착할 때 까지의 시간을 20(40, 60)분으로 추정하여 20(40, 60)분 동안 스프링클러설비가 작동할 수 있는 물의 양을 물탱크에 저장하는 것이다.
20(40, 60)분 동안 스프링클러설비가 작동하여 불이 끄지지 않으면 소방대가 싣고온 물로 화재를 소화한다는 판단에서 물의 양을 계산한 것이다.

    1.6㎥ 는 80ℓ × 20분 = 1,600ℓ (1.6㎥),   3.2㎥ 는 80ℓ × 40분 = 3,200ℓ (3.2㎥),
    4.8㎥ 는 80ℓ × 60분 = 4,800ℓ (4.8㎥)가 된 것이다.

나. 수조의 기준 스프링클러설비의 화재안전기술기준 2.1.3, 4

① 둘 이상의 특정소방대상물 2.1.3

옥상수조는 이와 연결된 배관을 통하여 상시 소화수를 공급할 수 있는 구조의 특정소방대상물의 경우에는 2 이상의 특정소방대상물이 있더라도 하나의 특정소방대상물에만 이를 설치할 수 있다.

② 전용수조 2.1.4

스프링클러설비의 수원을 수조로 설치하는 경우에는 소화설비의 전용수조로 해야 한다. 다만, 다음의 어느 하나에 해당하는 경우에는 그렇지 않다.
1. 스프링클러설비용 펌프의 풋밸브 또는 흡수배관의 흡수구 (수직회전축펌프의 흡수구를 포함한다)를 다른 설비 (소화용 설비 외의 것을 말한다)의 풋밸브 또는 흡수구보다 낮은 위치에 설치한 때
2. 고가수조로부터 스프링클러설비의 수직배관에 물을 공급하는 급수구를 다른 설비의 급수구보다 낮은 위치에 설치한 때

③ 겸용수조의 유효수량 2.1.5

저수량을 산정함에 있어서 다른 설비와 겸용하여 스프링클러설비용 수조를 설치하는 경우에는 스프링클러설비의 풋밸브·흡수구 또는 수직배관의 급수구와 다른 설비의 풋밸브·흡수구 또는 수직배관의 급수구와의 사이의 수량을 그 유효수량으로 한다.

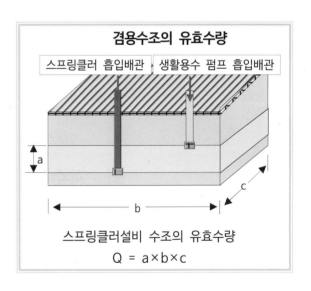

겸용수조의 유효수량

스프링클러 흡입배관 | 생활용수 펌프 흡입배관

스프링클러설비 수조의 유효수량

$$Q = a \times b \times c$$

④ 수조 설치기준 2.1.6

스프링클러설비용 수조는 다음 각 호의 기준에 따라 설치하여야 한다.
1. 점검에 편리한 곳에 설치할 것
2. 동결방지조치를 하거나 동결의 우려가 없는 장소에 설치할 것
3. 수조의 외측에 수위계를 설치할 것. 다만, 구조상 불가피한 경우에는 수조의 맨홀 등을 통하여 수조 안의 물의 양을 쉽게 확인할 수 있도록 해야 한다.
4. 수조의 상단이 바닥보다 높은 때에는 수조의 외측에 고정식 사다리를 설치할 것
5. 수조가 실내에 설치된 때에는 그 실내에 조명설비를 설치할 것
6. 수조의 밑 부분에는 청소용 배수밸브 또는 배수관을 설치할 것
7. 수조 외측의 보기 쉬운 곳에 "스프링클러소화설비용 수조"라고 표시한 표지를 할 것. 이 경우 그 수조를 다른 설비와 겸용하는 때에는 그 겸용되는 설비의 이름을 표시한 표지를 함께 해야 한다.
8. 소화설비용 펌프의 흡수배관 또는 소화설비의 수직배관과 수조의 접속부분에는 "스프링클러소화설비용 배관"이라고 표시한 표지를 할 것. 다만, 수조와 가까운 장소에 스프링클러펌프가 설치되고 스프링클러펌프에 표지를 설치한 때에는 그러하지 아니하다.

다. 물탱크 양 계산 사례

사례 1

백화점으로 10층 건물에서 하나의 층에 150개의 폐쇄형 헤드를 설치하였다. 필요한 수원의 양은?

해 설

10층 건물이며 백화점, 폐쇄형헤드를 설치한 장소이므로 헤드 기준개수는 30개이다.
수원의 양 = 기준개수 × 1.6 ㎥이므로,
30개 × 1.6 ㎥ = 48 ㎥(톤) 이상이 필요하며, 옥상수조는 48㎥ × 1/3 = 16㎥ 필요하다.
　수원의 양 : 48㎥이상,　옥상수원의 양 : 16㎥이상

사례 2

하나의 방수구역에 개방형 헤드를 20개 설치한 경우 필요한 수원의 양은?

해 설

헤드 설치개수가 20개이므로,
　20개 × 1.6 ㎥ = 32 ㎥(톤) 이상이 필요함.　옥상수조는 32㎥ × 1/3 = 10.67㎥ 필요하다.
　수원의 양 : 32㎥ 이상.　옥상수원의 양 : 10.67㎥ 이상

라. 저수위 경보센서(Sensor) 설치위치

옥상수조, 지하수조(수조)는 법적으로 필요한 물탱크의 양보다 위쪽에 저수위 경보센서를 설치해야 한다.
물올림탱크는 100ℓ 이상의 위쪽에 저수위 경보센서를 설치해야 한다.
그 이유는 물탱크의 법적 필요량은 항상 확보되면서 법적 수원의 양보다 감소하면 경보센서가 작동해야 한다.
물올림탱크도 100ℓ 이상이 필요하므로 100ℓ 이하로 감소하면 경보센서가 작동해야 한다.

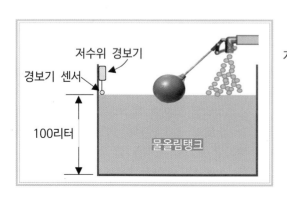

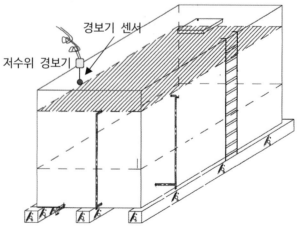

10. 가압송수장치 스프링클러설비의 화재안전기술기준 2.2

가. 전동기 또는 내연기관 펌프

① 전용 펌프

펌프는 전용으로 한다. 다만, 다른 소화설비와 겸용하는 경우 각각의 소화설비의 성능에 지장이 없을 때에는 그러하지 아니하다. 층수가 30층 이상의 특정소방대상물(고층건물)은 전용으로 한다.

② 압력계, 진공계

펌프의 토출측에는 압력계를 체크밸브 이전에 펌프토출측 플랜지에서 가까운 곳에 설치하고, 흡입측에는 연성계 또는 진공계를 설치한다. 다만, 수원의 수위가 펌프의 위치보다 높거나 수직회전축 펌프의 경우에는 연성계 또는 진공계를 설치하지 아니할 수 있다.

③ 성능시험배관

펌프의 성능은 체절운전 시 정격토출압력의 140 %를 초과하지 않고, 정격토출량의 150 %로 운전 시 정격토출압력의 65 % 이상이 되어야 하며, 펌프의 성능을 시험할 수 있는 성능시험배관을 설치할 것. 다만, 충압펌프의 경우에는 그렇지 않다.

④ 순환배관

가압송수장치에는 체절운전 시 수온의 상승을 방지하기 위한 순환배관을 설치한다. 충압펌프는 설치하지 않는다.

⑤ 기동용 수압개폐장치용 펌프

기동장치로는 기동용수압개폐장치 또는 이와 동등 이상의 성능이 있는 것으로 설치한다. 다만, 기동용수압개폐장치 중 압력챔버를 사용할 경우 그 용적은 100ℓ 이상의 것으로 한다.

⑥ 물올림장치

수원의 수위가 펌프보다 낮은 위치에 있는 가압송수장치에는 다음의 기준에 따른 물올림장치를 설치한다.
  ㉮ 물올림장치에는 전용의 수조를 설치한다.
  ㉯ 수조의 유효수량은 100ℓ 이상으로 하되, 구경 15mm 이상의 급수배관에 따라 해당 수조에 물이 계속 보급되도록 한다.

⑦ 정격토출압력

가압송수장치의 정격토출압력은 하나의 헤드선단에 0.1MPa 이상 1.2MPa 이하의 방수압력이 될 수 있게 하는 크기일 것

⑧ 송수량

가압송수장치의 송수량은 0.1MPa의 방수압력 기준으로 80ℓ/min 이상의 방수성능을 가진 기준개수의 모든 헤드로 부터의 방수량을 충족시킬 수 있는 양 이상의 것으로 한다. 이 경우 속도수두는 계산에 포함하지 아니할 수 있다.

⑨ 폐쇄형헤드 설비 송수량

가압송수장치의 1분당 송수량은 폐쇄형스프링클러헤드를 사용하는 설비의 경우 기준개수에 80ℓ를 곱한 양 이상으로도 할 수 있다.

스프링클러의 설치장소			기준개수
공동주택 (아파트)	아파트		10
	각 동이 주차장으로 서로 연결된 구조인 경우 해당 주차장 부분		30
지하층을 제외한 층수가 10층이하인 소방대상물	공장	특수가연물을 저장 · 취급하는 것	30
		그밖의 것	20
	근린생활시설 · 판매시설 · 운수시설 또는 복합건축물	판매시설 또는 복합건축물 (판매시설이 설치되는 복합건축물을 말한다)	30
		그밖의 것	20
	그밖의 것	헤드의 부착높이가 8m 이상의 것	20
		헤드의 부착높이가 8m 미만의 것	10
지하층을 제외한 층수가 11층 이상인 소방대상물(아파트를 제외한다) · 지하가 또는 지하역사			30
비고 : 하나의 소방대상물이 2이상의 "스프링클러헤드의 기준개수"란에 해당하는 때에는 기준개수가 많은 것을 기준으로 한다. 다만, 각 기준개수에 해당하는 수원을 별도로 설치하는 경우에는 그러하지 아니하다.			

문 제

아파트 5개동의 공동주택이다. 스프링클러설비의 가압송수장치(펌프) 송수량 및 수원의 저장량을 구하시오?
【조건】
1. 계단식 아파트
2. 스프링클러헤드의 설치개수가 가장 많은 세대에 설치된 스프링클러헤드의 개수는 12개이다.
3. 5개동의 주차장은 서로 연결된 구조이다.

정 답

1. 가압송수장치(펌프) 송수량

1분당 송수량(80ℓ) × 헤드 기준개수 = 80ℓ · min × 30 = 2,400 ℓ/min 　　∴ 1분당 2,400ℓ

2. 수원 저장량

헤드의 기준 개수 × 1.6㎥ = 30개 × 1.6㎥ = 48㎥ 　　　　　　　　∴ 48㎥

⑩ 개방형헤드 설비 송수량

가압송수장치의 1분당 송수량은 개방형스프링클러 헤드수가 30개 이하의 경우에는 그 개수에 80ℓ를 곱한 양 이상으로 할 수 있으나 30개를 초과하는 경우에는 정격토출압력은 하나의 헤드선단에 0.1MPa 이상 1.2MPa 이하의 방수압력이 될 수 있게 하는 크기, 송수량은 0.1MPa의 방수압력 기준으로 80ℓ/min 이상의 방수성능을 가진 기준개수의 모든 헤드로부터의 방수량을 충족시킬 수 있는 양 이상으로 한다.

⑪ 충압펌프

기동용수압개폐장치를 기동장치로 사용하는 경우에는 다음의 기준에 따른 충압펌프를 설치한다.

⑦ 펌프의 토출압력은 그 설비의 최고위 살수장치(일제 개방밸브의 경우는 그 밸브)의 자연압보다 적어도 0.2MPa이 더 크도록 하거나 가압송수장치의 정격토출압력과 같게 한다.

⑭ 펌프의 정격토출량은 정상적인 누설량보다 적어서는 아니되며 스프링클러설비가 자동적으로 작동할 수 있도록 충분한 토출량을 유지한다.

⑫ 내연기관

내연기관을 사용하는 경우에는 다음 각 목의 기준에 적합하게 설치한다.

⑦ 제어반에 따라 내연기관의 자동기동 및 수동기동이 가능하고, 상시 충전되어 있는 축전지설비를 갖춘다.

⑭ 내연기관의 연료량은 펌프를 20분(층수가 30층 이상 49층 이하는 40분, 50층이 이상은 60분) 이상 운전할 수 있는 용량으로 한다.

⑬ 자동정지기능

가압송수장치가 기동되는 경우에는 자동으로 정지되지 아니하도록 하여야 한다. 다만, 충압펌프의 경우에는 그러하지 아니하다.

나. 고가수조

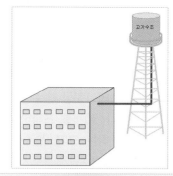

① 고가수조 자연낙차수두
(수조의 하단으로부터 최고층에 설치된 헤드까지의 수직거리를 말한다)

$$H = h_1 + 10$$

H : 필요한 낙차(m),　　h_1 : 배관의 마찰손실 수두(m)

② 설치부품 : 수위계 · 배수관 · 급수관 · 오버플로우관 · 맨홀

다. 압력수조

① 압력수조 압력

$$P = p_1 + p_2 + 0.1$$

P : 필요한 압력(MPa),　　p_1 : 낙차의 환산 수두압(MPa),　　p_2 : 배관의 마찰손실 수두압(MPa)

② 설치부품 : 수위계 · 급수관 · 배수관 · 급관 · 맨홀 · 압력계 · 안전장치 · 자동식 공기압축기

라. 가압수조

① 가압수조의 방수량 및 방수압이 20분, 층수가 30층 이상 49층 이하는 40분 이상, 50층 이상은 60분 이상 유지되도록 한다.
② 가압수조의 가압원은 「건축법 시행령」 제46조에 따른 방화구획 된 장소에 설치할 것

압력수조와 가압수조 비교

	압력수조	가압수조
수조의 구조(형태)	압력탱크 형태	압력탱크 형태
	수조에 소방시설에 필요한 압력이 유지되어야 하므로 원통형의 압력탱크 구조이다.	
수조에 압력보충 방법	에어컴프레셔로 필요한 방수압력을 수조에 채운다	압력이 있는 기체통의 압력으로 필요한 방수압력을 수조에 채운다. 사용하는 기체는 공기, 질소, 이산화탄소 등을 사용할 수 있다.
	에어레규레이터가 설치되어 필요한(원하는) 방수압력을 유지할 수 있게 한다.	
전원(AC)	전원이 필요하다(에어컴프레셔를 작동해야 하므로 전원이 필요하다)	필요하지 않다.(수신기에 DC의 전원은 필요하지만 무전원 설비로 보면된다)
작동의 신뢰성	전원이 정전, 단전되면 작동할 수 없으므로 작동의 신뢰성은 낮다	무전원설비로서 작동의 신뢰성이 높다
경제성	수조를 압력탱크로 만들어야 하므로 실용성이 부족하여 현장에는 없다	수조를 압력탱크로 만들어야 하므로 실용성이 부족하지만 작동의 신뢰성이 높으며 한때 제작을 하여 전국에 보급된 적도 있다.

소방시설별 방수압력 기준 내용

소방시설	최소압력	최대압력	근거 법규
옥내소화전	0.17 MPa	0.7 MPa	옥내소화전설비의 화재안전기술기준 2.2.1.3
옥외소화전	0.25 MPa	0.7 MPa	옥외소화전설비의 화재안전기술기준 2.2.1.3
스프링클러설비	0.1 MPa	1.2 MPa	스프링클러설비의 화재안전기술기준 2.2.1.10
간이스프링클러설비	0.1 MPa		간이스프링클러설비의 화재안전기술기준 2.2.1
화재조기진압용 스프링클러설비	0.28 MPa	0.34 MPa	화재조기진압용 스프링클러설비의 화재안전기술기준 2.3.1.11.1
	최대층고 및 최대저장높이에 따라 방수압력 기준 정한다		
물분무소화설비	물분무헤드의 설계압력(MPa)		물분무소화설비의 화재안전기술기준 2.2
미분무소화설비 저압		1.2 MPa 이하	미분무소화설비의 화재안전기술기준 1.7,
미분무소화설비 중압	1.2 MPa 초과	3.5 MPa 이하	
미분무소화설비 고압	3.5 MPa 초과		
포소화설비	방출구 설계압력 또는 노즐선단 방사압력(MPa)		포소화설비의 화재안전기술기준 2.3

제7조(스프링클러설비) 스프링클러설비는 다음 각 호의 기준에 따라 설치해야 한다.

1. 폐쇄형스프링클러헤드를 사용하는 아파트등은 기준개수 10개(스프링클러헤드의 설치개수가 가장 많은 세대에 설치된 스프링클러헤드의 개수가 기준개수보다 작은 경우에는 그 설치개수를 말한다)에 1.6㎥를 곱한 양 이상의 수원이 확보되도록 할 것. 다만, 아파트등의 각 동이 주차장으로 서로 연결된 구조인 경우 해당 주차장 부분의 기준개수는 30개로 할 것

2. 아파트등의 경우 화장실 반자 내부에는「소방용 합성수지배관의 성능인증 및 제품검사의 기술기준」에 적합한 소방용 합성수지배관으로 배관을 설치할 수 있다. 다만, 소방용 합성수지배관 내부에 항상 소화수가 채워진 상태를 유지할 것

3. 하나의 방호구역은 2개 층에 미치지 아니하도록 할 것. 다만, 복층형 구조의 공동주택에는 3개 층 이내로 할 수 있다.

4. 아파트등의 세대 내 스프링클러헤드를 설치하는 경우 천장·반자·천장과 반자사이·덕트·선반등의 각 부분으로부터 하나의 스프링클러헤드까지의 수평거리는 2.6m 이하로 할 것.

5. 외벽에 설치된 창문에서 0.6m 이내에 스프링클러헤드를 배치하고, 배치된 헤드의 수평거리 이내에 창문이 모두 포함되도록 할 것. 다만, 다음 각 목의 어느 하나에 해당하는 경우에는 그렇지 않다
   가. 창문에 드렌처설비가 설치된 경우
   나. 창문과 창문 사이의 수직부분이 내화구조로 90㎝ 이상 이격되어 있거나,「발코니 등의 구조변경절차 및 설치기준」제4조제1항부터 제5항까지에서 정하는 구조와 성능의 방화판 또는 방화유리창을 설치한 경우
   다. 발코니가 설치된 부분

6. 거실에는 조기반응형 스프링클러헤드를 설치할 것.

7. 감시제어반 전용실은 피난층 또는 지하 1층에 설치할 것. 다만, 상시 사람이 근무하는 장소 또는 관계인이 쉽게 접근할 수 있고 관리가 용이한 장소에 감시제어반 전용실을 설치할 경우에는 지상 2층 또는 지하 2층에 설치할 수 있다.

8. 「건축법 시행령」제46조제4항에 따라 설치된 대피공간에는 헤드를 설치하지 않을 수 있다.

9. 「스프링클러설비의 화재안전기술기준(NFTC 103)」 2.7.7.1 및 2.7.7.3의 기준에도 불구하고 세대 내 실외기실 등 소규모 공간에서 해당 공간 여건상 헤드와 장애물 사이에 60센티미터 반경을 확보하지 못하거나 장애물 폭의 3배를 확보하지 못하는 경우에는 살수방해가 최소화되는 위치에 설치할 수 있다.

지상 20층 아파트 1동에 아래와 같은 조건으로 습식 스프링클러설비를 설치한다면 아래 물음에 답하시오.

【조 건】
1. 층별 방호면적 : 1,000㎡
2. 실 양정 : 70m
3. 마찰손실수두 : 30m
4. 헤드 방사압력 : 0.1MPa
5. 배관 내의 유속 : 2.0m/s
6. 펌프 효율 : 60%
7. 전달계수 : 1.1

【물 음】
1. 주펌프의 토출량을 구하시오.
   (단, 헤드 적용 수량은 최대 기준 개수를 적용한다)
2. 수원의 확보량을 구하시오.
3. 소화펌프의 축동력(Kw)을 구하시오.

정 답

1. 펌프의 토출량(㎥/min)

· 계산 : Q = 헤드 기준개수 × 80ℓ/min = 10개 × 80ℓ/min = 800ℓ/min

· 답 : 800ℓ/min

스프링클러의 설치장소		기준개수
공동주택 (아파트)	아파트	10
	각 동이 주차장으로 서로 연결된 구조인 경우 해당 주차장 부분	30

2. 수원 확보량(㎥)

① 수조(지하수조)

· 계산 : Q = 헤드 기준개수 × 1.6㎥ =10×1.6㎥ = 16㎥

· 답 : 16㎥

② 옥상수조

· 계산 : 수조의 양 × 1/3 = 16㎥ × 1/3 = 5.3334㎥

· 답 : 5.3334㎥

3. 소화펌프 축동력(Kw)

· 계산 : 축동력 P(Kw) = $\dfrac{\gamma \times Q \times H}{102 \times E}$,

전양정(H) = 실양정 + 마찰손실수두 + 헤드 방사압력수두 = 70 + 30 + 10 = 110m

γ : 비중량(Kgf/㎥, 물의 비중량 = 1000Kgf/㎥), Q : 유량(㎥/sec), H : 전양정(m), E : 펌프의 효율

P(Kw) = $\dfrac{1000 \times (0.8㎥/60\sec) \times 110}{102 \times 0.6}$ = 23.9652

· 답 : 23.97Kw

1. 전동기 용량(모터동력)

$$P(KW) = \frac{\gamma \times Q \times H}{102 \times E} \times K, \quad P(KW) = \frac{0.163 \times Q_1 \times H}{E} \times K$$

2. 내연기관 용량

$$P(HP) = \frac{\gamma \times Q \times H}{76 \times E} \times K, \quad P(PS) = \frac{\gamma \times Q \times H}{75 \times E} \times K$$

3. 축동력

$$Ls(KW) = \frac{\gamma \times Q \times H}{102 \times E}, \quad Ls(HP) = \frac{\gamma \times Q \times H}{76 \times E}, \quad Ls(PS) = \frac{\gamma \times Q \times H}{75 \times E}$$

(축동력 계산은 전달계수 K값은 무시한다)

4. 수동력

$$Lw((KW) = \frac{\gamma \times Q \times H}{102}, \quad Ls(HP) = \frac{\gamma \times Q \times H}{76}, \quad Ls(PS) = \frac{\gamma \times Q \times H}{75}$$

(수동력 계산은 펌프의 효율 및 전달계수 K값은 무시한다)

γ : 비중량(Kgf/㎥, 물의 비중량 = 1000Kgf/㎥)

Q : 유량(㎥/sec)

H : 전양정(m)

E : 펌프의 효율

K : 전달계수

Q_1 : 유량(㎥/min) $0.163 = \frac{1000}{102 \times 60}$

1KW = 102 Kgf · m/sec

1HP = 76 Kgf · m/sec

1PS = 75 Kgf · m/sec

11. 배 관

가. 재 질

① 배관과 배관이음쇠는 다음의 어느 하나에 해당하는 것 또는 동등 이상의 강도·내식성 및 내열성 등을 국내·외 공인기관으로부터 인정받은 것을 사용해야 하고, 배관용 스테인리스 강관(KS D 3576)의 이음을 용접으로 할 경우에는 텅스텐 불활성 가스 아크 용접(Tungsten Inertgas Arc Welding)방식에 따른다. 다만, 2.5에서 정하지 않은 사항은 「건설기술 진흥법」 제44조제1항의 규정에 따른 "건설기준"에 따른다.

1. 배관 내 사용압력이 1.2MPa 미만일 경우에는 다음의 어느 하나에 해당하는 것
   가. 배관용 탄소 강관(KS D 3507)
   나. 이음매 없는 구리 및 구리합금관(KS D 5301). 다만, 습식의 배관에 한한다.
   다. 배관용 스테인리스 강관(KS D 3576) 또는 일반배관용 스테인리스 강관(KS D 3595)
   라. 덕타일 주철관(KS D 4311)

2. 배관 내 사용압력이 1.2MPa 이상일 경우에는 다음의 어느 하나에 해당하는 것
   가. 압력 배관용 탄소 강관(KS D 3562)
   나. 배관용 아크용접 탄소강 강관(KS D 3583)

② 1항에도 에도 불구하고 다음의 어느 하나에 해당하는 장소에는 소방청장이 정하여 고시한 「소방용합성수지배관의 성능인증 및 제품검사의 기술기준」에 적합한 소방용 합성수지배관으로 설치할 수 있다.

1. 배관을 지하에 매설하는 경우
2. 다른 부분과 내화구조로 구획된 덕트 또는 피트의 내부에 설치하는 경우
3. 천장(상층이 있는 경우에는 상층바닥의 하단을 포함한다)과 반자를 불연재료 또는 준불연재료로 설치하고 소화배관 내부에 항상 소화수가 채워진 상태로 설치하는 경우

소방용 합성수지배관

소방용합성수지배관에는 1종과 2종으로 분류된다.

지중매립은 PE재질의 2종 소방용합성수지배관을

옥내에는 CPVC(Chlorinated Polyvinyl Chloride)재질의

1종 소방용합성수지배관을 사용한다.

소방용합성수지배관 종류	사용장소
1종(PE재질)	지중매립 시설
2종(CPVC재질)	옥내 시설

CPVC 파이프를 설치하는 스프링클러설비 공사현장

이음 쇠 : 배관과 배관을 서로 잇기 위하여 대는 쇠, 엘보, 티, 레듀샤, 유니온, 니플등이 있다.

나. 배관 종류 스프링클러설비의 화재안전성능기준 3조

① **주배관** : 가압송수장치 또는 송수구 등과 직접 연결되어 소화수를 이송하는 주된 배관을 말한다.

② **급수배관** : 수원(물탱크) 송수구 등으로 부터 소화설비에 급수하는 배관을 말한다.

③ **가지배관** : 헤드가 설치되어 있는 배관을 말한다.

④ **교차배관** : 가지배관에 급수하는 배관을 말한다.

⑤ **수평주행 배관**

    교차배관에 급수하는 배관을 수평주행배관이라 하며, 좁은 장소에는 수평주행 배관이 없는 장소도 있다.
    (화재안전기준에는 수평주행배관에 대한 용어정의가 없다)

⑥ **수직배수 배관**

    유수검지장치등의 배수를 위하여 설치되는 배관을 말하며 각 층의 배수를 위하여 수직으로 설치된다.
    (화재안전기준에는 수직배수 배관에 대한 용어정의가 없다)

⑦ **신축배관** : 가지배관과 스프링클러헤드를 연결하는 구부림이 용이하고 유연성을 가진 배관을 말한다.

⑧ **분기배관** : 배관 측면에 구멍을 뚫어 둘 이상의 관로가 생기도록 가공한 배관으로서 다음 각 목의 분기배관을
    말한다.

  가. **확관형 분기배관** : 배관의 측면에 조그만 구멍을 뚫고 소성가공으로
      확관시켜 배관 용접이음자리를 만들거나 배관 용접이음
      자리에 배관이음쇠를 용접 이음한 배관을 말한다.

  나. **비확관형 분기배관** : 배관의 측면에 분기호칭내경 이상의 구멍을
      뚫고 배관이음쇠를 용접 이음한 배관을 말한다.

용접 작업

비확관형 분기배관

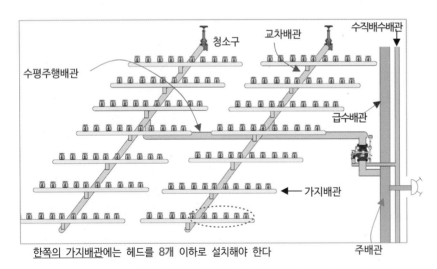

한쪽의 가지배관에는 헤드를 8개 이하로 설치해야 한다

확관형 분기배관

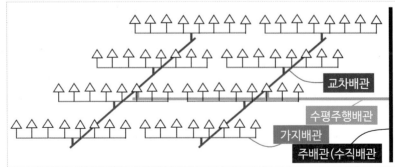

다. 급수배관 스프링클러설비의 화재안전기술기준 2.5.3

① 급수배관은 전용으로 할 것. 다만, 스프링클러설비의 기동장치의 조작과 동시에 다른 설비의 용도에 사용하는 배관의 송수를 차단할 수 있거나, 스프링클러설비의 성능에 지장이 없는 경우에는 다른 설비와 겸용할 수 있다.

② ①의 단서에도 불구하고 고층건축물은 전용으로 한다. (고층건축물의 화재안전기술기준 2.2.5)

③ 급수를 차단할 수 있는 개폐밸브는 개폐표시형으로 한다.
　이 경우 펌프의 흡입측배관에는 버터플라이밸브외의 개폐표시형밸브를 설치한다.

④ 배관의 구경은 0.1 MPa 이상의 방수압력으로 80ℓ/min 이상의 방수성능에 적합하도록 수리계산에 의하거나 표 2.5.3.3의 기준에 따라 설치한다. 다만, 수리계산에 따르는 경우 가지배관의 유속은 6m/s, 그 밖의 배관의 유속은 10m/s를 초과할 수 없다.

⑤ 50층 이상인 건축물의 스프링클러설비 주배관 중 수직배관은 2개 이상(주배관 성능을 갖는 동일호칭배관)으로 설치하고, 하나의 수직배관이 파손 등 작동 불능 시에도 다른 수직배관으로부터 소화용수가 공급되도록 구성하여야 하며, 각 각의 수직배관에 유수검지장치를 설치해야 한다. (고층건축물의 화재안전기술기준 2.2.6)

⑥ 50층 이상인 건축물의 스프링클러 헤드에는 2개 이상의 가지배관으로부터 양방향에서 소화수가 공급되도록 하고, 수리계산에 의한 설계를 해야 한다.
(고층건축물의 화재안전기술기준 2.2.7)

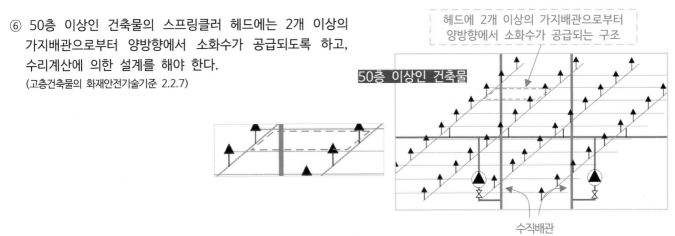

라. 펌프 흡입측 배관 2.5.4

① 공기 고임이 생기지 않는 구조로 하고 여과장치를 설치할 것
② 수조가 펌프보다 낮게 설치된 경우에는 각 펌프(충압펌프를 포함한다)마다 수조로부터 별도로 설치할 것

급수배관 : 물탱크 및 옥외송수구로부터 스프링클러헤드에
　　　 급수하는 배관
고층건축물 : 30층 이상이거나 높이가 120m 이상인 건물
　　　 (건축법 제2조 제1항 19호)

바. 가지배관 스프링클러설비의 화재안전기술기준 2.5.9

㉮ 토너먼트(tournament)방식이 아닐 것.

㉯ 교차배관에서 분기되는 지점을 기점으로 한쪽 가지배관에 설치되는 헤드의 개수(반자 아래와 반자속의 헤드를 하나의 가지배관 상에 병설하는 경우에는 반자 아래에 설치하는 헤드의 개수)는 8개 이하로 할 것. 다만, 다음 각 기준의 어느 하나에 해당하는 경우에는 그렇지 않다.
   Ⓐ 기존의 방호구역 안에서 칸막이 등으로 구획하여 1개의 헤드를 증설하는 경우
   Ⓑ 습식스프링클러설비 또는 부압식스프링클러설비에 격자형 배관방식(2 이상의 수평주행배관 사이를 가지배관으로 연결하는 방식을 말한다)을 채택하는 때에는 펌프의 용량, 배관의 구경 등을 수리학적으로 계산한 결과 헤드의 방수압 및 방수량이 소화목적을 달성하는 데 충분하다고 인정되는 경우

㉰ 가지배관과 헤드 사이의 배관을 신축배관으로 하는 경우에는 소방청장이 정하여 고시한 「스프링클러설비신축배관의 성능인증 및 제품검사의 기술기준」에 적합한 것으로 설치할 것. 이 경우 신축배관의 설치길이는 2.7.3의 거리를 초과하지 않아야 한다.

격자형 배관방식

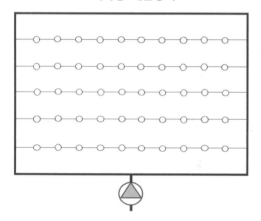
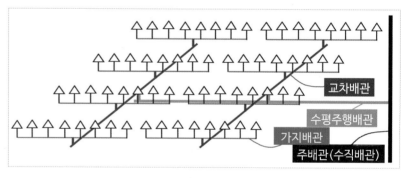

가지배관 : 헤드가 직접 설치되는 배관
토너먼트 tournament : 운동경기의 승자진출전 대진표와 같이 하나의 배관 중앙에서 양쪽으로 배관이 나누어지며, 같은 방식으로 또 나누어지는 방식
2.2.1.10 가압송수장치의 정격토출압력은 하나의 헤드선단에 0.1 ㎫ 이상 1.2 ㎫ 이하의 방수압력이 될 수 있게 하는 크기일 것
2.2.1.11 가압송수장치의 송수량은 0.1 ㎫의 방수압력 기준으로 80 L/min 이상의 방수성능을 가진 기준개수의 모든 헤드로부터의 방수량을 충족시킬 수 있는 양 이상의 것으로 할 것. 이 경우 속도수두는 계산에 포함하지 않을 수 있다.
2.7.3 스프링클러헤드를 설치하는 천장·반자·천장과 반자 사이·덕트·선반 등의 각 부분으로부터 하나의 스프링클러헤드까지의 수평거리는 다음의 기준과 같이 해야 한다. 다만, 성능이 별도로 인정된 스프링클러헤드를 수리계산에 따라 설치하는 경우에는 그렇지 않다.
  1. 무대부·「화재의 예방 및 안전관리에 관한 법률 시행령」 별표 2의 특수가연물을 저장 또는 취급하는 장소에 있어서는 1.7 m 이하
  2. 랙크식창고에 있어서는 2.5 m 이하. 다만, 특수가연물을 저장 또는 취급하는 랙크식창고의 경우에는 1.7 m 이하
  3. 공동주택(아파트) 세대 내의 거실에 있어서는 3.2 m 이하(「스프링클러헤드의 형식승인 및 제품검사의 기술기준」의 유효반경의 것으로 한다)
  4. 1부터 3까지 규정 외의 특정소방대상물에 있어서는 2.1 m 이하(내화구조로 된 경우에는 2.3 m 이하)

해 설 ㉮ **토너먼트방식**

그림과 같이 배관의 끝 또는 중간에서 다시 분기하여(갈라져) 새로운 가지배관을 설치하는 방식을 말하며 스프링클러설비에서는 이러한 배관방식을 하지 못하게 한 것은 배관의 마찰손실이 크게 발생하기 때문이다.

토너먼트(Tournament)방식 사례

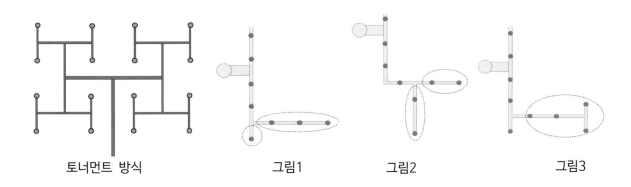

| 토너먼트 방식 | 그림1 | 그림2 | 그림3 |

그림1, 2와 같이 가지배관에서 다시 2개의 가지로 분기(나누어짐)되는 것이 토너먼트방식이다.
그림3의 배관은 가지배관에서 2번 분기되는 토너먼트방식이 된다.

소방시설별 토너먼트 배관 내용

소방시설 종류	기준 내용
스프링클러설비	가지배관은 토너먼트(tournament)방식이 아니어야 한다.
분말소화설비	전역방출방식의 분말소화설비의 분사헤드는, 방사된 소화약제가 방호구역의 전역에 균일하게 신속히 확산할 수 있도록 할 것 **해설** : 토너먼트 방식 또는 프로그램에 의한 배관 설계를 해야 한다. 분말소화설비의 화재안전기술기준 2.8.1.1
이산화탄소소화설비	전역방출방식의 이산화탄소소화설비의 분사헤드는, 방사된 소화약제가 방호구역의 전역에 균일하게 신속히 확산할 수 있도록 할 것 **해설** : 토너먼트 방식 또는 프로그램에 의한 배관 설계를 해야 한다. 이산화탄소소화설비의 화재안전기술기준 2.7.1.1
할론소화설비	전역방출방식의 할론소화설비의 분사헤드는, 방사된 소화약제가 방호구역의 전역에 균일하게 신속히 확산할 수 있도록 할 것 **해설** : 토너먼트 방식 또는 프로그램에 의한 배관 설계를 해야 한다. 할론소화설비의 화재안전기술기준 2.7.1.1
할로젠화합물 및 불활성기체소화설비	기준이 없다

참고
소화약제가 방호구역의 전역에 균일하게 신속히 확산할 수 있도록 하는 배관방식은 토너먼트 방식도 될 수 있고, 배관구경을 달리 하므로서 가능하다. 그러므로 토너먼트 방식으로만 해야 하는 것은 아니다.

㉔ 교차배관에서 분기되는 지점을 기준점으로 한쪽 가지배관에 설치되는 헤드 개수는 8개 이하로 하도록 한 것은 가지배관에 헤드의 설치개수를 제한하여 가지배관으로부터 헤드에 방수량과 방수압을 충분히 충족할 수 있도록 하는 것이다.

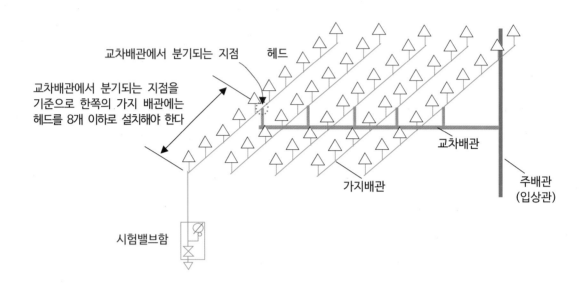

㉰ 배관의 기울기(스프링클러설비의 화재안전기술기준 2.5.17.2)

습식스프링클러설비 또는 부압식 스프링클러설비 외의 설비에는 헤드를 향하여 상향으로 수평주행배관의 기울기를 500분의 1 이상, 가지배관의 기울기를 250분의 1 이상으로 할 것. 다만, 배관의 구조상 기울기를 줄 수 없는 경우에는 배수를 원활하게 할 수 있도록 배수밸브를 설치해야 한다.

해 설

헤드를 향하여 상향으로 1/250 이상의 기울기로 한다는 내용은 『헤드를 향하여 상향으로』를 『교차배관과 접속되는 지점을 기준점으로 하향으로』로 해석된다.(이유 : 가지배관의 찌꺼기는 교차배관으로 흘러내려가 교차배관의 끝에 설치되어 있는 청소구로 배출되어야 한다)

a의 길이 250, b의 길이 1의 비율이 1/250의 기울기이다.

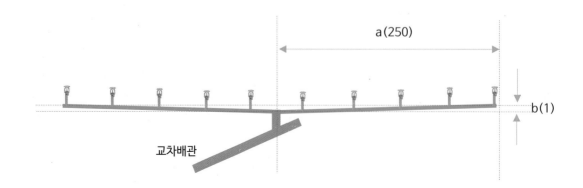

사. 교차배관

스프링클러설비의 화재안전성능기준 8조 ⑩
스프링클러설비의 화재안전기술기준 2.5.10.

① 교차배관의 설치위치

교차배관은 가지배관과 수평으로 설치하거나 또는 가지배관 밑에 설치하고, 그 구경은 최소구경 40mm 이상이 되면서 0.1 MPa 이상의 방수압력으로 80ℓ/min 이상의 방수성능에 적합하도록 <u>수리계산</u>에 의하거나 별표 1의 기준에 따라 설치한다. 다만, 수리계산에 따르는 경우 가지배관의 유속은 6m/s, 그 밖의 배관의 유속은 10m/s를 초과할 수 없다.

그러나 패들형유수검지장치를 사용하는 경우에는 교차배관의 구경과 동일하게 설치할 수 있다.

② 청소구

청소구는 교차배관 끝에 40 ㎜ 이상 크기의 개폐밸브를 설치하고, 호스접결이 가능한 나사식 또는 고정배수 배관식으로 할 것. 이 경우 나사식의 개폐밸브는 옥내소화전 호스접결용의 것으로 하고, 나사보호용의 캡으로 마감해야 한다.

해 설

분기배관(T배관,측면분기,뽕따기)

배관의 측면에 구멍을 뚫어 배관 중심선으로부터 직각이 되도록 현장에서 용접을 하여 배관을 연결하는 방식을 말한다.

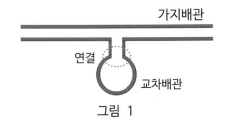

그림 1

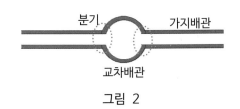

그림 2

그림1과 같이 교차배관의 상부(윗부분)에서 가지배관을 연결하여야 하지만 그림2와 같이 교차배관의 측면(옆면)에서 가지배관을 직접 연결하는 분기배관방식을 하려면 한국소방산업기술원 또는 성능시험기관으로 지정받은 기관에서 그 성능을 검정받아야 한다.

분기배관방식을 현장에서는 T분기 또는 뽕따기방식이라고 부르기도 한다.

수리계산 數理計算 : 주어진 수나 식을 일정한 수학적 이론에 따라 계산하는 것

나사 보호용 캡(뚜껑)

청소구는 교차배관 끝에 40mm이상 크기의 개폐밸브를 설치하고, 호스 연결이 가능한 나사식 또는 고정배수 배관식으로 한다.

이 경우 나사식의 개폐밸브는 옥내 소화전 호스 연결용의 것으로 하고, 나사 보호용의 캡으로 마감해야 한다.

청소구에는 앵글밸브가 설치되며 40mm 소방호스를 연결할 수 있는 나사식 배관이 설치된다. 나사 보호용 캡을 사진과 같이 설치한다

이 부분은 소방호스를 연결하여 배관에 있는 이물질(찌꺼기)을 배관 밖으로 빼내는 것이 주된 용도이다.

수격작용

유체가 배관으로 흐르다가 펌프의 갑작스런 정지나 밸브의 급속한 잠금 등으로 흐르는 유체가 갑자기 정지하게 되면 유체가 되돌아 나오려는 힘과 계속적으로 흐르는 힘이 맞부딪칠 때 유체의 운동에너지가 충격에너지로 바뀌어 충격파가 발생하여 배관에서 굉음과 커다란 진동을 수반하는 현상을 수격작용이라고 말한다.

배관은 수격작용이 일어나지 않도록 설계와 시공을 해야 한다.

화재안전기준에서는 수격작용의 방지에 대한 기준이나 구체적인 수격방지기의 설치장소 등에 대한 기준은 없다.

수격방지기 설치위치

관행적으로 설치하는 장소는 펌프실의 펌프 수직배관 끝, 주배관의 수직 배관 끝, 유수검지장치의 수직배관 끝, 수평주행배관의 끝, 교차배관의 끝, 그 밖의 펌프 토출측 주배관의 수평, 수직배간의 끝에 설치한다.

그러나 수격방지기를 필수적으로 설치해야 하는 장소를 정한 기준은 없다.

수격현상이 일어나지 않으면 관행적으로 설치하는 장소에 수격방지기를 설치하지 않아도 될 것이며, 수격현상이 일어나면 더 많은 수격방지기를 설치해야 할 것이다.

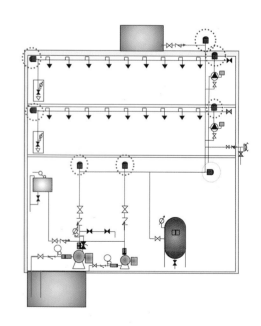

수격방지기 설치장소(관행)

아. 배관의 배수를 위한 기울기 스프링클러설비의 화재안전기술기준 2.5.17

> **기 준**
> ① 습식 또는 부압식 스프링클러설비의 배관을 수평으로 한다. 다만, 배관의 구조상 소화수가 남아 있는 곳에는 배수밸브를 설치한다.
> ② 습식 또는 부압식 스프링클러설비 외의 설비에는 헤드를 향하여 상향으로 수평주행배관의 기울기를 $\frac{1}{500}$ 이상, 가지배관의 기울기를 $\frac{1}{250}$ 이상으로 한다. 다만, 배관의 구조상 기울기를 줄 수 없는 경우에는 배수를 원활하게 할 수 있도록 배수밸브를 설치한다.

해 설

가지배관의 기울기는 헤드를 향하여 상향으로 1/250 이상의 내용은 『헤드를 향하여 상향으로』를 『교차배관과 접속되는 지점을 향하여 하향으로』로 해석된다.
수평주행배관의 기울기는 헤드를 향하여 상향으로 1/500 이상의 내용은 『헤드를 향하여 상향으로』를 『주배관(수직배관)과 접속되는 지점을 향하여 하향으로』로 해석된다.

그림과 같이 녹색 점선 화살표 방향으로 기울도록 하며, 가지배관의 찌꺼기는 교차배관으로 흘러들어가 교차배관의 끝에 설치된 청소구로 배출하며, 수평주행배관의 찌꺼기는 주배관(수직배관)으로 흘러들어가도록 한다.

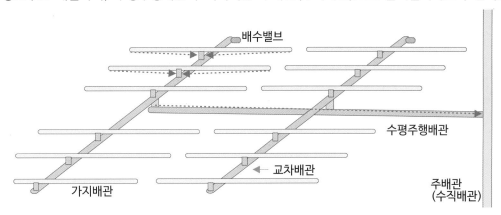

배관별 기울기 기준 요약

설비 종류 \ 배관종류	가지배관	교차배관	수평주행배관
습식	수평으로 한다		
부압식	수평으로 한다		
건식	헤드를 향하여 상향으로 수평주행 배관 기울기를 $\frac{1}{250}$ 이상	기준이 없다	헤드를 향하여 상향으로 수평주행 배관 기울기를 $\frac{1}{500}$ 이상
준비작동식	헤드를 향하여 상향으로 수평주행 배관 기울기를 $\frac{1}{250}$ 이상	기준이 없다	헤드를 향하여 상향으로 수평주행 배관 기울기를 $\frac{1}{500}$ 이상
일제살수식	헤드를 향하여 상향으로 수평주행 배관 기울기를 $\frac{1}{250}$ 이상	기준이 없다	헤드를 향하여 상향으로 수평주행 배관 기울기를 $\frac{1}{500}$ 이상

자. 하향식헤드 설치 배관

스프링클러설비의 화재안전성능기준 8조 ⑩
스프링클러설비의 화재안전기술기준 2.5.10.3

하향식헤드를 설치하는 경우에 가지배관으로부터 헤드에 이르는 헤드접속배관은 가지관상부에서 <u>분기</u>한다. 다만, 소화설비용 수원의 수질이 "먹는물관리법"에 의해 수질기준에 적합하고 덮개가 있는 저수조로부터 물을 공급받는 경우에는 가지배관의 측면 또는 하부에서 분기할 수 있다.

해 설

헤드를 그림과 같이 하부나 측면에 연결하면 헤드로 물이 방사될 때 가지배관의 찌꺼기가 헤드 구멍(오리피스)를 막을 수 있으므로 헤드를 가지배관의 상부에 연결하도록 했다.

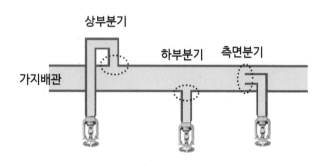

차. 시험장치

스프링클러설비의 화재안전성능기준 8조 ⑫
스프링클러설비의 화재안전기술기준 2.5.12

습식, 건식유수검지장치 및 부압식스프링클러설비는 시험할 수 있는 시험장치를 아래와 같이 설치해야 한다.

① 습식스프링클러설비 및 부압식스프링클러설비에 있어서는 유수검지장치 2차측 배관에 연결하여 설치하고 건식스프링클러설비인 경우 유수검지장치에서 가장 먼 거리에 위치한 가지배관의 끝으로부터 연결하여 설치할 것. 유수검지장치 2차측 설비의 내용적이 2,840L를 초과하는 건식스프링클러설비의 경우 시험장치 개폐밸브를 완전 개방 후 1분 이내에 물이 방사되어야 한다.

② 시험장치 배관의 구경은 25mm 이상으로 하고, 그 끝에 개폐밸브 및 개방형헤드 또는 스프링클러헤드와 동등한 방수성능을 가진 오리피스를 설치할 것. 이 경우 개방형헤드는 반사판 및 프레임을 제거한 오리피스만으로 설치할 수 있다.

③ 시험배관의 끝에는 물받이 통 및 배수관을 설치하여 시험 중 방사된 물이 바닥에 흘러내리지 않도록 할 것. 다만, 목욕실·화장실 또는 그 밖의 곳으로서 배수처리가 쉬운 장소에 시험배관을 설치한 경우에는 그렇지 않다.

해 설

시험장치 설치 위치

습식, 부압식스프링클러설비	유수검지장치 2차측 배관에 설치(유수검지장치에서 가지배관까지의 배관 중에 설치)
건식스프링클러설비	유수검지장치에서 가장 먼 거리에 위치한 가지배관의 끝으로부터 연결하여 설치

분기 分岐 : 나누어서 갈라짐

오리피스 orifice : 배관에 구멍을 뚫어 물을 흘려 보내는 유출구.

카. 행가(Hanger-지지대, 걸이)

스프링클러설비의 화재안전기술기준 2.5.13

배관을 매달기 위하여 천장이나 벽에 고정하는 지지대를 행가라 한다.

행가 설치기준

1. 가지배관에는 헤드의 설치지점 사이마다 1개이상의 행가를 설치하되 헤드간의 거리가 3.5m를 초과하는 경우에는 3.5m 마다 1개이상 설치한다. 이 경우 상향식헤드와 행가 사이에 8㎝ 이상의 간격을 둔다.

2. 교차배관에는 가지배관과 가지배관 사이마다 1개이상의 행가를 설치하되, 가지배관 사이의 거리가 4.5m를 초과하는 경우에는 4.5m 이내마다 1개 이상 설치한다.

3. 제1, 2호의 수평주행배관에는 4.5m 이내마다 1개이상 설치한다.

참고
벽면 배관의 행가 설치기준은 없다(수직배관, 배수배관등의 기준이 필요하다)

행가

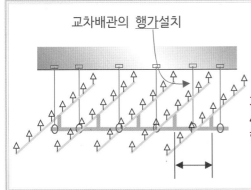

교차배관의 행가설치

가지배관과 가지배관의 거리가 4.5m 초과하는 경우에는 행가를 1개 더 설치한다

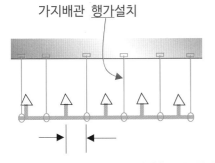

가지배관 행가설치

헤드와 행가 사이에 8㎝이상을 두도록 한다. 그 이유는 헤드에서 뿌려지는 물이 행가에 부딪혀 살수방해가 될 수 있으므로 헤드와 거리를 두도록 했다

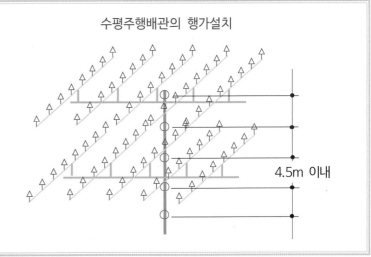

수평주행배관의 행가설치

4.5m 이내

행 가 설 계

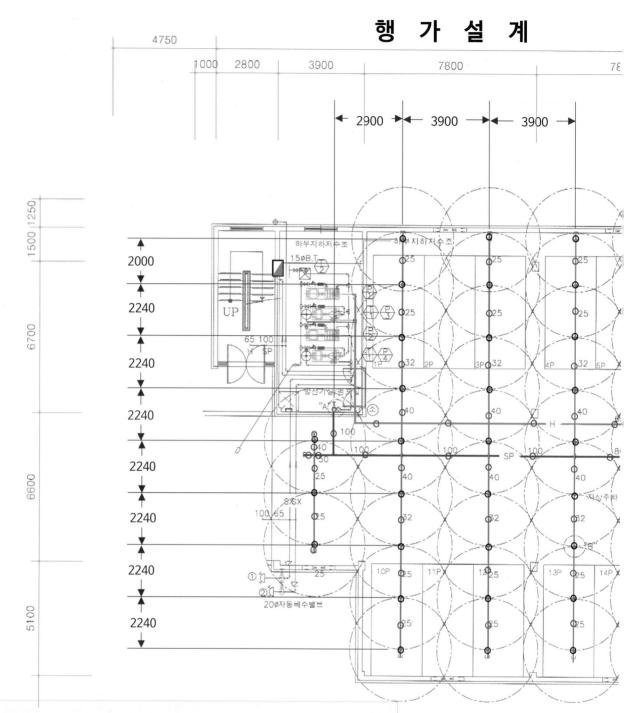

행가 설치기준 – 스프링클러설비의 화재안전기술기준 2.5.13

⑬ 배관에 설치되는 행가는 다음 각 호의 기준에 따라 설치하여야 한다.

1. **가지배관**에는 헤드의 설치지점 사이마다 1개 이상의 행가를 설치하되, 헤드간의 거리가 3.5m를 초과하는 경우에는 3.5m 이내마다 1개 이상 설치할 것. 이 경우 상향식헤드와 행가 사이에는 8㎝ 이상의 간격을 두어야 한다.

2. **교차배관**에는 가지배관과 가지배관 사이마다 1개 이상의 행가를 설치하되, 가지배관 사이의 거리가 4.5m를 초과하는 경우에는 4.5m이내마다 1개 이상 설치할 것

3. 제1호 및 제2호의 **수평주행배관**에는 4.5m 이내마다 1개 이상 설치할 것

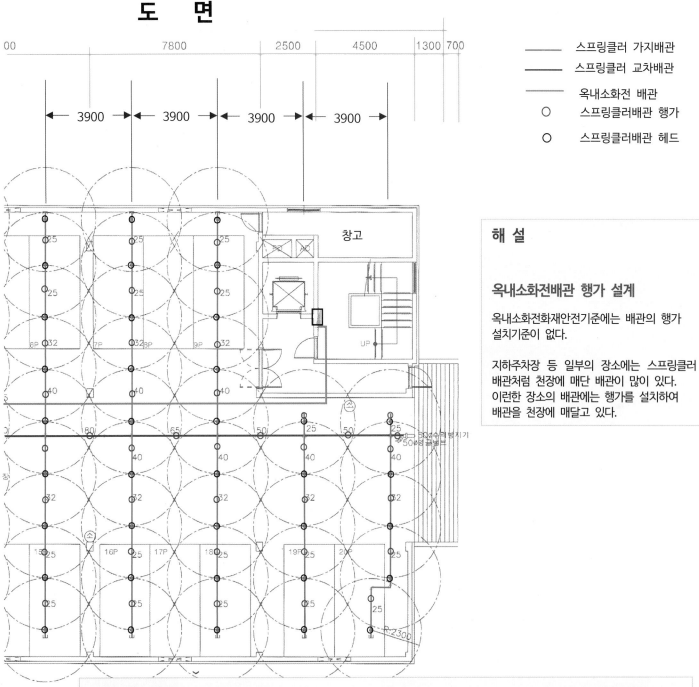

도　면

범례	
────	스프링클러 가지배관
━━━━	스프링클러 교차배관
────	옥내소화전 배관
○	스프링클러배관 행가
○	스프링클러배관 헤드

해 설

옥내소화전배관 행가 설계

옥내소화전화재안전기준에는 배관의 행가 설치기준이 없다.

지하주차장 등 일부의 장소에는 스프링클러 배관처럼 천장에 매단 배관이 많이 있다. 이런한 장소의 배관에는 행가를 설치하여 배관을 천장에 매달고 있다.

도면 해설

가지배관 행가 설계

헤드간의 거리가 2.0, 2.24m로서 3.5m 이내이므로 헤드의 설치지점 사이마다 1개의 행가를 설계했다.

교차배관 행가 설계

가지배관과 가지배관 사이의 거리가 2.9,　3.9m로서 4.5m 이내이므로 가지배관과 가지배관 사이마다 1개의 행가를 설계했다.

행가 설치기준 요약

배관종류	내용
가지배관	헤드의 설치지점 사이마다 1개이상의 행가를 설치하되, 헤드간의 거리가 3.5m를 초과하는 경우에는 3.5m 마다 1개이상
교차배관	가지배관과 가지배관 사이마다 1개이상의 행가를 설치하되, 가지배관 사이의 거리가 4.5m를 초과하는 경우에는 4.5m 이내마다 1개 이상
수평주행배관	4.5m 이내마다 1개이상
수직배관(주배관)	기준이 없다
배수배관	기준이 없다
펌프실등 기타배관	기준이 없다

천장의 행가, 내진버팀대 설치

벽면의 내진버팀대 설치

그림의 스프링클러설비에 필요한
최소한의 행가 설치개수는 몇개 인가?

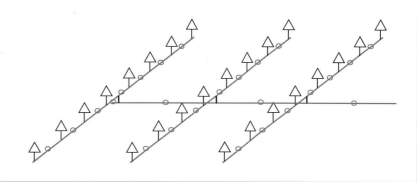

가지배관 : 7개 × 3 = 21개
교차배관 : 4개
∴ 25개

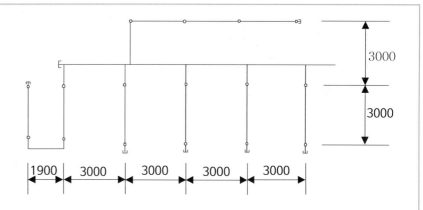

그림의 스프링클러설비에 필요한
최소한의 행가 설치개수는 몇 개 인가?

3000

3000

|1900| 3000 | 3000 | 3000 | 3000 |

가지배관 : 16개
교차배관 : 6개
∴ 22개

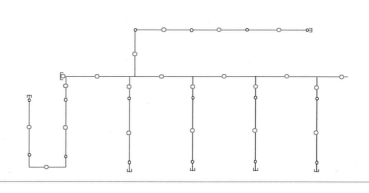

타. 배관의 종류별 설치기준 목적(기능)

교차배관은 수평주행배관 위에 설치하며 가지배관과 교차배관의 찌꺼기는 교차배관 끝에 설치된 청소구로 배관의 찌꺼기를 배출한다.

① **가지배관의 기울기를 주는 목적**
가지배관 안의 찌꺼기가 교차 배관으로 흘러 들어 가도록 하는 것이다.

② **교차배관에 모인 찌꺼기 배출방법**
교차배관 끝에 설치된 청소구의 밸브를 열어 찌꺼기를 빼낸다.
교차배관에 대한 기울기의 기준은 없지만 청소구로 찌꺼기가 배출되는 구조이면 된다.

③ **배관의 종류별 설치 높이**
가지배관이 제일 위쪽이며 교차 배관, 수평주행 배관의 순으로 설치를 한다.
이렇게 하는 목적은,
찌꺼기는 침전되어 배관의 낮은 곳으로 흘러 교차배관의 청소구 및 수직배수배관 및 배관의 외부로 빼낼 수 있도록 하기 위함이다.

④ **수평주행 배관 기울기**
주배관으로 기울도록 하여 찌꺼기가 유수검지장치의 배수배관 쪽으로 배출되도록 한다.

⑤ **기울기를 주지 않는 설비 및 배관**
1. 습식 스프링클러설비
2. 부압식 스프링클러설비
3. 습식, 부압식 이외의 설비 중 교차배관

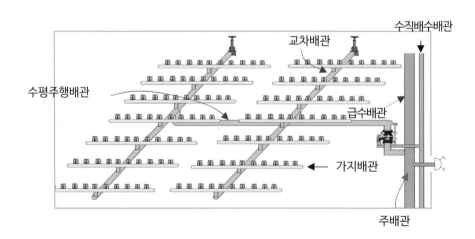

파. 배관 배열방식

① 소화설비 배관방식 종류

㉮ 토너먼트(Tournament)형 배관방식
㉯ 가지(Tree)형 배관방식
㉰ 루프(Loop)형 배관방식
㉱ 격자(Grid)형 배관방식

토너먼트(Tournament) : 운동경기의 승자진출전 대진표와 같이 하나의 배관 중앙에서 양쪽으로 배관이 나누어지며, 같은 방식으로 또 나누어지는 방식
가지(Tree) : 나무, 나뭇가지
루프(Loop) : (올가미나 동그라미 모양의) 고리
격자(Grid) : 바둑판처럼 가로세로를 일정한 간격으로 직각이 되게 짠 구조나 물건. 또는 그런 형식

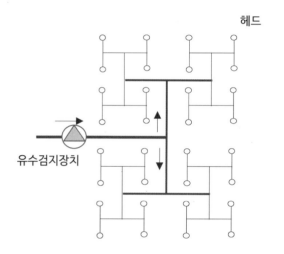

토너먼트 배관방식

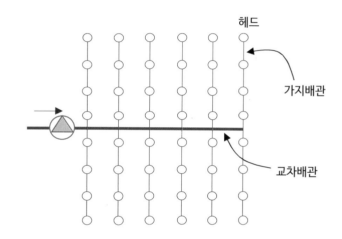

가지(Tree) 배관방식

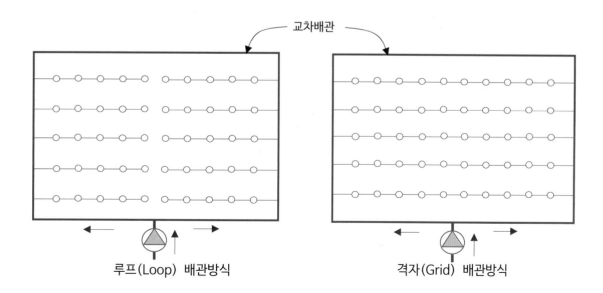

루프(Loop) 배관방식   격자(Grid) 배관방식

② 배관방식 종류별 장, 단점

㉮ 토너먼트(Tournament) 배관방식

토너먼트라는 용어는 운동경기 방식에 사용되는 용어와 같은 의미로서 배관이 분기(나누어짐) 될 때 좌우로 대칭적으로 나뉘어져 헤드가 설치되는 방식을 말한다.

토너먼트 배관방식의 설치목적은 모든 헤드에 동일한 배관 마찰손실이 발생하도록 하여 소화약제가 시간당 모든 헤드에 동일한 양이 방사되도록 하여 원활한 소화가 되도록 하는 것이다.
그러나 헤드까지 도달하는 소화약제는 배관의 마찰손실이 다른 배관방식 보다는 크다는 단점이 있으며, 이로 인하여 펌프의 용량이 크거나 소화약제의 방사압력이 높아야 되는 문제점이 있다.

소방시설별 토너먼트 배관방식 내용 요약

소방시설 종류	기준 내용
옥내, 옥외소화전	기준 없음(토너먼트 배관방식 내용)
스프링클러	가지배관의 배열은 토너먼트(tournament)방식이 아닐 것
간이스프링클러	가지배관의 배열은 토너먼트(tournament)방식이 아닐 것
포	1. 포워터스프링클러설비 또는 포헤드설비의 가지배관의 배열은 토너먼트방식이 아니어야 한다. 2. 압축공기포소화설비의 배관은 토너먼트방식으로 하여야 하고 소화약제가 균일하게 방출되는 등거리 배관구조로 설치해야 한다.
분말	전역방출방식의 분말소화설비의 분사헤드는, 방사된 소화약제가 방호구역의 전역에 균일하고 신속하게 확산할 수 있도록 할 것 **해설** : 헤드의 기준에서 방사된 소화약제가 방호구역의 전역에 균일하게 방사되도록 하려면 　　　 토너먼트 방식 등으로 해야 한다(토너먼트 방식이 아니고 배관의 구경을 달리하면 된다)
이산화탄소소화설비	전역방출방식의 이산화탄소소화설비의 분사헤드는, 방사된 소화약제가 방호구역의 전역에 균일하게 신속히 확산할 수 있도록 할 것 **해설** : 토너먼트 방식 등으로 해야 한다(토너먼트 방식이 아니고 배관의 구경을 달리하면 된다)
할론소화설비	전역방출방식의 할론소화설비의 분사헤드는, 방사된 소화약제가 방호구역의 전역에 균일하게 신속히 확산할 수 있도록 할 것 **해설** : 토너먼트 방식 등으로 해야 한다(토너먼트 방식이 아니고 배관의 구경을 달리하면 된다)
할로겐화합물 및 불활성기체소화설비	기준없음
연결살수설비	가지배관 또는 교차배관을 설치하는 경우에는 가지배관의 배열은 토너먼트방식이 아니어야 한다
연결송수관설비	기준없음
화재조기진압용 스프링클러	가지배관의 배열은 토너먼트(tournament)방식이 아닐 것
물분무, 미분무소화설비	기준없음

ⓐ **가지(Tree) 배관방식**(트리형 배관방식)

가지배관방식은 수평주행배관 또는 교차배관에서 나뭇가지 형태와 같이 가지배관들을 설치하는 정형적인 <u>규약規約</u>배관방식으로서, 화재안전기술기준은 이 방식을 근간으로 하고 있으며, 국내에서는 대부분의 설계가 이 방식으로 하고 있다.

스프링클러설비의 화재안전기술기준의 내용이 가지배관방식의 배관 구경을 정하고 있는 것이다.

현재 국내에서 가장 많이 사용되는 스프링클러설비의 배관방식은 규약배관방식에 의한 가지형 방식이며, 격자형 방식과 루프형 방식은 수리계산 방법에 의하여 설계해야 한다.

ⓒ **루프(Loop)형 배관방식**

작동 중인 스프링클러 헤드에 2 이상의 배관에서 물이 공급되도록 여러개의 교차배관이 서로 연결되어 있는 배관 방식이다.

루프형 배관방식 장·단점

장점	1. 격자형에 비하여 수리계산이 쉽다(계산기로 설계가 가능하다) 2. 격자형보다는 우수하지는 못하지만, 가지배관방식에 비하여 수력水力 특성이 우수하다
단점	1. 격자형에 비하여 수력 특성이 못하다 2. 헤드별로 동일한 압력분포를 가지지 못한다

ⓓ **격자(Grid)형 배관방식**

평행한 교차배관이 많은 가지배관에 연결되어 작동(개방)중인 헤드에 양 교차배관으로부터 가지관의 양 끝에 물이 공급되는 시스템으로서 계산기로서는 설계가 곤란하며, 컴퓨터의 설계프로그램을 이용한 설계를 해야 하는 <u>수리계산</u>의 설계 시스템이다.

규약배관방식 : 배관의 크기 등을 기준(규정)에 정한 내용으로 설계하는 방식이다.
수력 水力 : 흐르는 물의 힘
격자 格子 : 가로, 세로를 일정한 간격으로 직각이 되게 맞추어 바둑판 모양으로 짠 형식
수리계산 : 수학의 이론에 의한 계산

격자(Grid) 배관방식 장 · 단점

장점	1. 물의 흐름이 분산되어 압력손실이 적다. 2. 배관 중간에 한쪽의 막힘이나 고장이 발생해도 다른 방향에서 헤드로 송수가 가능하다 3. 소화설비의 증설 및 변경이 쉽다. 4. 소화용수, 가압송수장치의 분할 및 분산배치가 가능하다. 5. 헤드별로 고른 압력분포를 가진다.

단점	1. 수리계산이 복잡하여 배관의 설계에서 컴퓨터 프로그램이 필수적이다
	  (계산기에 의한 수리계산이 불가능하다)
	2. 건식, 준비작동식설비에는 적용할 수 없다. 그 이유로는 설비의 배관안에 많은 공기가
	  있게되어 물이 헤드로의 이송 및 방사가 지연되기 때문이다.

가지형과 토너먼트형 비교

가지형	토너먼트형
1. 헤드의 방사압력 및 방사량은 각 헤드마다 동일하지 않다. 2. 배관주위에 각종 살수장애 시설물이 있어도 적절한 배관 설계가 가능하다. 3. 설계 및 시공이 용이하다. 4. 토너먼트형에 비해 마찰손실을 최소화하기 위하여 수계 및 포 소화설비에 사용한다.	1. 헤드의 방사압력 및 방사량은 헤드마다 균등(균일)하므로 헤드로 소화약제가 균등하게 방사되어 소화에 유리하다. 2. 배관주위에 살수장애용 시설물이 있을 경우 배관설계가 어렵다. 3. 시공 시 많은 가지배관을 설치해야 하므로 시공이 어렵다. 4. 헤드마다 균등한 약제의 방사 및 빠른 시간내 확산을 위하여 가스계 및 분말 소화설비에 사용된다. 5. 가지배관에 의한 분기점의 수량이 많아 마찰손실이 크며 이로 인하여 말단의 헤드방사 압력이 저하된다.

가지배관방식(규약배관방식- Pipe Schedule Method)

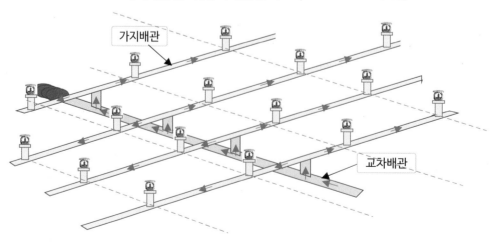

하. 배관의 구경(굵기) 설계

① 개요

배관의 크기(구경)를 설계하는 방법은 위험 장소에 따라 헤드의 수 등을 고려하여 정해진 배관의 크기를 미리 표에 정한 내용으로 설계를 하는 규약規約배관방식과, 설계현장을 과학적 합리성에 따라 해석하여 수학 계산에 의하여 계산하는 수리 數理배관방식이 있다.

② 우리나라의 화재안전기술기준 내용 스프링클러설비의 화재안전기술기준 2.5

우리나라는 스프링클러설비 배관의 크기에 대한 설계는 수리數理배관방식과 규약規約배관방식을 할 수 있도록 화재안전기술기준에서 정하고 있다.
스프링클러설비의 화재안전기술기준 2.5의 2.5.3.3표에 의하여 배관의 구경에 대한 설계는 규약배관방식을 원칙으로 하고 예외로 수리배관방식으로 하도록 하고 있다.
습식스프링클러설비를 격자형배관방식(수리배관방식의 종류)으로 할 경우에는 설계한 내용을 중앙소방기술위원회 또는 지방소방기술위원회의 심의를 받도록 하고 있다.
우리나라에서는 대부분의 설계가 화재안전기술기준 2.5의 2.5.3.3표에 의한 규약배관방식으로 설계를 하고 있다.

③ 규약배관방식과 수리배관방식(Pipe Schedule System과 Hydraulically Designed System)

배관의 설계에서 장소의 위험도에 따라 표의 자료에 헤드의 개수와 배관크기를 정해 놓은 것이 규약배관시스템이며, 과학적 합리성에 따라 해석하여 수학계산방식으로 계산한 배관 설계시스템이 수리배관시스템이다.

㉮ 규약배관 방식(Pipe Schedule system)

규약배관시스템의 장단점을 살펴보면,
1) 배관의 크기에 대하여 설계하는 모든 수치는 표에 의하여 Code화 되어 있으므로 이 분야에 전문지식이 없이도 편리하게 적용할 수 있는 장점이 있다.
2) 건물의 특수성을 고려하지 않고 건물마다 획일적으로 적용하므로서 필요이상으로 배관이 크게 되는 부분이 있으므로 비경제적이다.
3) 설비가 커지면 밸브의 수압이 가장 불리한 곳(낮은 곳)에 있는 헤드의 방수량이 적어진다.

규약 規約 : 규정(법)에 미리 정해 놓은 내용(약속), 예를 들어 가지배관에 헤드가 1개 설치된 곳의 배관크기는 25mm,
헤드 3개인 곳은 32mm 등의 내용을 미리 기준에 정해 놓은 것을 말한다
Code : 규약, 규정, 법전

④ 수리배관 방식(Hydraulically designed system)

수리배관방식의 장·단점을 살펴보면,

1) 실제에 근접하고 경제성이 있는 배관을 설계할 수 있다.
2) 주수注水계획에서 필요한 소요주수밀도와 주수면적, 마찰면적 등을 과학적 실험 데이터에 의거하여 제시함으로서, 주수율의 계산은 물론 배관구경 결정 등의 기준으로 삼고 있다.
3) 수리數理원리에 입각한 엄격한 계산이 요구되므로 전문적인 기술적 지식과 경험이 필요하다.
4) 건물의 특성에 가장 근접한 배관의 설계가 가능하다.

⑤ 배관 내경 계산

1) 스프링클러설비 배관 구경 기준

배관의 구경은 0.1 MPa 이상의 방수압력으로 80ℓ/min 이상의 방수성능에 적합하도록 수리계산에 의한다.
수리계산에 따르는 경우 가지배관의 유속은 6m/s, 그 밖의 배관의 유속은 10m/s를 초과할 수 없다.

2) 배관 내경 산출 공식

$$Q = V \cdot A \qquad A = \frac{\pi D^2}{4} \qquad Q = V \cdot A(\frac{\pi D^2}{4}) \qquad D = \sqrt{\frac{4Q}{\pi V}} \qquad A = \text{배관의 단면적}$$

$$Q : \text{유량}(\frac{\text{m}^3}{\sec}), \qquad V = \text{속도}(\frac{m}{\sec}), \qquad D = \text{관경(배관지름)(m)}$$

3) 계산 사례

그림의 헤드가 1개가 설치된 부분의 가지배관에 배관의 최소 구경은(단, 수리계산에 의한 설계)?

$Q : \text{유량}(\frac{\text{m}^3}{\sec})$, 헤드 1개의 방수량은 80ℓ/min,   80 × 3개 = 240ℓ/min,

240ℓ/min을 $\frac{\text{m}^3}{\sec}$ 로 변환하면, $\frac{0.24\,\text{m}^3}{60\,\sec}$ = $0.004\frac{\text{m}^3}{\sec}$

$V = \text{속도}(\frac{m}{\sec})$ = 6m/sec

$D = \sqrt{\frac{4Q}{\pi V}} = \sqrt{\frac{4 \times 0.004}{3.14 \times 6}}$ = 0.02828m = 28.28mm

그러므로 생산되는 배관은 28.28mm 보다 큰 최소 32mm 이다.

주수(注水) : 물을 붓다, 뿌리다

화재안전기술기준 2.5의 2.5.3.3표에 의한 규약배관방식으로 설계하는 방법

아래 2.5.3.3표의 내용에 따라 가, 나, 또는 다를 적용한다.

그러나 (주) 2, 3호에서는 예외적으로 수리계산을 통하여 배관의 유속에 적합할 것을 요구하고 있다.

예를 들어서 설계를 하는 장소가 폐쇄형 스프링클러헤드를 설치하는 경우에는 "가"란의 헤드수에 따르면서 헤드의 개수가 10개인 장소에는 "가"란의 헤드 10에 해당하는 50mm의 배관이 설계의 배관 크기가 되는 것이다.

구 분 \ 급수관의 구경	25	32	40	50	65	80	90	100	125	150
가	2	3	4~5	6~10	11~30	31~60	61~80	81~100	101~160	161 이상
나	2	3~4	5~7	8~15	16~30	31~60	61~65	66~100	101~160	161 이상
다	1	2	3~5	6~8	9~15	16~27	28~40	41~55	56~90	91 이상

주)

1. 폐쇄형 스프링클러헤드를 사용하는 설비의 경우로서 1 개층에 하나의 급수배관(또는 밸브 등)이 담당 하는 구역의 최대면적은 3,000㎡를 초과하지 않을 것.

2. 폐쇄형 스프링클러헤드를 설치하는 경우에는 "가"란의 헤드수에 따를 것. 다만, 100개 이상의 헤드를 담당하는 급수배관(또는 밸브)의 구경을 100㎜로 할 경우에는 수리계산을 통하여 2.5.3.3(가지배관의 유속은 6m/s, 그 밖의 배관의 유속은 10m/s를 초과할 수 없다)에서 규정한 배관의 유속에 적합하도록 할 것

3. 폐쇄형 스프링클러헤드를 설치하고 반자 아래의 헤드와

반자속의 헤드를 동일 급수관의 가지관상에 병설하는 경우에는 "나"란의 헤드수에 따를 것.

4. 2.7.3.1(무대부, 특수가연물을 저장 또는 취급하는 장소)의 경우로서 폐쇄형 스프링클러헤드를 설치하는 설비의 배관구경은 "다"란에 따를 것.

5. 개방형 스프링클러헤드를 설치하는 경우 하나의 방수구역이 담당하는 헤드의 개수가 30개 이하일 때는 "다"란의 헤드수에 의하고, 30개를 초과할 때는 수리 계산방법에 따를 것.

사 례

반자 아래의 헤드와 반자속의 헤드를 동일 급수관의 가지관상에 병설하는 경우

병설 竝設 : 두 가지 이상을 아울러 한곳에 설치함

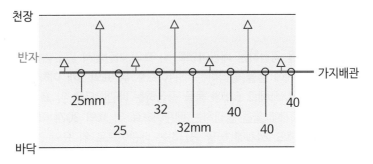

사례의 경우   "나"란의 헤드수를 적용한다

⑤ 배관구경 설계 사례

㉮ 규약배관방식 설계(폐쇄형 헤드)

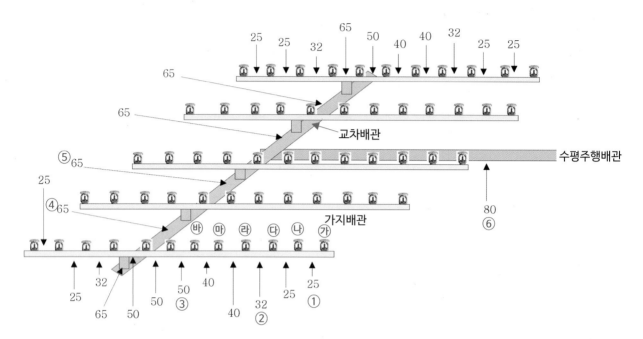

(화재안전기술기준 2.5의 2.5.3.3표)

구 분 \ 급수관의 구경	25	32	40	50	65	80	90	100	125	150
가	2	3	4~5	6~10	11~30	31~60	61~80	81~100	101~160	161 이상
나	2	3~4	5~7	8~15	16~30	31~60	61~65	66~100	101~160	161 이상
다	1	2	3~5	6~8	9~15	16~27	28~40	41~55	56~90	91 이상

(주)

2. 폐쇄형 스프링클러헤드를 설치하는 경우에는 "가"란의 헤드수에 따를 것. 다만, 100개 이상의 헤드를 담당하는 급수배관
(또는 밸브)의 구경을 100㎜로 할 경우에는 수리계산을 통하여 2.5.3.3에서 규정한 배관의 유속에 적합하도록 할 것

해 설

①의 배관 구경은 ㉮헤드 1개에 물을 공급하는 배관이므로 위 표의 가란에서 2개 이하인 25mm 배관이다.

②의 배관 구경은 ㉮, ㉯, ㉰헤드 3개에 물을 공급하는 배관이므로 위 표의 3개 이하인 32mm 배관이다.

③의 배관 구경은 ㉮, ㉯, ㉰, ㉱, ㉲, ㉳헤드 6개에 물을 공급하는 배관이므로 위 표의 10개 이하인 50mm 배관이다.

④의 배관 구경은 가지배관 헤드 12개에 물을 공급하는 배관이므로 위 표의 30개 이하인 65mm 배관이다.

⑤의 배관 구경은 가지배관 2열의 헤드 24개에 물을 공급하는 배관이므로 위 표의 30개 이하인 65mm 배관이다.

⑥의 배관 구경은 가지배관 헤드 59개에 물을 공급하는 배관이므로 위 표의 60개 이하인 80mm 배관이다.

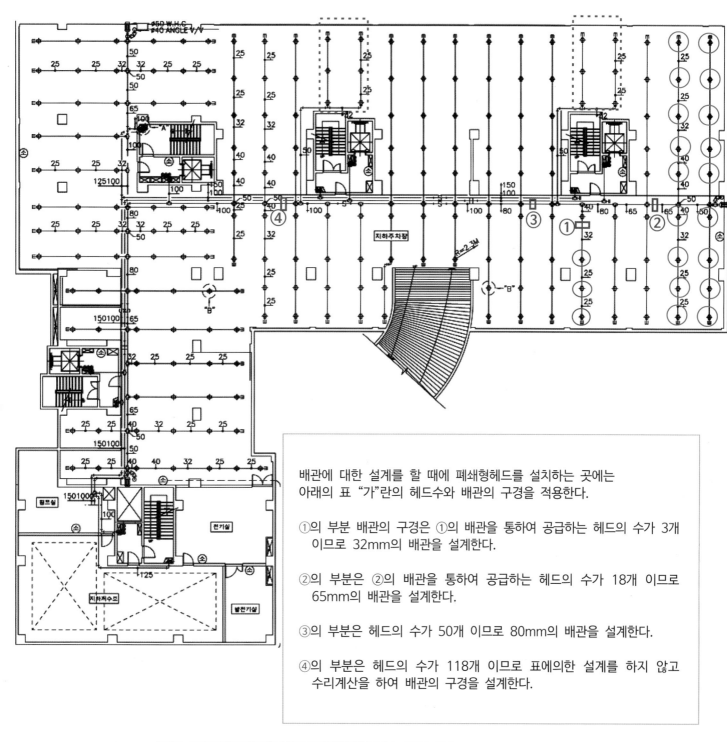

배관에 대한 설계를 할 때에 폐쇄형헤드를 설치하는 곳에는
아래의 표 "가"란의 헤드수와 배관의 구경을 적용한다.

①의 부분 배관의 구경은 ①의 배관을 통하여 공급하는 헤드의 수가 3개
이므로 32mm의 배관을 설계한다.

②의 부분은 ②의 배관을 통하여 공급하는 헤드의 수가 18개 이므로
65mm의 배관을 설계한다.

③의 부분은 헤드의 수가 50개 이므로 80mm의 배관을 설계한다.

④의 부분은 헤드의 수가 118개 이므로 표에의한 설계를 하지 않고
수리계산을 하여 배관의 구경을 설계한다.

구 분 \ 급수관의 구경	25	32	40	50	65	80	90	100	125	150
가	2	3	5	10	30	60	80	100	160	161 이상
나	2	4	7	15	30	60	65	100	160	161 이상
다	1	2	5	8	15	27	40	55	90	91 이상

⑤ 배관구경 설계 사례

개방형 헤드

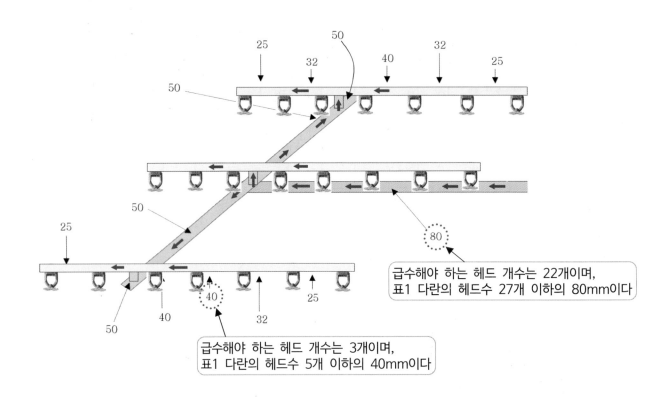

급수해야 하는 헤드 개수는 22개이며,
표1 다란의 헤드수 27개 이하의 80mm이다

급수해야 하는 헤드 개수는 3개이며,
표1 다란의 헤드수 5개 이하의 40mm이다

(화재안전기술기준 2.5의 2.5.3.3표)

구 분 \ 급수관의구경	25	32	40	50	65	80	90	100	125	150
가	2	3	5	10	30	60	80	100	160	161 이상
나	2	4	7	15	30	60	65	100	160	161 이상
다	1	2	3~5	6~8	9~15	16~27	28~40	41~55	56~90	91이상

(주)

5. 개방형 스프링클러헤드를 설치하는 경우 하나의 방수구역이 담당하는 헤드의 개수가 30개
   이하일 때는 "다"란의 헤드수에 의하고, 30개를 초과할 때는 수리 계산방법에 의한다.

배관구경 설계 사례

수리계산방식 설계(개방형 헤드)

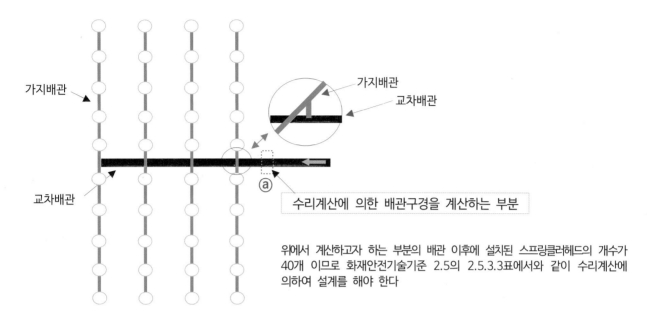

위에서 계산하고자 하는 부분의 배관 이후에 설치된 스프링클러헤드의 개수가 40개 이므로 화재안전기술기준 2.5의 2.5.3.3표에서와 같이 수리계산에 의하여 설계를 해야 한다

배관의 구경을 계산하는 공식은

$$Q = A \cdot V \qquad A = \frac{Q}{V} \qquad A = \frac{\pi D^2}{4} \qquad \frac{\pi D^2}{4} = \frac{Q}{V} \qquad D^2 = \frac{4Q}{\pi V}$$

Q : 유량
A : 단면적
V : 유속

$$D = \sqrt{\frac{4Q}{\pi V}} \qquad D가 \ 배관의 \ 지름이다.$$

지금 계산하려고 하는 ⓐ배관의 이후에 설치된 스프링클러헤드의 개수는 40개이며 40개의 헤드가 1개의 헤드에서 80ℓ/min이 방수되므로,
Q = 40개 × 80ℓ/min = 3,200ℓ/min = 3.2㎥/min이며, 이를 ㎥/sec로 환산하면

$$\frac{3.2㎥/min}{60 sec}$$ = 0.05333㎥/sec이며, 위의 공식에 대입할 Q(유량) = 0.05333㎥/sec 이다.

V = 10m/sec (스프링클러설비의 화재안전기술기준 2.5.3에서 규정되어 있다)
그러면 위의 공식 D(배관의 지름)를 계산하면

$$D = \sqrt{\frac{4Q}{\pi V}} = \sqrt{\frac{4 \times 0.05333}{3.14 \times 10}} = \sqrt{\frac{0.21333}{31.4}} = \sqrt{0.0067936} = 0.082426 \ m = 82.42 \ mm$$

위에서 설계 부분의 배관구경은 82.42mm이므로 90mm 배관이 되어야 한다

수리계산 : 수학의 이론 계산

12. 헤드(Head)

스프링클러설비의 배관에서 나오는 물이 불이 잘 끄지도록 작은 물방울로 분산되어 고르게 퍼지게 하기 위하여 배관의 끝에 설치하는 것을 헤드라 한다.
폐쇄형헤드는 평소에 배관에 있는 물이 나오지 않도록 막혀 있는 형태이며 화재가 발생하면 화재의 열에 의하여 헤드의 구멍을 막고 있는 부분이 열려 물이 밖으로 뿌려진다. 개방형헤드는 헤드의 구멍을 막는 부분이 없으며 헤드가 이미 열려 있다.

가. 헤드 종류

감열체가 방수구를 막고 있는 것은 폐쇄형헤드이며, 개방형헤드는 방수구가 막혀있지 않은 것이다.
헤드가 작동하는 속도에 따라 표준형헤드와 조기반응형헤드가 있는 등 헤드의 종류는 아래에서 설명하는 것과 같이 분류된다.

① 헤드 설치방향에 따라 분류

㉮ 상향형헤드
헤드의 설치방향이 천장을 향하도록 설치하며 배관에서 나오는 물이 천장방향으로 살수되어
헤드의 반사판에 부딪혀 물이 바닥으로 떨어지는 분사방식의 헤드를 말한다.

상향형헤드

㉯ 하향형헤드
헤드의 설치방향이 바닥을 향하도록 설치하며 배관에서 나오는 물이 헤드의 반사판에 부딪혀 바닥으로
우산형상(모양)으로 떨어지는 분사 방식의 헤드를 말한다.

㉰ 측벽형헤드
헤드를 벽에 설치하여 배관에서 나오는 물이 헤드의 반사판에 부딪혀 바닥에 유효하게 분사되어
소화가 되도록 한 헤드를 말한다.

하향형헤드

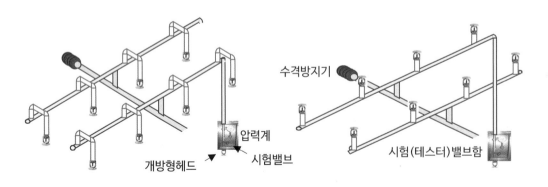

하향형헤드 — 압력계 / 시험밸브 / 개방형헤드

상향형헤드 — 수격방지기 / 시험(테스터)밸브함

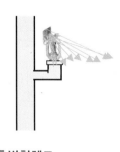
측벽형헤드

헤드 head : 머리, 소화약제를 뿌리는 기구
감열체(感熱體) : 열을 느끼는(인식하는) 물체

310

② 스프링클러 헤드 검정기술기준에 의한 분류

㉮ "폐쇄형스프링클러헤드"란 정상상태에서 방수구를 막고 있는 감열체가 일정온도에서 자동적으로 파괴·용해 또는 이탈됨으로서 방수구가 열리는 헤드를 말한다.

㉯ "개방형스프링클러헤드"란 감열체 없이 방수구가 항상 열려져있는 헤드를 말한다.

㉰ "표준형스프링클러헤드"란 가압된 물이 분사될 때 헤드의 축심을 중심으로 한 원상에 균일하게 분산시키는 헤드를 말한다.

㉱ "측벽형스프링클러헤드"란 가압된 물이 분사될 때 축심을 중심으로 한 반원상에 균일하게 분산시키는 헤드를 말한다.

㉲ "반사판(디프렉타)"이란 스프링클러헤드의 방수구에서 유출되는 물을 세분시키는 작용을 하는 것을 말한다.

㉳ "후레임"이라 함은 스프링클러헤드의 나사부분과 디프렉타(반사판)를 연결하는 이음쇠 부분을 말한다.

㉴ "감열체"란 정상상태에서는 방수구를 막고 있으나 열에 의하여 일정한 온도에 도달하면 스스로 파괴·용해되어 헤드로부터 이탈됨으로써 방수구가 열려 헤드가 작동되도록 하는 부분을 말한다.

㉵ "퓨지블링크"란 감열체중 이융성금속으로 융착되거나 이융성물질에 의하여 조립된 것을 말한다.

프즈블링크헤드의 재질은 납등으로 화재의 열에 의해 녹아 헤드가 개방된다.

㉶ "유리벌브"란 감열체중 유리구안에 액체 등을 넣어 봉한 것을 말한다.

유리벌브헤드는 화재의 열에 의해 유리관 안의 액체가 팽창하여 유리가 깨지면 헤드가 개방된다.

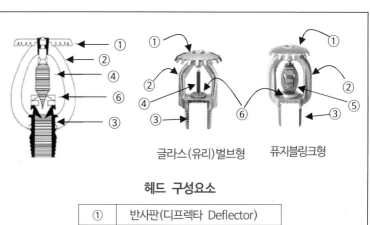

글라스(유리)벌브형   퓨지블링크형

헤드 구성요소

①	반사판(디프렉타 Deflector)
②	후레임 frame
③	노즐 nozzle
④	유리(글라스 glass)벌브 bulb
⑤	퓨지블링크 Fusible Link
⑥	밸브 캡 cap

㉝ "화재조기진압용스프링클러헤드"란 특정 높은장소의 화재위험에 대하여 조기에 진화할 수 있도록 설계된 헤드를 말한다.

㉤ "건식스프링클러헤드"란 물과 오리피스가 배관에 의해 분리되어 동파를 방지할 수 있는 헤드를 말한다.

㉥ "플러쉬스프링클러헤드"란 부착나사를 포함한 몸체의 일부나 전부가 천정면 위에 설치되어 있는 헤드를 말한다.

㉦ "리세스드스프링클러헤드"란 부착나사이외의 몸체 일부나 전부가 보호집안에 설치되어 있는 헤드를 말한다.

㉧ "컨실드스프링클러헤드"란 리세스드스프링클러헤드에 덮개가 부착된 헤드를 말한다.

㉨ "조기반응형헤드"란 표준형스프링클러헤드보다 기류온도 및 기류속도에 조기에 반응하는 것을 말한다.

㉩ "주거형스프링클러헤드"란 폐쇄형헤드의 일종으로 주거지역의 화재에 적합한 감도·방수량 및 살수분포를 갖는 헤드를(간이형스프링클러헤드를 포함한다) 말한다.

㉪ "라지드롭형스프링클러헤드"(ELO)란 동일조건의 수압력에서 표준형헤드보다 큰물방울을 방출하여 저장창고 등에서 발생하는 대형화재를 진압할 수 있는 헤드를 말한다.

㉫ "랙크형스프링클러헤드"란 랙크식창고 등에 설치되는 헤드로서 상부에 설치된 헤드의 방출된 물에 의해 작동에 지장이 생기지 아니하도록 보호판이 부착된 헤드를 말한다.

드라이펜던트형

조기진압형

"표시온도"란 폐쇄형스프링클러헤드에서 감열체가 작동하는 온도로서 미리 헤드에 표시한 온도를 말한다.

"최고주위온도"란 폐쇄형스프링클러헤드의 설치장소에 관한 기준이 되는 온도로서 다음 식에 의하여 구하여진 온도를 말한다. 다만, 헤드의 표시온도가 75 ℃ 미만인 경우의 최고주위온도는 다음 등식에 불구하고 39 ℃로 한다.

$$TA = 0.9TM - 27.3$$
TA는 최고주위온도
TM은 헤드의 표시온도

③ 헤드의 설치배관 분기방식에 의한 분류

㉮ 하향식 헤드
헤드가 건물의 바닥으로 바라보는 헤드를 하향형헤드라 한다.

1) 상부 분기방식
하향식헤드는 그림 1과 같이 가지배관의 윗부분(상부)에서 배관을 연결하여 헤드를 설치하는 것이 원칙이다. 배관안의 이물질이 가지배관안의 밑부분(하부)에 가라앉아 물이 헤드로 방수될 때에 이물질이 헤드의 구멍(오리피스)을 막는 일이 없도록 하기 위함이다.

2) 측면 분기방식, 하부 분기방식
수원의 수질이 먹는 물 관리법 제5조의 규정에 의한 먹는 물 수질기준에 적합하고 덮개가 있는 저수조로부터 물을 공급받는 경우에는 그림 2, 3과 같이 가지배관의 옆면(측면) 또는 밑부분(하부)에서 배관을 연결하여 헤드를 설치할 수 있다.

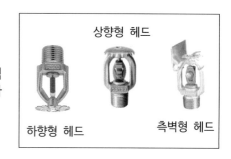

㉯ 상향형 헤드
헤드가 건물의 천장으로 바라보는 헤드를 상향형헤드라 한다.
상향형헤드의 설치방식은 화재안전기술기준에는 없으며 그림 4와 같이 상부분기방식이 당연한 것으로 판단하여 기준을 만들지 않았다. 상향형헤드의 설치를 측면이나 하부분기를 할 이유가 없기 때문이다.

㉰ 측벽형 헤드 설치방식
측벽형헤드의 설치기준은 없으며 그림 5, 6, 7과 같이 하향형헤드 설치기준에 의해 설치하면 된다.

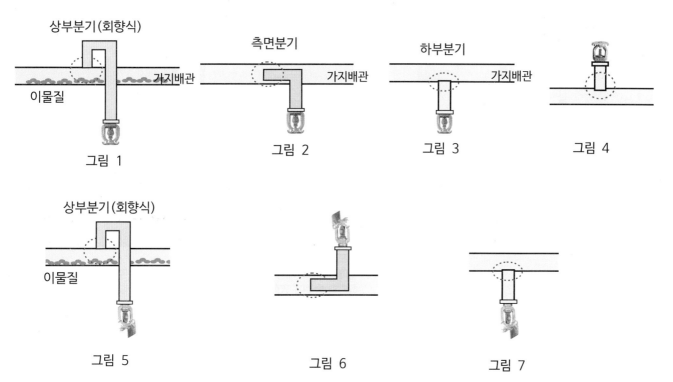

④ 살수장애 있는 장소 및 천장과 반자사이 헤드설치

아래와 같은 곳에는 그림과 같이 상향형과 하향형헤드를 설치해야 한다.

㉮ 바닥과 반자사이에 장애물이 설치된 경우
(살수장애의 정도가 얼마일 경우에 헤드를 설치해야 하는지는 상세한 기준이 없다)

㉯ 천장과 반자사이의 거리가 0.5m이상인 경우

그러나 천장과 반자사이의 조건이 아래의 각호에 해당하는 경우에는 헤드를 설치하지 않는다

스프링클러설비 화재안전기술기준 2.12.1.5

① 천장과 반자 양쪽이 불연재료로 되어 있는 경우로서 그 사이의 거리 및 구조가 다음 각 목의 어느 하나에 해당하는 부분
    ⓐ 천장과 반자사이의 거리가 2m 미만인 부분
    ⓑ 천장과 반자사이의 벽이 불연재료이고 천장과 반자사이의 거리가 2m 이상으로서 그 사이에 가연물이 존재하지 아니하는 부분

② 천장, 반자 중 한쪽이 불연재료로 되어 있고 천장과 반자사이의 거리가 1m 미만인 부분

③ 천장 및 반자가 불연재료 외의 것으로 되어 있고 천장과 반자사이의 거리가 0.5m 미만인 부분

상향형, 하향형 헤드 설치

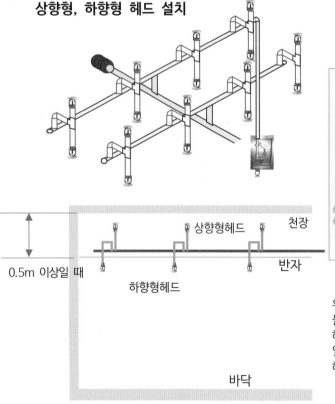

차폐판 설치근거 : 스프링클러설비의 화재안전성능기준 10조 ⑦ 5

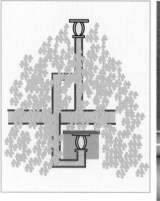

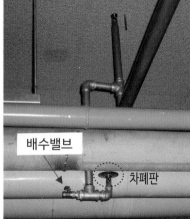

위에 설치된 헤드의 방수되는 물이 아래의 헤드에 다으면 헤드가 냉각되어 화재의 열에 의하여 개방 되어야 하는 헤드가 개방되지 않으므로 위에 설치된 헤드의 방수에 영향을 미치지 않게 그림과 같이 <u>차폐판</u>을 설치한다.

차폐판(遮蔽板) : 가리어 막고 덮는 널빤지

① 스프링클러헤드는 특정소방대상물의 천장·반자·천장과 반자 사이·덕트·선반 기타 이와 유사한 부분(폭이 1.2 m를 초과하는 것에 한한다)에 설치해야 한다. 다만, 폭이 9 m 이하인 실내에 있어서는 측벽에 설치할 수 있다.

② 랙크식창고의 경우로서 「화재의 예방 및 안전관리에 관한 법률 시행령」 별표 2의 특수가연물을 저장 또는 취급하는 것에 있어서는 랙크높이 4 m 이하마다, 그 밖의 것을 취급하는 것에 있어서는 랙크 높이 6 m 이하마다 스프링클러헤드를 설치해야 한다. 다만, 랙크식창고의 천장높이가 13.7 m 이하로서 「화재조기진압용 스프링클러설비의 화재안전기술기준 (NFTC 103B)」에 따라 설치하는 경우에는 천장에만 스프링클러헤드를 설치할 수 있다.

③ 스프링클러헤드를 설치하는 천장·반자·천장과 반자 사이·덕트·선반 등의 각 부분으로부터 하나의 스프링클러헤드까지의 수평거리는 다음의 기준과 같이 해야 한다. 다만, 성능이 별도로 인정된 스프링클러헤드를 수리계산에 따라 설치하는 경우에는 그렇지 않다.

1. 무대부· 「화재의 예방 및 안전관리에 관한 법률 시행령」 별표 2의 특수가연물을 저장 또는 취급하는 장소에 있어서는 1.7 m 이하
2. 랙크식창고에 있어서는 2.5 m 이하. 다만, 특수가연물을 저장 또는 취급하는 랙크식창고의 경우에는 1.7 m 이하
3. 공동주택(아파트) 세대 내의 거실에 있어서는 3.2 m 이하(「스프링클러헤드의 형식승인 및 제품검사의 기술기준」 의 유효반경의 것으로 한다)
4. 제1호부터 제3호까지의 규정 외의 특정소방대상물에 있어서는 2.1 m 이하(내화구조로 된 경우에는 2.3 m 이하)

④ 무대부 또는 연소할 우려가 있는 개구부에 있어서는 개방형스프링클러헤드를 설치해야 한다.

⑤ 다음 각 호의 어느 하나에 해당하는 장소에는 조기반응형 헤드를 설치하여야 한다.

1. 공동주택·노유자시설의 거실
2. 오피스텔·숙박시설의 침실, 병원의 입원실

⑥ 폐쇄형스프링클러헤드는 그 설치장소의 평상시 최고 주위온도에 따라 다음 표 2.7.6에 따른 표시온도의 것으로 설치해야 한다. 다만, 높이가 4 m 이상인 공장 및 창고(랙크식창고를 포함한다)에 설치하는 스프링클러헤드는 그 설치장소의 평상시 최고 주위온도에 관계없이 표시온도 121 ℃ 이상의 것으로 할 수 있다.

설치장소 최고 주위온도	표시온도
39℃ 미만	79℃ 미만
39℃ 이상 64℃ 미만	79℃ 이상 121℃ 미만
64℃ 이상 106℃ 미만	121℃ 이상 162℃ 미만
106℃ 이상	162℃ 이상

⑦ 헤드는 다음 각 호의 방법에 따라 설치하여야 한다.

1. 살수가 방해되지 않도록 스프링클러헤드로부터 반경 60 ㎝ 이상의 공간을 보유할 것. 다만, 벽과 스프링클러헤드간의 공간은 10 ㎝ 이상으로 한다.
2. 스프링클러헤드와 그 부착면(상향식헤드의 경우에는 그 헤드의 직상부의 천장·반자 또는 이와 비슷한 것을 말한다)과의 거리는 30 ㎝ 이하로 할 것
3. 배관·행거 및 조명기구 등 살수를 방해하는 것이 있는 경우에는 2.7.7.1 및 2.7.7.2에도 불구하고 그로부터 아래에 설치하여 살수에 장애가 없도록 할 것. 다만, 스프링클러헤드와 장애물과의 이격거리를 장애물 폭의 3배 이상 확보한 경우에는 그렇지 않다.
4. 스프링클러헤드의 반사판은 그 부착 면과 평행하게 설치할 것. 다만, 측벽형헤드 또는 2.7.7.6에 따른 연소할 우려가 있는 개구부에 설치하는 스프링클러헤드의 경우에는 그렇지 않다.

2.7.7.1 : 살수가 방해되지 않도록 스프링클러헤드로부터 반경 60 ㎝ 이상의 공간을 보유할 것. 다만, 벽과 스프링클러헤드간의 공간은 10 ㎝ 이상으로 한다.
2.7.7.2 : 스프링클러헤드와 그 부착면(상향식헤드의 경우에는 그 헤드의 직상부의 천장·반자 또는 이와 비슷한 것을 말한다)과의 거리는 30 ㎝ 이하로 할 것
2.7.7.6 : 2.7.7.6 연소할 우려가 있는 개구부에는 그 상하좌우에 2.5 m 간격으로(개구부의 폭이 2.5 m 이하인 경우에는 그 중앙에) 스프링클러헤드를 설치하되, 스프링클러헤드와 개구부의 내측 면으로부터 직선거리는 15 ㎝ 이하가 되도록 할 것. 이 경우 사람이 상시 출입하는 개구부로서 통행에 지장이 있는 때에는 개구부의 상부 또는 측면(개구부의 폭이 9 m 이하인 경우에 한한다)에 설치하되, 헤드 상호간의 간격은 1.2 m 이하로 설치해야 한다

5. 천장의 기울기가 10분의 1을 초과하는 경우에는 가지관을 천장의 마루와 평행하게 설치하고, 스프링클러헤드는 다음의 어느 하나에 적합하게 설치할 것

㉮ 천장의 최상부에 스프링클러헤드를 설치하는 경우에는 최상부에 설치하는 스프링클러헤드의 반사판을 수평으로 설치할 것

㉯ 천장의 최상부를 중심으로 가지관을 서로 마주보게 설치하는 경우에는 최상부의 가지관 상호간의 거리가 가지관상의 스프링클러헤드 상호간의 거리의 2분의 1이하(최소 1 m 이상이 되어야 한다)가 되게 스프링클러헤드를 설치하고, 가지관의 최상부에 설치하는 스프링클러헤드는 천장의 최상부로부터의 수직거리가 90 ㎝ 이하가 되도록 할 것. 톱날지붕, 둥근지붕 기타 이와 유사한 지붕의 경우에도 이에 준한다.

6. 연소할 우려가 있는 개구부에는 그 상하좌우에 2.5 m 간격으로(개구부의 폭이 2.5 m 이하인 경우에는 그 중앙에) 스프링클러헤드를 설치하되, 스프링클러헤드와 개구부의 내측 면으로부터 직선거리는 15 ㎝ 이하가 되도록 할 것. 이 경우 사람이 상시 출입하는 개구부로서 통행에 지장이 있는 때에는 개구부의 상부 또는 측면(개구부의 폭이 9 m 이하인 경우에 한한다)에 설치하되, 헤드 상호간의 간격은 1.2 m 이하로 설치해야 한다.

7. 습식스프링클러설비 및 부압식스프링클러설비 외의 설비에는 상향식스프링클러헤드를 설치할 것. 다만, 다음의 어느 하나에 해당하는 경우에는 그렇지 않다.

㉮ 드라이펜던트스프링클러헤드를 사용하는 경우
㉯ 스프링클러헤드의 설치장소가 동파의 우려가 없는 곳인 경우

㉰ 개방형스프링클러헤드를 사용하는 경우

8. 측벽형스프링클러헤드를 설치하는 경우 긴 변의 한쪽 벽에 일렬로 설치(폭이 4.5 m 이상 9 m 이하인 실에 있어서는 긴변의 양쪽에 각각 일렬로 설치하되 마주보는 스프링클러헤드가 나란히꼴이 되도록 설치)하고 3.6 m 이내마다 설치할 것

9. 상부에 설치된 헤드의 방출수에 따라 감열부에 영향을 받을 우려가 있는 헤드에는 방출수를 차단할 수 있는 유효한 차폐판을 설치할 것

⑧ 특정소방대상물의 보와 가장 가까운 스프링클러 헤드는 다음 표 2.7.8의 기준에 따라 설치해야 한다. 다만, 천장면에서 보의 하단까지의 길이가 55 ㎝를 초과하고 보의 하단 측면 끝부분으로부터 스프링클러헤드까지의 거리가 스프링클러헤드 상호간 거리의 2분의 1 이하가 되는 경우에는 스프링클러헤드와 그 부착 면과의 거리를 55 ㎝ 이하로 할 수 있다.

스프링클러헤드의 반사판 중심과 보의 수평거리	스프링클러헤드의 반사판 높이와 보의 하단 높이의 수직거리
0.75m 미만	보의 하단보다 낮을 것
0.75m 이상 1m 미만	0.1m 미만일 것
1m 이상 1.5m 미만	0.15m 미만일 것
1.5m 이상	0.3m 미만일 것

차폐판 遮蔽板 : 가려 막고 덮는 널판지

공동주택(아파트) 스프링클러설비 기준

1. 아파트등의 세대 내 스프링클러헤드를 설치하는 천장·반자·천장과 반자사이·덕트·선반등의 각 부분으로부터 하나의 스프링클러헤드까지의 수평거리는 2.6 m 이하로 한다.
2. 외벽에 설치된 창문에서 0.6 m 이내에 스프링클러헤드를 배치하고, 배치된 헤드의 수평거리 이내에 창문이 모두 포함되도록 한다. 다만, 다음의 기준에 어느 하나에 해당하는 경우에는 그렇지 않다.
   가. 창문에 드렌처설비가 설치된 경우
   나. 창문과 창문 사이의 수직부분이 내화구조로 90 cm 이상 이격되어 있거나,「발코니 등의 구조변경절차 및 설치기준」제4조제1항부터 제5항까지에서 정하는 구조와 성능의 방화판 또는 방화유리창을 설치한 경우
   다. 발코니가 설치된 부분
3. 거실에는 조기반응형 스프링클러헤드를 설치한다.

창고시설 스프링클러설비 기준

1. 창고시설에 설치하는 스프링클러설비는 라지드롭형 스프링클러헤드를 습식으로 설치할 것. 다만, 다음의 어느 하나에 해당하는 경우에는 건식스프링클러설비로 설치할 수 있다.
   가. 냉동창고 또는 영하의 온도로 저장하는 냉장창고
   나. 창고시설 내에 상시 근무자가 없어 난방을 하지 않는 창고시설
2. 랙식 창고의 경우에는 1의 기준에 따라 설치하는 것 외에 라지드롭형 스프링클러헤드를 랙 높이 3 m 이하마다 설치한다. 이 경우 수평거리 15 cm 이상의 <u>송기공간</u>이 있는 랙식 창고에는 랙 높이 3 m 이하마다 설치하는 스프링클러헤드를 송기공간에 설치할 수 있다.
3. 창고시설에 적층식 랙을 설치하는 경우 적층식 랙의 각 단 바닥면적을 방호구역 면적으로 포함한다.
4. 1 내지 3에도 불구하고 천장 높이가 13.7 m 이하인 랙식 창고에는 「화재조기진압용 스프링클러설비의 화재안전기술기준(NFTC 103B)」에 따른 화재조기진압용 스프링클러설비를 설치할 수 있다.
5. 높이가 4 m 이상인 창고(랙식 창고를 포함한다)에 설치하는 폐쇄형 스프링클러 헤드는 그 설치장소의 평상시 최고 주위온도에 관계 없이 표시온도 121 ℃ 이상의 것으로 할 수 있다.

송기공간 : 랙을 일렬로 나란하게 맞대어 설치하는 경우 랙 사이에 형성되는 공간(사람이나 장비가 이동하는 통로는 제외한다.)을 말한다.

차폐판 (Water shield)

스프링클러설비의 화재안전성능기준 10조 ⑦ 5

헤드위에 원판 갓을 올려 위에 설치된 헤드에서 방수되는 물이 헤드에 직접 방수되지 않게 하여 헤드가 열에 의해 정상적으로 작동하도록 방수되는 헤드의 물로부터 헤드를 보호하는 장치로서 스키핑(skipping)현상을 방지한다.

위에 설치된 헤드가 천장에 축적된 열에 의해 먼저 개방된다. 개방된 헤드에서 방수되는 물이 아래에 설치된 헤드에 뿌려지면 아래의 헤드는 물에 의해 냉각되어 헤드가 개방되지 못하므로 차폐판을 설치한다.

기 준

스프링클러설비의 화재안전성능기준 10조 ⑦ 5
  상부에 설치된 헤드의 방출수에 따라 감열부가 영향을 받을 우려가 있는 헤드에는 방출수를 차단할 수 있는 유효한 차폐판을 설치할 것

차폐판

집열판
(천장이 높은 장소등에 헤드가 빨리 작동하도록 설치한다)

공조설비의 풍도

살수 장애물

스키핑(Skipping) 현상 : 화재 발생 시 초기에 개방된 스프링클러헤드로 부터 방사된 물로 인하여 주변 헤드를 적시거나 또는 방사된 물방울들이 화재 시 발생되는
열기류에 의해 동반 상승되어 인근에 근접한 헤드에 부착하여 헤드 감열부를 냉각시킴으로서 주변헤드의 개방을 지연시키거나 개방되지 않게하는 현상

차폐판과 집열판의 차이점

	차폐판(Water shield) 遮蔽板 : 가려 막고 덮는 판	집열판(Heat Collector) 集熱板 : 열을 한데 모으는 데에 쓰이는 판
정의	위에 설치된 헤드에서 방수되는 물이 아래에 설치된 헤드에 직접 방수되지 않게 헤드위에 갓을 올려 헤드가 열에 의해 정상적으로 작동하도록 헤드를 보호하는 장치	천장이 높은 장소나 격자로 마감된 천장에 설치된 헤드에 헤드가 정상온도에서 작동할수 있도록 화재시 집열효과를 증대시키는 집열장치
설치목적(기능)	스키핑(skipping)현상을 방지하기 위하여 상부의 스프링클러 헤드의 낙하되는 분무수가 아래에 설치된 헤드에 뿌려지지 않게 헤드를 보호하기 위하여 설치한다.	헤드가 화재의 열에 신속히 작동할 수 있도록 헤드위에 집열 갓을 설치하여 집열효과를 증대시켜 헤드를 신속히 작동시켜주는 역할을 하기 위해 설치한다.
설치장소	상부에 설치된 헤드의 방출수에 의해 헤드 감열부에 영향을 받는 헤드에 차폐판을 설치한다	천장이 높은 장소, 격자로 마감된 천장, 렉크식창고, 주차타워, 기타 집열효과가 필요한 장소의 헤드
설치기준	화재안전성능기준에 있음 (스프링클러설비의 화재안전성능기준 10조 ⑦ 5) **【내 용】** 상부에 설치된 헤드의 방출수에 따라 감열부에 영향을 받을 우려가 있는 헤드에는 방출수를 차단할 수 있는 유효한 차폐판을 설치할 것	화재안전기준에 없음
설치현장 사례	장애물 아래에 설치된 헤드에 차폐판을 설치하는 현장이 있으나, 아직 설치하지 않은 곳도 다수 있다. 기준이 명확하지 않아 설치에 대한 의견이 다를 수 있다.	집열판을 설치하는 기준이 없으므로 일부의 장소에 설치하지만 많은 곳에 설치하지 않고 있다.
제품형태 차이점	① ② ③ ④ ①, ②, ③, ④는 차폐판으로 사용이 가능하며, ①은 집열판으로는 부적합하고 ②, ③, ④는 집열판으로 가능하다.	

스키핑(Skipping) 현상

1. 개요

화재 발생 시 초기에 개방된 스프링클러헤드로 부터 방사된 물로 인하여 주변 헤드를 적시거나 또는 방사된 물방울들이 화재 시 발생되는 열기류에 의해 동반 상승되어 인근에 근접한 헤드에 부착하여 헤드 감열부를 냉각시킴으로서 주변헤드의 개방을 지연시키거나 개방되지 않게하는 현상을 말한다.

2. 스키핑(Skipping) 현상의 원인 및 방지대책

가. 원인
① 폐쇄형 헤드가 상호간 너무 인접해(가까이) 있을 경우
② 수막설비로서 인근에 설치된 헤드간격이 1.8m 이내인 경우(연소할 우려가 있는 개구부 등)
③ 랙크식 창고와 같이 실의 높이가 높아 헤드를 상·하로 설치된 경우
④ 전선관, 랙크 등 살수장애물이 있는 장소에 장애물의 위와 아래에 헤드를 설치한 경우

나. 방지대책
① 헤드간의 거리를 1.8m이상이 되도록 설치한다.
② 헤드간의 거리가 1.8m 이내인 경우 헤드에 차폐판을 설치한다.
③ 헤드를 위, 아래에 설치하는 장소에는 아래의 헤드에 차폐판을 설치한다.
④ 헤드가 수막설비로부터 1.8m이내에 있을 경우 개방형 수막설비를 드렌쳐헤드 설치박스(Recessed Baffle Pocket)내에 설치하여 드렌쳐헤드의 방사된 물이 주변헤드를 적시지 않도록 한다.
⑤ 랙크식창고와 같이 헤드가 수직상태로 여러개가 설치된 경우, 아래부분의 헤드는 상부에 설치된 헤드로부터 방수된 물에 의하여 적셔져서 하부의 헤드가 터지지 않을 수가 있으므로 다음과 같은 대책이 강구되어야 한다.
   ㉮ Rack헤드(랙크형헤드) 설치한다.
   ㉯ ESFR헤드(조기진압형 헤드)설치한다.

랙크형헤드   조기진압형헤드

스키핑 Skipping : 주어진 작업을 무시하여 수행하지 않고 곧바로 다음 작업을 수행하는 행위. 예를 들어 순차적으로 처리해야 하는 명령어 목록에서 이번에 수행해야 할 명령을 처리하지 않고 다음 명령어를 처리하는 것.

다. 헤드 설치기준 해설

① 헤드주위 60㎝ 이상 공간확보 스프링클러설비의 화재안전기술기준 2.7.7.1

살수가 방해되지 않도록 스프링클러헤드로부터 반경 60 ㎝ 이상의 공간을 보유할 것. 다만, 벽과 스프링클러헤드간의 공간은 10 ㎝ 이상으로 한다.

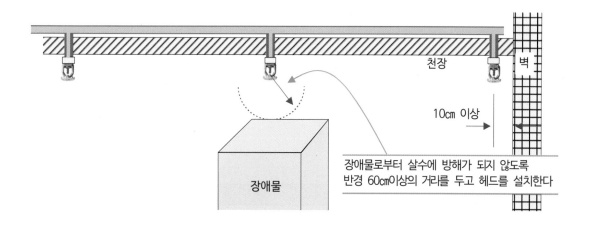

천장 / 벽

10㎝ 이상

장애물로부터 살수에 방해가 되지 않도록
반경 60㎝이상의 거리를 두고 헤드를 설치한다

장애물

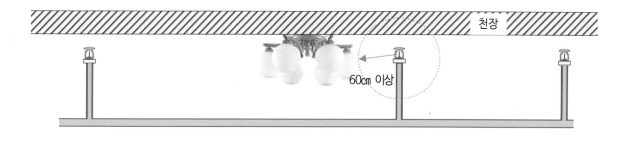

천장

60㎝ 이상

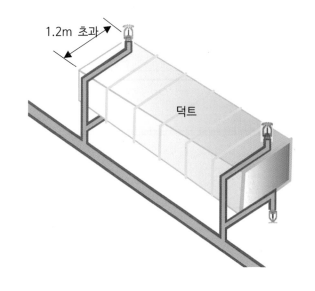

1.2m 초과

덕트

② 폭이 1.2m를 초과하는 덕트 · 선반   2.7.1

폭이 1.2m를 초과하는 덕트 · 선반 기타 이와 유사한 부분
에는 그림과 같이 덕트위와 아래에 헤드를 설치한다.

덕트(Duct) : 물·가스·전선 등의(배)관

③ 헤드와 천장 · 반자와의 거리는 30㎝ 이하 스프링클러설비의 화재안전기술기준 2.7.7.2

스프링클러헤드와 그 부착면(상향식헤드의 경우에는 그 헤드의 직상부의 천장 · 반자 또는 이와 비슷한 것을 말한다)과의 거리는 30㎝ 이하로 한다. 천장 · 반자와 헤드와의 거리는 30㎝ 이하가 되도록 설치해야 한다.

그 이유는 화재의 열은 천장 또는 반자에서 먼저 열이 축적되어 아래로 내려오므로 천장에 가까우면 열에 의해 헤드가 빨리 개방되기(열리기) 때문에 천장에 가깝게 설치하도록 하고 있다.

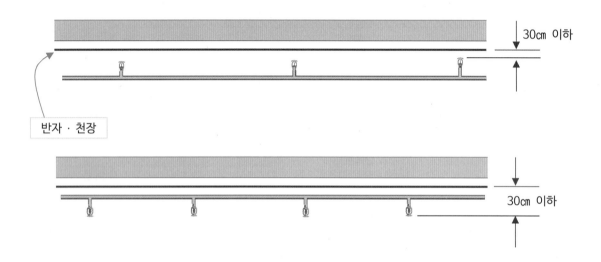

④ 헤드 반사판은 천장과 평행하게 설치 2.7.7.4

헤드의 반사판은 그 부착면과 평행하게 설치한다. 다만, 측벽형헤드 또는 연소할 우려가 있는 개구부에 설치하는 스프링클러헤드의 경우에는 그러하지 아니하다.

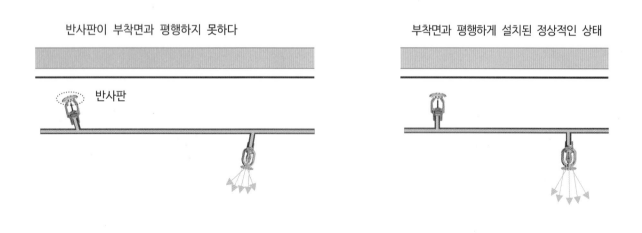

부착면 : 붙이는 표면

⑤ 헤드는 살수 장애물로 부터 살수에 장애가 없도록 한다 스프링클러설비의 화재안전기술기준 2.7.7.3

배관 · 행가 및 조명기구등 살수를 방해하는 것이 있는 경우에는 그림1과 같이 그로부터 아래에 설치하여 살수에 장애가 없도록 한다.　다만, 그림2와 같이 스프링클러헤드와 장애물과의 이격거리를 장애물 폭의 3배 이상 확보한 경우에는 그러하지 아니하다.

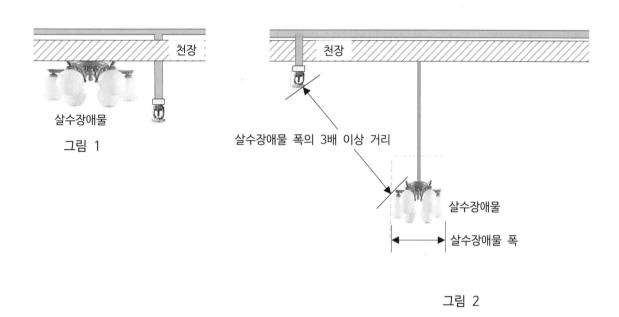

천장

살수장애물

그림 1

천장

살수장애물 폭의 3배 이상 거리

살수장애물

살수장애물 폭

그림 2

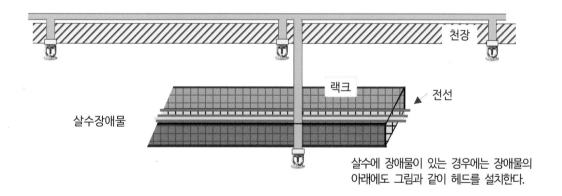

천장

랙크

전선

살수장애물

살수에 장애물이 있는 경우에는 장애물의 아래에도 그림과 같이 헤드를 설치한다.

살수 : 물을 흩어서 뿌림
이격 : 떨어짐

스프링클러설비의 화재안전기술기준 2.7.7에 대한 상세 해설

기 준

스프링클러헤드는 다음 각 호의 방법에 따라 설치해야 한다.

1. 살수가 방해되지 아니하도록 스프링클러헤드로부터 반경 60㎝ 이상의 공간을 보유할 것. 다만, 벽과 스프링클러헤드간의 공간은 10㎝ 이상으로 한다.- 수평거리에 대한 기준

2. 스프링클러헤드와 그 부착면(상향식헤드의 경우에는 그 헤드의 직상부의 천장·반자 또는 이와 비슷한 것을 말한다)과의 거리는 30㎝ 이하로 할 것.- 헤드와 장매물과의 수직거리에 대한 기준

3. 배관·행가 및 조명기구 등 살수를 방해하는 것이 있는 경우에는 제1호 및 제2호에도 불구하고 그로부터 아래에 설치하여 살수에 장애가 없도록 할 것. 다만, 스프링클러헤드와 장애물과의 이격거리를 장애물 폭의 3배 이상 확보한 경우에는 그러하지 아니하다.- 헤드와 장애물 폭과의 이격에 관한 수직거리 기준

소방청질의회신 내용

스프링클러 헤드 살수장애와 관련하여
스프링클러헤드와 장애물과의 이격거리를 장애물 폭의 3배 이상 확보한 경우에는 살수를 방해하는 것으로 보지 아니한다.
A ≥ 3D 이상이면 가능하며 그림을 참조하여 현장 여건에 따라 스프링클러 헤드를 적절하게 배치하는 것이 바람직하다.

(소방제도과-590, 2013.2.5)

사 례

아래 그림과 같은 장매물의 폭(D)이 50㎝일 경우 헤드와 장애물과의 거리(A)는 얼마 이상 이격해야 하는가.

해 설

헤드와 장애물과의 거리(A) = 3 × 50㎝(D) = 150㎝ 이상

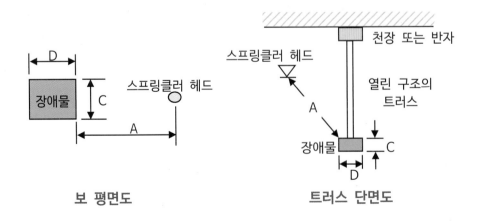

보 평면도　　　　　　　트러스 단면도

⑥ 경사지붕의 헤드 설치 스프링클러설비의 화재안전기술기준 2.7.7.5

천장의 기울기가 10분의 1을 초과하는 경우에는 가지관을 천장의 마루와 평행하게 설치하고, 스프링클러헤드는 다음 각호의 1의 기준에 적합하게 설치한다.

㉮ 천장의 <u>최상부</u>에 스프링클러헤드를 설치하는 경우에는 최상부에 설치하는 스프링클러헤드의 반사판을 수평으로 설치한다.

㉯ 천장의 최상부를 중심으로 가지관을 서로 마주보게 설치하는 경우에는 최상부의 가지관 상호간의 거리가 가지관상의 스프링클러헤드 상호간의 거리의 2분의 1이하(최소 1m 이상이 되어야 한다)가 되게 스프링클러헤드를 설치하고, 가지관의 최상부에 설치하는 스프링클러헤드는 천장의 최상부로부터의 수직거리가 90㎝ 이하가 되도록 한다. <u>톱날지붕</u>, <u>둥근지붕</u> 기타 이와 유사한 지붕의 경우에도 이에 준한다.

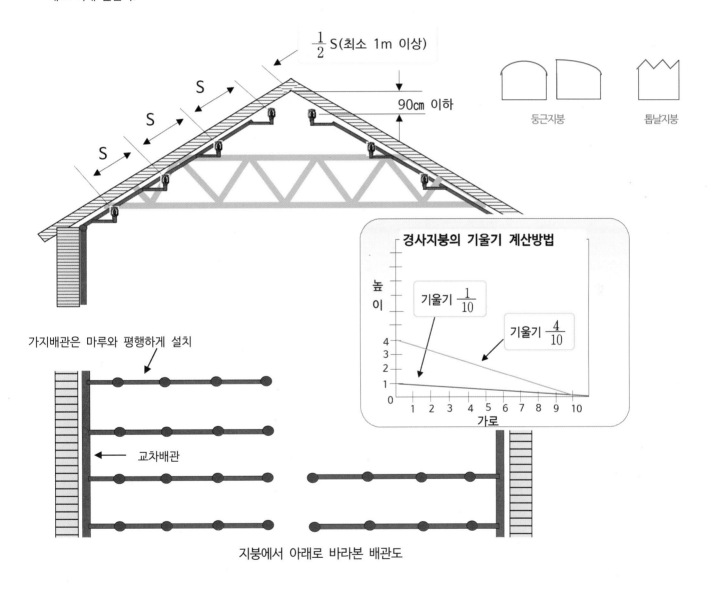

지붕에서 아래로 바라본 배관도

최상부 : 가장 위에 있는 부분
톱날지붕 : 지붕의 생김새가 톱날처럼 생긴 것
둥근지붕 : 지붕의 생김새가 둥글게 생긴 것

⑦ 연소할 우려가 있는 개구부의 헤드 설치 스프링클러설비의 화재안전기술기준 2.7.7.6

연소할 우려가 있는 개구부에는 그 상·하·좌·우에 2.5m 간격으로(개구부의 폭이 2.5m이하인 경우에는 그 중앙에) 스프링클러헤드를 설치하되, 스프링클러헤드와 개구부의 내측면으로부터 직선거리는 15㎝ 이하가 되도록 하여야 한다. 이 경우 사람이 상시 출입하는 개구부로서 통행에 지장이 있는 때에는 개구부의 상부 또는 측면(개구부의 폭이 9m 이하인 경우에 한한다)에 설치하되, 헤드 상호간의 간격은 1.2m 이하로 설치해야 한다.

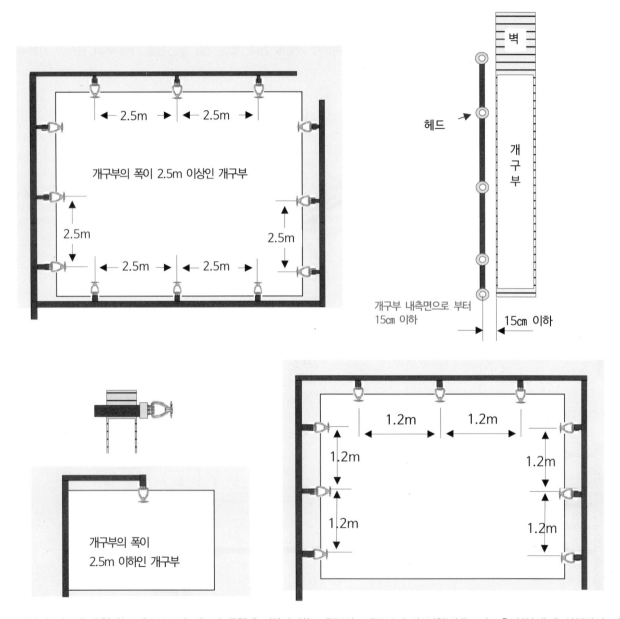

사람이 평소에 통행하는 개구부로서 헤드가 통행에 지장이 있는 개구부는 개구부의 상부(윗부분) 또는 측면(옆면)에 설치하면 된다.

연소(延燒) : 한 곳에서 일어난 불이 이웃으로 번져서 타다
개구부(開口部) : 창문, 출입문, 벽이 없는 부분 등을 말한다

⑧ 상향식 스프링클러 헤드 설치 스프링클러설비의 화재안전기술기준 2.7.7.7

헤드반사판이 천장으로 향하는 상향향헤드를 설치하는 시설을 상향식스프링클러설비라 한다.
습식스프링클러설비 및 부압식스프링클러설비외의 설비에는 상향식스프링클러헤드를 설치한다.
다만, 다음 각목의 1에 해당하는 경우에는 그러하지 아니하다.

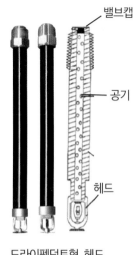

드라이펜던트형 헤드

    가. 드라이펜던트 스프링클러헤드를 사용하는 경우
    나. 스프링클러헤드의 설치장소가 동파의 우려가 없는 곳인 경우
    다. 개방형스프링클러헤드를 사용하는 경우
■ 가~다중 어느 하나의 내용에 해당되면 하향식헤드를 설치해도 된다.

해 설

① 습식 및 부압식스프링클러설비외의 설비에는 상향식스프링클러헤드를 설치한다.

㉮ 습식스프링클러설비 및 부압식스프링클러설비외의 설비 종류
- 준비작동식
- 건식
- 일제살수식(개방형헤드이므로 하향식헤드 설치 가능하다)

㉯ 상향형헤드를 설치해야 하는 이유

그림1과 같이 하향식헤드는 설비의 작동이나 점검으로 인하여 배관으로 물이 들어가 헤드까지 물이 고여있는 상태에서
헤드설치 부분의 배관에 배수가 되지 않아 겨울철에 배관이 동파가 되기 때문에 하향형헤드를 설치하지 못하도록 하고 있다.

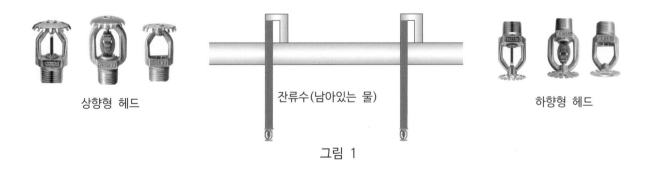

상향형 헤드   잔류수(남아있는 물)   하향형 헤드

그림 1

드라이펜던트형 헤드(Dry Pendent Type Sprinkler Head) : 헤드 몸통에 부동액 또는 기체를 넣어 영하의 온도에서도 얼지 않게 만든 헤드
동파 : 얼어서 터지는 것

② 하향식헤드 설치가 가능한 경우
　　가. 드라이펜던트 스프링클러헤드를 사용하는 경우
　　나. 스프링클러헤드의 설치장소가 동파의 우려가 없는 곳인 경우
　　다. 개방형 스프링클러헤드를 사용하는 경우
　　라. 습식 스프링클러설비
　　마. 부압식 스프링클러설비　＞　동파 우려가 없는 곳에 설치하는 설비이다.

해 설

㉮ 그림과 같이 드라이펜던트 스프링클러헤드를 설치한 경우에는 하향식헤드의 설치가 가능하다.
　(배관안의 물을 배수하면 가지배관의 물은 교차배관으로 배수가 된다)

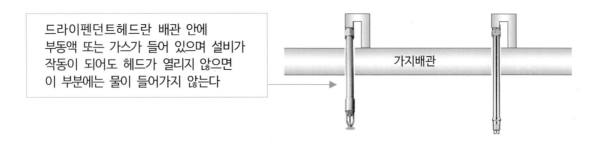

드라이펜던트헤드란 배관 안에 부동액 또는 가스가 들어 있으며 설비가 작동이 되어도 헤드가 열리지 않으면 이 부분에는 물이 들어가지 않는다

가지배관

㉯ 스프링클러헤드의 설치장소가 동파의 우려가 없는 곳인 경우
　(배관의 물이 동파의 우려가 없는 건물에는 가지배관에 물이 고여 있어도 되므로 하향식헤드의 설치가 가능하다)

㉰ 개방형헤드를 사용하는 경우
(개방형헤드를 하향식으로 설치한 경우에는 작동이나 설비의 점검으로 인하여 배관으로 물이 들어가도 배관안의 물이 개방형헤드로 빠지기 때문에 배관안에 물이 남지 않는다)

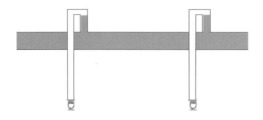

동파(凍破) : 얼어서 터짐

⑨ 측벽형 헤드 설치 스프링클러설비의 화재안전기술기준 2.7.7.8

헤드를 천장이나 반자에 설치하지 않고 벽면에 설치하는 것을 측벽형 헤드라 한다.
측벽형 스프링클러헤드를 설치하는 경우 긴변의 한쪽벽에 일렬로 설치(폭이 4.5m 이상 9m 이하인 실에 있어서는 긴변의 양쪽에 각각 일렬로 설치하되 마주보는 스프링클러헤드가 나란히 꼴이 되도록 설치)하고 3.6m 이내마다 설치한다.

측벽 : 옆면에 있는 벽

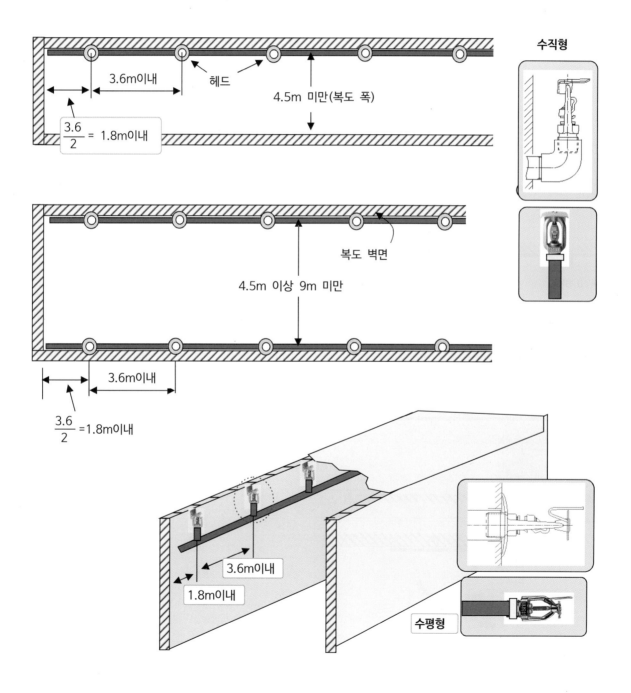

⑩ 보 주위에 헤드 설치 스프링클러설비의 화재안전기술기준 2.7.8

헤드는 그 부착면(천장 · 반자등)과 거리는 30㎝ 이하로 하여야 한다.
그러나 보와 가장 가까운 스프링클러헤드는 【표 표 2.7.8】의 기준에 의하여 설치해야 한다.

다만 천장면에서 보의 하단까지의 길이가 55㎝를 초과하고 보의 하단 측면 끝부분으로부터 스프링클러헤드까지의 거리가 스프링클러헤드 상호간의 거리의 2분의 1이하가 되는 경우에는 스프링클러헤드와 그 부착면과의 거리를 55㎝ 이하로 할 수 있다.

【표 2.7.8】
천장면에서 보의 하단까지의 길이가 30㎝ 초과하고 55㎝ 이하인 경우

헤드 반사판 중심과 보의 수평거리	헤드 반사판 높이와 보하단 높이의 수직거리
0.75m미만	보의 하단보다 낮을 것
0.75m이상 1m미만	10cm미만
1m이상 1.5m미만	15cm미만
1.5m이상	30cm미만

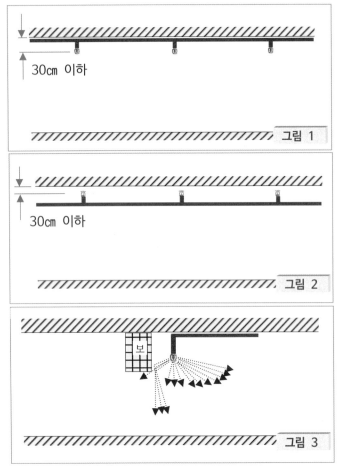

화재의 열은 천장면에서부터 먼저 쌓이므로 그림1, 2와 같이 헤드는 천장면과 30㎝ 이하로 설치해야 헤드가 빨리 열린다.

그러나 그림3과 같이 보의 옆에 헤드를 설치하면 보에 의하여 살수장애가 일어난다.

헤드의 개방속도는 조금 늦어도 살수장애가 일어나지 않는 범위도 충족하는 내용이 아래에 설명하는 내용이다.

천장면에서 보의 하단까지의 길이가 55㎝를 초과하고 보의 하단 측면 끝부분으로부터 헤드까지의 거리가 헤드 상호간의 거리의 2분의1 이하가 되는 경우에는 헤드와 그 부착면과의 거리를 55㎝ 이하로 할 수 있다

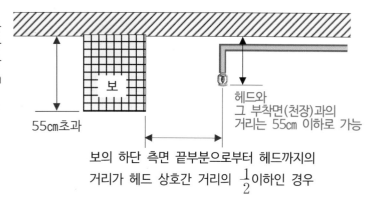

헤드와 그 부착면(천장)과의 거리는 55㎝ 이하로 가능

55㎝초과

보의 하단 측면 끝부분으로부터 헤드까지의 거리가 헤드 상호간 거리의 $\frac{1}{2}$이하인 경우

초과, 이상, 이하, 미만의 용어설명
55㎝초과 : 56, 57, 58 ---
55㎝이상 : 55, 56, 57, ---
55㎝이하 : 55, 54. 53 ---
55㎝미만 : 54. 53, 52 ---

건물에 그림과 같이 보의 길이가 65㎝이며, 보의 하단 측면 끝부분으로부터 헤드까지의 거리가 140㎝인 경우의 현장에는,
헤드의 설치높이는 헤드와 그 부착면(천장)과의 거리는 55㎝ 이하로 가능하다.

아파트(지하 주차장) 건물

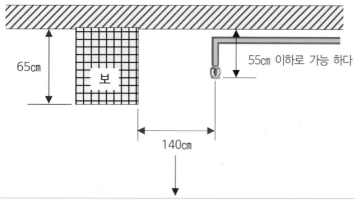

65㎝

보

55㎝ 이하로 가능 하다

140㎝

헤드 수평거리 2.3m(헤드 간격 3.2m)의 헤드를 설치하는 장소이면,
헤드 상호간 거리는 3.2m이므로
보의 하단 측면 끝부분으로부터 헤드까지의 거리가 140㎝로서

헤드 상호간 거리의 $\frac{1}{2}$이하(1.6m) 이하에 해당하므로

헤드와 부착면과의 거리는 55㎝ 이하로 가능하다.

천장면에서 보의 하단까지의 길이가 30㎝ 초과하고 55㎝ 이하인 경우 **사례2~5와 같이 적용한다.**

보에서 헤드설치	
헤드 반사판 중심과 보의 수평거리	헤드 반사판 높이와 보하단 높이의 수직거리
0.75m미만	보의 하단보다 낮을 것
0.75m이상 1m미만	10cm미만
1m이상 1.5m미만	15cm미만
1.5m이상	30cm미만

사례 2

그림과 같이 천장면에서 보의 하단까지의 길이가 30㎝ 초과하고 55㎝ 이하인 경우로서 헤드 반사판 중심과 보의 수평거리가 0.75m 미만일 때는
헤드 반사판의 설치높이는 보의 하단보다 낮은 높이로 한다

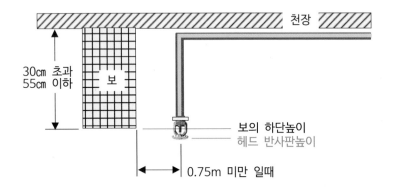

사례 3

그림과 같이 천장면에서 보의 하단까지의 길이가 30㎝ 초과하고 55㎝ 이하인 경우로서 헤드 반사판 중심과 보의 수평거리가 0.75m이상 1m미만일 때는
헤드 반사판의 설치높이는 보의 하단 높이보다 10㎝ 미만의 낮은 높이로 한다

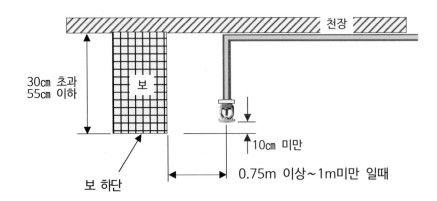

그림과 같이 천장면에서 보의 하단까지의 길이가 30㎝ 초과하고 55㎝ 이하인 경우로서
헤드 반사판 중심과 보의 수평거리가 1m 이상 1.5m 미만일 때는
헤드 반사판의 설치높이는 보의 하단 높이보다 15㎝ 미만의 낮은 높이로 한다

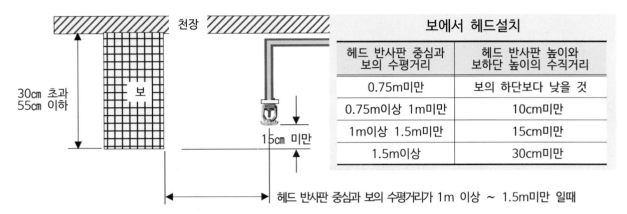

보에서 헤드설치

헤드 반사판 중심과 보의 수평거리	헤드 반사판 높이와 보하단 높이의 수직거리
0.75m미만	보의 하단보다 낮을 것
0.75m이상 1m미만	10cm미만
1m이상 1.5m미만	15cm미만
1.5m이상	30cm미만

헤드 반사판 중심과 보의 수평거리가 1m 이상 ~ 1.5m미만 일때

그림과 같이 천장면에서 보의 하단까지의 길이가 30㎝ 초과하고 55㎝ 이하인 경우로서
헤드 반사판 중심과 보의 수평거리가 1.5m 이상일 때는
헤드 반사판의 설치높이는 보의 하단 높이보다 30㎝ 미만의 낮은 높이로 한다

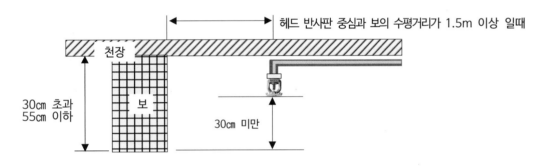

헤드 반사판 중심과 보의 수평거리가 1.5m 이상 일때

보 주위에 헤드를 설치하는 장소에서 천장면에서 보의 하단까지의 길이가
40㎝인 경우,
헤드 반사판 중심과 보의 수평거리 80㎝이면, 헤드 반사판 높이와
보하단 높이의 수직거리는 몇 ㎝ 미만으로 설치해야 하는가.

: 10㎝ 미만

헤드 반사판 중심과 보의 수평거리	헤드 반사판 높이와 보하단 높이의 수직거리
0.75m미만	보의 하단보다 낮을 것
0.75m이상 1m미만	10cm미만
1m이상 1.5m미만	15cm미만
1.5m이상	30cm미만

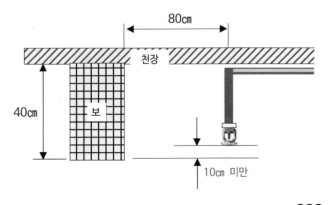

333

⑪ 랙크식 창고 헤드 설치

스프링클러설비의 화재안전성능기준 10조 ②③. 2

랙크(Rack)식 창고

창고 안에 많은 제품 등을 저장하기 위하여 랙크(선반)를 설치하고, 제품을 선반에 올리고 내리기 위한 승강기 등에 의하여 수납물을 운반하는 장치를 갖춘 창고를 말한다.

랙크식창고로서 「화재의 예방 및 안전관리에 관한 법률 시행령」 별표 2의 특수가연물을 저장 또는 취급하는 것에 있어서는 랙크 높이 4m 이하마다, 그밖의 것을 취급하는 것에 있어서는 랙크높이 6m 이하마다 스프링클러헤드를 설치하여야 한다.

다만, 랙크식창고의 천장높이가 13.7m 이하로서 화재조기진압용 스프링클러설비를 설치하는 경우에는 천장에만 스프링클러헤드를 설치할 수 있다.

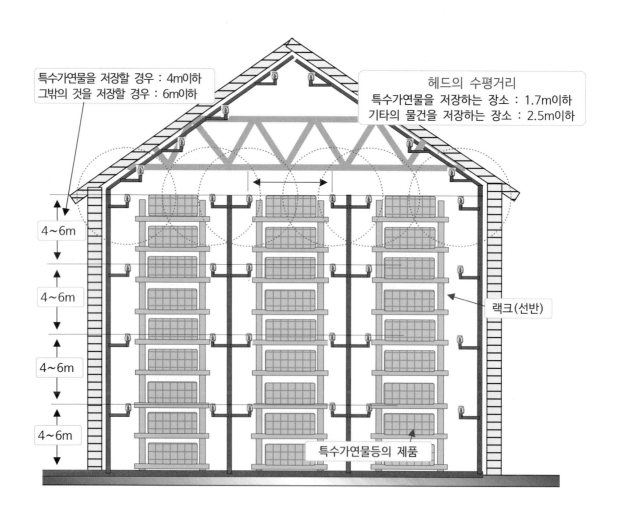

특수가연물을 저장할 경우 : 4m이하
그밖의 것을 저장할 경우 : 6m이하

헤드의 수평거리
특수가연물을 저장하는 장소 : 1.7m이하
기타의 물건을 저장하는 장소 : 2.5m이하

4~6m

4~6m

4~6m

4~6m

랙크(선반)

특수가연물등의 제품

⑫ 배수가 안되는 배관에 자동배수밸브 등을 설치하는 방법

(동파의 우려가 있는 준비작동식 · 건식 설치장소)

준비작동식, 건식 스프링클러설비가 설치된 배관 안의 물이 겨울에 얼 우려가 있는 장소에는 상향형 헤드 또는 드라이펜던트형 헤드를 설치해야 한다.

그러나 건물의 상황이 하향형 헤드를 설치해야하는 경우에 드라이펜던트 헤드를 설치하는 것은 헤드의 가격이 비싸고 수직으로의 공간을 많이 차지하여 건물의 사용공간이 낮아지는 등 현실적으로 설치하기가 어려운 곳이 있다. 그러므로 그림의 파란부분의 고인 물이 저절로 배수가 되면 배관의 동파 우려가 없어 기준을 만든 목적에 부합하게 된다. 헤드의 배관 끝에 T를 설치하여, T에 니플등을 사용하여 헤드를 설치하고 측면에 오토드립 밸브를 설치하여 자동으로 배수가 되도록 하거나, 볼밸브를 설치하여 수동으로 배수 하는 방법도 있다.

(스프링클러설비의 화재안전기술기준 2.5.17.2에서는 배수밸브를 설치하도록 하고 있다)

2.5.17.2

습식스프링클러설비 또는 부압식 스프링클러설비 외의 설비에는 헤드를 향하여 상향으로 수평주행배관의 기울기를 500분의 1 이상, 가지배관의 기울기를 250분의 1 이상으로 할 것. 다만, 배관의 구조상 기울기를 줄 수 없는 경우에는 배수를 원활하게 할 수 있도록 배수밸브를 설치해야 한다.

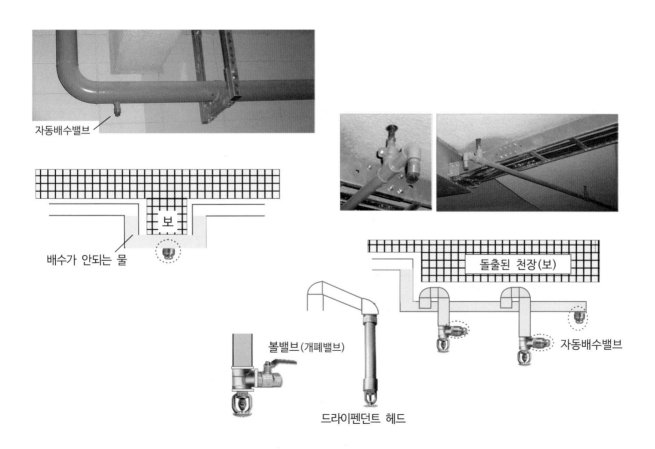

자동배수밸브

배수가 안되는 물

보

돌출된 천장(보)

볼밸브(개폐밸브)

드라이펜던트 헤드

자동배수밸브

자동배수밸브(auto-drip Valve 오토드립밸브)

밸브안에 캡(마개)과 스프링이 물구멍(노즐)을 막는 형태의 밸브이다.

배관에 물의 압력(수압)이 없을 때(설비가 작동하지 않은 상태)에는 수압이 스프링을 누르지 못하므로 배관의 물구멍이 열려있다.

수압이 높을 때(설비가 작동한 상태)에는 물의 압력에 의해 마개를 눌러 물구멍이 닫혀 있으므로 배관의 물이 배수밸브 밖으로 배수가 되지 않는다.

설비가 작동하여 배관내에 물의 압력이 있을 때에는 밸브가 닫히는 구조이다.

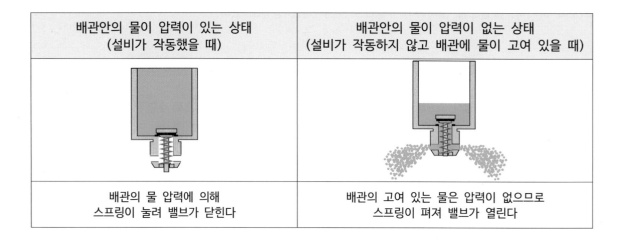

배관안의 물이 압력이 있는 상태 (설비가 작동했을 때)	배관안의 물이 압력이 없는 상태 (설비가 작동하지 않고 배관에 물이 고여 있을 때)
배관의 물 압력에 의해 스프링이 눌려 밸브가 닫힌다	배관의 고여 있는 물은 압력이 없으므로 스프링이 펴져 밸브가 열린다

자동배수밸브 내부구조

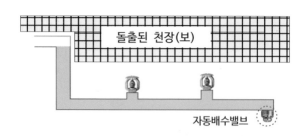

돌출된 천장(보)

자동배수밸브

라. 헤드 설계

① 헤드의 배치방법

㉮ 배치방법(형태)의 종류

헤드 배치형태의 종류는 정사각형(정방형), 직사각형(장방형), 지그재그형(나란히꼴형 또는 삼각형) 등이 있다.

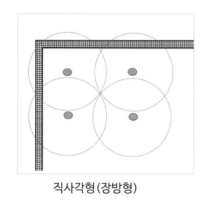

직사각형(장방형)

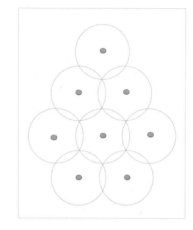

지그재그형(나란히꼴형)

㉯ 정사각형(정방형) 배치

헤드의 설계는 정방형으로 주로 설계를 하며, 장방형이나 삼각형, 잡형 등의 헤드배치 방법은 현실적으로 설계를 하지 않기 때문에 설명을 생략한다.

그림의 헤드마다 R을 반지름으로 원을 그린것은 이해를 돕기 위하여 헤드가 방수될 때의 유효거리(R)를 표현한 것이며, 헤드를 설치하는 곳에는 방수가 되지 않는 곳이 없도록 헤드를 배치해야 한다.

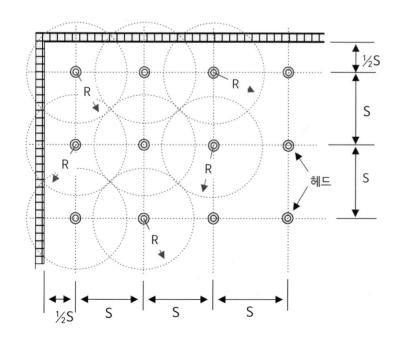

기준에서는 설치장소별
헤드의 수평거리(R)를
정하고 있다

R : 수평거리
S : 헤드간격
S = 2R cos45°

337

㉑ 설치장소별 헤드의 간격(S) 스프링클러설비의 화재안전성능기준 10조 ③

스프링클러헤드를 설치하는 천장·반자·천장과 반자 사이·덕트·선반 등의 각 부분으로부터 하나의 스프링클러헤드까지의 수평거리는 다음 각 호와 같이 해야 한다. 다만, 성능이 별도로 인정된 스프링클러헤드를 수리계산에 따라 설치하는 경우에는 그렇지 않다.

1. 무대부·「화재의 예방 및 안전관리에 관한 법률 시행령」별표 2의 특수가연물을 저장 또는 취급하는 장소에 있어서는 1.7m 이하
2. 랙크식 창고에 있어서는 2.5m 이하. 다만, 특수가연물을 저장 또는 취급하는 랙크식 창고의 경우에는 1.7m 이하
3. 공동주택(아파트) 세대 내의 거실에 있어서는 3.2m 이하(「스프링클러헤드의 형식승인 및 제품검사의 기술기준」의 유효반경의 것으로 한다)
4. 제1호부터 제3호까지 규정 외의 특정소방대상물에 있어서는 2.1m 이하(내화구조로 된 경우에는 2.3미터 이하)

> **참고**
> 스프링클러설비의 화재안전성능기준에서는 헤드의 유효방수거리에 해당하는 수평거리의 기준이 있다.
> 그러나 설계를 할 때에는 헤드와 헤드 상호간(헤드간격)의 거리를 알아야 쉽게 설계를 할 수 있다.
> 설계를 할 때에는 헤드간격의 기준으로 설계를 한다.
> 위의 헤드의 수평거리의 자료로 헤드와 헤드 상호간의 거리(헤드간격)를 계산한 내용이 아래의 표이다.

스프링클러 헤드의 수평거리를 헤드간격으로 계산한 내용

장소		수평거리(R)	헤드간격(S)	수평거리를 헤드간격으로 계산하는 방법
무대부, 특수가연물		1.7m이하	2.4m이하	$2R \cos45° = 2 \times 1.7 \times \dfrac{1}{\sqrt{2}} = 2.4m$
랙크식창고	일반물질	2.5m이하	3.5m이하	$2R \cos45° = 2 \times 2.5 \times \dfrac{1}{\sqrt{2}} = 3.5m$
	특수가연물	1.7m이하	2.4m이하	$2R \cos45° = 2 \times 1.7 \times \dfrac{1}{\sqrt{2}} = 2.4m$
그 밖의 장소 (기타구조)		2.1m이하	3m이하	$2R \cos45° = 2 \times 2.1 \times \dfrac{1}{\sqrt{2}} = 3m$
그 밖의 장소 (내화구조)		2.3m이하	3.2m이하	$2R \cos45° = 2 \times 2.3 \times \dfrac{1}{\sqrt{2}} = 3.2m$
아파트 (세대내의 거실)		3.2m이하	4.5m이하	$2R \cos45° = 2 \times 3.2 \times \dfrac{1}{\sqrt{2}} = 4.5m$

② 헤드 설계사례

아래의 장소에 대하여 헤드의 설치개수가 가장 최소한의 경제적인 설계를 하시오?

조 건
1. 건물의 용도는 업무용 빌딩
2. 주요구조부는 내화구조
3. 헤드 설치 높이는 바닥으로부터 3m

해 설

스프링클러 헤드 설치개수의 설계는,
1. 우선 설치장소별 헤드의 간격(S)을 가로와 세로열의 헤드 설치개수를 계산해야 한다.
2. 가장 최소한의 헤드 개수 배치 방법은 정방형(정사각형)이며, 실제 설계에서는 대부분 정방형으로 설계를 하고 있다.
3. 설치장소의 주요구조부가 내화구조인지의 조건에 따라서 헤드의 간격을 적용한다.
4. 업무시설로서 내화구조의 건물이므로 아래 표의 청색 부분에 해당이 된다.
5. 헤드의 수평거리는 헤드의 유효 살수반경(반지름)을 말하는 것이며, 이 반경의 자료로서 정방형일 때 헤드와 헤드 간의 거리를 계산한 것이 헤드간격(S)이다.
   헤드의 설계는 헤드와 헤드의 간격(S)의 값을 가로와 세로의 길이에 각각 나누어서 헤드의 개수를 계산한다.

   가로(19m) ÷ 3.2m = 5.9 로서 6개가 필요,　　세로(10m) ÷ 3.2m = 3.1 로서 4개가 필요하다.
   가로개수(6개) × 세로개수(4개) = 24개가 필요하다.

6. 계산한 헤드의 개수를 배치 할 때에 헤드 간격을 3.2m이하로 설치장소에 아래의 그림과 같이 균등하게 배치하도록 노력하여야 하며 세로열에서는 3.2m보다 더 작은 헤드간의 거리를 2.5m 정도로 하여 균등하게 배열을 한다.

■ 가로열의 헤드개수는 최소한이 6개이며, 세로열은 4개가 필요하다.
　세로열은 3.2m 간격으로 배치를 하면 양쪽의 벽에 가까울 정도가 되므로 3.2m를 고집할 필요가 없이 2.5m 정도로 배치하면 적합하다.

장소		수평거리(R)	헤드간격(S)
무대부, 특수가연물		1.7m이하	2.4m이하
랙크식창고	일반물질	2.5m이하	3.5m이하
	특수가연물	1.7m이하	2.4m이하
기타구조		2.1m이하	3m이하
내화구조		2.3m이하	3.2m이하
아파트		3.2m이하	4.5m이하

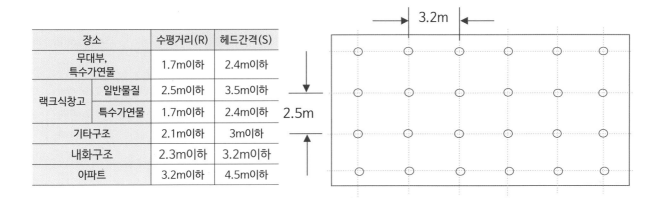

아래의 장소에 대하여 가장 최소의 헤드배치 설계를 하시오.

조 건

1. 건물의 용도는 복합건축물
2. 주요구조부는 내화구조가 아님

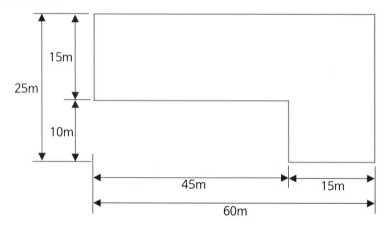

해 설

스프링클러 헤드의 설계는

1. 설치개수는 최소로 필요한 정방형(정사각형)으로 설계를 한다
2. 복합건축물으로서 내화구조가 아닌 건물이면 아래의 표 청색 부분에 해당이 된다
3. 헤드의 수평거리는 헤드의 유효 살수 반경(반지름)을 말하는 것이며, 이 반경의 자료로서 정방형일 때 헤드와 헤드 간의 거리를 계산한 것이 헤드간격(S)이다.

   헤드의 설계는 헤드 간격의 수치를 가로와 세로의 길이에 각각 나누어서 헤드의 개수를 계산을 하며, 사각형 건물이 아닌 이러한 건물은 가로 60m, 세로 15m의 부분에 대한 헤드의 개수를 계산을 하고, 가로 15m, 세로 10m의 부분에 대한 헤드의 개수를 계산하여 이를 더한다

   가로 60m, 세로 15m의 부분에 대한 헤드의 개수
   가로(60m) ÷ 3m = 20개가 필요,   세로(15m) ÷ 3m = 5개가 필요하다
   가로개수(20개) × 세로개수(5개) = 100개가 필요함

   가로 15m, 세로 10m의 부분에 대한 헤드의 개수
   가로(15m) ÷ 3m = 5개가 필요,   세로(10m) ÷ 3m = 3.3으로서 4개가 필요하다
   가로개수(5개) × 세로개수(4개) = 20개가 필요함

∴ 100 + 20 = 120개

4. 계산한 헤드의 배치를 할 때에 헤드 간격을 3m이하로 설치장소에 뒷장의 그림과 같이 균등하게 배치하도록 노력해야 한다.

장소		수평거리(R)	헤드간격(S)
무대부, 특수가연물		1.7m이하	2.4m이하
랙크식창고	일반물질	2.5m이하	3.5m이하
	특수가연물	1.7m이하	2.4m이하
기타구조		2.1m이하	3m이하
내화구조		2.3m이하	3.2m이하
아파트		3.2m이하	4.5m이하

도면의 헤드배치 내용

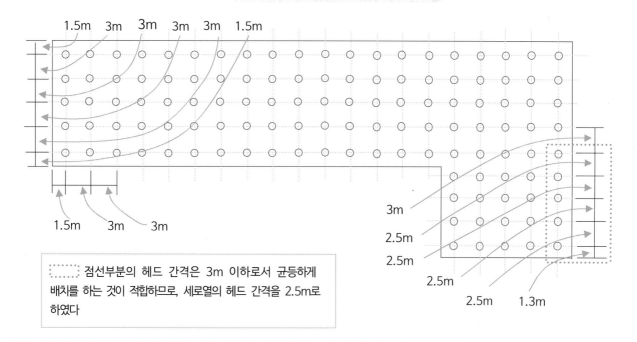

1.5m 3m 3m 3m 3m 1.5m

1.5m 3m 3m

3m
2.5m
2.5m
2.5m
2.5m 1.3m

점선부분의 헤드 간격은 3m 이하로서 균등하게 배치를 하는 것이 적합하므로, 세로열의 헤드 간격을 2.5m로 하였다

스프링클러헤드가 열려 물이 살수되는(뿌려지는) 과정

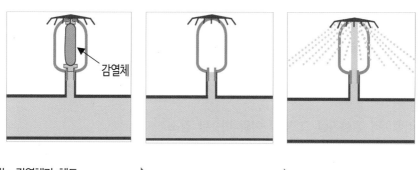

감열체

작동전에는 감열체가 헤드 물구멍을 막고 있다

열에 의하여 감열체가 분리된다 (퓨즈블링크형은 감열체가 녹으며, 유리벌브형은 감열체가 터진다)

열려진 물구멍으로 물이 나와 반사판에 부딪혀 뿌려진다.

퓨즈블링크형

유리(글라스)벌브형

반사판

프래임(Frame)

글라스벌브 (Glass Bulb)

밸브캡

유리(글라스)벌브형 헤드 구성요소

마. 헤드 설치제외 장소

스프링클러설비의 화재안전기술기준 2.12.1 내용

다음 각호의 1에 해당하는 장소에는 스프링클러헤드를 설치하지 아니할 수 있다.

> (**해설** : 아래의 장소는 화재가 발생할 가능성이 적은 장소 또는 화재가 발생하여도 헤드가 작동하기가 어려운 장소 또는 물에 의한 피해가 클 우려가 있는 곳으로서 헤드를 설치하지 않아도 되는 장소를 선정한 것이다)

1. 계단실(특별피난계단의 부속실을 포함한다)·경사로·승강기의 승강로·비상용승강기의 승강장·파이프덕트 및 덕트피트 (파이프·덕트를 통과시키기 위한 구획된 구멍에 한한다)·목욕실·수영장(관람석부분을 제외한다)·화장실·직접 외기에 개방되어 있는 복도·기타 이와 유사한 장소

2. 통신기기실·전자기기실·기타 이와 유사한 장소

3. 발전실·변전실·변압기·기타 이와 유사한 전기설비가 설치되어 있는 장소

4. 병원의 수술실·응급처치실·기타 이와 유사한 장소

5. 천장과 반자 양쪽이 불연재료로 되어 있는 경우로서 그 사이의 거리 및 구조가 다음의 어느 하나에 해당하는 부분
   가. 천장과 반자 사이의 거리가 2 m 미만인 부분
   나. 천장과 반자 사이의 벽이 불연재료이고 천장과 반자사이의 거리가 2 m 이상으로서 그 사이에 가연물이 존재하지 않는 부분

6. 천장·반자 중 한쪽이 불연재료로 되어 있고 천장과 반자사이의 거리가 1 m 미만인 부분

7. 천장 및 반자가 불연재료 외의 것으로 되어 있고 천장과 반자사이의 거리가 0.5 m 미만인 부분

8. 펌프실·물탱크실 엘리베이터 권상기실 그 밖의 이와 비슷한 장소

9. 현관 또는 로비 등으로서 바닥으로부터 높이가 20 m 이상인 장소

10. 영하의 냉장창고의 냉장실 또는 냉동창고의 냉동실

11. 고온의 노가 설치된 장소 또는 물과 격렬하게 반응하는 물품의 저장 또는 취급장소

12. 불연재료로 된 특정소방대상물 또는 그 부분으로서 다음의 어느 하나에 해당하는 장소
    가. 정수장·오물처리장 그 밖의 이와 비슷한 장소
    나. 펄프공장의 작업장·음료수공장의 세정 또는 충전하는 작업장 그 밖의 이와 비슷한 장소
    다. 불연성의 금속·석재 등의 가공공장으로서 가연성물질을 저장 또는 취급하지 않는 장소
    라. 가연성 물질이 존재하지 않는 「건축물의 에너지절약설계기준」에 따른 방풍실

13. 실내에 설치된 테니스장·게이트볼장·정구장 또는 이와 비슷한 장소로서 실내 바닥·벽·천장이 불연재료 또는 준불연재료로 구성되어 있고 가연물이 존재하지 않는 장소로서 관람석이 없는 운동시설(지하층은 제외한다)

바. 헤드에 관한 용어

① 반응시간지수(RTI)

응답시간지수라고도 하며, Respons Time Index의 약자이다.
기류의 온도·속도 및 작동시간에 대하여 스프링클러헤드의 반응을 예상한 지수로서 아래 식에 의하여 계산하고 $(m \cdot s)^{0.5}$을 단위로 한다.

$$RTI = r \sqrt{U}$$

r : 감열체의 시간상수(초)
u : 기류속도 (m/s)

스프링클러 헤드의 감열성능을 수치로 표현한 것으로서,

우리나라에서는 표준형 스프링클러헤드는 표시온도 구분에 따라 RTI값을 표준반응, 특수반응, 조기반응으로 구분한다.
  ① 표준반응의 RTI값은 80초과~350이하
  ② 특수반응의 RTI값은 51초과~80이하
  ③ 조기반응의 RTI값은 50이하

ISO(International Standers Organization)에서 RTI의 구분은 표준반응형은 80~350, 조기작동형은 50이하 주거형 스프링클러헤드는 24정도로 하고 있다.

RTI값이 낮다는 것은 헤드의 작동(감열체의 용융 또는 파괴)이 빠르다고 할 수 있다.
예를 들어서 헤드의 작동온도가 각각 72°C인 헤드의 RTI값이 100과 40이라면 RTI값이 40인 헤드가 빨리 작동한다. 그러나 동일한 RTI값의 헤드라도 작동온도가 낮은 헤드가 빨리 작동이 된다.

작동온도가 72°C인 헤드는 72°C에서 즉시 작동하는 것은 아니며, 일정시간 지나야 작동한다.

② 헤드의 감열체

감열체

화재의 열을 인식하는 물체로서 정상상태에서는 방수구를 막고 있으나 열에 의하여 헤드가 일정한 온도에 도달하면 스스로 파괴·용해되어 감열체가 헤드로부터 이탈됨으로써 물구멍이 열려 스프링클러헤드가 작동(물이 살수됨)되도록 하는 부분을 말한다.

③ 표시온도

폐쇄형스프링클러헤드의 감열체가 작동하는 온도로서 미리 헤드에 표시한 온도를 말한다.
헤드는 몇도의 온도에서 작동하여야 한다는 헤드의 작동온도의 기준은 없다. 그러나 헤드의 검정기준에서는 표시온도와 최고주위온도를 정하고 있다.

유리벌브형		퓨지블링크형	
표시온도(℃)	액체의 색별	표시온도(℃)	후레임의 색별
57 ℃	오렌지	77 ℃ 미만	색 표시 않함
68 ℃	빨 강	78 ℃ ~ 120 ℃	흰 색
79 ℃	노 랑	121 ℃ ~ 162 ℃	파 랑
93 ℃	초 록	163 ℃ ~ 203 ℃	빨 강
141 ℃	파 랑	204 ℃ ~ 259 ℃	초 록
182 ℃	연한자주	260 ℃ ~ 319 ℃	오렌지
227 ℃ 이상	검 정	320 ℃ 이상	검 정

④ 최고주위온도

폐쇄형스프링클러헤드의 설치장소에 관한 기준이 되는 온도로서 다음 식에 의하여 구하여진 온도를 말한다. 다만, 헤드의 표시온도가 75 ℃ 미만인 경우의 최고주위온도는 다음 등식에 불구하고 39℃로 한다.

$$TA = 0.9TM - 27.3$$

TA는 최고주위온도
TM은 헤드의 표시온도

13. 유수검지장치 · 일제개방밸브 스프링클러설비의 화재안전성능기준 3조 15,16

(流水檢知裝置 · 一齊開放 Valve)

유수검지장치는 본체안의 유수流水-물흐름현상을 자동적으로 검지(인식)하여 신호 또는 경보를 발생하게 하는 장치를 말한다. 종류는 습식유수검지장치(패들형을 포함한다), 건식유수검지장치, 준비작동식유수검지장치가 있다.

일제개방밸브는 개방형스프링클러 헤드를 사용하는 일제살수식 스프링클러설비에 설치하는 밸브로서 화재발생시 자동 또는 수동식 기동장치에 의해 밸브가 열리는 것을 말한다.

가. 유수검지장치 3조 15

① 습식 유수검지장치
습식 스프링클러설비에 설치하는 장치로서 밸브 본체안의 유수(물의 흐름)현상을 자동적으로 인식하여 신호 또는 경보를 하는 장치를 말한다. 습식유수검지장치 종류는 알람밸브와 패들형스위치가 있다.

② 준비작동식, 부압식 유수검지장치
준비작동식 및 부압식 스프링클러설비에 설치하는 장치로서 밸브 본체안의 유수현상을 자동적으로 인식하여 신호 또는 경보를 하는 장치를 말한다. 준비작동식 유수검지장치에는 프리액션밸브(준비작동밸브)가 있다.

③ 건식 유수검지장치
건식 스프링클러설비에 설치하는 장치로서 밸브 본체안의 유수현상을 자동적으로 인식하여 신호 또는 경보를 하는 장치를 말한다. 건식유수검지장치에는 드라이밸브가 있다.

나. 일제개방밸브 3조 16

일제살수식 스프링클러설비에 설치하는 장치로서 감지기 또는 기동용폐쇄형헤드의 작동에 의한 화재 신호에 의하여 본체안의 다이아프램(클래퍼 또는 피스톤 등)이 자동적으로 열리는 밸브를 말한다. 일제개방밸브에는 딜류즈밸브(일제개방밸브) 및 자동밸브가 있다.

유수 流水 : 흐르는 물
유수검지장치 流水檢知裝置 : 흐르는 물의 현상을 인식(알아차림)하여 흐름을 알아차리는 장치. 화재가 발생하지 않은 평소에는 배관의 물 흐름이 없다. 그러나 헤드로 물이 방수되기 위해서 배관의 물이 헤드 쪽으로 이동(흐름)하면 물의 이동 현상을 화재가 발생한 것으로 인식하여 수신기(제어반)에 압력스위치 작동 신호가 전달된다. 흐름을 인식하는 압력스위치가 유수검지장치이다. 알람밸브, 드라이밸브, 프리액션밸브 자체를 유수검지장치라고 부르고 있다. 그러나 밸브에 부착된 압력스위치가 유수검지의 기능을 한다.
다이어프램 Diaphragm : 칸막이, 격막, 칸막이벽
딜류즈 Deluge : 폭우, 호우

다. 유수검지장치등의 부품 명칭

① 알람밸브

㉮ 리타딩챔버(Retarding Chamber) 없는 알람밸브   (열림 ➡ ○, 닫힘 ➡ ×)

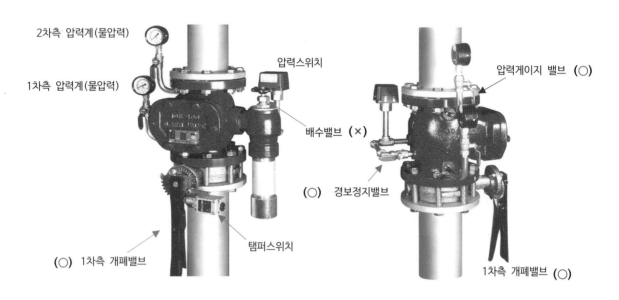

2차측 압력계(물압력)

1차측 압력계(물압력)

압력스위치

압력게이지 밸브 (○)

배수밸브 (×)

(○) 경보정지밸브

(○) 1차측 개폐밸브

탬퍼스위치

1차측 개폐밸브 (○)

리타딩챔버가 없는 알람밸브는 압력스위치(또는 수신기)에 시간지연장치가 설치되어 설정된 시간
만큼 연속으로 물이 압력스위치를 작동해야 유수경보가 울린다.

㉯ 리타딩챔버 있는 알람밸브

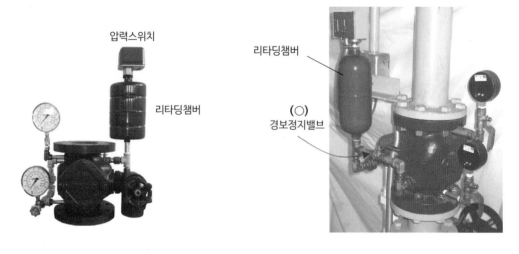

압력스위치

리타딩챔버

리타딩챔버

(○)
경보정지밸브

리타딩챔버(Retarding Chamber) : 물의 흐름(유수) 현상의 인식을 더디게 하는(늦추다–delay) 통을 말한다.

알람밸브

② 패들형스위치(패들형 유수검지장치)

패들 Paddle : 주걱, 노

(열림 ➡ ○, 닫힘 ➡ ×)

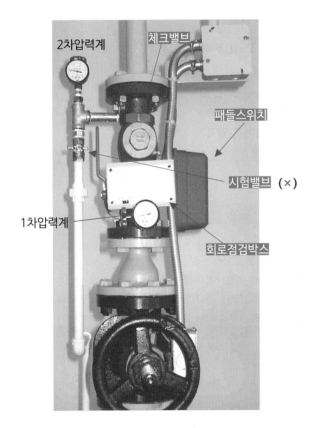

2차압력계
체크밸브
패들스위치
시험밸브 (×)
1차압력계
회로점검박스

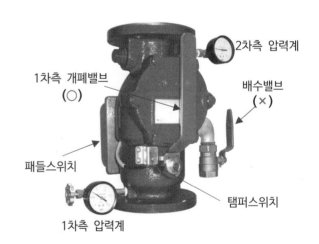

2차측 압력계
1차측 개폐밸브 (○)
배수밸브 (×)
패들스위치
탬퍼스위치
1차측 압력계

패들스위치
패들

③ 프리액션밸브

㉮ 다이아프램(diaphragm)형 프리액션밸브

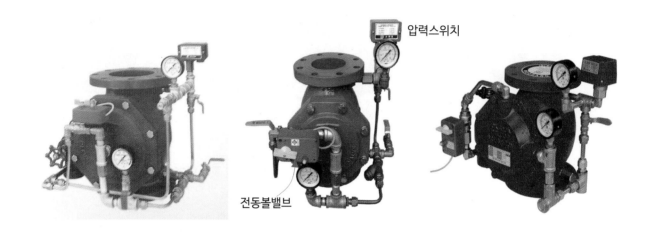

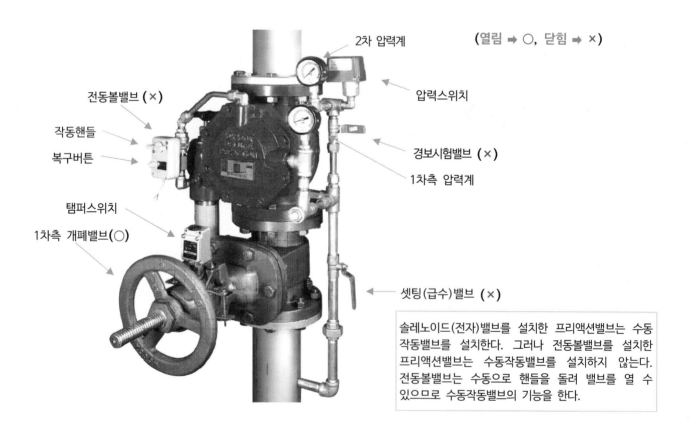

(열림 ➡ ○, 닫힘 ➡ ×)

솔레노이드(전자)밸브를 설치한 프리액션밸브는 수동 작동밸브를 설치한다. 그러나 전동볼밸브를 설치한 프리액션밸브는 수동작동밸브를 설치하지 않는다. 전동볼밸브는 수동으로 핸들을 돌려 밸브를 열 수 있으므로 수동작동밸브의 기능을 한다.

다이아프램(diaphragm) : 횡격막, 가로막

㉯ 클래퍼형 프리액션밸브

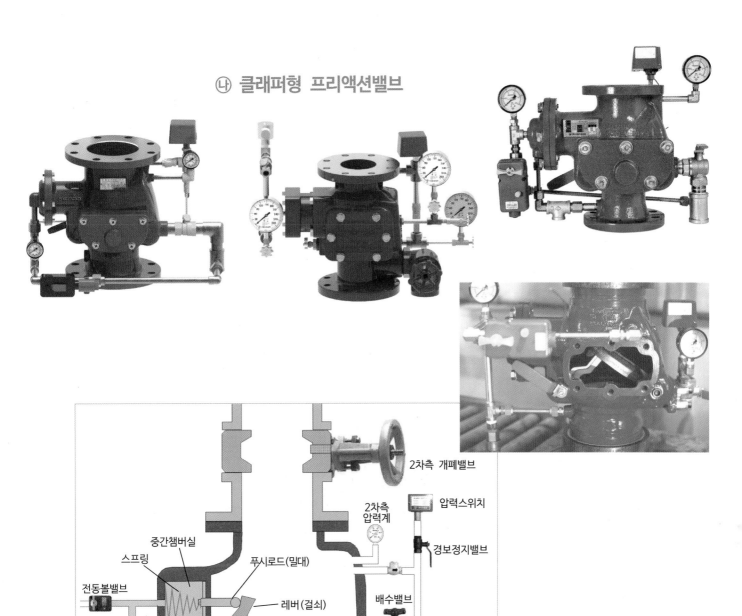

2차측 개폐밸브

압력스위치

2차측
압력계

경보정지밸브

배수밸브

중간챔버실

스프링

푸시로드(밀대)

레버(걸쇠)

전동볼밸브

복구레버

1차측
압력계

클래퍼

자동배수밸브

체크밸브

체크밸브

경보 시험밸브

중간챔버 급수용밸브

1차측 개폐밸브

클래퍼 Clapper : 혓바닥, 원형의 형태로 생긴 것이 혓바닥처럼 움직인다 하여 붙인 이름이며,
물의 흐름을 조절하기 위해 여닫을 수 있는 수문(水門)을 말한다.

349

㉰ 수평형 프리액션밸브

미국 바이킹사 제품

2차측 개폐밸브

프리액션밸브

1차측 개폐밸브

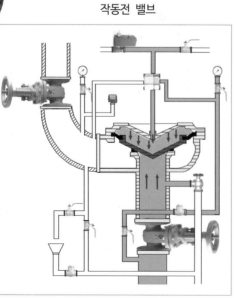

작동전 밸브

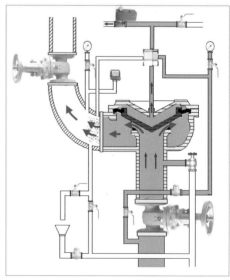

작동후 밸브

④ 드라이밸브

| 공기압력계 |
| 액셀러레이터 |
| 공기압력계 |
| 물압력계 |

(×)
배수밸브

저압드라이밸브가 생산되고
드라이밸브는 생산이 중단된 제품이다

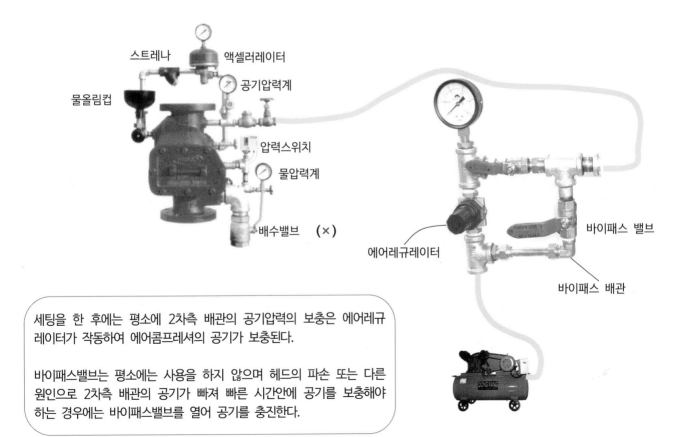

스트레나   액셀러레이터
물올림컵   공기압력계
                    압력스위치
                    물압력계
            배수밸브   (×)

에어레규레이터
바이패스 밸브
바이패스 배관

세팅을 한 후에는 평소에 2차측 배관의 공기압력의 보충은 에어레규레이터가 작동하여 에어콤프레셔의 공기가 보충된다.

바이패스밸브는 평소에는 사용을 하지 않으며 헤드의 파손 또는 다른 원인으로 2차측 배관의 공기가 빠져 빠른 시간안에 공기를 보충해야 하는 경우에는 바이패스밸브를 열어 공기를 충진한다.

P산업 드라이밸브 (열림 ➡ ○, 닫힘 ➡ ×)

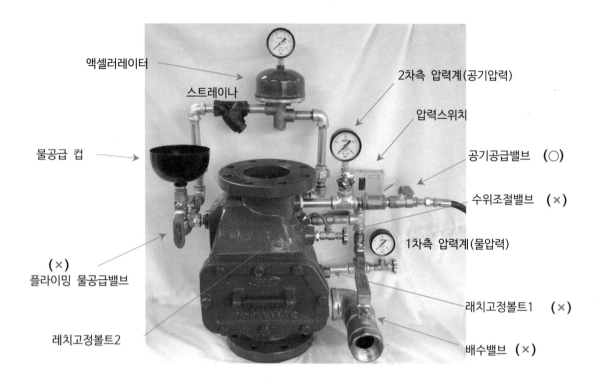

액셀러레이터
스트레이나
2차측 압력계(공기압력)
압력스위치
물공급 컵
공기공급밸브 (○)
수위조절밸브 (×)
1차측 압력계(물압력)
(×)
플라이밍 물공급밸브
래치고정볼트1 (×)
레치고정볼트2
배수밸브 (×)

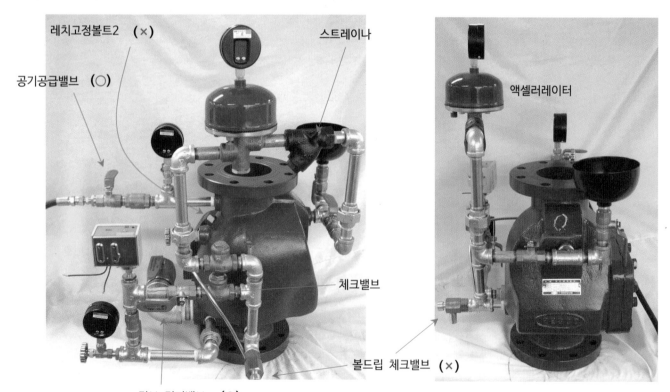

레치고정볼트2 (×)
스트레이나
공기공급밸브 (○)
액셀러레이터
체크밸브
볼드립 체크밸브 (×)
경보 정지밸브 (○)

W사의 **건식밸브**   (열림 ➡ ○, 닫힘 ➡ ×)

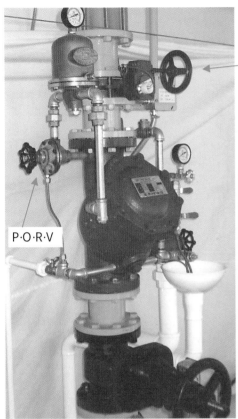

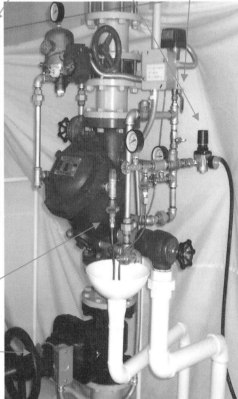

P·O·R·V

2차측 개폐밸브 （○）

공기압력게이지(2차)

액셀러레이터

압력스위치

2차압력게이지

공기압력 레귤레이터

주배수밸브 （×）   （○）
경보정지밸브

1차측 개폐밸브 （○）

물배수컵

（×） 클래퍼 복구밸브

탬퍼스위치

⑤ 저압드라이밸브

저압건식밸브(S기업)

공기압력계
압력스위치
에어레귤레이터
2차측(공기) 압력계
1차측(물) 압력계
배수밸브

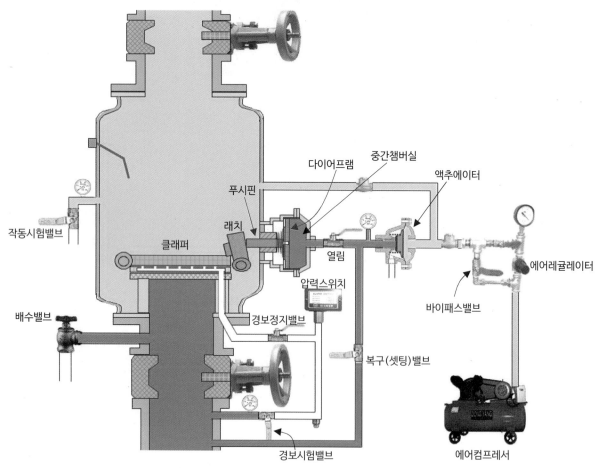

작동시험밸브
푸시핀
다이어프램
중간챔버실
액추에이터
래치
클래퍼
열림
에어레귤레이터
바이패스밸브
배수밸브
압력스위치
경보정지밸브
복구(셋팅)밸브
경보시험밸브
에어컴프레서

저압 드라이밸브

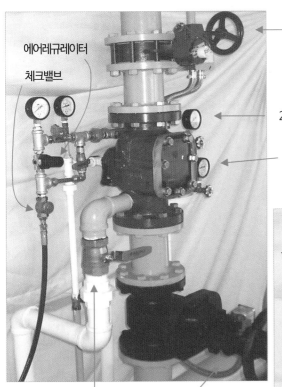

에어레귤레이터

체크밸브

2차측 개폐밸브

2차 압력게이지(공기압력)

1차 압력게이지(물압력)

주배수 밸브

1차측 개폐밸브

공기주입밸브 (○)

바이패스밸브 (×)

2차 압력게이지(공기압력)

압력스위치

1차 압력게이지(물압력)

체크밸브

에어컴프레서 연결호스

저압 드라이밸브(저압 건식밸브)

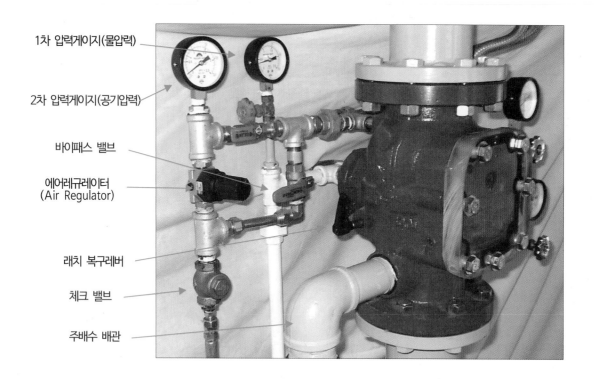

1차 압력게이지(물압력)

2차 압력게이지(공기압력)

바이패스 밸브

에어레규레이터
(Air Regulator)

래치 복구레버

체크 밸브

주배수 배관

압력스위치

2차 압력게이지(공기압력)

1차 압력게이지(물압력)

작동 시험밸브

경보 시험밸브

경보 정지밸브

⑥ 일제개방밸브

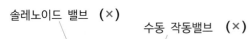

(열림 ➡ ○, 닫힘 ➡ ×)

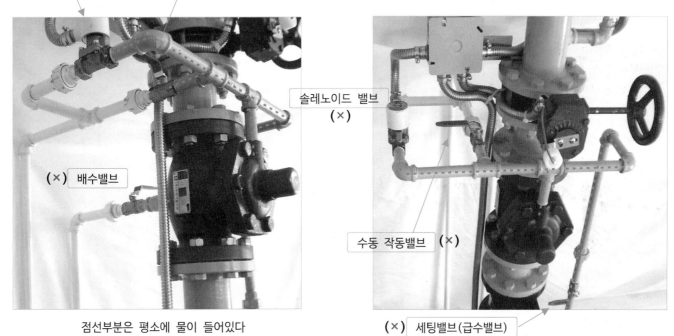

솔레노이드 밸브 (×)

수동 작동밸브 (×)

솔레노이드 밸브 (×)

(×) 배수밸브

수동 작동밸브 (×)

점선부분은 평소에 물이 들어있다

(×) 세팅밸브(급수밸브)

솔레노이드 밸브

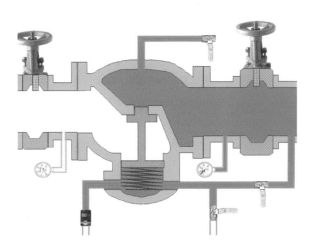

일제개방밸브

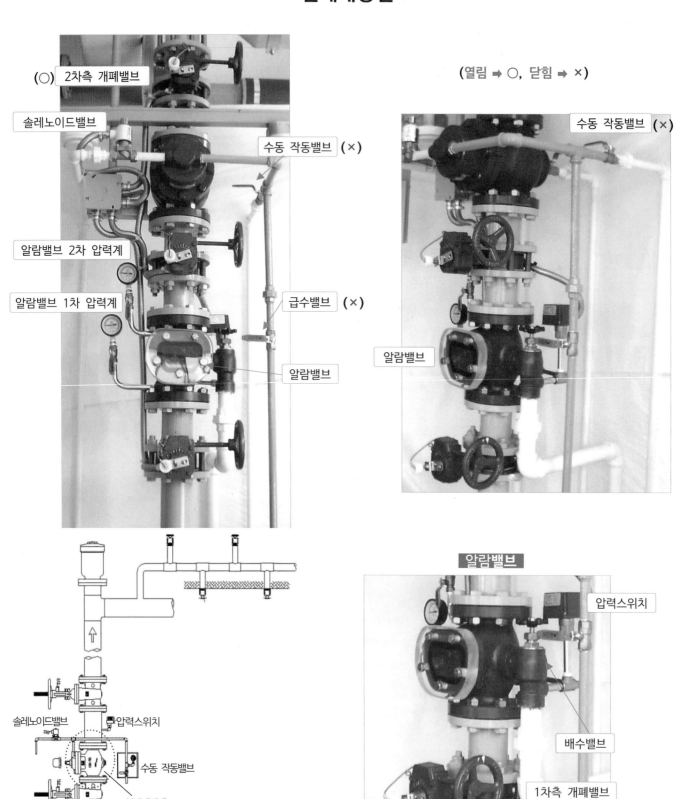

(○) 2차측 개폐밸브

(열림 ➡ ○, 닫힘 ➡ ×)

솔레노이드밸브

수동 작동밸브 (×)

수동 작동밸브 (×)

알람밸브 2차 압력계

알람밸브 1차 압력계

급수밸브 (×)

알람밸브

알람밸브

솔레노이드밸브

압력스위치

수동 작동밸브

일제개방밸브

알람밸브

압력스위치

배수밸브

1차측 개폐밸브

⑦ 더블인터록밸브

(열림 ➡ ○, 닫힘 ➡ ×)

압력스위치-1

압력스위치-2

2차(공기)압력게이지

1차(물)압력게이지

액추에이터
(actuator)

2차측 시험밸브 (×)

볼 배수밸브 (×)
(Ball Drip Valve)

경보시험밸브 (×)
(Alarm Test Valve)

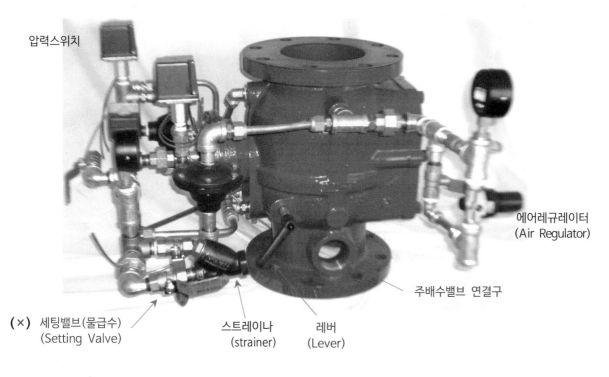

압력스위치

에어레규레이터
(Air Regulator)

주배수밸브 연결구

(×) 세팅밸브(물급수)
(Setting Valve)

스트레이나
(strainer)

레버
(Lever)

라. 유수검지장치 등의 작동원리 및 내부 모습

① 알람밸브

㉮ 리타딩챔버(Retarding Chamber) 없는 알람밸브

1) 알람밸브 작동원리

화재의 열에 의하여 헤드가 열려 물이 방수되면 배관의 물이 헤드로 이동하게 되며, 물의 이동하는 힘에 의해 알람밸브의 클래퍼는 상승(작동)한다.

클레퍼가 상승하면 클레퍼에 의해 압력스위치 연결배관에 막혀있던 물구멍으로 물이 이동하여 압력스위치가 작동하게 되며 압력스위치의 작동으로 화재(유수)경보가 울린다.
이렇게 물의 압력에 의하여 압력스위치가 작동하는 것이 알람밸브의 작동이다.

> **참고**
>
> 평소에는 1차측과 2차측 배관에 동일한 압력의 물이 들어 있다. 클래퍼는 열리지 못하게 하는 걸쇠 같은 잠금장치가 없으며 1차측 배관의 물의 압력에 의하여 클래퍼가 상승한다.
>
> 배관안의 일시적인 물의 압력변화 또는 물의 출렁임 등으로 인하여 클래퍼가 일시적으로 상승하여 압력스위치를 작동하여도 압력스위치는 즉시 작동되지는 않고 작동시간이 보통1~2초 정도 연속하여 작동을 해야 작동신호가 수신기에 전달되도록 회로에 작동지연회로가 설치되어 있다.

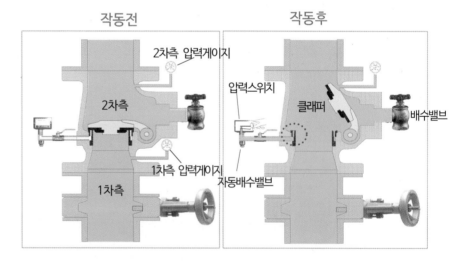

알람밸브의 2차측 압력과 1차측 압력

현장에서는 게이지의 2차측압력과 1차측압력은 보통 같거나 2차측압력이 높다.
그 이유는 클래퍼가 닫혀있으므로 펌프가 작동하여 최종 압력이 2차측배관에 압력이 그대로 유지되지만, 1차측압력은 펌프를 통하여 압력이 빠질 수 있기 때문에 압력이 낮게된다.

리타딩챔버 Retarding Chamber : 압력스위치로 전달되는 물의 전달속력을 늦추어 압력스위치 작동을 늦게 하는 부품
클래퍼 Clapper : 혓바닥, 원형의 형태로 생긴 것이 혓바닥처럼 움직인다 하여 붙인 이름이며,
물의 흐름을 조절하기 위해 밸브를 열고 닫는 수문(水門)을 말한다.

2) 부 품

가) 압력스위치

알람밸브의 유수(流水-흐르는 물)현상을 인식하는 부품으로서, 클래퍼가 위로 상승하면 물이 압력스위치 연결배관으로 들어가 압력스위치가 작동한다.(압력스위치를 알람스위치라고 부르는 사람도 있다)

나) 경보정지밸브

알람밸브의 압력스위치가 작동하여 화재(유수)경보가 울리고 있을때에, 경보를 정지 할 필요가 있을 경우에는 경보정지밸브를 닫으면 물의 흐름이 차단되며, 수신기의 복구버튼을 누르면 경보가 울리지 않는다.

평소에는 그림1과 같이 밸브를 열어 놓아야 하며 열린 배관으로 물이 들어가 압력스위치가 작동한다. 그러나 그림2와 같이 밸브가 잠긴상태로 있으면 화재가 발생하여 헤드로 방수가 되어도 물이 압력스위치를 작동할 수 없으므로 화재경보(유수경보)가 울리지 않는다.

습식스프링클러설비는 감지기가 없는 설비이므로 화재가 발생하여 헤드로 방수가 되어도 압력스위치가 작동하지 않으면 화재경보가 울리지 않는다.

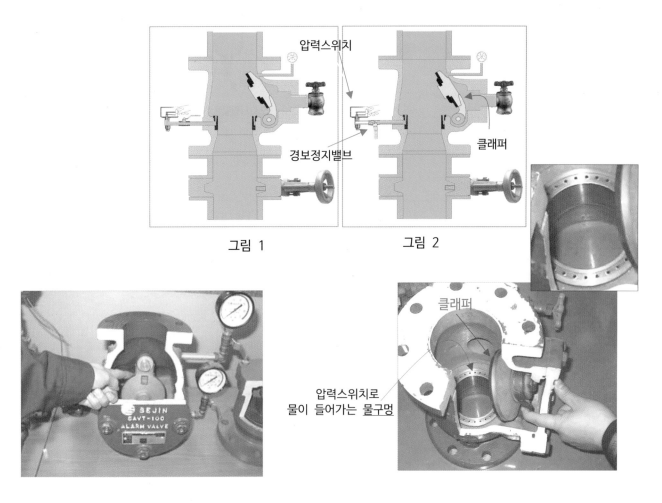

알람밸브를 절단하여 내부를 쉽게 이해할 수 있도록 한 교육용 자료들이다

㉯ 리타딩챔버(Retarding Chamber) 있는 알람밸브

1) 알람밸브 작동원리

화재가 발생하여 헤드로 물이 방수되면 배관안의 물이 헤드로 이동하며 물의 이동하는 힘에 의하여 클래퍼가 상승한다. 압력스위치 연결 물구멍으로 물이 들어가 리타딩챔버에 물이 가득차게 되면 물이 압력스위치를 작동하게 된다.

그러나 그림1과 같이 일시적인 배관안의 압력변동(또는 물의 출렁임)으로 클래퍼가 순간적으로 상승하는 현상이 일어날 때에는 물구멍으로 들어온 물이 리타딩챔버로 물이 들어오지만 연속적으로 계속 물이 들어가지 않으면 자동 배수밸브를 통하여 배수가 되어 압력스위치는 작동하지 않게 된다.

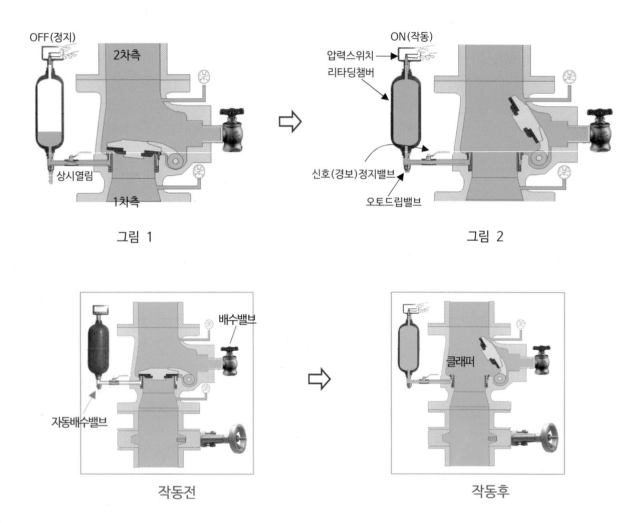

그림 1   그림 2

작동전   작동후

리타딩(Retarding) : 늦추다, 더디게 하다.
챔버(Chamber) : 방, 상자, 통

362

2) 알람밸브의 압력스위치

유수검지기능을 하는 압력스위치는 알람밸브, 프리액션밸브, 드라이밸브 모두 같으며, 제품마다 외형이나 구조가 조금씩 다르지만 배관의 물이 압력스위치를 작동하는 원리는 동일하다.

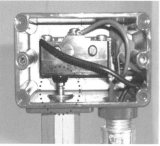

작동후

작동전

3) 리타딩챔버(Retarding Chamber)

압력스위치로 전달되는 물의 전달속력을 늦추어 압력스위치 작동을 늦추는 부품을 리타딩챔버라 한다.
오보誤報 방지기능을 한다. 오경보誤警報를 비화재보(잘못된 경보)라고도 한다.

배관안의 소량의 물의 이동으로 인하여 알람스위치가 작동하여 오경보를 울리는 현상이 일어나지 않도록 하기 위하여 리타딩챔버 안으로 소량의 물이 들어가는 것은 물이 자동으로 배수되어 압력스위치가 작동하지 않도록 하는 기능을 한다.

　　참고
리타딩챔버가 없는 알람밸브는 압력스위치에 시간지연회로가 설치되어 설정된 시간만큼 연속으로 물이 압력스위치를 작동해야 작동신호가 수신반에 전달된다.

리타딩챔버에 가압수가 계속 공급되지
않으면 자동배수밸브로 배수가 된다

㉰ 평소 알람밸브 주변 밸브 개폐(열림과 닫힘)상태

■ 열려 있어야 하는 밸브
- 1차측 개폐밸브(2차측 개폐밸브는 없으며 설치를 해도 사용의 용도는 없다)
- 경보정지밸브
- 1, 2차측 압력게이지 밸브

■ 잠겨 있어야 하는 밸브

- 배수밸브
  (배수밸브가 열려 있으면 클래퍼가 상승하여 압력스위치 작동으로 화재경보가 울리게 된다)

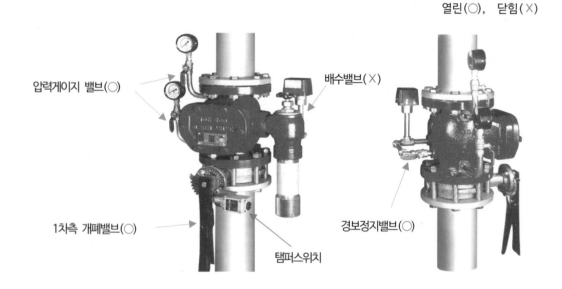

4) 알람밸브에서 화재경보가 발생하지 않는 원인들

(화재가 발생하여 헤드로 물이 방수되는 상태에서도 화재경보(유수경보)가 울리지 않는다면 그 원인들)

1. 리타딩챔버 또는 압력스위치로 물이 이동하는 물구멍 또는 배관의 막힘
   - 이물질(찌꺼기등)에 의하여 물구멍이나 배관이 막혀 물이 들어가지 못하여 압력(알람) 스위치가 작동하지 못하는 경우
2. 압력스위치 고장
3. 경보기구(사이렌, 경종) 고장
4. 수신기 고장
5. 중계기 고장
6. 수신기에서 경종스위치 작동을 꺼 놓은 경우(스위치를 OFF한 경우)
7. 압력스위치와 수신기간의 회로배선이 단선(끊김)된 경우
8. 경보정지밸브가 잠긴 경우
   - 밸브가 닫혀 물이 이동하지 못하여 압력스위치가 작동하지 못한다.
9. 저전압으로 압력스위치, 경보벨 등 시설이 작동이 안되는 경우

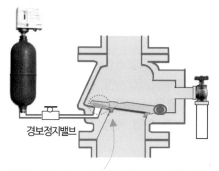

경보정지밸브

클래퍼와 시트 사이에 이물질이 끼는 부분

5) 알람밸브에서 화재가 발생하지 않았으나 수시로 경보가 발생하는 원인들

(비화재 시에 수시로 오보가 울릴 경우 그 원인들)

1. 압력스위치 연결배관의 배수밸브(오리피스)에 이물질의 막힘(철사 등으로 막힌 구멍을 뚫어야 한다)
2. 알람밸브의 클래퍼와 시트 부위에 이물질이 낀 경우(알람밸브의 커브를 분리하여 낀 이물질을 제거해야 한다)
3. 압력스위치 고장
4. 수신기 고장
5. 중계기 고장
8. 주펌프와 충압펌프의 잦은 기동
(배관의 누수 등으로 펌프가 작동하여 배관내의 수격으로 민감한 압력스위치가 작동하는 현상이며, 압력스위치 재세팅, 누수배관등을 수리해야 한다)

| 문 제 |

알람밸브(알람체크밸브)가 설치된 습식스프링클러설비에서 설비가 작동하여 헤드로 방수되었으나, 유수경보가 나오지 않은 경우에 그 원인을 3가지 이상 쓰시오.(단, 알람밸브에는 리타딩챔버가 없는 밸브이다)

| 정 답 |

　① 압력스위치 고장
　② 경보기구(사이렌, 경종) 고장
　③ 수신기 고장
　④ 수신기에서 경종스위치 작동을 꺼 놓은 경우(스위치를 OFF한 경우)

5) 시험장치

가) 설치 기준

습식유수검지장치 또는 건식유수검지장치를 사용하는 스프링클러설비와 부압식스프링클러설비에는 동장치를 시험할 수 있는 시험 장치를 다음 각 호의 기준에 따라 설치해야 한다.

1. 습식스프링클러설비 및 부압식스프링클러설비에 있어서는 유수검지장치 2차 측 배관에 연결하여 설치하고 건식 스프링클러설비인 경우 유수검지장치에서 가장 먼 거리에 위치한 가지배관의 끝으로부터 연결하여 설치할 것. 이 경우 유수검지장치 2차 측 설비의 내용적이 2,840 리터를 초과하는 건식스프링클러설비는 시험장치 개폐 밸브를 완전 개방 후 1분 이내에 물이 방사되어야 한다.

2. 시험장치 배관의 구경은 25 ㎜ 이상으로 하고, 그 끝에 개폐밸브 및 개방형헤드 또는 스프링클러헤드와 동등한 방수성능을 가진 오리피스를 설치할 것. 이 경우 개방형헤드는 반사판 및 프레임을 제거한 오리피스만으로 설치할 수 있다.

3. 시험배관의 끝에는 물받이 통 및 배수관을 설치하여 시험 중 방사된 물이 바닥에 흘러내리지 않도록 할 것. 다만, 목욕실·화장실 또는 그 밖의 곳으로서 배수처리가 쉬운 장소에 시험배관을 설치한 경우에는 그렇지 않다.

요약

시험 장치 설치위치

■ **습식스프링클러설비 ,부압식스프링클러설비** : 유수검지장치 2차측 배관에 연결해 설치한다.

■ **건식스프링클러설비** : 유수검지장치에서 가장 먼 거리에 위치한 가지배관의 끝으로부터 연결하여 설치한다.

참고
개정전에는 시험장치는 모두 유수검지장치에서 가장 먼 거리에 위치한 가지배관의 끝으로부터 연결하여 설치하 도록 되었으나 위의 내용과 같이 개정되었다.
현장에는 시험밸브함을 많이 설치하지만 화재안전기준 에는 시험밸브함의 설치기준은 없다.

나) 시험밸브함 안의 부속품

가지배관에서 시험배관의 끝의 방향으로 설치되는 부품의 순서는 압력계 → 시험밸브 → 개방형헤드 순으로 설치된다.
시험배관의 끝에 개방형헤드를 설치하지 않고 반사판과 프레임을 제거한 오리피스만으로 설치를 해도 된다.
일부의 현장에는 25mm의 가지배관 끝에 개방형헤드나 헤드오리피스를 설치하지 않는 잘못된 곳이 있다.

시험배관의 끝에 반사판과 프레임을 제거하고 오리피스만 설치하는 것이 적합하다. 반사판과 프레임이 있으면
피토게이지로 방수압력을 측정하지 못한다.
헤드 또는 헤드 오리피스를 설치하는 이유는 시험방수의 양이 헤드 1개의 방수량과 같게 하기 위함이다

참고 자료

각종 시험에서 시험밸브함에 대하여 설치하는 부품의 내용, 설치순서, 도시기호로 그리는 내용등이 출제되고 있다.
설계에서나 현장에서는 시험밸브함을 설치하고 있다.
그러나, 화재안전기술기준, 성능기준에는 시험밸브함의 설치기준 및 압력계의 설치에 대한 기준은 없다.
만약 시험문제나 감리현장, 소방점검에서 시험밸브함, 압력계에 대하여 기준이 없는 내용을 설명하기에는 궁색한 부분이다.
소방청에서도 기준이 없고 설치에 대하여 강요하지 못한다는 의견이 있다.

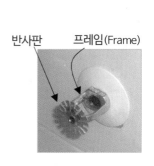

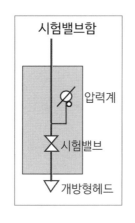

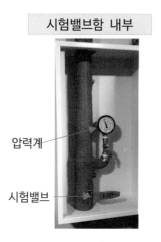

시험배관의 끝에 헤드(오리피스)를 설치하지 않은 곳

프레임 frame : 틀 , 오리피스 Orifice : 구멍, 아가리

② 프리액션밸브(준비작동밸브)

㉮ 다이어프램(Diaphagm)형 프리액션밸브

1) 작동원리

프리액션밸브의 <u>다이어프램</u>이 열리는 원리는 화재감지기가
2회로이상(교차회로) 작동이 되면 수신기에서는 전동(또는 전자)밸브에
전기를 보내며 전동밸브가 작동(개방)되어 중간챔버실의 물이 밸브
밖으로 빠져 물의 압력이 떨어지게 된다.

평소에 그림과 같이 ①과 ②의 압력이 동일하여 다이어프램이
열리지 않고 유지되어 있다. 중간챔버실(①) 안의 물이 ②의 물의
압력에 의하여 열려진 전동밸브 밖으로 나가며, 다이어프램이 뒤로
밀리게 된다. 이러한 현상이 프리액션밸브가 작동(개방)되는 것이다.

수동기동밸브 또는 전동밸브를 열면 같은 효과로 다이어프램이 밀려
열리게 된다.

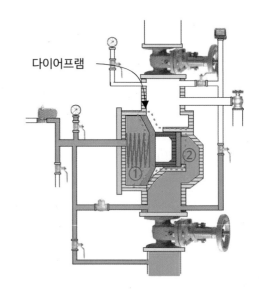

밸브 작동전(다이어프램 작동전)

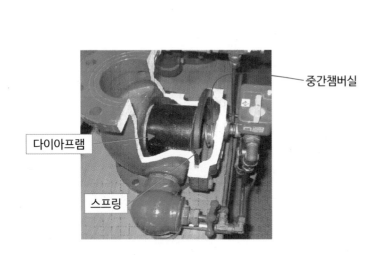

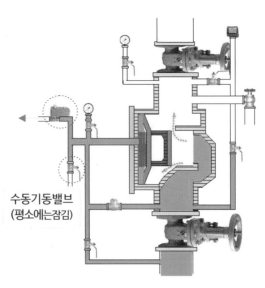

밸브 작동후(다이어프램 작동후)

다이어프램 Diaphagm : 칸막이판, 격벽

2) 다이어프램형 프리액션밸브 내부구조 및 부품 명칭

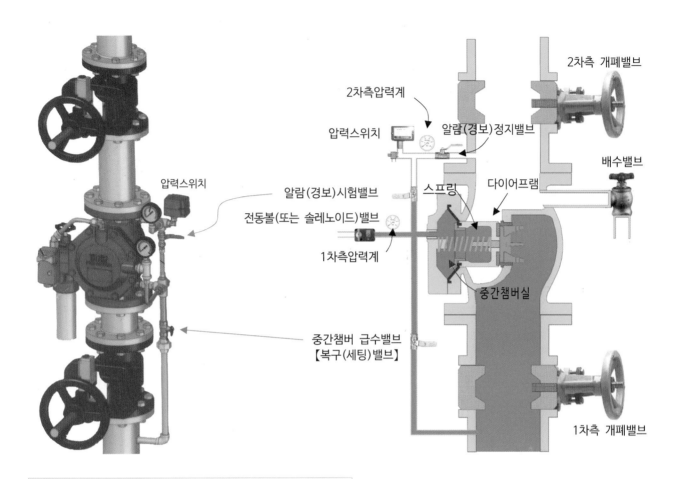

솔레노이드밸브를 설치하는 곳에는 수동작동밸브를 설치하며,
전동볼밸브는 핸들을 손으로 돌려 수동작동이 가능하기 때문에
수동작동밸브를 설치하지 않는다.

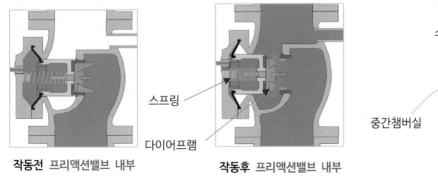

작동전 프리액션밸브 내부   **작동후** 프리액션밸브 내부

3) 수평 다이어프램형 프리액션밸브구조 및 부품이름

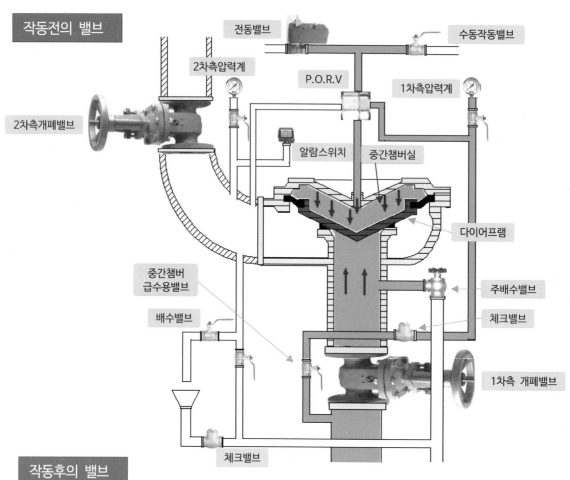

작동전의 밸브

전동밸브

수동작동밸브

2차측압력계

P.O.R.V

1차측압력계

2차측개폐밸브

알람스위치   중간챔버실

다이어프램

중간챔버 급수용밸브

주배수밸브

배수밸브

체크밸브

1차측 개폐밸브

체크밸브

작동후의 밸브

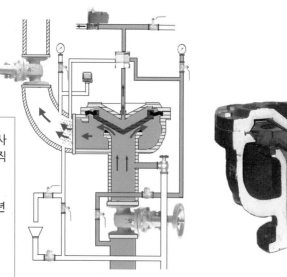

수평형 프리액션밸브는 미국 바이킹사 제품으로 국내의 일부 발전소에서 아직도 설치되어 사용하고 있다.

우리나라에서는 프리액션밸브를 3,40년 전에는 클래퍼형을 사용하다가, 그 후 다이아후램형을 계속 생산 했었다.
이제는 클래퍼형을 생산하여 사용하고 있다.

㉯ 클래퍼(Clapper)형 프리액션밸브

1) 작동원리

평소에 클래퍼가 닫혀있는 것은 1차측 배관안의 물이 2차측의 빈 배관으로 흘러가지 못하도록 수문(물막이)역할을 클래퍼가 하고 있다.

클래퍼가 평소에 물의 미는 압력을 견뎌 내면서 막고 있는 원리는, 그림1의 중간챔버실까지 들어와 있는 물(②)의 힘과 1차측 물(①)의 압력이 같으므로 클래퍼가 밀리지 않고 있다.

화재가 발생하여 클래퍼가 열리는 원리는 스프링클러가 설치된 방호구역안에 프리액션밸브의 작동용 감지기 2회로 이상(교차회로) 작동하면, 수신기에서 화재신호를 받아 프리액션

밸브의 전동볼밸브가 작동(개방)되도록 전기를 보내면 전동볼밸브가 열린다.

그림2에서와 같이 1차측 물이 중간챔버 밑 전동볼밸브까지 들어 있는 상태에서 전동볼밸브가 열리면 중간챔버안의 물이 열린 전동볼밸브로 빠져나가며, 중간챔버실안(②)의 압력은 떨어지며 클래퍼 밑의(①) 압력이 그대로 유지되어 ①의 압력이 더 높으므로 클래퍼를 밀고 있는 걸쇠와 밀대가 밀려 클래퍼가 열린다.

수동작동밸브를 열면 배관안의 물이 빠지며, 전동볼밸브가 작동되는 원리와 같이 클래퍼가 열린다.

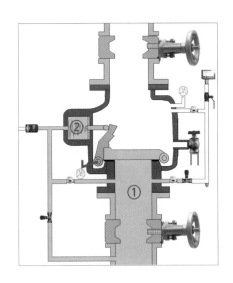

(그림 1) 클래퍼 닫힘

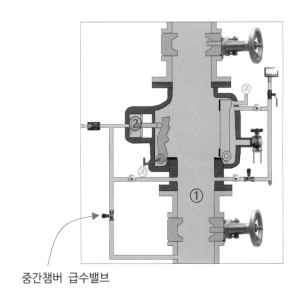

중간챔버 급수밸브

(그림 2) 클래퍼 열림

클래퍼(Clapper) : 물막이, 수문, 혓바닥

2) 클래퍼형 프리액션밸브 부품이름

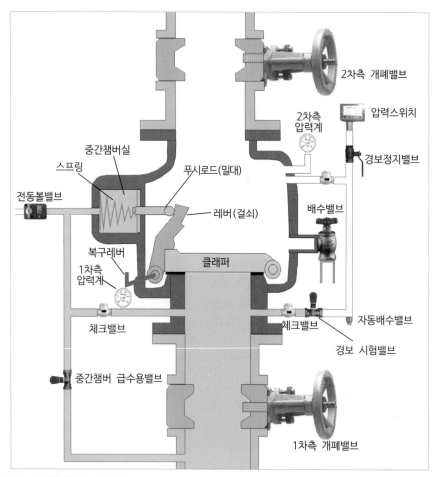

- 중간챔버실
- 스프링
- 푸시로드(밀대)
- 전동볼밸브
- 레버(걸쇠)
- 복구레버
- 1차측 압력계
- 클래퍼
- 체크밸브
- 중간챔버 급수용밸브
- 2차측 개폐밸브
- 압력스위치
- 2차측 압력계
- 경보정지밸브
- 배수밸브
- 체크밸브
- 자동배수밸브
- 경보 시험밸브
- 1차측 개폐밸브

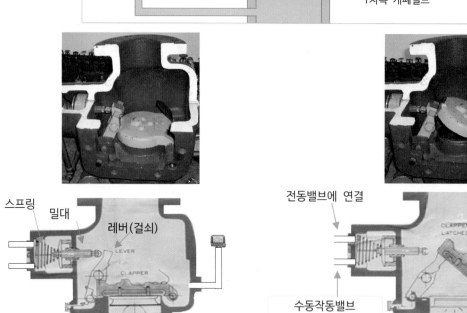

스프링 / 밀대 / 레버(걸쇠)

클래퍼 작동전

전동밸브에 연결 / 수동작동밸브 (긴급해제밸브)연결

클래퍼 작동후

클래퍼형 프리액션밸브 작동전,후 내부 모습 _{파라텍 제품}

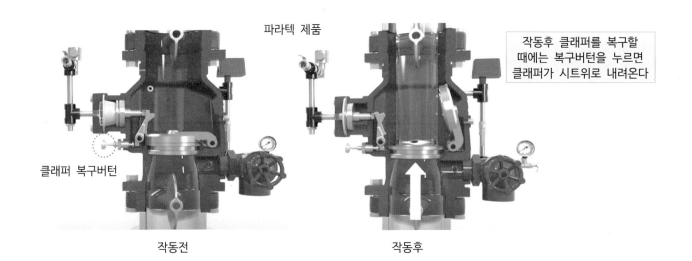

파라텍 제품

작동후 클래퍼를 복구할
때에는 복구버턴을 누르면
클래퍼가 시트위로 내려온다

클래퍼 복구버턴

작동전

작동후

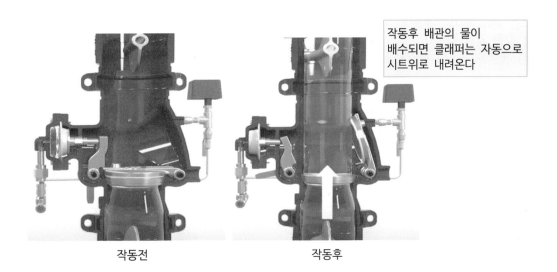

작동후 배관의 물이
배수되면 클래퍼는 자동으로
시트위로 내려온다

작동전

작동후

우당기술산업 제품

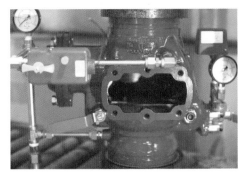

작동후 클래퍼를 복구할
때는 복구레버를 아래로
내리면 클래퍼가 내려온다

작동전

클래퍼 복구레버

작동후

③ 드라이(건식)밸브

㉮ 드라이밸브 작동원리

클래퍼 위쪽 배관에는 에어컴프레서(air compressor 공기압축기)가 공급한 압축공기가 들어있고, 클래퍼의 밑 배관에는 펌프가 공급한 물이 들어 있다.

클래퍼는 열리지 못하게 걸쇠등 잠금장치가 없으며, 물의 압력이 공기압력보다 상대적으로 높으면 물의 압력에 의해 클래퍼가 열리는 구조로 되어 있다.

평소에 물의 압력과 공기의 압력이 동일하게 유지되어 있는 것은 아니며, 파스칼의 원리에 의하여 클래퍼에 접촉하는 물과 공기의 접촉하는 면적차이로 공기압력이 상대적으로 낮아도 클래퍼가 상승하지 않으며, 물과 공기의 압력(힘) 균형이 깨져 물의 압력에 의해 클래퍼가 열리게 된다.

화재 발생으로 열려진 헤드로 압축 공기가 빠져 나가면 배관 안의 공기압력이 낮아져 물의 압력에 의하여 클래퍼가 상승하는 것이 드라이밸브의 개방 또는 작동이다.

드라이밸브의 1차측(물)과 2차측(공기) 압력의 세팅(조정, 설정)

드라이 밸브는 제조회사의 제품에 따라 1차측과 2차측 압력의 세팅 값은 각각 다르다.
드라이밸브의 세팅은 제품의 사양서에 따라야 한다.

드라이밸브의 물 압력 : 공기압력은 10 : 6~9 정도이며, 저압드라이밸브는 10 : 0.5~2 정도이다.

드라이밸브의 클래퍼 크기나 모양에 따라 세팅 압력이 다르다. 클래퍼 위쪽의 공기가 접촉하는 면적과, 아래쪽 물이 접촉하는 면적에 따라 세팅 값이 다를 것이다.

저압드라이 밸브는 액추에이터 디스크의 공기가 접촉하는 면적과, 물이 접촉하는 면적에 따라 세팅 값이 다를 것이다.

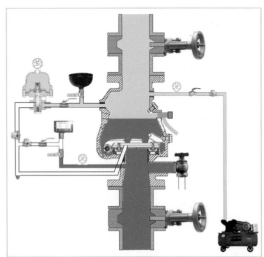

작동전

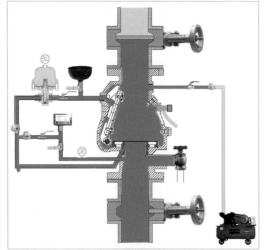

작동후

파스칼원리(Pascal's law) : 밀폐된 유체의 일부에 압력을 가하면 그 압력이 유체 내의 모든 곳에 같은 크기로 전달되는 원리
세팅 setting : 기계가 정상적인 작동을 할 수 있게 조정을 하는 것

㉯ 드라이밸브 내부구조 및 부품이름 (열림 : ○, 닫힘 : ×)

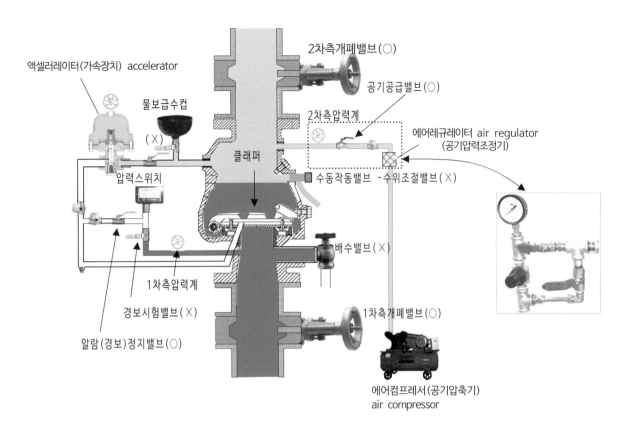

액셀러레이터(가속장치) accelerator
물보급수컵
(×)
2차측개폐밸브(○)
공기공급밸브(○)
2차측압력계
에어레귤레이터 air regulator
(공기압력조정기)
클래퍼
압력스위치
수동작동밸브 -수위조절밸브(×)
배수밸브(×)
1차측압력계
경보시험밸브(×)
알람(경보)정지밸브(○)
1차측개폐밸브(○)
에어컴프레서(공기압축기)
air compressor

에어컴프레서와 드라이밸브 공기공급장치 배관도

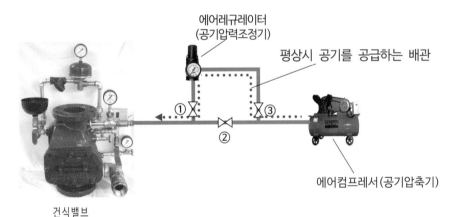

에어레귤레이터
(공기압력조정기)
평상시 공기를 공급하는 배관
①
②
③
에어컴프레서(공기압축기)
건식밸브

평상시 닫혀있어야 하는 밸브 : ②
평상시 열려있어야 하는 밸브 : ①, ③

클래퍼

드라이밸브 <u>세팅</u> 시 클래퍼 위에 예비수 채움

드라이밸브의 세팅은 밸브 사양서에서 요구하는 높이 만큼(수위조절밸브의 높이) 그림과 같이
클래퍼 위에 예비수를 채워서 2차측 공기가 예비수와 접촉하게 한다.

세팅 setting : 기계가 정상적인 작동을 할 수 있게 조정을 하는 것

375

드라이밸브

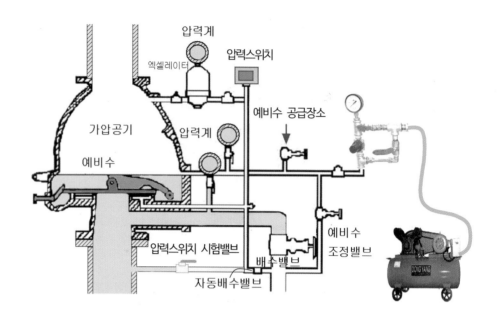

래치 고정볼트 2에 클래퍼가 걸려있는 상태

- 클래퍼
- 클래퍼 다이어프램
- 래치 고정볼트 1
- 시트링

래치 고정볼트 1에 클래퍼가
걸려있는 상태(조금 열려 있음)

클래퍼가 래치고정볼트2에 걸려 있는
것을 볼트를 풀어 클래퍼를 내린다

클래퍼가 래치고정볼트1에 걸려 있는
것을 볼트를 풀어 클래퍼를 내린다

㉓ 액셀러레이터와 익져스터

액셀러레이터는 드라이밸브에 설치하는 부품으로서 헤드가 개방되면 건식밸브 2차측 압축공기의 일부를 빼내는 기능을 하여 1차측 가압수의 힘에 의하여 클래퍼가 빨리 상승되도록 한다.

익져스트는 건식밸브 주배관의 끝 또는 교차배관의 끝에 설치하는 부품으로서 헤드가 개방되면 건식밸브 2차측 배관의 공기를 배관 밖으로 배출하여 2차측의 물이 헤드로 이동하는 것을 돕는다.

건식 스프링클러설비는 화재에 의하여 헤드가 열려도 즉시 물이 뿌려지지 않는 문제점이 있다.

헤드가 열린 후에 건식밸브의 클래퍼가 열리기 까지의 시간을 **트립시간**(Trip Time)이라 하며, 클래퍼가 열린 후 헤드로 방수가 되는 시간을 **이송시간**(Transit Time)이라 한다.

화재가 발생하여 헤드가 개방되면 빠른 시간 안에 개방된 헤드로 방수가 되는 것이 가장 좋은 설비가 된다.
그러므로 트립시간과 이송시간이 짧을수록 좋은 설비이다.

화재가 발생하여 헤드가 개방된 후에 헤드로의 방수는 트립시간과 이송시간 만큼 방수가 늦어진다.
방수지연시간 = 트립시간 + 이송시간

액셀러레이터(Accelerator)는 **트립시간을 단축**하는 기능을 하며,
익져스터(Exhauster)는 **이송시간을 단축**하는 기능을 한다.

익져스터

평소에는 건식밸브 2차측배관 및 익져스터의 상단챔버에 압축공기가 들어있다.

화재에 의해 헤드가 개방되어 헤드로 공기가 빠지면 배관의 공기 압력이 낮아지고 상단챔버의 공기압력도 낮아져 하단챔버의 공기압력과 스프링의 힘에 의해 상단 다이어프램이 열린다, 열린 다이어프램으로 2차측배관의 압축공기가 배관 밖으로 배출된다.

1) 액셀러레이터 와 익져스터의 차이점

내 용	액셀러레이터(Accelerator)	익져스터(Exhauster)
주 기능	헤드가 감열하여 개방된 건식밸브의 클래퍼가 열리기까지의 시간인 트립시간(Trip Time)을 줄이기 위하여 설치한다.	클래퍼가 열린 후 헤드로부터 방수가 이루어지기 까지의 물의 이송시간(Transit Time)을 단축하기 위하여 설치한다.
작동원리	건식밸브의 트립시간을 단축하기 위하여 2차측의 가압 공기를 엑셀레이터를 열어 공기를 빼므로서 1차측의 물의 압력과 2차측의 공기압의 비율을 크게 하므로서 1차측 가압수의 힘에 의하여 클래퍼가 상승되도록 하는 것이다.	익져스트는 소화수의 이송시간을 단축하기 위하여 설치 하는 것으로서 2차측의 잔류공기를 외부로 배출되게 한다. 설치위치는 건식설비 주배관의 끝 또는 교차배관의 끝에 설치 하여 배관의 공기를 방호구역 밖으로 배출하여 보다 빨리 2차측의 물의 이동을 돕는다.

2) 트립시간과 이송시간의 영향을 끼치는 요인과 감소대책

내 용	트립시간(Trip Time)	이송시간(Transit Time)
영향요인	1. 2차측배관의 공기압력이 높으면 시간이 길어진다. 2. 헤드의 오리피스 구경이 작으면 공기가 빠져나가는 구멍이 적으므로 시간이 길어진다. 3. 1차측배관 물의 압력이 낮을수록 시간이 길어진다.	1. 2차측배관의 공기압력이 높으면 시간이 길어진다. 2. 헤드의 오리피스 구경이 작으면 공기가 빠져나가는 구멍이 적으므로 시간이 길어진다. 3. 1차측배관 물의 압력이 낮을 수록 시간이 길어진다. 4. 2차측 배관의 용적이 크면 시간이 길어진다
감소대책	1. 엑셀레이터와 익져스터를 설치한다. 2. 2차측 배관의 공기압력을 낮게 유지한다. 　(저압드라이밸브를 설치한다) 3. 1차측배관의 물의 압력을 높게 유지한다.	1. 익져스터를 설치한다 2. 2차측 배관의 공기압력을 낮게 유지한다. 3. 1차측배관의 물의 압력을 높게 유지한다. 4. 2차측배관의 용적을 작게한다.

액셀러레이터 (Accelerator) : 가속장치
익져스터 (Exhauster) : 공기 배출기
트립시간 (Trip Time) : 이동시간
이송시간 (Transit Time) : 주행시간, 이동시간

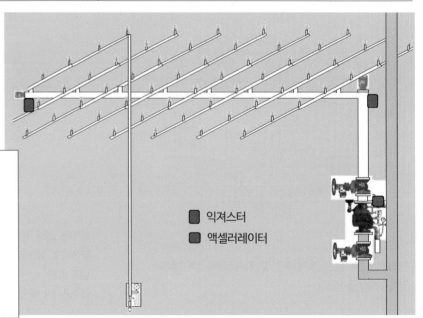

익져스터
액셀러레이터

> ### 참고
> 액셀러레이터는 구형 드라이밸브에는 설치되어 있으며, 신형드라이밸브(저압밸브)에는 없다.
> 익져스터는 드라이밸브 개발 초기에는 설치했지만 지금은 설치하지 않는다.
> 지금은 구형 드라이밸브는 생산하지 않고 신형드라이밸브(저압밸브)만 생산하며, 액셀러레이터가 없는 제품이다.

2) 액셀러레이터의 구조원리

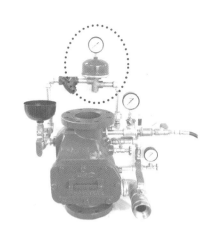

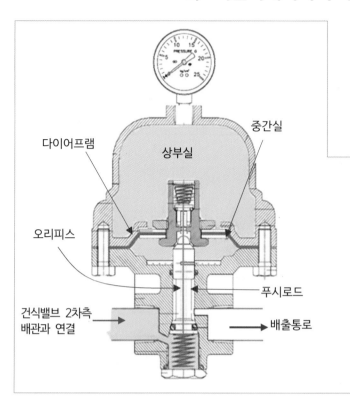

작동전

평소에는 에어컴프레서에서 공급하는 공기가 액셀러레이터 오리피스(구멍)를 통하여 액셀러레이터 상부실과 중간실에 공급된다.

헤드가 설치된 배관, 드라이밸브 2차측, 액셀러레이터 상부실, 액셀러레이터 중간실 모두 동일한 공기압력으로 유지된다.

액셀러레이터의 공기 배출통로는 다이어프램 및 본체와 연결된 푸시로드에 의하여 막혀 있다.

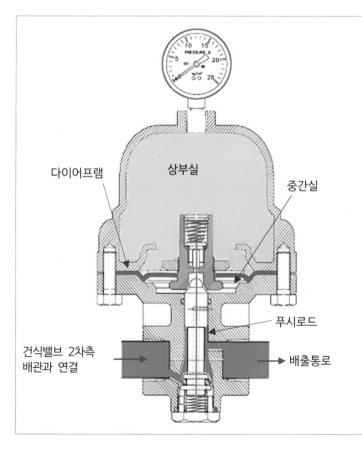

작동후

화재의 열에 의하여 헤드가 열려 배관 및 건식밸브의 공기압력이 감소하면,

액셀러레이터의 건식밸브 2차측 배관과 연결된 배관 및 중간실에는 공기압력이 감소한다.

배관안의 압력이 낮아지지만 액셀러레이터 상부실에는 오리피스의 좁은 구멍을 통하여 급격히 압력이 낮아지지 않으므로 순간적으로 중간실의 공기압력보다 액셀러레이터 상부실의 공기압력은 상대적으로 높게 된다.

그러므로 상부실의 감소되지 않은 공기압력의 힘에 의하여 다이어프램이 밑으로 작동하여 푸시로드도 함께 밑으로 작동하면, 푸시로드에 의하여 막혀있던 배출통로가 열리게 되어 그림과 같이 건식밸브의 2차측 공기가 배출통로로 배출하게 된다.

이렇게 건식밸브의 공기가 배출통로로 배출되는 현상이 액셀러레이터의 작동이다.

3) 액셀러레이터 작동전·후 모습

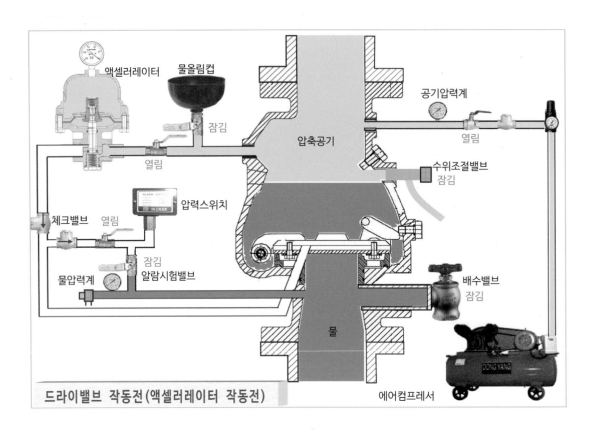

액셀러레이터
물올림컵
공기압력계
압축공기
열림
잠김
수위조절밸브
잠김
체크밸브
열림
압력스위치
잠김
물압력계
알람시험밸브
배수밸브
잠김
물
에어컴프레서

드라이밸브 작동전(액셀러레이터 작동전)

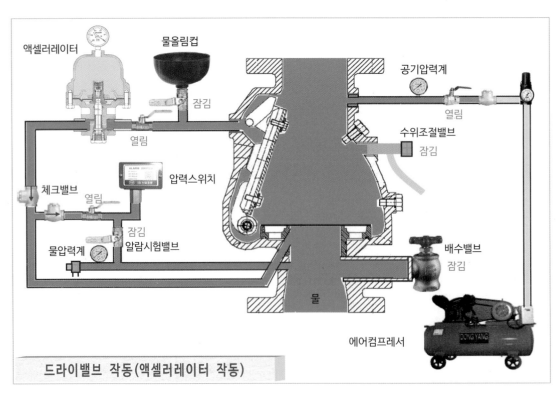

액셀러레이터
물올림컵
공기압력계
잠김
열림
열림
수위조절밸브
잠김
체크밸브
열림
압력스위치
잠김
물압력계
알람시험밸브
배수밸브
잠김
물
에어컴프레서

드라이밸브 작동(액셀러레이터 작동)

㉑ 건식(드라이)밸브 세팅(조정) 원리

건식(드라이)밸브의 1차측과 2차측의 압력차이가 있어도 클래퍼가 열리지 않고 서로 균형을 이루는 원리는
클래퍼의 공기압력이 접촉하는 단면적은 크고 1차측의 물이 클래퍼 밑에서 물이 접촉하는 단면적이 적다.
단면적 차이의 파스칼의 원리에 의한 것이다.

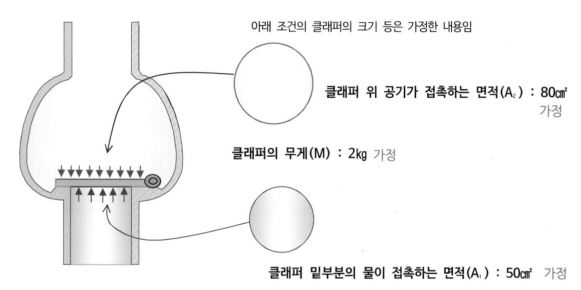

아래 조건의 클래퍼의 크기 등은 가정한 내용임

클래퍼 위 공기가 접촉하는 면적(A_2) : 80㎠
가정

클래퍼의 무게(M) : 2kg 가정

클래퍼 밑부분의 물이 접촉하는 면적(A_1) : 50㎠ 가정

1차측 물의 압력이 10kg/㎠ 일때,
2차측의 공기압력은 얼마로 하면 클래퍼가 열리지 않고 균형을 이루고 세팅(평형)이 되는지 알아보면

파스칼의 법칙(원리)에 의하여,

P_1 : 10kg/㎠
P_2 : ?
A_1 : 50㎠
A_2 : 80㎠
M : 2kg

$P_1 \cdot A_1 = P_2 \cdot A_2 + M$
P_1(1차측 수압) · A_1(1차측 클래퍼 단면적)
$= P_2$(2차측 공기압) · A_2(2차측 클래퍼 단면적) + M(클래퍼 무게)
10kg/㎠ × 50㎠ = (P_2 × 80㎠) + 2kg
500 = 80P_2 + 2
498 = 80P_2 $P_2 = \dfrac{498}{80}$ = 6.2kg/㎠

문 제

저압 드라이밸브 액추에이터의 조건이 아래와 같을 때 2차측 배관의 공기압력은 몇 MPa 이상의 공기압을 유지해야 세팅이 되는가?

【조 건】

1. 액추에이터 디스크에 1차측 배관의 가압수가 접촉하는 단면의 지름 : 1㎝
2. 액추에이터 디스크에 2차측 배관의 공기가 접촉하는 단면의 지름 : 10㎝
3. 1차측 배관의 가압수 압력 : 1MPa
4. 액추에이터 디스크의 무개등의 다른 변수는 무시한다.

풀 이

P_1 (1차측 가압수 압력) : 1MPa

P_2 (2차측 공기압력) : ?

A_1 (1차측 가압수가 접촉하는 디스크에 접촉하는 단면적) : $\dfrac{\pi D^2}{4} = \dfrac{3.14 \times 0.01^2}{4} = 0.0001㎡$

A_2 (2차측 공기압력이 접촉하는 디스크에 접촉하는 단면적) : $\dfrac{\pi D^2}{4} = \dfrac{3.14 \times 0.1^2}{4} = 0.0079㎡$

$P_1 \cdot A_1 = P_2 \cdot A_2$　　　$P_2 = \dfrac{P_1 \times A_1}{A_2} = \dfrac{1 \times 0.0001}{0.0079} = 0.0127MPa$ 이상

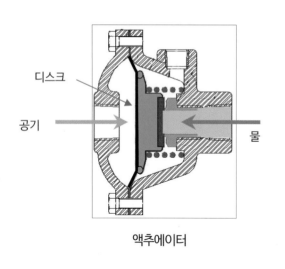

액추에이터

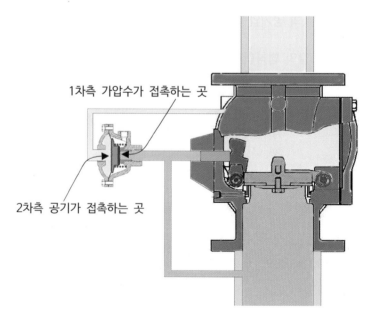

저압 드라이밸브

382

㉕ 건식밸브의 물기둥(water columning) 현상

1. 정의

건식밸브 2차측 배관내에 수분의 응축수 등으로 인하여 클래퍼 상부에 물기둥이 형성되는 현상을 말한다.

2. 발생원인

건식밸브 2차측 배관내에 수분의 응축수가 고이는 현상 또는 스프링클러설비 작동시험 등으로 2차측배관으로 물이 이동한 후에 배관의 배수가 충분히 되지 않았을 때 클래퍼 상부의 배관에 물기둥(water columning)현상이 발생할 수 있다.

3. 영향

물기둥(water columning)현상이 발생하면 건식밸브의 트립시간에 영향을 미치게 되어 작동지연시간이 매우 커지거나 혹은 아예 작동이 되지 않을 수 있다.

저압드라이밸브의 경우에는 1차측 배관의 수압에 비해 2차측배관의 매우 작은 공기압으로 클래퍼가 압력균형을 유지하고 있다.

클래퍼의 작동압력 즉, 트립압력도 매우 낮다. 클래퍼 상부에 물기둥이 형성되면 물기둥의 정수압이 공기의 압력과 함께 클래퍼를 누르게 되므로 트립시간의 지연이 더 크게 일어날 수 있다.

헤드가 열린 후에 건식밸브의 클래퍼가 열리기 까지의 시간을 트립시간(Trip Time)이라 하며, 클래퍼가 열린 후 헤드로 방수가 되는 시간을 이송시간(Transit Time)이라 한다.

화재가 발생하여 헤드가 개방된 후에 헤드로의 방수는 트립시간과 이송시간 만큼 방수가 늦어진다.

방수지연시간 = 트립시간 + 이송시간

예를 들어 물기둥의 높이가 3m일 경우에는 약 $0.3kg/cm^2$의 압력이 클래퍼 상부에 남아 있다는 의미가 된다.
만약 트립압력이 $0.9kg/cm^2$인 경우에는 물기둥의 압력이 더해져 있으므로 공기압력이 $0.6kg/cm^2$까지 감소되어야 클래퍼가 개방이 된다는 뜻이 된다.

이는 $0.9kg/cm^2$에서 $0.6kg/cm^2$까지 공기압이 배출되는 시간이 더 필요하게 되며 그만큼 클래퍼의 작동시간도 상당히 길어지게 된다.

4. 방지대책

클래퍼 상부의 배관에 물기둥(water columning)현상이 존재하지 않도록 평소에 설비를 유지, 관리해야 한다.

건식밸브의 작동점검 또는 설비의 오작동으로 건식밸브의 2차측 배관으로 물이 이동한 사례가 있다면 2차측 배관에 잔류수가 남지 않게 충분한 배수작업을 해야 하며, 배수작업 후 시간이 경과한 후에도 잔류수가 클래퍼 상부의 배관에 물기둥현상이 발생하고 있는지 확인하여 배수작업을 하고 셋팅을 해야 한다.

배관의 응축수 발생 또는 2차측 배관의 잔류수가 클래퍼 상부에 고여 있는지 확인하여 배수작업을 해야 하며, 확인방법은 건식밸브의 1차측 배관을 닫고 수위조절밸브를 개방하여 클래퍼 상부에 잔류수가 있으면 배수를 하면된다.

스프링클러설비의 유수검지장치 1차측 배관과 2차측 배관에 대한 내용 중 틀린 것은?

1. 습식스프링클러설비는 1차측, 2차측 배관에는 가압수가 들어 있다.
2. 부압식스프링클러설비는 1차측 배관에는 가압수, 2차측 배관에는 부압의 공기가 들어 있다.
3. 준비작동식스프링클러설비는 1차측 배관에는 가압수, 2차측 배관에는 대기압의 공기가 들어 있다.
4. 건식스프링클러설비는 1차측 배관에는 가압수, 2차측 배관에는 압축공기가 들어 있다.

해 설

부압식스프링클러설비의 2차측 배관에는 부압(-압력)의 물이 들어 있다.

정 답 2

스프링클러설비의 유수검지장치를 시험하는 시험장치를 설치하는 않는 설비는?

1. 습식 스프링클러설비
2. 준비작동식 스프링클러설비
3. 부압식 스프링클러설비
4. 건식 스프링클러설비

해 설

준비작동식 스프링클러설비는 시험장치를 설치하지 않는다.

정 답 2

건식스프링클러설비에 설치하는 엑셀러레이터(Accelerator)와 익져스터(Exhauster)에 대한 내용 중 틀린 것은?

1. 엑셀러레이터는 건식밸브의 트립시간을 단축하기 위하여 설치한다.
2. 익져스트는 소화수의 이송시간을 단축하기 위하여 설치한다.
3. 익져스터는 드라이밸브에 설치한다.
4. 엑셀러레이터는 드라이밸브에 설치한다.

해 설

익져스터는 건식설비 주배관의 끝 또는 교차배관의 끝에 설치한다.

정 답 3

384

문제 4

습식스프링클러설비에서 화재가 발생하지 않았으나 오경보가 울린다면 그 원인에 해당하지 않는 것은?

1. 알람밸브 압력스위치 연결배관의 배수밸브(오리피스)에 이물질의 막힘현상
2. 압력스위치 고장
3. 감지기의 오작동
4. 알람밸브의 클래퍼와 시트 부위에 이물질이 낀 경우

해설

습식스프링클러설비는 감지기를 설치하지 않는 설비이다.

정답 3

문제 5

습식스프링클러설비의 평소 작동(셋팅)상태에서 알람밸브에 설치되어 있는 밸브의 개,폐상태의 내용에 대하여 틀린 것은?

1. 배수밸브는 닫혀있어야 한다.
2. 1차측 개폐밸브는 열려있어야 한다.
3. 1,2차측 압력게이지밸브는 열려있어야 한다.
4. 경보정지밸브는 닫혀있어야 한다.

해설

경보정지밸브는 평소에 열려있어야 한다.

정답 4

문제 6

스프링클러설비의 배관에 대한 설명 중 틀린 것은?

1. 각 층을 수직으로 관통하는 수직배관을 주배관이라 한다
2. 물탱크 및 옥외송수구로부터 스프링클러헤드에 급수하는 배관은 급수배관이라 한다.
3. 가지배관에 급수하는 배관은 수평주행배관이라 한다
4. 헤드가 직접 설치되는 배관은 가지배관이라 한다.

해설

스프링클러설비 화재안전기술기준 3조. 가지배관에 급수하는 배관은 교차배관이라 한다.

정답 3

⑤ 저압드라이밸브

㉮ 개 요

건식(드라이)밸브 제품의 기능이 향상된 제품이 저압 드라이밸브이다. 건식밸브보다 기능이 우수한 제품이라고 차별화하기 위하여 제작회사에서는 저압이라는 용어를 붙여 사용하고 있다.

1차측 물의 압력에 비교하여 상대적으로 공기압력이 건식밸브보다 낮게 셋팅(조정)이 가능한 제품을 개발한 것이다.
구조나 작동원리는 건식밸브와 저압건식밸브는 차이점이 있다.

㉯ 저압드라이밸브 작동원리

작동전 상태,

에어컴프레서가 공급하는 공기는 액추에이터 한쪽의 디스크를 민다. 그리고 배관의 물은 중간챔버실의 다이어프램을 밀며 스프링의 힘과 함께 클래퍼가 열리지 않게 푸시핀과 래치를 밀고 또한 액추에이터 한쪽의 디스크를 민다.

액추에이터의 디스크에는 에어컴푸레서가 공급하는 공기는 물이 접촉하는 면적보다 넓은 면적으로 물의 압력과 서로 디스크를 밀고 있다.

작동후 상태,

화재발생으로 헤드가 열려 배관의 압축공기가 헤드로 빠지면 액추에이터의 공기압력도 낮아진다.
액추에이터 내부에 공기압력이 낮아지면 상대적으로 물의 압력이 높아 디스크는 밀린다(개방된다)
액추에이터의 디스크가 밀리면 배관안의 물은 액추에이터 외부로 물이 빠져 나가며 중간챔버실 물의 압력이 낮아진다. 물의

압력이 낮아지면 중간챔버실의 스프링의 힘에 의하여 다이어프램이 열린다. 다이어프램이 열리면 푸시핀과 래치가 뒤로 밀리며 클래퍼는 배관의 1차측 물에 의하여 상승한다(열린다).
클래퍼가 열리면 클래퍼 받침대의 물구멍을 통하여 물이 이동하여 유수검지장치의 알람스위치를 작동하여 화재경보가 울린다.

건식밸브와 저압건식밸브 차이점,

건식밸브는 2차측 배관에 물의 압력보다 상대적으로 더 낮은 공기압력으로도 클래퍼가 열리지 않고 유지되는 것은 더 좋은 드라이밸브로 평가될 수 있다. 그러나 공기압력을 물의 압력과 비교하여 상대적으로 낮추기 위해서는 클래퍼의 면적이 넓어야하므로, 클래퍼를 크게 만들면 밸브가 크게 되며, 물이

지나가면서 물의 마찰손실도 크게 된다.
이러한 한계를 극복하기 위하여 건식밸브와는 전혀 구조가 다른 제품을 개발한 것이 저압건식밸브이며, 예전의 건식밸브의 구조나 작동원리와는 다르다.

건식밸브 2차측 공기의 압력이 낮으면 좋은 이유(장점)
1. 2차측 배관은 압력저항이 낮아도 된다.
2. 화재 시에 헤드로 방수되는 방수시간이 짧아진다.【소화수 이송시간(Transit Time)이 단축된다】
3. 클래퍼 개방시간(Trip Time)이 단축된다.
4. 화재 시 화재현장에 방출되는 배관안의 공기량이 적다.
5. 설비의 유지관리가 쉽다.

에어컴프레서 air compressor : 공기를 대기압 이상의 압력으로 압축하여 압축 공기를 만드는 기계
액추에이터 actuator : 작동기(장치)

다이어프램 diaphragm : 칸막이, 격막, 칸막이벽
푸시핀 push-pin : 누름 스위치
래치 latch : 걸쇠

작동전 상태

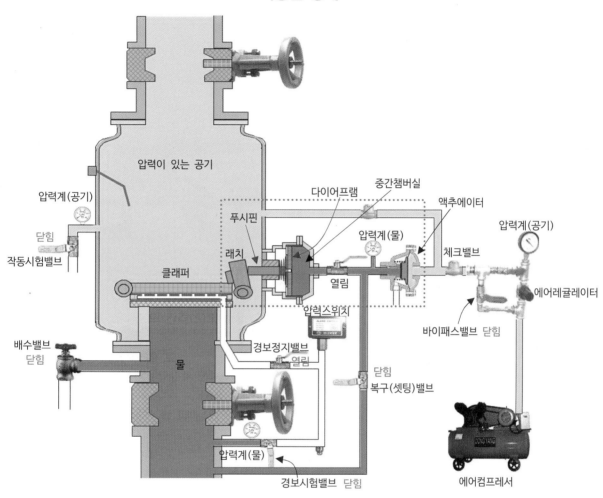

압력이 있는 공기

압력계(공기)

닫힘

작동시험밸브

푸시핀

래치

클래퍼

다이어프램

중간챔버실

압력계(물)

열림

액추에이터

체크밸브

압력계(공기)

바이패스밸브 닫힘

에어레귤레이터

압력스위치

배수밸브
닫힘

물

경보정지밸브

열림

닫힘

복구(셋팅)밸브

압력계(물)

경보시험밸브 닫힘

에어컴프레서

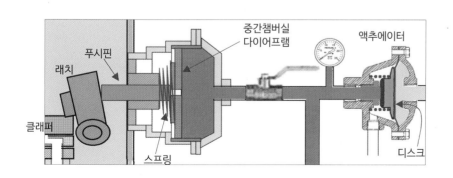

래치

푸시핀

클래퍼

스프링

중간챔버실
다이어프램

액추에이터

디스크

작동후 상태

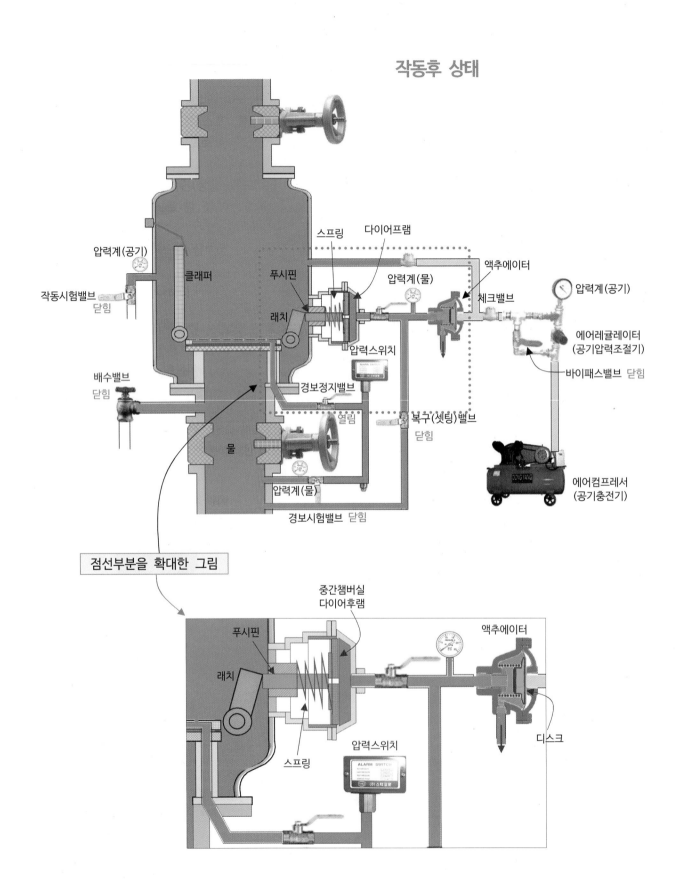

압력계(공기)

작동시험밸브
닫힘

클래퍼

배수밸브
닫힘

물

스프링   다이어프램

푸시핀

래치

압력스위치

경보정지밸브

열림

압력계(물)

경보시험밸브 닫힘

압력계(물)

액추에이터

체크밸브

복구(셋팅)밸브
닫힘

압력계(공기)

에어레귤레이터
(공기압력조절기)

바이패스밸브 닫힘

에어컴프레서
(공기충전기)

점선부분을 확대한 그림

중간챔버실
다이어후램

푸시핀

래치

스프링

압력스위치

액추에이터

디스크

�라 액추에이터 작동원리 및 내부구조

작동전 액추에이터

작동후 액추에이터

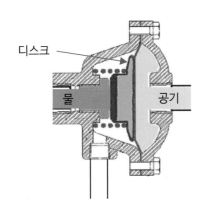

디스크

물 공기

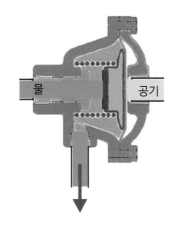

물 공기

에어컴프레서의 공기가 2차측 배관에 공기를 넣고, 공기가 액추에이터 디스크를 민다

가압수가 푸시핀과 액추에이터 디스크를 민다

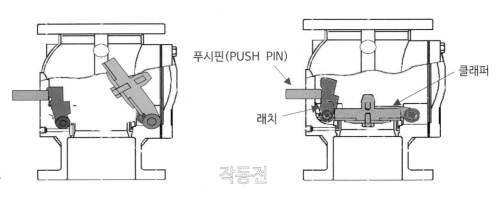

푸시핀(PUSH PIN)

클래퍼

래치

작동후

작동전

㉮ 저압드라이밸브 내부구조

밸브몸체의 뚜껑을 열은 내부의 모습으로서 클래퍼가 있으며
클래퍼는 물의 힘에 의하여 열리지 못하게 걸쇠에 의하여 닫혀있다

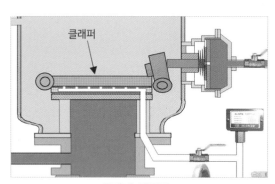

클래퍼 작동전

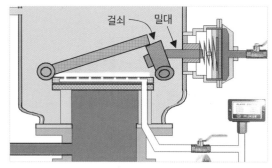

클래퍼 작동후

⑭ S기업 저압건식밸브 셋팅 및 작동원리

작동전

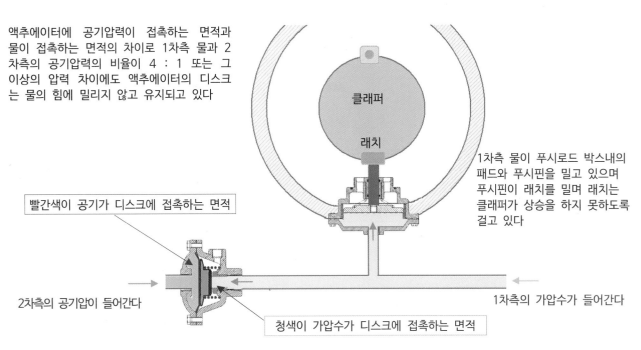

액추에이터에 공기압력이 접촉하는 면적과 물이 접촉하는 면적의 차이로 1차측 물과 2차측의 공기압력의 비율이 4 : 1 또는 그 이상의 압력 차이에도 액추에이터의 디스크는 물의 힘에 밀리지 않고 유지되고 있다

1차측 물이 푸시로드 박스내의 패드와 푸시핀을 밀고 있으며 푸시핀이 래치를 밀며 래치는 클래퍼가 상승을 하지 못하도록 걸고 있다

클래퍼

래치

빨간색이 공기가 디스크에 접촉하는 면적

2차측의 공기압이 들어간다

1차측의 가압수가 들어간다

청색이 가압수가 디스크에 접촉하는 면적

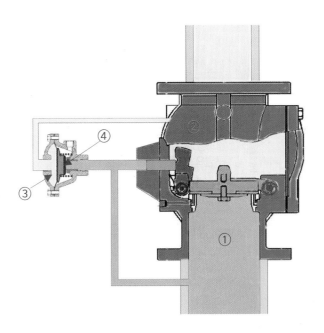

건식 드라이밸브의 클래퍼 위의 공기가 접촉하는 면적과 물의 접촉하는 면적의 차이로 상호 균형을 이루는 구조이었으나. **이러한 방식에는 물의 압력과 공기의 압력의 차이를 크게 하기에는** 한계가 있었다.

이러한 한계를 극복하기 위해 새로운 설비를 개발한 것이 저압 드라이밸브이다.

저압드라이밸브의 작동원리는,
①의 물의 압력이 ②의 공기압력 보다 높아 클래퍼가 열리지 못하도록 클래퍼가 닫고 있다.

압력의 차이에도 클래퍼가 닫혀 있도록 하는 원리는 액추에이터 ③의 공기가 접촉하는 넓은 면적과 ④의 물이 접촉하는 좁은 면적에 의하여 힘의 균형을 이루고 있는 것이다.

이렇게 상호균형된 상태에서 헤드가 열려 공기의 압력이 빠지면 물의 압력이 상대적으로 크지므로서 상호 압력균형이 깨어져 엑추에이터 디스커가 밀리며 푸시핀과 래치를 밀고 있던 물도 액추에이터 외부로 계속 빠져 나가므로서 압력이 낮아져 푸시핀과 래치가 풀려 클래퍼 밑의 물의 압력에 의하여 클래퍼가 열리게 된다.

작동후

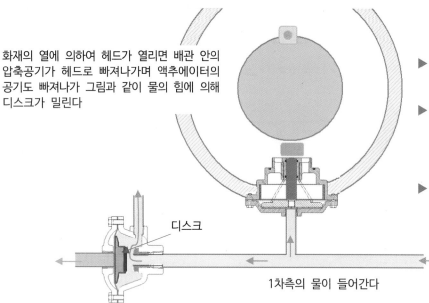

화재의 열에 의하여 헤드가 열리면 배관 안의 압축공기가 헤드로 빠져나가며 액추에이터의 공기도 빠져나가 그림과 같이 물의 힘에 의해 디스크가 밀린다

▶ 배관 안의 공기압력이 빠지면 디스크가 밀리면서 그림과 같이 물이 액추에이터 밖으로 빠진다

▶ 배관 안의 물의 압력감소로 인하여 푸시핀(패드와 푸시핀)이 스프링의 힘에 의해 밀리며 래치가 풀린다

▶ 밀대가 밀리면서 래치가 플리면 클래퍼는 물의 힘에 의해 열린다

디스크

1차측의 물이 들어간다

2차측의 공기압력이 빠진다

액추에이터 (Actuator)

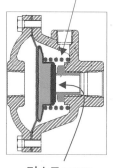

스프링 (SPRING)

디스크 (DISC)

공기압력이 빠져 디스크가 밀리면 밀대를 밀고 있던 물은 압력의 감소를 유지하기 위하여 그림의 **구멍**으로 계속 배수가 된다

디스크에 공기가 접촉하는 면적

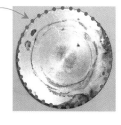

디스크에 물이 접촉하는 면적

㉚ 건식(또는 저압건식) 스프링클러설비가 설치된 화재현장에서, 건식밸브의 작동여부에 대한 화재원인조사 방법

유수제어밸브의 형식승인 및 제품검사의 기술기준 7조 ②에서는,
『건식유수검지장치의 구조는---, 1. 개방된 시트는 작동압력비(시트가 열리기 직전의 1차측의 압력을 2차측의 압력으로 나눈값을 말한다)가 1.5이하인 것을 제외하고는 수격·역류 등에 의하여 다시 닫혀지지 아니하도록 하는 장치를 설치하여야 한다.』라는 내용이 있다.

드라이밸브는 아래 그림과 같이 클래퍼가 물의 압력에 의해 열리면 다시 닫혀지지 않도록 래치 등에 걸리게 되어 있다.
화재가 발생하여 건식스프링클러 설비가 작동하여 물이 드라이밸브를 통하여 물이 이동하였는지의 확인 및 그 증거는 클래퍼가 래치에 걸려 있는지 평소와 같이 시트위에 올려져 있는지를 보고 확인할 수 있다.

작동이 되지 않은 드라이밸브

작동이 된 드라이밸브

P산업의 작동이 되지 않은 저압드라이밸브

P산업의 작동이 된 저압드라이밸브

S기업의 작동이 되지 않은 저압드라이밸브

S기업의 작동된 저압드라이밸브

⑥ 일제개방밸브

1. 가압개방식

감지기가 작동하여 일제개방밸브에 설치된 전자밸브가 작동하면, 1차측 배관의 물이 중간챔버실에 들어와 피스톤을 밀어(가압하여) 피스톤이 열리는 방식이다.

2. 감압개방식

감지기가 작동하여 일제개방밸브에 설치된 전자밸브가 작동하면, 일제개방밸브 중간챔버실의 물이 밖으로 빠지면 중간챔버실의 압력이 낮아져(감압되어) 피스톤이 열리는 방식이다.

㉮ 감압減壓 개방식 일제개방밸브

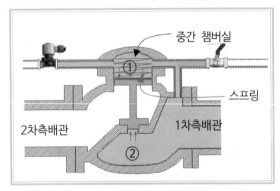

밸브 작동전(닫힘)

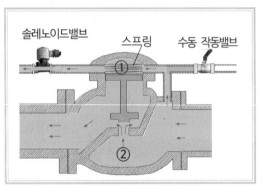

밸브 작동후(개방)

감압 개방식 일제개방밸브 작동원리

밸브 작동전 상태

①의 압력과 ②의 압력이 동일하므로 피스톤이 열리지 않고 닫혀 있다.

밸브 작동후(개방) 상태

솔레노이드밸브가 작동하여 열리면 열려진 솔레노이드 밸브로 가압수가 빠져 ①의 압력은 떨어지며 ②의 압력이 그대로 유지되어 피스톤이 위로 밀린다. 가압수는 피스톤이 열린 곳을 통하여 일제개방밸브 2차측으로 흘러간다.

솔레노이드밸브 또는 수동 작동밸브를 설치하는 배관이 연결되는 부분

중간챔버실

피스톤

감압 減壓 : 압력이 줄어들다
가압 加壓 : 압력이 늘어나다

㉔ 가압(加壓) 개방식 일제개방밸브

가압개방식 일제개방밸브 1차측 배관의 물이 중간챔버실에 들어와 피스톤을 밀어(가압하여) 피스톤이 열리는 방식이다.

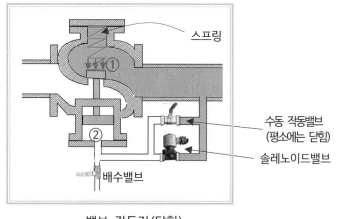

스프링
①
②
수동 작동밸브
(평소에는 닫힘)
솔레노이드밸브
배수밸브

밸브 작동전(닫힘)

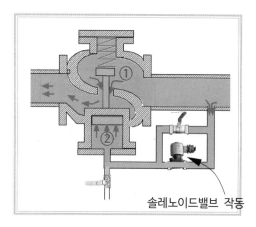

①
②
솔레노이드밸브 작동

밸브 작동(개방)

가압 개방식 일제개방밸브 작동원리

밸브 작동전 상태

물의 압력 ①이 피스톤을 밀어 밸브가 닫힌 상태로 유지하고 있으며 피스톤실(②)에는 물이 들어가 있지 않고 압력이 없는 상태로 유지되고 있다.

밸브 작동후(개방) 상태

솔레노이드밸브가 작동하여 밸브가 열리면 가압수가 피스톤실(②)로 들어가 피스톤을 밀어 올리면 밸브가 열리고, 1차측 가압수는 피스톤이 열린 곳을 통하여 일제개방밸브 2차측으로 흘러간다.

물의 압력이 동일한 상태에서도 피스톤 ①보다 ②가 물이 접촉하는 면적이 넓기 때문에 압력이 더 높다.(파스칼의 원리)
②부분의 압력이 ①부분으로 피스톤을 밀게 된다

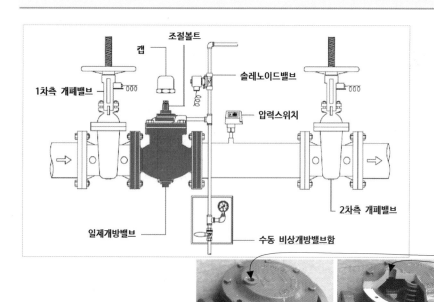

조절볼트
캡
솔레노이드밸브
1차측 개폐밸브
압력스위치
2차측 개폐밸브
일제개방밸브
수동 비상개방밸브함

솔레노이드밸브 또는 수동작동밸브의 배관이 연결되는 곳

㉰ 일제개방밸브 구조 및 부품이름

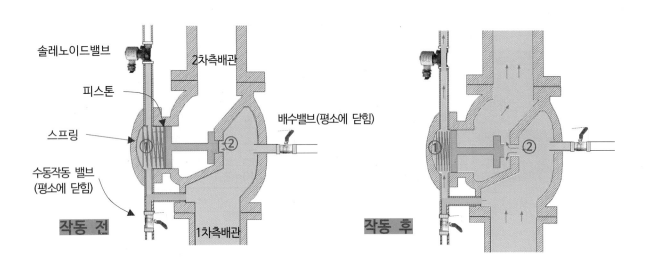

현장에는 감압 개방식 일제개방밸브를 많이 사용하고 있다

수동으로 일제개방밸브를 작동하는 방법은,
수동 작동밸브를 열면 가압수가 외부로 빠져 피스톤실(①)
의 물의 압력은 낮아진다. 피스톤 부분(②)의 물의 압력이
상대적으로 높으므로 피스톤이 ①의 방향으로 밀린다.

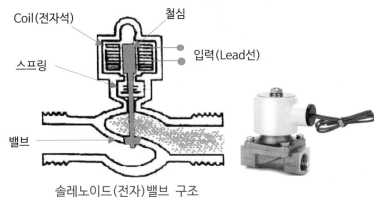

솔레노이드(전자)밸브 구조

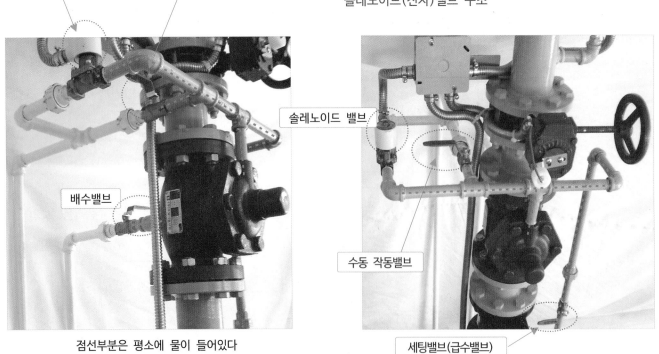

점선부분은 평소에 물이 들어있다

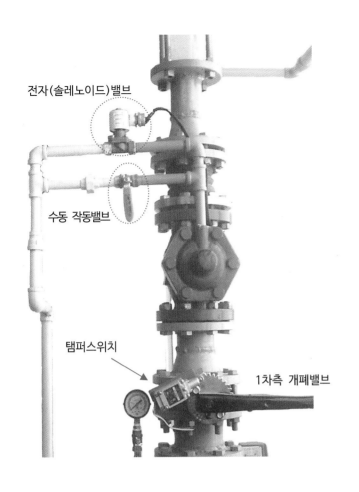

전자(솔레노이드)밸브

수동 작동밸브

탬퍼스위치

1차측 개폐밸브

전자(솔레노이드)밸브

수동 작동밸브

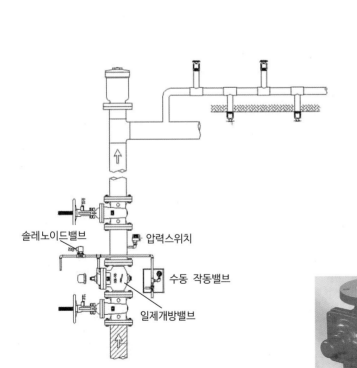

솔레노이드밸브

압력스위치

수동 작동밸브

일제개방밸브

수동 작동밸브

전자(솔레노이드)밸브

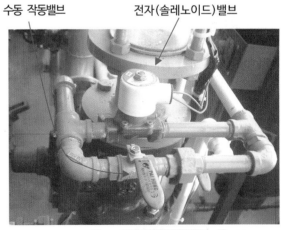

⑦ 더블인터락 밸브(Double Interlock System)

㉮ 개 요

스프링클러설비의 종류 중 준비작동식스프링클러설비의 하나의 종류인 더블인터락방식에 사용하는 밸브이다.
밸브의 작동원리는 프리액션밸브의 작동원리와 드라이밸브의 작동원리를 조합한 설비이다.

유수검지장치의 1차측배관까지 배관 안의 물은 항상 압력이 있는 상태로 유지되어 있고, 2차측 배관의 폐쇄형 스프링클러 헤드까지는 압축공기 또는 질소가스로 충진되어 있다.
또한 유수검지장치의 전동볼밸브를 작동시키는 작동용 감지기가 설치된다.

준비작동식과 유사한 내용은 유수검지장치의 1차측 배관에는 가압수가 들어 있으며, 유수검지장치를 작동(기동)시키는 화재감지기가 설치되는 것이다.
건식과 유사한 내용은 유수검지장치에서 폐쇄형헤드 까지의 배관에 에어컴프레서로 공기(또는 질소)를 압축시켜 놓은 설비 이다.

특이한 내용은 설비의 오동작으로 인한 물의 피해(수손)을 최소화하기 위하여 유수검지장치 클래퍼의 작동을 이중 잠금 장치로 하여, 화재감지기가 작동하여 전동볼밸브가 작동해야 하며 또한 화재 열에 의하여 폐쇄형헤드가 열려 2차측배관의 압축공기가 배관 밖으로 빠져나가는 2가지 작동이 이루어 져야 클래퍼가 열리는 설비이다.

1) 설비 특징

① 화재감지기의 작동과 스프링클러헤드의 개방이 반드시 이루어져야 밸브가 작동하며, 화재감지기의 작동이나 스프링클러 헤드의 개방 중 한가지의 작동으로는 밸브의 클래퍼가 열리지 않는다.
② 감지기의 오작동에 따른 전동밸브의 작동이나 스프링클러헤드의 파손에 따른 공기압력의 감소에 경보가 나오므로 헤드로 물이 살수되는 수손피해가 나기전에 즉시 응급조치가 가능하다.
③ 감지기의 오작동에도 클래퍼가 열리지 않으며, 2차측 배관으로 물이 송수되지 않으므로 유지관리가 편리하다.
④ 화재발생 시 감지기가 신속히 작동하여 경보가 울리므로 건식스프링클러설비 보다 경보속도가 빠르고 대피 및 화재진압에 신속히 대응할 수 있다.

2) 이러한 시설을 설치하는 목적

작업중의 실수로 헤드가 개방된다던지 감지기의 오작동으로 화재경보가 발생하게 되면 응급조치를 하여 클래퍼가 열리는 사고를 사전에 조치를 하므로서 헤드로 물이 뿌려져 수손(물 피해)이 나지 않도록 할 수 있다.

공장이나 창고등 헤드로 물이 뿌려져 수손피해가 클 우려가 있는 장소에 설치하면 좋다.

참 고 : 스프링클러설비의 화재안전성능기준, 기술기준에는 더블인터락설비의 기준이 없다. 향후에는 기준이 마련되어야 한다.
전기저장시설의 화재안전기술기준(NFTC 607) 1.7.1.5에는 용어정의에서 "더블인터락(Double-Interlock) 방식"이란
준비작동식스프링클러설비의 작동방식 중 화재감지기와 스프링클러헤드가 모두 작동되는 경우 준비작동식유수검지장치가 개방되는 방식을 말한다.
더블 인터락 Double Interlock : 두 번의 연결장치, 두 번의 연동장치

㉯ 작동

화재발생으로 인한 실내온도의 급격한 상승으로 화재감지기가 작동 한후 Double Interlock Sprinker System 내의 전동볼밸브가 개방되어 저압건식밸브가 작동 될 수 있게 준비상태가 된다.

화재에 의한 스프링클러 헤드의 감열부의 파열이 일어나고 헤드의 개방으로 2차측 배관내 공기가 헤드로 빠져나가면 배관의 공기압력이 낮아진다.

2차측 배관안의 공기압력의 급격한 감소로 공기감지감압 작동기가 작동한다. 이처럼 두가지의 작동이 모두 이루어진 후 클래퍼와 시트 사이의 홀을 통해 소화수가 흘러나와 알람스위치를 작동한다.

㉰ 시 험

시스템 전체를 시험 할 때에는 감지기의 작동(또는 S.V.P 기동) 및 시험밸브를 열어 실시하고 밸브만을 시험하고자 한다면 2차측 제어밸브를 닫고 슈퍼비죠리판넬의 기동스위치를 누른 후 2차측 시험밸브를 개방한다.

이때 1, 2액추에이터가 작동하여 클래퍼 밀폐기구의 압력이 낮아져 클래퍼가 열리면서 드블인터록밸브가 작동하게 한다.

그리고 수동으로 작동시험을 하려고 비상개방밸브를 열면 Double Interlock Sprinker System이 작동한다.

㉱ 복 구

① 화재의 진압이나 작동시험이 끝난 후 경보를 멈추고자 하면 1, 2알람정지밸브를 닫고 수신반의 복구버튼을 누르면 된다.

② 시스템(Double Interlock Sprinker System)을 복구하려면,

- 1차측 제어밸브를 잠근후 물공급밸브를 닫는다.
- 주 배수밸브를 연다.
- 주 배수밸브와 볼 드립밸브로부터 배수가 완전히 끝나면 복구 레버를 시계방향으로 돌려 클래퍼를 닫는다.
- 세팅밸브를 닫는다.
- 물공급밸브를 개방한다.
- 1차측 제어밸브를 약간 열면 주배수밸브를 통해 배수가 되며 이때 주배수밸브를 잠그고 1차측 제어밸브와 세팅밸브를 열면 복구가 완료된다.

㉕ 더블인터락밸브 내부구조 및 부품 명칭

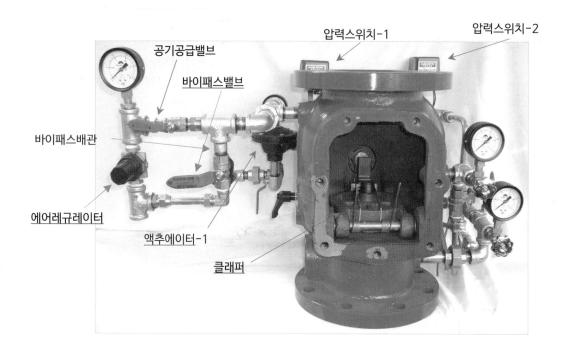

밀대

래치

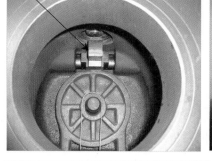

클래퍼가 작동하여 래치에 걸려 있는 것을 복구할
때에는 그림과 같이 래버를 돌려 클래퍼를 내린다

밀대가 래치를 밀고 있고
래치는 클래퍼를 누르고 있다

밀대가 래치를 풀은 상태로서
래치도 누르고 있던 클래퍼를 풀었다

바이패스밸브 Bypass Valve : 우회로, 돌아서 가는 배관의 밸브
에어레규레이터 air regulator : 공기압력 조절기
액추에이터 actuator : 작동기(장치)
클래퍼 clapper : 물막이 판
래치 latch : 걸쇠

㉰ 밸브 작동원리

액추에이터-2 작동

평소의 세팅상태에서는 드블인터록밸브의 2차측 배관의 공기압력(· · · · · ·)과
1차측배관의 물의 압력(· · · · · ·)이 액추에이터 디스크를 서로 밀고 있으면서
1차측과 2차측이 상호 균형을 유지하고 있다.

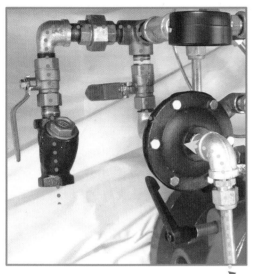

액추에이터-1 작동

평소의 세팅상태에서는 드블인터록밸브의 2차측 배관의 공기압력이
액추에이터 디스크를 서로 밀고 있다.

액추에이터 actuator : 작동기(장치)

액추에이터-2 작동 설명

평소의 관리상태에서는 드블인터록밸브의 2차측 배관의 공기압력과 1차측배관의 물의 압력이 액추에이터 디스크를 서로 밀고 있으면서 균형을 유지하고 있다.

화재가 발생하여 폐쇄형헤드가 열려 공기가 빠져 나가면 액추에이터 디스크를 밀고 있던 공기의 압력도 감소하게 되므로서 반대편의 물의 압력이 상대적으로 높으므로 디스크는 물의 압력에 의해 밀리게(개방) 된다.

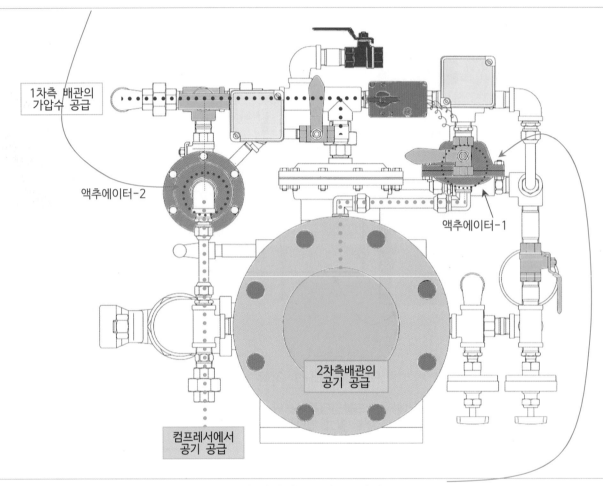

1차측 배관의 가압수 공급

액추에이터-2

액추에이터-1

2차측배관의 공기 공급

컴프레서에서 공기 공급

액추에이터-1 작동 설명

평소의 관리상태에서는 드블인터록밸브의 2차측 배관의 공기압력이 액추에이터 디스크를 밀고 있다.

화재가 발생하여 감지기가 작동하면 전동밸브가 작동(개방)한다. 1차측배관의 가압수가 열려진 전동볼밸브를 거쳐 액추에이터의 디스크를 밀어 디스크는 물의 압력에 의해 밀리게(개방) 된다.

클래퍼의 작동원리는 클래퍼는 래치에 의해 잠겨져 있으며 푸시핀이 래치를 밀고 있다. 화재의 발생으로

감지기가 작동을 하면 액추에이터1이 작동하며, 폐쇄형헤드가 개방되면 액추에이터2가 작동하여 래치를 밀고 있던 가압수의 압력이 감소하여 밀대가 뒤로 밀리면 래치가 풀려 클래퍼는 1차측 가압수의 힘에 의해 열리게 된다.

엑추에이터1 이나 액추에이터2 중 하나만 작동하여 물의 압력이 감소하여도 래치가 풀리지 않는다.
2개가 모두 작동하여 물의 압력이 크게 감소해야 래치가 풀린다.

액추에이터 actuator : 작동기(장치)
래치 latch : 걸쇠

14. 음향장치 및 기동장치

스프링클러설비의 화재안전기술기준 2.6 고층건축물의 화재안전기술기준 2.2.8

화재신호에 의하여 화재경보음이 나오는 것을 음향장치라 한다.

가. 스프링클러설비 음향장치 및 기동장치

① 습식유수검지장치 또는 건식유수검지장치를 사용하는 설비에 있어서는 헤드가 개방되면 유수검지장치가 화재신호를 발신하고 그에 따라 음향장치가 경보되도록 할 것

② 준비작동식유수검지장치 또는 일제개방밸브를 사용하는 설비에는 화재감지기의 감지에 따라 음향장치가 경보되도록 할 것. 이 경우 화재감지기회로를 교차회로방식(하나의 준비작동식유수검지장치 또는 일제개방밸브의 담당구역 내에 2 이상의 화재감지기회로를 설치하고 인접한 2 이상의 화재감지기가 동시에 감지되는 때에 준비작동식유수검지장치 또는 일제개방밸브가 개방·작동되는 방식을 말한다)으로 하는 때에는 하나의 화재감지기회로가 화재를 감지하는 때에도 음향장치가 경보되도록 해야 한다.

③ 음향장치는 유수검지장치 및 일제개방밸브 등의 담당구역마다 설치하되 그 구역의 각 부분으로부터 하나의 음향장치까지의 수평거리는 25 m 이하가 되도록 할 것

④ 음향장치는 경종 또는 사이렌(전자식 사이렌을 포함한다)으로 하되, 주위의 소음 및 다른 용도의 경보와 구별이 가능한 음색으로 할 것. 이 경우 경종 또는 사이렌은 자동화재탐지설비·비상벨설비 또는 자동식사이렌설비의 음향장치와 겸용할 수 있다.

⑤ 주 음향장치는 수신기의 내부 또는 그 직근에 설치한다.

⑥ 층수가 11층(공동주택의 경우 16층) 이상의 특정소방대상물은 다음의 기준에 따라 경보를 발할 수 있도록 해야 한다.
  ㉮ 2층 이상의 층에서 발화한 때에는 발화층 및 그 직상 4개층에 경보를 발할 것
  ㉯ 1층에서 발화한 때에는 발화층·그 직상 4개층 및 지하층에 경보를 발할 것
  ㉰ 지하층에서 발화한 때에는 발화층·그 직상층 및 기타의 지하층에 경보를 발할 것

⑦ 고층건축물에는 다음과 같이 경보를 발하여야 한다.
  ㉮ 2층 이상의 층에서 발화한 때에는 발화층 및 그 직상 4개층에 경보를 발할 것.
  ㉯ 1층에서 발화한 때에는 발화층, 그 직상 4개층 및 지하층에 경보를 발할 것.
  ㉰ 지하층에 발화한 때에는 발화층, 그 직상층 및 기타의 지하층에 경보를 발할 것.

⑧ 음향장치의 성능은 다음과 같이 하여야 한다.
  ㉮ 정격전압의 80% 전압에서 음향을 발할 수 있는 것으로 한다.
  ㉯ 음량은 부착된 음향장치의 중심으로부터 1m 떨어진 위치에서 90dB 이상이 되는 것으로 한다.

해 설

①의 해설 : 습식, 건식스프링클러설비는 감지기가 없는 설비이다. 알람밸브, 드라이밸브에 설치된 압력스위치(유수경보장치)가 가압수에 의해 작동하면 수신기에 작동신호가 전달되어 화재신호를 발신하고 그에 따라 음향장치가 경보된다.

교차회로방식 : 하나의 준비작동식유수검지장치 또는 일제개방밸브의 담당구역 내에 2 이상의 화재감지기회로를 설치하고 인접한 2 이상의 감지기회로가 작동되는 때에 준비작동식유수검지장치 또는 일제개방밸브가 작동되는 방식

고층건축물 : 30층 이상이거나 건물의 높이가 120m 이상인 것   **dB**(데시벨) : 음의 비강도(比强度)를 로그 눈금으로 나타내는 단위

화재발생에 의한 경보를 해야 하는 층

층수가 11층(공동주택의 경우 16층) 이상의 특정소방대상물, 고층건축물

화재가 발생한 층과 경보가 되어야 하는 층은 색으로 표현되었다.

1. 2층 이상의 층에서 발화한 때 ⇨ 발화층 및 그 직상 4개층에 경보를 발할 것
2. 1층에서 발화한 때 ⇨ 발화층 ·그 직상 4개층 및 지하층에 경보를 발할 것
3. 지하층에서 발화한 ⇨ 발화층 ·그 직상층 및 기타의 지하층에 경보를 발할 것

참고 : 지하층, 기타의 지하층은 『모든 지하층』을 말한다.

18층	18층	18층
17층	17층	17층
16층	16층	16층
15층	15층	15층
14층	14층	14층
13층	13층	13층
12층	12층	12층
11층	11층	11층
10층(화재)	10층	10층
9층	9층	9층
8층	8층	8층
7층	7층	7층
6층	6층	6층
5층	5층	5층
4층	4층	4층
3층	3층	3층
2층	2층	2층
1층	1층(화재)	1층
지하1층	지하1층	지하1층
지하2층	지하2층	지하2층(화재)

지상 12층, 지하3층 건물의 경보를 울려야 하는 층

화재층	경보층
2층	2, 3, 4, 5, 6층
3층	3, 4, 5, 6, 7층
1층	1층, 2, 3, 4, 5층, 지하1층, 지하2층, 지하3층
지하1층	지하1층, 1층, 지하2층, 지하3층
지하3층	지하1층, 지하2층, 지하3층

고층건축물 : 층수가 30층 이상이거나 높이가 120미터 이상인 건축물
발화 : 불이 나다

나. 펌프의 작동기준 스프링클러설비의 화재안전기술기준 2.6.2

가압송수장치로서 펌프가 설치되는 경우 그 펌프의 작동은 다음의 어느 하나에 적합해야 한다.

① 습식유수검지장치 또는 건식유수검지장치를 사용하는 설비에 있어서는 유수검지장치의 발신이나 기동용수압개폐장치에 의하여 작동되거나 또는 이 두 가지의 혼용에 따라 작동될 수 있도록 할 것

② 준비작동식유수검지장치 또는 일제개방밸브를 사용하는 설비에 있어서는 화재감지기의 화재감지나 기동용수압개폐장치에 따라 작동되거나 또는 이 두 가지의 혼용에 따라 작동할 수 있도록 할 것

다. 준비작동식유수검지장치 및 일제개방벨브의 작동기준 2.6.3

준비작동식유수검지장치 또는 일제개방밸브의 작동은 다음의 기준에 적합해야 한다.

① 담당구역 내의 화재감지기의 동작에 따라 개방 및 작동될 것

② 화재감지회로는 교차회로방식으로 할 것. 다만, 다음의 어느 하나에 해당하는 경우에는 그렇지 않다.
  ㉮ 스프링클러설비의 배관 또는 헤드에 누설경보용 물 또는 압축공기가 채워지거나 부압식스프링클러설비의 경우
  ㉯ 화재감지기를 「자동화재탐지설비 및 시각경보장치의 화재안전기술기준(NFTC 203)」의 2.4.1 단서의 각 감지기로 설치한 때

③ 준비작동식유수검지장치 또는 일제개방밸브의 인근에서 수동기동(전기식 및 배수식)에 따라서도 개방 및 작동될 수 있도록 할 것

④ 화재감지기의 설치기준에 관하여는 「자동화재탐지설비 및 시각경보장치의 화재안전기술기준(NFTC 203)」 2.4(감지기) 및 2.8(배선)를 준용할 것. 이 경우 교차회로방식에 있어서의 화재감지기의 설치는 각 화재감지기 회로별로 설치하되, 각 화재감지기 회로별 화재감지기 1개가 담당하는 바닥면적은 「자동화재탐지설비 및 시각경보장치의 화재안전기술기준(NFTC 203)」의 바닥면적으로 한다.

⑤ 화재감지기 회로에는 다음의 기준에 따른 발신기를 설치할 것. 다만, 자동화재탐지설비의 발신기가 설치된 경우에는 그렇지 않다.

  ㉮ 조작이 쉬운 장소에 설치하고, 스위치는 바닥으로부터 0.8 m 이상 1.5 m 이하의 높이에 설치할 것

  ㉯ 특정소방대상물의 층마다 설치하되, 해당 특정소방대상물의 각 부분으로부터 하나의 발신기까지의 수평거리가 25 m 이하가 되도록 할 것. 다만, 복도 또는 별도로 구획된 실로서 보행거리가 40 m 이상일 경우에는 추가로 설치해야 한다.

  ㉰ 발신기의 위치를 표시하는 표시등은 함의 상부에 설치하되, 그 불빛은 부착 면으로부터 15° 이상의 범위 안에서 부착지점으로부터 10 m 이내의 어느 곳에서도 쉽게 식별할 수 있는 적색등으로 할 것

15. 송수구

스프링클러설비의 화재안전성능기준 11조, 스프링클러설비의 화재안전기술기준 2.8,

소방차의 물로 불을 끄기 위하여 스프링클러설비의 배관에 소방차 호스를 연결하는 곳을 송수구라 한다.

가. 송수구 설치목적

화재가 발생한 장소의 소방시설이 고장이 나거나 화재규모가 커 소방대의 소방차 물을 사용할 필요가 있을 때 소방차가 송수구에 호스를 연결하여 소방시설의 배관으로 물을 보내어 옥내소화전의 호스로 불을 끄거나 스프링클러 헤드로 물을 뿌리기 위해 설치하는 것이다.

송수구 설치(사용)목적

① 수원의 저수량이 부족하여 소방차 등으로부터 외부에서 소방용수를 공급받기 위해 설치한다.

② 펌프의 고장 등 설비가 작동하지 못 할 경우 소방차 등으로 부터 외부에서 소방용수를 공급받아 화재를 진압하기 위해 설치한다.

③ 화재 시 소방차로 송수하여 소방대의 원활한 소화활동을 하기 위해 설치한다.

나. 송수구 설치기준

① 소방차가 쉽게 접근할 수 있고 잘 보이는 장소에 설치하고, 화재층으로부터 지면으로 떨어지는 유리창 등이 송수 및 그 밖의 소화작업에 지장을 주지 않는 장소에 설치할 것

② 송수구로부터 스프링클러설비의 주배관에 이르는 연결배관에 개폐밸브를 설치한 때에는 그 개폐상태를 쉽게 확인 및 조작할 수 있는 옥외 또는 기계실 등의 장소에 설치할 것

③ 송수구는 구경 65 ㎜의 쌍구형으로 할 것

④ 송수구에는 그 가까운 곳의 보기 쉬운 곳에 송수압력범위를 표시한 표지를 할 것

⑤ 폐쇄형스프링클러헤드를 사용하는 스프링클러설비의 송수구는 하나의 층의 바닥면적이 3,000 ㎡를 넘을 때마다 1개 이상(5개를 넘을 경우에는 5개로 한다)을 설치할 것

⑥ 지면으로부터 높이가 0.5 m 이상 1 m 이하의 위치에 설치할 것

⑦ 송수구의 부근에는 자동배수밸브(또는 직경 5 mm의 배수공) 및 체크밸브를 설치할 것. 이 경우 자동배수밸브는 배관안의 물이 잘 빠질 수 있는 위치에 설치하되, 배수로 인하여 다른 물건이나 장소에 피해를 주지 않아야 한다.

참고 : 직경 5mm의 배수공은 배관에 5mm의 구멍을 뚫는 것이며, 송수를 할 때 배수구멍으로 물이 새는 구조이다.

⑧ 송수구에는 이물질을 막기 위한 마개를 씌울 것

다. 송수구 송수압력 표지판

송수압력범위 표시내용 계산

① **압력표시** : 최소압력 00 MPa ~ 최대압력 00 MPa

② **최소압력** : 소방차에서 송수한 물이 가장 높은 층의 스프링클러헤드에서 0.1MPa 이상의 방수압력이 나와야 한다.

 최소 송수압력 계산 내용 :
  송수구에서 가장 높은층의 헤드(방수압력이 가장 낮게 나오는 헤드)까지의 수직높이(m를 압력으로 환산)
   + 송수구에서 가장 높은층의 헤드(방수압력이 가장 낮게 나오는 헤드)까지의 배관 마찰손실(m를 압력으로 환산)
   + 헤드 방수압력(0.1 MPa)

③ **최대압력** : 송수한 물이 배관의 허용압력 이하이면서, 화재진압작전의 허용범위 이하의 압력이 되어야 한다.

 최대 송수압력 계산 내용 :
  설치된 설비의 배관 허용 최대압력 이하로 한다.

  송수구에서 가장 높은층의 헤드까지의 수직높이(m를 압력으로 환산)
   + 송수구에서 가장 높은층의 헤드까지의 배관 마찰손실(m를 압력으로 환산)
   + 【헤드 방수압력(0.1 MPa) + X MPa (여유압력)】【또는 1.2MPa - 화재안전기준에서의 최대압력】
    (낮은 층의 방수압력(1.2MPa 이하)을 고려하여 방수압력을 설정해야 한다)

문 제

아래와 같은 조건의 스프링클러설비가 설치된 건물에 송수구의 최소압력, 최대압력 및 송수압력범위를 계산하시오.

【조 건】
 1. 송수구에서 가장 높은층의 헤드 까지의 수직높이 : 50m
 2. 송수구에서 가장 높은층의 헤드까지의 배관 마찰손실 : 12m
 3. 헤드의 최대 방수압력 : 0.5 MPa
 4. 배관의 최대 허용압력 : 1.5 MPa
 5. 계산의 편의를 위해 10m = 0.1 MPa으로 계산한다.

정 답

1. **최소압력** : 50m + 12m + 10m = 72m   ∴ 0.72 MPa
2. **최대압력** : 50m + 12m + 50m = 112m   ∴ 1.12 MPa
3. **송수압력범위** : 0.72 ~ 1.12 MPa

```
스프링클러 송수구
송수압력 0.1~1.2MPa
```

이 표지판의 최소송수압력이 0.1MPa이면
어느 현장에도 송수압력과는 맞지 않다

송수압력범위를 표시한 표지

라. 송수구 계통도

㉮ 습식 스프링클러설비

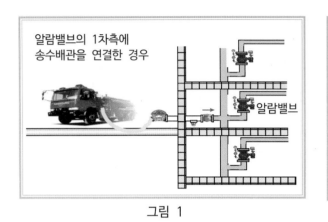

그림 1

그림 2

습식 스프링클러

	경보밸브(습식)		자동배수밸브
	프리액션밸브		체크밸브
	게이트밸브 (상시개방)		송수구

현장에서는 대부분 그림1과 같이 알람밸브의 1차측에 송수구 배관을 연결하고 있다.

알람밸브 클래퍼의 구조 및 작동에 있어서 1차측에 연결해도 화재현장에서 송수구를 통하여 송수를 한 물이 열린 헤드로 방수하는데 있어서는 문제가 없다.
송수구를 통하여 송수를 하는데 문제가 없는 이유는 알람밸브의 클래퍼는 잠금장치가 없는 구조이기 때문에 송수구로부터 송수한 물의 압력에 의하여 클래퍼가 열리게 된다.

그러나 그림2와 같이 연결하면 알람밸브를 거치지 않고 송수되므로 알람밸브의 마찰손실이 없이 더 원활한 송수가 가능하다.

㈏ 준비작동식 스프링클러

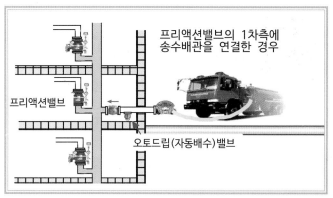

프리액션밸브의 1차측에 송수배관을 연결한 경우

프리액션밸브

오토드립(자동배수)밸브

그림 1

프리액션밸브의 2차측에 송수배관을 연결한 경우

그림 2

준비작동식 스프링클러

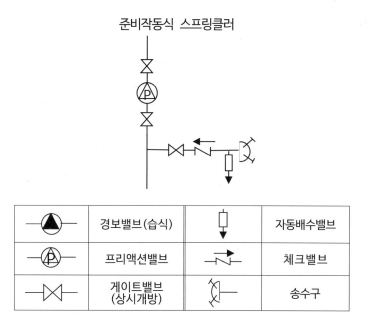

▲	경보밸브(습식)	↓	자동배수밸브
Ⓟ	프리액션밸브	←ᅱ	체크밸브
▷◁	게이트밸브 (상시개방)	✕	송수구

화재안전기준은 송수구와 주배관과의 연결배관에 관한 기준은 없다.

그림1과 같이 프리액션밸브를 1차측에 연결하면 공사비는 적게 들지만 프리액션밸브 고장 또는 다른 원인으로 작동이 안된 상태에서는 화재현장에서 송수구를 통하여 송수를 한 물이 프리액션밸브를 통과하지 못하므로 열린 헤드로 방수되지 않는 문제가 있다.

그림2와 같이 2차측에 연결하면 공사비는 많이 들지만 프리액션밸브의 고장 또는 다른 원인으로 작동이 안된 상태에서도 화재현장에서 송수구를 통하여 소방차로 송수를 한 물이 열린 헤드로 방수가 된다.

현장에는 대부분 1차측 배관에 연결한다.

㉰ 건식 스프링클러

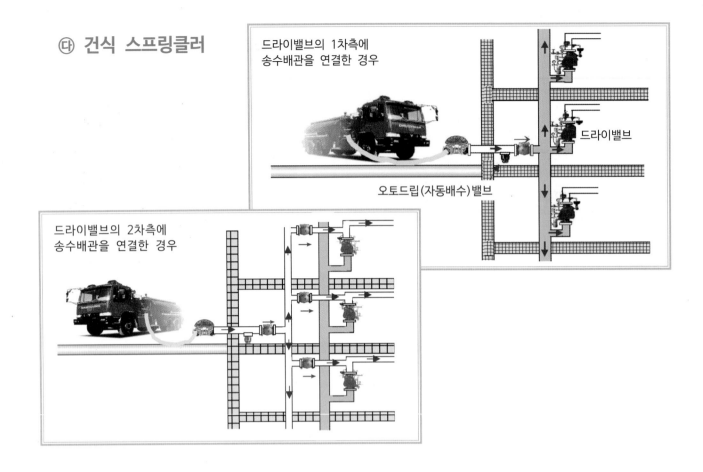

드라이밸브의 1차측에
송수배관을 연결한 경우

드라이밸브

오토드립(자동배수)밸브

드라이밸브의 2차측에
송수배관을 연결한 경우

화재안전기준은 송수구와 주배관과의 연결배관에 관한 기준은 없다.

그러나 2차측에 연결을 하려면 위의 그림과 같이 수직으로 별도의 배관을 설치해야 하므로 공사비가 많이 들게 된다.

현장에서는 대부분 1차측에 연결을 하고 있다.

드라이밸브의 구조는, 1차측에 연결해도 화재현장에서 소방차가 송수구를 통하여 송수를 한 물이 열린 헤드로 방수하는데 있어서는 문제가 없다.

펌프의 고장 또는 정전 등으로 설비를 사용할 수 없는 현장에서도 송수구를 통하여 송수를 하는데 문제가 없는 이유는 드라이밸브의 클래퍼는 잠금장치가 없는 구조이기 때문에 송수구로부터 송수한 물의 압력에 의하여 클래퍼가 열리게 된다.

저압건식밸브도 1차측에서 송수를 하는데 문제가 없다. 저압건식밸브의 클래퍼에 잠금장치가 있어도 화재가 발생하여 헤드가 열리면 헤드로 압축공기가 빠져 나가며,
소방차가 송수를 하면 클래퍼의 잠금장치인 래치가 저절로 풀리게 된다.

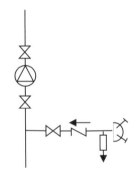

⊕	경보밸브(건식)	⊟	자동배수밸브
	송수구		체크밸브
⋈	게이트밸브 (상시개방)		

건식 스프링클러

㉑ 일제살수식 스프링클러

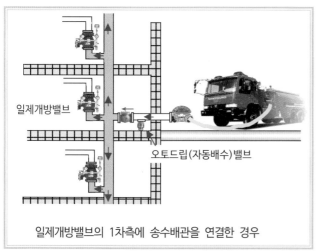

일제개방밸브

오토드립(자동배수)밸브

일제개방밸브의 1차측에 송수배관을 연결한 경우

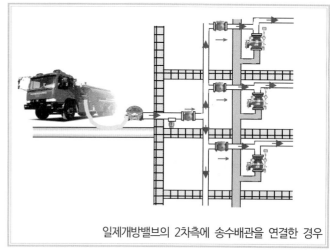

일제개방밸브의 2차측에 송수배관을 연결한 경우

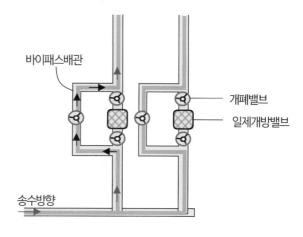

바이패스배관

개폐밸브

일제개방밸브

송수방향

바이패스배관을 설치한 현장

소방차의 물을 송수할 때에는 바이패스배관의 개폐밸브를 열어 방수구역으로 송수한다.
국내의 포헤드설비에 설치된 현장이며 화재안전기준에는 이러한 기준이 없다.

화재안전기준은 송수구와 주배관과의 연결배관에 관한 기준은 없다.

송수구의 송수배관을 일제개방밸브의 2차측에 연결을 하려면 위의 그림과
같이 수직으로 별도의 배관을 설치해야 하므로 공사비가 많이 들게 된다.

대부분의 장소에서는 1차측에 연결을 하고 있다.
일제개방밸브 다이어프램(클래퍼 또는 피스톤)의 구조는, 1차측에 연결하면
공사비는 적게 들지만 일제개방밸브의 고장 또는 다른 원인으로 작동이 안된
상태에서는 화재현장에서 송수구를 통하여 소방차가 송수를 한 물이 일제개방
밸브를 통과하지 못하므로 열린 헤드로 방수가 되지 않는 문제가 있다.

2차측에 연결하면 공사비는 많이 들지만 일제개방밸브가 고장 또는 다른 원인으로
작동이 안된 상태에서도 화재현장에서 송수구를 통하여 송수를 한 물이 열린 헤드로
방수가 된다.

일제살수식 스프링클러

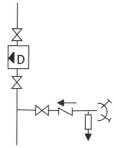

◀D	경보델류지밸브	▯	자동배수밸브
	송수구		체크밸브
⋈	게이트밸브 (상시개방)		

그림과 같이 스프링클러설비가 설치된 건물의 아래와 같은
조건에서 송수구 압력범위 표시내용을 계산하시오.

【조 건】

1. 송수구에서 가장 높은층의 헤드(방수압력이
　　　　가장 낮게 나오는 헤드)까지의 수직높이 : 30m
2. 송수구에서 가장 높은층의 헤드(방수압력이 가장 낮게
　　　나오는 헤드)까지의 배관 마찰손실(빨간점선 구간) : 11m
3. 헤드의 최소 방수압력 : 0.1 MPa
4. 헤드의 최대 방수압력 : 0.6 MPa

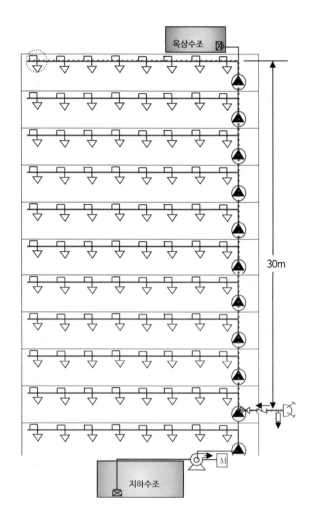

정 답

송수구 송수압력범위 계산

여기서는 계산의 편의를 위해 1MPa = 10kg/㎠으로 계산한다

1. 최소압력 : 30m + 11m + 10m = 51m = 0.51MPa
2. 최대압력 : 30m + 11m + 60m = 101m = 1.01MPa

정답　0.51 MPa ~ 1.01 MPa(약 5.1 kg/㎠ ~ 10.1 kg/㎠)

문제 2

건식스프링클러설비에서 송수구로부터 주배관에 이르는 연결배관에 개폐밸브를 설치한 장소에
송수구로부터 주배관에 이르는 배관에 설치하는 부품을 순서대로 쓰시오.

정 답

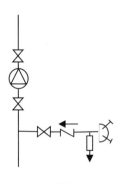

건식

1. 송수구　　2. 자동배수밸브　　3. 체크밸브　　4. 개폐밸브

참고
송수구 배관에 개폐밸브 설치는 의무 설치부품이 아니며,
설치하지 않는 것이 적합하다. 개폐밸브의 사용용도가 없다.

소방시설 종류별 송수구 부근 자동배수밸브, 체크밸브 설치

소방시설 종류	계통도		부품 설치 순서
옥내소화전 ■ 자동 ■ 수동	자동		송수구 → 자동배수밸브 → 체크밸브 → 배관 옥내소화전의 화재안전기술기준 2.3.12
	수동		송수구 → 자동배수밸브 → 체크밸브 → 자동배수밸브 → 배관 (화재안전기술기준에는 상세한 기준을 만들지 않았지만 설비가 작동한 후에는 배관의 동파를 방지하기 위하여 체크밸브 다음에 배수밸브를 설치하여 배관의 물을 배수해야 한다)
옥외소화전		 만약 설치를 한다면	송수구 → 자동배수밸브 → 체크밸브 → 배관 옥외소화전의 화재안전기술기준, 성능기준에는 없다 송수구를 설치하지 않아도 된다고 해석할 수 있다.
스프링클러 ■ 습식 ■ 준비작동식 ■ 부압식 ■ 건식 ■ 일제살수식 간이스프링클러 화재조기진압용 스프링클러 물분무소화설비 미분무소화설비 포소화설비			송수구 → 자동배수밸브 → 체크밸브 → 배관 스프링클러설비의 화재안전성능기준 11조 간이스프링클러설비의 화재안전성능기준 11조 화재조기진압스프링클러설비의 화재안전성능기준 13조 물분무소화설비의 화재안전성능기준 7조 미분무소화설비의 화재안전성능기준 없음 포소화설비의 화재안전성능기준 7조
연결송수관설비 ■ 습식 ■ 건식	습식		송수구 → 자동배수밸브 → 체크밸브 → 배관 연결송수관설비의 화재안전성능기준 4조
	건식		송수구 → 자동배수밸브 → 체크밸브 → 자동배수밸브 → 배관 연결송수관설비의 화재안전성능기준 4조
연결살수설비 ■ 패쇄형헤드 ■ 개방형헤드	패쇄형		송수구 → 자동배수밸브 → 체크밸브 → 배관 연결살수설비의 화재안전성능기준 4조
	개방형		송수구 → 자동배수밸브 → 배관 연결살수설비의 화재안전성능기준 4조
연소방지설비			송수구 → 자동배수밸브 → 배관 지하구의 화재안전성능기준 8조

16. 탬퍼스위치(Tamper switch - 감시 스위치)

스프링클러설비의 화재안전기술기준 2.5.16

가. 정의

항상 열려있어야 하는 밸브가 잠겨있는지를 수신기에서 감시하기 위하여 <u>개폐밸브</u>에 설치는 개폐여부 감시스위치를 말한다.

나. 설치 목적

스프링클러설비 수조(물탱크)의 풋밸브에서부터 헤드까지의 배관에 설치된 개폐밸브(열고 닫는 밸브)는 언제나 열려 있어야 헤드로 방수가 가능하기 때문에, 개폐밸브가 열려 있는지를 감시제어반에서 감시할 수 있도록 한 설비이다.

다. 설치해야 하는 장소

<u>급수배관</u>에 설치되어 급수를 차단할 수 있는 개폐밸브에 설치하도록 정하고 있다. 구체적인 설치장소로는,
   ① 주펌프의 <u>흡입측</u> 배관에 설치된 개폐밸브
   ② 주펌프의 <u>토출측</u>에 설치된 개폐밸브
   ③ 고가수조 및 옥상수조와 입상관(주배관)과 연결된 배관상의 개폐밸브
   ④ 유수검지장치, 일제개방밸브의 1, 2차측 개폐밸브
   ⑤ 송수구와 주배관 사이 배관상에 설치된 개폐밸브
   ⑥ 그밖에 수조에서부터 헤드까지의 사이에 방수를 차단할 수 있는 개폐밸브

참 고 : 충압펌프에 설치되는 배관은 급수배관이 아니므로 탬퍼스위치를 설치하지 않는다. (소방청 해석)

현장에서는 충압펌프 배관의 개폐밸브에는 탬퍼스위치를 설치하지 않고 있으며, 일부장소에 설치하는 곳은 법적 기준이 아니고 자의적인 (자진, 스스로) 설치이다.
일부의 서적에 충압펌프배관의 개폐밸브에 탬퍼스위치를 설치한다는 내용은 오류이며, 현장의 실무감각과는 거리가 있다.

개폐밸브 : 열고 닫는 기능의 밸브
급수배관 給水配管 : 수원 및 옥외송수구로부터 스프링클러헤드에 급수하는 배관을 말한다. 흡입배관의 풋밸브에서 부터 헤드에 이르는 배관, 송수구에서 헤드에 이르는 배관이다. 충압펌프는 헤드에 급수하는 용도가 아니며 배관의 압력을 채우는 기능을 하는 충압배관이다.
흡입측 : 펌프가 물을 빨아들이는 부분,
토출측 : 펌프가 물을 밖으로 내보내는 부분

라. 탬퍼스위치를 설치해야 하는 설비

스프링클러설비, 간이 스프링클러설비, 화재조기진압용 스프링클러설비, 물분무소화설비, 미분무소화설비, 포소화설비, 연결송수관설비(옥내소화전, 옥외소화전, 연결살수설비, 연소방지설비는 설치하도록 의무기준을 정하지 않았다)

마. 탬퍼스위치 설치기준

스프링클러설비의 화재안전기술기준 2.5.16

급수배관에 설치되어 급수를 차단할 수 있는 개폐밸브에는 그 밸브의 개폐상태를 감시제어반에서 확인할 수 있도록 급수개폐밸브 작동표시 스위치를 다음 각 호의 기준에 따라 설치하여야 한다.

① 급수개폐밸브가 잠길 경우 탬퍼스위치의 동작으로 인하여 감시제어반 또는 수신기에서 표시되어야 하며, 경보를 해야 한다.

② 탬퍼스위치는 감시제어반 또는 수신기에서 동작의 유무 확인과 동작시험, 도통시험을 할 수 있어야 한다.

③ 급수개폐밸브의 작동표시 스위치에 사용되는 전기배선은 내화전선 또는 내열전선으로 설치해야 한다.

참고

탬퍼스위치 회로에 도통시험이 가능하도록
회로의 끝에 종단저항을 설치한다.

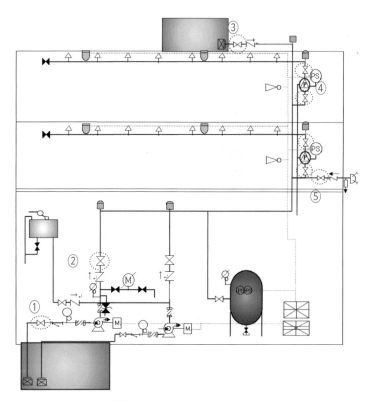

탬퍼스위치를 설치하여야 하는 장소는 위의 그림에서 ⌒⌒으로 표시된 장소이다
(충압펌프의 개폐밸브는 탬퍼스위치를 설치하지 않는다)

급수배관 : 수원 또는 송수구로부터 스프링클러헤드에 급수하는 배관을 말한다. (스프링클러설비의 화재안전기술기준 1.7.1.21)

바. 탬퍼스위치 작동점검

① 동작(작동)시험

감시제어반(수신기)에서 각각의 탬퍼스위치의 회로별로,
P형수신기의 경우 동작시험버튼을 누르고, 회로선택을 하여 탬퍼스위치 작동 및 경보음이 울리는지 확인한다.
R형수신기의 경우 점검할 탬퍼스위치 회로의 번호입력 또는 모니터의 화면에 표시되어 있는 탬퍼스위치를 마우스로 클릭하여 작동하면, 작동표시 및 경보음이 발생하며, 작동내용에 대하여 모니터에 표시 되는지 확인한다.

그리고 탬퍼스위치가 설치된 현장의 개폐밸브를 수동으로 닫아, 감시제어반의 작동표시 및 경보음이 발생하는지를 확인하는 것이 제일 좋은 점검 방법이다.

② 도통시험

탬퍼스위치의 각 회로별로 P형 수신기의 경우 자동화재탐지설비의 회로시험방법과 같은 방법으로 시험을 한다.
R형수신기의 경우 단선된 회로는 감시제어반에서 자동으로 표시된다.
도통시험은 점검하는 회로의 탬퍼스위치 선을 단자대에서 뽑아(이탈) 감시제어반에 단선신호가 표시되는지 확인하는 점검방법도 있다.

탬퍼스위치 회로의 말단(끝)에는 종단저항이 설치되어야 수신기에서 도통시험이 가능하다.

탬프tm위치

밸브가 열린 상태
탬퍼스위치가 작동 안된 상태(평상시)

밸브가 잠긴 상태
탬퍼스위치가 작동된 상태

도통시험 導通試驗 : 소방시설 전기회선에 신호가 잘 전달되는지 확인하기 위하여 전기 회로가 끊김이 있는지 시험하는 것.

416

탬퍼스위치의 정의, 설치기준, 설치장소, 설치해야 하는 설비와 제어반의 탬퍼스위치 작동 점등시 그 원인과 조치방법에 대하여 기술하시오?

1. 정의
항상 열려있어야 하는 밸브가 잠겨있는지를 수신기에서 감시하기 위하여 개폐밸브에 설치하는 개폐여부 감시스위치를 말한다.

2. 설치기준
① 급수개폐밸브가 잠길 경우 탬퍼스위치의 동작으로 인하여 감시제어반 또는 수신기에서 표시되어야 하며, 경보를 해야 한다.
② 탬퍼스위치는 감시제어반 또는 수신기에서 동작의 유무 확인과 동작시험, 도통시험을 할 수 있어야 한다.
③ 급수개폐밸브의 작동표시 스위치에 사용되는 전기배선은 내화전선 또는 내열전선으로 설치해야 한다.

3. 설치장소
① 주펌프의 흡입측 배관에 설치된 개폐밸브
② 주펌프의 토출측에 설치된 개폐밸브
③ 고가수조 및 옥상수조와 입상관(주배관)과 연결된 배관상의 개폐밸브
④ 유수검지장치, 일제개방밸브의 1, 2차측 개폐밸브
⑤ 송수구와 주배관 사이 배관상에 설치된 개폐밸브
⑥ 그밖에 수조에서부터 헤드까지의 사이에 급수배관에 설치된 개폐밸브

4. 설치해야 하는 설비
스프링클러설비, 간이스프링클러설비, 화재조기진압용스프링클러설비, 물분무소화설비, 미분무소화설비, 포소화설비, 연결송수관설비

5. 작동 점등 시 원인과 조치방법

원인	조치방법
개폐밸브가 잠긴 경우	제어반에 작동표시된 탬퍼스위치를 찾아 개방한다
개폐밸브가 열려있으나 오작동인 경우	1. 탬퍼스위치의 작동접점이 부정확하여 작동된 경우 접점위치를 조정한다 2. 탬퍼스위치 고장 : 수리 또는 교체한다 3. 탬퍼스위치 회로의 문제 발생 : 회로의 문제점 수리 4. 중계기 오작동 : 중계기 수리 또는 교체 5. 수신기 오작동 : 수신기 수리

문제 2

스프링클러설비의 개폐밸브에 설치하는 탬프스위치의 설치목적을 쓰시오.

정답

급수배관에 설치된 개폐밸브의 잠김 여부를 감시제어반에서 확인할 수 있도록 감시기능을 위해 설치한다.

문제 3

스프링클러설비에 탬프스위치가 설치된 급수개폐밸브가 잠겼을 경우에 감시제어반 또는 수신기에서 작동해야 하는 기능을 쓰시오.

정답

탬퍼스위치의 동작으로 인하여 감시제어반 또는 수신기에서 표시되어야 하며, 경보를 해야 한다.

문제 4

급수개폐밸브에 설치하는 탬퍼스위치는 감시제어반 또는 수신기에서 도통시험을 할 수 있게 탬프스위치 회로의 끝에 설치하는 부품의 이름은?

정답   종단저항

문제 5

개폐밸브가 열려있으나 수신기에서 탬프스위치 작동신호가 전달되고 있다면 그 오작동의 원인 3가지 쓰시오.

정답

1. 탬퍼스위치의 작동접점 위치의 부정확
2. 탬퍼스위치 고장
3. 탬퍼스위치 회로의 문제(합선)

4. 중계기 오작동
5. 수신기 오작동

문 제 6

스프링클러설비 가지배관에 설치하는 시험배관의 끝 방향으로 시험밸브함에 설치하는 부품의 설치순서로 적합한 것은?

1. 압력계, 시험밸브, 개방형헤드
2. 시험밸브, 압력계, 개방형헤드
3. 시험밸브, 개방형헤드
4. 압력계, 시험밸브, 자동배수밸브, 개방형헤드

해 설 스프링클러설비의 화재안전기술기준 2.5.12 에는 시험밸브함, 압력계의 설치에 대한 기준이 없으며, 기사시험등에는 압력계, 시험밸브, 개방형헤드 순으로 설치하는 것이 정답니다. (논쟁의 여지 있다)

정 답 1

문 제 7

스프링클러설비의 음향장치 경보에 대한 내용 중 틀린 것은?

1. 10층, 연면적 15,000㎡의 건물은 1층에서 화재가 발생했다면 경보가 울려야 하는 층은 1층, 2층, 지하층이다.
2. 15층, 연면적 30,000㎡의 건물은 9층에서 화재가 발생했다면 경보가 울려야 하는 층은 9, 10층이다.
3. 35층, 연면적 20,000㎡의 건물은 20층에서 화재가 발생했다면 경보가 울려야 하는 층은 20, 21층이다.
4. 55층, 연면적 15,000㎡, 건물 높이가 130m의 건물은 30층에서 화재가 발생했다면 경보가 울려야 하는 층은 30, 31, 32, 33, 34층이다.

해 설 고층건축물(30층 이상이거나, 건물의 높이가 120m 이상인 것)에서는 2층 이상의 층에서 발화한 때에는 발화층(20층), 21, 22, 23, 24층에 경보가 울려야 한다.

정 답 3

문 제 8

아래와 같은 조건의 스프링클러설비에서 송수구의 최소방수압력으로 맞는 것은?

【조 건】
가. 송수구에서 가장 높은층의 헤드까지 수직높이 : 90m
나. 송수구에서 가장 낮은층의 헤드까지 수직높이 : 2m
다. 송수구에서 가장 높은층의 헤드(방수압력이 가장 낮게 나오는 헤드)까지의 배관 마찰손실 : 15m
라. 송수구에서 가장 낮은층의 헤드(방수압력이 가장 높게 나오는 헤드)까지의 배관 마찰손실 : 1m
마. 최소 방수압력 : 0.1MPa
바. 계산의 편의를 위해 10m = 0.1MPa로 한다.

1. 0.1MPa
2. 0.13MPa
3. 1MPa
4. 1.15MPa

해 설 90(수직높이,낙차) + 15(가장 높은층 헤드까지의 배관 마찰손실) + 10m(최소 방수압력) = 115m, 그러므로1.15MPa

정 답 4

17. 전원

스프링클러설비의 화재안전성능기준 12조
스프링클러설비의 화재안전기술기준 2.9

소방시설은 전기(전원)가 있어야 작동이 된다. 소방시설에 공급되는 전기를 전원이라고 한다. 소방시설에 평상시 사용하는 전기를 상용전원이라 하며 상용전원이 정전등의 사고로 사용할 수 없어 긴급시에 사용하는 전기를 비상 전원이라 한다

가. 전원의 종류

① 상용전원

소방시설에 평상시 공급하는 전기를 상용전원이라 하며 대부분 장소에는 한전의 전기를 상용전원으로 사용하고 있다. 그러나 풍력이나 태양열 등 자가발전 전기를 평상시에 소방시설에 전기를 공급한다면 이러한 풍력 등의 전기가 상용전원이 된다.

② 비상전원

상용전원이 정전, 또는 단전이 되었을 때에 별도의 전기를 소방시설에 공급할 수 있도록 하는 시설이 비상전원이다. 비상전원의 종류를 화재안전기준에서 인정하고 있는 것들은 다음과 같다.

1. **자가발전설비**(비상발전기)
   가. 소방전용 발전기
   나. 소방부하 겸용 발전기
   다. 소방전원 보존형 발전기

2. **축전지설비**(내연기관 펌프를 사용하는 경우에는 내연기관의 기동 및 제어용 축전지를 말한다)

3. <u>전기저장장치</u>

4. 비상전원수전설비

전기저장장치(에너지저장장치) ESS (Energy Storage System) :
한전의 전기 또는 태양열, 풍력등의 전기를 밧데리에 충전해서
저장된 전기를 사용할 수 있는 전기충전시설을 말한다.

㉮ 자가발전설비

엔진의 작동이나 풍력 또는 태양열 등으로 전기를 생산 하는 장치이다.

자가발전설비는 부하의 용도와 조건에 따라 다음 각 목 중의 하나를 설치하고 그 부하용도별 표지를 부착해야 한다. 다만, 자가발전설비의 정격출력용량은 하나의 건축물에 있어서 소방부하의 설비용량을 기준으로 하고, 나목의 경우 비상부하는 국토해양부장관이 정한 건축전기설비설계기준의 수용률 범위 중 최대값 이상을 적용한다.

① **소방전용 발전기** : 소방부하용량을 기준으로 정격출력용량을 산정하여 사용하는 발전기
② **소방부하 겸용 발전기** : 소방 및 비상부하 겸용으로서 소방부하와 비상부하의 전원용량을 합산하여 정격출력용량을 산정(계산)하여 사용하는 발전기
③ **소방전원 보존형 발전기** : 소방 및 비상부하 겸용으로서 소방부하의 전원용량을 기준으로 정격출력용량을 산정하여 사용하는 발전기

㉯ 축전지설비

(내연기관에 따른 펌프를 사용하는 경우에는 내연기관의 기동 및 제어용 축전지를 말한다)

내연기관(엔진)을 사용하는 펌프는 한전의 전기를 사용하여 펌프를 작동하는 설비가 아니며 경유등 유류를 사용하여 엔진을 작동하는 설비로서 별도의 비상전원이 필요하지 않는 설비이다. 이러한 설비는 엔진을 작동(시동)하기 위한 축전지(밧데리)가 있어야 하며 이 축전지가 비상전원이 되는 것이다.

㉰ 전기저장장치

외부 전기에너지를 저장해 두었다가 필요한 때 공급하는 장치

㉱ 비상전원수전설비

건물 외부 원인으로 한전의 정전이나, 건물 내의 큰 부하의 단락사고 등이 발생하여 1차 차단기가 차단 되었을 때에는 소방회로가 보전되지는 않는다.

그렇지만 비상전원 수전설비는 건물내의 소규모 과부하나 합선(단락) 등의 원인으로 건물내의 전력용 1차차단기가 차단되지 않고 2차 차단기가 차단되었을 경우에 소방회로가 보전되어 소방시설에 전원이 계속 공급되도록 하는 전기회로이다.

부하 負荷 : 전기용어로서 전기를 사용하는 물체나 건물에서 필요로 하는 전류량을 말한다.

나. 스프링클러설비 비상전원 요약

스프링클러설비의 화재안전기술기준 2.9
고층건축물의 화재안전기술기준 2.9

장소 ＼ 내용	용량	비상전원 종류	비상전원 면제장소	비상전원수전설비로 비상전원이 가능한 장소
29층 이하 건물 스프링클러설비의 화재안전기술기준 2.9	20분	**1. 자가발전설비** **2. 축전지설비** (내연기관에 따른 펌프를 사용하는 경우에는 내연기관의 기동 및 제어용 축전지를 말한다) **3. 전기저장장치** (외부 전기에너지를 저장해 두었다가 필요한 때 전기를 공급하는 장치)	1. 2이상의 변전소에서 전력을 동시에 공급받을 수 있는 경우 2. 하나의 변전소로부터 전력의 공급이 중단되는 때에는 자동으로 다른 변전소로부터 전력을 공급받을 수 있도록 상용전원을 설치한 경우 3. 가압수조방식	차고·주차장으로서 스프링클러설비가 설치된 부분의 바닥면적(「포소화설비의 화재안전기술기준(NFTC 105)」의 2.10.2.2에 따른 차고·주차장의 바닥면적을 포함한다)의 합계가 1,000㎡ 미만인 경우
30~49층 건물 고층건축물의 화재안전기술기준 2.9	40분		면제내용 없다	해당없음
50층 이상 건물 고층건축물의 화재안전기술기준 2.9	60분		면제내용 없다	해당없음

참고

비상전원 수전설비는 별도의 비상전원시설이 있는 것은 아니다.
건물에서 2차 차단기중 1회로를 소방전용회로로 설치하는 시설을 말한다.

예를 들어 만약 한전의 전기가 정전이나, 단전이 되면 건물에 전기가 공급되지 않으므로 비상전원 수전설비가 되어 있어도 소방시설을 사용할 수 없다.

건물내에서 일부분에 쇼트(합선), 과부하 등으로 차단기가 작동할 때에 2차 차단기중 일부는 차단되고 2차 차단기 중 소방시설회로의 차단기는 작동되지 않아 소방시설을 사용 할 수 있는 것이다.

그러나 건물의 1차 차단기가 작동하여 건물에 단전이 되면 비상전원 수전설비의 소방시설은 사용할 수 없다.

다. 상용전원회로의 배선 스프링클러설비의 화재안전기술기준 2.9

스프링클러설비에는 그 특정소방대상물의 수전방식에 따라 다음의 기준에 따른 상용전원회로의 배선을 설치해야 한다. 다만, 가압수조방식으로서 모든 기능이 20분 이상 유효하게 지속될 수 있는 경우에는 그렇지 않다.

① 저압수전인 경우에는 <u>인입개폐기</u>의 직후에서 분기하여 전용배선으로 해야 하며, 전용의 전선관에 보호되도록 할 것

② 특별고압수전 또는 고압수전일 경우에는 전력용 변압기 2차 측의 주차단기 1차 측에서 분기하여 전용배선으로 하되, 상용전원의 상시공급에 지장이 없을 경우에는 주차단기 2차측에서 분기하여 전용배선으로 할 것. 다만, 가압송수장치의 정격입력전압이 수전전압과 같은 경우에는 ①의 기준에 따른다.

저압, 고압수전의 판단

한전의 전봇대에서 건물에 송전하는 전압이 1,000V 이하를 저압수전이라 하며, 1,000V를 초과하는 전압을 고압이라 한다. 건물안에서 전압을 낮추어 소방시설에 송전되는 전압을 말하는 것은 아니다.

교류전류 분류

저압	1,000V 이하
고압	1,000V 초과 7,000V 이하
특별고압	7,000V 초과

인입개폐기 ——

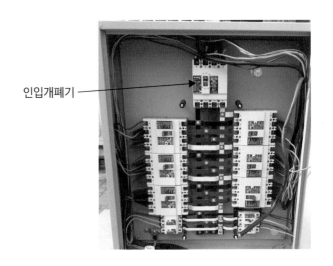

- -
저압수전 : 한전의 전기(전봇대의 변압기)가 건물에 송전되는 전압이 1,000V 이하의 전압으로 연결되는 것을 말한다.
저압수전은 건물에서 한전의 전기를 낮은 전압으로 받는 것. 저압, 고압수전의 결정은 한전의 변압기에서 이루어 진다.

라. 자가발전설비, 축전지설비, 전기저장장치 설치기준

스프링클러설비의 화재안전성능기준 12조 ③
스프링클러설비의 화재안전기술기준 2.9.3

스프링클러설비에는 자가발전설비, 축전기설비 또는 전기저장장치는 다음의 기준에 따라 설치하고,
비상전원수전설비는 「소방시설용 비상전원수전설비의 화재안전기술기준(NFTC 602)」에 따라 설치해야 한다.

1. 점검에 편리하고 화재 및 침수 등의 재해로 인한 피해를 받을 우려가 없는 곳에 설치할 것

2. 스프링클러설비를 유효하게 20분 이상 작동할 수 있어야 할 것
   (30층 이상 49층 이하는 40분 이상, 50층 이상인 건축물의 경우에는 60분 이상 작동할 수 있어야 한다)
   - 고층건축물 의 화재안전기술기준 2.9

3. 상용전원으로부터 전력의 공급이 중단된 때에는 자동으로 비상전원으로부터 전력을 공급받을 수 있도록 할 것

4. 비상전원(내연기관의 기동 및 제어용 축전기를 제외한다)의 설치장소는 다른 장소와 방화구획 할 것. 이 경우
   그 장소에는 비상전원의 공급에 필요한 기구나 설비 외의 것(열병합발전설비에 필요한 기구나 설비는 제외한
   다)을 두어서는 안 된다.

5. 비상전원을 실내에 설치하는 때에는 그 실내에 비상조명등을 설치할 것

6. 옥내에 설치하는 비상전원실에는 옥외로 직접 통하는 충분한 용량의 급배기설비를 설치할 것

7. 비상전원의 출력용량은 다음 각 목의 기준을 충족할 것
   가. 비상전원 설비에 설치되어 동시에 운전될 수 있는 모든 부하의 합계 입력용량을 기준으로 정격출력을 선정할 것.
      다만, 소방전원 보존형 발전기를 사용할 경우에는 그렇지 않다.
   나. 기동전류가 가장 큰 부하가 기동될 때에도 부하의 허용 최저입력전압 이상의 출력전압을 유지할 것
   다. 단시간 과전류에 견디는 내력은 입력용량이 가장 큰 부하가 최종 기동할 경우에도 견딜 수 있을 것

8. 자가발전설비는 부하의 용도와 조건에 따라 다음의 어느 하나를 설치하고 그 부하 용도별 표지를 부착해야 한다.
   다만, 자가발전설비의 정격출력용량은 하나의 건축물에 있어서 소방부하의 설비용량을 기준으로 하고, 2.9.3.8.2의
   경우 비상부하는 국토해양부장관이 정한 「건축전기설비설계기준」의 수용률 범위 중 최대값 이상을 적용한다.

   가. 소방전용 발전기 : 소방부하용량을 기준으로 정격출력용량을 산정하여 사용하는 발전기
   나. 소방부하 겸용 발전기 : 소방 및 비상부하 겸용으로서 소방부하와 비상부하의 전원용량을 합산하여 정격출력
      용량을 산정하여 사용하는 발전기
   다. 소방전원 보존형 발전기 : 소방 및 비상부하 겸용으로서 소방부하의 전원용량을 기준으로 정격출력용량을
      산정하여 사용하는 발전기

9. 비상전원실의 출입구 외부에는 실의 위치와 비상전원의 종류를 식별할 수 있도록 표지판을 부착할 것

마. 비상전원수전설비

소방시설용 비상전원수전설비의 화재안전성능기준 별표1, 2
스프링클러설비의 화재안전기술기준 2.9.2

㉮ 비상전원수전설비란

별도의 비상전원을 설치하는 것이 아니며, 건물의 수전시설을 아래의 그림과 같이 설치하는 것으로서 건물내의 소규모 과부하나 합선(단락) 등의 원인으로 건물내의 전력용 1차차단기가 차단되지 않고 2차 차단기가 차단되었을 경우에 소방회로가 보전되어 소방시설에 전원이 계속 공급되도록 하는 전기회로이다.

㉯ 비상전원수전설비로 비상전원을 가름(인정)하는 장소

차고·주차장으로서 스프링클러설비가 설치된 부분의 바닥면적(「포소화설비의 화재안전기술기준(NFTC 105)」의 2.10.2.2에 따른 차고·주차장의 바닥면적을 포함한다)의 합계가 1,000 ㎡ 미만인 경우

① 저압 수전의 경우 전기회로

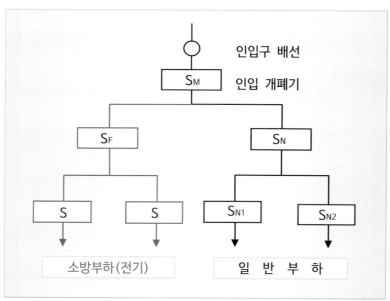

주
1. 일반회로의 과부하 또는 단락사고시 S_M이 S_N, S_{N1} 및 S_{N2}보다 먼저 차단되어서는 아니된다.
2. S_F는 S_N과 동등 이상의 차단용량일 것.

약호	명 칭
CB	전력차단기
PF	전력퓨즈(고압 또는 특별고압용)
F	퓨즈(저압용)
Tr	전력용변압기

약호	명 칭
S	저압용개폐기 및 과전류차단기

「포소화설비의 화재안전기술기준(NFTC 105)」의 2.10.2.2 :
포헤드설비 또는 고정포방출설비가 설치된 부분의 바닥면적(스프링클러설비가 설치된 차고·주차장의 바닥면적을 포함한다)의 합계가 1,000 ㎡ 미만인 것

② 고압 또는 특별고압 수전의 경우 전기회로

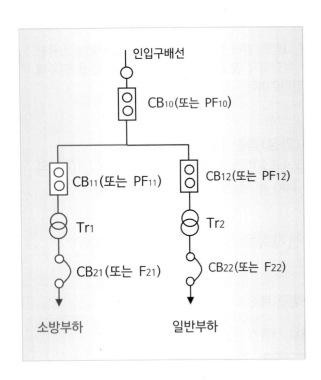

전용의 전력용변압기에서 소방부하에 전원을 공급하는 경우

주1. 일반회로의 과부하 또는 단락사고시에
CB$_{10}$(또는 PF$_{10}$)이 CB$_{12}$(또는 PF$_{12}$) 및
CB$_{22}$(또는 F$_{22}$)보다 먼저 차단되어서는
아니된다.

주2. CB$_{11}$(또는 PF$_{11}$)은 CB$_{12}$(또는PF$_{12}$)와
동등이상의 차단용량일 것.

**공용의 전력용변압기에서 소방부하에
전원을 공급하는 경우**

주1. 일반회로의 과부하 또는 단락사고 시에
CB$_{10}$(또는 PF10)이 CB$_{22}$(또는 F$_{22}$) 및 CB(또는
F)보다 먼저 차단되어서는 아니된다.

주2. CB$_{21}$(또는 F$_{21}$)은 CB$_{22}$(또는 F$_{22}$)와
동등이상의 차단용량일 것.

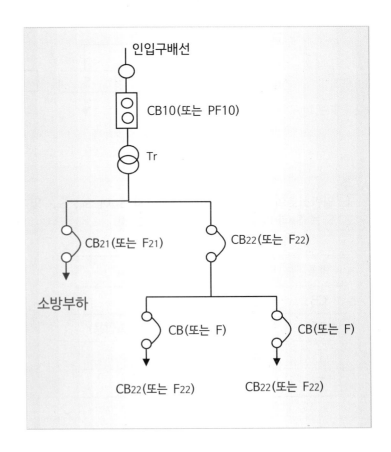

바. 스프링클러설비의 비상전원

스프링클러설비의 화재안전성능기준 12조 ②
스프링클러설비의 화재안전기술기준 2.9.2

① 스프링클러설비에는 자가발전설비, 축전지설비(내연기관에 따른 펌프를 설치한 경우에는 내연기관의 기동 및 제어용 축전지를 말한다) 또는 전기저장장치(외부 전기에너지를 저장해 두었다가 필요한 때 전기를 공급하는 장치)에 따른 비상전원을 설치해야 한다.

② **예외로 비상전원수전설비(NFSC 602)를 비상전원으로 인정하는 장소**

차고·주차장으로서 스프링클러설비가 설치된 부분의 바닥면적(「포소화설비의 화재안전기술기준(NFTC 105)」의 2.10.2.2에 따른 차고·주차장의 바닥면적을 포함한다)의 합계가 1,000 ㎡ 미만인 경우

③ **예외로 비상전원을 설치하지 않아도 되는 장소**
1. 2이상의 변전소에서 전력을 동시에 공급받을 수 있는 경우
2. 하나의 변전소로부터 전력의 공급이 중단되는 때에는 자동으로 다른 변전소로부터 전력을 공급받을 수 있도록 상용전원을 설치한 경우
3. 가압수조방식의 설비

사. 비상발전기 점검내용 스프링클러설비의 화재안전성능기준 12조 ③

① 설치장소
점검이 편리하고 화재 및 침수 등의 재해로 인한 피해를 받을 우려가 없는 곳에 설치해야 한다.

② 작동시간
소화설비를 유효하게 20분 이상(층수가 30층 이상 49층 이하는 40분 이상, 50층 이상은 60분 이상) 작동할 수 있어야 하며, 엔진을 20분 이상 작동시킬 수 있는 기름(경유등)이 오일탱크에 들어 있어야 한다.

③ 자동작동상태 및 전원의 자동절환상태
상용전원으로 부터 전력의 공급이 중단된 때에는 자동으로 비상전원의 전력을 공급받을 수 있도록 자동전환의 기능이 있어야 한다. 현실적으로 신축건물의 영업전 상태에서는 이러한 점검이 가능하지만 영업을 하고 있는 건물에서는 자동절환 상태의 점검은 하기가 힘든다.

④ 방화구획
비상전원 설치장소는 다른 장소와 방화구획하여야 하며 그 장소에는 비상전원의 공급에 필요한 기구나 설비 외의 것을 두어서는 안된다.

⑤ 조명설비
비상전원을 실내에 설치하는 때에는 그 실내에 비상조명등을 설치해야 한다.

⑥ 급배기설비
옥내에 설치하는 비상전원실에는 옥외로 직접 통하는 충분한 용량의 급배기설비를 설치해야 한다.

⑦ 출력용량
비상전원의 출력용량이 적합한지 확인한다.

아. 소방시설용 비상전원수전설비

비상전원수전설비를 비상전원으로 인정(허용)하는 장소

① 스프링클러설비 - 스프링클러설비의 화재안전성능기준 12조 ②

차고·주차장으로서 스프링클러설비가 설치된 부분의 바닥면적(「포소화설비의 화재안전기술기준(NFTC 105)」의 2.10.2.2에 따른 차고·주차장의 바닥면적을 포함한다)의 합계가 1,000㎡ 미만인 경우에는 자가발전기 대신 비상전원수전설비를 비상전원으로 인정한다.

② 간이 스프링클러설비 - 간이스프링클러설비의 화재안전성능기준 12조

모든 장소의 간이스프링클러설비는 비상전원 또는 소방시설용 비상전원 수전설비를 비상전원으로 인정한다.

③ 포소화설비 - 포소화설비의 화재안전기술기준 2.10.2

다음 각호의 장소는 비상전원수전설비를 비상전원을 인정한다
- ㉮ 호스릴포소화설비 또는 포소화전만을 설치한 차고·주차장
- ㉯ 포헤드설비 또는 고정포방출설비가 설치된 부분의 바닥면적(스프링클러설비가 설치된 차고·주차장의 바닥면적을 포함한다)의 합계가 1,000㎡ 미만인 것

엔진펌프(내연기관 펌프)

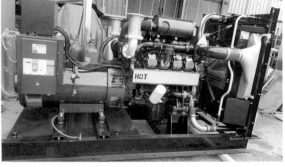

비상발전기

비상전원수전설비 : 소방시설용비상전원수전설비의 화재안전기술기준, 성능기준에 맞게 전기시설을 하는 것을 말한다.

18. 방호구역 · 방수구역

불을 끄거나 화재의 감시등을 효율적으로 하기 위하여 소방대상물의 면적, 건축물의 층별, 헤드의 개수 등의 구체적인 내용을 고려하여 소방시설별로 적합한 구역(경계)을 화재안전기준에서는 방호구역, 방수구역 이라는 용어를 사용하고 있다.

가. 스프링클러설비 방호, 방수구역 구분

스프링클러설비의 유수검지장치 또는 일제개방밸브가 설치되는 하나의 화재진압 및 경계구역을 그림1과 같이 폐쇄형 헤드를 설치하는 설비는 방호구역, 개방형헤드를 설치하는 설비는 방수구역이라고 한다.
그림2와 같이 규모가 큰 건물에서는 하나의 층에도 2개 이상의 방호구역이 될 수도 있다.

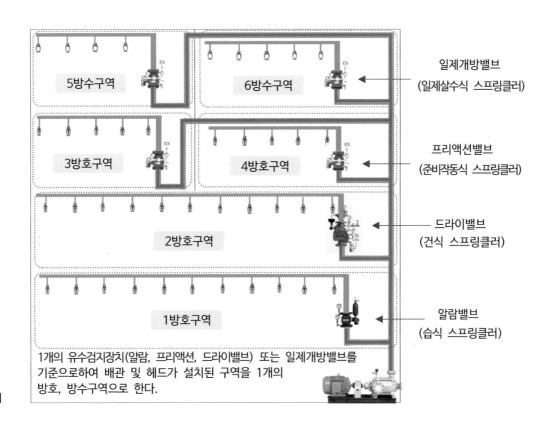

그림 1

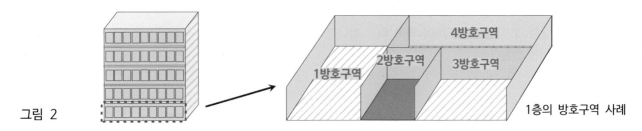

그림 2

나. 방호구역

화재안전성능기준에서는 방호구역의 용어 정의를 "스프링크러설비의 소화범위에 포함된 영역"이라고 하고 있으나 개념이 명확하지 않다.

방호구역·방수구역의 뜻은 스프링클러설비를 효율적으로 화재의 진압 및 감시 등을 하기 위하여 소방대상물의 면적, 건축물의 층별, 헤드의 개수 등의 구체적인 내용을 고려하여 적합하게 구역(경계) 및 범위를 나누는 것을 방호구역 또는

방수구역이라고 한다.
폐쇄형헤드를 사용하는 설비인 습식, 부압식, 준비작동식, 건식 스프링클러설비는 방호구역이라고 하며, 개방형헤드를 사용하는 일제살수식 스프링클러설비는 방수구역이라고 부르고 있다.

예를 들어서 앞페이지 그림1의 1층과 같이 알람밸브 1개와 알람밸브 이후의 배관과 헤드를 묶음으로 하여 1방호구역 이라고 한다.

기 준

㉮ 하나의 방호구역의 바닥면적은 3,000 ㎡를 초과하지 않을 것. 다만, 폐쇄형스프링클러설비에 격자형배관방식(2 이상의 수평주행배관 사이를 가지배관으로 연결하는 방식을 말한다)을 채택하는 때에는 3,700 ㎡ 범위 내에서 펌프용량, 배관의 구경 등을 수리학적으로 계산한 결과 헤드의 방수압 및 방수량이 방호구역 범위 내에서 소화목적을 달성하는데 충분하도록 해야 한다.

㉯ 하나의 방호구역에는 1개 이상의 유수검지장치를 설치하되, 화재 시 접근이 쉽고 점검하기 편리한 장소에 설치할 것

㉰ 하나의 방호구역은 2개 층에 미치지 않도록 할 것. 다만, 1개 층에 설치되는 스프링클러헤드의 수가 10개 이하인 경우와 복층형구조의 공동주택에는 3개 층 이내로 할 수 있다.

㉱ 유수검지장치를 실내에 설치하거나 보호용 철망 등으로 구획하여 바닥으로부터 0.8 m 이상 1.5 m 이하의 위치에 설치하되, 그 실 등에는 가로 0.5 m 이상 세로

1 m 이상의 개구부로서 그 개구부에는 출입문을 설치하고 그 출입문 상단에 "유수검지장치실"이라고 표시한 표지를 설치할 것. 다만, 유수검지장치를 기계실(공조용기계실을 포함한다)안에 설치하는 경우에는 별도의 실 또는 보호용 철망을 설치하지 않고 기계실 출입문 상단에 "유수검지장치실"이라고 표시한 표지를 설치할 수 있다.

㉲ 스프링클러헤드에 공급되는 물은 유수검지장치를 지나도록 할 것. 다만, 송수구를 통하여 공급되는 물은 그렇지 않다.

㉳ 자연낙차에 따른 압력수가 흐르는 배관 상에 설치된 유수검지장치는 화재 시 물의 흐름을 검지할 수 있는 최소한의 압력이 얻어질 수 있도록 수조의 하단으로부터 낙차를 두어 설치할 것

㉴ 조기반응형 스프링클러헤드를 설치하는 경우에는 습식 유수검지장치를 설치할 것

해 설

스프링클러설비 방호구역의 설계에 있어서는 위의 화재안전기술기준 ㉮ ~ ㉴는 모두 충족이 되어야 하며 어느 하나의 기준만 충족되어서는 안된다.

격자형(格子形) : 가로, 세로를 일정한 간격으로 직각이 되게 맞추어 바둑판 모양으로 짠 형식
검지(檢知) : 검사하여 알아냄
낙차(落差) : 높낮이의 차이

내부 모습

㉠ 하나의 방호구역의 바닥면적은 3,000㎡를 초과하지 아니한다.

해 설

1개층에 여러개의 실(방)이 있어도 1개층을 하나의 방호구역으로 설계가 가능하며, 현장에서도 1개층에 여러 개의 실(방)을 하나의 방호구역으로 하고 있다.

그러나 규모가 큰 건물로서 1개층의 바닥면적이 3,000㎡ 이상이 되는 곳에는 하나의 방호구역이 3,000㎡ 이하가 되도록 구역을 나누어 설계를 해야 한다

그러나 바닥면적이 3,000㎡ 이하인 장소에도 몇 개의 방호구역으로 나누어 설계를 할 수 있다.

하나의 층에 대하여 방호구역을 나누는 기준은 ㉠~㉣의 기준 이외의 상세한 기준은 없다. 그러나 방호구역을 나누는 목적은 효율적인 화재의 진압 및 감시 등을 하기 위한 것이므로 이에 부합되도록 설계를 해야 한다.

㉡ 하나의 방호구역에는 1개 이상의 유수검지장치를 설치하되, 화재발생시 접근이 쉽고 점검하기 편리한 장소에 설치한다

해 설

그림과 같이 하나의 방호구역은 하나의 유수검지장치(알람밸브, 패들형유수검지장치, 프리액션밸브, 드라이밸브)와 배관 및 헤드로 구성이 된다.

유수검지장치는 화재발생시에 조작을 하기 쉽게 접근이 가능한 출입구 부근의 위치에 설계를 하며, 점검이 편리한 장소에 설치를 하여야 한다.

유수검지장치는 화재발생시 쉽게 접근이 가능한 곳으로서 계단이나 출입구로부터 최대한 가까운 곳이 되어야 한다. 그러나 설계에서나 현장의 설치된 일부에는 출입구의 반대편인 구석진 곳 등 화재시 접근하기가 어려운 장소에도 설치되어 있다.

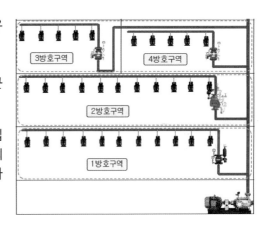

㉢ 하나의 방호구역은 2개층에 미치지 아니하도록 한다. 다만, 1개층에 설치되는 스프링클러헤드의 수가 10개 이하인 경우와 복층형구조의 공동주택에는 3개층 이내로 할 수 있다.

| 500 ㎡ |
| 500 ㎡ |
| 헤드 10개이하 |
| 헤드 10개이하 |
| 헤드 10개이하 |
| 헤드 10개이하 |
| 헤드 10개이하 |

해 설

하나의 방호구역은 1개층을 하는 것이 원칙이다. 2개층 이상을 합하여 하나의 방호구역으로 설계를 하는 것은 적합하지 않지만 예외로 1개층에 헤드의 수가 10개 이하인 경우와 복층형구조의 공동주택에는 그림과 같이 3개층를 묶어서 하나의 방호구역으로 할 수 있다.

다. 방수구역

스프링클러설비의 화재안전기술기준 2.4
스프링클러설비의 화재안전성능기준 7조

개방형헤드를 설치하는 일제살수식 스프링클러설비는 방수구역이라 부르며, 일제개방밸브와 그에 설치된 배관과 헤드를 모두 하나의 묶음으로 하여 1방수구역이라 한다.

기 준

㉮ 하나의 방수구역은 2개 층에 미치지 않아야 한다.

㉯ 방수구역마다 일제개방밸브를 설치해야 한다

㉰ 하나의 방수구역을 담당하는 헤드의 개수는 50개 이하로 할 것. 다만, 2개 이상의 방수구역으로 나눌 경우에는 하나의 방수구역을 담당하는 헤드의 개수는 25개 이상으로 해야 한다.

㉱ 실내에 설치하거나 보호용 철망 등으로 구획하여 바닥으로부터 0.8m 이상 1.5m 이하의 위치에 설치하되, 그 실 등에는 개구부가 가로 0.5m 이상 세로 1m 이상의 출입문을 설치하고 그 출입문 상단에 "일제개방밸브실" 이라고 표시한 표지를 설치할 것

해 설

㉮ 하나의 방수구역은 2개층에 미치지 아니한다.

하나의 방수구역은 1개층을 하는 것이 원칙이며, 폐쇄형헤드를 설치하는 장소의 방호구역과 다르게 2개층 이상을 할 수 있는 예외의 규정이 없다.

㉯ 방수구역마다 일제개방밸브를 설치한다.

하나의 방수구역은 일제개방밸브와 배관 및 헤드로 구성이 되며, 2개 이상의 방수구역을 합하여 하나의 일제개방밸브를 설치하는 것은 적합하지 않다.

그러나 1개의 층에서 방(실)마다 방수구역을 설계를 하는 것은 아니며 여러개의 실을 하나의 방수구역으로 할 수 있다.

㉰ 하나의 방수구역을 담당하는 헤드의 개수는 50개 이하로 한다. 다만, 2개 이상의 방수구역으로 나눌 경우에는 하나의 방수구역을 담당하는 헤드의 개수는 25개 이상으로 한다.

하나의 방수구역에는 헤드의 설치 개수가 50개 이하가 되도록 설계를 해야 한다. 이렇게 하는 이유는 개방형헤드이므로 설비가 작동이 되면 모든 헤드로 동시에 방수가 되기 때문에 펌프 및 배관으로 송수될 수 있는 물의 양을 감안하여 하나의 일제개방밸브로부터 송수를 하여 하나의 방수구역의 모든 헤드로 동시에 방수 될 수 있는 방수량을 고려한 것이다.

19. 교차회로 스프링클러설비의 화재안전성능기준 9조 ③. 2

가. 개 요

화재감지기가 2개 이상의 회로가 작동 하였을 때에 화재발생을 인식하여 설비가 작동하도록 하는 방식을 말한다.
1회로 작동 시에는 소방시설(프리액션밸브 등의 전동볼밸브)이 작동을 하지 않고 2개회로 이상(교차회로) 작동을 했을 때에

소방시설이 작동되는 시스템이다. 회로 연결을 ×선방식으로 하므로 ×선회로 또는 교차회로라고 부르기도 한다.
교차회로는 2회로 작동방식을 말하는 것이 아니며, 2회로 이상의 작동방식을 교차회로라 한다.

나. 설치 목적

교차회로를 설치하는 목적은 화재발생에 대한 감시시설의 작동에 대한 신뢰성을 높이기 위한 방법으로서 감지기의 오작동에 대한 문제점을 보완하기 위한 것이다.

2개회로 이상(교차회로)이 모두 작동이 되었을 때에는 화재발생의 신뢰성이 더 있다는 판단에서 설비를 작동하게 하는 것이다.

감지기 1개가 오작동으로 스프링클러 시스템이 작동하는 것은 시스템에 대한 너무나 큰 관리상의 문제점을 주기 때문에 감지기

의 교차회로 작동 시스템을 설치하고 있다.

화재발생으로 신속히 스프링클러 시스템이 작동이 되어야 하지만 설비의 작동에는 조금 늦을 수 있어도 작동의 신뢰성에 더 큰 비중을 두는 작동방식이다.

교차회로방식의 설치에 대한 장점은 작동의 신뢰성은 있다. 그러나 단점은 소방시설의 작동이 늦어져 신속한 화재 소화에는 불리한 부분이 있다.

다. 교차회로를 해야 하는 소방시설

(아래의 설비 중에도 교차회로 설치의 예외 내용(불꽃감지기 등 434p 내용 있음)에 해당 할 경우에는 교차회로를 하지 않는다)

① 준비작동식 스프링클러설비
② 일제살수식 스프링클러설비
③ 이산화탄소 소화설비
④ 할론소화설비
⑤ 할로겐화합물 및 불활성기체 소화설비
⑥ 포워터 스프링클러설비(감지기 기동방식)
⑦ 포헤드설비(감지기 기동방식)

⑧ 분말소화설비
⑨ 화재조기진압용 스프링클러설비
⑩ 물분무소화설비(감지기 기동방식)
⑪ 미분무소화설비(감지기 기동방식)
⑫ 캐비닛형 자동소화장치
⑬ 가스식, 분말식, 고체에어로졸식 자동소화장치
　　(화재감지기를 감지부로 사용하는 경우)

라. 교차회로를 하지 않는 스프링클러설비

① 습식 스프링클러설비(감지기가 없는 설비이다)
② 건식 스프링클러설비(감지기가 없는 설비이다)
③ 부압식 소화설비(1회로의 감지기 설치한다)

- -

오작동 誤作動 : 잘못된 작동, 거짓작동
교차회로를 하지 않는 감지기 : 불꽃감지기, 정온식감지선형감지기, 분포형감지기, 복합형감지기, 광전식분리형
감지기, 아날로그방식의감지기, 다신호방식의감지기, 축적방식의감지기를 설치하는 경우

마. 기준

스프링클러설비의 화재안전성능기준 9조 ③
스프링클러설비의 화재안전기술기준 2.6.3.2

준비작동식유수검지장치 또는 일제개방밸브의 작동은 다음 각 호의 기준에 적합해야 한다.

1. 담당구역 내의 화재감지기의 동작에 따라 개방 및 작동 될 것.

2. 화재감지회로는 교차회로방식으로 할 것. 다만, 다음 각 목의 어느 하나에 해당하는 경우에는 그러하지 아니 하다.
   가. 스프링클러설비의 배관 또는 헤드에 누설경보용 물 또는 압축공기가 채워지거나 부압식스프링클러설비의 경우
   나. 화재감지기를 「자동화재탐지설비 및 시각경보장치의 화재안전기술기준(NFTC 203)」의 2.4.1 단서의 각 감지기로 설치한 때

다. 준비작동식유수검지장치 또는 일제개방밸브의 인근에 서 수동기동(전기식 및 배수식)에 따라서도 개방 및 작동될 수 있도록 할 것

> **자동화재탐지설비의 화재안전기술기준 2.4.1 각 호의 감지기**
> **교차회로를 하지 않는 감지기**
> 불꽃감지기, 정온식감지선형감지기, 분포형감지기,복합형감지기, 광전식분리형감지기, 아날로그방식의감지기,다신호방식의감지기, 축적방식의감지기를 설치하는 경우

해 설

배관 또는 헤드에 누설경보용 물 또는 압축공기가 채워지 거나 부압식스프링클러설비의 경우에는 화재발생의 인식을 감지기와 배관의 공기누설을 함께하므로 화재가 아닌 오작 동의 가능성이 줄어 들기 때문에 감지기를 교차회로를 하지 않아도 되며, 또한 모든 감지기를 교차회로로 설치하는 것이 아니다.

작동의 신뢰성이 높은 감지기(불꽃감지기, 정온식감지선형 감지기, 분포형감지기, 복합형감지기, 광전식분리형감지기, 아날로그방식의감지기, 다신호방식의감지기, 축적방식의감 지기 등)는 교차회로를 설치하지 않는다.

그리고, 교차회로로 설치하는 감지기 및 수신기는 비축적형 으로 설치되어야 한다.

그 이유는 교차회로의 작동으로 인하여 작동이 늦어지는 문제점이 있으면서 축적형감지기의 작동 또는 축적기능의 수신기에 대한 작동의 지연은 이중으로 작동이 지연(늦어 짐) 또는 시설이 작동되지 않기 때문이다.

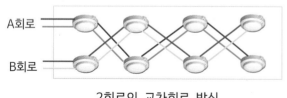

2회로의 교차회로 방식

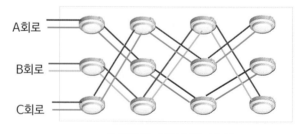

3회로의 교차회로 방식

참고

화재안전기준에서는 『"**교차회로방식**"이란 하나의 방호구역내에 2 이상의 화재감지기회로를 설치하고 인접한 2 이상의 화재감지기가 동시에 감지되는 때에는 설비가 작동방식을 말한다』고 하고 있다. 일부의 현장에는 3회로 교차회로를 설치하고 있다.

바. 교차회로 감지기 설계 사례

아래의 장소에 준비작동식 스프링클러설비의
기동용 감지기 설치 개수를 계산하시오?
(차동식스포트형 2종 감지기를 2회로의 교차회로로 설치하며,
감지기의 설치 높이는 3m, 주요구조부는 내화구조이다)

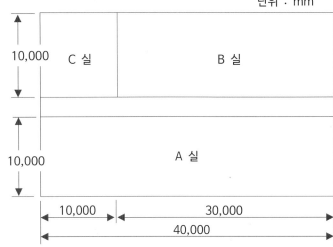

단위 : mm

해 설

1. A실의 감지기 개수

바닥면적 = 가로(40m) × 세로(10m) = 400㎡

1회로에 필요한 감지기 개수는, $\dfrac{400\,㎡}{70\,㎡}$ = 5.71,   6개가 필요하다

2회로에 필요한 감지기 개수는,   6개 × 2회로 = **12개**

■   1회로에 필요한 감지기 개수는 자동화재탐지설비의 화재안전성능기준에 의하여 계산한다.

2. B실의 감지기 개수

바닥면적 = 가로(30m) × 세로(10m) = 300㎡

1회로에 필요한 감지기 개수는, $\dfrac{300\,㎡}{70\,㎡}$ = 4.29,   5개가 필요하다.

2회로에 필요한 감지기 개수는,   5개 × 2회로 = **10개**

3. C실의 감지기 개수

바닥면적 = 가로(10m) × 세로(10m) = 100㎡
1회로에 필요한 감지기 개수는,

$\dfrac{100\,㎡}{70\,㎡}$ = 1.43,   2개가 필요하다.

2회로에 필요한 감지기 개수는,
2개 × 2회로 = **4개**

자동화재탐지설비의 화재안전성능기준 제7조

부착높이 및 소방대상물의 구조		차동식스포트형	
		1종	2종
4m미만	주요구조부를 내화구조로 한 소방대상물 또는 그 부분	90	70
	기타 구조의 소방대상물 또는 그 부분	50	40

20. 스프링클러설비 경보방식

스프링클러설비의 화재안전기술기준 2.6.1.6
고층건축물의 화재안전기술기준 2.2.8

스프링클러설비가 작동하면 건물의 전체에 경보가 울리도록 해야 한다.

그러나 예외로 층수가 11층(공동주택의 경우 16층) 이상의 특정소방대상물은 아래의 기준에 따라 경보를 발할 수 있도록 해야 한다.(고층건축물 경보내용과 같다)

　가. 2층 이상의 층에서 발화한 때에는 발화층 및 그 직상 4개층에 경보를 발할 것
　나. 1층에서 발화한 때에는 발화층·그 직상 4개층 및 지하층에 경보를 발할 것
　다. 지하층에서 발화한 때에는 발화층·그 직상층 및 기타의 지하층에 경보를 발할 것

<u>고층건축물</u>은 아래의 내용과 같이 경보가 나오도록 한다.

　가. 2층 이상의 층에서 발화한 때에는 발화층 및 그 직상 4개층에 경보를 발할 것
　나. 1층에서 화재가 난 때에는 발화층 · 그 직상 4개층 및 지하층에 경보가 나오도록 한다.
　다. 지하층에서 화재가 난 때에는 발화층 · 그 직상층 및 기타의 지하층에 경보가 나오도록 한다.

참고
지하층, 기타의 지하층은 모든 지하층을 말한다.

소방청 의견

질문
일제경보방식을 해야하는 곳에 발화층 및 직상층 우선 경보방식으로 시공이 가능한지 궁금합니다. 만약 가능하다면, 발화층 및 직상층 우선 경보방식이 상위 개념으로 봐도 무방한지요?

답변
발화층 및 직상층 우선경보방식이 상위의 개념은 아니며, 다수의 인명이 동시에 피난할 경우 발생할 수 있는 안전사고를 사전에 예방하기 위하여 발화층 및 직상층 우선 경보방식으로 설치토록 한 것이기 때문에, 그외의 대상은 일제경보방식으로 설계해야 합니다.

소방청 질의회신 내용 (2008.06.17)

11층(아파트는 16층)이상, 고층건축물에 대하여 화재가 발생한 층과 경보가 되어야 하는 층은 색으로 표현되었다.

고층건축물 : 30층이상이거나 건물의 높이가 120m 이상인 것

21. 주요부품의 기능

부 품 명	기 능
패들스위치 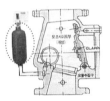 알람밸브의 압력(알람)스위치	**유수**流水**검지(인식), 화재경보 기능** 폐쇄형헤드가 열에 의해 열리고 물이 헤드로 방수되면, 배관안의 물이 헤드로 이동되는 것을 압력스위치 (또는 패들스위치)가 물의 이동현상을 인식하여 수신기에 작동신호가 전달되어 경보가 울린다. 압력스위치와 알람스위치의 용어가 혼용되어 사용되고 있다. 제조회사에 따라서 각각 다르게 사용하고 있으며 부품의 이름은 압력스위치이다. 그러나 이 압력스위치의 기능이 알람신호를 발생하게 하므로 알람스위치라는 용어도 사용하고 있다. **유수검지** : 물이 흐르는 현상을 인식
리타딩챔버 Retarding : 지연, 속력을 늦춤 Chamber : 방, 실, 통	**오보**誤報**(비화재보, 잘못된 경보) 방지기능** 배관안의 소량의 물 이동으로 인하여 알람스위치가 작동하여 오경보를 하는 현상이 일어나지 않도록 하기 위하여 소량의 물은 자동으로 배수되어 압력스위치가 작동하지 않도록 하는 기능을 한다. 클래퍼가 상승하여 리타딩챔버에 물이 가득 찬 후에 압력스위치가 작동하도록 잘못된 경보를 방지하기 위한 방법이다.
수동작동함 (슈퍼비죠리판넬)	화재가 발생했을 때에 수동으로 작동스위치를 눌러 프리액션밸브,일제개방밸브의 전동볼밸브(솔레노이드밸브)를 작동하여 밸브를 개방한다
시험밸브함	**시험장치의 기능은,** 헤드의 방수량 · 방수압력 시험, 유수검지장치 작동(경보) 시험, 알람밸브, 건식밸브의 작동상태 확인 시험, 수신기의 화재표시등 점등 시험, 펌프의 기동상태 확인시험을 한다. 습식,부압식,건식스프링클러설비에 설치하는 설비로서 시설의 작동상태를 폐쇄형헤드 1개의 열림상태와 동일한 조건으로 시험하기 위하여 가지배관의 끝에 설치한다.

2.5.12. 습식유수검지장치 또는 건식유수검지장치를 사용하는 스프링클러설비와 부압식스프링클러설비에는 동장치를 시험할 수 있는 시험 장치를 다음 기준에 따라 설치해야 한다.

1. 습식스프링클러설비 및 부압식스프링클러설비에 있어서는 유수검지장치 2차측 배관에 연결하여 설치하고 건식스프링클러설비인 경우 유수검지장치에서 가장 먼 거리에 위치한 가지배관의 끝으로부터 연결하여 설치할 것. 유수검지장치 2차측 설비의 내용적이 2,840L를 초과하는 건식스프링클러설비의 경우 시험장치 개폐밸브를 완전 개방 후 1분 이내에 물이 방사되어야 한다.
2. 시험장치 배관의 구경은 25mm 이상으로 하고, 그 끝에 개폐밸브 및 개방형헤드 또는 스프링클러헤드와 동등한 방수성능을 가진 오리피스를 설치할 것. 이 경우 개방형헤드는 반사판 및 프레임을 제거한 오리피스만으로 설치할 수 있다.
3. 시험배관의 끝에는 물받이 통 및 배수관을 설치하여 시험 중 방사된 물이 바닥에 흘러내리지 아니하도록 할 것. 다만, 목욕실·화장실 또는 그 밖의 곳으로서 배수처리가 쉬운 장소에 시험배관을 설치한 경우에는 그러하지 아니하다.

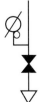

	도시기호
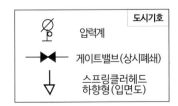	압력계
	게이트밸브 (상시폐쇄)
	스프링클러헤드 하향형 (입면도)

도시기호 근거 : 소방시설 자체점검사항 등에 관한 고시 별표

437

부 품 명	기 능
P.O.R.V Pressure Operated Relief Valve	**프리액션밸브의 다이아프램 복구방지 기능** 프리액션밸브의 전동볼밸브 작동에 의해 다이어프램이 작동(개방)되어 유수(물의 이동) 중에 다이어프램이 닫히는 사고를 방지하는 기능을 한다. (요즘 생산되는 밸브에는 P.O.R.V를 설치하지 않는다)
교차회로 A회로 　　B회로	**프리액션밸브 오작동 방지기능** 프리액션밸브 및 일제개방밸브를 작동시키는 감지기를 2회로 이상 설치하여, 1개의 감지기 또는 1개회로의 감지기가 작동하면 프리액션밸브 등이 작동을 하지 않고 2개이상의 회로가 작동이 되었을 때 유수검지장치의 전동볼밸브가 작동하도록 하므로서, 화재가 아닐 경우에 감지기 오동작에 의한 설비의 작동을 방지하는 기능을 한다
전동볼밸브　솔레노이드밸브	**유수검지장치(프리액션밸브)의 다이어프램(또는 클래퍼) 개방기능** 감지기의 교차회로 작동으로 전동볼밸브가 작동하여 다이아후램(또는 클래퍼)를 개방한다. 요즘 생산되는 제품은 솔레노이드밸브를 설치하지 않고 전동볼밸브를 설치한다.
수격 水擊 : 관로 안의 물이 관의 말단에서 갑자기 정지할 때 유속의 급격한 감소로 압력 변화가 생겨 관에 가해지는 충격 수격방지기 화재안전기준에는 수격방지기 설치장소에 대한 기준은 없다	**배관의 수격작용 방지기능** 펌프가 작동중에 급히 정지하거나 개폐밸브 급히 닫는 경우 배관안에 유속이 급격히 여 유수의 심한 압력변화로 배관에 충격 발생하는 수격현상을 방지하기 위하여 배 설치한다. **수격방지기 설치위치** 관행적으로 설치하는 장소는 **펌프실의 펌프 수 관 끝, 주배관의 수직배관 끝, 유수검지장치설 수직배관 끝, 수평주행배관의 끝, 교차배관의 그 밖의 펌프 토출측 주배관의 수평, 수직배 끝**에 설치한다.
공기압축기 (에어컴프레서 Air Comp	건식 스프링클러설비의 2차측 배관안에 적정 공기압력을 유지 및 보충하는 기능을 한다
탬퍼스위치 Tamper Switch	**개폐밸브가 열려 있는지의 감시 기능 스위치** 개폐밸브에 설치하여 항시 열려있어야 하는 밸브가 잠겨 있는지 감시하는 스위치이다. 밸브가 잠기면 탬퍼스위 작동신호가 수신기에 전달되어 밸브잠김 표시등과 경보가 발생한다. **개폐밸브** : 열고 닫는 밸브

부 품 명	기 능
급속개방기구 (액셀러레이터 Accelerator) 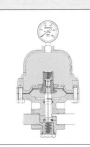	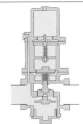 **배기**(공기를 빼냄) **가속**(속력을 빠르게 하다)**기능** 드라이밸브 안의 공기를 밸브 밖으로 빼내어 클래퍼가 빨리 열리도록 하는 역할을 한다. 헤드가 감열하여 개방된 건식밸브의 클레퍼가 열리기까지의 시간인 트립시간(Trip Time)을 줄이기 위하여 설치한다.
익져스터 (Exhauster) 	건식밸브 주배관의 끝 또는 교차배관의 끝에 설치하는 부품으로서 헤드가 개방되면 건식밸브 2차측 배관의 공기를 배관 밖으로 배출하여 2차측의 물이 헤드로 이동하는 것을 돕는다. 클래퍼가 열린 후 헤드로부터 방수가 이루어지기 까지의 물의 이송시간(Transit Time)을 단축하기 위하여 설치한다.
차폐판 (Water shield) 	위에 설치된 헤드에서 방수되는 물이 아래에 설치된 헤드에 직접 방수되지 않게 헤드위에 갓을 올려 헤드가 열에 의해 정상적으로 작동하도록 헤드를 보호하는 장치
집열판 (Heat Collector)	천장이 높은 장소나 격자로 마감된 천장에 설치된 헤드에 헤드가 정상온도에서 작동할수 있도록 화재시 집열효과를 증대시키는 집열장치. 화재안전기준에는 설치기준이 없다
에어레규레이터 air regulator (공기압력 조절기)	 건식설비의 2차측 배관에 유지해야 하는 압력을 압력조절밸브를 좌, 우로 돌려 압력을 조절한다.
진공펌프 	부압식스프링클러설비의 유수검지장치 2차측배관의 물을 흡입하는 펌프이며, 2차측배관에는 물을 -압력(부압)으로 유지한다.
행가(Hanger-지지대, 걸이)	 배관을 매달기 위하여 천장이나 벽에 고정하는 지지대

22. 화재현장의 작동하지 않은 스프링클러설비에 소방차 송수방법

가. 습식, 건식 스프링클러설비

습식 알람밸브 및 건식 드라이밸브, 저압드라이밸브의 구조는 그림과 같이 클래퍼가 잠겨있는 구조가 아니므로 밸브의 1차측배관에서 소방차로 송수를 하면 화재현장에 열린 헤드로 언제나 송수가 가능하다. 그러나 1, 2차측 개폐밸브가 열려 있어야 한다.

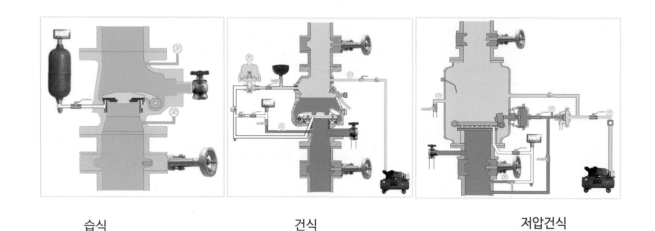

| 습식 | 건식 | 저압건식 |

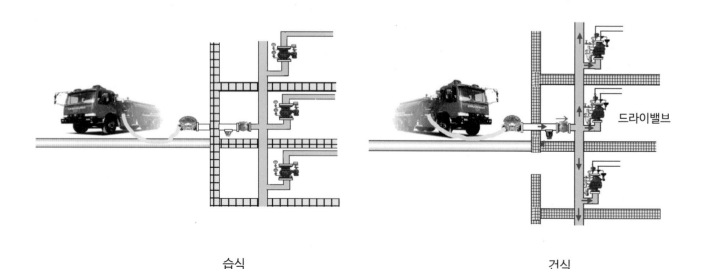

| 습식 | 건식 |

나. 부압식, 준비작동식, 일제살수식 스프링클러설비

부압식, 준비작동식 프리액션밸브 및 일제살수식의 델류지밸브의 구조는 그림과 같이 클래퍼(다이어프램)가 평소에 닫혀있는 구조이므로 작동하지 않은 프리액션밸브와 딜류즈밸브는 밸브의 1차측 배관에서 소방차로 물을 보내면 화재현장에 열린 헤드로 송수가 되지 않는다.

다. 작동이 안된 프리액션밸브, 딜류즈밸브의 송수구 송수방법

① 솔레노이드밸브가 설치된 밸브
수동작동밸브를 열고 송수구로 소방차 물을 송수한다. 옥상수조의 물도 수동작동밸브를 열면 화재현장의 열린 헤드로 방수가 된다.

② 전동볼밸브가 설치된 밸브
전동볼밸브를 손가락으로 핸들로 돌려 열어놓고 송수구로 소방차 물을 송수한다.
전동볼밸브를 열면 옥상수조의 물도 화재현장의 열린 헤드로 방수가 된다.

> **수동작동밸브, 전동볼밸브를 개방하는 이유**
> 중간챔버실에 들어 있는 물 때문에 송수구로 송수를 해도 클래퍼(다이어프램)가 열리지(밀리지) 않는다.
> 그러므로 클래퍼(다이어프램)가 열리게 환경을 만드는 것이 수동작동밸브, 전동볼밸브를 개방하는 이유가 된다.
> 수동작동밸브, 전동볼밸브를 개방해 놓으면 송수구에서 송수를 하면 중간챔버실의 물은 ← 방향의 프리액션 밖으로 빠져나가며, 그림의 화살표(←↑)와 같이 클래퍼(다이어프램)를 밀어 개방이 된다.

요즘 생산되는 국내의 프리액션밸브는 솔레노이드밸브를 설치하지 않고 전동볼밸브(전동기어밸브)를 설치하고 있다.
솔레노이드밸브의 오작동 문제 등으로 인하여 전동볼밸브로 모두 교체하여 생산하고 있다.
솔레노이드밸브가 설치된 밸브는 그림과 같이 수동작동밸브가 있으며, 전동볼밸브가 설치된 밸브는 수동작동밸브가 없으며, 전동볼밸브의 손잡이 핸들이 수동작동밸브의 기능을 한다.

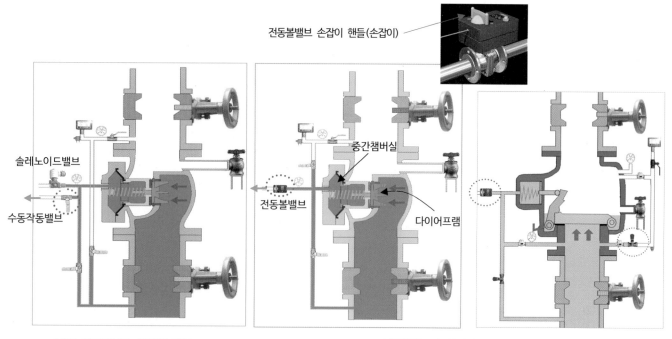

솔레노이드밸브가 설치된 밸브　　　　전동볼밸브가 설치된 밸브

23. 고층건축물 스프링클러설비 고층건축물의 화재안전기술기준 2.2

가. 기준

스프링클러설비는 다음 각 항의 기준에 따라 설치해야 한다.

① 수원은 스프링클러설비 설치장소별 스프링클러헤드의 기준개수에 3.2㎥를 곱한 양 이상이 되도록 하여야 한다. 다만, 50층 이상인 건축물의 경우에는 4.8㎥를 곱한 양 이상이 되도록 하여야 한다.

② 스프링클러설비의 수원은 ①에 따라 산출된 유효수량 외에 유효수량의 3분의 1이상을 옥상(스프링클러설비가 설치된 건축물의 주된 옥상을 말한다)에 설치하여야 한다. 다만, 스프링클러설비의 화재안전기술기준(NFTC 103)」 2.1.2(2) 또는 2.1.2(3)에 해당하는 경우에는 그러하지 아니하다.

③ 전동기 또는 내연기관에 의한 펌프를 이용하는 가압송수장치는 스프링클러설비 전용으로 설치해야 하며, 주펌프와 동등 이상의 성능이 있는 별도의 펌프로서 내연기관의 기동과 연동하여 작동되거나 비상전원을 연결한 예비펌프를 추가로 설치해야 한다.

④ 내연기관의 연료량은 펌프를 40분(50층 이상인 건축물의 경우에는 60분) 이상 운전할 수 있는 용량일 것

⑤ 급수배관은 전용으로 설치하여야 한다.

⑥ 50층 이상인 건축물의 스프링클러설비 주배관 중 수직배관은 2개 이상(주배관 성능을 갖는 동일 호칭배관)으로 설치하고, 하나의 수직배관이 파손 등 작동 불능 시에도 다른 수직배관으로부터 소화수가 공급되도록 구성해야 하며, 각각의 수직배관에 유수검지장치를 설치해야 한다.

⑦ 50층 이상인 건축물의 스프링클러 헤드에는 2개 이상의 가지배관으로부터 양방향에서 소화수가 공급되도록 하고, 수리계산에 의한 설계를 해야 한다.

⑧ 스프링클러설비의 음향장치는 「스프링클러설비의 화재안전기술기준(NFTC 103)」 2.6(음향장치 및 기동장치)에 따라 설치하되, 다음의 기준에 따라 경보를 발할 수 있도록 해야 한다.
   1. 2층 이상의 층에서 발화한 때에는 발화층 및 그 직상 4개 층에 경보를 발할 것
   2. 1층에서 발화한 때에는 발화층·그 직상 4개 층 및 지하층에 경보를 발할 것
   3. 지하층에서 발화한 때에는 발화층·그 직상층 및 기타의 지하층에 경보를 발할 것

⑨ 비상전원은 자가발전설비, 축전지설비(내연기관에 따른 펌프를 사용하는 경우에는 내연기관의 기동 및 제어용 축전지를 말한다) 또는 전기저장장치로서 스프링클러설비를 유효하게 40분 이상 작동할 수 있을 것. 다만, 50층 이상인 건축물의 경우에는 60분 이상 작동할 수 있어야 한다.

2.1.2(2) : 고가수조를 가압송수장치로 설치한 경우
2.1.2(3) : 수원이 건축물의 최상층에 설치된 헤드보다 높은 위치에 설치된 경우
고층건축물 : 30층 이상이거나 높이 120m 이상인 건물

나. 수원(물탱크) 고층건축물의 화재안전기술기준 2.2.1, 2.2.2

① 수원은 그 저수량이 스프링클러설비 설치장소별 스프링클러헤드의 기준개수에 3.2 ㎥를 곱한 양 이상이 되도록 해야 한다. 다만, 50층 이상인 건축물의 경우에는 4.8 ㎥를 곱한 양 이상이 되도록 해야 한다.

② 수원은 ①에 따라 산출된 유효수량 외에 유효수량의 3분의 1 이상을 옥상(옥내소화전설비가 설치된 건축물의 주된 옥상을 말한다. 이하 같다)에 설치해야 한다. 다만, 「스프링클러설비의 화재안전기술기준(NFTC 103)」 2.1.2(2) 또는 2.1.2(3)에 해당하는 경우에는 그렇지 않다.

건물별 물탱크 저수량

건축물 종류 \ 저수량	기준	사례(기준개수가 30개인 장소 경우)	
		수조 양	옥상수조 양
일반건축물 (29층 이하 건축물)	기준개수 × 1.6㎥	30개 × 1.6 = 48㎥	48㎥ × $\frac{1}{3}$ = 16㎥
고층건축물 (50층 이상은 제외)	기준개수 × 3.2㎥	30개 × 3.2 = 96㎥	96㎥ × $\frac{1}{3}$ = 32㎥
50층 이상 건축물	기준개수 × 4.8㎥	30개 × 4.8 = 144㎥	144㎥ × $\frac{1}{3}$ = 48㎥

스프링클러설비 설치장소			기준개수
지하층을 제외한 층수가 10층 이하인 특정소방대상물	공장 또는 창고(랙커식창고를 포함한다)	특수가연물을 저장,취급하는 것	30
		그 밖의 것	20
	근린생활시설, 판매시설 및 영업시설 또는 복합건축물	슈퍼마켓,도매시장,소매시장 또는 복합건축물(슈퍼마켓,도매시장,소매시장이 설치되는 복합건축물)	30
		그 밖의 것	20
	그 밖의 것	헤드의 부착높이가 8m 이상인 것	20
		헤드의 부착높이가 8m 미만인 것	10
아파트	폐쇄형스프링클러헤드를 사용하는 아파트		10
	각 동이 주차장으로 서로 연결된 구조인 경우 해당 주차장 부분		30
지하층을 제외한 층수가 11층 이상인 특정소방대상물(아파트를 제외한다), 지하가 또는 지하역사			30
비고 : 하나의 특정소방대상물이 2 이상의 "스프링클러헤드의 기준개수"란에 해당하는 때에는 기준개수가 많은 난을 기준으로 한다. 다만, 각 기준개수에 해당하는 수원을 별도로 설치하는 경우에는 그러하지 아니하다			

스프링클러설비 설치장소에서 옥상수조 설치제외 대상

일반건축물	고층건축물
1. 지하층만 있는 건축물 2. 고가수조를 가압송수장치로 설치한 경우 3. 수원이 건축물의 최상층에 설치된 헤드보다 높은 위치에 설치된 경우 4. 건축물의 높이가 지표면으로부터 10 m 이하인 경우 5. 주펌프와 동등 이상의 성능이 있는 별도의 펌프로서 내연기관의 기동과 연동하여 작동되거나 비상전원을 연결하여 설치한 경우 6. 가압수조를 가압송수장치로 설치한 경우	1. 고가수조를 가압송수장치로 설치한 경우 2. 수원이 건축물의 최상층에 설치된 헤드보다 높은 위치에 설치된 경우

2.1.2(2) : 고가수조를 가압송수장치로 설치한 경우,　**고층건축물** : 30층 이상이거나 높이 120m 이상인 건물
2.1.2(3) : 수원이 건축물의 최상층에 설치된 헤드보다 높은 위치에 설치된 경우

다. 비상전원

비상전원은 자가발전설비, 축전지설비(내연기관에 따른 펌프를 사용하는 경우에는 내연기관의 기동 및 제어용 축전지를 말한다) 또는 전기저장장치로서 스프링클러설비를 유효하게 40분 이상 작동할 수 있을 것. 다만, 50층 이상인 건축물의 경우에는 60분 이상 작동할 수 있어야 한다.

비상전원 종류
1. 자가발전설비
2. 축전지설비(내연기관에 따른 펌프를 사용하는 경우에는 내연기관의 기동 및 제어용 축전지를 말한다)
3. 전기저장장치(외부 전기에너지를 저장해 두었다가 필요한 때 전기를 공급하는 장치)

건물별 비상전원 용량

건축물 종류 ＼ 저수량	용량
일반건축물(29층 이하 건축물)	20분 이상 작동 용량
고층건축물(50층 이상 건축물은 제외)	40분 이상 작동 용량
50층 이상 건축물	60분 이상 작동 용량

참고
비상전원수전설비는 비상전원의 종류에 해당하지 않는다. 다만, 일부의 장소에는 비상전원을 하지 않고 비상전원수전설비를 하면 비상전원으로 인정하는 시설이다.

라. 배관 고층건축물의 화재안전기술기준 2.2.6, 2.2.7

1. 50층 이상인 건축물의 스프링클러설비 주배관 중 수직배관은 2개 이상(주배관 성능을 갖는 동일 호칭배관)으로 설치하고, 하나의 수직배관이 파손 등 작동 불능 시에도 다른 수직배관으로부터 소화수가 공급되도록 구성해야 하며, 각각의 수직배관에 유수검지장치를 설치해야 한다.

2. 50층 이상인 건축물의 스프링클러 헤드에는 2개 이상의 가지배관으로부터 양방향에서 소화수가 공급되도록 하고, 수리계산에 의한 설계를 해야 한다.

마. 예비펌프 고층건축물의 화재안전기술기준 2.2.3

전동기 또는 내연기관에 의한 펌프를 이용하는 가압송수장치는 스프링클러설비 전용으로 설치해야 하며, 주펌프와 동등 이상의 성능이 있는 별도의 펌프로서 내연기관의 기동과 연동하여 작동되거나 비상전원을 연결한 예비펌프를 추가로 설치해야 한다.

바. 계통도

① 50층 이상의 건축물 습식스프링클러설비 계통도

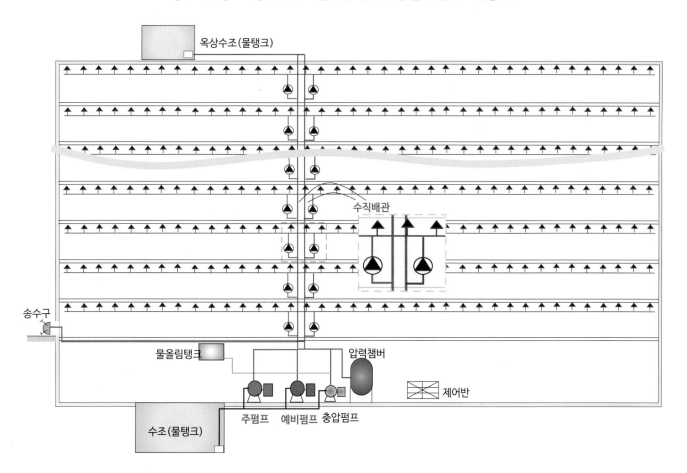

② 50층 이상의 건축물 **준비작동식스프링클러설비** 계통도(감지기는 그림에서 생략)

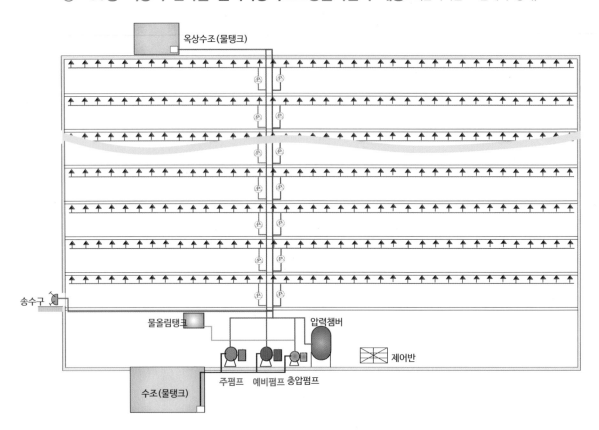

③ 50층 이상의 건물 **습식스프링클러설비** 배관 구성도

1개층 배관 계통도

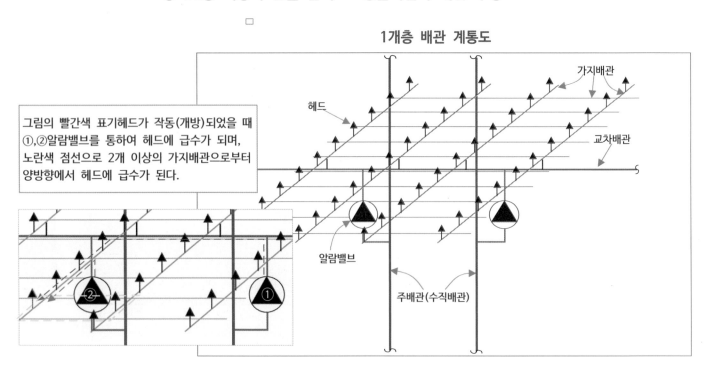

그림의 빨간색 표기헤드가 작동(개방)되었을 때
①,②알람밸브를 통하여 헤드에 급수가 되며,
노란색 점선으로 2개 이상의 가지배관으로부터
양방향에서 헤드에 급수가 된다.

24. 스프링클러설비 작동 화재원인조사

1. 습식 스프링클러

가. 작동 순서

화재발생
⇨ ① 헤드 개방
⇨ ② 배관내에 물의 이동(흐름)
⇨ ③ 유수검지장치 압력스위치 작동

⇨ ④ 화재경보 및 <u>유수流水경보</u>
⇨ ⑤ 헤드 방수
⇨ ⑥ 펌프 기동(작동)

화재현장에서 소방시설이 작동되어 헤드에 물이 방수되었는지의 화재원인조사는 작동순서의 단계(순서)별 작동 또는 작동이 되지 않은 단계를 확인하여 그 원인을 찾으면 된다.

나. 작동된 현장의 증거 조사

① 헤드개방 확인

㉮ 화재의 열에 의해 개방된 헤드를 찾는다.
㉯ 개방된 헤드로 물이 방수되었는지 현장에서 증거를 찾는다.

알람밸브 내부에 있는 클래퍼

② 유수검지장치 압력스위치 작동 확인

㉮ 습식 알람밸브는 작동 후 배관의
유수현상이 없으면 상승했던 클래퍼가
원래의 위치로 되돌아 오기 때문에
작동한 흔적이 남지 않는다.
그러나 그림과 같이 클래퍼가 복구되지
않고 걸쇠에 걸리는 밸브도 있다.

㉯ 유수검지장치의 압력스위치는 작동이 된 후에 배관의 물
흐름(유수현상)이 없으면 압력스위치 접점이 떨어져
복구되므로 현장에는 작동한 흔적이 남지 않는다.

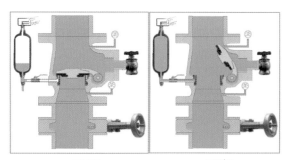

그림1   그림2

평소에는 그림1과 같이 클래퍼가 시트위에 올려져 있다.
화재가 발생하여 헤드로 물이 이동하면 그림2와 같이 클래퍼가
상승한다. 그러나 헤드로 방수가 되지 않고 배관에 물이 흐르지
않으면 클래퍼의 무게에 의해 클래퍼가 시트위에 내려온다.

- -

유수(流水)경보 : 배관의 물 흐름을 알림(경보)
유수현상 : 물 흐름 현상

③ 헤드로 방수 되었으나 화재(유수流水)경보 작동이 안된 경우의 원인

㉮ 알람밸브의 경보정지밸브가 닫힌 경우
　(아래 그림과 해설 참고)
㉯ 수신기의 경보기능이 고장난 경우
㉰ 수신기에 경보기능이 차단된 경우
㉱ 알람밸브의 압력스위치가 고장난 경우
㉲ 알람밸브의 압력스위치 회로가 단선된 경우

㉳ 알람밸브의 압력스위치 유수검지 기능이 부적정한 경우
　(80ℓ/min 이하의 물의 흐름(유수)에서 압력스위치가
　작동하지 않고 그 이상의 물의 흐름에서 작동하는 압력
　스위치 작동 기능의 불량)
㉴ 경보시설(사이렌) 고장, 사이렌회로 단선이 된 경우

④ 수신기 작동 확인

유수검지장치 압력스위치 작동확인, 화재경보 및 유수경보 작동확인, 펌프기동 확인 등의 정보를 수집하여 현장의 작동내용과 함께 화재원인조사를 해야 한다.

P형 수신기에서 헤드로 방수가 되었다면 그 증거 내용들
1. 화재표시등이 점등되어 있다.
2. 화재발생 방호구역에 지구화재표시등이 점등되어 있다.
3. 유수검지장치인 압력스위치 작동표시등이 점등되어 있다.
4. 화재 및 유수경보가 울렸다.
5. 펌프작동 표시등이 점등되어 있다.
6. 수신기에 작동기록이 저장되어 있다.

그러나 예전의 수신기로서 기록 저장장치가 없는 수신기는 관계자가
수신기의 복구버튼을 누르면 위의 내용들이 복구되어 자료가 남지 않는다.

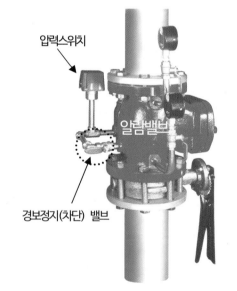

압력스위치

알람밸브

경보정지(차단) 밸브

R형 수신기에서 헤드로 방수가 되었다면 그 증거 내용들
1. 화재발생의 기록이 저장되어 있다.
2. 압력스위치의 작동기록이 저장되어 있다.
3. 화재경보 및 유수경보가 작동된 기록이 저장되어 있다.
4. 펌프가 작동된 기록이 저장되어 있다.

R형 수신기는 작동한 내용들이 수신기에 저장되어 있다.

> 평소에는 그림과 같이 경보정지밸브는 배관과 나란히 수평으로 열려 있어야 한다.
>
> 그러나 수직으로 잠겨 있다면 화재가 발생하여 헤드로 물이 방수되어 클래퍼가 상승
> 해도 압력스위치로 물이 이동하지 못하므로 화재경보가 울리지 않는다.
>
> 습식스프링클러는 감지기가 없으므로 화재경보는 압력스위치의 작동에 의해서만
> 화재경보를 울린다.

2. 준비작동식 스프링클러

가. 작동 순서

화재발생
⇨ ① 감지기 작동, 화재경보 발생
⇨ ② 프리액션밸브 개방
⇨ ③ 배관에 물의 이동(흐름)

⇨ ④ 유수검지장치 압력스위치 작동, 유수경보 발생
⇨ ⑤ 헤드 개방
⇨ ⑥ 헤드 방수
⇨ ⑦ 펌프 기동(작동)

화재현장에서 소방시설이 작동되어 헤드에 물이 방수되었는지의 화재원인조사는 작동순서의 단계(순서)별 작동 또는 작동이 되지 않은 단계를 확인하여 그 원인을 찾으면 된다.

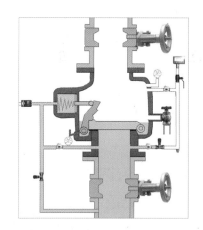

다이어프램형 밸브

나. 작동된 현장의 증거 조사

① 헤드개방 확인

㉮ 화재의 열에 의해 개방된 헤드를 찾는다.
㉯ 개방된 헤드로 물이 방수되었는지 현장에서 증거를 찾는다.

② 전동볼밸브, 압력스위치 작동 확인

㉮ 프리액션밸브는 작동 후 배관의 유수현상이 없으면 다이어프램형은 복구가 되며, 클래퍼형은 복구가 되지 않는 밸브가 있으므로 작동한 흔적이 있다. 전동볼밸브는 작동한 상태로 복구가 되지 않고 있다.

㉯ 유수검지장치의 압력스위치는 작동이 된 후에 배관의 물 흐름(유수현상)이 없으면 압력스위치 접점이 떨어져 복구되므로 현장에서는 작동한 흔적이 남지 않는다.

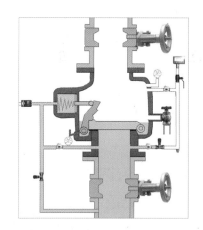

클래퍼형 밸브

청색으로 표시한 배관과 같은 방향으로 전동밸브핸들이 있다면 전동볼밸브가 열린 것이다.

그림과 같이 밸브핸들이 배관과 수직방향으로 있다면 전동볼밸브가 닫힌 것이다

작동안한 전동볼밸브   작동한 전동볼밸브
(닫힘)   (열림)

복구가 안된 클래퍼

③ 헤드로 방수 되었으나 유수流水경보 작동이 안된 경우의 원인

㉮ 프리액션밸브의 경보정지밸브가 닫힌 경우
   (아래 그림과 해설 참고)
㉯ 수신기의 경보기능이 고장난 경우
㉰ 수신기에 유수경보기능이 차단된 경우
㉱ 프리액션밸브 압력스위치가 고장난 경우
㉲ 프리액션밸브 압력스위치회로가 단선된 경우

㉳ 프리액션밸브의 압력스위치 유수검지 기능이 부적정한 경우
   (80ℓ/min 이하의 물의 흐름(유수)에서 압력스위치가 작동하지 않고 그 이상의 물의 흐름에서 작동하는 압력스위치 작동 기능의 불량)
㉴ 경보시설(사이렌) 고장, 사이렌회로가 단선된 경우

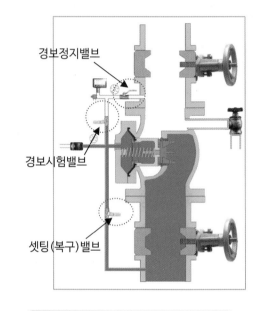

경보정지밸브

경보시험밸브

셋팅(복구)밸브

④ 수신기 작동 확인

화재가 발생한 방호구역의 화재표시등 점등 확인, 전동밸브 작동표시등 점등 확인, 유수검지장치 압력스위치 작동확인, 화재경보 및 유수경보 작동확인, 펌프기동 확인 등의 정보를 수집하여 현장의 작동내용과 함께 화재원인조사를 해야 한다.

P형 수신기에서 헤드로 방수가 되었다면 그 증거 내용들

1. 화재표시등이 점등되어 있다.
2. 지구화재표시등(A, B회로 감지기 작동표시등)이 점등되어 있다.
3. 유수검지장치인 압력스위치 작동표시등이 점등되어 있다.
4. 화재경보 및 유수경보가 울리고 있다.
5. 전동볼밸브 작동 표시등이 점등되어 있다.
6. 펌프작동 표시등이 점등되어 있다.
7. 수신기에 작동기록이 저장되어 있다.

그러나 예전의 수신기로서 기록 저장장치가 없는 수신기는 관계자가 수신기의 복구버튼을 누르면 위의 내용들이 복구되어 자료가 남지 않는다.

> 평소에는 그림과 같이 경보정지밸브는 수평으로 열려 있어야 한다.
>
> 그러나 수직으로 잠겨 있다면 화재가 발생하여 헤드로 물이 방수되어 다이어프램이 열려도 압력스위치로 물이 이동하지 못하므로 유수경보가 울리지 않는다.

R형 수신기에서 헤드로 방수가 되었다면 그 증거 내용들

1. 화재발생기록이 저장되어 있다.
2. 화재가 발생한 방호구역의 감지기가 작동한 A, B회로 감지기 작동 기록이 저장되어 있다.
3. 전동볼밸브가 작동된 기록이 저장되어 있다.
4. 유수경보장치 압력스위치가 작동된 기록이 저장되어 있다.
5. 화재경보 및 유수경보가 작동한 기록이 저장되어 있다.
6. 펌프가 작동된 기록이 저장되어 있다.

R형 수신기는 작동한 내용들이 수신기에 저장되어 있다.
그러나 일부의 R형 수신기는 정보의 저장공간이 부족하여 정해진 정보 이상이 기록되면 기록이 삭제되고 포멧되어 작동한 내용이 저장되지 않는다.

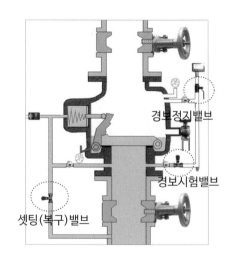

경보정지밸브

경보시험밸브

셋팅(복구)밸브

다. 전동볼밸브 작동

준비작동식 작동순서
화재발생
⇨ ① 감지기 작동, 화재경보 발생
⇨ ② 전동볼밸브 작동, 프리액션밸브 개방
⇨ ③ 배관에 물의 이동(흐름)
⇨ ④ 유수검지장치 압력스위치 작동,
　　유수경보 발생
⇨ ⑤ 헤드 개방
⇨ ⑥ 헤드 방수
⇨ ⑦ 펌프 기동(작동)

① 전동볼밸브가 작동한 경우

작동순서의 ①~②까지는 정상적으로 작동한 증거가 된다.
화재현장에 프리액션밸브 전동볼밸브가 작동되어 있다면,
감지기가 교차회로 작동이 되어 수신기에서 정상적으로 감지기 작동신호를
받아 수신기에서는 전동볼밸브에 작동신호를 보내어 전동볼밸브가 작동한 것이다.
그러나 전동볼밸브가 작동되어 있다고 화재현장에 헤드로 방수 되었다고 단정 할 수는 없다.

전동볼밸브가 작동되어도 방수가 되지 않았을 수 있는 원인들

1. 펌프의 고장
2. 물탱크의 물 부족
3. 급수배관의 개폐밸브 잠김
4. 압력챔버의 압력스위치 고장
5. 제어반의 고장

② 전동볼밸브가 작동하지 않은 경우

작동순서에서 ①~②까지의 작동에 대한 의심을 해야 한다.
소화수가 화재현장에 방수되지 않았으며, 설비가 작동하지 않았다고 추정할 수 있다.
전동볼밸브가 작동하지 않으면 프리액션밸브가 열리지 않으며 배관의 물이 화재현장의 헤드로 이동하지 못했다.

전동볼밸브가 작동하지 않은 원인들

1. 감지기 고장
2. 감지기 회로의 단선, 단락
3. 전동볼밸브 고장
4. 전동볼밸브 회로의 단선, 단락
5. 수신기의 전동볼밸브 작동기능 고장

라. 다이아후램, 클래퍼 작동

① 다이아후램형 프리액션밸브

작동후에는 스프링의 힘에 의해 다이아후램이 복구되어
작동한 증거가 남지않는다.

② 클래퍼형 프리액션밸브

작동후에는 그림과 같이 클래퍼가 걸쇠에
걸려 작동한 증거가 남아있다.

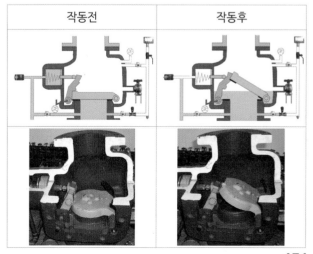

작동전	작동후

마. 압력스위치 작동

프리액션밸브의 압력스위치가 작동했는지 확인한다.

① 압력스위치가 작동한 경우

작동순서의 ①~④까지는 정상적으로 작동한 증거가 된다.
압력스위치가 작동되었다면 프리액션밸브가 개방되어 프리액션밸브 2차측 배관으로 물의 이동(유수-流水)이 있었다는 증거가 된다.
그러므로 화재현장에 헤드로 방수 되었다고 볼 수 있다.

압력스위치가 작동된 현장의 증거 내용들

1. 수신기에 압력스위치가 작동한 작동표시등이나 기록이 있다.
2. 수신기에 유수경보가 작동한 표시등이나 기록이 있다.
3. 화재현장에 유수경보 사이렌이 울렸는지 확인한다.

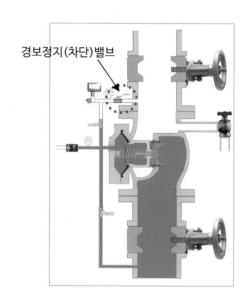

경보정지(차단)밸브

② 압력스위치가 작동하지 않은 경우

압력스위치가 작동하지 않았다면 헤드로 방수가 되지 않았다고 볼 수 있다.
그러나,
헤드로 방수가 되었을 수 도 있다고 추정하고 확인을 해야 한다.

작동순서에서 ①~④까지의 작동에 대한 의심을 해야 한다.

1. 압력스위치가 작동하지 않았다면 프리액션밸브가 열리지 않고,
   유수현상이 없었으므로 헤드로 방수되지 않았다.

> 경보정지밸브가 잠겨있다면,
> 화재가 발생하여 헤드로 물이 방수되어
> 다이아후램(또는 클래퍼)이 열려도 압력
> 스위치로 물이 이동하지 못하므로 유수
> 경보가 울리지 않는다.

2. 압력스위치가 작동하지 않았어도, **방수가 된 증거**

① 증거
전동볼밸브가 열려있고,
수신기에서 펌프가 작동된 기록이 있다

② 압력스위치가 작동안된 원인들
- 전동볼밸브가 열려있고, 펌프작동 기록이 있다면.
① 압력스위치의 고장
② 압력스위치회로 단선
③ 경보정지밸브 잠김(그림 해설 참고)
④ 수신기 고장

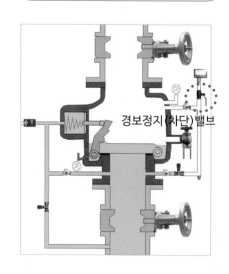

경보정지(차단)밸브

3. 부압식 스프링클러

가. 작동 순서

화재발생
⇨ ① 감지기 작동, 화재경보 발생
⇨ ② 진공펌프 작동정지, 진공밸브 닫음
⇨ ③ 전동볼밸브작동, 프리액션밸브 개방
⇨ ④ 헤드 개방
⇨ ⑤ 배관에 물의 이동(흐름)
⇨ ⑥ 유수검지장치 압력스위치 작동, 유수경보 울림
⇨ ⑦ 헤드 방수
⇨ ⑧ 펌프 기동(작동)

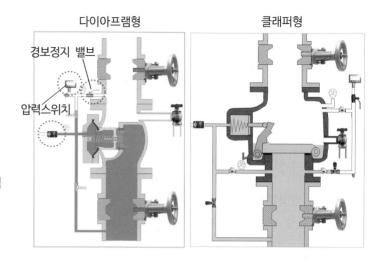

다이아프램형   클래퍼형
경보정지 밸브
압력스위치

나. 작동된 현장의 증거 조사

작동안한 전동볼밸브   작동한 전동볼밸브
(닫힘)   (열림)

① 헤드개방 확인

㉮ 화재의 열에 의해 개방된 헤드를 찾는다.
㉯ 개방된 헤드로 물이 방수되었는지 현장에서 증거를 찾는다.

압력스위치
전동볼밸브

② 전동볼밸브, 압력스위치 작동 확인

㉮ 프리액션밸브는 작동 후 다이어프램(또는 클래퍼)은 복구되기 때문에 작동한 흔적을 찾을 수 없다.(일부의 밸브는 클래퍼가 복구되지 않는 밸브도 있다)
그러나 전동볼밸브는 작동한 상태로 복구가 되지 않고 있다.

㉯ 유수검지장치의 압력스위치는 작동이 된 후에 배관의 물 흐름(유수현상)이 없으면 압력스위치 접점이 떨어져 복구되므로 현장에서는 작동한 흔적이 남지 않는다.

③ 진공펌프 작동정지 확인

감지기가 작동하면 제어반의 신호에 의해 진공밸브 닫음, 진공펌프의 작동이 정지되어 있다.

부압 負壓 : 대기의 압력보다 낮은 압력, 마이너스(-) 압력

④ 헤드로 방수 되었으나 유수流水경보 작동이 안된 경우의 원인

㉮ 프리액션밸브의 경보정지밸브가 닫힌 경우
㉯ 수신기의 경보기능이 고장난 경우
㉰ 수신기에 경보기능이 차단된 경우
㉱ 프리액션밸브 압력스위치가 고장난 경우
㉲ 프리액션밸브 압력스위치회로가 단선된 경우

㉳ 프리액션밸브 압력스위치 유수검지 기능이 부적정한 경우
(80ℓ/min 이하의 물의 흐름(유수)에서 압력스위치가
작동하지 않고 그 이상의 물의 흐름에서 작동하는
압력스위치 작동 기능의 불량)
㉴ 경보시설(사이렌) 고장, 경보회로가 단선된 경우

⑤ 수신기 작동 확인

화재가 발생한 방호구역의 화재감지기 작동 화재표시등 점등 확인, 전동볼밸브 작동표시등 점등 확인, 유수검지장치 압력스위치 작동확인, 화재경보 및 유수경보 작동확인, 펌프기동 확인 등의 정보를 수집하여 현장의 작동내용과 함께 화재원인조사를 해야 한다.

P형 수신기에서 헤드로 방수가 되었다면 그 증거 내용들

1. 화재표시등이 점등되어 있다.
2. 화재발생 방호구역에 지구화재표시등이 점등되어 있다.
3. 유수검지장치인 압력스위치 작동표시등이 점등되어 있다.
4. 화재경보가 울리고 있다.
5. 전동볼밸브 작동 표시등이 점등되어 있다.
6. 진공볼밸브 닫음, 진공펌프 작동정지 표시등이 점등되어 있다.
7. 펌프 작동 표시등이 점등되어 있다.
8. 수신기에 작동기록이 저장되어 있다(저장되지 않는 수신기도 있다)

그러나 예전의 수신기로서 기록 저장장치가 없는 수신기는 관계자가 수신기의 복구버튼을 누르면 위의 내용들이 복구 되어 자료가 남지 않는다.

R형 수신기에서 헤드로 방수가 되었다면 그 증거 내용들

1. 화재발생기록이 저장되어 있다.
2. 화재가 발생한 방호구역의 감지기 작동 기록 저장되어 있다.
3. 전동볼밸브 작동기록 저장되어 있다.
4. 유수경보장치 압력스위치 작동기록이 저장되어 있다.
5. 화재경보 및 유수경보 작동기록이 저장되어 있다.
6. 진공밸브 닫음, 진공펌프가 작동정지한 기록이 저장되어 있다.
7. 펌프가 작동된 기록이 저장되어 있다.

R형 수신기는 작동한 내용들이 수신기에 저장되어 있다.
그러나 일부의 R형 수신기는 정보의 저장공간이 부족하여 정해진 정보 이상이 기록되면 기록이 삭제되고 포맷되어 작동한 내용이 저장되지 않는다.

4. 건식 스프링클러

가. 작동 순서

화재발생
⇨ ① 헤드 개방
⇨ ② 배관에 물의 이동(흐름)
⇨ ③ 유수검지장치 압력스위치 작동, 유수경보 울림
⇨ ④ 에어컴프레서 작동중지
⇨ ⑤ 헤드 방수
⇨ ⑥ 펌프 기동(작동)

뚜껑을 열면 그림과 같이 작동한
드라이밸브는 클래퍼 복구되지 않고
걸쇠에 걸려있다

나. 작동된 현장의 증거 조사

① 헤드개방 확인

㉮ 화재의 열에 의해 개방된 헤드를 찾는다.
㉯ 개방된 헤드로 물이 방수되었는지 현장에서 증거를 찾는다.

② 클래퍼, 압력스위치 작동 확인

㉮ 건식 드라이밸브는 작동 후 클래퍼가 걸쇠에 걸려
작동한 흔적이 남아 있다. 드라이밸브의 몸체에
볼트를 풀어 뚜껑을 열면 클래퍼의 위치를 확인
할 수 있다.

㉯ 유수검지장치의 압력스위치는 작동이 된 후에
배관의 물 흐름(유수현상)이 없으면 압력스위치
접점이 떨어져 복구되므로 현장에서 작동한 흔적이
남지 않는다.

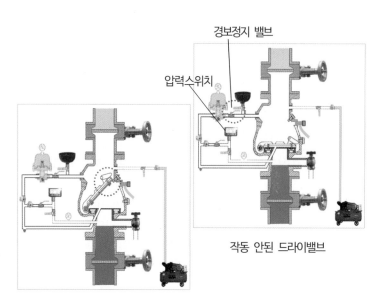

작동 안된 드라이밸브

작동된 드라이밸브

③ 에어컴프레서 작동정지 확인

화재가 발생하여 유수검지장치 압력스위치가 작동
하면 제어반에서는 에어컴프레서의 작동을 멈추게
한다.

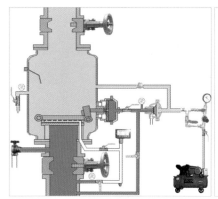

작동 안된 드라이밸브

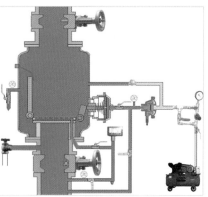

작동된 드라이밸브

볼트를 풀어 뚜껑을 열면 클래퍼
위치가 확인된다

④ 헤드로 방수 되었으나 화재(유수流水)경보 작동이 안된 경우의 원인들

㉮ 드라이밸브의 경보정지밸브가 닫힌 경우
㉯ 수신기의 경보기능이 고장난 경우
㉰ 수신기에 경보작동 기능이 차단(off)된 경우
㉱ 드라이밸브 압력스위치가 고장난 경우
㉲ 드라이밸브 압력스위치회로가 단선된 경우

㉳ 드라이밸브 압력스위치의 유수검지 기능이 부적정한 경우 (80ℓ/min 이하의 물의 흐름(유수)에서 압력스위치가 작동하지 않고 그 이상의 물의 흐름에서 작동하는 압력스위치 작동 기능의 불량)
㉴ 경보시설(사이렌) 고장, 경보회로가 단선된 경우

⑤ 수신기 작동 확인

화재가 발생한 방호구역의 화재표시등 점등 확인, 유수검지장치 압력스위치 작동확인, 화재경보 및 유수경보 작동확인, 펌프기동 확인 등의 정보를 수집하여 현장의 작동내용과 함께 화재원인조사를 해야 한다.

P형 수신기에서 헤드로 방수가 되었다면 그 증거 내용들
1. 드라이밸브의 압력스위치가 작동하면 화재표시등이 점등되어 있다.
2. 드라이밸브의 유수검지장치인 압력스위치 작동표시등이 점등되어 있다.
3. 화재경보가 울리고 있다.
4. 펌프작동표시등이 점등되어 있다.
5. 에어컴프레서 작동정지 표시등이 점등되어 있다.
6. 수신기에 작동기록이 저장되어 있다(저장되지 않는 수신기도 있다)

그러나 예전의 수신기로서 기록 저장장치가 없는 수신기는 관계자가 수신기의 복구버튼을 누르면 위의 내용들이 복구되어 자료가 남지 않는다.

R형 수신기에서 헤드로 방수가 되었다면 그 증거 내용들
1. 화재표시등 점등기록이 저장되어 있다.
2. 유수경보장치 압력스위치 작동기록이 저장되어 있다.
3. 화재경보 작동기록이 저장되어 있다.
4. 에어컴프레서가 작동정지한 기록이 저장되어 있다.
5. 펌프가 작동된 기록이 저장되어 있다.

저압드라이밸브 몸체 뚜껑의 볼트를 풀어
클래퍼 위치를 확인할 수 있다

저압드라이밸브가 작동하지 않은 모습
(클래퍼가 시트위에 올려져 있다)

저압드라이밸브가 작동한 모습
(클래퍼가 걸쇠에 걸려있다)

5. 일제살수식 스프링클러

가. 작동 순서

① 감지기 작동 ⇨ ③ 배관에 물의 이동(흐름) ⇨ ⑤ 헤드 방수
⇨ ② 일제개방밸브 개방 ⇨ ④ 일제개방밸브 압력스위치 작동 ⇨ ⑥ 펌프 기동(작동)

화재현장에서 소방시설이 작동되어 헤드에 물이 방수되었는지의 화재원인조사는 작동순서의 단계(순서)별 작동 또는 작동이 되지 않은 단계를 확인하여 그 원인을 찾으면 된다.

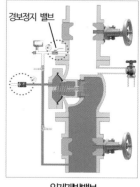

경보정지 밸브

일제개방밸브

나. 작동된 현장의 증거 조사

① 헤드 방수 확인

헤드로 물이 방수되었는지 현장에서 증거를 찾는다.

작동안한 전동볼밸브
(닫힘)

작동한 전동볼밸브
(열림)

② 일제개방밸브 작동 확인

㉮ 일제개방밸브는 작동 후 다이어프램 (또는 클래퍼, 피스톤)은 복구되는 밸브도 있고, 복구되지 않는 밸브도 있다. 그러나 전동볼밸브 또는 솔레노이드밸브는 작동한 상태로 복구가 되지 않고 있다.
㉯ 일제개방밸브의 압력스위치는 작동 후 복구되므로 현장에서 작동한 흔적이 없다.

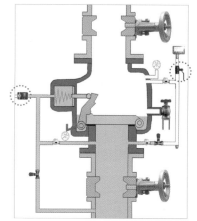

③ 헤드로 방수 되었으나 화재(유수流水)경보 작동이 안된 경우의 원인

㉮ 일제개방밸브의 경보정지밸브가 닫힌 경우
㉯ 수신기의 경보기능 고장
㉰ 수신기에 경보작동 기능이 차단된 경우
㉱ 일제개방밸브 압력스위치 고장

㉲ 일제개방밸브 압력스위치 회로가 단선된 경우
㉳ 일제개방밸브 압력스위치 유수검지 기능 부적정
㉴ 경보(사이렌) 고장, 경보회로 단선

④ 수신기 작동 확인

감지기 작동확인, 화재경보 작동 확인, 일제개방밸브 압력스위치 작동확인, 전동볼밸브 또는 솔레노이드밸브 작동확인, 펌프기동 확인 등의 정보를 수집하여 현장의 작동내용과 함께 화재원인조사를 해야 한다.
P형 수신기는 관계자가 복구버튼을 누르면 복구되어 자료가 남지 않는 수신기도 있다. 그러나 작동기록이 저장되어 있는 P형 수신기는 작동기록을 확인하여 작동여부를 판단한다.
R형 수신기는 작동한 내용이 시간이 지나도 수신기에 작동한 내용이 저장되어 있다. 그러나 일부의 R형 수신기는 정보의 저장공간이 부족하여 정해진 정보 이상이 기록되면 기록이 삭제되고 포맷되어 작동한 내용이 저장되지 않는다.

6. 개폐밸브 점검장소

소방시설 작동여부 화재원인조사에서 스프링클러설비의 급수배관 및 그 밖의 개폐밸브가 개방되어 있는지, 잠겨있는지 확인해서 설비가 작동되어 헤드로 방수가 되었는지 확인하는 내용이다.

가. 습식 스프링클러

① 급수배관에 열려 있어야 하는 개폐밸브

- ㉮ 주펌프 흡입배관의 개폐밸브
- ㉯ 주펌프 토출측 입상배관의 개폐밸브
- ㉰ 충압펌프 흡입배관의 개폐밸브
- ㉱ 충압펌프 토출측 입상배관의 개폐밸브
- ㉲ 화재가 발생한 층의 알람밸브 1차측 개폐밸브
- ㉳ 옥상수조 급수배관의 개폐밸브
- ㉴ 송수구와 주배관과 연결배관의 개폐밸브

> ### 소방시설 작동 화재원인 조사 판단
>
> **1. 헤드에 방수가 되지 않았다고 판단**
>   ㉮, ㉯, ㉲, ㉺의 밸브가 잠긴 경우
>
> **2. 소방차에 의한 송수가 되지 않았다고 판단**
>   ㉴의 밸브가 잠긴 경우
>
> **3. 옥상수조 물이 방수가 되지 않았다고 판단**
>   ㉳의 밸브가 잠긴 경우

② 그 밖에 확인해야 할 개폐밸브

- ㉺ 주배관과 압력챔버와 연결배관의 개폐밸브
- ㉻ 주배관과 물올림탱크와 연결된
   물올림배관의 개폐밸브

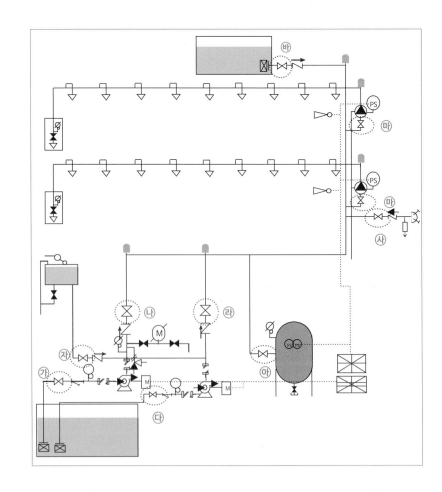

나. 준비작동식 스프링클러

① 급수배관에 열려 있어야 하는 개폐밸브

- ㉮ 주펌프 흡입배관의 개폐밸브
- ㉯ 주펌프 토출측 입상배관의 개폐밸브
- ㉰ 충압펌프 흡입배관의 개폐밸브
- ㉱ 충압펌프 토출측 입상배관의 개폐밸브
- ㉲ 화재가 발생한 층의 프리액션밸브 1차측 개폐밸브
- ㉳ 화재가 발생한 층의 프리액션밸브 2차측 개폐밸브
- ㉴ 옥상수조 급수배관의 개폐밸브
- ㉵ 송수구와 주배관과 연결배관의 개폐밸브

② 그 밖에 확인해야 할 개폐밸브

- ㉶ 주배관과 압력챔버와 연결배관의 개폐밸브
- ㉷ 주배관과 물올림탱크와 연결된 물올림배관의 개폐밸브

소방시설 작동 화재원인 조사 판단

1. **헤드에 방수가 되지 않았다고 판단**
   ㉮, ㉯, ㉲, ㉳, ㉶의 밸브가 잠긴 경우

2. **소방차에 의한 송수가 되지 않았다고 판단**
   ㉵의 밸브가 잠긴 경우

3. **옥상수조 물이 방수가 되지 않았다고 판단**
   ㉴의 밸브가 잠긴 경우

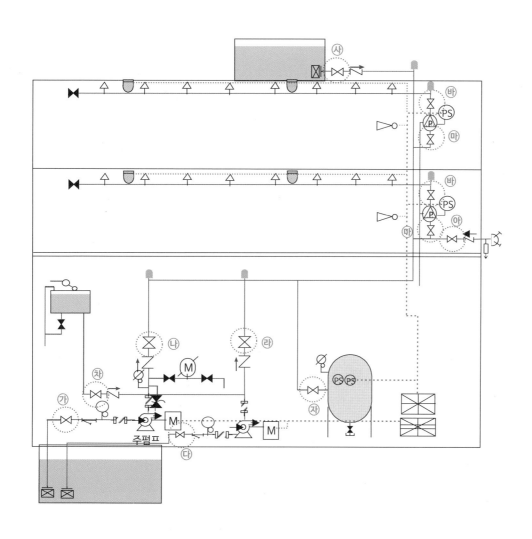

다. 부압식 스프링클러

① 급수배관에 열려 있어야 하는 개폐밸브

⑦ 주펌프 흡입배관의 개폐밸브
④ 주펌프 토출측 입상배관의 개폐밸브
⑤ 충압펌프 흡입배관의 개폐밸브
⑥ 충압펌프 토출측 입상배관의 개폐밸브
⑩ 화재가 발생한 층의 프리액션밸브 1차측 개폐밸브
⑪ 화재가 발생한 층의 프리액션밸브 2차측 개폐밸브
⑭ 옥상수조 급수배관의 개폐밸브
⑮ 송수구와 주배관과 연결배관의 개폐밸브

② 그 밖에 확인해야 할 개폐밸브

⑰ 주배관과 압력챔버와 연결배관의 개폐밸브
⑱ 주배관과 물올림탱크와 연결된 물올림배관의 개폐밸브

소방시설 작동 화재원인 조사 판단

1. 헤드에서 방수가 되지 않았다고 판단
   ⑦, ④, ⑩, ⑪, ⑰의 밸브가 잠긴 경우

2. 소방차에 의한 송수가 되지 않았다고 판단
   ⑮의 밸브가 잠긴 경우

3. 옥상수조 물이 방수가 되지 않았다고 판단
   ⑭의 밸브가 잠긴 경우

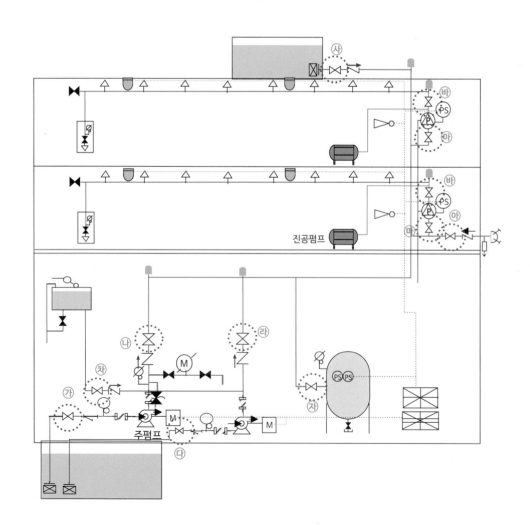

라. 건식 스프링클러

① 급수배관에 열려 있어야 하는 개폐밸브

㉮ 주펌프 흡입배관의 개폐밸브
㉯ 주펌프 토출측 입상배관의 개폐밸브
㉰ 충압펌프 흡입배관의 개폐밸브
㉱ 충압펌프 토출측 입상배관의 개폐밸브
㉲ 화재가 발생한 층의 드라이밸브 1차측 개폐밸브
㉳ 화재가 발생한 층의 드라이밸브 2차측 개폐밸브
㉴ 옥상수조 급수배관의 개폐밸브
㉵ 송수구와 주배관과 연결배관의 개폐밸브

② 그 밖에 확인해야 할 개폐밸브

㉶ 주배관과 압력챔버와 연결배관의 개폐밸브
㉷ 주배관과 물올림탱크와 연결된 물올림배관의 개폐밸브

소방시설 작동 화재원인 조사 판단

1. 헤드에 방수가 되지 않았다고 판단
㉮, ㉯, ㉲, ㉳, ㉶의 밸브가 잠긴 경우

2. 소방차에 의한 송수가 되지 않았다고 판단
㉵의 밸브가 잠긴 경우

3. 옥상수조 물이 방수가 되지 않았다고 판단
㉴의 밸브가 잠긴 경우

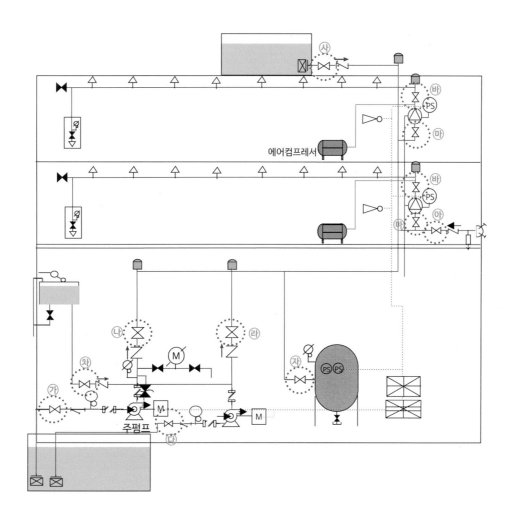

문제 1

R형수신기가 설치된 습식스프링클러설비 설치 현장에서 화재현장에 헤드로 방수가 되었다는 증거로 가장 신뢰성이 낮은 것은?

   1. 화재경보 사이렌이 울린 기록이 있다
   2. 알람밸브의 압력스위치가 작동한 기록이 있다
   3. 주펌프가 작동된 기록이 있다
   4. 화재의 열에 의해 헤드가 개방되어 있다

해 설

1. 습식스프링클러설비는 감지기가 없는 설비이다. 그러므로 화재경보 사이렌은 알람밸브의 압력스위치가 작동하여 경보가 울리므로 배관의 물이 알람밸브를 통과하여 압력스위치를 작동한 것이므로 가압수가 배관으로 이동한 물의 흐름 즉 유수(流水)의 증거가 된다.
2. 알람밸브의 압력스위치가 작동한 것은 가압수가 배관으로 이동한 유수(流水)의 증거가 되며, 헤드로 방수가 된 증거가 된다.
3. 화재가 발생한 시간에 주펌프가 작동한 기록은 헤드로 물이 방수되어 배관내의 물의 압력이 낮아져 펌프가 작동한 것이다.
4. 화재의 열에 의해 헤드가 개방되지만 화재현장에 열린 헤드로 방수가 되었다는 증거가 될 수는 없다.

정 답 4

문제 2

P형수신기가 설치된 습식스프링클러설비 설치현장에서 화재현장에 헤드로 방수가 되었다는 증거로 가장 신뢰성이 낮은 것은?

   1. 수신기에 유수경보 압력스위치 작동램프가 점등되어 있다
   2. 화재의 열에 의해 헤드가 개방되어 있다
   3. 수신기에 화재표시등이 점등되어 있다
   4. 화재경보가 울리고 있다

해 설

1. 알람밸브의 압력스위치가 작동한 것은 가압수가 배관으로 이동한 유수(流水)의 증거가 되며, 헤드로 방수가 된 증거가 된다.
2. 화재의 열에 의해 헤드가 개방되었다는 증거로는 헤드로 방수가 되었다는 증거가 될 수는 없다.
3. 알람밸브의 유수검지장치인 압력스위치가 작동하여 화재표시등이 점등한다. 그러므로 물이 배관으로 이동한 증거가 된다.
4. 알람밸브의 유수경보장치인 압력스위치가 작동하여 화재경보가 울리므로 배관의 물이 알람밸브를 통과하여 압력스위치를 작동한 것이므로 가압수가 배관으로 이동한 증거가 된다.

정 답 2

문제 3

R형수신기가 설치된 준비작동식스프링클러설비 설치현장에서 화재현장에 헤드로 방수가 되었다는 증거로 가장 신뢰성이 낮은 것은?

1. 화재경보 사이렌이 작동된 기록이 있다
2. 프리액션밸브 전동볼밸브가 작동된 기록이 있다
3. 유수경보 압력스위치가 작동된 기록이 있다
4. 주펌프가 작동된 기록이 있다

해 설

1. 준비작동식스프링클러설비는 감지기가 있는 설비이므로 감지기가 작동하면 화재경보 사이렌이 울린다. 감지기 1개가 작동하면 사이렌이 울린다. 그러므로 설비가 작동되어 헤드로 방수가 되었다는 증거로 보기에는 증거가 부족하다.
2. 프리액션밸브 전동볼밸브가 작동된 기록은 감지기가 교차회로 작동이 되었으며, 프리액션밸브의 클래퍼가 열렸다고 볼 수 있다.
3. 유수경보 압력스위치가 작동된 기록은 프리액션밸브의 클래퍼가 열려 배관의 가압수가 프리액션밸브의 2차측 배관으로 이동한 증거가 된다.
4. 화재가 발생한 시간에 주펌프가 작동한 내용은 헤드로 방수가 되어 배관의 물의 압력이 낮아져 펌프가 작동한 것이다.

정 답 1

문제 4

화재현장에서 스프링클러설비가 작동되어 헤드로 방수가 되었다는 증거로 가장 신뢰성이 낮은 것은?

1. 드라이밸브의 클래퍼가 개방되어 걸쇠에 걸려있다
2. 프리액션밸브의 전동볼밸브가 작동되어 있고 압력스위치가 작동되었다
3. 알람밸브의 클래퍼가 개방되어 있다
4. 저압드라이밸브의 압력스위치가 작동되었다

해 설

1. 드라이밸브의 클래퍼는 가압수가 드라이밸브를 지나면서 클래퍼가 상승하면 다시 복구되지 않도록 클래퍼가 걸쇠에 걸리도록 되어 있는 구조로 되어 있다. 클래퍼가 개방되어 있는 것은 가압수가 헤드로 이동한 증거가 된다.
2. 전동볼밸브가 작동한 증거는 감지기가 교차회로 작동한 증거이며, 유수검지장치의 압력스위치가 작동한 것은 배관의 가압수가 2차측 배관으로 이동한 유수(流水)의 증거가 된다.
3. 습식 알람밸브는 클래퍼가 작동해도 가압수의 배관내에서의 이동이 없으면 클래퍼 자체의 무게에 의해 클래퍼가 원래의 위치로 내려와 있다. 알람밸브는 클래퍼가 작동해도 드라이밸브처럼 걸쇠에 걸려있는 구조가 아니다.
4. 저압드라이밸브의 압력스위치가 작동한 것은 배관의 가압수가 2차측 배관으로 이동한 유수(流水)의 증거가 된다.

정 답 3

습식스프링클러설비가 설치된 화재현장에서 헤드로 방수가 되었으나 화재경보가 울리지 않았다면 그 원인에 해당하지 않는 것은?

1. 알람밸브의 압력스위치회로가 단선이다
2. 수신기에 경보정지버턴이 눌러져 있다
3. 감지기가 작동하지 않았다
4. 알램밸브의 경보정지밸브가 잠겨 있다

해 설

1. 유수검지장치인 압력스위치가 작동하지 않으면 화재경보가 울리지 않는다.
2. 수신기의 경보정지버튼이 눌러져 있으면 화재경보가 울리지 않는다.
3. 습식은 감지기가 없는 설비이다.
4. 알람밸브의 압력스위치와의 연결배관에 설치된 경보정지(차단)밸브가 잠겨 있으면, 물이 이동하지 못하므로 유수검지기능을 하지 못하여 화재경보가 울리지 않는다.

정 답 3

준비작동식스프링클러설비가 설치된 화재현장에서 헤드로 방수가 되었으나 유수경보가 울리지 않았다면 그 원인에 해당하지 않는 것은?

1. 사이렌 회로가 단선이다
2. 경보정지밸브가 잠겨 있다
3. 프리액션밸브 압력스위치가 고장이다
4. 전동볼밸브가 고장이다

해 설

1. 사이렌회로가 단선되면 유수경보 사이렌이 울리지 않는다.
2. 경보정지밸브가 잠겨 있으면, 압력스위치로 물이 이동하지 못하므로 유수검지기능을 하지 못하여 유수경보가 울리지 않는다.
3. 압력스위치의 고장으로 유수경보가 울리지 않는다.
4. 헤드로 방수가 되었다면 전동볼밸브가 작동한 것이다. 전동볼밸브가 고장나면 프리액션밸브를 작동시키지 못하므로 헤드로 방수가 되지 않는다.

정 답 4

준비작동식 스프링클러설비가 설치된 화재현장에서 프리액션밸브의 전동볼밸브는 작동되었으나 헤드로 방수가 되지 않았다면 그 원인에 해당하지 않는 것은?

1. 압력챔버의 압력스위치 고장
2. 급수배관의 개폐밸브 잠김
3. 펌프의 고장
4. 감지기 고장

해 설

1. 프리액션밸브가 작동되어 배관의 물의 압력이 낮아져 펌프가 기동해야 하지만, 압력챔버의 압력스위치가 작동하지 못하면 펌프가 기동하지 않는다.
2. 급수배관의 개폐밸브가 잠기면 헤드로 물이 이동하지 못한다.   3. 펌프가 고장나면 헤드로 방수되지 않는다.
4. 감지기가 정상적으로 작동했으므로 전동볼밸브가 작동되었다.

정 답 4

스프링클러설비가 설치된 화재현장에서 헤드로 방수가 되었다고 판단하기에 가장 신뢰성이 낮은 것은?

1. 프리액션밸브의 전동볼밸브가 작동된 기록이 있다.
2. 부압식스프링클러설비의 프리액션밸브 압력스위치가 작동된 기록이 있다.
3. 드라이밸브의 클래퍼가 걸쇠에 걸려있다.
4. 알람밸브의 화재경보가 울린 기록이 있다.

해 설

1. 프리액션밸브의 전동볼밸브가 작동되어도 헤드로 방수가 되었다고 단정 할 수 없다.
2. 프리액션밸브의 압력스위치가 작동되었다면 유수가 되었다는 증거가 된다.
3. 클래퍼가 작동되었다면 유수가 되었다는 증거가 된다.
4. 알람밸브의 유수가 있었으므로 화재경보가 울렸다.

정 답 1

6) 간이스프링클러

1. 개 요

스프링클러설비와 같은 구조와 작동원리이면서,
스프링클러설비보다 방수량, 수원 등의 설치기준이 일부 완화된(간소화된) 설비이다.

2. 설치대상(장소)

다중이용업소의 안전관리에관한 특별법 9조
① 숙박을 제공하는 형태의 다중이용업소의 영업장　　② 밀폐구조의 영업장

소방시설설치 및 관리에관한법률 시행령 별표4
1) 공동주택 중 연립주택 및 다세대주택(연립주택 및 다세대주택에 설치하는 간이스프링클러설비는 화재안전기준에 따른 주택전용 간이스프링클러설비를 설치한다)
2) 근린생활시설 중 다음의 어느 하나에 해당하는 것
　가) 근린생활시설로 사용하는 부분의 바닥면적 합계가 1,000㎡ 이상인 것은 모든 층
　나) 의원, 치과의원 및 한의원으로서 입원실이 있는 시설
　다) 조산원 및 산후조리원으로서 연면적 600㎡ 미만인 시설
3) 의료시설 중 다음의 어느 하나에 해당하는 시설
　가) 종합병원, 병원, 치과병원, 한방병원 및 요양병원(의료재활시설은 제외한다)으로 사용되는 바닥면적의 합계가 600㎡ 미만인 시설
　나) 정신의료기관 또는 의료재활시설로 사용되는 바닥면적의 합계가 300㎡ 이상 600㎡ 미만인 시설
　다) 정신의료기관 또는 의료재활시설로 사용되는 바닥면적의 합계가 300㎡ 미만이고, 창살(철재·플라스틱 또는 목재 등으로 사람의 탈출을 막기 위하여 설치한 것을 말하며, 화재 시 자동으로 열리는 구조로 되어 있는 창살은 제외한다)이 설치된 시설

4) 교육연구시설 내에 합숙소로서 연면적 100㎡ 이상인 경우에는 모든 층
5) 노유자 시설로서 다음의 어느 하나에 해당하는 시설
　가) 제7조제1항제7호 각 목에 따른 시설[같은 호 가목2) 및 같은 호 나목부터 바목까지의 시설 중 단독주택 또는 공동주택에 설치되는 시설은 제외하며, 이하 "노유자 생활시설"이라 한다]
　나) 가)에 해당하지 않는 노유자 시설로 해당 시설로 사용하는 바닥면적의 합계가 300㎡ 이상 600㎡ 미만인 시설
　다) 가)에 해당하지 않는 노유자 시설로 해당 시설로 사용하는 바닥면적의 합계가 300㎡ 미만이고, 창살(철재·플라스틱 또는 목재 등으로 사람의 탈출 등을 막기 위하여 설치한 것을 말하며, 화재 시 자동으로 열리는 구조로 되어 있는 창살은 제외한다)이 설치된 시설
6) 숙박시설로 사용되는 바닥면적의 합계가 300㎡ 이상 600㎡ 미만인 시설
7) 건물을 임차하여 「출입국관리법」 제52조제2항에 따른 보호시설로 사용하는 부분
8) 복합건축물(별표 2 제30호나목의 복합건축물만 해당한다)로서 연면적 1천㎡ 이상인 것은 모든 층

다중이용업소의 안전관리에관한 특별법시행령 별표1의2
① 다중이용업소로서 지하층에 설치된 영업장
② 숙박을 제공하는 형태의 다중이용업소의 영업장 중 다음에 해당하는 영업장. 다만, 지상 1층에 있거나 지상과 직접 맞닿아 있는 층(영업장의 주된 출입구가 건축물 외부의 지면과 직접 연결된 경우를 포함한다)에 설치된 영업장은 제외한다.
　　(1) 산후조리업의 영업장　　(2) 고시원업의 영업장
③ 다중이용업소로서 밀폐구조의 영업장
④ 다중이용업소로서 권총사격장의 영업장

2-1. 설치면제장소 소방시설설치 및 관리에관한법률 시행령 별표5

간이스프링클러설비를 설치해야 하는 장소에 스프링클러설비, 물분무소화설비 또는 미분무소화설비를 화재안전기준에 적합하게 설치한 경우에는 그 설비의 유효범위에서 설치가 면제된다.

3. 종 류

① 상수도 직결방식

수도배관에 간이스프링클러설비 배관을 직접 연결하여 수돗물의 압력을 이용하여 설비를 작동하는 시설이며 별도의 가압송수장치(펌프등)나 수원(물탱크)이 없는 설비이다.
설치비용이 가장 적게 들지만 수돗물의 압력과 방수량이 헤드에서 기준압력이 항상 나올 수 있는 장소이어야 한다.

② 펌프방식

일반적으로 사용하는 스프링클러설비의 전동기 펌프설비와 같다.

③ 고가수조방식

물탱크를 옥상등 높은곳에 설치하여 자연낙차압력으로 시설을 작동하는 방식이다. 별도의 가압송수장치(펌프등)가 없는 설비이다. 물탱크를 높은 곳에 설치할 수 있는 장소이면 경제적이고 실용적인 설비이다.

④ 압력수조방식

에어컴프레서가 압력수조의 물에 공기압력을 미치게 하여 필요한 가압수를 배관으로 송수하는 설비로서 압력수조의 제작비등 설치비용이 많이드는 단점은 있으나 압력수조를 설치하는 공간이 적어도 되는 장점이 있다(전동기 펌프가 필요 없으므로 펌프실이 필요없다)

⑤ 가압수조방식

압력이 있는 기체가 소화수조(압력수조)의 물에 압력을 미치게하여 물을 배관으로 보내는 설비이다.
압력수조는 에어컴프레서의 공기로 물을 가압하지만, 이 설비는 가압용기의 기체가 수조에 가압하는 방식이다.
가압기체로는 질소, 이산화탄소, 공기 등을 사용 할 수 있다.
가압원이 가압기체이므로 전기가 필요없는 무전원설비로서 고장의 원인이 적으며 작동의 신뢰성이 높은 설비이다.
그러나 압력수조방식과 같이 소화수탱크가 압력에 견딜 수 있는 압력탱크이어야 하므로 제작비용이 많이드는 것이 단점이다.

⑥ 캐비닛형 방식

가압송수장치, 수조 및 유수검지장치 등을 집적화(한 곳에 모아둠)하여 캐비닛 형태의 함 내부에 만든 간이형태의 스프링클러설비를 말한다.

> **참고**
> 상수도 직결방식과 캐비닛형 방식은 다른 소방시설에는 없고, 간이스프링클러설비에만 사용가능한 설비이다.

4. 스프링클러설비와 간이스프링클러설비 비교

내 용	스프링클러		간이스프링클러	
	설비 종류	가압송수방식	설비 종류	가압송수방식
종류	습식 준비작동식 부압식 건식 일제살수식	펌프방식 고가수조방식 압력수조방식 가압수조방식	습식 준비작동식	펌프방식 고가수조방식 압력수조방식 가압수조방식 상수도직결형 캐비닛형
수원 (물탱크 용량)	29층 이하 : 기준개수 × 1.6㎥ 30~49층 : 기준개수 × 3.2㎥ 50층 이상 : 기준개수 × 4.8㎥		◉ 간이헤드2개 × 50ℓ/min × 10분 = 1㎥ ◉ 간이헤드5개 × 50ℓ/min × 20분 = 5㎥ (아래의 장소) 　- 근린생활시설로 사용하는 부분의 바닥면적 합계가 1,000㎡ 이상인 것은 모든 층 　- 숙박시설로 사용되는 바닥면적의 합계가 300㎡ 이상 600㎡ 미만인 시설 　- 복합건축물(하나의 건축물이 근린생활시설, 판매시설, 업무시설, 숙박시설 또는 위락시설의 용도와 주택의 용도로 함께 사용되는 것)로서 연면적 1,000㎡ 이상인 것은 모든 층 ◉ 상수도직결형 : 수돗물(별도의 물탱크는 없다)	
방수 압력	0.1MPa~1.2MPa(약1~12 kg/㎠)		0.1MPa(약1 kg/㎠)이상	
헤드 작동 온도	설치장소 최고온도	공칭작동온도	실내최대주위 천장온도	공칭작동온도
	39℃ 미만	79℃ 미만	0℃ ~ 38℃	57℃~77℃
	39℃ 이상 64℃ 미만	79℃ 이상 121℃ 미만	39℃ ~ 66℃	79℃~109℃
	64℃ 이상 106℃ 미만	121℃ 이상 162℃ 미만		
	106℃ 이상	162℃ 이상		
헤드 수평거리	■ 무대부, 특수가연물 : 1.7m 이하 ■ 랙크식창고 : 2.5m 이하 ■ 아파트 : 3.2m 이하 ■ 그밖의 것 : 2.1m이하(내화구조 2.3 이하)		간이헤드의 수평 거리 : 2.3m이하	
방수량	헤드 1개의 방수량 : 80ℓ/min 이상		간이헤드 1개의 방수량 : 50ℓ/min 이상 (주차장에 표준반응형스프링클러헤드를 사용할 경우 헤드 1개의 방수량은 80ℓ/min 이상)	

5. 용어 정의 간이스프링클러의 화재안전성능기준 3조, 화재안전기술기준 1.7

1. **간이헤드** 폐쇄형스프링클러헤드의 일종으로 간이스프링클러설비를 설치해야 하는 특정소방대상물의 화재에 적합한 감도·방수량 및 살수분포를 갖는 헤드를 말한다.

2. **충압펌프** 배관 내 압력손실에 따른 주펌프의 빈번한 기동을 방지하기 위하여 충압역할을 하는 펌프를 말한다.

3. **고가수조** 구조물 또는 지형지물 등에 설치하여 자연낙차의 압력으로 급수하는 수조를 말한다.

4. **압력수조** 소화용수와 공기를 채우고 일정압력 이상으로 가압하여 그 압력으로 급수하는 수조를 말한다.

5. **가압수조** 가압원인 압축공기 또는 불연성 기체의 압력으로 소화용수를 가압하여 그 압력으로 급수하는 수조를 말한다.

6. **진공계** 대기압 이하의 압력을 측정하는 계측기를 말한다.

7. **연성계** 대기압 이상의 압력과 대기압 이하의 압력을 측정할 수 있는 계측기를 말한다.

8. **기동용수압개폐장치** 소화설비의 배관 내 압력변동을 검지하여 자동적으로 펌프를 기동 및 정지시키는 것으로서 압력챔버 또는 기동용압력스위치 등을 말한다.

9. **가지배관** 헤드가 설치되어 있는 배관을 말한다.

10. **교차배관** 가지배관에 급수하는 배관을 말한다.

11. **주배관** 가압송수장치 또는 송수구 등과 직접 연결되어 소화수를 이송하는 주된 배관을 말한다.

12. **신축배관** 가지배관과 스프링클러헤드를 연결하는 구부림이 용이하고 유연성을 가진 배관을 말한다.

13. **급수배관** 수원 송수구 등으로 부터 소화설비에 급수하는 배관을 말한다.

14. **분기배관** 배관 측면에 구멍을 뚫어 둘 이상의 관로가 생기도록 가공한 배관으로서 다음 각 목의 분기배관을 말한다.

    가. **확관형 분기배관** 배관의 측면에 조그만 구멍을 뚫고 소성가공으로 확관시켜 배관 용접이음자리를 만들거나 배관 용접이음자리에 배관이음쇠를 용접 이음한 배관을 말한다.

    나. **비확관형 분기배관** 배관의 측면에 분기호칭내경 이상의 구멍을 뚫고 배관이음쇠를 용접 이음한 배관을 말한다.

15. **습식유수검지장치** 습식스프링클러설비 또는 부압식스프링클러설비에 설치되는 유수검지장치를 말한다.

16. **준비작동식유수검지장치** 준비작동식스프링클러설비에 설치되는 유수검지장치를 말한다.

17. **반사판(디플렉터)** 스프링클러헤드의 방수구에서 유출되는 물을 세분시키는 작용을 하는 것을 말한다.

18. **개폐표시형밸브** 밸브의 개폐여부를 외부에서 식별이 가능한 밸브를 말한다.

19. **캐비닛형 간이스프링클러설비** 가압송수장치, 수조(「캐비넷닛형 간이스프링클러설비 성능인증 및 제품검사의 기술기준」에서 정하는 바에 따라 분리형으로 할 수 있다) 및 유수검지장치 등을 집적화하여 캐비닛 형태로 구성시킨 간이 형태의 스프링클러설비를 말한다.

20. **상수도직결형 간이스프링클러설비** 수조를 사용하지 않고 상수도에 직접 연결하여 항상 기준 방수압 및 방수량 이상을 확보할 수 있는 설비를 말한다.

21. **정격토출량** 펌프의 정격부하운전 시 토출량으로서 정격토출압력에서의 토출량을 말한다.

22. **정격토출압력** 펌프의 정격부하운전 시 토출압력으로서 정격토출량에서의 토출측 압력을 말한다.

6. 간이스프링클러 계통도

(습식 계통도의 그림만 있으며, 준비작동식 그림은 생략했다)

① 펌프 등의 가압송수방식(습식일 경우)

펌프실 상세도

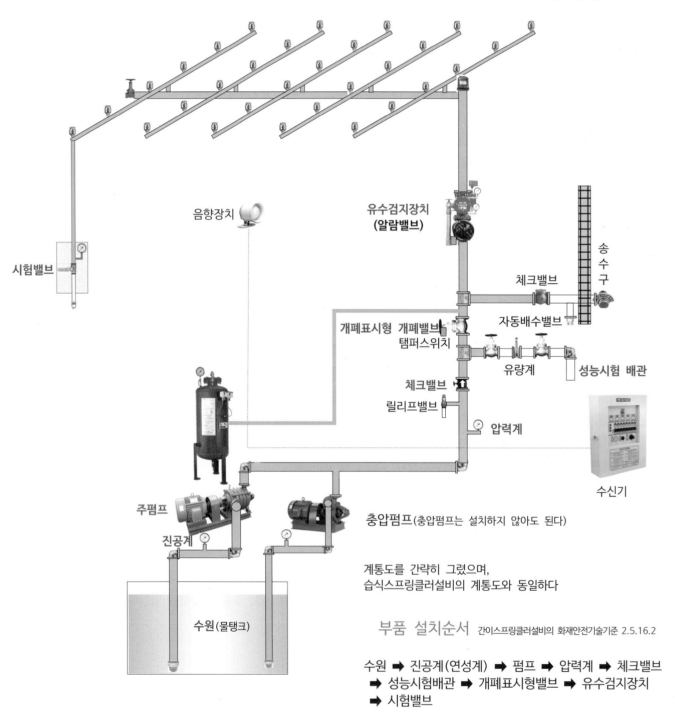

시험밸브

음향장치

유수검지장치
(알람밸브)

송수구

체크밸브

자동배수밸브

개폐표시형 개폐밸브
탬퍼스위치

유량계

성능시험 배관

체크밸브

릴리프밸브

압력계

수신기

주펌프

진공계

충압펌프(충압펌프는 설치하지 않아도 된다)

계통도를 간략히 그렸으며,
습식스프링클러설비의 계통도와 동일하다

수원 (물탱크)

부품 설치순서 간이스프링클러설비의 화재안전기술기준 2.5.16.2

수원 ➡ 진공계(연성계) ➡ 펌프 ➡ 압력계 ➡ 체크밸브
➡ 성능시험배관 ➡ 개폐표시형밸브 ➡ 유수검지장치
➡ 시험밸브

② 상수도 직결(연결)형

부품 설치순서 간이스프링클러설비의 화재안전기술기준 2.5.16.1.1

수도용계량기 ➡ 급수차단장치 ➡ 개폐표시형밸브 ➡ 체크밸브 ➡ 압력계 ➡ 유수검지장치 ➡ 2개의 시험밸브

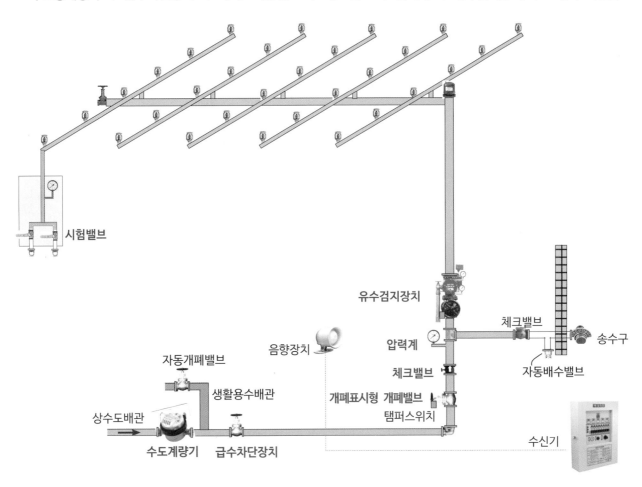

시험밸브

유수검지장치

체크밸브

송수구

압력계

자동배수밸브

음향장치

자동개폐밸브

체크밸브

생활용수배관

개폐표시형 개폐밸브
탬퍼스위치

상수도배관

수도계량기   급수차단장치

수신기

방수량 계산방법

사례
피토게이지에서 방수압력 1.1kgf/cm²이 측정되었다면 방수량은?

방수량 계산

$Q = 0.653 \, D^2 \sqrt{P}$

Q (ℓ/min) : 방수량(?)

D(mm) : 헤드노즐 구경(8.9mm) 가정
(헤드노즐 구경은 몇가지 제품이 있다)

P(kgf/cm²) : 방수압력(1.1kgf/cm²)

$Q = 0.653 \times 8.9^2 \times \sqrt{1.1} = 54.25 \, ℓ/min$

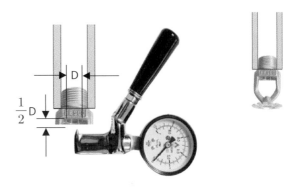

시험밸브함의 헤드는 개방형헤드를 설치하면 피토게이지로 방수압력을 측정하지 못하므로(방수되는 물이 반사반에 부딪혀 정확성이 떨어짐) 그림과 같이 헤드의 반사판과 프레임을 제거한 헤드를 설치하는 것이 좋다

③ 주택전용 간이스프링클러설비

부품 설치순서 간이스프링클러설비의 화재안전성능기준 14조 [시행 2024. 12. 1.]

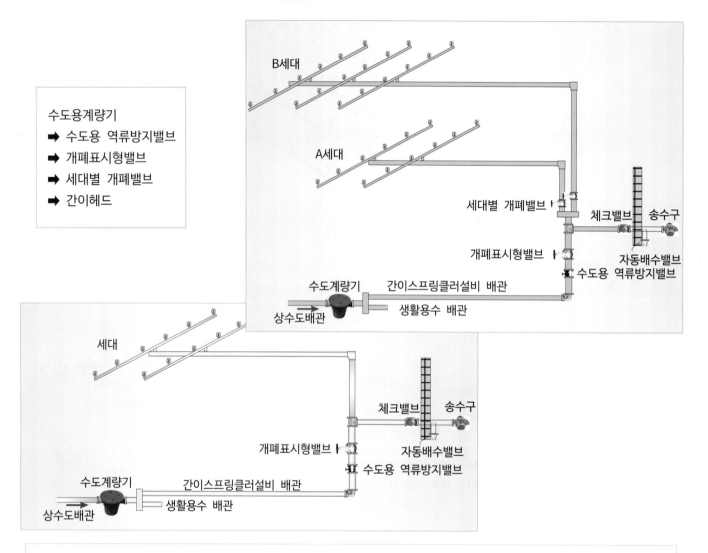

수도용계량기
➡ 수도용 역류방지밸브
➡ 개폐표시형밸브
➡ 세대별 개폐밸브
➡ 간이헤드

【설치 장소】

연립주택 및 다세대주택에 설치하는 간이스프링클러설비는 주택전용 간이스프링클러설비를 설치한다.

소방시설 설치 및 관리에 관한 법률 시행령 [별표 4]

【기 준】

1. 주택전용 간이스프링클러설비에는 가압송수장치, 유수검지장치, 제어반, 음향장치, 기동장치 및 비상전원은 적용 하지 않을 수 있다.
2. 세대 내 배관은 소방용 합성수지배관으로 설치할 수 있다.
3. 상수도에 직접 연결하는 방식으로 수도용 계량기 이후에서 분기하여 수도용 역류방지밸브, 개폐표시형밸브, 세대별 개폐밸브 및 간이헤드의 순으로 설치한다.
4. 상수도직결형의 상수도압력은 가장 먼 가지배관에서 2개의 간이헤드를 동시에 개방할 경우 각각의 간이헤드 선단 방수압력은 0.1(MPa)메가파스칼 이상, 방수량은 분당 50(ℓ)리터 이상이어야 한다.

④ 고가수조방식

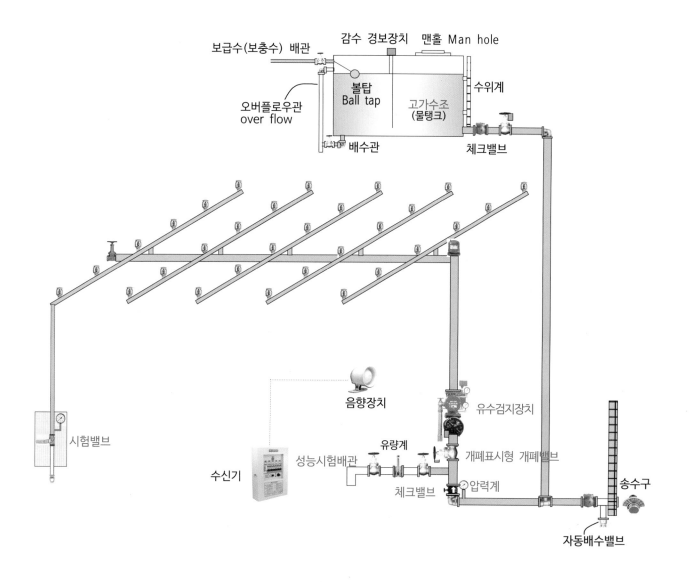

고가수조에 설치해야 하는 부품   간이스프링클러설비의 화재안전기술기준 2.2.3.2

수위계, 배수관, 급수관, 오버플로우관, 맨홀

참고 : 고가수조에 대해서는 설치해야 하는 부품의 기준은 있지만,
부품의 설치순서에 대한 기준이 없다.

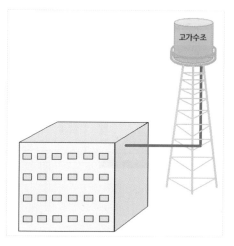

⑤ 압력수조방식

부품 설치순서 간이스프링클러설비의 화재안전기술기준 2.5.16.2

수원 ➡ 연성계 또는 진공계(필요한 경우) ➡ 압력수조 ➡ 압력계 ➡ 체크밸브 ➡ 성능시험배관
➡ 개폐표시형밸브 ➡ 유수검지장치 ➡ 시험밸브

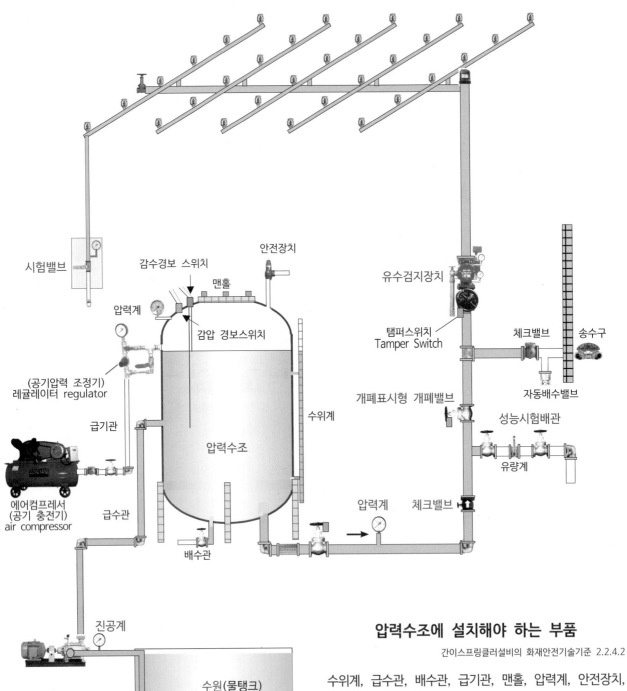

압력수조에 설치해야 하는 부품 간이스프링클러설비의 화재안전기술기준 2.2.4.2

수위계, 급수관, 배수관, 급기관, 맨홀, 압력계, 안전장치,
자동식 공기압축기

⑥ 가압수조방식

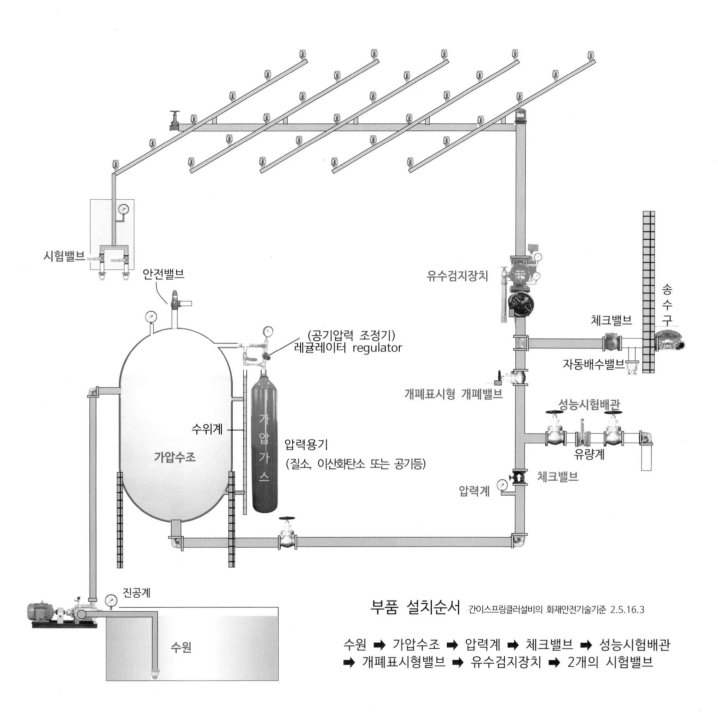

시험밸브

안전밸브

유수검지장치

송수구

체크밸브

(공기압력 조정기)
레귤레이터 regulator

자동배수밸브

개폐표시형 개폐밸브

성능시험배관

수위계

압력용기
(질소, 이산화탄소 또는 공기등)

유량계

가압가스

가압수조

체크밸브

압력계

진공계

수원

부품 설치순서 간이스프링클러설비의 화재안전기술기준 2.5.16.3

수원 ➡ 가압수조 ➡ 압력계 ➡ 체크밸브 ➡ 성능시험배관
➡ 개폐표시형밸브 ➡ 유수검지장치 ➡ 2개의 시험밸브

레귤레이터 regulator
압력조정기, 소화수탱크에 필요한 압력을 압력용기가스가 들어가게 조정하는 밸브이다.
레규레이터는 원하는 압력으로 조정이 가능하며 소화수탱크에 원하는 압력을 압력용기 가스가 보충할 수 있도록
조정하면 조정한 압력만큼 압력용기가스가 들어간다.

⑦ 캐비닛형

가압송수장치(펌프), 수조 및 유수검지장치 등을 집적화(한 곳에 모아둠)하여 캐비닛 형태의 함 내부에 만든 간이형태의 스프링클러설비를 말한다.

1. 작동성능 - 캐비닛형 간이스프링클러설비의 성능인증 및 제품검사의 기술기준 4조

간이설비는 다음 각 호에 적합해야 한다. 이 경우 전기를 사용하는 설비의 전원전압은 정격전압으로 한다.

  가. 최장배관의 말단에 설치된 간이스프링클러헤드의 방수량은 50 L/min 이상이어야 한다.

  나. 최장배관 및 최단배관 말단의 간이헤드 2개를 동시 개방하였을 경우 간이헤드 선단의 방수압력은 0.1 MPa 이상이어야 한다. 이 경우 방수시간은 10분용은 10분, 20분용은 20분 이상 방수되어야 하며, 방수시간의 측정은 간이헤드가 유효방수압력으로 방수되기 시작한 시점에서부터 유효방수압력 이하로 저하된 시점까지의 시간을 측정한다.

  다. 간이헤드 1개를 개방하고 음향장치로부터 1 m 떨어진 위치에서 음량을 측정하였을 때, 90 dB 이상의 음량이 10분용은 10분, 20분용은 20분 이상 지속되어야 한다.

  라. 상용전원 차단시 자동으로 비상전원으로 전환되어야 하며, 비상전원으로 운전시 간이헤드의 유효방수압력 유지 및 음향장치의 작동은 10분용은 10분, 20분용은 20분 이상 지속되어야 한다. 다만, 무전원 방식의 경우에는 모든 기능의 작동이 10분용은 10분, 20분용은 20분 이상 지속되어야 한다.

2. 부품 설치순서   간이스프링클러설비의 화재안전기술기준 2.5.16.4

수원
- ➡ 연성계 또는 진공계(필요한 경우)
- ➡ 펌프(또는 압력수조)
- ➡ 압력계
- ➡ 체크밸브
- ➡ 개폐표시형밸브
- ➡ 2개의 시험밸브

캐비닛형 간이스프링클러설비

내부모습

7. 수 원(물탱크) 간이스프링클러설비의 화재안전기술기준 2.1

가. 수원

① 상수도직결형의 경우 수돗물
② 수조("캐비닛형"을 포함한다)를 사용하고자 하는 경우에는 적어도 1개 이상의 자동급수장치를 갖추어야 하며, 2개의 간이헤드에서 최소 10분[영 별표 4 제1호마목2)가) 또는 6)과 8)에 해당하는 경우에는 5개의 간이헤드에서 최소 20분] 이상 방수할 수 있는 양 이상을 수조에 확보할 것

수원(물탱크) 용량 요약

용량 설비종류	물탱크 용량 계산	
상수도 직결형 (연결형)	수돗물(별도의 물탱크 없음)	
상수도 직결형 이외의 것	1,000ℓ (1㎥), 계산 내용 : (헤드 2개 × 50 ℓ/min × 10분)	
	아래의 장소	
	1. 근린생활시설로 사용하는 부분의 바닥면적 합계가 1,000㎡ 이상인 것은 모든 층 2. 숙박시설로 사용되는 바닥면적 합계가 300㎡ 이상 600㎡ 미만인 시설 3. 복합건축물(별표2 제30호 나목의 복합건축물만 해당한다)로서 연면적 1,000㎡ 이상인 것은 모든 층 『별표2 제30호 나목의 복합건축물』 하나의 건축물이 근린생활시설, 판매시설, 업무시설, 숙박시설 또는 위락시설의 용도와 주택의 용도로 함께 사용되는 것	5,000ℓ (5㎥) 계산 내용 헤드 5개 × 50 L/min × 20분

나. 전용수조 2.1.2

수조는 소방설비의 전용수조로 해야 한다. 다만, 다음 각 호의 어느 하나에 해당하는 경우에는 그러하지 아니하다.
① 간이스프링클러설비용 펌프의 풋밸브 또는 흡수배관의 흡수구(수직회전축펌프의 흡수구를 포함한다)를 다른 설비(소화용 설비 외의 것을 말한다)의 풋밸브 또는 흡수구보다 낮은 위치에 설치한 때
② 고가수조로부터 소화설비의 수직배관에 물을 공급하는 급수구를 다른 설비의 급수구보다 낮은 위치에 설치한 때
③ 저수량을 산정함에 있어서 다른 설비와 겸용하여 간이스프링클러설비용 수조를 설치하는 경우에는 간이스프링클러설비의 풋밸브·흡수구 또는 수직배관의 급수구와 다른 설비의 풋밸브·흡수구 또는 수직배관의 급수구와의 사이의 수량을 그 유효수량으로 한다.

영 별표 4 제1호 마목 2)가) 또는 6)과 8)
2)가) 근린생활시설로 사용하는 부분의 바닥면적 합계가 1,000㎡ 이상인 것은 모든 층
6) 숙박시설로 사용되는 바닥면적 합계가 300㎡ 이상 600㎡ 미만인 시설
8) 복합건축물(별표2 제30호 나목의 복합건축물만 해당한다)로서 연면적 1,000㎡ 이상인 것은 모든 층

다. 저수량 간이스프링클러설비의 화재안전기술기준 2.1.3

다른 설비와 겸용하여 간이스프링클러설비용 수조를 설치하는 경우에는 간이스프링클러설비의 풋밸브·흡수구 또는 수직배관의 급수구와 다른 설비의 풋밸브·흡수구 또는 수직배관의 급수구와의 사이의 수량을 그 유효수량으로 한다.

라. 수조 기준 간이스프링클러설비의 화재안전기술기준 2.1.4

① 점검에 편리한 곳에 설치한다.
② 동결방지조치를 하거나 동결의 우려가 없는 장소에 설치한다.
③ 수조의 외측에 수위계를 설치한다. 다만, 구조상 불가피한 경우에는 수조의 맨홀 등을 통하여 수조 안의 물의 양을 쉽게 확인할 수 있도록 해야 한다.
④ 수조의 상단이 바닥보다 높은 때에는 수조의 외측에 고정식 사다리를 설치한다.
⑤ 수조가 실내에 설치된 때에는 그 실내에 조명설비를 설치한다.
⑥ 수조의 밑부분에는 청소용 배수밸브 또는 배수관을 설치한다.
⑦ 수조 외측의 보기 쉬운 곳에 "간이스프링클러설비용 수조"라고 표시한 표지를 할 것. 이 경우 그 수조를 다른 설비와 겸용하는 때에는 그 겸용되는 설비의 이름을 표시한 표지를 함께 해야 한다.
⑧ 소화설비용 펌프의 흡수배관 또는 소화설비의 수직배관과 수조의 접속부분에는 "간이스프링클러설비용 배관"이라고 표시한 표지를 할 것. 다만, 수조와 가까운 장소에 소화설비용 펌프가 설치되고 해당 펌프에 2.2.2.11 따른 표지를 설치한 때에는 그렇지 않다.

2.2.2.11 : 가압송수장치에는 "간이스프링클러소화펌프"라고 표시한 표지를 할 것. 이 경우 그 가압송수장치를 다른 설비와 겸용하는 때에는 그 겸용되는 설비의 이름을 표시한 표지를 함께 해야 한다.

문제 1

산후조리원 건물로서 바닥면적 500㎡인 곳에 펌프를 가압송수장치로 사용하는 간이스프링클러를 설치한다면 수원의 양을 계산하시오.

풀이

2개의 간이헤드 × 50 L/min × 10분 = 1,000리터(1㎥)

문제 2

근린생활시설로 사용하는 부분의 바닥면적의 합계가 1,200㎡의 건물에 펌프를 가압송수장치로 사용하는 간이스프링클러를 설치한다면 수원의 양을 계산하시오.

풀이

간이헤드 5개 × 50 L/min × 20분 = 5,000리터(5㎥)

8. 가압송수장치 간이스프링클러설비의 화재안전기술기준 2.2

가. 방수압력, 방수량 2.2.1

방수압력(상수도직결형은 상수도압력)은 가장 먼 가지배관에서 2개[영 별표 4 제1호마목2)가) 또는 6)과 8)에 해당하는 경우에는 5개]의 간이헤드를 동시에 개방할 경우 각각의 간이헤드 선단 방수압력은 0.1 ㎫ 이상, 방수량은 50 L/min 이상이어야 한다. 다만, 2.3.1.7에 따른 주차장에 표준반응형스프링클러헤드를 사용할 경우 헤드 1개의 방수량은 80 L/min 이상이어야 한다.

간이스프링클러설비 가압송수장치 방수압력, 방수량 요약

설비 종류	방수압력	방수량	수원(물탱크 용량)
상수도 직결형(연결형)	0.1 ㎫ 이상	간이헤드 2개 × 50 L/min 이상	헤드2개 × 50 ℓ × 10분 = 1,000 ℓ
가압송수장치	0.1 ㎫ 이상	간이헤드 2개 × 50 L/min 이상	헤드2개 × 50 ℓ × 10분 = 1,000 ℓ
		영 별표 4 제1호마목2)가) 또는 6)과 8)에 해당하는 경우 간이헤드 5개 × 50 L/min 이상	헤드5개 × 50 ℓ × 20분 = 5,000 ℓ
가압송수장치 (주차장에 표준반응형스프링클러헤드를 사용할 경우)	0.1 ㎫ 이상	간이헤드 5개 × 80 L/min 이상	헤드5개 × 80 ℓ × 10분 = 4,000 ℓ

영 별표 4 제1호마목2)가) 또는 6)과 8)에 해당하는 경우
1. 근린생활시설로 사용하는 부분의 바닥면적 합계가 1천㎡ 이상인 것은 모든 층 - 제1호 마목 2)가)
2. 숙박시설로 사용되는 바닥면적의 합계가 300㎡ 이상 600㎡ 미만인 시설 - 제1호 마목 6)
3. 복합건축물(별표 2 제30호나목의 복합건축물만 해당한다)로서 연면적 1천㎡ 이상인 것은 모든 층 - 제1호마목 8)

나. 기동장치 2.2.2.7

기동장치로는 기동용수압개폐장치 또는 이와 동등 이상의 성능이 있는 것을 설치한다.

다. 충압펌프(캐비닛형의 경우에는 충압펌프 설치하지 않는다) 2.2.2.8

① 펌프의 토출압력은 그 설비의 최고위 살수장치의 자연압보다 적어도 0.2MPa이 더 크도록 하거나 가압송수장치의 정격토출압력과 같게 한다.
② 펌프의 정격토출량은 정상적인 누설량보다 적어서는 안 되며, 간이스프링클러설비가 자동적으로 작동할 수 있도록 충분한 토출량을 유지할 것

참 고
간이스프링클러설비는 주펌프가 충압의 기능을 할 수 있으면 충압펌프를 설치하지 않는다
(소방청에서도 이렇게 질의 답변하고 있다)

소방시설별 방수압력 기준 내용

압력 소방시설		최소압력	최대압력	근거 기준
옥내소화전		0.17 MPa	0.7 MPa	옥내소화전설비의 화재안전성능기준 5조 ① 3 옥내소화전설비의 화재안전기술기준 2.2.1.3
옥외소화전		0.25 MPa	0.7 MPa	옥외소화전설비의 화재안전성능기준 5조 ① 3 옥외소화전설비의 화재안전기술기준 2.2.1.3
스프링클러설비		0.1 MPa	1.2 MPa	스프링클러설비의 화재안전성능기준 5조 ① 9 스프링클러설비의 화재안전기술기준 2.2.1.10
간이스프링클러설비		0.1 MPa		간이스프링클러설비의 화재안전성능기준 5조 ① 간이스프링클러설비의 화재안전기술기준 2.2
화재조기진압용 스프링클러설비		0.28 MPa	0.34 MPa	화재조기진압용 스프링클러설비의 화재안전성능기준 5, 6조 화재조기진압용 스프링클러설비의 화재안전기술기준 2.3
		최대층고 및 최대저장높이에 따라 방수압력 기준 정한다		
물분무소화설비		물분무헤드의 설계압력(MPa)		물분무소화설비의 화재안전성능기준 5조 ① 물분무소화설비의 화재안전기술기준 2.2
미분무 소화설비	저압		1.2MPa 이하	미분무소화설비의 화재안전성능기준 3, 8조 미분무소화설비의 화재안전기술기준 2.5
	중압	1.2MPa 초과	3.5MPa 이하	
	고압	3.5MPa 초과		
포소화설비		방출구 설계압력 또는 노즐선단 방사압력(MPa)		포소화설비의 화재안전성능기준 6조 포소화설비의 화재안전기술기준 2.3

9. 방호구역, 유수검지장치

간이스프링클러설비의 방호구역·유수검지장치는 다음 각 호의 기준에 적합하여야 한다. 다만, 캐비닛형의 경우에는 3의 기준에 적합하여야 한다.

1. 하나의 방호구역의 바닥면적은 1,000㎡를 초과하지 아니한다.

2. 하나의 방호구역에는 1개 이상의 유수검지장치를 설치하되, 화재 시 접근이 쉽고 점검하기 편리한 장소에 설치한다.

3. 하나의 방호구역은 2개 층에 미치지 아니하도록 할 것. 다만, 1개 층에 설치되는 간이헤드의 수가 10개 이하인 경우에는 3개층 이내로 할 수 있다.

4. 유수검지장치는 실내에 설치하거나 보호용 철망 등으로 구획하여 바닥으로부터 0.8 m 이상 1.5 m 이하의 위치에 설치하되, 그 실 등에는 가로 0.5 m 이상 세로 1 m 이상의 개구부로서 그 개구부에는 출입문을 설치하고 그 출입문 상단에 "유수검지장치실"이라고 표시한 표지를 설치할 것. 다만, 유수검지장치를 기계실(공조용기계실을 포함한다)안에 설치하는 경우에는 별도의 실 또는 보호용 철망을 설치하지 않고 기계실 출입문 상단에 "유수검지장치실"이라고 표시한 표지를 설치할 수 있다.

5. 간이헤드에 공급되는 물은 유수검지장치를 지나도록 할 것. 다만, 송수구를 통하여 공급되는 물은 그렇지 않다.

6. 자연낙차에 따른 압력수가 흐르는 배관 상에 설치된 유수검지장치는 화재 시 물의 흐름을 검지할 수 있는 최소한의 압력이 얻어질 수 있도록 수조의 하단으로부터 낙차를 두어 설치할 것

7. 간이스프링클러설비가 설치되는 특정소방대상물에 부설된 주차장부분(영 별표 4 제1호바목에 해당하지 않는 부분에 한한다)에는 습식 외의 방식으로 해야 한다. 다만, 동결의 우려가 없거나 동결을 방지할 수 있는 구조 또는 장치가 된 곳은 그렇지 않다.

방호구역, 유수검지장치 요약

내용 \ 설비 종류		간이 스프링클러설비	스프링클러설비
1 방호구역 면적		1,000㎡ 이하	3,000㎡ 이하 (폐쇄형스프링클러설비에 격자형배관방식을 채택하는 때에는 3,700㎡ 범위 내)
유수검지장치		1 방호구역에 1개 이상 설치	
층		1 방호구역은 1개층에 할 것. 다만, 1개 층에 설치되는 스프링클러헤드의 수가 10개 이하인 경우와 복층형구조의 공동주택에는 3개 층 이내로 할 수 있다.	
유수검지장치실	위치	바닥으로부터 0.8m 이상 1.5m 이하의 위치에 설치	
	출입문 규격	가로 0.5m 이상 세로 1m 이상	
캐비닛형 (간이스프링클러설비에만 해당)		하나의 방호구역은 2개 층에 미치지 아니하도록 할 것. 다만, 1개 층에 설치되는 간이헤드의 수가 10개 이하인 경우에는 3개층 이내로 할 수 있다.	

10. 행거 (Hanger-지지대, 걸이)

간이스프링클러설비의 화재안전기술기준 2.5.13

배관을 매달기 위하여 천장이나 벽에 고정하는 지지대를 행거라 한다.

행거 설치기준

1. 가지배관에는 헤드의 설치지점 사이마다 1개이상의 행거를 설치하되 헤드간의 거리가 3.5m를 초과하는 경우에는 3.5m 마다 1개이상 설치한다. 이 경우 상향식헤드와 행거 사이에 8㎝ 이상의 간격을 둔다.

2. 교차배관에는 가지배관과 가지배관 사이마다 1개 이상의 행거를 설치하되, 가지배관 사이의 거리가 4.5m를 초과하는 경우에는 4.5m 이내마다 1개 이상 설치한다.

3. 제1, 2호의 수평주행배관에는 4.5m 이내마다 1개이상 설치한다.

참고
벽면 배관의 행거 설치기준은 없다(수직배관, 배수배관등의 기준이 필요하다)

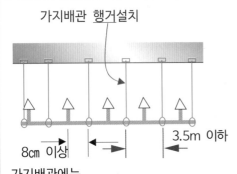

가지배관 행거설치

8㎝ 이상   3.5m 이하

가지배관에는,
헤드의 설치지점 사이마다 1개이상의 행거를 설치하되 헤드간의 거리가 3.5m를 초과하는 경우에는 3.5m 마다 1개이상 설치한다

헤드와 행거 사이에 8㎝이상을 두도록 한다. 그 이유는 헤드에서 뿌려지는 물이 행거에 부딪혀 살수방해가 될 수 있으므로 헤드와 거리를 두도록 했다

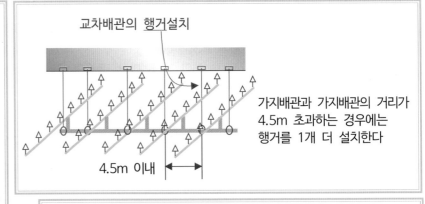

교차배관의 행거설치

4.5m 이내

가지배관과 가지배관의 거리가 4.5m 초과하는 경우에는 행거를 1개 더 설치한다

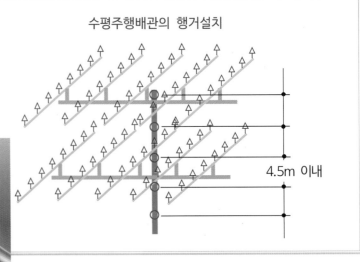

수평주행배관의 행거설치

4.5m 이내

행거 설치기준 요약

간이스프링클러설비의 화재안전기술기준 2.5.13.2

배관종류	내용
가지배관	헤드의 설치지점 사이마다 1개이상의 행거를 설치하되, 헤드간의 거리가 3.5m를 초과하는 경우에는 3.5m 마다 1개 이상
교차배관	가지배관과 가지배관 사이마다 1개이상의 행거를 설치하되, 가지배관 사이의 거리가 4.5m를 초과하는 경우에는 4.5m 이내마다 1개 이상
수평주행배관	4.5m 이내마다 1개 이상
수직배관(주배관)	기준이 없다
배수배관	기준이 없다
펌프실등 기타배관	기준이 없다

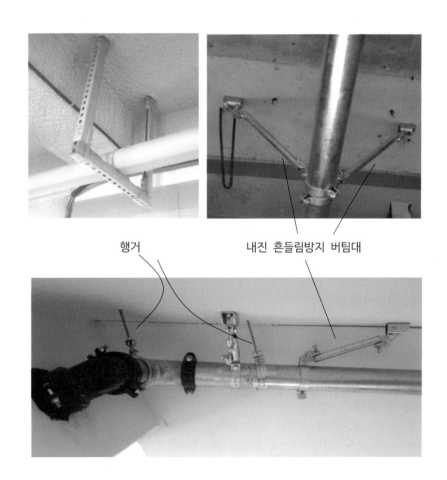

행거　　　　　내진 흔들림방지 버팀대

11. 탬퍼스위치(Tamper switch-감시 스위치) 간이스프링클러설비의 화재안전기술기준 2.5.14

가. 정의

개폐밸브에 설치하는 개폐밸브 작동(닫힘) 감시스위치를 말한다.
항상 열려있어야 하는 밸브가 잠겨있는지를 수신기에서 감시하기
위하여 개폐밸브에 설치하는 작동 감시스위치를 말한다.

나. 설치 목적

간이스프링클러설비 수조(물탱크)의 풋밸브에서 부터 헤드까지의 배관에 설치된 개폐
밸브(열고 닫는밸브)는 언제나 열려 있어야 헤드로 방수가 가능하기 때문에,
개폐밸브가 열려 있는지를 감시제어반에서 감시할 수 있도록 한 설비이다.

다. 기준 간이스프링클러설비의 화재안전기술기준 2.5.14

급수배관에 설치되어 급수를 차단할 수 있는 개폐밸브에는 그 밸브의 개폐(열리고 닫힘)상태를 감시제어반에서 확인할
수 있도록 급수개폐밸브 작동표시 스위치를 다음 각 호의 기준에 따라 설치해야 한다.

1. 급수개폐밸브가 잠길 경우 탬퍼스위치의 동작(작동)으로 인하여 감시제어반 또는 수신기에 표시 되어야 하며
   경보음을 발할 것(울릴 것)
2. 탬퍼스위치는 감시제어반 또는 수신기에서 동작(작동)의 유무(있고 없음) 확인과 동작시험, 도통시험(선의 끊어짐 시험)
   을 할 수 있을 것
3. 급수개폐밸브의 작동표시 스위치에 사용되는 전기배선은 내화전선 또는 내열전선으로 설치한다.

> **참고**
> 탬퍼스위치 회로의 끝에 종단저항을 설치해야 수신기에서 도통시험이 가능하다.
> 급수배관 : 수원, 송수구 등으로 부터 소화설비에 급수하는 배관을 말한다.

라. 설치해야 하는 장소

급수배관에 설치되어 급수를 차단할 수 있는 개폐밸브에 설치하도록 정하고 있다. 구체적인 설치장소로는,
  ① 주펌프의 흡입측 배관에 설치된 개폐밸브
  ② 주펌프의 토출측에 설치된 개폐밸브
  ③ 고가수조 및 옥상수조와 입상관(주배관)과 연결된 배관상의 개폐밸브
  ④ 유수검지장치의 1, 2차측 개폐밸브
  ⑤ 송수구와 주배관 사이 배관상에 설치된 개폐밸브
  ⑥ 그밖에 수조에서부터 헤드까지의 사이에 방수를 차단할 수 있는 개폐밸브

  참고 : 충압펌프의 흡입, 토출측배관에는 탬퍼스위치를 설치하지 않는다. 충압펌프의 배관은 급수배관이 아니며, 충압배관
      이다.(소방청에서도 설치하지 않는다고 해석하고 있다)

12. 배관 기울기

간이스프링클러설비의 화재안전기술기준 2.5.15

간이스프링클러설비의 화재안전기술기준 2.5.15

간이스프링클러설비 배관의 배수를 위한 기울기는 수평으로 할 것. 다만, 배관의 구조상 소화수가 남아 있는 곳에는 배수밸브를 설치해야 한다.

스프링클러설비의 화재안전기술기준 2.5.17

스프링클러설비 배관의 배수를 위한 기울기는 다음의 기준에 따른다.

① 습식스프링클러설비 또는 부압식 스프링클러설비의 배관을 수평으로 할 것. 다만, 배관의 구조상 소화수가 남아 있는 곳에는 배수밸브를 설치해야 한다.

② 습식스프링클러설비 또는 부압식 스프링클러설비 외의 설비에는 헤드를 향하여 상향으로 수평주행배관의 기울기를 500분의 1 이상, 가지배관의 기울기를 250분의 1 이상으로 할 것. 다만, 배관의 구조상 기울기를 줄 수 없는 경우에는 배수를 원활하게 할 수 있도록 배수밸브를 설치해야 한다.

배관 기울기 요약

간이스프링클러설비	배관을 수평으로 한다. 다만, 배관의 구조상 소화수가 남아 있는 곳에는 배수밸브를 설치한다.	
습식	배관을 수평으로 한다. 다만, 배관의 구조상 소화수가 남아 있는 곳에는 배수밸브를 설치해야 한다.	
부압식		
준비작동식	헤드를 향하여 상향으로 수평주행배관의 기울기를 500분의 1 이상, 가지배관의 기울기를 250분의 1 이상으로 한다. 다만, 배관의 구조상 기울기를 줄 수 없는 경우에는 배수를 원활하게 할 수 있도록 배수밸브를 설치해야 한다.	
건식		
일제살수식		

13. 배관 및 밸브 등 설치 순서 간이스프링클러설비의 화재안전기술기준 2.5.16

간이스프링클러설비의 배관 및 밸브 등의 순서는 다음의 기준에 따라 설치하여야 한다.
1. **상수도직결형**은 다음 각 목의 기준에 따라 설치한다.
    가. 수도용계량기, 급수차단장치, 개폐표시형밸브, 체크밸브, 압력계, 유수검지장치(압력스위치 등 유수검지장치와 동등 이상의 기능과 성능이 있는 것을 포함한다), 2개의 시험밸브의 순으로 설치한다.
    나. 간이스프링클러설비 이외의 배관에는 화재 시 배관을 차단할 수 있는 급수차단장치를 설치한다.

2. **펌프 등의 가압송수장치**를 이용하여 배관 및 밸브 등을 설치하는 경우에는 수원, 연성계 또는 진공계(수원이 펌프보다 높은 경우를 제외한다), 펌프 또는 압력수조, 압력계, 체크밸브, 성능시험배관, 개폐표시형밸브, 유수검지장치, 시험밸브의 순으로 설치한다.

3. **가압수조를 가압송수장치**로 이용하여 배관 및 밸브등을 설치하는 경우에는 수원, 가압수조, 압력계, 체크밸브, 성능시험배관, 개폐표시형밸브, 유수검지장치, 2개의 시험밸브의 순으로 설치한다.

4. **캐비닛형의 가압송수장치**에 배관 및 밸브 등을 설치하는 경우에는 수원, 연성계 또는 진공계(수원이 펌프보다 높은 경우를 제외한다), 펌프 또는 압력수조, 압력계, 체크밸브, 개폐표시형밸브, 2개의 시험밸브의 순으로 설치한다. 다만, 소화용수의 공급은 상수도와 직결된 바이패스관 또는 펌프에서 공급받아야 한다.

주택전용 간이스프링클러설비
상수도에 직접 연결하는 방식으로 수도용 계량기 이후에서 분기하여 수도용 역류방지밸브, 개폐표시형밸브, 세대별 개폐밸브 및 간이헤드의 순으로 설치한다.

설치순서 요약

상수도직결형	펌프 등 가압송수장치	가압수조 가압송수장치	캐비닛형 가압송수장치	주택전용 상수도직결형
수도용계량기	수원	수원	수원	수도용계량기
↓	↓	↓	↓	↓
급수차단장치	연성계 또는 진공계		연성계 또는 진공계	
↓	↓	↓	↓	↓
개폐표시형밸브	펌프 또는 압력수조	가압수조	펌프 또는 압력수조	수동용 역류방지밸브
	↓	↓	↓	
↓	압력계	압력계	압력계	↓
체크밸브	체크밸브	체크밸브	체크밸브	개폐표시형밸브
압력계	성능시험배관	성능시험배관	↓	
↓				↓
↓	개폐표시형밸브	개폐표시형밸브	개폐표시형밸브	세대별 개폐밸브
유수검지장치	유수검지장치	유수검지장치	↓	↓
↓	↓	↓		간이헤드
2개의 시험밸브	시험밸브	2개의 시험밸브	2개의 시험밸브	

14. 간이헤드

간이스프링클러설비의 화재안전기술기준 2.6.1

가. 간이헤드

간이스프링클러설비에는 폐쇄형간이헤드를 사용해야 한다.
간이헤드는 폐쇄형헤드이며 간이스프링클러설비를 설치한 곳의 화재에 적합한 감도, 방수량 및 살수분포를 갖는 헤드를 말한다.

나. 간이헤드 작동온도

간이헤드는 설치장소의 실내 최대 주위천장 온도에 따라
적합한 <u>공칭작동온도</u>의 헤드를 설치해야 한다.

실내의 최대 주위천장온도	공칭작동온도
0° 이상 38℃ 이하	57℃ ~ 77℃
39℃ 이상 66℃ 이하	79℃ ~ 109℃

다. 간이헤드 간격

간이헤드를 설치하는 천장·반자·천장과 반자 사이·덕트·선반 등의 각 부분으로부터 간이헤드까지의 수평거리는 2.3 m(「스프링클러헤드의 형식승인 및 제품검사의 기술기준」에 따른 유효살수반경의 것으로 한다) 이하가 되도록 해야 한다. 다만, 성능이 별도로 인정된 간이헤드를 수리계산에 따라 설치하는 경우에는 그렇지 않다.

정사각형(정방형) 배치

수평거리(R)	헤드간격(S)
2.3m	3.2m

수평거리 기준을 헤드간격으로 계산한 내용

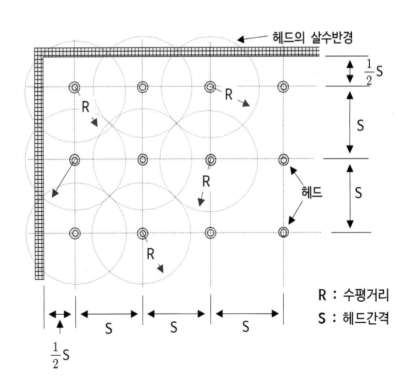

R : 수평거리
S : 헤드간격

공칭작동온도 公稱作動溫度 : 헤드의 명목상(또는 분류상) 작동온도의 값. 실제 동작에서의 값과는 다르다. 실제의 동작값은 동작 조건, 환경 조건 등에 따라 변화폭을 갖는 것이 보통이다. 공칭값은 보통 설계에서의 가늠으로서의 정격값, 또는 동작에서의 최댓값 등이 선택된다.

15. 송수구

간이스프링클러설비의 화재안전기술기준 2.8

송수구를 다음 각 호의 기준에 따라 설치해야 한다. 다만, 상수도직결형 또는 캐비닛형의 경우(건축물 전체가 하나의 영업장일 경우는 제외)에는 송수구를 설치하지 아니할 수 있다.

1. 송수구는 소방차가 쉽게 접근할 수 있는 잘 보이는 장소에 설치하되 화재층으로부터 지면으로 떨어지는 유리창 등이 송수 및 그 밖의 소화작업에 지장을 주지 아니하는 장소에 설치한다.
2. 송수구로부터 간이스프링클러설비의 주배관에 이르는 연결배관에 개폐밸브를 설치한 때에는 그 개폐상태를 쉽게 확인 및 조작할 수 있는 옥외 또는 기계실 등의 장소에 설치한다.
3. 구경 65㎜의 쌍구형 또는 단구형으로 한다. 이 경우 송수배관의 안지름은 40㎜ 이상으로 한다.
4. 지면으로부터 높이가 0.5m 이상 1m 이하의 위치에 설치한다.
5. 송수구의 가까운 부분에 자동배수밸브(또는 직경 5㎜의 배수공) 및 체크밸브를 설치할 것. 이 경우 자동배수밸브는 배관안의 물이 잘 빠질 수 있는 위치에 설치하되, 배수로 인하여 다른 물건 또는 장소에 피해를 주지 아니하여야 한다.
6. 송수구에는 이물질을 막기 위한 마개를 씌울 것

송수구 기준 요약

내용	스프링클러설비	간이스프링클러설비
설치장소	소방차가 쉽게 접근할 수 있는 잘 보이는 장소에 설치하되 화재 층으로부터 지면으로 떨어지는 유리창 등이 송수 및 그 밖의 소화작업에 지장을 주지 아니하는 장소에 설치	
개폐밸브 설치	송수구로부터 주배관에 이르는 연결배관에 개폐밸브를 설치한 때에는 그 개폐상태를 쉽게 확인 및 조작할 수 있는 옥외 또는 기계실 등의 장소에 설치	
구경	65㎜의 쌍구형	구경 65㎜의 단구형 또는 쌍구형으로 하여야 하며, 송수배관의 안지름은 40㎜ 이상
설치위치	지면으로부터 높이가 0.5m 이상 1m 이하	
송수압력범위 표지판	설치해야 한다	기준 없음
송수구 설치 개수	하나의 층의 바닥면적이 3,000㎡를 넘을 때마다 1개 이상(5개를 넘을 경우에는 5개로 한다)을 설치	1개
자동배수밸브, 체크밸브 설치	송수구의 가까운 부분에 자동배수밸브(또는 직경 5㎜의 배수공) 및 체크밸브를 설치한다	
마개	송수구에는 이물질을 막기 위한 마개를 씌워야 한다	

16. 비상전원

간이스프링클러설비의 화재안전기술기준 2.9

간이스프링클러설비는 아래의 기준에 적합한 비상전원 또는 소방시설용비상전원수전설비를 화재안전기술기준(NFTC 602)의 규정에 맞게 설치하여야 한다. 다만, <u>무전원으로 작동되는 설비는 모든 기능이 10분(영 별표4 제1호 마목 2)가) 또는 6)과 8)에 해당하는 경우 20분)</u> 이상 유효하게 지속될 수 있는 구조를 갖추어야 한다.

가. 간이스프링클러설비를 유효하게 10분(영 별표4 제1호 마목 2)가) 또는 6)과 8)에 해당하는 경우 20분) 이상 작동될 수 있도록 한다.
나. 상용전원으로부터 전력의 공급이 중단된 때에는 자동으로 비상전원으로부터 전원을 공급받을 수 있는 구조로 한다.

가. 비상전원 요약

비상전원 용량	설치 장소
10분 이상	20분 이상의 용량 이외의 장소
20분 이상	1. 근린생활시설로 사용하는 부분의 바닥면적 합계가 1,000㎡ 이상인 것은 모든 층 2. 숙박시설로 사용되는 바닥면적 합계가 300㎡ 이상 600㎡ 미만인 시설 3. 복합건축물(하나의 건축물이 근린생활시설, 판매시설, 업무시설, 숙박시설 또는 위락시설의 용도와 주택의 용도로 함께 사용되는 것)로서 연면적 1,000㎡ 이상인 것은 모든 층
무전원 설비 (비상전원 설치하지 않는 장소)	1. 상수도 직결방식, 2. 고가수조 방식, 3. 가압수조 방식 직결방식 : 상수도 배관에 직접 간이스프링클러설비 배관을 연결하는 설비

나. 비상전원 종류

① 자가발전설비
② 축전비설비(내연기관에 따른 펌프의 기동, 제어용축전지)
③ 전기저장장치(외부 전기에너지를 저장해 두었다가 필요한 때 전기를 공급하는 장치)

간이스프링클러설비는 비상전원 또는 소방시설용 비상전원수전설비를 설치할 수 있다.

무전원 작동설비 : 전원(전기)의 동력이 없이 작동을 하는 설비를 말한다. 무전원 작동설비는 상수도직결방식, 고가수조방식, 가압수조방식이 있다.

영 별표4 제1호 마목 2)가) 또는 6)과 8)에 해당하는 경우 :
   2)가) : 근린생활시설로 사용하는 부분의 바닥면적 합계가 1,000㎡ 이상인 것은 모든 층
   6) : 숙박시설로 사용되는 바닥면적 합계가 300㎡ 이상 600㎡ 미만인 시설
   8) : 복합건축물(별표2 제30호 나목의 복합건축물만 해당한다)로서 연면적 1,000㎡ 이상인 것은 모든 층

   별표2 제30호 나목 : 하나의 건축물이 근린생활시설, 판매시설, 업무시설, 숙박시설 또는 위락시설의 용도와 주택의 용도로 함께 사용되는 것

17. 간이헤드 개수별 급수관 구경 간이스프링클러설비의 화재안전기술기준 2.5.3.3

배관의 구경은 2.2.1에 적합하도록 수리계산에 의하거나 표 2.5.3.3의 기준에 따라 설치할 것.
다만, 수리계산에 따르는 경우 가지배관의 유속은 6 ㎧, 그 밖의 배관의 유속은 10 ㎧를 초과할 수 없다.

표 2.5.3.3

배관구경 헤드개수	25	32	40	50	65	80	100	125	150
가	2	3	4~5	6~10	11~30	31~60	61~100	101~160	161이상
나	2	3~4	5~7	8~15	16~30	31~60	61~100	101~160	161이상

(주)
1. 폐쇄형간이헤드를 사용하는 설비의 경우로서 1개층에 하나의 급수배관(또는 밸브 등)이 담당하는 구역의 최대면적은 1,000㎡를 초과하지 아니할 것.
2. 폐쇄형간이헤드를 설치하는 경우에는 "가"란의 헤드수에 따를 것.
3. 폐쇄형간이헤드를 설치하고 반자 아래의 헤드와 반자속의 헤드를 동일 급수관의 가지관상에 병설하는 경우에는 "나"란의 헤드수에 따를 것.
4. "캐비닛형" 및 "상수도직결형"을 사용하는 경우 주배관은 32, 수평주행배관은 32, 가지배관은 25 이상으로 할 것. 이 경우 최장배관은 2.2.6에 따라 인정받은 길이로 하며 하나의 가지배관에는 간이헤드를 3개 이내로 설치해야 한다.

2.2.1
방수압력(상수도직결형은 상수도압력)은 가장 먼 가지배관에서 2개[영 별표 4 제1호마목2)가) 또는 6)과 8)에 해당하는 경우에는 5개]의 간이헤드를 동시에 개방할 경우 각각의 간이헤드 선단 방수압력은 0.1 ㎫ 이상, 방수량은 50 L/min 이상이어야 한다. 다만, 2.3.1.7에 따른 주차장에 표준반응형스프링클러헤드를 사용할 경우 헤드 1개의 방수량은 80 L/min 이상이어야 한다.

18. 음향장치

가. 습식유수검지장치를 사용하는 설비에 있어서는 간이헤드가 개방되면 유수검지장치가 화재신호를 발신하고 그에 따라 음향장치가 경보되도록 한다.
나. 음향장치는 습식유수검지장치의 담당구역마다 설치하되 그 구역의 각 부분으로부터 하나의 음향장치까지의 수평 거리는 25 m 이하가 되도록 한다.
다. 음향장치는 경종 또는 사이렌(전자식 사이렌을 포함한다)으로 하되, 주위의 소음 및 다른 용도의 경보와 구별이 가능한 음색으로 한다. 이 경우 경종 또는 사이렌은 자동화재탐지설비·비상벨설비 또는 자동식사이렌설비의 음향 장치와 겸용할 수 있다.
라. 주음향장치는 수신기의 내부 또는 그 직근에 설치한다.
마. 층수가 11층(공동주택의 경우에는 16층) 이상의 특정소방대상물 또는 그 부분에 있어서는 2층 이상의 층에서 발화한 때에는 발화층 및 그 직상 4개층에 한하여, 1층에서 발화한 때에는 발화층·그 직상 4개층 및 지하층에 한하여, 지하층에서 발화한 때에는 발화층·그 직상층 및 기타의 지하층에 한하여 경보를 발할 수 있도록 한다.
바. 음향장치는 정격전압의 80 % 전압에서 음향을 발할 수 있는 것으로 한다.
사. 음향장치 음향의 크기는 부착된 음향장치의 중심으로부터 1 m 떨어진 위치에서 90 dB 이상이 되는 것으로 한다.

사례 1

폐쇄형 간이헤드를 설치하는 경우(사례의 경우 "가"란의 헤드수를 적용한다)

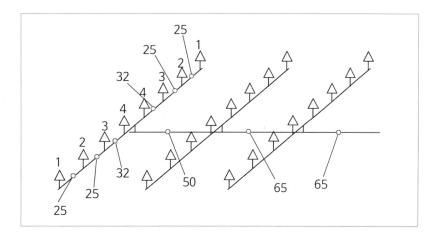

배관구경	25	32	40	50	65	80	100	125	150
가(헤드 개수)	2	3	4~5	6~10	11~30	31~60	61~100	101~160	161이상

사례 2

반자 아래의 헤드와 반자속의 헤드를 동일 급수관의 가지관상에 병설하는 경우(사례의 경우 "나"란의 헤드수를 적용한다)

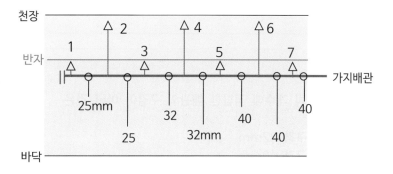

배관구경	25	32	40	50	65	80	100	125	150
나(헤드 개수)	2	3~4	5~7	8~15	16~30	31~60	61~100	101~160	161이상

병설 竝設 : 두 가지 이상을 아울러 한곳에 설치함

491

문제 1

펌프방식의 간이스프링클러설비의 배관 및 밸브등의 설치순서에서 ( )속에 들어갈 내용으로 적합한 것은?

펌프 → (①) → 체크밸브 → (②) → 개폐표시형밸브 → 유수검지장치 → 시험밸브

1. ① 압력계, ② 송수구
2. ① 릴리프밸브, ② 성능시험배관
3. ① 압력챔버, ② 유량계
4. ① 압력계, ② 성능시험배관

해 설 간이스프링클러설비의 화재안전기술기준 2.5.16

정 답 4

문제 2

간이스프링클러설비에 사용하는 설비의 종류 및 가압송수방식에 해당하지 않는 것은?

1. 상수도직결방식
2. 고가수조방식
3. 건식 스프링클러설비
4. 준비작동식 스프링클러설비

해 설

스프링클러		간이스프링클러	
설비 종류	가압송수방식	설비 종류	가압송수방식
습식 준비작동식 부압식 건식 일제살수식	펌프방식 고가수조방식 압력수조방식 가압수조방식	습식 준비작동식	펌프방식 고가수조방식 압력수조방식 가압수조방식 상수도직결형 캐비닛형

정 답 3

문제 3

간이스프링클러설비의 헤드의 설치 개수에 적합한 배관의 구경이 아닌 것은

1. 헤드개수 3개 → 배관구경 32mm
2. 헤드개수 6개 → 배관구경 40mm
3. 헤드개수 8개 → 배관구경 50mm
4. 헤드개수 21개 → 배관구경 65mm

해 설 간이스프링클러 화재안전기술기준에서 헤드개수 6개면 50mm 이상의 배관을 설치해야 한다.

구경	25	32	40	50	65	80	100	125	150
헤드개수	2	3	4~5	6~10	11~30	31~60	61~100	101~160	161이상

정 답 2

7) 화재조기진압용 스프링클러

(ESFR Early Suppression Fast Response Sprinkler)

1. 개 요

화재조기진압용스프링클러(Early Suppression Fast Response Sprinkler)는 빠른 감응속도를 가지고 큰 물방울을 분사하므로서 물이 화원에 직접 도달하도록 하여 불을 빠른 시간안에 꺼지도록 하는 설비이다.
스프링클러설비 보다 더 높은 압력과 단위시간당 많은 방수량 및 큰 물방울로서 빠른 시간안에 화재를 소화하는 설비로서 대형창고 등에서 발생하는 화재로부터 재산손실을 최소화 하기 위한 설비이다.
화력이 강한 제품이 있는 물류창고화재등의 대형 랙크식 창고의 화재에 대응하도록 설계된 설비이다.
랙크식창고의 화재조기진압용 스프링클러설비 기준을 정하고 있다.

화재조기진압용 스프링클러헤드

건물의 1개층 높이가 높은 장소의 화재위험에 대하여 조기(빠른 시간안)에 불을 끌 수 있도록 단위 시간에 많은 양의 물을 헤드로 뿌려 빠른 시간 안에 불을 끌 수 있도록 설계된 헤드를 말한다.
헤드의 오리피스 구경(물구멍)이 크며 단위시간당 방수량이 스프링클러헤드 보다 많다.

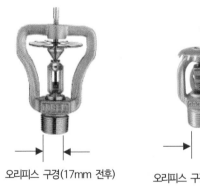

오리피스 구경(17mm 전후)

화재조기진압용 헤드

오리피스 구경(11.2mm 전후)

스프링클러 헤드

랙크(선반)식 창고에 설치된 화재조기진압용 스프링클러설비

- -
조기 : 빠른 시간 안에
감응 : 화재의 열에 대한 헤드의 작동 움직임
화원(火源) : 처음 불이 나기 시작한 곳
오리피스(Orifice) : 구멍
랙크 표준어(랙) Rack : 선반

2. 설치장소

소방시설설치및관리에관한법률 시행령 별표4.1.라. 8),
스프링클러설비의 화재안전성능기준 제10조제2항

랙크식창고의 경우로서 「화재의 예방 및 안전관리에 관한 법률 시행령」 별표 2의 특수가연물을 저장 또는 취급하는 것에 있어서는 랙크높이 4미터 이하마다, 그 밖인 것을 취급하는 것에 있어서는 랙크높이 6미터 이하마다 스프링클러헤드를 설치해야 한다.

가. 설치제외 장소 화재조기진압용 스프링클러설비 화재안전성능기준 17조

화재조기진압용스프링클러설비를 설치하여야 하는 장소 중 다음의 기준에 해당하는 물품의 경우에는 화재조기진압용 스프링클러를 설치해서는 안 된다. 다만, 물품에 대한 화재시험등 공인기관의 시험을 받은 것은 제외한다.

① 제4류 위험물
② 타이어, 두루마리 종이 및 섬유류, 섬유제품 등 연소 시 화염의 속도가 빠르고 방사된 물이 하부까지에 도달하지 못하는 것

나. 설치장소의 구조 화재조기진압용 스프링클러설비 화재안전기술기준 2.1

화재조기진압용 스프링클러설비를 설치할 장소의 구조는 다음 각호에 적합하여야 한다.
① 해당 층의 높이가 13.7 m 이하일 것. 다만, 2층 이상일 경우에는 해당 층의 바닥을 내화구조로 하고 다른 부분과 방화구획 할 것
② 천장의 기울기가 1,000분의 168을 초과하지 않아야 하고, 이를 초과하는 경우에는 반자를 지면과 수평으로 설치할 것
③ 천장은 평평해야 하며 철재나 목재트러스 구조인 경우, 철재나 목재의 돌출 부분이 102 ㎜를 초과하지 않을 것
④ 보로 사용되는 목재·콘크리트 및 철재 사이의 간격이 0.9 m 이상 2.3 m 이하일 것. 다만, 보의 간격이 2.3 m 이상인 경우에는 화재조기진압용 스프링클러헤드의 동작을 원활히 하기 위해 보로 구획된 부분의 천장 및 반자의 넓이가 28 ㎡를 초과하지 않을 것
⑤ 창고 내의 선반 등의 형태는 하부로 물이 침투되는 구조로 할 것

랙크식창고

랙크식창고 : 창고안에 제품등을 저장하기 위하여 선반등을 설치하여 제품을 선반에 올리고 내리기 위한 승강기등의 장치를 갖춘 창고를 말한다.
랙크(rack) : 선반

494

3. 수 원(물탱크)

화재조기진압용 스프링클러설비 화재안전기술기준 2.2

수원은 수리학적으로 가장 먼 가지배관 3개에 각각 4개의 스프링클러헤드가 동시에 개방되었을 때 헤드선단(끝)의 압력이 표 2.2.1에 따른 값 이상으로 60분간 방수할 수 있는 양 이상으로 계산식은 아래와 같다.

표 2.2.1 화재조기진압용 스프링클러헤드의 최소방사압력(MPa)

최대층고	최대저장높이	화재조기진압용 스프링클러헤드				
		K = 360(하향식)	K = 320(하향식)	K = 240(하향식)	K= 240(상향식)	K = 200(하향식)
13.7 m	12.2 m	0.28	0.28	-	-	-
13.7 m	10.7 m	0.28	0.28	-	-	-
12.2 m	10.7 m	0.17	0.28	0.36	0.36	0.52
10.7 m	9.1 m	0.14	0.24	0.36	0.36	0.52
9.1 m	7.6 m	0.10	0.17	0.24	0.24	0.34

$$Q = 12 \times 60 \times k\sqrt{10P}$$

Q : 수원의 양(ℓ)

k : 상수【ℓ/min/(MPa)$^{\frac{1}{2}}$】
p : 헤드선단(끝)의 압력(MPa)

가. 옥상수조

화재조기진압용 스프링클러설비의 수원은 유효수량 외에 유효수량의 3분의 1 이상을 옥상(화재조기진압용 스프링클러설비가 설치된 건축물의 주된 옥상을 말한다)에 설치해야 한다. 다만, 다음의 어느 하나에 해당하는 경우에는 그렇지 않다.
(1) 옥상이 없는 건축물 또는 공작물
(2) 지하층만 있는 건축물
(3) 고가수조를 가압송수장치로 설치한 경우
(4) 수원이 건축물의 최상층에 설치된 헤드보다 높은 위치에 설치된 경우
(5) 건축물의 높이가 지표면으로부터 10 m 이하인 경우
(6) 주펌프와 동등 이상의 성능이 있는 별도의 펌프로서 내연기관의 기동과 연동하여 작동되거나 비상전원을 연결하여 설치한 경우
(7) 가압수조를 가압송수장치로 설치한 경우

495

4. 가압송수장치

가. 펌프방식

양정(H) = h_1 + h_2 + h_3

    H : 펌프 양정(m)

    h_1 : 건물의 실양정(m)

    h_2 : 배관 마찰손실수두(m)

    h_3 : 표2.2.1의 최소방사압력 환산수두(m)

나. 고가수조 방식

낙차(H) = h_1 + h_2

    H : 필요한 낙차(m)

    h_1 : 배관 마찰손실수두(m)

    h_2 : 표2.2.1에 따른 최소방사압력의 환산수두(m)

다. 압력수조 방식

필요한 압력(P) = P_1 + P_2 + P_3

    P : 필요한 압력(MPa)

    P_1 : 낙차 환산수두압력(MPa)

    P_2 : 배관 마찰손실수두압력(MPa)

    P_3 : 표2.2.1에 의한 최소방사압력(MPa)

라. 가압수조방식

① 가압수조의 압력은 2.3.1.10에 따른 방수압 및 방수량을 20분 이상 유지되도록 할 것

    2.3.1.10 : 가장 먼 가지배관 3개에 각각 4개의 스프링클러헤드가 동시에 개방되었을 때 헤드선단의 압력이 표 2.2.1에 따른 값 이상으로 60분간 방수할 수 있는 양 이상

② 가압수조 및 가압원은 방화구획 된 장소에 설치할 것

표 2.2.1 화재조기진압용 스프링클러헤드의 최소방사압력(MPa)

최대층고	최대저장높이	화재조기진압용 스프링클러헤드				
		K = 360(하향식)	K = 320(하향식)	K = 240(하향식)	K= 240(상향식)	K = 200(하향식)
13.7 m	12.2 m	0.28	0.28	-	-	-
13.7 m	10.7 m	0.28	0.28	-	-	-
12.2 m	10.7 m	0.17	0.28	0.36	0.36	0.52
10.7 m	9.1 m	0.14	0.24	0.36	0.36	0.52
9.1 m	7.6 m	0.10	0.17	0.24	0.24	0.34

환산(換算) : 어떤 단위로 나타낸 수를 다른 단위로 고쳐 셈함

수두(水頭) : 물 1킬로그램이 가지고 있는 에너지를 물의 높이로 나타낸 값

5. 헤드_(head-머리)

가. 헤드 방호면적

헤드가 물을 뿌려 불을 끄는 수평면적을 방호면적이라 한다.
헤드 하나의 방호면적은 6.0㎡ 이상 9.3㎡ 이하로 한다.

① 방호면적이 6.0㎡ 일때 헤드 <u>살수반경</u>

헤드살수반경을 계산하면 $6.0㎡ = \dfrac{\pi D^2}{4}$ $D^2 = \dfrac{4 \times 6}{\pi}$ $D = \sqrt{\dfrac{4 \times 6}{\pi}} = 2.765$, 반경은 1.39m

② 방호면적이 9.3㎡ 일때 헤드 살수반경

헤드살수반경을 계산하면 $9.3㎡ = \dfrac{\pi D^2}{4}$ $D^2 = \dfrac{4 \times 9.3}{\pi}$ $D = \sqrt{\dfrac{4 \times 9.3}{3.14}} = 3.442$, 반경은 1.71m

나. 가지배관의 헤드 사이 거리

가지배관의 헤드 사이 거리는 천장의 높이가
9.1m 미만인 경우에는 2.4m 이상 3.7m 이하로,
9.1m 이상 13.7m 이하인 경우에는 3.1m 이하로 한다.

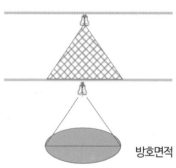

방호면적

다. 헤드의 반사판

천장 또는 반자와 평행하게 설치하고 저장물의 최상부와 914mm 이상 확보되도록 할 것

라. 하향식 헤드의 반사판 위치

천장이나 반자 아래 125mm 이상 355mm 이하로 한다.

마. 상향식 헤드의 감지부 중앙

천장 또는 반자와 101mm 이상 152mm 이하이어야 하며, 반사판의 위치는 스프링클러배관의 윗부분에서 최소 178mm 상부에 설치되도록 한다.

바. 헤드와 벽과의 거리

헤드 상호간 거리의 2분의 1을 초과하지 않아야 하며 최소 102mm 이상으로 한다.

- - - - - - - - - - - - - - - - - -

살수반경 : 물을 흩어 뿌리는 유효 반지름
최상부 : 가장 높은 곳

사. 헤드의 작동온도

74℃ 이하일 것. 다만, 헤드 주위의 온도가 38℃ 이상의 경우에는 그 온도에서의 화재시험 등에서 헤드작동에 관하여 공인기관의 시험을 거친 것을 사용해야 한다.

아. 헤드의 살수장애

헤드의 살수분포에 장애를 주는 장애물이 있는 경우에는 다음의 어느 하나에 적합할 것

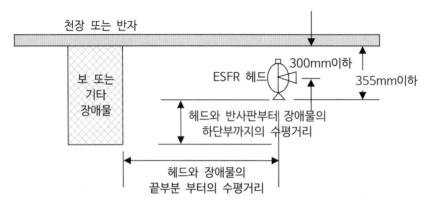

그림 2.7.1.8(1) 보 또는 기타 장애물 위에 헤드가 설치된 경우의 반사판 위치
(그림 2.7.1.8(3) 또는 표 2.7.1.8(1)을 함께 사용할 것)

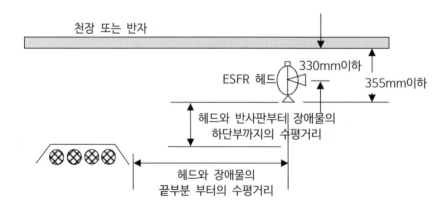

그림 2.7.1.8(2) 장애물이 헤드 아래에 연속적으로 설치된 경우의 반사판 위치
(그림 2.7.1.8(3) 또는 표 2.7.1.8(1)을 함께 사용할 것)

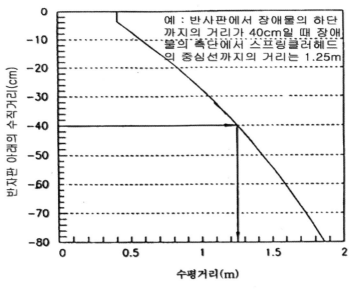

그림 2.7.1.8(3) **장애물 아래에 설치되는 헤드 반사판의 위치**

보 또는 기타 장애물 아래에 헤드가 설치된 경우의 반사판 위치

장애물과 헤드사이의 수평거리	장애물의 하단과 헤드의 반사판 사이의 수직거리	장애물과 헤드사이의 수평거리	장애물의 하단과 헤드의 반사판 사이의 수직거리
0.3m 미만	0mm	1.1m 이상~1.2m 미만	300mm
0.3m 이상~0.5m 미만	40mm	1.2m 이상~1.4m 미만	380mm
0.5m 이상~0.7m 미만	75mm	1.4m 이상~1.5m 미만	460mm
0.7m 이상~0.8m 미만	140mm	1.5m 이상~1.7m 미만	560mm
0.8m 이상~0.9m 미만	200mm	1.7m 이상~1.8m 미만	660mm
1.0m 이상~1.1m 미만	250mm	1.8m 이상	790mm

저장물 위에 장애물이 있는 경우의 헤드설치 기준

장애물의 류(폭)		조 건
돌출장애물	0.6m 이하	1. 별표 1 또는 별도 2에 적합하거나 2. 장애물의 끝부근에서 헤드 반사판까지의 수평 거리가 0.3m 이하로 설치할 것
	0.6m 초과	별표 1 또는 별도 3에 적합할 것
연속장애물	5cm 이하	1. 별표 1 또는 별도 3에 적합하거나 2. 장애물이 헤드 반사판 아래 0.6m 이하로 설치 된 경우는 허용한다.
	5cm 초과~0.3m 이하	1. 별표 1 또는 별도 3에 적합하거나 2. 장애물의 끝부근에서 헤드 반사판까지의 수평거리가 0.3m 이하로 설치할 것
	0.3m 초과~0.6m 이하	1. 별표 1 또는 별도 3에 적합하거나 2. 장애물이 끝부근에서 헤드 반사판까지의 수평거리가 0.6m 이하로 설치할 것
	0.6m 초과	1. 별표 1 또는 별도 3에 적합하거나 2. 장애물이 평편하고 견고하며 수평적인 경우에는 저장물의 최상단과 헤드반사판의 간격이 0.9m 이하로 설치한다 3. 장애물이 평편하지 않거나 비연속적인 경우에는 저장물 아래에 평편한 판을 설치한 후 헤드를 설치한다

6. 저장물의 간격 화재조기진압용 스프링클러설비 화재안전기술기준 2.8

저장물품 사이의 간격은 모든 방향에서 152mm 이상의 간격을 유지해야 한다.

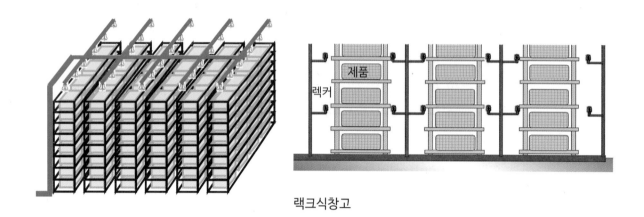

랙크식창고

7. 환기구 화재조기진압용 스프링클러설비 화재안전기술기준 2.9

가. 공기의 유동으로 인하여 헤드의 작동온도에 영향을 주지 않는 구조 및 위치일 것
나. 화재감지기와 연동하여 동작하는 자동식 환기장치를 설치하지 않을 것. 다만, 자동식 환기장치를 설치할 경우에는
　　최소작동온도가 180 ℃ 이상일 것

8. 송수구 화재조기진압용 스프링클러설비 화재안전기술기준 2.10

가. 소방차가 쉽게 접근할 수 있고 잘 보이는 장소에 설치하고, 화재층으로부터 지면으로 떨어지는 유리창 등이 송수
　　및 그 밖의 소화작업에 지장을 주지 않는 장소에 설치할 것
나. 송수구로부터 화재조기진압용 스프링클러설비의 주배관에 이르는 연결배관에 개폐밸브를 설치한 때에는 그 개폐
　　상태를 쉽게 확인 및 조작할 수 있는 옥외 또는 기계실 등의 장소에 설치할 것
다. 송수구는 구경 65 ㎜의 쌍구형으로 할 것
라. 송수구에는 그 가까운 곳의 보기 쉬운 곳에 송수압력범위를 표시한 표지를 할 것
마. 송수구는 하나의 층의 바닥면적이 3,000 ㎡를 넘을 때마다 1개 이상(5개를 넘을 경우에는 5개로 한다)을 설치할 것
바. 지면으로부터 높이가 0.5 m 이상 1 m 이하의 위치에 설치할 것
사. 송수구의 부근에는 자동배수밸브(또는 직경 5 ㎜의 배수공) 및 체크밸브를 다음의 기준에 따라 설치할 것. 이 경우
　　자동배수밸브는 배관안의 물이 잘 빠질 수 있는 위치에 설치하되, 배수로 인하여 다른 물건이나 장소에 피해를
　　주지 않아야 한다.
아. 송수구에는 이물질을 막기 위한 마개를 씌울 것

9. 스프링클러, 간이스프링클러 및 ESFR의 비교

내용	ESFR 조기진압용스프링클러		스프링클러		간이스프링클러	
종류	습식	펌프방식 고가수조방식 압력수조방식 가압수조방식	습식 부압식 준비작동식 건식 일제살수식	펌프방식 고가수조방식 압력수조방식 가압수조방식	습 식 준비작동식	상수도연결형 펌프방식 고가수조방식 압력수조방식 가압수조방식 캐비닛형
수원 (물탱크)	$Q = 12 \times 60 \times k\sqrt{10P}$ Q : 수원의 양(ℓ) k : 상수($\ell/min/(MPa)^{\frac{1}{2}}$) p : 헤드선단의 압력(MPa)		기준개수 × 1.6(또는 3.2, 4.8)㎥		1. 상수도연결형 : 수돗물 2. 간이헤드 : 2개 × 0.5㎥ = 1 ㎥ 　(또는 5개 × 1㎥ = 5 ㎥)	
방수 압력	최대층고, 최대저장높이에 따라 0.28~0.34MPa		0.1~1.2 MPa(약1~12 ㎏/㎠)		0.1 MPa(약1 ㎏/㎠) 이상	
헤드 작동 온도	74°C 이하		설치장소 최고온도	공칭작동온도	실내최대주위 천장온도	공칭작동온도
			39°C 미만	79°C 미만	0°C~38°C	57°C~77°C
			39°C 이상 64°C 미만	79°C 이상 121°C 미만	39°C~66°C	79°C~109°C
			64°C 이상 106°C 미만	121°C 이상 162°C 미만		
			106°C 이상	162°C 이상		
헤드 설치	▶ 방호면적 : 6.0㎡ 이상, 9.3㎡ 이하 ▶ 가지배관의 헤드사이 거리 1. 천장높이가 9.1m미만 　: 2.4m이상 3.7m이하 2. 천장높이가 9.1m이상 　13.7m 이하인 경우 　: 3.1m이하		(헤드 수평거리) 1. 무대부.특수가연물 : 1.7m이하 2. 랙크식창고 : 2.5m이하 3. 아파트 : 3.2m이하 4. 그밖 : 2.1m이하(내화구조 2.3이하)		(헤드 수평거리) 2.3m 이하	
방수량	최대층고, 최대저장높이에 따라 0.28 ~ 0.34MPa의 압력이 나오는 방수량		헤드 1개에서 80ℓ/min 이상		헤드 1개에서 50ℓ/min 이상	

8) 물분무소화설비

1. 개 요

물분무소화설비는 스프링클러설비와 비슷하지만 물방울의 크기가 더 작아야 한다. 물방울의 크기를 미세하게 하기 위해서는 스프링클러헤드와는 헤드가 다르다. 물이 헤드로 분사될 때 높은 압력과 헤드의 구멍(구경)이 작을수록 물의 방사속도가 커지며 물의 난류성은 커진다. 그러나 물의 방사율은 감소하게 된다.

물이 헤드로 방사되기 직전에 심하게 교란시키면 물의 응집력은 떨어지면서 물방울이 미분화微分化된다.

물방울의 미분화 방식은 헤드의 종류에 따라 충돌형, 분사형, 선회류형, 디플렉타형 및 슬리트(Slit)형으로 성능시험기술기준에서는 분류하고 있다.

물의 입자를 미세하게 분무되어 물방울의 표면적을 넓게 하여 유류화재, 전기화재 등에도 적응성이 뛰어나도록 한 소화설비이다.

물분무소화설비의 소화효과는 방사되는 물에 의한 냉각작용, 고온의 연소열에 의해 발생되는 수증기에 의한 산소의 차단효과인 질식작용, 유류화재시 가연물질의 표면에 엷은 층의 수막을 형성하여 화재를 소화하는 유화효과 및 알콜, 에테르 등의 수용성 가연물질의 화재시 연소물질의 농도를 희석하여 소화하는 희석작용을 가지고 있다.

물분무소화설비는 수원, 가압송수장치, 일제개방밸브, 화재감지장치, 시험장치, 물분무헤드, 배관등으로 구성된다.

2. 설비 종류

물분무소화설비의 설비형태는 일제살수식설비이며 일제개방밸브의 작동은 감지기 또는 감지용 폐쇄형스프링클러헤드에 의하여 작동한다.

물분무소화설비는 모두 개방형헤드이다. 설비가 작동하면 방수구역 안의 모든 헤드에서 방수가 된다.

화재가 발생하여 일제개방밸브가 작동하면 헤드로 방수되는 설비로서 일제개방밸브를 작동하는 형태(방식)에 따라 크게 2가지로 설비가 분류된다.

가. 감지기에 의한 작동방식

감지기의 작동에 의하여 일제개방밸브의 전동볼밸브(또는 솔레노이드밸브)가 작동하여 일제개방밸브가 작동하는 형식이다.

나. 폐쇄형스프링클러헤드에 의한 작동방식

일제개방밸브를 작동하게 하는 별도의 폐쇄형스프링클러헤드를 설치하여 화재의 열에 의하여 헤드가 열리면 이에 의하여 일제개방밸브가 작동하는 방식이다.

수막(水幕) : 수증기나 물에 의해 만들어진 막
유화(Emulsion) : 잘 섞이지 않는 두 액체가 다른 매체에 의하여 고르게 섞인 점도가 있는 용액
희석 : 물 또는 다른 용해제를 더하여 묽게함

3. 설치장소(설치해야 하는 곳) 소방시설설치및관리에관한법률 시행령 별표4

가. 항공기 및 자동차 관련 시설 중 항공기격납고

나. 차고, 주차용 건축물 또는 철골 조립식 주차시설. 이 경우 연면적 800㎡ 이상인 것만 해당한다.

다. 건축물의 내부에 설치된 차고·주차장으로서 차고 또는 주차의 용도로 사용되는 면적이 200㎡ 이상인 경우 해당 부분(50세대 미만 연립주택 및 다세대주택은 제외한다)

라. 기계장치에 의한 주차시설을 이용하여 20대 이상의 차량을 주차할 수 있는 시설

마. 특정소방대상물에 설치된 전기실·발전실·변전실(가연성 절연유를 사용하지 않는 변압기·전류차단기 등의 전기기기와 가연성 피복을 사용하지 않은 전선 및 케이블만을 설치한 전기실·발전실 및 변전실은 제외한다)·축전지실·통신기기실 또는 전산실, 그 밖에 이와 비슷한 것으로서 바닥면적이 300㎡ 이상인 것[하나의 방화구획 내에 둘 이상의 실(室)이 설치되어 있는 경우에는 이를 하나의 실로 보아 바닥면적을 산정한다]. 다만, 내화구조로 된 공정제어실 내에 설치된 주조정실로서 양압시설(외부 오염 공기 침투를 차단하고 내부의 나쁜 공기가 자연스럽게 외부로 흐를 수 있도록 한 시설을 말한다)이 설치되고 전기기기에 220볼트 이하인 저전압이 사용되며 종업원이 24시간 상주하는 곳은 제외한다.

바. 소화수를 수집·처리하는 설비가 설치되어 있지 않은 중·저준위방사성폐기물의 저장시설. 이 시설에는 이산화탄소소화설비, 할론소화설비 또는 할로겐화합물 및 불활성기체 소화설비를 설치해야 한다.

사. 지하가 중 예상 교통량, 경사도 등 터널의 특성을 고려하여 행정안전부령으로 정하는 터널. 이 시설에는 물분무소화설비를 설치해야 한다.

아. 문화재 중 「문화재보호법」 제2조제3항제1호 또는 제2호에 따른 지정문화재로서 소방청장이 문화재청장과 협의하여 정하는 것

3-1. 설치면제 장소 - 소방시설설치및관리에관한법률 시행령 별표4

물분무등소화설비를 설치해야 하는 차고·주차장에 스프링클러설비를 화재안전기준에 적합하게 설치한 경우에는 그 설비의 유효범위에서 설치가 면제된다.

4. 물분무소화설비 적응장소

가. 적응장소(불이 꺼지는 곳)

① 일반 가연물화재(종이, 목재, 섬유류 등)
② 특수가연물
③ 전기설비(케이블트레이, 전선케이블, 전선관 등의 화재)
④ 가연성가스, 액체 등의 화재

나. 헤드설치 제외장소(적응하지 않는 장소) – 물분무소화설비의 화재안전기술기준 2.12

다음의 장소에는 물분무헤드를 설치하지 않을 수 있다.
① 물에 심하게 반응하는 물질 또는 물과 반응하여 위험한 물질을 생성하는 물질을 저장 또는 취급하는 장소.
② 고온의 물질 및 증류범위가 넓어 끓어 넘치는 위험이 있는 물질을 저장 또는 취급하는 장소
③ 운전시에 표면의 온도가 섭씨 260도 이상으로 되는등 직접 분무를 하는 경우 그 부분에 손상을 입힐 우려가 있는 기계장치 등이 있는 장소.

물분무소화설비를 설치해야 하는 장소에서 위의 장소에는 헤드설치 제외 장소이므로 적응하지 않는 곳이다.
이러한 곳에는 물분무소화설비 이외의 적응하는 물분무등소화설비(이산화탄소, 할로겐, 분말소화설비등)를 설치해야 한다.

특수가연물 : 화재의 예방 및 안전관리에 관한 법률 시행령 별표2에 정하고 있다
케이블트레이(cable tray) : 전선 선반
증류(蒸溜) : 액체를 가열하여 기체로 만들었다가 그것을 냉각시켜 다시 액체로 만드는 일

5. 물분무소화설비 설치 목적

물분무소화설비를 설치하는 목적은 불을 끄는 소화, 화세를 제한시키는 연소제어, 화세가 근처로의 확대 방지를 위한 연소확대방지 및 연소현상이 일어나는 것을 방지(예방)하는 출화出火 방지에 있다.

6. 물분무소화설비의 장 · 단점

가. 장점

① 소량의 물을 사용하여 불을 끄므로 물로 인한 피해(수손피해)를 줄일 수 있다. 스프링클러설비보다 물방울의 크기가 작으며 물의 양도 적게 든다.

② 무상(안개모양)으로 뿌리므로 가연성액체의 화재나 수용성 위험물(알코올류등)등의 B급화재에도 적응성이 있다.

③ 전기 절연성이 있어 C급전기화재에도 사용할 수 있다.

④ 화재의 확산방지, 열기의 차단효과, 연소제어, 출화 예방 등으로 사용할 수 있다.

나. 단점

① 물방울의 크기가 작고 가벼우므로 열기류나 바람 등에 영향을 받아 분무되는 물방울이 날리는 현상이 일어날수 있다.

② 물방울의 형태가 무상으로 물방울 입자가 작고 가벼우므로 화재발생 물질에 대하여 깊숙이 침투하지 못하여 파괴력이나 침투력이 약하다.

③ 설비를 작동하기 위하여 가압송수장치(펌프등)의 높은 힘(높은 압력)을 필요로 한다.
(높은 압력으로 뿌려야 헤드로부터 안개모양의 형태로 뿌려진다)

다. 폐쇄형 스프링클러헤드 작동방식의 장, 단점

① 장점

㉮ 화재를 조기(빠른 시간 안에)에 끌 수 있다.
(물분무소화설비의 특성상 설치되는 모든 헤드가 개방형헤드이므로 모든 헤드로 일제히(동시에) 살수되어 화재를 빠른 시간에 끌 수 있다)

㉯ 감지기 작동방식보다 오작동이 적으며 화재인식에 대한 신뢰성이 높다.
(화재 인식(감지)이 폐쇄형헤드이므로 물리적 작동이며 오작동의 우려는 적다)

② 단점

㉮ 작동용 폐쇄형헤드를 별도로 설치해야 하므로 공사비가 많이 들고 공사가 어렵다.

㉯ 수손(물의 피해)의 피해가 일어날 수 있다(모든 헤드로 살수되므로 화재가 발생하지 않는 부분에 까지 물이 뿌려져 물에의한 피해가 발생 할 수 있다)

㉰ 감지기 작동방식보다 작동속도가 느리다.

출화 出火 : 불이 남
무상 霧象 : 안개모양

라. 감지기 작동방식 장, 단점

① 장점

① 화재를 조기(빠른 시간 안에)에 소화할 수 있다.
　(물분무소화설비의 특성상 설치되는 모든 헤드가 개방형 헤드이므로 모든 헤드로 동시에 살수되어 화재가 빠른 시간 안에 소화될 수 있다)
② 폐쇄형스프링클러헤드의 작동방식보다 작동이 빠르다
　(작동용 폐쇄형헤드가 열에 의하여 열리는 것보다 감지기가 화재를 인식하는 것이 시간적으로 빠르다)

② 단점

① 감지기의 오작동(잘못된 작동)으로 인하여 설비가 작동하면 물에 의한 피해가 우려된다.
② 감지기의 오작동의 문제로 인하여 시스템 전체가 작동의 신뢰성이 떨어진다.

7. 도로터널의 물분무소화설비 기준 도로터널의 화재안전성능기준 제7조

　도로터널에 설치하는 물분무소화설비의 설치기준은 다음과 같다.

1. 물분무 헤드는 도로면에 1㎡당　6ℓ/min 이상의 수량을 균일하게 방수할 수 있도록 한다.

2. 물분무설비의 하나의 방수구역은 25m 이상으로 하며, 3개 방수구역을 동시에 40분 이상 방수할 수 있는 수량을 확보 한다.

3. 물분무설비의 비상전원은 40분 이상 기능을 유지할 수 있도록 한다.

물분무소화설비가 작동하고 있는 현장

8. 수 원(水原)(물탱크)

물분무소화설비에 필요한 물의 양 및 물탱크의 기준등에 대한 내용을 수원이라 하고 있다.
물분무소화설비에 필요한 적정 용량의 기준은 설치 장소의 용도나 저장하는 내용물에 따라 기준을 각각 정하고 있다.

가. 물 저장량　물분무소화설비의 화재안전성능기준 제4조 ①

장소	저장량
특수가연물을 저장, 취급하는 장소	바닥면적(최대 방수구역의 바닥면적을 기준으로 하며, 50㎡ 이하인 경우에는 50㎡) 1제곱미터에 대하여 분당 10리터로 20분간 방수할 수 있는 양 이상으로 할 것 물탱크의 물의 양 = 바닥면적(㎡) × 10ℓ × 20(분)
차고, 주차장	바닥면적(최대 방수구역의 바닥면적을 기준으로 하며, 50㎡이하인 경우에는 50㎡) 1제곱미터에 대하여 분당 20리터로 20분간 방수할 수 있는 양 이상으로 할 것 물탱크의 물의 양 = 바닥면적(㎡) × 20ℓ × 20(분)
절연유 봉입 변압기	바닥부분을 제외한 표면적을 합한 면적 1㎡에 대하여 10ℓ/min로 20분간 방수할 수 있는 양 이상 물탱크의 물의 양 = 표면적(㎡) × 10ℓ × 20(분)
케이블트레이, 케이블덕트	투영된 바닥면적 1㎡에 대하여 12ℓ/min로 20분간 방수할 수 있는 양 이상 물탱크의 물의 양 = 바닥면적(㎡) × 12ℓ × 20(분)
콘베이어 벨트	벨트부분의 바닥면적 1㎡에 대하여 10ℓ/min로 20분간 방수할 수 있는 양 이상 물탱크의 물의 양 = 바닥면적(㎡) × 10ℓ × 20(분)

나. 수조(물탱크)의 설치기준　물분무소화설비의 화재안전기술기준 2.1.4

① 점검에 편리한 곳에 설치한다.
② 동결방지조치를 하거나 동결의 우려가 없는 장소에 설치할 것
③ 수조의 외측에 수위계를 설치할 것. 다만, 구조상 불가피한 경우에는 수조의 맨홀 등을 통하여 수조 안의 물의 양을 쉽게 확인할 수 있도록 해야 한다.
④ 수조의 상단이 바닥보다 높은 때에는 수조의 외측에 고정식 사다리를 설치할 것
⑤ 수조가 실내에 설치된 때에는 그 실내에 조명설비를 설치할 것

⑥ 수조의 밑 부분에는 청소용 배수밸브 또는 배수관을 설치할 것
⑦ 수조 외측의 보기 쉬운 곳에 "물분무소화설비용 수조"라고 표시한 표지를 할 것. 이 경우 그 수조를 다른 설비와 겸용하는 때에는 그 겸용되는 설비의 이름을 표시한 표지를 함께 해야 한다.
⑧ 소화설비용 펌프의 흡수배관 또는 소화설비의 수직배관과 수조의 접속부분에는 "물분무소화설비용 배관"이라고 표시한 표지를 할 것.

9. 가압송수장치

가. 펌프 토출량 - 물분무소화설비의 화재안전기술기준 2.2

물분무소화설비의 펌프용량 중 펌프의 1분당 <u>토출량</u>(방수량)은 설치장소의 용도에 따라 아래의 기준에 의하여 계산한 토출량 이상으로 한다.

장소	펌프의 1분당 토출량
특수가연물을 저장, 취급하는 장소	바닥면적(최대 방수구역의 바닥면적을 기준으로 하며, 50㎡ 이하인 경우는 50㎡) 1㎡에 대하여 10ℓ를 곱한 양 이상 펌프 1분당 토출 양 = 바닥면적(㎡) × 10ℓ 이상
차고, 주차장	바닥면적(최대 방수구역의 바닥면적을 기준으로 하며, 50㎡ 이하인 경우는 50㎡) 1㎡에 대하여 20ℓ를 곱한 양 이상 펌프 1분당 토출 양 = 바닥면적(㎡) × 20ℓ 이상
절연유 봉입 변압기	바닥면적을 제외한 표면적을 합한 면적 1㎡에 대하여 10ℓ를 곱한 양 이상 펌프 1분당 토출 양 = 표면적(㎡) × 10ℓ 이상
케이블트레이, 케이블덕트	투영된 바닥면적 1㎡에 대하여 12ℓ를 곱한 양 이상 펌프 1분당 토출 양 = 바닥면적(㎡) × 12ℓ 이상
컨베이어 벨트	벨트부분의 바닥면적 1㎡에 대하여 10ℓ를 곱한 양 이상 펌프 1분당 토출 양 = 바닥면적(㎡) × 10ℓ 이상

나. 헤드의 방수압력

물분무소화설비의 헤드 방수압력은 설계압력 이상으로 하여야 한다.
물분무소화설비 화재안전기준에서 헤드 방수압력을 정하지 않고 제조사의 설계압력에 따르도록 하고 있다.
국내의 물분무소화설비 헤드 방수압력은 0.35MPa (약3.5kg/㎠)로 생산하고 있다.

그러므로 설계압력은 0.35MPa, 헤드압력 환산수두는 35m로 적용한다.

토출량(吐出量) : 펌프의 방수량을 말한다

펌프용량 계산 사례

문 제

아래 그림과 같이 절연유 봉입 변압기에 물분무소화설비를 설치한다. 소화펌프 용량 등을 구하시오.

1. 소화펌프의 최소토출량(ℓ/min)은 얼마인가.
2. 필요한 최소 수원의 양(㎥)은 얼마인가.

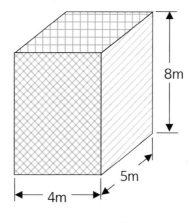

절연유 봉입 변압기

해 설

1. 소화펌프의 최소 토출량(ℓ/min)

○ **펌프의 토출량 계산식**
　바닥면적부분을 제외한 표면적을 합한 면적 1㎡에 대하여 10ℓ를 곱한 양 이상
　(펌프 1분당 토출 양 = 표면적(㎡) × 10ℓ 이상)

○ **표면적 계산**
　【(4m × 8m) × 2면】 + 【(5m × 8m) × 2면】 + 【(4m × 5m) × 1면】 = 64+80+20 = 164㎡

○ **펌프의 최소 토출량**
표면적(㎡) × 10ℓ/㎡·min = 164㎡ × 10ℓ/㎡·min = 164,000ℓ × 10ℓ/㎡·min = 1,640,000ℓ/min

2. 필요한 최소 수원의 양(㎥)

○ **수원의 양 계산식**

바닥부분을 제외한 표면적을 합한 면적 1㎡에 대하여 10ℓ/min로 20분간 방수할 수 있는 양 이상
(물탱크의 물의 양 = 표면적(㎡) × 10ℓ × 20(분))

○ **최소 수원의 양**

164㎡ × 10ℓ × 20(분)) = 32,800ℓ = 32.8㎥

10. 물분무소화설비 종류 및 작동순서

가. 폐쇄형스프링클러헤드 작동시스템 및 작동순서

화재의 열에 의하여 일제개방밸브 기동(작동)용 폐쇄형스프링클러헤드가 열리면 열린 헤드로 물이 방수된다.
일제개방밸브안의 감압(압력감소)현상으로 일제개방밸브가 열리며, 배관의 물이 이동하여 물분무헤드로 방수된다.

작동순서

1. 화재발생
2. 일제개방밸브 기동(작동)용 폐쇄형스프링클러헤드 개방
3. 일제개방밸브 개방(열린헤드로 압력수가 빠져나가면 일제개방밸브안의 중간챔버실(실린더실)의 감압으로 밸브 개방한다)
4. 일제개방밸브의 1차측 물이 2차측의 빈 배관으로 흘러 들어간다.
5. 화재(유수)경보 발생(흐르는 물(유수)이 압력스위치를 작동하여 유수경보가 발생한다)
6. 펌프 작동(배관안의 물 압력이 떨어지면 펌프실의 압력챔버에 설치된 압력스위치가 압력을 인식하여 펌프가 작동한다)
7. 헤드로 물이 방수.

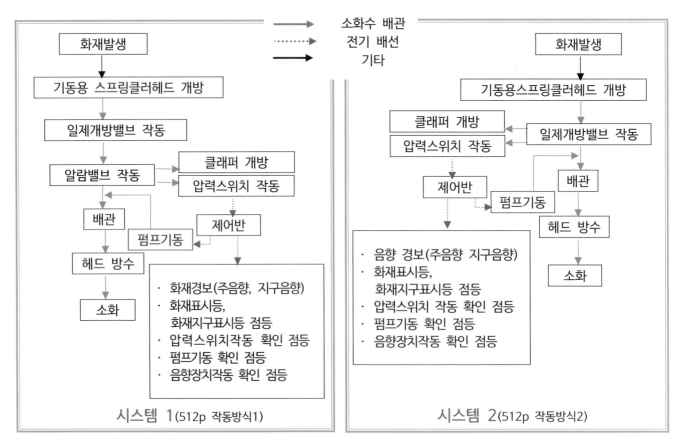

물분무소화설비(폐쇄형스프링클러헤드 기동방식) 작동 흐름도

나. 감지기 작동시스템 및 작동순서

화재에 의하여 일제개방밸브 기동(작동)용 감지기가 작동하면 일제개방밸브에 설치된 전동볼밸브(또는 솔레노이드밸브)가 작동하며 일제개방밸브가 열린다. 열린 일제개방밸브를 통하여 물분무헤드로 방수된다.

작동순서

1. 화재발생
2. 감지기가 작동한다.

   감지기 1개회로가 작동하면 화재발생 예비경보발생, 2개회로 이상(교차회로) 작동하면 전동볼밸브(또는 솔레노이드밸브)가 작동한다.
3. 일제개방밸브의 전동볼밸브(또는 솔레노이드밸브)가 작동한다.

   전동볼밸브가 작동하면 일제개방밸브안의 압력변화로 인하여 피스톤 열림 또는 다이어프램형식은 다이어프램이 열린다.
4. 일제개방밸브가 열리(작동)며, 밸브의 1차측 물이 2차측의 빈 배관으로 흘러가 헤드로 방수된다.
5. 흐르는 물이 압력스위치를 작동하여 유수경보를 울린다

   압력스위치가 흐르는 물을 인식하여 수신기에 신호를 보내어 유수경보를 울리게 한다
6. 배관안의 물의 압력이 떨어지면 펌프가 작동한다.
7. 헤드로 물이 뿌려진다.

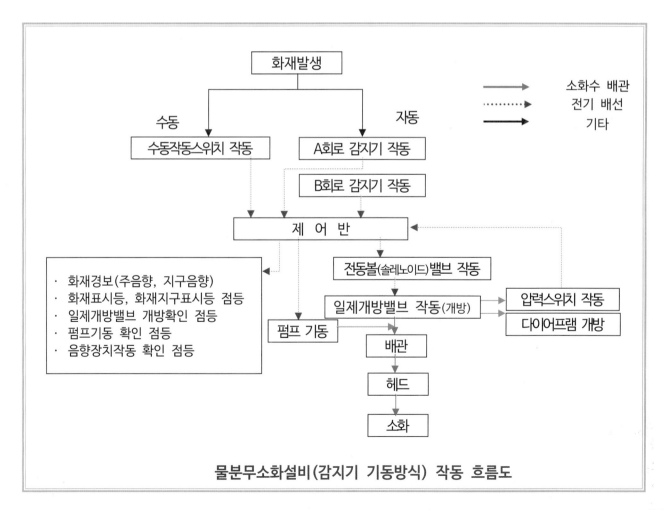

물분무소화설비(감지기 기동방식) 작동 흐름도

11. 물분무소화설비 계통도

가. 폐쇄형스프링클러헤드 작동방식 1

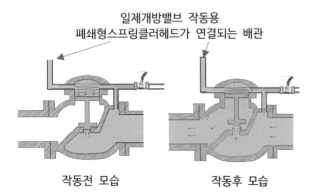

일제개방밸브 작동용
폐쇄형스프링클러헤드가 연결되는 배관

작동전 모습   작동후 모습

나. 폐쇄형스프링클러헤드 작동방식 2

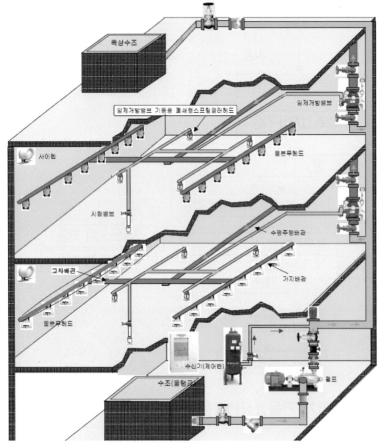

물분무소화설비 헤드

다. 감지기 작동방식 1

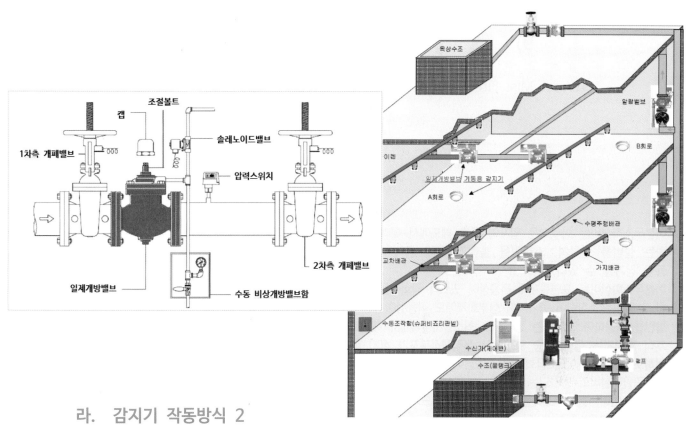

라. 감지기 작동방식 2

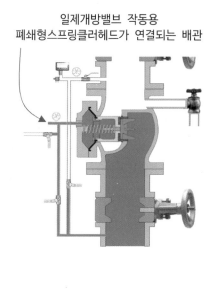

일제개방밸브 작동용
폐쇄형스프링클러헤드가 연결되는 배관

9) 미분무소화설비

(Water Mist Fire Suppression System, Water Mist Fire protection System)

1. 개 요

미분무소화설비는 아주작은 입자의 물을 헤드에서 뿌려 소화하는 설비를 말하며, 소화력을 높이기 위해 물에 강화액 등을 첨가할 수 있다.

미분무소화설비는 표면화재에 적응성이 있으나 강화액을 첨가한 경우에는 소화력이 증가되어 심부화재에도 적응성이 있다. 물만을 사용하여 소화하는 방식으로 최소설계압력에서 헤드로부터 뿌려지는 **물입자 중 99 %의 누적체적분포가 400 ㎛ 이하**로 분무되고 A,B,C급화재에 적응성이 있다.

스프링클러설비의 방사되는 물방울보다 더 작은 것이 물분무소화설비이며, 물분무소화설비보다 물방울의 크기가 더 미세한 것이 미분무소화설비이다.

공기, 높은압력 또는 충격 등을 이용하여 물을 미분화(작은 물방울)시키는 방식이다.

저압 미분무 소화설비는 최고사용압력이 1.2 ㎫ 이하인 미분무소화설비를 말한다.

중압 미분무 소화설비는 사용압력이 1.2 ㎫을 초과하고 3.5 ㎫ 이하인 미분무소화설비를 말한다.

고압 미분무 소화설비는 최저사용압력이 3.5 ㎫을 초과하는 미분무소화설비를 말한다.

물입자 중 99 %의 누적체적분포가 400 ㎛ 이하란,
방출된 물방울을 작은것부터 큰것으로 쌓아 올린다고 가정했을때 물방울의 크기가 400 마이크로미터 이하가 99%라는 뜻이다.
(1㎛는 0.001㎜와 같은 길이이다)

2. 개발 동기

가. 국제 해사海事기구에서 상업용 선박의 저충격, 고성능, 경량의 소화설비를 하려는 목적에 의하여 개발되었다.

나. 할로겐(Halon) 소화약제의 단계적 철수에 따른 대체물질 개발에 의해 연구하기 시작했다.

미분무헤드

미분무 微噴霧 : 물방울을 작게 안개처럼 뿌림
누적체적분포 累積體積分布, Cumulative volumetric distribution
　　　　헤드에서 방사되는 물방울 크기(직경)를 작은 것부터 순서대로 누적시켰을 때의 체적분포를 말한다
경량 輕量 : 가벼운 무게

3. 설비의 소화작용 내용

물의 미분무 입자에 의한 냉각, 수증기로 인한 질식, 액체의 유화, 희석작용 등의 복합적인 작용에 의하여 불을 끈다.
그리고 연소중인 연소물질 표면과 불꽃에 충분한 양의 물을 분사하여 미분무의 입자가 화재물질에 침투하여 화재 시 열방출율을 급격히 감소시켜 화세를 경감시키고 화재의 재발화를 방지하게 된다.

미분무수의 소화특성을 구체적으로 살펴보면,

① 방사되는 물의 체적대비 표면적이 크므로 높은 열전달 특성이 있고 냉각소화의 특성이 우수하다.
② 물방울이 미세하므로 전역방출방식의 가스와 같이 방호 공간 주위를 순환하면서 소화하게 되므로 질식소화의 효과가 우수한다.
③ 주요 소화효과의 메커니즘(mechanism) 내용은 아래와 같다.
    1) 기상냉각(전역방출방식 불활성가스와 같음)
    2) 수증기 팽창에 의한 산소희석(질식작용)
    3) 연료표면의 가습·냉각

4. 설비의 장 · 단점

가. 장점

① 소화약제가 물이므로 독성이 없고 환경오염문제를 크게 일으키지는 않는다.
② 물 종류의 소화설비이지만 B급(가연성액체의 화재), C급(전기화재) 화재에도 적응한다
③ 다른 자동식소화설비에 비해 소화수를 매우 적게 사용하기 때문에 물로 인한 피해(수손피해)를 감소시킨다.
④ 방사량이 적어 수원의 양이 적으며, 배관의 관경이 적다.
⑤ 불활성 또는 폭발억제설비로도 사용이 가능하다.

나. 단점

① A급 심부화재를 완전히 소화하는데 어려움이 있다.
    미분무의 방사가 낮은 유속으로 인하여 연료표면을 적절히 적셔주지 못하므로, 불꽃화재에는 강하나 작열화재에는 약하다.

② 차폐 또는 장애가 있는 화재에 대한 소화의 어려움이 있다.
    노즐의 분사패턴에서 멀리 떨어진 지역의 미분무수 밀도가 현저히 감소하는 경향으로 소화의 어려움이 있다.
③ 소화성능 변수를 설계할 객관적이고 일반적인 이론이 부족하여 기술적인 어려움이 있다.

유화(에멀젼) - Emulsion : 잘 섞이지 않는 두 액체가 다른 매체에 의하여 고르게 섞인 점도가 있는 용액
메커니즘(mechanism) : 목적을 달성하기 위한 방법
불활성(비활성) : 어떤 원소가 화학 반응을 활발하게 일으키지 않는 성질
작열화재 灼熱火災 : 온도가 높은(700~1,000℃) 상태의 이글이글 뜨겁게 타오르는 화재
차폐 遮蔽 : 가려막고 덮음

5. 설비 종류

가. 헤드 종류에 따라 폐쇄형, 개방형헤드 설비로 분류한다

① 폐쇄형헤드 미분무소화설비

⑦ 습식설비

④ 준비작동식설비

④ 건식설비

② 개방형헤드 미분무소화설비 - 일제살수식설비

나. 화재발생 장소의 소화방식에 따라 분류하는 것으로 화재 발생장소(방호구역)에 어떠한 방법으로 소화약제를 방사(방출)하여 불을 끄는지에 따라 소화약제 방출방법을 3가지로 분류된다.

① 전역 방출방식(Total Flooding System)
고정식 미분무소화설비에 배관 및 헤드를 고정 설치하여 구획된 방호구역 전체에 소화수를 방출하는 설비를 말한다.

② 국소 방출방식(Local Application System)
고정식 미분무소화설비에 배관 및 헤드를 설치하여 직접 화점에 소화수를 방출하는 설비로서 화재발생 부분에 집중적으로 소화수를 방출하도록 설치하는 방식을 말한다.

③ 호스릴 방식(이동식)
(Potable Installation System)
미분무건(노즐)을 소화수 저장용기 등에 연결하여 사람이 직접 화점에 소화수를 방출하는 소화설비를 말한다.

화점 火點 : 불이 발생하고 있는 곳

6. 소화가 가능한 장소

가. 적응장소(설치 가능한 장소)

① 통신기기, 컴퓨터실 등 전기설비 설치장소
② 선박관련장소
③ 도장부스, 페인트 락카실 등 가연성액체 저장시설
④ 박물관, 도서관 등 수손피해가 큰 장소
⑤ 항공기의 화물칸, 승무원 및 객실, 엔진
⑥ 소화용수의 급수가 제한된 지역
⑦ 폭발억제 장소

나. 비적응장소(설치 곤란한 장소)

① 물과 격렬히 반응을 일으키는 물질
② 미분무수와 반응하여 위험물질을 생성하는 경우

7. 스프링클러 · 물분무 · 미분무소화설비 비교

설비 구분	물방울과 연관된 설비 특징
스프링클러설비	1. 물이 헤드의 반사판에 부딪혀 속도가 순간적으로 떨어진 후 자체의 무게로 자연낙하 하여 분사된다. 2. 물방울의 크기가 큰 관계로 화재속으로 침투하게 되므로 냉각소화가 주체이며 작은 물방울은 불꽃 주위에서 증발하여 질식소화를 보조적으로 한다.
물분무소화설비 (Water Spray)	1. 반사판이 있는 헤드도 있으나 대부분은 유속을 가지고 직접 대상물에 분사된다. 2. 물방울의 크기가 스프링클러설비 보다도 작은 관계로 냉각소화 이외 질식소화의 비율이 스프링클러보다 크다. 3. 작은 입자가 물 표면을 두들기므로 에멀견(유화) 기능이 있다.
미분무소화설비 (Water Mist)	1. 물이 헤드 반사판에 부딪히지 않고 바로 떨어진다. 2. 물입자가 매우 작기때문에 유속이 있어도 운동모멘트가 작아서(질량이 작아지므로) 주위로 비산되므로 에멀견(유화)효과는 없다. 3. 질식효과는 물분무보다 훨씬 크며 또한 기후에 영향을 받으므로 옥외에서는 효과가 없다.

냉각효과 : 스프링클러설비 〉물분무소화설비 〉미분무소화설비(냉각효과는 스프링클러설비가 가장 크다)
질식효과 : 스프링클러설비 〈 물분무소화설비 〈 미분무소화설비(질식효과는 미분무소화설비가 가장 크다)

참고
스프링클러설비와 물분무소화설비, 미분무소화설비는 헤드만 다를 뿐 설비의 형식은 동일 한 구조이다.
물분무소화설비, 미분무소화설비는 헤드에 적합한 방사압력과 전용헤드를 사용해야 물분무와 미분무가 형성이 된다.

도장부스 : 물체에 페인트칠 하는 방(실)
락카실 : 페인트 통 등을 보관하는 방
에멀견(유화) - Emulsion : 잘 섞이지 않는 두 액체가 다른 매체에 의하여 고르게 섞인 점도가 있는 용액
비산 : 날아서 흩어짐

8. 수 원(물탱크 양) 미분무소화설비의 화재안전기술기준 2.3

가. 미분무소화설비에 사용되는 소화용수는 「먹는물관리법」 제5조에 적합하고, 저수조 등에 충수할 경우 필터 또는 스트레이너를 통해야 하며, 사용되는 물에는 입자 · 용해고체 또는 염분이 없어야 한다.

나. 배관의 연결부(용접부 제외) 또는 주배관의 유입측에는 필터 또는 스트레이너를 설치해야 하고, 사용되는 스트레이너에는 청소구가 있어야 하며, 검사 · 유지관리 및 보수 시에 배치 위치를 변경하지 않아야 한다. 다만, 노즐이 막힐 우려가 없는 경우에는 설치하지 않을 수 있다.

다. 사용되는 필터 또는 스트레이너의 메쉬는 헤드 오리피스 지름의 80 % 이하가 되어야 한다.

라. **수원의 양 계산식** $Q = N \times D \times T \times S + V$

Q : 수원의 양(㎥)

N : 방호구역(방수구역)내 헤드의 개수

D : 설계유량(㎥/min)

T : 설계방수시간(min)

S : 안전율(1.2이상)

V : 배관의 총체적(㎥)

마. 첨가제의 양은 설계방수시간 내에 충분히 사용될 수 있는 양 이상으로 산정한다. 이 경우 첨가제가 소화약제인 경우 소방청장이 정하여 고시한 「소화약제의 형식승인 및 제품검사의 기술기준」에 적합한 것으로 사용해야 한다.

문 제

미문무소화설비의 수원의 저장량(㎥)을 구하시오?

【조건】 헤드개수 : 30개,   헤드 설계유량 : 50 ℓ/min,   설계 방수시간 : 1시간,   배관의 총체적 : 0.06㎥

풀 이

수원의 양(Q)(㎥) = N × D × T × S + V = N(방호구역내 헤드의 개수) × D(설계유량(㎥/min)) × T【설계방수시간(min)】 × S【안전율(1.2이상)】 + V【배관의 총체적(㎥)】

  = 30 × 0.05㎥/min(50 ℓ/min) × 60min(1시간) × 1.2 + 0.06(㎥) = 108.06㎥

---

9. 수 조 (물탱크) 미분무소화설비의 화재안전기술기준 2.4

① 수조의 재료는 냉간 압연 스테인리스 강판 및 강대(KS D 3698)의 STS304 또는 이와 동등 이상의 강도·내식성·내열성이 있는 것으로 해야 한다.

② 수조를 용접할 경우 용접찌꺼기 등이 남아 있지 아니해야 하며, 부식의 우려가 없는 용접방식으로 해야 한다.

③ 미분무소화설비용 수조는 다음의 기준에 따라 설치해야 한다.
  1. 전용수조로 하고, 점검에 편리한 곳에 설치할 것
  2. 동결방지조치를 하거나 동결의 우려가 없는 장소에 설치할 것
  3. 수조의 외측에 수위계를 설치할 것. 다만, 구조상 불가피한 경우에는 수조의 맨홀 등을 통하여 수조 안의 물의 양을 쉽게 확인할 수 있도록 해야 한다.
  4. 수조의 상단이 바닥보다 높은 때에는 수조의 외측에 고정식 사다리를 설치할 것
  5. 수조가 실내에 설치된 때에는 그 실내에 조명설비를 설치할 것
  6. 수조의 밑 부분에는 청소용 배수밸브 또는 배수관을 설치할 것
  7. 수조 외측의 보기 쉬운 곳에 "미분무소화설비용 수조"라고 표시한 표지를 할 것
  8. 소화설비용 펌프의 흡수배관 또는 소화설비의 수직배관과 수조의 접속부분에는 "미분무소화설비용 배관"이라고 표시한 표지를 할 것. 다만, 수조와 가까운 장소에 소화설비용 펌프가 설치되고 해당 펌프에 2.4.3.7에 따른 표지를 설치한 때에는 그렇지 않다.

> 2.4.3.7 : 수조 외측의 보기 쉬운 곳에 "미분무소화설비용 수조"라고 표시한 표지를 할 것

10. 가압송수장치 (펌프 등) 미분무소화설비의 화재안전기술기준 2.5.1.6

가압송수장치의 송수량은 최저설계압력에서 설계유량(L/min) 이상의 방수성능을 가진 기준개수의 모든 헤드로부터의 방수량을 충족시킬 수 있는 양 이상의 것으로 할 것

냉간 冷間 : 금속 따위를 재결정 온도보다 낮은 온도로 처리함
압연 壓延 : 회전하는 **압연**기의 롤 사이에 가열한 쇠붙이를 넣어 막대기 모양이나 판 모양으로 만드는 일
강판 鋼板 : 강철로 만든 철판
강대 : 강철 막대
내식성 耐蝕性 : 부식이나 침식을 잘 견디는 성질. 또는 그 정도
내열성 耐熱性 : 높은 온도에서도 변하지 않고 잘 견디어 내는 성질

11. 방호구역, 방수구역 미분무소화설비의 화재안전기술기준 2.6, 2.7

가. 폐쇄형 미분무소화설비 방호구역

폐쇄형 미분무헤드를 사용하는 설비의 방호구역(미분무소화설비의 소화범위에 포함된 영역을 말한다)은 다음의 기준에 적합해야 한다.
① 하나의 방호구역의 바닥면적은 펌프용량, 배관의 구경 등을 수리학적으로 계산한 결과 헤드의 방수압 및 방수량이 방호구역 범위 내에서 소화 목적을 달성할 수 있도록 산정해야 한다.
② 하나의 방호구역은 2개 층에 미치지 않을 것

나. 개방형 미분무소화설비 방수구역

개방형 미분무소화설비의 방수구역은 다음의 기준에 적합해야 한다.
① 하나의 방수구역은 2개 층에 미치지 않을 것
② 하나의 방수구역을 담당하는 헤드의 개수는 최대 설계개수 이하로 할 것. 다만, 2 이상의 방수구역으로 나눌 경우에는 하나의 방수구역을 담당하는 헤드의 개수는 최대설계 개수의 2분의 1 이상으로 할 것
③ 터널, 지하가 등에 설치할 경우 동시에 방수되어야 하는 방수구역은 화재가 발생된 방수구역 및 접한 방수구역으로 할 것

12. 음향장치

가. 폐쇄형 미분무헤드가 개방되면 화재신호를 발신하고 그에 따라 음향장치가 경보되도록 할 것
나. 개방형 미분무소화설비는 화재감지기의 감지에 따라 음향장치가 경보되도록 할 것. 이 경우 화재감지기 회로를 교차회로방식으로 하는 때에는 하나의 화재감지기 회로가 화재를 감지하는 때에도 음향장치가 경보되도록 해야 한다.
다. 음향장치는 방호구역 또는 방수구역마다 설치하되 그 구역의 각 부분으로부터 하나의 음향장치까지의 수평거리는 25 m 이하가 되도록 할 것
라. 음향장치는 경종 또는 사이렌(전자식 사이렌을 포함한다)으로 하되, 주위의 소음 및 다른 용도의 경보와 구별이 가능한 음색으로 할 것. 이 경우 경종 또는 사이렌은 자동화재탐지설비·비상벨설비 또는 자동식사이렌설비의 음향장치와 겸용할 수 있다.
마. 주음향장치는 수신기의 내부 또는 그 직근에 설치할 것
바. 층수가 11층(공동주택의 경우 16층) 이상의 소방대상물 또는 그 부분에 있어서는 2층 이상의 층에서 발화한 때에는 발화층 및 그 직상 4개층에 한하여, 1층에서 발화한 때에는 발화층과 그 직상 4개층 및 지하층에 한하여, 지하층에서 발화한 때에는 발화층·그 직상층 및 기타의 지하층에 한하여 경보를 발할 수 있도록 할 것
사. 음향장치는 정격전압의 80 % 전압에서 음향을 발할 수 있는 것으로 할 것
아. 음향장치 음향의 크기는 부착된 음향장치의 중심으로부터 1 m 떨어진 위치에서 90 ㏈ 이상이 되는 것으로 할 것

13. 헤드 미분무소화설비의 화재안전기술기준 2.10

가. 미분무헤드는 소방대상물의 천장 · 반자 · 천장과 반자 사이 · 덕트 · 선반 기타 이와 유사한 부분에 설계자의 의도에 적합하도록 설치해야 한다.

나. 하나의 헤드까지의 수평거리 산정은 설계자가 제시해야 한다.

다. 미분무소화설비에 사용되는 헤드는 조기반응형 헤드를 설치해야 한다.

라. 폐쇄형 미분무헤드는 그 설치장소의 평상시 최고주위온도에 따라 다음 식 (2.10.4)에 따른 표시온도의 것으로 설치해야 한다.

$$Ta = 0.9Tm - 27.3°C$$

$$Ta : 최고주위온도$$
$$Tm : 헤드의 표시온도$$

마. 미분무 헤드는 배관, 행거 등으로부터 살수가 방해되지 아니하도록 설치해야 한다.

바. 미분무 헤드는 설계도면과 동일하게 설치해야 한다.

사. 미분무 헤드는 '한국소방산업기술원' 또는 성능시험기관으로 지정받은 기관에서 검증받아야 한다.

문제

미분무소화설비의 폐쇄형 미분무헤드의 표시온도가 76°C일 때 그 설치장소의 평상시 최고주위온도는 얼마가 되는가?

풀이

Ta(최고주위온도) $= 0.9Tm$(헤드의 표시온도) $- 27.3°C$,
최고주위온도 $= (0.9 \times 76°C) - 27.3°C = 41.1°C$

10) 제연설비

1. 개 요

제연설비라는 용어를 붙인 것은 화재 연기를 제어 및 제거한다는 의미에서 설비의 이름을 붙였으며, 예전에는 배연설비排煙設備라는 이름을 소방법에서 사용하였다.

법이나 화재안전기준에서는 건물의 거실과 통로에 설치하는 것을 제연설비라 하고 있으나 혼동을 피하기 위하여 거실제연설비라고 하며,
특별피난계단에 설치하는 것을 전실제연설비라고 부르고 있고, 도로터널에 설치하는 것을 터널제연설비라 한다.

거실제연설비는 지하층, 무창층 등의 옥내에 설치하는 설비로서 화재가 발생한 장소의 연기는 배풍기를 이용하여 건물 밖으로 뽑아내고, 외부의 신선한 공기를 송풍기를 이용하여 화재가 발생한 장소에 불어 넣어서 피난 및 소화활동을 원활히 할 수 있도록 하는 소화활동설비로서 송풍과 배연을 동시에 하는 설비이다.

전실(가압) 제연설비는 특별피난계단의 계단실 및 부속실의 승강장에 설치되는 급기가압 제연설비이다.

송풍기로서 옥외의 신선한 공기를 풍도를 통하여 특별피난계단의 계단실 또는 부속실에 불어 넣어서 계단실 또는 부속실을 화재가 발생한 장소(옥내)보다 공기압력을 높여(차압) 옥내의 연기가 계단실 및 부속실 안으로 들어오지 못하도록 하는 설비이며, 또한 송풍기로서 불어 넣는 공기의 유입 풍속을 이용하여 전실안으로 연기가 들어오지 못하도록 한다.

터널제연설비는 도로터널에 설치하여 터널 안의 배기가스와 연기 등을 배출하는 환기설비이다.

배풍기
연기를 건물 밖으로 배출하는 기계

송풍기
공기를 건물 안으로 불어넣는 기계

전실(專室) : 엘리베이트를 타기 위하여 기다리는 사람이 있는 방(실)

2. 거실 제연설비

가. 설치장소 (설치해야 하는 장소)   소방시설설치 및 관리에관한법률 시행령 별표4

① 문화 및 집회시설, 종교시설, 운동시설 중 무대부의 바닥면적이 200㎡ 이상인 경우에는 해당 무대부

② 문화 및 집회시설 중 영화상영관으로서 수용인원 100명 이상인 경우에는 해당 영화상영관

③ 지하층이나 무창층에 설치된 근린생활시설, 판매시설, 운수시설, 숙박시설, 위락시설, 의료시설, 노유자 시설 또는 창고시설(물류터미널로 한정한다)로서 해당 용도로 사용되는 바닥면적의 합계가 1천㎡ 이상인 경우 해당 부분

④ 운수시설 중 시외버스정류장, 철도 및 도시철도 시설, 공항시설 및 항만시설의 대기실 또는 휴게시설로서 지하층 또는 무창층의 바닥면적이 1천㎡ 이상인 경우에는 모든 층

⑤ 지하가(터널은 제외한다)로서 연면적 1천㎡ 이상인 것

⑥ 지하가 중 예상 교통량, 경사도 등 터널의 특성을 고려하여 행정안전부령으로 정하는 터널

⑦ 특정소방대상물(갓복도형 아파트등은 제외한다)에 부설된 특별피난계단, 비상용 승강기의 승강장 또는 피난용 승강기의 승강장

【설치면제 장소】 – 시행령 별표5

제연설비를 설치해야 하는 특정소방대상물[별표 4 제5호가목6)은 제외한다]에 다음의 어느 하나에 해당하는 설비를 설치한 경우에는 설치가 면제된다.

1. 공기조화설비를 화재안전기준의 제연설비기준에 적합하게 설치하고 공기조화설비가 화재 시 제연설비기능으로 자동전환되는 구조로 설치되어 있는 경우

2. 직접 외부 공기와 통하는 배출구의 면적의 합계가 해당 제연구역[제연경계(제연설비의 일부인 천장을 포함한다)에 의하여 구획된 건축물 내의 공간을 말한다] 바닥면적의 100분의 1 이상이고, 배출구부터 각 부분까지의 수평거리가 30m 이내이며, 공기유입구가 화재안전기준에 적합하게(외부 공기를 직접 자연 유입할 경우에 유입구의 크기는 배출구의 크기 이상이어야 한다) 설치되어 있는 경우

3. 별표 4 제5호가목6)에 따라 제연설비를 설치해야 하는 특정소방대상물 중 노대(露臺)와 연결된 특별피난계단, 노대가 설치된 비상용 승강기의 승강장 또는 「건축법 시행령」 제91조제5호의 기준에 따라 배연설비가 설치된 피난용 승강기의 승강장에는 설치가 면제된다.

나. 종류

화재안전기준에서는 아래와 같이 3가지 제연설비의 기준을 정하고 있다.

1. 거실제연설비 : 거실 및 통로에 설치
2. 전실제연설비 : 특별피난계단의 계단실 및 부속실에 설치
3. 터널제연설비 : 도로 터널에 설치

1. "**제연설비**"란 화재가 발생한 거실의 연기를 배출함과 동시에 옥외의 신선한 공기를 공급하여 거주자들이 안전하게 피난하고, 소방대가 원활한 소화활동을 할 수 있도록 연기를 제어하는 설비를 말한다.

2. "**제연구역**"이란 제연경계(제연경계가 면한 천장 또는 반자를 포함한다)에 의해 구획된 건물 내의 공간을 말한다.

3. "**제연경계**"란 연기를 예상제연구역 내에 가두거나 이동을 억제하기 위한 보 또는 제연경계벽 등을 말한다.

4. "**제연경계벽**"이란 제연경계가 되는 가동형 또는 고정형의 벽을 말한다.

5. "**제연경계의 폭**"이란 제연경계가 면한 천장 또는 반자로부터 그 제연경계의 수직하단 끝부분까지의 거리를 말한다.

6. "**수직거리**"란 제연경계의 하단 끝으로부터 그 수직한 하부 바닥면까지의 거리를 말한다.

7. "**예상제연구역**"이란 화재 시 연기의 제어가 요구되는 제연구역을 말한다.

8. "**공동예상제연구역**"이란 2개 이상의 예상제연구역을 동시에 제연하는 구역을 말한다.

9. "**통로배출방식**"이란 거실 내 연기를 직접 옥외로 배출하지 않고 거실에 면한 통로의 연기를 옥외로 배출하는 방식을 말한다.

10. "**보행중심선**"이란 통로 폭의 한 가운데 지점을 연장한 선을 말한다.

11. "**방화문**"이란 「건축법 시행령」 제64조의 규정에 따른 60분+ 방화문, 60분 방화문 또는 30분 방화문으로써 언제나 닫힌 상태를 유지하거나 화재감지기와 연동하여 자동적으로 닫히는 구조를 말한다.

12. "**유입풍도**"란 예상제연구역으로 공기를 유입하도록 하는 풍도를 말한다.

13. "**배출풍도**"란 예상제연구역의 공기를 외부로 배출하도록 하는 풍도를 말한다.

14. "**불연재료**"란 「건축법 시행령」 제2조제10호에 따른 기준에 적합한 재료로서, 불에 타지 않는 성질을 가진 재료를 말한다.

15. "**난연재료**"란 「건축법 시행령」 제2조제9호에 따른 기준에 적합한 재료로서, 불에 잘 타지 않는 성능을 가진 재료를 말한다.

16. "**댐퍼**"란 풍도 내부의 연기 또는 공기의 흐름을 조절하기 위해 설치하는 장치를 말한다.

17. "**풍량조절댐퍼**"란 송풍기(또는 공기조화기) 토출측에 설치하여 유입풍도로 공급되는 공기의 유량을 조절하는 장치를 말한다.

유입(流入) : 어떤 곳으로 흘러들어 옴
방연(防煙) : 연기가 들어오지 않게 막는 것
누설(漏泄) : 액체나 기체 따위가 밖으로 새어 나감
플랩(flap) : 날개, 펄럭이다
댐퍼(damper) : 통로에 설치하여 연기의 배출량, 공기의 양을 조절하기 위한 장치.

① 제연구역

㉮ 개요

제연경계(제연설비의 일부인 천장을 포함한다)에 의해 구획된 건물안의 공간을 말한다.

제연(연기를 배출하고 외부의 공기를 불어 넣음)을 효과적으로 하기 위하여 적정한 면적이나 길이의 기준을 정한 것으로서 제연구역의 면적 또는 체적이 작으면 더 효율적으로 제연이 되겠지만 건물을 건축하는데 경제적인 어려움이 있으므로 적정한 면적이나 길이의 기준을 만든 기준일 뿐이며, 제연이

가장 효율적으로 되는 기준은 아니다.

그림1과 같이 벽으로 완전히 실이 구획되어 벽에 의한 제연경계를 한 상태의 각각의 실을 제연구역이라 하며,

그림2와 같이 제연경계의 벽(커튼)을 한 상태에서 각각의 실도 제연구역이라 한다.

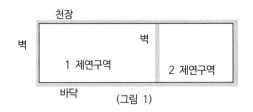

(그림 1)

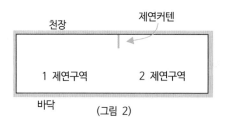

(그림 2)

㉯ 제연구역의 구획 기준 - 설계를 할 때에 적용해야 하는 내용이다 제연설비의 화재안전성능기준 4조 ①

제연경계구역의 기준은 아래 1~5항의 내용을 모두 충족하는 건물의 구조가 되어야 한다.

1. 하나의 제연구역의 면적은 1,000제곱미터 이내로 할 것
2. 거실과 통로(복도를 포함한다. 이하 같다)는 각각 제연구획 할 것
3. 통로상의 제연구역은 보행중심선의 길이가 60미터를 초과하지 않을 것
4. 하나의 제연구역은 직경 60미터 원내에 들어갈 수 있을 것
5. 하나의 제연구역은 둘 이상의 층에 미치지 않도록 할 것. 다만, 층의 구분이 불분명한 부분은 그 부분을 다른 부분과 별도로 제연구획 해야 한다.

㉮ 제연구역 설계 사례

그림과 같은 건물에서 2실의 면적이 1,100㎡이므로 1,000㎡ 이내가 되도록 500㎡과 600㎡로 각각 제연경계벽으로 구획 하였다.

1실의 바닥면적은 800㎡로서 직경 60m 원내에 들어가므로 제연구역 기준에 적합하다.

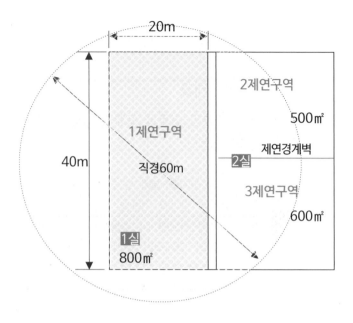

② 제연구역 구획 제연설비의 화재안전성능기준 4조 ②

제연구역의 구획은 보·제연경계벽(이하 "제연경계") 및 벽(화재 시 자동으로 구획되는 가동벽·방화셔터·방화문을 포함한다)으로 하되, 다음 각호의 기준에 적합해야 한다.

㉮ 재질
재질은 내화재료, 불연재료 또는 제연경계벽으로 성능을 인정받은 것으로서 화재 시 쉽게 변형·파괴되지 아니하고 연기가 누설되지 않는 기밀성 있는 재료로 할 것

㉯ 제연경계의 폭 등
제연경계는 제연경계의 폭이 0.6미터 이상이고, 수직거리는 2미터 이내일 것

㉰ 구조
제연경계벽은 배연 시 기류에 따라 그 하단이 쉽게 흔들리지 않고, 가동식의 경우에는 급속히 하강하여 인명에 위해를 주지 않는 구조일 것

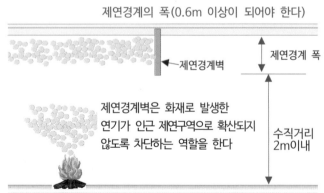

지하철역에 설치된 제연경계벽

위해(危害) : 위험한 재해. 특히 사람의 생명을 위협하는 위험이나 해

③ 유입풍도

송풍기가 외부(바깥)의 공기를 예상제연구역으로 불어 넣기 위한 바람의 통로를 말한다.

유입풍도 : 바람이 들어오는 통로

④ 배출풍도

제연구역에서 발생한 연기를 배풍기가 건물 밖으로 이동되게 하는 연기의 통로를 말한다.

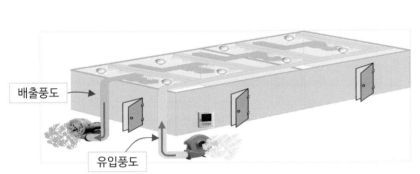

송풍기와 배풍기를 그림과 같이 가까이 설치되면 배풍기에서 배출되는 연기가 송풍기에 의하여 실내에 송풍이 되므로 적합하지 않다.

송풍기와 배풍기의 설치위치는 어느정도 상호간 거리를 두어야 한다. 이러한 내용에 대한 화재안전기준은 없다.

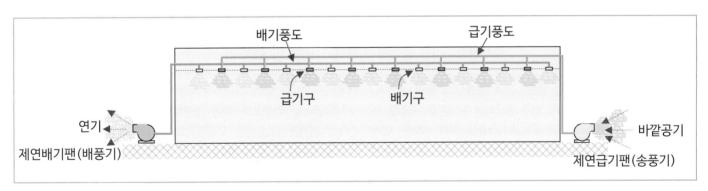

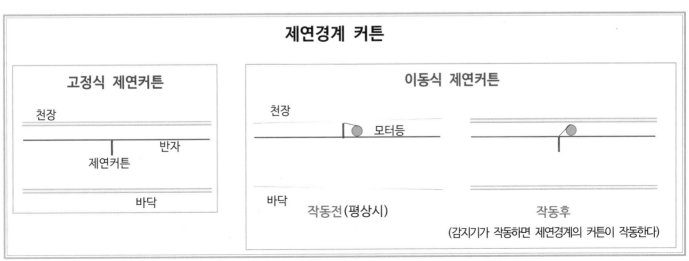

⑤ 무창층 無窓層 소방시설설치및관리에관한법률 시행령 2조

무창층이란 지상층 중 다음 각 목의 요건을 갖춘 개구부(건축물에서 채광, 환기, 통풍 또는 출입을 위하여 만든창, 출입구, 그 밖에 이와 유사한 것을 말한다)의 면적의 합계가 해당 층의 바닥면적의 $\frac{1}{30}$ 이하가 되는 층을 무창층이라 한다.

기 준

"무창층"이란 지상층 중 다음 각 목의 요건을 모두 갖춘 개구부(건축물에서 채광·환기·통풍 또는 출입 등을 위하여 만든 창·출입구, 그 밖에 이와 비슷한 것을 말한다)의 면적의 합계가 해당 층의 바닥면적의 30분의 1 이하가 되는 층을 말한다.
1. 크기는 지름 50㎝ 이상의 원이 통과할 수 있을 것
2. 해당 층의 바닥면으로부터 개구부 밑부분까지의 높이가 1.2m 이내일 것
3. 도로 또는 차량이 진입할 수 있는 빈터를 향할 것
4. 화재 시 건축물로부터 쉽게 피난할 수 있도록 창살이나 그 밖의 장애물이 설치되지 않을 것
5. 내부 또는 외부에서 쉽게 부수거나 열 수 있을 것

무창층으로서 바닥면적이 1,000㎡ 이상이면 제연설비를 설치하여야 하는 장소이다.
지상층 중에서 창문의 면적이 적은 장소는 무창층에 해당이 되는지를 확인해야 한다.

무창층이라는 용어를 사용하고 있는 이유(목적)

피난자가 피난할 수 있는 창문 등이 충분한 건물의 층인지, 소방대가 창문 등을 통하여 쉽게 접근하여 피난자를 구조할 수 있는 장소인지 그리고 소방대가 소화활동을 하기 위하여 쉽게 내부로 진입할 수 있는 개구부가 적합하게 있는지, 화재발생시 환기가 될 수 있는 개구부가 적정면적 이상이 되는지를 그 층의 바닥면적을 기준으로 하여 **개구부의 합한 면적이 바닥면적의 1/30이하가 되는 층을 무창층으로 정하여 소방시설 설치내용을 더욱 강화하기 위한 것이다.**

방화구획의 설치기준 (건축물의 피난·방화구조 등의 기준에 관한 규칙 14조)

건축물에 설치하는 방화구획은 다음 각호 기준에 적합해야 한다.
1. 10층 이하의 층은 바닥면적 1,000㎡(스프링클러 기타 이와 유사한 자동식 소화설비를 설치한 경우에는 바닥면적 3,000㎡)이내마다 구획할 것
2. 매층마다 구획할 것. 다만, 지하 1층에서 지상으로 직접 연결하는 경사로 부위는 제외한다.
3. 11층 이상의 층은 바닥면적 200㎡(스프링클러 기타 이와 유사한 자동식 소화설비를 설치한 경우에는 600㎡)이내마다 구획할 것. 다만, 벽 및 반자의 실내에 접하는 부분의 마감을 불연재료로 한 경우에는 바닥면적 500㎡(스프링클러 기타 이와 유사한 자동식 소화설비를 설치한 경우에는 1,500㎡)이내마다 구획하여야 한다.

⑥ 무창층 판단방법

개구부라는 것은 벽을 제외한 문이나 트인 벽을 말하는 것으로서, 여기서의 문은 창문, 출입문, 셔터, 기타의 창문, 또는 벽이 없는 부분 등으로서 벽을 제외한 외부와 통할 수 있는 통기구의 성질을 가진 것을 모두 포함한다.

무창층인지를 검토하는 건물의 층에서 벽의 4방향 개구부에 해당되는 면적을 모두 합한다.

개구부를 인정하기 위해서는 개구부의 조건 1~5의 내용을 모두 충족하는 개구부 이어야 하며, 그에 해당되는 개구부의 면적을 합한다.

예를 들어서 개구부를 인정할 수 있는 곳으로서 셔터가 벽에 닿히는 면적이 20㎡, 출입문이 5개소로서 면적을 합하면 15㎡, 벽의 유리창문이 40㎡이며, 그 층의 바닥면적이 1,000㎡이면,

$$\frac{20+15+40}{1,000} = \frac{75}{1,000} = \frac{1}{13.3}$$ 로서 $\frac{1}{30}$ 이상이 되어 무창층이 되지 않는다.

무창층 계산방법

1. **바닥면적** : 빗금친 부분의 바닥면적을 계산한다.
2. **개구부 면적** : 주출입문, 방화셔터, 창문등의 ○을 표시한 개구부의 면적을 합산한다.
   개구부의 높이가 바닥으로부터 1.2m이상이 되는 곳과 방범창살이 되어 있는 ×를 한 개구부는 제외한다(무창층 판단을 위한 개구부의 인정조건에 맞지 않는 개구부)

$\frac{개구부면적}{바닥면적}$ 으로 계산 값이 $\frac{1}{30}$ 이하가 되면 무창층이다.

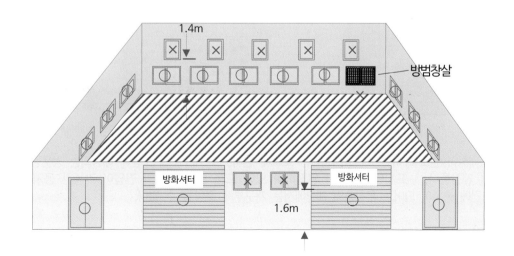

무창층을 판단하는 개구부 해석

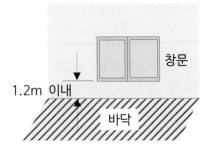

지름 50cm 이상의 원이 통과할 수 있을 것

아래의 창문들은 지름 50cm 이상의 원이 통과할 수 없는 개구부로서 무창층을 판단함에 있어서 개구부면적에 포함되지 않는 창문들이다.

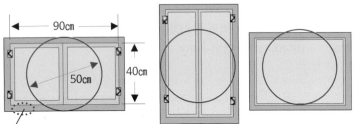

90cm

50cm

40cm

창문틀은 창의 크기에 포함되지 않는다.

개구부 밑 부분의 설치 높이가 바닥으로 부터 1.2m 이내의 개구부는 무창층계산의 개구부에 포함한다.

50cm 이상의 원에 내접하는 창들

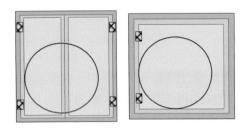

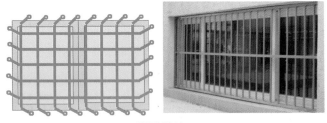

방범창살

개구부(창등)에 방범창살등이 설치되어 쉽게 피난할 수 없는 구조의 개구부는 무창층의 판단에 있어서, 개구부의 다른 조건이 충족이 되어도 이러한 창문은 무창층의 계산에서는 개구부에 포함될 수 없다.

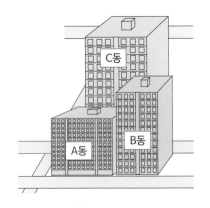

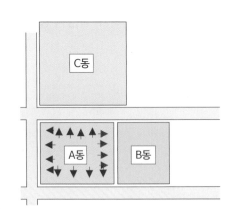

A동을 무창층에 대하여 검토를 하면, →표시면에는 도로에 면하므로 개구부의 조건에 해당되는 창문등은 개구부의 면적에 포함하여 계산한다, →표시면은 B동과 인접하여 있어 도로 또는 차량의 진입이 가능한 공지가 없으므로 개구부의 다른조건에 충족이 되어도 무창층의 계산에서는 개구부에 포함될 수 없다.

무창층 無窓層 : 창이 없는 층(창의 면적이 기준면적 이하인 층)
개구부 開口部 : 집의 창문, 출입문이나 환기구 따위를 통틀어 이르는 말

라. 제연방식 제연설비의 화재안전성능기준 5조

제연설비가 작동하여 연기배출과 외부의 공기유입의 방식 등에 대한 내용을 아래와 같이 상세히 규정하고 있다.

《기 준》

① 예상제연구역에 대하여는 화재 시 연기배출(이하 "배출"이라 한다)과 동시에 공기유입이 될 수 있게 하고, 배출구역이 거실일 경우에는 통로에 동시에 공기가 유입될 수 있도록 해야 한다.

② ①의 규정에 불구하고 통로와 인접하고 있는 거실의 바닥면적이 50제곱미터 미만으로 구획(제연경계에 따른 구획은 제외한다. 다만, 거실과 통로와의 구획은 그렇지 않다)되고 그 거실에 통로가 인접하여 있는 경우에는 화재 시 그 거실에서 직접 배출하지 아니하고

인접한 통로의 배출로 갈음할 수 있다. 다만, 그 거실이 다른 거실의 피난을 위한 경유거실인 경우에는 그 거실에서 직접 배출해야 한다.

③ 통로의 주요 구조부가 내화구조이며 마감이 불연재료 또는 난연재료로 처리되고 통로 내부에 가연성 물질이 없는 경우에 그 통로는 예상제연구역으로 간주하지 않을 수 있다. 다만, 화재 시 연기의 유입이 우려되는 통로는 그렇지 않다.

해 설

그림의 B실에 화재가 발생한 경우에는 B실은 거실이므로 B실에 송풍기로 외부의 공기를 불어 넣으며, 배풍기로 B실의 연기를 외부로 빼낸다. 그리고 통로에는 송풍기로 외부의 공기를 불어 넣는다.

배기구는 예상제연구역의 각 부분으로부터 하나의 배출구까지의 수평거리는 10m 이내가 되도록 하여야 한다. **공기유입구**와 배출구간의 직선거리는 5m 이상으로 할 것

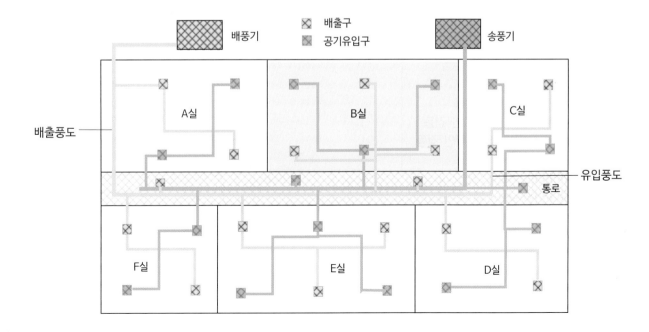

마. 작동 순서

① 작동순서

1. 화재발생

2. 감지기가 작동

3. 화재경보 발생

4. 제연커튼 작동

제연커튼이 설치된 장소중 이동식커튼은 감지기가 작동하면 커튼작동모터가 작동하여 제연커튼이 내려오며, 고정식 제연커튼은 감지기의 작동과 관련이 없다.

5. 급기, 배기댐퍼 개방

6. 배풍기, 송풍기 작동

배기팬은 연기를 빨어들여 배출구를 통하여 옥외로 빼내며, 급기팬은 외부의 신선한 공기를 유입풍도를 통하여 거실로 불어 넣는다

7. 제연구역으로 송풍, 배풍

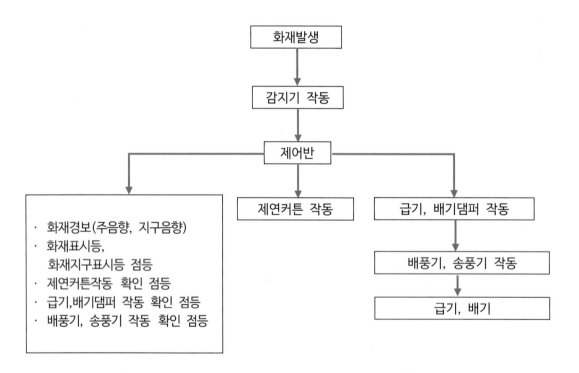

제연설비 작동 흐름도

댐퍼(damper) : 공기조절장치의 통로에 설치하여 연기의 배출량, 공기의 들어오는 양을 조절하는 장치

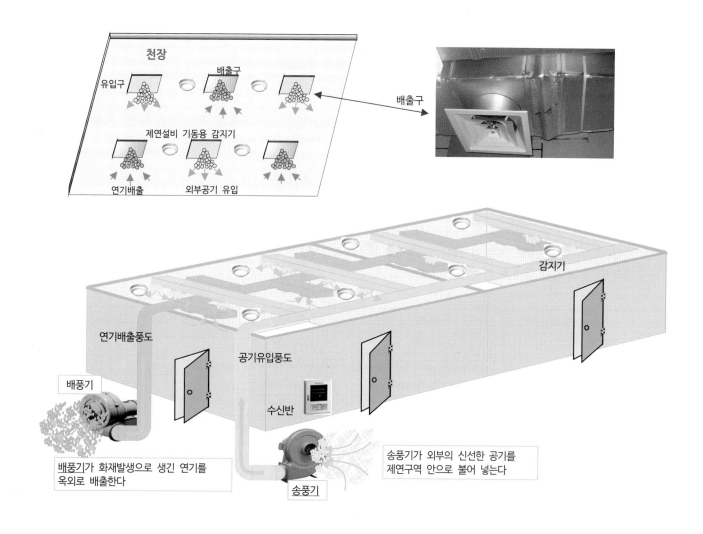

② 사례별 작동내용

1) 화재가 발생하지 않은 제연구역
하나의 건물에 송풍기와 배풍기를 각각 1대씩 설치하여 여러곳의 제연구역을 겸용(공용)으로 사용하지만 화재가 발생하지 않은 제연구역에는 풍도의 댐퍼가 열리지 않기 때문에 연기의 배출과 공기의 유입이 되지 않는다.

2) 제연설비의 작동과 개구부의 개폐의 관계
창문이나 출입문의 닫힘과 열림에는 관계없이 송풍기와 배풍기가 작동을 하며, 출입문이 자동으로 닫히게 하는 구조로 되어 있지는 않으며, 단순히 감지기의 작동으로 송풍기와 배풍기를 통하여 제연구역의 연기 배출과 공기를 송풍하는 기능을 한다.

3) 송풍기와 배풍기의 규모(크기)
1개의 송풍기와 1개의 배풍기를 이용하여 여러장소의 제연구역에 겸용(공용)으로 사용하므로, 제연구역의 규모에 따라 송풍량과 배연량이 다르다. 기준에는 바닥면적이 제일 큰 제연구역에 충족되는 송풍기와 배풍기를 설치하고 있다.

4) 여러장소의 제연구역에 화재가 확대가 될 경우
여러장소의 제연구역에 송풍과 배연을 해야 하는 상황이 되면, 이러한 상황에서는 하나의 송풍기와 배풍기로서 송풍과 배연이 충분히 이루어지지 않겠지만, 화재안전기준은 이러한 상황 까지는 고려하지 않고 제일 큰 제연구역의 기준에 맞게 송, 배풍기 용량을 계산한다.

송풍기 : 공기나 연기를 이동(보내는) 하는 기계
배풍기 : 공기나 연기를 건물 밖으로 밀어내거나 뽑아내는 기계
풍도 : 바람 통로

바. 배출량 및 배출방식 제연설비의 화재안전성능기준 6조

① **거실의 바닥면적이 400제곱미터 미만**으로 구획(제연경계에 따른 구획을 제외한다. 다만, 거실과 통로와의 구획은 그렇지 않다)된 예상제연구역에 대한 배출량은 다음 각 호의 기준에 따른다.

1. 바닥면적 1제곱미터에 분당 1세제곱미터 이상으로 하되, 예상제연구역 전체에 대한 최저 배출량은 시간당 5,000세제곱미터 이상으로 할 것

2. 바닥면적이 50제곱미터 미만인 예상제연구역을 통로배출방식으로 하는 경우에는 통로보행중심선의 길이 및 수직거리에 따라 다음 표에서 정하는 기준량 이상으로 할 것

통로길이	수직거리	배 출 량	비 고
40m 이하	2m 이하	25,000㎥/hr	벽으로 구획된 경우를 포함한다
	2m초과 2.5m이하	30,000㎥/hr	
	2.5m초과 3m이하	35,000㎥/hr	
	3m초과	45,000㎥/hr	
40m 초과 60m 이하	2m이하	30,000㎥/hr	벽으로 구획된 경우를 포함한다
	2m초과 2.5m이하	35,000㎥/hr	
	2.5m초과 3m이하	40,000㎥/hr	
	3m초과	50,000㎥/hr	

배출량 = 바닥면적 × 1㎥/min

② **바닥면적 400제곱미터 이상인 거실**의 예상제연구역의 배출량은 다음 각 호의 기준에 적합해야 한다.

1. 예상제연구역이 직경 40미터인 원의 범위 안에 있을 경우에는 배출량이 시간당 40,000세제곱미터 이상으로 할 것. 다만, 예상제연구역이 제연경계로 구획된 경우에는 그 수직거리에 따라 배출량은 다음 표에 따른다.

수 직 거 리	배 출 량
2m 이하	40,000㎥/hr 이상
2m 초과 2.5m 이하	45,000㎥/hr 이상
2.5m 초과 3m 이하	50,000㎥/hr 이상
3m 초과	60,000㎥/hr 이상

534

2. **예상제연구역이 직경 40미터인 원의 범위를 초과할 경우**에는 배출량이 시간당 45,000세제곱미터 이상으로 할 것. 다만, 예상제연구역이 제연경계로 구획된 경우에는 그 수직거리에 따라 배출량은 다음 표에 따른다.

수 직 거 리	배 출 량
2m 이하	45,000㎥/hr 이상
2m 초과 2.5m 이하	50,000㎥/hr 이상
2.5m 초과 3m 이하	55,000㎥/hr 이상
3m 초과	65,000㎥/hr 이상

③ **예상제연구역이 통로인 경우**의 배출량은 시간당 45,000세제곱미터 이상으로 해야 한다. 다만, 예상제연구역이 제연경계로 구획된 경우에는 그 수직거리에 따라 배출량은 다음 표에 따른다.

수 직 거 리	배 출 량
2m 이하	45,000㎥/hr 이상
2m 초과 2.5m 이하	50,000㎥/hr 이상
2.5m 초과 3m 이하	55,000㎥/hr 이상
3m 초과	65,000㎥/hr 이상

④ 배출은 각 예상제연구역별로 제1항부터 제3항에 따른 배출량 이상을 배출하되, 두 개 이상의 예상제연구역이 설치된 특정소방대상물에서 배출을 각 예상지역별로 구분하지 아니하고 공동예상제연구역을 동시에 배출하고자 할 때의 배출량은 다음 각 호에 따라야 한다. 다만, 거실과 통로는 공동예상제연구역으로 할 수 없다.

 1. 공동예상제연구역 안에 설치된 예상제연구역이 각각 벽으로 구획된 경우(제연구역의 구획 중 출입구만을 제연경계로 구획한 경우를 포함한다)에는 각 예상제연구역의 배출량을 합한 것 이상으로 할 것. 다만, 예상제연구역의 바닥면적이 400제곱미터 미만인 경우 배출량은 바닥면적 1제곱미터에 분당 1세제곱미터 이상으로 하고 공동예상구역 전체배출량은 시간당 5,000세제곱미터 이상으로 할 것

 2. 공동예상제연구역 안에 설치된 예상제연구역이 각각 제연경계로 구획된 경우(예상제연구역의 구획 중 일부가 제연경계로 구획된 경우를 포함하나 출입구부분만을 제연경계로 구획한 경우를 제외한다)에 배출량은 각 예상제연구역의 배출량 중 최대의 것으로 할것. 이 경우 공동제연예상구역이 거실일 때에는 그 바닥면적이 1,000제곱미터 이하이며, 직경 40미터 원 안에 들어가야 하고, 공동제연예상구역이 통로일 때에는 보행중심선의 길이를 40미터 이하로 하여야 한다.

⑤ 수직거리가 구획 부분에 따라 다른 경우는 수직거리가 긴 것을 기준으로 한다.

【배출구 · 공기유입구 설치 및 배출량 계산에서 제외】 -제연설비의 화재안전성능기준 12조

제연설비를 설치해야 할 특정소방대상물 중 화장실 · 목욕실 · 주차장 · 발코니를 설치한 숙박시설(가족호텔 및 휴양콘도 미니엄에 한 한다)의 객실과 사람이 상주하지 않는 기계실 · 전기실 · 공조실 · 50제곱미터 미만의 창고 등으로 사용되는 부분에 대하여는 배출구와 공기유입구의 설치 및 배출량 산정에서 이를 제외할 수 있다.

문 제 아래 장소의 각실별 제연설비 배출량을 계산하시오.
(통로의 수직거리는 2.5m이다)

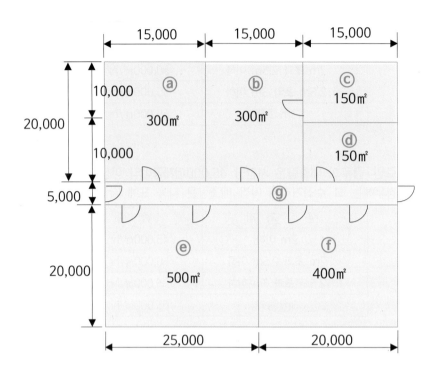

ⓐ 실의 배출량

바닥면적 300㎡ × 1㎥/min = 300㎥/min
300㎥/min을 시간으로 환산하면
300 × 60분 = <u>18,000㎥/hr 이상</u>

ⓑ 실의 배출량

바닥면적 300㎡ × 1㎥/min = 300㎥/min

300㎥/min을 시간으로 환산하면
300 × 60분 = <u>18,000㎥/hr 이상</u>

참고
ⓑ 실은 **경유거실**이지만 『경유거실일 경우 예상제연구
역의 배출량은 기준량의 1.5배 이상으로 해야 한다』
는 내용이 삭제됨
(2022.9.15 개정)

ⓒ 실의 배출량

바닥면적 150㎡ × 1㎥/min = 150㎥/min
150㎥/min을 시간으로 환산하면
150 × 60분 = <u>9,000㎥/hr 이상</u>

ⓓ 실의 배출량 : ⓒ 실과 동일하다

ⓔ 실의 배출량

바닥면적 400㎡ 이상인 거실이며, 예상제연구역이 직경
40m인 원의 범위 안에 있으므로 배출량은 <u>40,000㎥
/hr 이상</u>

ⓕ 실의 배출량 : ⓔ 과 동일하다

ⓖ 통로의 배출량

통로이므로 배출량은 <u>45,000㎥/hr 이상</u>

㎥/min : 1분에 1㎥(1,000ℓ)
㎥/hr : 1시간에에 1㎥(1,000ℓ)

사. 배출구 제연설비의 화재안전기준 7조

연기를 건물 밖으로 빼내기 위하여 천장에 설치된 연기가 빨려 나가는 구멍을 배출구라 한다.

《기 준》

① 바닥면적 400㎡ 미만인 예상제연구역(통로인 예상제연구역을 제외한다)의 배출구 기준

㉮ 예상제연구역이 벽으로 구획되어있는 경우의 배출구는 천장 또는 반자와 바닥사이의 중간 윗부분에 설치할 것

㉯ 예상제연구역 중 어느 한 부분이 제연경계로 구획되어 있는 경우에는 천장·반자 또는 이에 가까운 벽의 부분에 설치할 것. 다만, 배출구를 벽에 설치하는 경우에는 배출구의 하단이 해당 예상제연구역에서 제연경계의 폭이 가장 짧은 제연경계의 하단보다 높이 되도록 하여야 한다.

② 통로인 예상제연구역과 바닥면적이 400㎡ 이상인 통로 외의 예상제연구역에 대한 배출구 기준

㉮ 예상제연구역이 벽으로 구획되어 있는 경우의 배출구는 천장·반자 또는 이에 가까운 벽의 부분에 설치할 것. 다만, 배출구를 벽에 설치한 경우에는 배출구의 하단과 바닥간의 최단거리가 2미터 이상이어야 한다.

㉯ 예상제연구역 중 어느 한 부분이 제연경계로 구획되어 있을 경우에는 천장·반자 또는 이에 가까운 벽의 부분(제연경계를 포함한다)에 설치할 것. 다만, 배출구를 벽 또는 제연경계에 설치하는 경우에는 배출구의 하단이 해당 예상제연구역에서 제연경계의 폭이 가장 짧은 제연경계의 하단보다 높이 되도록 설치하여야 한다.

③ 예상제연구역의 각 부분으로부터 하나의 배출구까지의 수평거리는 10미터 이내가 되도록 하여야 한다.

배출구 설치위치 해설

1. 대부분의 장소에는 그림과 같이 배출구는 반자에 설치한다.

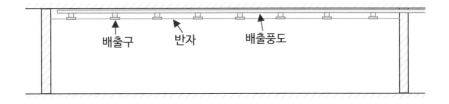

2. 바닥면적 400㎡ 미만인 제연구역(제연구역이 벽으로 구획되어 있는 경우)의 배출구 설치위치

– 천장 또는 반자와 바닥사이의 중간 윗부분에 설치한다. ① ②의 어느 위치도 가능하다.

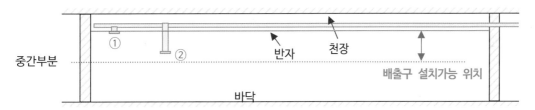

3. 바닥면적 400㎡ 미만인 제연구역(제연경계로 구획되어 있는 경우)의 배출구 설치위치
 - 천장·반자 또는 이에 가까운 벽의 부분에 설치한다. 다만, 배출구를 벽①에 설치하는 경우에는 배출구의 하단이
   당해예상 제연구역에서 제연경계의 폭이 가장 짧은 제연경계의 하단보다 높이 되도록 하여야 한다.

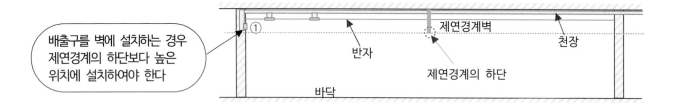

배출구를 벽에 설치하는 경우
제연경계의 하단보다 높은
위치에 설치하여야 한다

4. 바닥면적 400㎡ 이상인 제연구역(제연구역이 벽으로 구획되어 있는 경우)의 배출구 설치위치
 - 천장·반자에 설치한다. 배출구를 벽에 설치한 경우에는 배출구의 하단과 바닥간의 최단거리가 2m 이상이어야 한다.

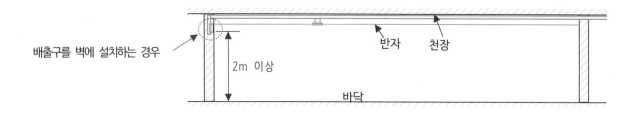

5. 바닥면적 400㎡ 이상인 제연구역(제연경계로 구획되어 있는 경우)의 배출구 설치위치
 - 천장·반자 또는 이에 가까운 벽의 부분(제연경계를 포함한다)에 설치한다. 배출구를 벽 또는 제연경계에 설치하는 경우에는
   배출구의 하단이 ①과 같이 제연경계벽의 밑부분(녹색점선) 보다 높이 설치한다.

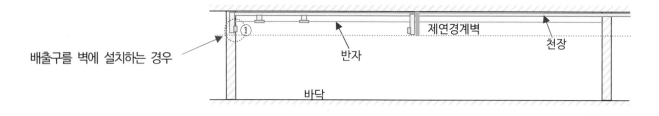

6. 예상제연구역의 각 부분으로부터
   하나의 배출구까지의 수평거리는
   10m 이내가 되도록 하여야 한다.

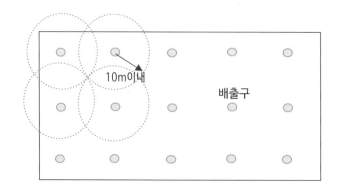

아. 공기유입방식 및 유입구

① 예상제연구역에 대한 공기유입은 유입풍도를 경유한 강제유입 또는 자연유입방식으로 하거나, 인접한 제연구역 또는 통로에 유입되는 공기(가압의 결과를 일으키는 경우를 포함한다. 이하 같다)가 해당구역으로 유입되는 방식으로 할 수 있다.

② 예상제연구역에 설치되는 공기유입구는 다음 각 호의 기준에 적합하여야 한다.

1. 바닥면적 400제곱미터 미만의 거실인 예상제연구역(제연경계에 따른 구획을 제외한다. 다만, 거실과 통로와의 구획은 그러하지 아니하다)에 대해서는 공기유입구와 배출구간의 직선거리는 5미터 이상 또는 구획된 실의 장변의 2분의 1 이상으로 할 것. 다만, 공연장 · 집회장 · 위락시설의 용도로 사용되는 부분의 바닥면적이 200제곱미터를 초과하는 경우의 공기유입구는 제2호의 기준에 따른다.

2. 바닥면적이 400제곱미터 이상의 거실인 예상제연구역(제연경계에 따른 구획을 제외한다. 다만, 거실과 통로와의 구획은 그러하지 아니하다)에 대하여는 바닥으로부터 1.5미터 이하의 높이에 설치하고 그 주변은 공기의 유입에 장애가 없도록 할 것

3. 제1호와 제2호에 해당하는 것 외의 예상제연구역(통로인 예상제연구역을 포함한다)에 대한 유입구는 다음 각 목에 따를 것. 다만, 제연경계로 인접하는 구역의 유입공기가 당해예상제연구역으로 유입되게 한 때에는 그러하지 아니하다.
    가. 유입구를 벽에 설치할 경우에는 제2호의 기준에 따를 것
    나. 유입구를 벽 외의 장소에 설치할 경우에는 유입구 상단이 천장 또는 반자와 바닥사이의 중간 아랫부분보다 낮게 되도록 하고, 수직거리가 가장 짧은 제연경계 하단보다 낮게 되도록 설치할 것

③ 공동예상제연구역에 설치되는 공기 유입구는 다음 각 호의 기준에 적합하게 설치해야 한다.
    1. 공동예상제연구역 안에 설치된 각 예상제연구역이 벽으로 구획되어 있을 때에는 각 예상제연구역의 바닥면적에 따라 제2항제1호 및 제2호에 따라 설치할 것
    2. 공동예상제연구역 안에 설치된 각 예상제연구역의 일부 또는 전부가 제연경계로 구획되어 있을 때에는 공동예상제연구역 안의 1개 이상의 장소에 제2항제3호에 따라 설치할 것

④ 인접한 제연구역 또는 통로로부터 유입되는 공기를 해당 예상제연구역에 대한 공기유입으로 하는 경우로서 공기 유입구가 제연경계 하단보다 높은 경우에는 그 인접한 제연구역 또는 통로의 화재 시 각 유입구 및 해당 구역 내에 설치된 유입풍도의 댐퍼는 자동폐쇄 되도록 해야 한다.

⑤ 예상제연구역에 공기가 유입되는 순간의 풍속은 초속 5미터 이하가 되도록 하고, 제2항부터 제4항까지의 유입구의 구조는 유입공기를 상향으로 분출하지 않도록 설치해야 한다.

⑥ 예상제연구역에 대한 공기유입구의 크기는 해당 예상제연구역 배출량 분당 1세제곱미터에 대하여 35제곱센티미터 이상으로 해야 한다.

⑦ 예상제연구역에 대한 공기유입량은 제6조제1항부터 제4항까지에 따른 배출량의 배출에 지장이 없는 양으로 해야 한다.

배기구와 유입구 배치(설계)

■ 배기구는 예상제연구역의 각 부분으로부터 하나의 배출구까지의 수평거리는 10m 이내가 되도록 해야 한다.

■ 공기유입구와 배출구간의 직선거리는 5m 이상으로 한다.

■ 배기구와 공기유입구는 예상제연구역에 균등하게 배치한다.

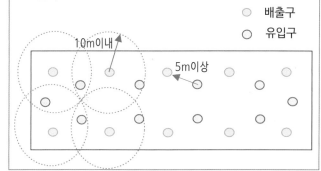

○ 배출구
○ 유입구

자. 배출기 및 배출풍도 제연설비의 화재안전기술기준 2.6

① 배출기는 다음 각호의 기준에 따라 설치하여야 한다.
  1. 배출기의 배출능력은 제역구역의 배출량 이상이 되도록 한다.
  2. 배출기와 배출풍도의 접속부분에 사용하는 캔버스는 내열성(석면재료는 제외한다)이 있는 것으로 한다.
  3. 배출기의 전동기부분과 배풍기부분은 분리하여 설치하여야 하며, 배풍기부분은 유효한 내열처리를 한다.

② 배출풍도는 다음 각호의 기준에 따라야 한다.
1. 배출풍도는 아연도금강판 또는 이와 동등 이상의 내식성·내열성이 있는 것으로 하며, 불연재료(석면재료를 제외한다)인 단열재로 풍도 외부에 유효한 단열 처리를 하고, 강판의 두께는 배출풍도의 크기에 따라 다음 표에 따른 기준 이상으로 할 것

풍도단면의 긴변 또는 직경의 크기	450mm 이하	450mm초과 750mm이하	750mm 초과 1,500mm 이하	1,500mm 초과 2,250mm 이하	2,250mm 초과
강판두께	0.5mm	0.6mm	0.8mm	1.0mm	1.2mm

2. 배출기의 흡입측 풍도안의 풍속은 초속 15미터 이하로 하고 배출측 풍속은 초속 20미터 이하로 할 것

차. 유입풍도등 제연설비의 화재안전기술기준 2.7

① 유입풍도는 아연도금강판 또는 이와 동등 이상의 내식성·내열성이 있는 것으로 하며, 풍도 안의 풍속은 20 ㎧ 이하로 하고 풍도의 강판 두께는 2.6.2.1에 따라 설치해야 한다.
② 옥외에 면하는 배출구 및 공기유입구는 비 또는 눈 등이 들어가지 아니하도록 하고, 배출된 연기가 공기유입구로 순환유입 되지 않도록 해야 한다.

풍도단면의 긴변 또는 직경의 크기	450mm 이하	450mm초과 750mm이하	750mm 초과 1,500mm 이하	1,500mm 초과 2,250mm 이하	2,250mm 초과
강판두께	0.5mm	0.6mm	0.8mm	1.0mm	1.2mm

카. 댐퍼 제연설비의 화재안전기술기준 2.8

제연설비에 설치되는 댐퍼는 다음의 기준에 따라 설치해야 한다.
1. 제연설비의 풍도에 댐퍼를 설치하는 경우 댐퍼를 확인, 정비할 수 있는 점검구를 풍도에 설치할 것. 이 경우 댐퍼가 반자 내부에 설치되는 때에는 댐퍼 직근의 반자에도 점검구(지름 60 cm 이상의 원이 내접할 수 있는 크기)를 설치하고 제연설비용 점검구임을 표시해야 한다.
2. 제연설비 댐퍼의 설정된 개방 및 폐쇄 상태를 제어반에서 상시 확인할 수 있도록 할 것
3. 제연설비가 영 별표 5 제17호 가목 1)에 따라 공기조화설비와 겸용으로 설치되는 경우 풍량조절댐퍼는 각 설비별 기능에 따른 작동 시 각각의 풍량을 충족하는 개구율로 자동 조절될 수 있는 기능이 있어야 할 것

타. 전원 및 기동

① 비상전원은 자가발전설비, 축전지설비 또는 전기저장장치(외부 전기에너지를 저장해 두었다가 필요한 때 전기를 공급하는 장치)로서 다음의 기준에 따라 설치해야 한다. 다만, 2 이상의 변전소(「전기사업법」 제67조 및 「전기설비기술기준」 제3조제2호에 따른 변전소를 말한다)에서 전력을 동시에 공급받을 수 있거나 하나의 변전소로부터 전력의 공급이 중단되는 때에는 자동으로 다른 변전소로부터 전원을 공급받을 수 있도록 상용전원을 설치한 경우에는 그렇지 않다.
   1. 점검에 편리하고 화재 및 침수 등의 재해로 인한 피해를 받을 우려가 없는 곳에 설치할 것
   2. 제연설비를 유효하게 20분 이상 작동할 수 있도록 할 것
   3. 상용전원으로부터 전력의 공급이 중단된 때에는 자동으로 비상전원으로부터 전력을 공급받을 수 있도록 할 것
   4. 비상전원의 설치장소는 다른 장소와 방화구획 할 것. 이 경우 그 장소에는 비상전원의 공급에 필요한 기구나 설비 외의 것(열병합발전설비에 필요한 기구나 설비는 제외한다)을 두어서는 아니 된다.
   5. 비상전원을 실내에 설치하는 때에는 그 실내에 비상조명등을 설치할 것

② 제연설비의 작동은 해당 제연구역에 설치된 화재감지기와 연동되어야 하며, 예상제연구역(또는 인접장소)마다 설치된 수동기동장치 및 제어반에서 수동으로 기동이 가능하도록 해야 한다.

③ 제연설비의 작동에는 다음의 사항이 포함되어야 하며, 예상제연구역(또는 인접장소)마다 설치되는 수동기동장치는 바닥으로부터 0.8 m 이상 1.5 m 이하의 높이에 문 개방 등으로 인한 위치 확인에 장애가 없고 접근이 쉬운 위치에 설치해야 한다.
   1. 해당 제연구역의 구획을 위한 제연경계벽 및 벽의 작동
   2. 해당 제연구역의 공기유입 및 연기배출 관련 댐퍼의 작동
   3. 공기유입송풍기 및 배출송풍기의 작동

파. 성능확인

① 제연설비는 설계목적에 적합한지 검토하고 제연설비의 성능과 관련된 건물의 모든 부분(건축설비를 포함한다)이 완성되는 시점에 맞추어 시험·측정 및 조정(이하 "시험 등"이라 한다)을 해야 한다.
② 제연설비의 시험 등은 다음 각 호의 기준에 따라 실시해야 한다.
   1. 송풍기 풍량 및 송풍기 모터의 전류, 전압을 측정할 것
   2. 제연설비 시험시에는 제연구역에 설치된 화재감지기(수동기동장치를 포함한다)를 동작시켜 해당 제연설비가 정상적으로 작동되는지 확인할 것
   3. 제연구역의 공기유입량 및 유입풍속, 배출량은 모든 유입구 및 배출구에서 측정할 것
   4. 제연구역의 출입문, 방화셔터, 공기조화설비 등이 제연설비와 연동된 상태에서 측정할 것

③ 제연설비 시험 등의 평가는 이 기준에서 정하는 성능 및 다음의 기준에 따른다.
   1. 배출구별 배출량은 배출구별 설계 배출량의 60 % 이상이어야 하며, 제연구역별 배출구의 배출량 합계는 2.3에 따른 설계배출량 이상일 것
   2. 유입구별 공기유입량은 유입구별 설계 유입량의 60 % 이상이어야 하며, 제연구역별 유입구의 공기유입량 합계는 2.5.7에 따른 설계유입량을 충족할 것
   3. 제연구역의 구획이 설계조건과 동일한 조건에서 2.10.3.1에 따라 측정한 배출량이 설계배출량 이상인 경우에는 2.10.3.2에 따라 측정한 공기유입량이 설계유입량에 일부 미달되더라도 적합한 성능으로 볼 것

설계 문제

아래의 장소 A, B실에 대하여 제연설비에 대한 아래의 내용을 설계하시오?
1. A실 및 B실의 최소 배풍기의 배출량(㎥/hr)
2. 배풍기와 연결된 ㉮, ㉯부분의 최소 풍도 단면적(㎠)

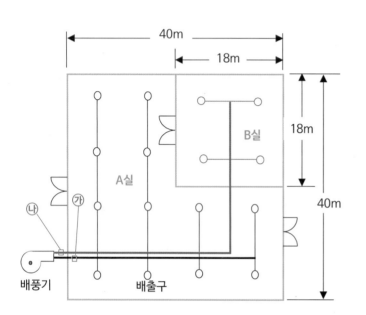

해 설

A실의 바닥면적 : 1,600 - 324 = 1,276㎡
B실의 바닥면적 : 324㎡

1. A실 및 B실의 최소 배출량

A실에 필요한 배출량 = 45,000㎥/hr 이상
(A실은 바닥면적 400㎡ 이상이면서 직경 40m
범위를 초과하는 곳이다)

B실에 필요한 배출량
324㎡ × 1㎥/min = 324㎥/min
324㎥/min × 60분 = 19,440㎥/hr
(B실은 바닥면적 400㎡ 미만이다)

2. ㉮, ㉯부분의 최소 풍도 단면적

$$Q = A \cdot V = \frac{\pi D^2}{4} \cdot V \quad 그러므로 \quad D = \sqrt{\frac{4Q}{\pi V}}.$$

Q = 풍량(㎥/min)

V = 풍속(m/min),　흡입측 풍도안의 풍속은 15m/s이하

A = 단면적(㎡) = $\frac{\pi D^2}{4}$

D : 관경(m)

A실 ㉮의 풍도 단면적	B실 ㉯의 풍도 단면적
Q = 45,000㎥/hr = 750㎥/min	Q = 19,440㎥/hr = 324㎥/min
V = 15m/s　15m/s × 60분 = 900m/min	V = 15m/s　15m/s × 60분 = 900m/min
A = 단면적(㎡) = $\frac{Q}{V}$ = $\frac{750}{900}$ ㎡ = 0.8333㎡	A = 단면적(㎡) = $\frac{Q}{V}$ = $\frac{324}{900}$ ㎡ = 0.36㎡
= 833.33㎠	= 360㎠

하. 점검방법

① 제연구역

㉮ 확인할 내용

ⓐ 아래의 제연구역 기준에 적합한지 확인한다.
  1. 하나의 제연구역은 1,000㎡ 이내로 한다.
  2. 거실과 통로(복도를 포함한다)는 상호 제연구획을 한다.
  3. 통로상의 제연구역은 보행중심선의 길이가 60m 초과하지 아니한다.
  4. 하나의 제연구역은 직경 60m 원내에 들어갈 수 있도록 한다.
  5. 하나의 제연구역은 2개 이상의 층에 미치지 아니하도록 한다. 다만 층의 구분이 불분명한 부분은 그 부분을 다른 부분과 별도로 제연구획 하여야 한다

ⓑ 제연구역의 구획은 연기의 유동을 차단하는 구조인지의 여부를 확인한다.
ⓒ 화재시 감지기의 작동과 연동되는 가동식의 벽 또는 셔터의 경우 작동이 잘 되는지 확인한다.
ⓓ 제연용 댐퍼의 화재감지기와의 연동상태를 확인한다.

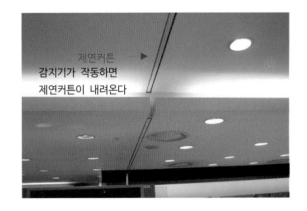

㉯ 점검 방법

제연구역을 확인하여 연기유동流動을 차단하는 구조인지, 가동식의 벽 또는 셔터의 작동상태의 적정여부, 댐퍼의 감지기와의 연동 여부를 확인한다.

① 감지기를 작동한다.
② 화재경보가 울리며, 아래와 같이 제연구역의 설비들이 작동하는지 확인한다.

㉰ 작동 확인 내용

① 감지기가 작동한 제연구역 이외의 제역구역과 풍도(공기유입풍도, 연기배출풍도)에 설치된 댐퍼가 작동하여 감지기가 작동한 이외의 제연구역과 차단을 적합하게 하는지 확인한다.

② 송풍기와 배풍기가 설치된 풍도의 댐퍼가 열리는지 확인한다.
③ 제연구획을 하는 가동식의 벽 또는 셔터가 자동으로 작동이 되는지 확인한다.

유동 流動 : 흘러 움직임
댐퍼(Damper) : 통풍 조절장치
풍도 風道 : 바람 통로, 송풍기가 보내는 바람의 관로

② 송풍기와 배풍기의 작동점검

㉮ 감지기를 작동한다.

㉯ 화재경보가 울리며, 제연구역을 구획하는 설비들이 작동한 후에, <u>송풍기</u>와 <u>배풍기</u>가 작동하는지 아래 내용을 확인한다.

【작동 확인할 내용】

① 송풍기가 작동하여 외부의 공기를 제연구역으로 송풍이 되는지 천장에 설치된 공기유입구를 통하여 확인한다.

② 배풍기가 작동하여 제연구역안의 공기가 천장에 설치된 배출구를 통하여 외부로 빠지는지 확인한다.

③ 송풍기의 회전방향, 회전축의 원활한 회전여부, 축 받침 윤활유의 적정량 충전과 오염, 변질 유무를 확인하고, 동력전달 장치의 변형, 손상이 없고 벨트의 기능이 정상인지 확인한다.

④ 전동기의 고정, 커플링 결합상태, 원활회전, 운전시 과열 여부, 베어링 윤활유의 충진 및 변질상태, 본체의 방청 보존상태를 확인한다.

⑤ 화재경보가 울리고 수신기에 화재표시등이 켜지며, 송풍기 및 배풍기의 작동표시등이 켜지는지 확인한다.

③ 전동기의 작동점검

㉮ 베이스에 고정 및 커플링 결합상태를 확인한다.

㉯ 원활한 회전 여부(진동 및 소음 상태)를 확인한다.

㉰ 운전시 과열 발생여부를 확인한다.

㉱ 베어링부의 윤활유 충진상태 및 변질여부를 확인한다.

㉲ 본체의 방청의 보존상태를 확인한다.

④ 기동장치

㉮ 수동기동조작 장치에 의해 정상적으로 작동되는지 확인한다.

㉯ 자동화재탐지설비 감지기의 작동에 의해 자동으로 제연설비가 작동되는지 확인한다.

㉰ 비상전원 확보여부를 확인한다.

⑤ 제어반

㉮ 스위치등 조작시 표시등은 정상적으로 점등이 되는지를 확인한다.

㉯ 배선의 단선, 단자의 풀림은 없는지 확인한다.

㉰ 계전기류 단자의 풀림, 접점이 손상 및 기능의 정상여부를 확인한다.

㉱ 감시제어반의 확인표시는 정상적으로 확인되는지 확인한다.

㉲ 제어반에서 제연설비의 수동 기동시 정상적으로 작동되는지 확인한다.

송풍기 : 바람을 일어켜 보내는 기계
배풍기 : 안에서 밖으로 바람을 뽑아내는 기계
베이스(Base) : 기초, 받침대
방청 : 녹이 쓸지 않게 처리하는 것

3. 특별피난계단 계단실 및 부속실 제연설비

가. 개 요

특별피난계단의 계단실 및 부속실 제연설비를 다른 이름으로 급기가압제연설비 또는 전실제연설비라고 부르고 있다.

급기가압제연설비란, 전실에 공기를 공급하여 전실의 기압이 옥내의 기압보다 높게 함으로써 전실에 차압(압력차이)을 형성하여 화재실(옥내)의 연기가 제연구역인 전실 안으로 들어오지 못하도록 하는 방법이다.

구체적으로 제연하는 **목적**과 **기능**은,

① 화재초기 옥내에 있는 피난자가 화재현장을 피하여 안전한 장소로 피난할 수 있도록 제연구역을 연기로부터 막아 피난활동을 돕는다.
② 소화 및 구조 활동을 위하여 소방대원이 건물 안으로 집입할 때 그 진입경로를 연기로부터 보호하여 소화활동을 원활히 할 수 있도록 돕는다.
③ 건물의 공기유동(이동)을 제한하여 연기가 퍼지는 것을 막는 역할을 한다

특별피난계단 계단실은, 건축법에서 규정하고 있으며 피난할 때에 가장 중요한 계단으로서 건축물의 각각의 층에서 피난층 또는 지상으로 통하는 직통계단이다.

계단실에 대하여 건축법에서는 구조의 기준이 있으며 화재시 피난층 또는 피난장소로 안전하게 수직이동하기 위한 계단실을 말한다

부속실은, 건축법에서 기준에 대하여 규정하고 있으며, 부속실은 비상용승강기의 승강장과 겸용하는 것과 비상용승강기의 승강장을 포함하는 실을 말한다. 부속실은 화재 시에 가압공간이 되어 연기가 들어오지 못하게 하며, 스스로 피난하지 못하는 피난자가 구조를 기다리기 위한 일시적인 피난장소이며 안전 구역이다.

나. 설치장소 소방시설설치 및 관리에관한법률 시행령 별표4

특정소방대상물(갓복도형아파트는 제외한다)에 부설된 특별피난계단 또는 비상용승강기의 승강장에 제연설비를 설치하여야 한다.

① 특별피난계단을 설치하여야 하는 장소
- 근거 : 건축법시행령 35조 ②, ③

1. 건축물(갓 복도식 공동주택은 제외한다)의 11층(공동주택의 경우에는 16층) 이상인 층(바닥면적이 400㎡ 미만인 층은 제외한다)
2. 지하 3층 이하인 층(바닥면적이 400㎡ 미만인 층은 제외한다)
3. 5층이상 또는 지하2층 이하인 층에서 판매시설의 용도로 쓰는 층으로부터의 직통계단

② 비상용승강기를 설치하여야 하는 장소

높이 31m를 넘는 건축물

나-1. 설치면제장소 소방시설설치 및 관리에관한법률 시행령 별표5

제연설비를 설치해야 하는 특정소방대상물 중 노대(露臺)와 연결된 특별피난계단, 노대가 설치된 비상용 승강기의 승강장 또는 「건축법 시행령」 제91조제5호의 기준에 따라 배연설비가 설치된 피난용 승강기의 승강장에는 설치가 면제된다.

다. 용어

① 제연구역
제연하고자 하는 계단실, 부속실을 말한다.

② 방연풍속
옥내로부터 제연구역 내로 연기의 유입을 유효하게 방지할 수 있는 풍속을 말한다.

③ 급기량
제연구역에 공급해야 할 공기의 양을 말한다.

④ 누설량
틈새를 통하여 제연구역으로부터 흘러나가는 공기량을 말한다.

⑤ 보충량
방연풍속을 유지하기 위하여 제연구역에 보충해야 할 공기량을 말한다.

⑥ 플랩댐퍼
제연구역의 압력이 설정압력범위를 초과하는 경우 제연구역의 압력을 배출하여 설정압력 범위를 유지하게 하는 과압방지장치를 말한다.

⑦ 유입공기
제연구역으로부터 옥내로 유입하는 공기로서 차압에 따라 누설하는 것과 출입문의 개방에 따라 유입하는 것 등을 말한다.

⑧ 거실제연설비
「제연설비의 화재안전기술기준(NFTC 501)」에 따른 옥내의 제연설비를 말한다.

⑨ 자동차압 급기댐퍼
제연구역과 옥내 사이의 차압을 압력센서 등으로 감지하여 제연구역에 공급되는 풍량의 조절로 제연구역의 차압 유지를 자동으로 제어할 수 있는 댐퍼를 말한다.

⑩ 자동폐쇄장치
제연구역의 출입문 등에 설치하는 것으로서 화재 시 화재감지기의 작동과 연동하여 출입문을 자동으로 닫히게 하는 장치를 말한다.

⑪ 과압방지장치
제연구역의 압력이 설정압력을 초과하는 경우 자동으로 압력을 조절하여 과압을 방지하는 장치를 말한다.

⑫ 굴뚝효과
건물 내부와 외부 또는 두 내부 공간 상하간의 온도 차이에 의한 밀도 차이로 발생하는 건물 내부의 수직 기류를 말한다.

⑬ 기밀상태
일정한 공간에 있는 유체가 누설되지 않는 밀폐 상태를 말한다.

⑭ 누설틈새면적
가압 또는 감압된 공간과 인접한 사이에 공기의 흐름이 가능한 틈새의 면적을 말한다.

⑮ 송풍기
공기의 흐름을 발생시키는 기기를 말한다.

⑯ 수직풍도
건축물의 층간에 수직으로 설치된 풍도를 말한다.

⑰ 외기취입구
옥외로부터 옥내로 외기를 취입하는 개구부를 말한다.

⑱ 제어반
각종 기기의 작동 여부 확인과 자동 또는 수동 기동 등이 가능한 장치를 말한다.

⑲ 차압측정공
제연구역과 비 제연구역과의 압력 차를 측정하기 위해 제연구역과 비제연구역 사이의 출입문 등에 설치된 공기가 흐를 수 있는 관통형 통로를 말한다.

라. 작동순서 −전실제연설비−

1. 화재발생
2. 감지기가 작동한다.
3. 화재경보가 울린다.
4. 급기댐퍼 열린다.
5. 댐퍼가 완전히 열린후에 송풍기가 작동한다.
6. 송풍기의 바람이 비상용승강기 승강장 및 부속실에 들어온다.
7. 플랩댐퍼 작동 − 부속실의 송풍량이 설정압력범위를 초과하는 경우 댐퍼가 열려 설정압력범위를 유지한다.

  자동차압, 과압조절형 급기댐퍼작동 − 부속실 안의 차압을 압력센서 등이 인식(감지)하여 제연 구역에 공급되는 풍량을 조절한다.

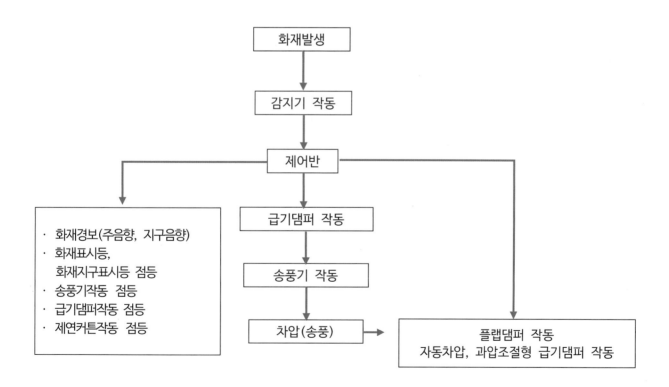

전실제연설비 작동 흐름도

마. 작동원리

1. 평소 전실(부속실)의 문

문 ① ② ③과 엘리베이터 문이 평소에 닫힌 상태로 유지되는 방법 또는 감지기의 작동으로 열려 있는 문이 자동으로 닫히는 구조이어야 한다.

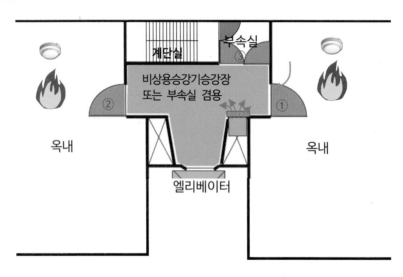

2. 화재가 발생하면 설비 작동순서

옥내의 감지기가 작동하면 송풍기가 작동하기 전에 각층에 설치된 댐퍼가 열려 풍도를 통하여 송풍기에서 보내는 바람이 전실 안으로 들어올 수 있도록 댐퍼의 문이 열린다.

모든층의 댐퍼가 열린후에 지상 또는 옥상에 설치된 송풍기가 작동하여 건물의 내부에 수직으로 설치된 풍도를 통하여 외부의 공기가 들어온다(건물의 어느층에 감지기가 작동을 하여도 제연설비는 건물전체에 작동하게 된다)

부속실이나 계단실에는 송풍기가 송풍한 공기에 의해 옥내보다는 압력이 높아진다.
이러한 상태에서 화재에 의해 발생한 옥내의 연기는 부속실이나 계단실의 문틈사이를 통하여 연기가 침투하지 못하게

전실의 높은 압력의 공기가 옥내의 연기를 막는 역할을 하게 된다.

또한 피난자가 옥내에서 부속실이나 계단실로 들어오기 위하여 일시적으로 문을 열면 연기가 부속실이나 계단실로 들어오려고 하겠지만 송풍기가 계속 송풍을 하므로 부속실이나 계단실의 높은 압력은 옥내의 연기를 밀면서 전실에 연기가 들어오지 못하게 막아내는 역할을 한다.

부속실이나 계단실은 송풍기를 통하여 외부의 신선한 공기를 불어 넣어줌으로서 연기가 침투하지 않는 장소가 되어 피난자가 계단이나 엘리베이터를 통하여 피난층으로 피난을 하게된다.

바. 전실(가압) 제연설비 기준

1. 제연방식 특별피난계단의계단실 및 부속실 제연설비의 화재안전성능기준 4조

① 제연구역에 옥외의 신선한 공기를 공급하여 제연구역의 기압을 제연구역 이외의 옥내(이하 "옥내"라 한다)보다 높게 하되 일정한 기압의 차이(차압)를 유지하게 함으로써 옥내로부터 제연구역 내로 연기가 침투하지 못하도록 할 것

② 피난을 위하여 제연구역의 출입문이 일시적으로 개방되는 경우 방연풍속을 유지하도록 옥외의 공기를 제연구역 내로 보충 공급하도록 할 것

③ 출입문이 닫히는 경우 제연구역의 과압을 방지할 수 있는 유효한 조치를 하여 차압을 유지할 것

2. 제연구역의 선정 형태 5조

제연구역은 다음 각 호의 하나에 따라야 한다.
① 계단실 및 그 부속실을 동시에 제연하는 방법
② 부속실을 단독으로 제연하는 방법
③ 계단실 단독제연하는 방법

3. 차압등 6조

① 제연구역과 옥내와의 사이에 유지해야 하는 최소차압은 40파스칼(옥내에 스프링클러설비가 설치된 경우에는 12.5파스칼) 이상으로 해야 한다.

② 제연설비가 가동되었을 경우 출입문의 개방에 필요한 힘은 110뉴턴 이하로 해야 한다.

③ 출입문이 일시적으로 개방되는 경우 개방되지 않은 제연구역과 옥내와의 차압은 제1항의 기준에도 불구하고 제1항의 기준에 따른 차압의 70퍼센트 이상이어야 한다.

④ 계단실과 부속실을 동시에 제연 하는 경우 부속실의 기압은 계단실과 같게 하거나 계단실의 기압보다 낮게 할 경우에는 부속실과 계단실의 압력 차이는 5파스칼 이하가 되도록 해야 한다.

차압 : 압력의 차이
Pa : 파스칼(압력 단위)

4. 급기량 <small>특별피난계단의계단실 및 부속실 제연설비의 화재안전성능기준 7조</small>

①과 ②의 양을 합한 양 이상이 되어야 한다.

① <u>제4조제1호</u>의 기준에 따른 차압을 유지하기 위하여 제연구역에 공급해야 할 공기량. 이 경우 제연구역에 설치된 출입문(창문을 포함한다)의 누설량과 같아야 한다.
② <u>제4조제2호</u>의 기준에 따른 보충량

5. 누설량 <small>8조</small>

제7조제1호의 기준에 따른 <u>누설량</u>은 제연구역의 누설량을 합한 양으로 한다. 이 경우 출입문이 2개소 이상인 경우에는 각 출입문의 누설틈새면적을 합한 것으로 한다.

6. 보충량 <small>9조</small>

제7조제2호의 기준에 따른 보충량은 부속실의 수가 20개 이하는 1개 층 이상, 20개를 초과하는 경우에는 2개 층 이상의 <u>보충량</u>으로 한다.

제4조제1호 : 제연구역에 옥외의 신선한 공기를 공급하여 제연구역의 기압을 제연구역 이외의 옥내보다 높게 하되 일정한 기압의 차이를 유지하게 함으로써 옥내로부터 제연
    구역내로 연기가 침투하지 못하도록 한다
제4조제2호 : 피난을 위하여 제연구역의 출입문이 일시적으로 개방되는 경우 방연풍속을 유지하도록 옥외의 공기를 제연구역내로 보충 공급하도록 한다
누설량 : 틈새를 통하여 제연구역으로부터 제연구역 밖으로 흘러나가는 공기량을 말한다.
보충량 : 방연풍속을 유지하기 위하여 제연구역에 보충하여야 할 공기량을 말한다.
방연풍속 : 옥내로부터 제연구역 안으로 연기의 유입을 유효하게 방지할 수 있는 풍속을 말한다.

7. 방연풍속 10조

방연풍속은 제연구역의 선정방식에 따라 다음 표의 기준에 적합해야 한다.

제 연 구 역		방연풍속
계단실 및 그 부속실을 동시에 제연하는 것 또는 계단실만 단독으로 제연하는 것		0.5㎧ 이상
부속실만 단독으로 제연하는 것 또는 비상용승강기의 승강장만 단독으로 제연하는 것	부속실 또는 승강장이 면하는 옥내가 거실인 경우	0.7㎧ 이상
	부속실 또는 승강장이 면하는 옥내가 복도로서 그 구조가 방화구조(내화시간이 30분 이상인 구조를 포함한다)인 것	0.5㎧ 이상

8. 과압방지조치 특별피난계단의계단실 및 부속실 제연설비의 화재안전기술기준 2.8

제연구역에서 발생하는 과압을 해소하기 위해 과압방지장치를 설치하는 등의 과압방지조치를 해야 한다. 다만, 제연구역 내에 과압 발생의 우려가 없다는 것을 시험 또는 공학적인 자료로 입증하는 경우에는 과압방지조치를 하지 않을 수 있다.

9. 누설틈새 면적

제연구역으로부터 공기가 누설하는 틈새면적은 다음의 기준에 따라야 한다.

① 출입문의 틈새면적은 다음의 식 (2.9.1.1)에 따라 산출하는 수치를 기준으로 할 것. 다만, 방화문의 경우에는 「한국산업표준」에서 정하는 「문세트(KS F 3109)」에 따른 기준을 고려하여 산출할 수 있다.

$$A = (L / \ell) \times Ad \cdots (2.9.1.1)$$

여기에서

　　A : 출입문의 틈새(㎡)

　　L : 출입문 틈새의 길이(m). 다만, L의 수치가 ℓ의 수치 이하인 경우에는 ℓ의 수치로 할 것

　　ℓ : 외여닫이문이 설치되어 있는 경우에는 5.6, 쌍여닫이문이 설치되어 있는 경우에는 9.2, 승강기의 출입문이 설치되어 있는 경우에는 8.0으로 할 것

　　Ad : 외여닫이문으로 제연구역의 실내 쪽으로 열리도록 설치하는 경우에는 0.01, 제연구역의 실외 쪽으로 열리도록 설치하는 경우에는 0.02, 쌍여닫이문의 경우에는 0.03, 승강기의 출입문에 대하여는 0.06으로 할 것

② 창문의 틈새면적은 다음의 식 (2.9.1.2.1), (2.9.1.2.2), (2.9.1.2.3)에 따라 산출하는 수치를 기준으로 할 것. 다만,「한국산업표준」에서 정하는 「창세트(KS F 3117)」에 따른 기준을 고려하여 산출할 수 있다.

가. 여닫이식 창문으로서 창틀에 방수패킹이 없는 경우

　　틈새면적 (㎡) = 2.55×10^{-4} x 틈새의 길이 (m)

나. 여닫이식 창문으로서 창틀에 방수패킹이 있는 경우

　　틈새면적 (㎡) = 3.61×10^{-5} x 틈새의 길이 (m)

다. 미닫이식 창문이 설치되어 있는 경우

　　틈새면적 (㎡) = 1.00×10^{-4} x 틈새의 길이 (m)

③ 제연구역으로부터 누설하는 공기가 승강기의 승강로를 경유하여 승강로의 외부로 유출하는 유출면적은 승강로와 승강로 상부의 기계실 사이의 개구부 면적을 합한 것을 기준으로 할 것

④ 제연구역을 구성하는 벽체(반자속의 벽체를 포함한다)가 벽돌 또는 시멘트블록 등의 조적구조이거나 석고판 등의 조립구조인 경우에는 불연재료를 사용하여 틈새를 조정할 것.

⑤ 제연설비의 완공 시 제연구역의 출입문등은 크기 및 개방방식이 해당 설비의 설계 시와 같도록 할 것

10. 유입공기의 배출 특별피난계단의계단실 및 부속실 제연설비의 화재안전기술기준 2.10

① 유입공기는 화재 층의 제연구역과 면하는 옥내로부터 옥외로 배출되도록 해야 한다. 다만, 직통계단식 공동주택의 경우에는 그렇지 않다.

② 유입공기의 배출은 다음의 기준에 따른 배출방식으로 해야 한다.

1. 수직풍도에 따른 배출 : 옥상으로 직통하는 전용의 배출용 수직풍도를 설치하여 배출하는 것으로서 다음의 어느 하나에 해당하는 것
   가. 자연배출식 : 굴뚝효과에 따라 배출하는 것
   나. 기계배출식 : 수직풍도의 상부에 전용의 배출용 송풍기를 설치하여 강제로 배출하는 것. 다만, 지하층만을 제연하는 경우 배출용 송풍기의 설치위치는 배출된 공기로 인하여 피난 및 소화활동에 지장을 주지 않는 곳에 설치할 수 있다.

2. 배출구에 따른 배출 : 건물의 옥내와 면하는 외벽마다 옥외와 통하는 배출구를 설치하여 배출하는 것

3. 제연설비에 따른 배출 : 거실제연설비가 설치되어 있고 당해 옥내로부터 옥외로 배출해야 하는 유입공기의 양을 거실제연설비의 배출량에 합하여 배출하는 경우 유입 공기의 배출은 당해 거실제연설비에 따른 배출로 갈음할 수 있다.

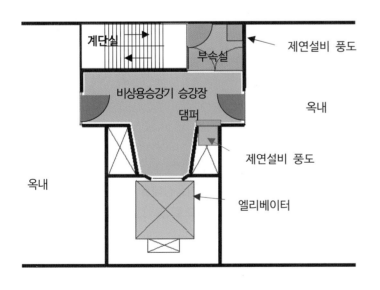

전실에 설치되는 댐퍼

11. 수직풍도에 따른 배출

수직풍도에 따른 배출은 다음의 기준에 적합해야 한다.

1. 수직풍도는 내화구조로 하되 「건축물의 피난·방화 구조 등의 기준에 관한 규칙」 제3조제1호 또는 제2호의 기준 이상의 성능으로 할 것

2. 수직풍도의 내부면은 두께 0.5 ㎜ 이상의 아연도금강판 또는 동등 이상의 내식성·내열성이 있는 것으로 마감하되, 접합부에 대하여는 통기성이 없도록 조치할 것

3. 각층의 옥내와 면하는 수직풍도의 관통부에는 다음의 기준에 적합한 댐퍼(배출댐퍼)를 설치해야 한다.
   가. 배출댐퍼는 두께 1.5 ㎜ 이상의 강판 또는 이와 동등 이상의 성능이 있는 것으로 설치해야 하며 비 내식성 재료의 경우에는 부식방지 조치를 할 것
   나. 평상시 닫힌 구조로 기밀상태를 유지할 것
   다. 개폐여부를 당해 장치 및 제어반에서 확인할 수 있는 감지 기능을 내장하고 있을 것
   라. 구동부의 작동상태와 닫혀 있을 때의 기밀상태를 수시로 점검할 수 있는 구조일 것
   마. 풍도의 내부마감 상태에 대한 점검 및 댐퍼의 정비가 가능한 이·탈착식 구조로 할 것
   바. 화재 층에 설치된 화재감지기의 동작에 따라 당해 층의 댐퍼가 개방될 것
   사. 개방 시의 실제 개구부(개구율을 감안한 것을 말한다)의 크기는 수직풍도의 최소 내부단면적 이상으로 할 것
   아. 댐퍼는 풍도 내의 공기흐름에 지장을 주지 않도록 수직풍도의 내부로 돌출하지 않게 설치할 것

4. 수직풍도의 내부단면적은 다음의 기준에 적합할 것
   가. 자연배출식의 경우 다음 식 (2.11.1.4.1)에 따라 산출하는 수치 이상으로 할 것. 다만, 수직풍도의 길이가 100 m를 초과하는 경우에는 산출수치의 1.2배 이상의 수치를 기준으로 해야 한다.

   $$AP = QN/2 \cdots (2.11.1.4.1)$$

   여기에서

   AP : 수직풍도의 내부단면적(㎡)

   QN : 수직풍도가 담당하는 1개 층의 제연구역의 출입문(옥내와 면하는 출입문을 말한다) 1개의 면적(㎡)과 방연풍속(㎧)를 곱한 값(㎥/s)

   나. 송풍기를 이용한 기계배출식의 경우 풍속 15 ㎧ 이하로 할 것

5. 기계배출식에 따라 배출하는 경우 배출용 송풍기는 다음의 기준에 적합할 것
   가. 열기류에 노출되는 송풍기 및 그 부품들은 250 ℃의 온도에서 1시간 이상 가동상태를 유지할 것
   나. 송풍기의 풍량은 2.11.1.4.1의 기준에 따른 QN에 여유량을 더한 양을 기준으로 할 것
   다. 송풍기는 화재감지기의 동작에 따라 연동하도록 할 것
   라. 송풍기의 풍량을 실측할 수 있는 유효한 조치를 할 것
   마. 송풍기는 다른 장소와 방화구획되고 접근과 점검이 용이한 장소에 설치할 것

6. 수직풍도의 상부의 말단(기계배출식의 송풍기도 포함한다)은 빗물이 흘러들지 않는 구조로 하고, 옥외의 풍압에 따라 배출성능이 감소하지 않도록 유효한 조치를 할 것

12. 배출구에 따른 배출 특별피난계단의계단실 및 부속실 제연설비의 화재안전기술기준 2.12

배출구에 따른 배출은 다음의 기준에 적합해야 한다.

1. 배출구에는 다음 각 목의 기준에 적합한 장치(이하 "개폐기"라 한다)를 설치한다

    가. 빗물과 이물질이 유입하지 않는 구조로 할 것

    나. 옥외쪽으로만 열리도록 하고 옥외의 풍압에 따라 자동으로 닫히도록 할 것

    다. 그 밖의 설치기준은 2.11.1.3.1 내지 2.11.1.3.7의 기준을 준용할 것

2. 개폐기의 개구면적은 다음 식 (2.12.1.2)에 따라 산출한 수치 이상으로 할 것

    $$AO = QN/2.5 \cdots (2.12.1.2)$$

    여기에서

    AO : 개폐기의 개구면적(㎡)

    QN : 수직풍도가 담당하는 1개 층의 제연구역의 출입문(옥내와 면하는 출입문을 말한다) 1개의 면적(㎡)과 방연풍속(㎧)를 곱한 값(㎥/s)

2.11.1.3.1
배출댐퍼는 두께 1.5 ㎜ 이상의 강판 또는 이와 동등 이상의 성능이 있는 것으로 설치해야 하며 비 내식성 재료의 경우에는 부식방지 조치를 할 것

2.11.1.3.7
개방 시의 실제 개구부(개구율을 감안한 것을 말한다)의 크기는 수직풍도의 내부단면적과 같아지도록 할 것

13. 급기 특별피난계단의계단실 및 부속실 제연설비의 화재안전기술기준 2.13

제연구역에 대한 급기는 다음의 기준에 적합해야 한다.
1. 부속실만을 제연하는 경우 동일 수직선상의 모든 부속실은 하나의 전용 수직풍도를 통해 동시에 급기할 것. 다만, 동일 수직선상에 2대 이상의 급기송풍기가 설치되는 경우에는 수직풍도를 분리하여 설치할 수 있다.
2. 계단실 및 부속실을 동시에 제연하는 경우 계단실에 대하여는 그 부속실의 수직풍도를 통해 급기할 수 있다.
3. 계단실만을 제연하는 경우에는 전용 수직풍도를 설치하거나 계단실에 급기풍도 또는 급기송풍기를 직접 연결하여 급기하는 방식으로 할 것
4. 하나의 수직풍도마다 전용의 송풍기로 급기할 것
5. 비상용승강기 또는 피난용승강기의 승강장을 제연하는 경우에는 해당 승강기의 승강로를 급기풍도로 사용할 수 있다.

14. 급기구

제연구역에 설치하는 급기구는 다음의 기준에 적합해야 한다.

1. 급기용 수직풍도와 직접 면하는 벽체 또는 천장(당해 수직풍도와 천장급기구 사이의 풍도를 포함한다)에 고정하되, 급기되는 기류 흐름이 출입문으로 인하여 차단되거나 방해받지 않도록 옥내와 면하는 출입문으로부터 가능한 먼 위치에 설치할 것

2. 계단실과 그 부속실을 동시에 제연하거나 또는 계단실만을 제연하는 경우 급기구는 계단실 매 3개 층 이하의 높이마다 설치할 것. 다만, 계단실의 높이가 31 m 이하로서 계단실만을 제연하는 경우에는 하나의 계단실에 하나의 급기구만을 설치할 수 있다.

3. 급기구의 댐퍼설치는 다음의 기준에 적합할 것

   가. 급기댐퍼의 재질은 「자동차압급기댐퍼의 성능인증 및 제품검사의 기술기준」에 적합한 것으로 할 것

   나. ~ 라. 삭제

   마. 자동차압급기댐퍼는 「자동차압급기댐퍼의 성능인증 및 제품검사의 기술기준」에 적합한 것으로 설치할 것

   바. 자동차압급기댐퍼가 아닌 댐퍼는 개구율을 수동으로 조절할 수 있는 구조로 할 것

   사. 화재감지기에 따라 모든 제연구역의 댐퍼가 개방되도록 할 것. 다만, 둘 이상의 특정소방대상물이 지하에 설치된 주차장으로 연결되어 있는 경우에는 특정소방대상물의 화재감지기 및 주차장에서 하나의 특정소방대상물의 제연구역으로 들어가는 입구에 설치된 제연용 연기감지기의 작동에 따라 해당 특정소방대상물의 수직풍도에 연결된 모든 제연구역의 댐퍼가 개방되도록 하거나 해당 특정소방대상물을 포함한 둘 이상의 특정소방대상물의 모든 제연구역의 댐퍼가 개방되도록 할 것

   아. 댐퍼의 작동이 전기적 방식에 의하는 경우 2.11.1.3.2 내지 2.11.1.3.5의 기준을, 기계적 방식에 따른 경우 2.11.1.3.3, 2.11.1.3.4 및 2.11.1.3.5 기준을 준용할 것

   자. 그 밖의 설치기준은 2.11.1.3.1 및 2.11.1.3.8의 기준을 준용할 것

2.11.1.3.2 내지 2.11.1.3.5

2.11.1.3.2 평상시 닫힌 구조로 기밀상태를 유지할 것
2.11.1.3.3 개폐여부를 당해 장치 및 제어반에서 확인할 수 있는 감지 기능을 내장하고 있을 것
2.11.1.3.4 구동부의 작동상태와 닫혀 있을 때의 기밀상태를 수시로 점검할 수 있는 구조일 것
2.11.1.3.5 풍도의 내부마감 상태에 대한 점검 및 댐퍼의 정비가 가능한 이·탈착식 구조로 할 것

2.11.1.3.3, 2.11.1.3.4 및 2.11.1.3.5

2.11.1.3.3 개폐여부를 당해 장치 및 제어반에서 확인할 수 있는 감지 기능을 내장하고 있을 것
2.11.1.3.4 구동부의 작동상태와 닫혀 있을 때의 기밀상태를 수시로 점검할 수 있는 구조일 것
2.11.1.3.5 풍도의 내부마감 상태에 대한 점검 및 댐퍼의 정비가 가능한 이·탈착식 구조로 할 것

2.11.1.3.1 및 2.11.1.3.8

2.11.1.3.1 배출댐퍼는 두께 1.5 ㎜ 이상의 강판 또는 이와 동등 이상의 성능이 있는 것으로 설치해야 하며 비 내식성 재료의 경우에는 부식방지 조치를 할 것
2.11.1.3.8 댐퍼는 풍도 내의 공기흐름에 지장을 주지 않도록 수직풍도의 내부로 돌출하지 않게 설치할 것

15. 급기풍도

급기풍도(이하 "풍도"라한다)의 설치는 다음의 기준에 적합해야 한다.

1. 수직풍도는 2.11.1.1 및 2.11.1.2의 기준을 준용할 것
2. 수직풍도 이외의 풍도로서 금속판으로 설치하는 풍도는 다음의 기준에 적합할 것
   가. 풍도는 아연도금강판 또는 이와 동등 이상의 내식성·내열성이 있는 것으로 하며,「건축법 시행령」제2조에 따른 불연재료(석면재료를 제외한다)인 단열재로 풍도외부에 유효한 단열처리를 하고, 강판의 두께는 풍도의 크기에 따라 다음 표 2.15.1.2.1에 따른 기준 이상으로 할 것. 다만, 방화구획이 되는 전용실에 급기송풍기와 연결되는 풍도는 단열이 필요 없다.

표 2.15.1.2.1 풍도의 크기에 따른 강판의 두께

풍도단면의 긴변 또는 직경의 크기	450mm 이하	450mm 초과 750mm 이하	750mm 초과 1,500mm 이하	1,500mm 초과 2,250mm 이하	2,250mm 초과
강판두께	0.5mm	0.6mm	0.8mm	1.0mm	1.2mm

   나. 풍도에서의 누설량은 급기량의 10 %를 초과하지 않을 것
3. 풍도는 정기적으로 풍도 내부를 청소할 수 있는 구조로 할 것
4. 풍도 내의 풍속은 15 m/s 이하로 할 것

2.11.1.1
수직풍도는 내화구조로 하되「건축물의 피난·방화 구조 등의 기준에 관한 규칙」제3조제1호 또는 제2호의 기준 이상의 성능으로 할 것

2.11.1.2
수직풍도의 내부면은 두께 0.5 ㎜ 이상의 아연도금강판 또는 동등 이상의 내식성·내열성이 있는 것으로 마감하되, 접합부에 대하여는 통기성이 없도록 조치할 것

16. 급기송풍기

급기송풍기의 설치는 다음의 기준에 적합해야 한다.
1. 송풍기의 송풍능력은 송풍기가 담당하는 제연구역에 대한 급기량의 1.15배 이상으로 할 것. 다만, 풍도에서의 누설을 실측하여 조정하는 경우에는 그렇지 않다.
2. 송풍기에는 풍량조절장치를 설치하여 풍량조절을 할 수 있도록 할 것
3. 송풍기에는 풍량을 실측할 수 있는 유효한 조치를 할 것
4. 송풍기는 인접 장소의 화재로부터 영향을 받지 않고 접근 및 점검이 용이한 장소에 설치할 것
5. 송풍기는 옥내의 화재감지기의 동작에 따라 작동하도록 할 것
6. 송풍기와 연결되는 캔버스는 내열성(석면재료를 제외한다)이 있는 것으로 할 것

17. 외기취입구

외기취입구(취입구)는 다음의 기준에 적합해야 한다.

1. <u>외기</u>를 옥외로부터 <u>취입</u>하는 경우 취입구는 연기 또는 공해물질 등으로 오염된 공기를 취입하지 않는 위치에 설치해야 하며, 배기구 등(유입공기, 주방의 조리대의 배출공기 또는 화장실의 배출공기 등을 배출하는 배기구를 말한다) 으로부터 수평거리 5 m 이상, 수직거리 1 m 이상 낮은 위치에 설치할 것
2. 취입구를 옥상에 설치하는 경우에는 옥상의 외곽면으로부터 수평거리 5 m 이상, 외곽면의 상단으로부터 하부로 수직거리 1 m 이하의 위치에 설치할 것
3. 취입구는 빗물과 이물질이 유입하지 않는 구조로 할 것
4. 취입구는 취입공기가 옥외의 바람의 속도와 방향에 따라 영향을 받지 않는 구조로 할 것

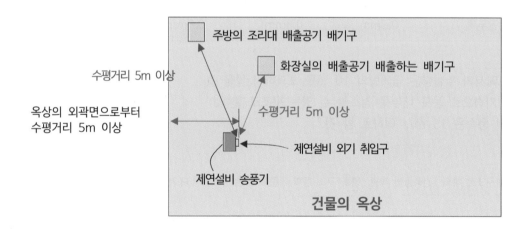

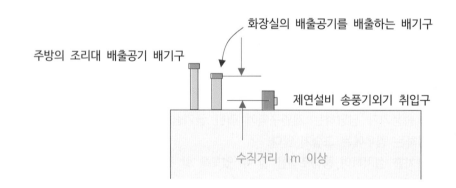

18. 제연구역 및 옥내의 출입문

특별피난계단의계단실 및 부속실 제연설비의 화재안전기술기준 2.18

① 제연구역의 출입문은 다음의 기준에 적합해야 한다.

  1. 제연구역의 출입문(창문을 포함한다)은 언제나 닫힌 상태를 유지하거나 자동폐쇄장치에 의해 자동으로 닫히는 구조로 할 것. 다만, 아파트인 경우 제연구역과 계단실 사이의 출입문은 자동폐쇄장치에 의하여 자동으로 닫히는 구조로 해야 한다.

  2. 제연구역의 출입문에 설치하는 자동폐쇄장치는 제연구역의 기압에도 불구하고 출입문을 용이하게 닫을 수 있는 충분한 폐쇄력이 있을 것

  3. 제연구역의 출입문 등에 자동폐쇄장치를 사용하는 경우에는 「자동폐쇄장치의 성능인증 및 제품검사의 기술기준」에 적합한 것으로 설치할 것

② 옥내의 출입문(2.7.1의 표 2.7.1에 따른 방화구조의 복도가 있는 경우로서 복도와 거실 사이의 출입문에 한한다)은 다음의 기준에 적합해야 한다.

  1. 출입문은 언제나 닫힌 상태를 유지하거나 자동폐쇄장치에 의해 자동으로 닫히는 구조로 할 것

  2. 거실 쪽으로 열리는 구조의 출입문에 자동폐쇄장치를 설치하는 경우에는 출입문의 개방 시 유입공기의 압력에도 불구하고 출입문을 용이하게 닫을 수 있는 충분한 폐쇄력이 있는 것으로 할 것

2.7.1의 표 2.7.1

표 2.7.1 제연구역에 따른 방연풍속

제 연 구 역		방연풍속
계단실 및 그 부속실을 동시에 제연하는 것 또는 계단실만 단독으로 제연하는 것		0.5㎧ 이상
부속실만 단독으로 제연하는 것 또는 비상용승강기의 승강장만 단독으로 제연하는 것	부속실 또는 승강장이 면하는 옥내가 거실인 경우	0.7㎧ 이상
	부속실 또는 승강장이 면하는 옥내가 복도로서 그 구조가 방화구조(내화시간이 30분 이상인 구조를 포함한다)인 것	0.5㎧ 이상

외기 : 바깥 공기
취입 : 빨아들임

19. 수동기동장치

특별피난계단의계단실 및 부속실 제연설비의 화재안전기술기준 2.19

① 배출댐퍼 및 개폐기의 직근 또는 제연구역에는 다음의 기준에 따른 장치의 작동을 위하여 수동기동장치를 설치하고 스위치는 바닥으로부터 0.8 m 이상 1.5 m 이하의 높이에 설치해야 한다. 다만, 계단실 및 그 부속실을 동시에 제연하는 제연구역에는 그 부속실에만 설치할 수 있다.
   1. 전 층의 제연구역에 설치된 급기댐퍼의 개방
   2. 당해 층의 배출댐퍼 또는 개폐기의 개방
   3. 급기송풍기 및 유입공기의 배출용 송풍기(설치한 경우에 한한다)의 작동
   4. 개방·고정된 모든 출입문(제연구역과 옥내 사이의 출입문에 한한다)의 개폐장치의 작동

② ①의 기준에 따른 장치는 옥내에 설치된 수동발신기의 조작에 따라서도 작동할 수 있도록 해야 한다.

20. 제어반

특별피난계단의계단실 및 부속실 제연설비의 화재안전기술기준 2.20

제연설비의 제어반은 다음의 기준에 적합하도록 설치해야 한다.
1. 제어반에는 제어반의 기능을 1시간 이상 유지할 수 있는 용량의 비상용 축전지를 내장할 것. 다만, 당해 제어반이 종합방재제어반에 함께 설치되어 종합방재제어반으로부터 이 기준에 따른 용량의 전원을 공급받을 수 있는 경우에는 그렇지 않다.

2. 제어반은 다음의 기능을 보유할 것
   가. 급기용 댐퍼의 개폐에 대한 감시 및 원격조작기능
   나. 배출댐퍼 또는 개폐기의 작동여부에 대한 감시 및 원격조작기능
   다. 급기송풍기와 유입공기의 배출용 송풍기(설치한경우에 한한다)의 작동여부에 대한 감시 및 원격조작기능
   라. 제연구역의 출입문의 일시적인 고정개방 및 해정에 대한 감시 및 원격조작기능
   마. 수동기동장치의 작동여부에 대한 감시 기능
   바. 급기구 개구율의 자동조절장치(설치하는 경우에 한한다)의 작동여부에 대한 감시기능. 다만, 급기구에 차압표시계를 고정 부착한 자동차압급기댐퍼를 설치하고 당해 제어반에도 차압표시계를 설치한 경우에는 그렇지 않다.
   사. 감시선로의 단선에 대한 감시 기능
   아. 예비전원이 확보되고 예비전원의 적합여부를 시험할 수 있어야 할 것

21. 비상전원

비상전원은 자가발전설비, 축전지설비 또는 전기저장장치(외부 전기에너지를 저장해 두었다가 필요한 때 전기를 공급하는 장치)로서 다음의 기준에 따라 설치해야 한다. 다만, 2 이상의 변전소(「전기사업법」 제67조 및 「전기설비기술기준」 제3조제2호에 따른 변전소를 말한다)에서 전력을 동시에 공급받을 수 있거나 하나의 변전소로부터 전력의 공급이 중단되는 때에는 자동으로 다른 변전소로부터 전원을 공급받을 수 있도록 상용전원을 설치한 경우에는 그렇지 않다.

1. 점검에 편리하고 화재 및 침수 등의 재해로 인한 피해를 받을 우려가 없는 곳에 설치할 것
2. 제연설비를 유효하게 20분 이상 작동할 수 있도록 할 것
3. 상용전원으로부터 전력의 공급이 중단된 때에는 자동으로 비상전원으로부터 전력을 공급받을 수 있도록 할 것
4. 비상전원의 설치장소는 다른 장소와 방화구획 할 것. 이 경우 그 장소에는 비상전원의 공급에 필요한 기구나 설비 외의 것(열병합발전설비에 필요한 기구나 설비는 제외한다)을 두어서는 안 된다.
5. 비상전원을 실내에 설치하는 때에는 그 실내에 비상조명등을 설치할 것

22. 성능확인

① 제연설비는 설계목적에 적합한지 검토하고 제연설비의 성능과 관련된 건물의 모든 부분(건축설비를 포함한다)이 완성되는 시점에 맞추어 시험 · 측정 및 조정(이하 "시험 등"이라 한다)을 해야 한다.

② 제연설비의 시험 등은 다음의 기준에 따라 실시해야 한다.

1. 제연구역의 모든 출입문 등의 크기와 열리는 방향이 설계 시와 동일한지 여부를 확인하고, 동일하지 아니한 경우 급기량과 보충량 등을 다시 산출하여 조정가능여부 또는 재설계 · 개수의 여부를 결정할 것

2. 삭제

3. 제연구역의 출입문 및 복도와 거실(옥내가 복도와 거실로 되어 있는 경우에 한한다) 사이의 출입문마다 제연설비가 작동하고 있지 아니한 상태에서 그 폐쇄력을 측정할 것

4. 층별로 화재감지기(수동기동장치를 포함한다)를 동작시켜 제연설비가 작동하는지 여부를 확인할 것. 다만, 둘 이상의 특정소방대상물이 지하에 설치된 주차장으로 연결되어 있는 경우에는 특정소방대상물의 화재감지기 및 주차장에서 하나의 특정소방대상물의 제연구역으로 들어가는 입구에 설치된 제연용 연기감지기의 작동에 따라 해당 특정소방대상물의 수직풍도에 연결된 모든 제연구역의 댐퍼가 개방되도록 하거나 해당 특정소방대상물을 포함한 둘 이상의 특정소방대상물의 모든 제연구역의 댐퍼가 개방되도록 하고 비상전원을 작동시켜 급기 및 배기용 송풍기의 성능이 정상인지 확인할 것.

5. 제4호의 기준에 따라 제연설비가 작동하는 경우 다음의 기준에 따른 시험 등을 실시할 것

   가. 부속실과 면하는 옥내 및 계단실의 출입문을 동시에 개방할 경우, 유입공기의 풍속이 2.7의 규정에 따른 방연풍속에 적합한지 여부를 확인하고, 적합하지 아니한 경우에는 급기구의 개구율과 송풍기의 풍량조절댐퍼 등을 조정하여 적합하게 할 것. 이 경우 유입공기의 풍속은 출입문의 개방에 따른 개구부를 대칭적으로 균등 분할하는 10 이상의 지점에서 측정하는 풍속의 평균치로 할 것

   나. 가목의 기준에 따른 시험 등의 과정에서 출입문을 개방하지 않은 제연구역의 실제 차압이 2.3.3의 기준에 적합한지 여부를 출입문 등에 차압측정공을 설치하고 이를 통하여 차압측정기구로 실측하여 확인 · 조정할 것

   다. 제연구역의 출입문이 모두 닫혀 있는 상태에서 제연설비를 가동시킨 후 출입문의 개방에 필요한 힘을 측정하여 2.3.2의 규정에 따른 개방력에 적합한지 여부를 확인하고, 적합하지 아니한 경우에는 급기구의 개구율 조정 및 플랩댐퍼(설치하는 경우에 한한다)와 풍량조절용댐퍼 등의 조정에 따라 적합하도록 조치할 것. 이때 제연구역의 출입문과 면하는 옥내에 거실제연설비가 설치된 경우에는 이 기준에 따른 제연설비와 해당 거실제연설비를 동시에 작동시킨 상태에서 출입문의 개방력을 측정할 것.

   라. 가목의 기준에 따른 시험 등의 과정에서 부속실의 개방된 출입문이 자동으로 완전히 닫히는지 여부를 확인하고, 닫힌 상태를 유지할 수 있도록 조정할 것

공동주택의 화재안전성능기준(NFPC 608) [시행 2024. 1. 1.]

제16조(특별피난계단의 계단실 및 부속실 제연설비)

특별피난계단의 계단실 및 부속실 제연설비는 「특별피난계단의 계단실 및 부속실 제연설비의 화재안전기술기준(NFTC 501A)」 2.2.의 기준에 따라 성능확인을 해야 한다. 다만, 부속실을 단독으로 제연하는 경우에는 부속실과 면하는 옥내 출입문만 개방한 상태로 방연풍속을 측정 할 수 있다.

사. 전실 제연설비 작동점검

1. 옥내 감지기를 작동한다(계단실 또는 부속실의 감지기는 제연설비 작동용 감지기가 아님)
2. 급기댐퍼가 열린다.
3. 송풍기가 작동하여 송풍기의 바람이 풍도를 거쳐 계단실 및 부속실에 들어온다.
4. 차압을 측정한다(계단실, 부속실등 차압장소의 문을 닫고 계단실 또는 부속실 안에서 측정한다)
   적정한 차압은 40파스칼(Pa) 이상(옥내에 스프링클러설비가 설치된 경우 12.5Pa 이상)이 되어야 한다.
5. 계단실.부속실의 방연풍속을 측정한다.
   출입문을 개방한후 풍속계로 방연풍속을 측정하며, 장소에 따라 초속 0.5m 이상, 0.7m 이상이어야 한다.
6. 계단실(부속실)이 과압이 발생했을 때 과압배출장치가 작동하는지 확인한다.
7. 작동내용을 확인후에는 수신기에서 복구한다.

① 차압기 측정방법

1. 차압기의 스위치를 켠다(ON).
2. 영점을 맞춘다(ZERO를 누른다)
3. +의 호스는 측정하는 부속실에 두고
   −의 호스는 측정구에 넣어 부속실 밖의 옥내로 낸다.
4. 감지기를 작동시켜 송풍기를 작동한다.
5. 적정 시간이 지난 후에 측정치를 메모(HOLD) 시킨다.
6. 측정된 수치가 40Pa 이상(옥내에 스프링클러설비가 설치된 경우 12.5Pa 이상)이 되는지 확인한다.

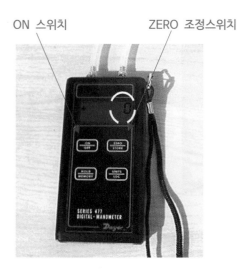
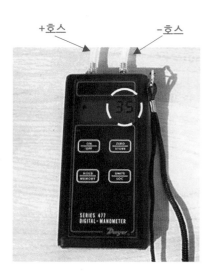

ON 스위치   ZERO 조정스위치   +호스   −호스

② 풍속 측정방법

㉮ 방연풍속 측정방법

1. 부속실과 면하는 옥내 및 계단실의 출입문을 일시적으로 동시개방할 경우, 유입공기의 풍속이 규정에 따른 방연풍속에 적합한지 여부를 확인한다.

2. 적합하지 않는 경우에는 급기구의 개구율과 송풍기의 풍량조절댐퍼 등을 조정하여 적합하게 한다.
   이 경우 유입공기의 풍속은 출입문의 개방에 따른 개구부를 대칭적으로 균등분할하는 10 이상의 지점에서 측정하는 풍속의 평균치로 한다.

㉯ 방연풍속 측정기준

1. 계단실 및 그 부속실을 동시에 제연하는 것 또는 계단실만 단독으로 제연하는 것 : 0.5m/s 이상

2. 부속실만 단독으로 제연하는 것 또는 비상용승강기의 승강장만 단독으로 제연하는 것(부속실 또는 승강장이 면하는 옥내가 거실인 경우) : 0.7m/s 이상

3. 부속실만 단독으로 제연하는 것 또는 비상용승강기의 승강장만 단독으로 제연하는 것(부속실 또는 승강장이 면하는 옥내가 복도로서 그 구조가 방화구조(내화시간이 30분 이상인 구조를 포함한다)인 것 : 0.5m/s 이상

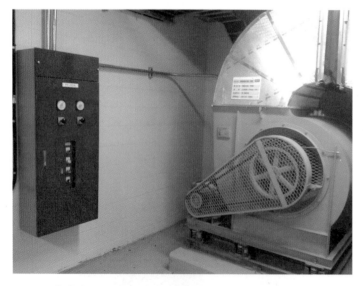

제어반   송풍기

풍속계

방연풍속 : 옥내의 연기가 제연구역(전실, 계단실, 부속실) 안으로 들어오지 못하게 방어(막는)하는 바람의 속도

4. 도로터널 제연설비

가. 개요

도로터널에서 차량화재가 발생하면 터널안에서 소화활동 및 사람들의 대피에 도움이 되게 연기를 터널 밖으로 빼내는 시설이다.

나. 설치장소

소방시설설치 및 관리에관한법률 시행령 별표4

지하가 중 예상 교통량, 경사도 등 터널의 특성을 고려하여 행정안전부령으로 정하는 터널

제연설비(배기팬)

다. 용어

1. **도로터널** :「도로법」제10조에 따른 도로의 일부로서 자동차의 통행을 위해 지붕이 있는 구조물을 말한다.

2. **설계화재강도** : 터널 내 화재 시 소화설비 및 제연설비 등의 용량산정을 위해 적용하는 차종별 최대열방출률(MW)을 말한다.

3. **횡류환기방식** : 터널 안의 배기가스와 연기 등을 배출하는 환기방식으로서 기류를 횡방향(바닥에서 천장)으로 흐르게 하여 환기하는 방식을 말한다.

4. **대배기구방식** : 횡류환기방식의 일종으로 배기구에 개방/폐쇄가 가능한 전동댐퍼를 설치하여 화재 시 화재지점 부근의 배기구를 개방하여 집중적으로 배연할 수 있는 제연방식을 말한다.

5. **종류환기방식** : 터널 안의 배기가스와 연기 등을 배출하는 환기방식으로서 기류를 종방향(출입구 방향)으로 흐르게 하여 환기하는 방식을 말한다.

6. **반횡류환기방식** : 터널 안의 배기가스와 연기 등을 배출하는 환기방식으로서 터널에 수직배기구를 설치해서 횡방향과 종방향으로 기류를 흐르게 하여 환기하는 방식을 말한다.

7. **양방향터널** : 하나의 터널 안에서 차량의 흐름이 서로 마주보게 되는 터널을 말한다.

8. **일방향터널** : 하나의 터널 안에서 차량의 흐름이 하나의 방향으로만 진행되는 터널을 말한다.

9. **연기발생률** : 일정한 설계화재강도의 차량에서 단위 시간당 발생하는 연기량을 말한다.

10. **피난연결통로** : 본선터널과 병설된 상대터널 또는 본선터널과 평행한 피난대피터널을 연결하는 통로를 말한다.

11. **배기구** : 터널 안의 오염공기를 배출하거나 화재 시 연기를 배출하기 위한 개구부를 말한다.

12. **배연용 팬** : 화재 시 연기 및 열기류를 배출하기 위한 팬을 말한다.

라. 터널 제연설비 종류

① 횡류 환기방식

터널 안의 배기가스와 연기 등을 배출하는 환기설비로서 기류를 횡방향(바닥에서 천장)으로 흐르게 하여 환기하는 방식을 말한다. 터널 천정에 바람 길을 만들어 급기통로와 배기통로를 따로 분리해 설치한다. 평소에는 급기구에서는 신선한 공기를 공급하고 배기구로는 오염공기를 배출하게 한 방식이다. 하지만 화재 등 유사시가 되면 급기구도 배기구로 전환해 신속하게 유독가스나 연기를 배출하게 한 설비이다.

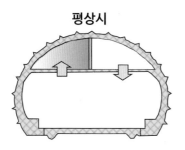
평상시

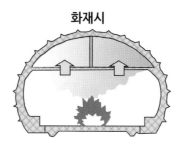
화재시

② 반횡류 환기방식

터널 안의 배기가스와 연기 등을 배출하는 환기설비로서 터널에 수직배기구를 설치해서 횡방향과 종방향으로 기류를 흐르게 하여 환기하는 방식을 말한다.
횡류식과 마찬가지로 급·배기구가 설치돼 있지만 급기통로와 배기통로를 따로 두지 않고 급기와 배기가 번갈아 가면서 진행해 외부 환기탑으로 공기를 배출하는 방식임

평상시

화재시

③ 종류 환기방식

터널 안의 배기가스와 연기 등을 배출하는 환기설비로서 기류를 종방향(출입구 방향)으로 흐르게 하여 환기하는 방식을 말한다.

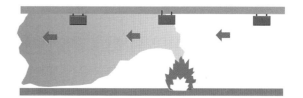

마. 작동순서

1. 화재로 감지기가 작동한다.
2. 감지기 작동신호가 수신기에 전달되어 수신기에서 화재발생을 인식한다.
3. 화재경보가 울린다.
4. 배풍기(배기팬)가 작동하여 터널 안의 연기를 터널 밖으로 빼낸다.

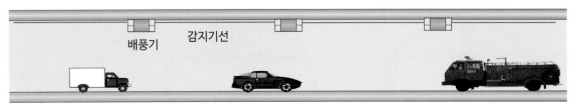

배풍기　　감지기선

배풍기

바. 설치기준 도로터널의 화재안전기술기준 2.7.1

① 제연설비는 다음의 기준을 만족하도록 설계해야 한다.
   1. 설계화재강도 20 ㎿를 기준으로 하고, 이때의 연기발생률은 80 ㎥/s로 하며, 배출량은 발생된 연기와 혼합된 공기를 충분히 배출할 수 있는 용량 이상을 확보할 것
   2. 제1호의 규정에도 불구하고, 화재강도가 설계화재강도 보다 높을 것으로 예상될 경우 위험도분석을 통하여 설계 화재강도를 설정하도록 할 것

② 제연설비는 다음 각호의 기준에 따라 설치해야 한다.
   1. 종류환기방식의 경우 제트팬의 소손을 고려하여 예비용 제트팬을 설치하도록 할 것
   2. 횡류환기방식(또는 반횡류환기방식) 및 대배기구방식의 배연용 팬은 덕트의 길이에 따라서 노출온도가 달라질 수 있으므로 수치해석 등을 통해서 내열온도 등을 검토한 후에 적용하도록 할 것
   3. 대배기구의 개폐용 전동모터는 정전 등 전원이 차단되는 경우에도 조작상태를 유지할 수 있도록 할 것
   4. 화재에 노출이 우려되는 제연설비와 전원공급선 및 제트팬 사이의 전원공급장치 등은 250 ℃의 온도에서 60분 이상 운전상태를 유지할 수 있도록 할 것

③ 제연설비의 기동은 다음의 어느 하나에 의하여 자동 및 수동으로 기동될 수 있도록 해야 한다.
   1. 화재감지기가 동작되는 경우
   2. 발신기의 스위치 조작 또는 자동소화설비의 기동장치를 동작시키는 경우
   3. 화재수신기 또는 감시제어반의 수동조작스위치를 동작시키는 경우

④ 제연설비의 비상전원은 제연설비를 유효하게 60분 이상 작동할 수 있도록 해야 한다

소손 燒損 : 불에 타서 부서짐

11) 소화용수설비

1. 개 요

화재를 진압하기 위한 용도의 소화수(물) 시설을 말한다.

상수도소화용수설비는 수도배관에 지상 또는 지하소화전을 연결하여 건물에 화재 발생시에 직접 소화작업 및 소방대의 소방차에 소화용수를 공급하는 설비로서 도로의 주변(변두리)이나 건물의 밖에 설치한 소화전이며 소화전을 열면 항상 물이 나온다.

소화수조 또는 **저수조**는 소화용수로 사용하기 위하여 일정량 이상의 물을 담는 물탱크이다.

급수탑은 도로상에 소화전을 높게 설치하여 소방차에 쉽게 물을 담을 수 있도록 한 시설이다.

급수탑

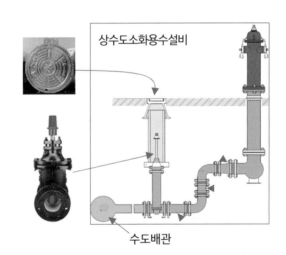

상수도소화용수설비

수도배관

제수변(밸브) 핸들로 밸브개방한다

2. 용 어 <small>소화수조및저수조의 화재안전성능기준 3조</small>

가. 소화수조 또는 저수조
수조(물통)를 설치하고 여기에 소화에 필요한 물을 항시 채워 두는 것으로서, 소화수조는 소화용수의 전용 수조를 말하고, 저수조란 소화용수와 일반 생활용수의 겸용 수조를 말한다.

다. 흡수관 투입구
소방차의 흡수관이 투입(넣다)될 수 있도록 소화수조 또는 저수조에 설치된 원형 또는 사각형의 투입구를 말한다.

나. 채수구
소방차의 소방호스와 접결되는 흡입구를 말한다.
소방차가 물을 받기 위해 연결하는 곳.

569

3. 소방용수시설의 종류

가. 소방시설설치 및 관리에관한 법률에 의한 분류
① 상수도소화용수설비
② 소화수조 · 저수조 그 밖의 소방용수시설

나. 소방기본법에 의한 분류
① 소화전
② 급수탑
③ 저수조

4. 설치 장소

가. 상수도소화용수설비를 설치해야 하는 장소

소방시설설치 및 관리에관한법률 시행령 별표4

① 연면적 5,000㎡ 이상인 것. 다만, 위험물 저장 및 처리 시설 중 가스시설, 지하가 중 터널 또는 지하구의 경우에는 제외한다.
② 가스시설로서 지상에 노출된 탱크의 저장용량의 합계가 100톤 이상인 것
③ 자원순환 관련 시설 중 폐기물재활용시설 및 폐기물 처분시설

해 설

1. 하나의 건물의 연면적이 5,000㎡ 이상인 건물에만 해당되며, 하나의 부지내에 여러개의 건물을 합하여 연면적을 적용하는 것은 아니다.
2. 하나의 가스탱크 용량이 100톤 이상인 탱크에 해당되며, 하나의 부지내에 있는 여러개의 탱크 저장용량을 합한 용량은 아니다.

나. 소화수조 또는 저수조를 설치해야 하는 장소 별표4

상수도소화용수설비를 설치해야 하는 특정소방대상물의 대지 경계선으로부터 180m 이내에 지름 75㎜ 이상인 상수도용 배수관이 설치되지 않은 지역의 경우에는 화재안전기준에 따른 소화수조 또는 저수조를 설치해야 한다.

참고

수도배관이 있는 장소에 상수도소화용수설비를 설치하지 않고 저수조 또는 소화수조를 설치하는 것은 허용하지 않는다

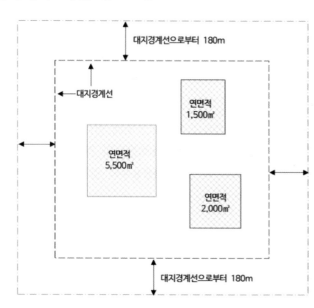

다. 상수도 소화용수설비 면제장소 소방시설설치 및 관리에관한법률 시행령 별표5

① 상수도소화용수설비를 설치해야 하는 특정소방대상물의 각 부분으로부터 수평거리 140m 이내에 공공의 소방을 위한 소화전이 화재안전기준에 적합하게 설치되어 있는 경우에는 설치가 면제된다.

② 소방본부장 또는 소방서장이 상수도소화용수설비의 설치가 곤란하다고 인정하는 경우로서 화재안전기준에 적합한 소화수조 또는 저수조가 설치되어 있거나 이를 설치하는 경우에는 그 설비의 유효범위에서 설치가 면제된다.

상수도 소화용수설비 면제장소 해설

상수도소화용수설비를 설치하여야 하는 특정소방대상물의 각 부분으로부터 수평거리 140m 이내에 공공의 소방을 위한 소화전이 화재안전기준이 정하는 바에 따라 적합하게 설치되어 있는 경우에는 설치가 면제된다.

(공공의 소방을 위한 소화전 : 시·도가 공공용으로 사용하기 위하여 길에 설치한 소화전을 말한다)

상수도소화용수설비 설치가 면제되는 사례

아래와 같은 장소는 상수도소화전이나 소화수조 또는 저수조를 설치하지 않아도 된다

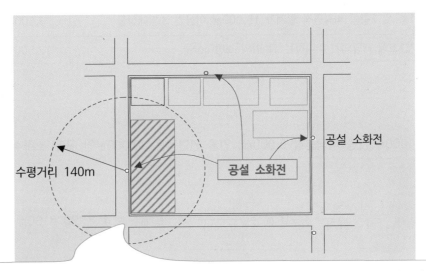

빗금친 부분의 건물이 연면적 5,000㎡ 이상으로서 상수도소화용수설비를 설치해야 하는 건물이면 도로에 설치된 공용 소화전이 그림과 같이 수평거리 140m 이내에 건물이 모두 포함되면 상수도소화용수설비를 설치하지 않아도 된다

특정소방대상물 : 소방시설을 설치해야 하는 소방대상물로서 대통령령이 정하는 것

대통령령이 정하는 것 : 소방시설설치및관리에관한법률 시행령 별표 2에 규정된 것을 말한다

5. 설치기준

가. 상수도소화용수설비 상수도소화용수설비의 화재안전성능기준 4조

① 호칭지름 75㎜ 이상의 수도배관에 호칭지름 100㎜ 이상의 소화전을 접속한다.
② 소화전은 소방자동차 등의 진입이 쉬운 도로변 또는 공지에 설치한다.
③ 소화전은 특정소방대상물의 수평투영면의 각 부분으로부터 140m 이하가 되도록 설치한다.
④ 지상식 소화전의 호스접결구는 지면으로부터 높이가 0.5m 이상 1m 이하가 되도록 설치한다.⟨신설 2024. 7. 1.⟩

나. 소화수조 또는 저수조 소화수조및저수조의 화재안전기술기준 2.1

① 소화수조 및 저수조의 채수구 또는 흡수관투입구는 소방차가 2 m 이내의 지점까지 접근할 수 있는 위치에 설치해야 한다.

② 소화수조 또는 저수조의 저수량은 소방대상물의 연면적을 다음 표 2.1.2에 따른 기준면적으로 나누어 얻은 수(소수점 이하의 수는 1로 본다)에 20 ㎥를 곱한 양 이상이 되도록 해야 한다.

표 2.1.2

소방대상물의 구분	면 적
1. 1층 및 2층의 바닥면적 합계가 15,000㎡ 이상인 소방대상물	7,500㎡
2. 제1호에 해당되지 아니하는 그 밖의 소방대상물	12,500㎡

사 례

1층 바닥면적 7,000㎡, 2층 바닥면적 6,000㎡, 건물 연면적은 30,000㎡인 곳에 소화수조의 저수량은?

해 설

$$\frac{연면적}{기준면적} \times 20 ㎥ = \frac{30,000}{7,500} \times 20 ㎥ = 4 \times 20 = 80㎥$$

호칭지름 : 배관의 크기를 부르기 위한 대표성 이름을 말한다.
예를 들어 25A = 25mm = 1B = 1인치, 1인치는 25.4mm이지만 부를때에는 25A라 부른다. A는 mm, B는 inch를 의미한다.
3/4인치 배관이라면 20mm 정도이니까 20A라 할 것이며, 외경(바깥지름)은 25mm 정도이고 내경(안지름)은 18mm가 되는 식이다. 20A 배관이 내경은
대략 20mm 정도이며, 정확히 20mm는 아니다. 20A라도 배관의 종류 및 제작회사에 따라 내경과 외경은 조금씩 다르다.

수평투영면 : 건축물이나 지면등을 하늘에서 지면으로 수직아래로 내려다 본 투영된 면을 말한다

③ 소화수조 또는 저수조는 다음의 기준에 따라 흡수관투입구 또는 채수구를 설치해야 한다.

1. 지하에 설치하는 소화용수설비의 흡수관투입구는 그 한변이 0.6m 이상이거나 직경이 0.6m 이상인 것으로 하고, 소요수량이 80㎥ 미만인 것은 1개 이상, 80㎥ 이상인 것은 2개 이상을 설치해야 하며, "흡수관투입구"라고 표시한 표지를 한다.

2. 소화용수설비에 설치하는 채수구는 다음 각목의 기준에 따라 설치한다.

    가. 채수구는 다음 표 2.1.3.2.1에 따라 소방용호스 또는 소방용흡수관에 사용하는 구경 65 ㎜ 이상의 나사식 결합금속구를 설치한다.

표 2.1.3.2.1

소요수량	20㎥ 이상 40㎥ 미만	40㎥ 이상 100㎥ 미만	100㎥ 이상
채수구의수	1 개	2 개	3 개

    나. 채수구는 지면으로부터의 높이가 0.5 m 이상 1 m 이하의 위치에 설치하고 "채수구"라고 표시한 표지를 할 것

④ 소화용수설비를 설치해야 할 특정소방대상물에 있어서 유수의 양이 0.8 ㎥/min 이상인 유수를 사용할 수 있는 경우에는 소화수조를 설치하지 않을 수 있다.

해설 :
하천이나 계곡물 등의 흐르는 양이 0.8㎥/min 이상이 되는 곳에는 이물이 소화용수설비로 대체가 가능하다. 그러나 흐르는 물이 일시적이 아니며, 연중 사용가능해야 한다.

⑤ 가압송수장치(펌프) 기준

㉮ 소화수조 또는 저수조가 지표면으로부터의 깊이(수조 내부바닥까지의 길이를 말한다)가 4.5 m 이상인 지하에 있는 경우에는 다음 표 2.2.1에 따라 가압송수장치를 설치해야 한다. 다만, 2.1.2에 따른 저수량을 지표면으로부터 4.5 m 이하인 지하에서 확보할 수 있는 경우에는 소화수조 또는 저수조의 지표면으로부터의 깊이에 관계없이 가압송수장치를 설치하지 않을 수 있다.

표 2.2.1 소요수량에 따른 가압송수장치의 1분당 양수량

소요수량	20㎥ 이상 40㎥ 미만	40㎥ 이상 100㎥ 미만	100㎥ 이상
가압송수장치 1분당 양수량	1,100ℓ 이상	2,200ℓ 이상	3,300ℓ 이상

㉯ 소화수조가 옥상 또는 옥탑의 부분에 설치된 경우에는 지상에 설치된 채수구에서의 압력이 0.15 ㎫ 이상이 되도록 해야 한다.

⑥ 상수도소화용수설비의 기준   상수도소화용수설비 화재안전기술기준 2.1

상수도소화용수설비는 「수도법」에 따른 기준 외에 다음의 기준에 따라 설치해야 한다.
 가. 호칭지름 75 ㎜ 이상의 수도배관에 호칭지름 100 ㎜ 이상의 소화전을 접속할 것
 나. 소화전은 소방자동차 등의 진입이 쉬운 도로변 또는 공지에 설치할 것
 다. 소화전은 특정소방대상물의 수평투영면의 각 부분으로부터 140 m 이하가 되도록 설치할 것

해 설

① 소화전은 75mm 이상의 수도배관에 연결하여야 한다. 그 이유는 75mm 이상의 수도배관으로 소화전에 충분한 양이 급수되도록 하기 위하며, 예를 들어서 50mm의 수도배관에 75mm 배관을 연결하여 소화전을 설치하는 방법은 적합하지 않다.

② 소화전은 소방자동차 등이 소화전까지 진입이 가능한 도로 주변이나 공지에 설치되도록 설계를 해야 한다.

③ 소화전이 건물의 모든 부분에 140m의 반경에 들어오도록 설계를 해야 하며 1개로서 부족하면 2개 이상을 적합하게 배치하여 건물의 모든 부분이 소화전으로부터 140m 반경에 들어 오도록 설계를 해야 한다.

반경(半徑) : 반지름

상수도소화전의 설치는 그림과 같이 동일 구내(부지 안)에 연면적 5,000㎡ 이상이 되는 건물이 2개 이상이 있을 경우에도 하나의 상수도소화전으로서 수평투영면적의 각 부분으로부터 140m 이하가 되면 가능하다. 건물마다 상수도소화전을 설치할 필요는 없다.

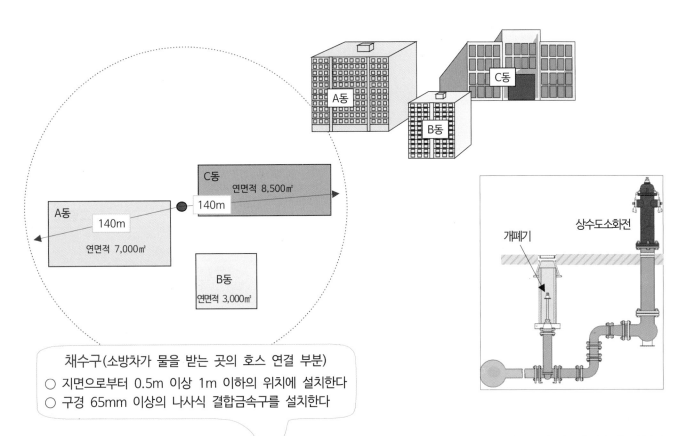

채수구(소방차가 물을 받는 곳의 호스 연결 부분)
○ 지면으로부터 0.5m 이상 1m 이하의 위치에 설치한다
○ 구경 65mm 이상의 나사식 결합금속구를 설치한다

저수조에 가압송수장치를 설치하지 않고 물만 가두어 둔 곳에는 흡수관 투입구만 설치하며, 저수조에 가압송수장치를 설치한 곳에는 펌프(가압송수장치)에 의하여 양수되는 물을 소방차에 흡입하기 위하여 채수구를 설치한다

투입구 : 넣는 구멍

가압펌프를 작동하여 채수구로부터 물이 나오고 있다

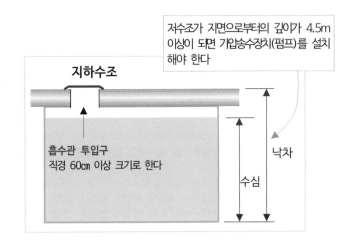

저수조가 지면으로부터의 깊이가 4.5m 이상이 되면 가압송수장치(펌프)를 설치해야 한다

지하수조

흡수관 투입구
직경 60㎝ 이상 크기로 한다

낙차

수심

다. 가압송수장치(펌프)

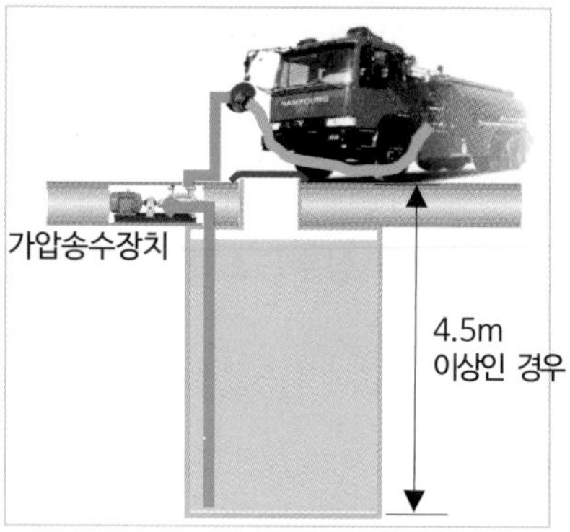

그림 1

① 설치해야 하는 곳

(소화수조 또는 저수조의 물을 흡수하여 송수할 수 있는 가압송수장치를 설치해야 하는 곳)
소화수조 또는 저수조가 지표면으로 부터의 깊이가 4.5m 이상인 경우에 가압송수장치(펌프)를
그림 1과 같이 설치해야 한다.

② 가압송수장치의 양수량

소요수량(필요한 양)	20㎥ 이상 40㎥ 미만	20㎥ 이상 100㎥ 미만	100㎥ 이상
가압송수장치의 1분당 양수량	1,100ℓ	2,200ℓ	3,300ℓ

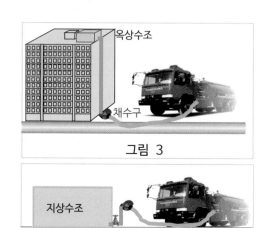

그림 2

③ 소화수조를 옥상(또는 옥탑)에 설치하는 경우

소화수조를 그림 3과 같이 옥상 또는 옥탑에 설치하는 경우에는 채수구에서의 압력이
0.15MPa 이상이 되어야 한다.
옥상의 물탱크 설치 위치가 자연낙차압력으로 0.15 MPa 이상이 나와야 된다는 의미
이며, 이러하기 위해서는 옥상물탱크의 높이가 최소한 15m(마찰손실제외) 이상이 되어야
한다.

그림 3

④ 소화수조를 지상, 지하에 설치하는 경우

그림 2와 같이 지하에 설치하는 경우와 그림 4와 같이 지상에 설치하는 경우에는 가압송수
장치를 설치하지 않는다.

그림 4

해 설

1. 소화수조의 설치목적(기능)
소화수조는 화재진압을 위해 소방차에 물을 담기 위한 물탱크이다. 그림의 채수구에 소방차 흡입배관을 연결하여 소방차에 물을 담는다.

2. 가압송수장치 설치목적
소방차의 흡수능력이 한정되어 있으므로, 소화수조가 지표면 4.5m 이상의 깊이가 되면 소방차로 흡수할 수 없기 때문에 가압송수장치를
설치한다.

3. 가압송수장치가 필요없는 수조
그림 2, 3, 4와 같이 소화수조를 설치하면 소방차의 흡입배관을 채수구에 연결하여 소방차 펌프를 작동하여 소방차에 물을 담으면 된다.

4. 소화수조를 옥상 또는 옥탑에 설치하는 경우 채수구에서 압력
기준에서 『소화수조가 옥상 또는 옥탑의 부분에 설치된 경우에는 지상에 설치된 채수구에서의 압력이 0.15 MPa 이상이 되도록 하여야 한다』의
내용에서 구태여 0.15 MPa 이상이 될 필요가 없으며, 그림2, 4와 같이 압력이 없어도 소방차 펌프를 작동하여 소방차에 물을 담으면 된다.
그러므로 이 기준은 검토(개정?)되어야 한다.

576

라. 소방용수표지 및 소방용수시설의 설치기준 소방기본법 시행규칙 별표 2, 3의 기준

① 소방용수표지

1. 지하에 설치하는 소화전 또는 저수조의 경우 소방용수표지는 다음의 기준에 의한다.
   가. 맨홀 뚜껑은 지름 648mm 이상의 것으로 할 것. 다만, 승하강식 소화전의 경우에는 이를 적용하지 않는다.
   나. 맨홀 뚜껑에는 "소화전 · 주정차금지" 또는 "저수조 · 주정차금지"의 표시를 할 것
   다. 맨홀뚜껑 부근에는 노란색 반사도료로 폭 15㎝의 선을 그 둘레를 따라 칠할 것

2. 지상에 설치하는 소화전, 저수조 및 급수탑의 경우 소방용수표지는 다음 각 목의 기준에 따라 설치한다.

   (비고)
   가. 안쪽 문자는 흰색, 바깥쪽 문자는 노란색으로, 안쪽 바탕은 붉은색, 바깥쪽 바탕은 파란색으로 하고, 반사재료를 사용해야 한다.
   나. 가목의 규격에 따른 소방용수표지를 세우는 것이 매우 어렵거나 부적당한 경우에는 그 규격 등을 다르게 할 수 있다.

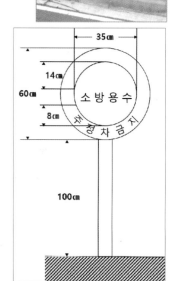

② 소방용수시설(공공의 시설)의 설치기준 소방기본법 시행규칙 별표3

1. 공통기준
가. 주거지역·상업지역 및 공업지역에 설치하는 경우 : 소방대상물과의 수평거리를 100m 이하가 되도록 할 것
나. 가목 외의 지역에 설치하는 경우 : 소방대상물과의 수평거리를 140m 이하가 되도록 할 것

2. 소방용수시설별 설치기준
가. **소화전의 설치기준** : 상수도와 연결하여 지하식 또는 지상식의 구조로 하고, 소방용호스와 연결하는 소화전의 연결금속구의 구경은 65mm로 할 것

나. **급수탑의 설치기준** : 급수배관의 구경은 100mm 이상으로 하고, 개폐밸브는 지상에서 1.5m 이상 1.7m 이하의 위치에 설치하도록 할 것

다. **저수조의 설치기준**
   (1) 지면으로부터의 낙차가 4.5m 이하일 것
   (2) 흡수부분의 수심이 0.5m 이상일 것
   (3) 소방펌프자동차가 쉽게 접근할 수 있도록 할 것
   (4) 흡수에 지장이 없도록 토사 및 쓰레기 등을 제거할 수 있는 설비를 갖출 것
   (5) 흡수관의 투입구가 사각형의 경우에는 한 변의 길이가 60㎝ 이상, 원형의 경우에는 지름이 60㎝ 이상일 것
   (6) 저수조에 물을 공급하는 방법은 상수도에 연결하여 자동으로 급수되는 구조일 것

6. 설계 사례

문제 1

층별 바닥면적 2,000㎡, 연면적 24,000㎡이고, 지하2층 지상10층인 건물의 소화수조(저수조)의 필요한 양은?

정답

$$\frac{연면적}{기준면적} = \frac{24,000}{12,500} = 1.92 = 2 \ (소수점이하는 \ 1로 \ 본다)$$

그러므로 2 × 20㎥ = 40 ㎥가 필요하다.

소방대상물의 구분	기준면적
1. 1층 및 2층의 바닥면적 합계가 15,000㎡ 이상인 소방대상물	7,500㎡
2. 제1호에 해당되지 아니하는 그 밖의 소방대상물	12,500㎡

문제 2

1층의 건물로서 연면적 24,000㎡인 장소에 소화수조(저수조)의 필요한 양은?

정답

$$\frac{연면적}{기준면적} = \frac{24,000}{7,500} = 3.2 = 4 \ (소수점이하는 \ 1로 \ 본다)$$

그러므로 4 × 20㎥ = 80 ㎥가 필요하다.

상수도소화용수설비를 설치하는 건물의 1층 평면도가 아래와 같다.
상수도소화용수설비의 설치개수를 계산하시오?

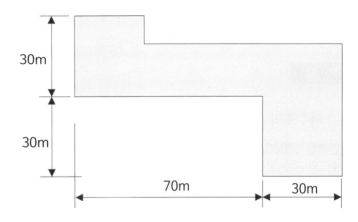

정 답

이건물의 평면도상 최대 수평거리를 계산하면
a지점과 b지점의 거리가 최대 수평거리다.

$ac^2 + cd^2 = ab^2$
$60^2 + 100^2 = 3,600 + 10,000 = 13,600$
$13,600 = ab^2$
$ab = \sqrt{13,600} = 116.6m$

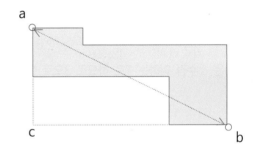

상수도소화전은 소방대상물의 수평투영면이 건물의 어느 부분에도 빠짐없이 140m 이하가 되도록 하여야 하므로 소화
전을 건물의 중앙 부분에 설치한다면 반경 140m가 유효거리가 된다.

$$\frac{116.6}{2 \times 140} = \frac{116.6}{280} = 0.42$$

그러므로 상수도소화전 1개가 필요하다

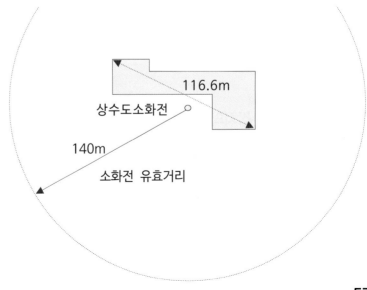

문제 4

1개층의 바닥면적 5,000㎡인 지상 7층 건물의 주변(대지경계선으로부터 180m 이내)에 상수도가 설치되지 아니하여 채수구를 부착한 저수조를 설치하여 상수도소화용수설비에 갈음하려고 한다.
1. 저수조의 저수량을 계산하시오?
2. 채수구의 수를 계산하시오?
3. 저수조의 깊이가 지표면으로 부터 6m인 경우에 가압송수장치의 양수량을 계산하시오?

해 설

1. 저수조의 저수량

연면적은 5,000㎡ × 7층 = 35,000㎡
저수조의 저수량은 연면적을 기준면적으로 나누어 얻은 수에 20㎥를 곱한다.
문제의 건물은 아래의 표 2에 해당되므로 기준면적은 12,500㎡이다.

소방대상물의 구분	기준면적
1. 1층 및 2층의 바닥면적 합계가 15,000㎡ 이상인 소방대상물	7,500㎡
2. 제1호에 해당하지 아니하는 그 밖의 소방대상물	12,500㎡

$$\frac{연면적}{기준면적} = \frac{35,000㎡}{12,500㎡} = 2.8$$

3(2.8은 소수점 이하는 1로 하므로 3으로 한다) × 20㎥ = 3× 20㎥ = 60㎥ 이상

2. 채수구의 수

채수구의 수는 저수조의 양에 따라서 아래의 표와 같이 설치한다.

저수량	20㎥ 이상 40㎥ 미만	20㎥ 이상 100㎥ 미만	100㎥ 이상
채수구 수	1개	2개	3개

저수조의 수량이 60㎥ 이상이므로 채수구의 수는 2개

3. 가압송수장치의 양수량

가압송수장치의 양수량은 저수조의 양에 따라서 아래의 표와 같이 설치한다.

소요수량	20㎥ 이상 40㎥ 미만	20㎥ 이상 100㎥ 미만	100㎥ 이상
가압송수장치의 1분당 양수량	1,100ℓ	2,200ℓ	3,300ℓ

저수조의 수량이 60㎥ 이상이므로 1분당 2,200ℓ 이상을 양수하여야 한다. 가압송수장치의 양수량 = 2,200ℓ/min 이상

문제 5

다음과 같은 특정소방대상물에 소화수조(또는 저수조)를 설치한다. 아래의 물음에 답하시오.

1. 소방용수의 저수량은 몇(㎥) 인가?
2. 흡수관 투입구 및 채수구는 몇 개 이상으로 설치해야 하는가?
3. 가압송수장치의 1분당 양수량은 몇(ℓ) 이상으로 해야 하는가?

층	바닥면적(㎡)
5층	2,000
4층	2,000
3층	3,000
2층	3,000
1층	3,000

해 설

1. 소방용수의 저수량 : 40㎥

·**계산** : 저수량(Q) = K × 20㎥ , K = $\dfrac{연면적}{기준면적}$ = $\dfrac{13,000}{12,500}$ = 1.0834 ∴ K = 2

저수량(Q) = K × 20㎥ = 2 × 20㎥ = 40㎥

2. 흡수관 투입구 및 채수구 수

① **흡수관 투입구 수 : 1개** (소방용수의 저수량이 40㎥이므로 1개 이상이 필요하다)
② **채수구 수 : 2개** (소방용수의 저수량이 40㎥이므로 2개가 필요하다)

3. 가압송수장치의 1분당 양수량 : 2,200ℓ (소방용수의 저수량이 40㎥이므로 2,200ℓ 이상이어야 한다)

참고 자료

소화수조 또는 저수조의 저수량은 소방대상물의 연면적을 다음
표에 따른 기준면적으로 나누어 얻은 수(소수점이하의 수는 1로
본다)에 20㎥를 곱한 양 이상이 되도록 하여야 한다.

소방대상물의 구분	면적
1. 1층 및 2층의 바닥면적 합계가 15,000㎡ 이상인 소방대상물	7,500㎡
2. 제1호에 해당되지 아니하는 그 밖의 소방대상물	12,500㎡

가압송수장치의 1분당 양수량

소요수량(필요한 양)	20㎥ 이상 40㎥ 미만	20㎥ 이상 100㎥ 미만	100㎥ 이상
가압송수장치의 1분당 양수량	1,100ℓ	2,200ℓ	3,300ℓ

소화수조 또는 저수조의 흡수관투입구 또는 채수구

1. 지하에 설치하는 소화용수설비의 흡수관투입구는 그 한변이 0.6m 이상이거나 직경이 0.6m 이상인 것으로 하고, 소요수량이 80㎥ 미만인 것에 있어서는 1개 이상, 80㎥ 이상인 것에 있어서는 2개 이상을 설치하여야 하며, "흡수관투입구"라고 표시한 표지를 한다.

2. 소화용수설비에 설치하는 채수구는 다음 각목의 기준에 따라 설치한다.
   가. 채수구는 다음표에 따라 소방용호스 또는 소방용흡수관에 사용하는 구경 65㎜ 이상의 나사식 결합금속구를 설치한다.

소요수량	20㎥ 이상 40㎥ 미만	40㎥ 이상 100㎥ 미만	100㎥ 이상
구의수	1 개	2 개	3 개

12) 소방시설 내진 _(耐震)

1. 소방시설 내진
소방시설의 배관등에 대하여 지진에 견딜 수 있게 배관 등에 흔들림 방지 버팀대를 설치하는 것을 말한다.

내진(耐-견딜내, 震-벼락,움직이다)

2. 용어 <small>소방시설의 내진설계 기준 제3조(정의)</small>

가. 내진
면진, 제진을 포함한 지진으로부터 소방시설의 피해를 줄일 수 있는 구조를 의미하는 포괄적인 개념을 말한다.

나. 면진
건축물과 소방시설을 지진동으로부터 격리시켜 지반진동으로 인한 지진력이 직접 구조물로 전달되는 양을 감소시킴으로써 내진성을 확보하는 수동적인 지진 제어 기술을 말한다.

다. 제진
별도의 장치를 이용하여 지진력에 상응하는 힘을 구조물 내에서 발생시키거나 지진력을 흡수하여 구조물이 부담해야 하는 지진력을 감소시키는 지진 제어 기술을 말한다.

라. 상쇄배관(offset)
영향구역 내의 직선배관이 방향전환 한 후 다시 같은 방향으로 연속될 경우, 중간에 방향전환 된 짧은 배관은 단부로 보지 않고 상쇄하여 직선으로 볼 수 있는 것을 말하며, 짧은 배관의 합산길이는 3.7m 이하여야 한다.

마. 수직직선배관
중력방향으로 설치된 주배관, 교차배관, 가지배관 등으로서 어떠한 방향전환도 없는 직선배관을 말한다. 단, 방향전환 부분의 배관길이가 상쇄배관(offset) 길이 이하인 경우 하나의 수직직선배관으로 간주한다.

바. 수평직선배관
수평방향으로 설치된 주배관, 교차배관, 가지배관 등으로서 어떠한 방향전환도 없는 직선배관을 말한다. 단, 방향전환 부분의 배관길이가 상쇄배관(offset) 길이 이하인 경우 하나의 수평직선배관으로 간주한다.

사. 가지배관 고정장치
지진거동특성으로부터 가지배관의 움직임을 제한하여 파손, 변형 등으로부터 가지배관을 보호하기 위한 와이어타입, 환봉타입의 고정장치를 말한다.

아. 횡방향 흔들림 방지 버팀대
수평직선배관의 진행방향과 직각방향(횡방향)의 수평지진하중을 지지하는 버팀대를 말한다.

자. 종방향 흔들림 방지 버팀대
수평직선배관의 진행방향(종방향)의 수평지진하중을 지지하는 버팀대를 말한다.

차. 4방향 흔들림 방지 버팀대
건축물 평면상에서 종방향 및 횡방향 수평지진하중을 지지하거나, 종·횡 단면상에서 전·후·좌·우 방향의 수평지진하중을 지지하는 버팀대를 말한다.

3. 스프링클러설비 배관 내진 흔들림 방지 버팀대

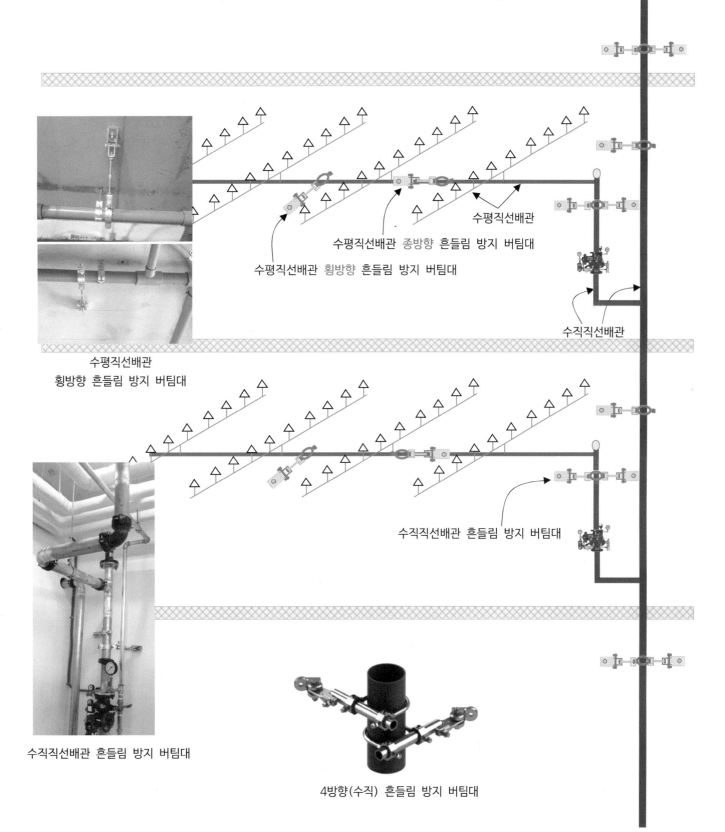

수평직선배관

수평직선배관 종방향 흔들림 방지 버팀대

수평직선배관 횡방향 흔들림 방지 버팀대

수직직선배관

수평직선배관
횡방향 흔들림 방지 버팀대

수직직선배관 흔들림 방지 버팀대

수직직선배관 흔들림 방지 버팀대

4방향(수직) 흔들림 방지 버팀대

4. 앵커볼트(anchor bolt) 소방시설의 내진설계 기준 제3조의2 ③

건축을 할 때나 기계 따위를 설치할 때 콘크리트 바닥에 묻어 기둥, 기계 따위를 고착시키는 볼트를 말한다.

기 준

앵커볼트는 다음 각 호의 기준에 따라 설치한다.

가. 수조, 가압송수장치, 함, 제어반등, 비상전원, 가스계 및 분말소화설비의 저장용기 등은 "건축물 내진설계기준" 비구조 요소의 정착부의 기준에 따라 앵커볼트를 설치해야 한다.

나. 앵커볼트는 건축물 정착부의 두께, 볼트설치 간격, 모서리까지 거리, 콘크리트의 강도, 균열 콘크리트 여부, 앵커 볼트의 단일 또는 그룹설치 등을 확인하여 최대허용하중을 결정해야 한다.

다. 흔들림 방지 버팀대에 설치하는 앵커볼트 최대허용하중은 제조사가 제시한 설계하중 값에 0.43을 곱하여야 한다.

라. 건축물 부착 형태에 따른 프라잉효과나 편심을 고려하여 수평지진하중의 작용하중을 구하고 앵커볼트 최대허용하중 과 작용하중과의 내진설계 적정성을 평가하여 설치해야 한다.

마. 소방시설을 팽창성·화학성 또는 부분적으로 현장타설된 건축부재에 정착할 경우에는 수평지진하중을 1.5배 증가시켜 사용한다.

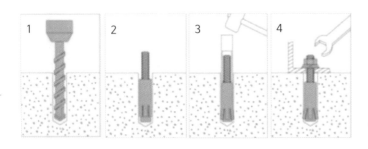

1. 벽, 천장 콘크리트에 드릴로 구멍을 뚫는다.
2. 앵커볼트 암너트를 넣는다.
3. 앵커볼트 숫볼트를 넣어 망치칠 한다.
4. 앵커볼트에 내진버팀대를 넣어 스패너로 너트 고정한다.

앵커볼트

프라잉효과(prying effect)
기계적 연결재를 사용한 인장 접합부에서 외력의 작용선과 연결재의 위치와 편심에 의해 접합 끝부분에 생기는 외력 방향의 2차 응력에 의한 효과

편심 偏心 : 어떤 물체의 중심이 한쪽으로 치우쳐 있어 중심이 서로 맞지 않은 상태

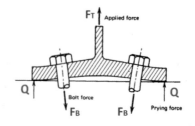

5. 지진분리이음(유동식 조인트) 소방시설의 내진설계 기준 제7조

배관의 변형을 최소화하고 소화설비 주요 부품 사이의 유연성을 증가시킬 필요가 있는 위치에 설치해야 한다.

구경 65㎜ 이상의 배관에는 지진분리이음을 다음 각 호의 위치에 설치해야 한다.

1. 모든 수직직선배관은 상부 및 하부의 단부로 부터 0.6 m 이내에 설치하여야 한다. 다만, 길이가 0.9 m 미만인 수직직선배관은 지진분리이음을 설치하지 아니할 수 있으며, 0.9 m ~ 2.1 m 사이의 수직직선배관은 하나의 지진분리이음을 설치할 수 있다.

2. 제6조제3항 본문의 단서에도 불구하고 2층 이상의 건물인 경우 각 층의 바닥으로부터 0.3m, 천장으로부터 0.6m 이내에 설치해야 한다.

3. 수직직선배관에서 티분기된 수평배관 분기지점이 천장 아래 설치된 지진분리이음보다 아래에 위치한 경우 분기된 수평배관에 지진분리이음을 다음 각 목의 기준에 적합하게 설치하여야 한다.

   가. 티분기 수평직선배관으로부터 0.6m 이내에 지진분리이음을 설치한다.

   나. 티분기 수평직선배관 이후 2차측에 수직직선배관이 설치된 경우 1차측 수직직선배관의 지진분리이음 위치와 동일선상에 지진분리이음을 설치하고, 티분기 수평직선배관의 길이가 0.6m 이하인 경우에는 그 티분기된 수평직선배관에 가목에 따른 지진분리이음을 설치하지 아니한다.

4. 수직직선배관에 중간 지지부가 있는 경우에는 지지부로부터 0.6m 이내의 윗부분 및 아랫부분에 설치해야 한다.

제6조제3항 본문의 단서

벽, 바닥 또는 기초를 관통하는 배관 주위에는 다음 각 호의 기준에 따라 이격거리를 확보하여야 한다. 다만, 벽, 바닥 또는 기초의 각 면에서 300mm 이내에 지진분리이음을 설치하거나 내화성능이 요구되지 않는 석고보드나 이와 유사한 부서지기 쉬운 부재를 관통하는 배관은 그러하지 아니하다.

지진분리이음(유동식조인트) 설치제외 장소

제6조제3항제1호에 따른 이격거리 규정을 만족하는 경우에는 지진분리이음을 설치하지 아니할 수 있다.

제6조제3항제1호

관통구 및 배관 슬리브의 호칭구경은 배관의 호칭구경이 25㎜ 내지 100㎜ 미만인 경우 배관의 호칭구경보다 50㎜ 이상, 배관의 호칭구경이 100㎜ 이상인 경우에는 배관의 호칭구경보다 100㎜ 이상 커야 한다. 다만, 배관의 호칭구경이 50mm 이하인 경우에는 배관의 호칭구경 보다 50mm 미만의 더 큰 관통구 및 배관 슬리브를 설치할 수 있다.

6. 지진분리장치 <small>소방시설의 내진설계 기준 제8조</small>

지진분리장치는 다음 각 호의 기준에 따라 설치해야 한다.

1. 지진분리장치는 배관의 구경에 관계없이 지상층에 설치된 배관으로 건축물 지진분리이음과 소화배관이 교차하는 부분 및 건축물 간의 연결배관 중 지상 노출 배관이 건축물로 인입되는 위치에 설치하여야 한다.

2. 지진분리장치는 건축물 지진분리이음의 변위량을 흡수할 수 있도록 전후좌우 방향의 변위를 수용할 수 있도록 설치하여야 한다.

3. 지진분리장치의 전단과 후단의 1.8m 이내에는 4방향 흔들림 방지 버팀대를 설치하여야 한다.

4. 지진분리장치 자체에는 흔들림 방지 버팀대를 설치할 수 없다.

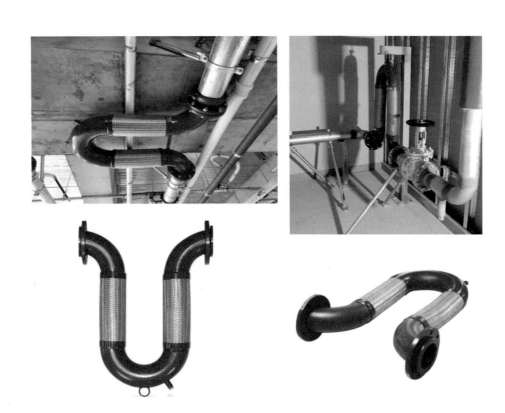

7. 흔들림 방지 버팀대 소방시설의 내진설계 기준 제9조

흔들림 방지 버팀대는 다음 각 호의 기준에 따라 설치해야 한다.

가. 흔들림 방지 버팀대는 내력을 충분히 발휘할 수 있도록 견고하게 설치해야 한다.

나. 배관에는 횡방향 및 종방향의 수평지진하중에 모두 견디도록 흔들림 방지 버팀대를 설치해야 한다.

다. 흔들림 방지 버팀대가 부착된 건축 구조부재는 소화배관에 의해 추가된 지진하중을 견딜 수 있어야 한다.

라. 흔들림 방지 버팀대의 세장비(L/r)는 300을 초과하지 않아야 한다.

마. 4방향 흔들림 방지 버팀대는 횡방향 및 종방향 흔들림 방지 버팀대의 역할을 동시에 할 수 있어야 한다.

바. 하나의 수평직선배관은 최소 2개의 횡방향 흔들림 방지 버팀대와 1개의 종방향흔들림 방지 버팀대를 설치해야 한다. 다만, 영향구역 내 배관의 길이가 6m 미만인 경우에는 횡방향과 종방향 흔들림 방지 버팀대를 각 1개씩 설치 할 수 있다.

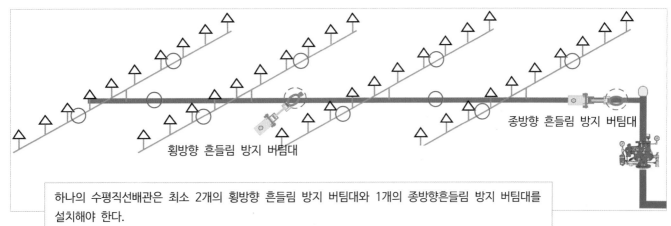

횡방향 흔들림 방지 버팀대

종방향 흔들림 방지 버팀대

> 하나의 수평직선배관은 최소 2개의 횡방향 흔들림 방지 버팀대와 1개의 종방향흔들림 방지 버팀대를 설치해야 한다.
> 다만, 영향구역 내 배관의 길이가 6m 미만인 경우에는 횡방향과 종방향 흔들림 방지 버팀대를 각 1개씩 설치 할 수 있다.

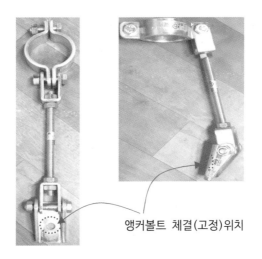

앵커볼트 체결(고정)위치

흔들림 방지 버팀대

8. 수평직선배관 흔들림 방지 버팀대 소방시설의 내진설계 기준 제10조

가. 횡방향 흔들림 방지 버팀대는 다음 각 호의 기준에 따라 설치해야 한다.

① 배관 구경에 관계없이 모든 수평주행배관 · 교차배관 및 옥내소화전설비의 수평배관에 설치해야 하고, 가지배관 및 기타배관에는 구경 65㎜ 이상인 배관에 설치해야 한다. 다만, 옥내소화전설비의 수직배관에서 분기된 구경 50mm 이하의 수평배관에 설치되는 소화전함이 1개인 경우에는 횡방향 흔들림 방지 버팀대를 설치하지 않을 수 있다.

② 횡방향 흔들림 방지 버팀대의 설계하중은 설치된 위치의 좌우 6m를 포함한 12m 이내의 배관에 작용하는 횡방향 수평지진하중으로 영향구역내의 수평주행배관, 교차배관, 가지배관의 하중을 포함하여 산정한다.

③ 흔들림 방지 버팀대의 간격은 중심선을 기준으로 최대간격이 12m를 초과하지 않아야 한다.

④ 마지막 흔들림 방지 버팀대와 배관 단부 사이의 거리는 1.8m를 초과하지 않아야 한다.

⑤ 영향구역 내에 상쇄배관이 설치되어 있는 경우 배관의 길이는 그 상쇄배관 길이를 합산하여 산정한다.

⑥ 횡방향 흔들림 방지 버팀대가 설치된 지점으로부터 600mm 이내에 그 배관이 방향전환되어 설치된 경우 그 횡방향 흔들림방지 버팀대는 인접배관의 종방향 흔들림 방지 버팀대로 사용할 수 있으며, 배관의 구경이 다른 경우에는 구경이 큰 배관에 설치해야 한다.

⑦ 가지배관의 구경이 65mm 이상일 경우 다음 각 목의 기준에 따라 설치한다.

㉮ 가지배관의 구경이 65mm 이상인 배관의 길이가 3.7m 이상인 경우에 횡방향 흔들림 방지 버팀대를 제9조 제1항에 따라 설치한다.

㉯ 가지배관의 구경이 65mm 이상인 배관의 길이가 3.7m 미만인 경우에는 횡방향 흔들림 방지 버팀대를 설치하지 않을 수 있다.

⑧ 횡방향 흔들림 방지 버팀대의 수평지진하중은 별표 2에 따른 영향구역의 최대허용하중 이하로 적용하여야 한다.

⑨ 교차배관 및 수평주행배관에 설치되는 행가가 다음 각 목의 기준을 모두 만족하는 경우 횡방향 흔들림 방지 버팀대를 설치하지 않을 수 있다.

㉮ 건축물 구조부재 고정점으로부터 배관 상단까지의 거리가 150mm 이내일 것

㉯ 배관에 설치된 모든 행가의 75% 이상이 가목의 기준을 만족할 것

㉰ 교차배관 및 수평주행배관에 연속하여 설치된 행가는 가목의 기준을 연속하여 초과하지 않을 것

㉱ 지진계수(Cp) 값이 0.5 이하일 것

㉲ 수평주행배관의 구경은 150mm 이하이고, 교차배관의 구경은 100mm 이하일 것

㉳ 행가는 「스프링클러설비의 화재안전기준」에 따라 설치한다.

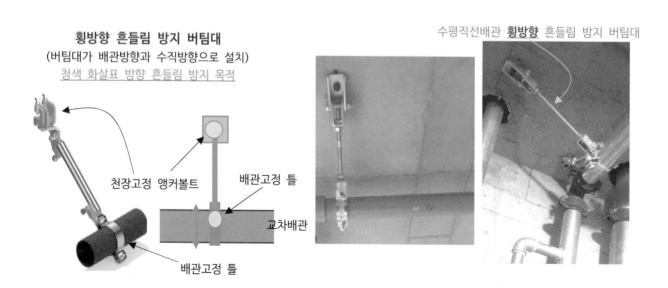

횡방향 흔들림 방지 버팀대
(버팀대가 배관방향과 수직방향으로 설치)
청색 화살표 방향 흔들림 방지 목적

천장고정 앵커볼트
배관고정 틀
교차배관
배관고정 틀

수평직선배관 횡방향 흔들림 방지 버팀대

수평직선배관 횡방향 흔들림 방지 버팀대 설치사례

여기서의 그림은 [별표 1] 단주기 응답지수별 소화배관의 지진계수,[별표 2] 최대허용하중(N), [별표 3] 가지배관 고정장치의 최대 설치간격(m) 지진계수를 고려하지 않은 내진기준 내용만 고려한 그림이며, 버팀대는 최소한의 개수이다.

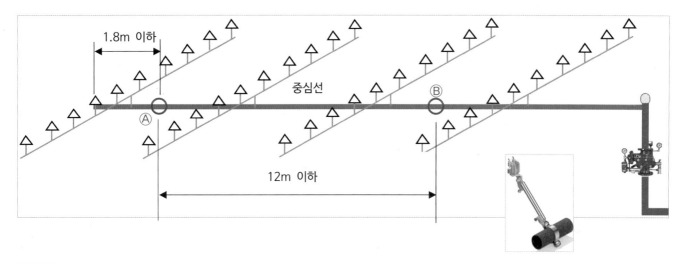

해 설 :

1. 횡방향 흔들림 방지 버팀대는 배관 구경에 관계없이 모든 수평주행배관·교차배관에 설치해야 하고, 가지배관 및 기타배관에는 구경 65㎜ 이상인 배관에 설치해야 한다.

기준 : 10조 ①
① 횡방향 흔들림 방지 버팀대는 다음 각 호의 기준에 따라 설치해야 한다.
　1. 배관 구경에 관계없이 모든 수평주행배관·교차배관 및 옥내소화전설비의 수평배관에 설치해야 하고, 가지배관 및 기타배관에는 구경 65㎜ 이상인 배관에 설치해야 한다. 다만, 옥내소화전설비의 수직배관에서 분기된 구경 50mm 이하의 수평배관에 설치되는 소화전함이 1개인 경우에는 횡방향 흔들림 방지 버팀대를 설치하지 않을 수 있다.

2. Ⓐ와 Ⓑ의 간격은 12m 이하로 해야 한다.　Ⓐ와 배관의 끝(단부)와의 거리는 1.8m 이하로 해야 한다.

기준 : 10조 ① 횡방향 흔들림 방지 버팀대
　3. 흔들림 방지 버팀대의 간격은 중심선을 기준으로 최대간격이 12m를 초과하지 않아야 한다.
　4. 마지막 흔들림 방지 버팀대와 배관 단부 사이의 거리는 1.8m를 초과하지 않아야 한다.

3. 가지배관의 구경이 65mm 이상일 경우 횡방향 흔들림 방지 버팀대 설치기준

기준 : 10조 ①
7. 가지배관의 구경이 65mm 이상일 경우 다음 각 목의 기준에 따라 설치한다.
　가. 가지배관의 구경이 65mm 이상인 배관의 길이가 3.7m 이상인 경우에 횡방향 흔들림 방지 버팀대를 제9조 제1항에 따라 설치한다.
　나. 가지배관의 구경이 65mm 이상인 배관의 길이가 3.7m 미만인 경우에는 횡방향 흔들림 방지 버팀대를 설치하지 않을 수 있다.

나. **수평직선배관** 종방향 흔들림 방지 버팀대는 다음 각 호의 기준에 따라 설치해야 한다.

① 배관 구경에 관계없이 모든 수평주행배관·교차배관 및 옥내소화전설비의 수평배관에 설치하여야 한다. 다만, 옥내소화전설비의 수직배관에서 분기된 구경 50mm 이하의 수평배관에 설치되는 소화전함이 1개인 경우에는 종방향 흔들림 방지 버팀대를 설치하지 않을 수 있다.

② 종방향 흔들림 방지 버팀대의 설계하중은 설치된 위치의 좌우 12m를 포함한 24m 이내의 배관에 작용하는 수평 지진하중으로 영향구역내의 수평주행배관, 교차배관 하중을 포함하여 산정하며, 가지배관의 하중은 제외한다.

③ 수평주행배관 및 교차배관에 설치된 종방향 흔들림 방지 버팀대의 간격은 중심선을 기준으로 24m를 넘지 않아야 한다.

④ 마지막 흔들림 방지 버팀대와 배관 단부 사이의 거리는 12m를 초과하지 않아야 한다.

⑤ 영향구역 내에 상쇄배관이 설치되어 있는 경우 배관 길이는 그 상쇄배관 길이를 합산하여 산정한다.

⑥ 종방향 흔들림 방지 버팀대가 설치된 지점으로부터 600mm 이내에 그 배관이 방향전환되어 설치된 경우 그 종방향 흔들림방지 버팀대는 인접배관의 횡방향 흔들림 방지 버팀대로 사용할 수 있으며, 배관의 구경이 다른 경우에는 구경이 큰 배관에 설치해야 한다.

종방향 흔들림 방지 버팀대
(버팀대가 배관방향과 수평방향으로 설치) 청색 화살표 방향 흔들림 방지 목적

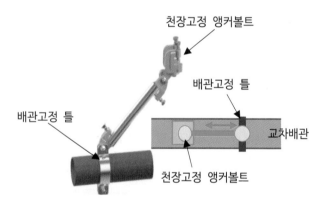

천장고정 앵커볼트

배관고정 틀

배관고정 틀

교차배관

천장고정 앵커볼트

수평직선배관 **횡방향** 흔들림 방지 버팀대

수평직선배관 **종방향** 흔들림 방지 버팀대

수평직선배관 종방향 흔들림 방지 버팀대 설치사례

여기서의 그림은 [별표 1] 단주기 응답지수별 소화배관의 지진계수,[별표 2] 최대허용하중(N), [별표 3] 가지배관 고정장치의 최대 설치간격(m) 지진계수를 고려하지 않은 내진기준 내용만 고려한 그림이며, 버팀대는 최소한의 개수이다.

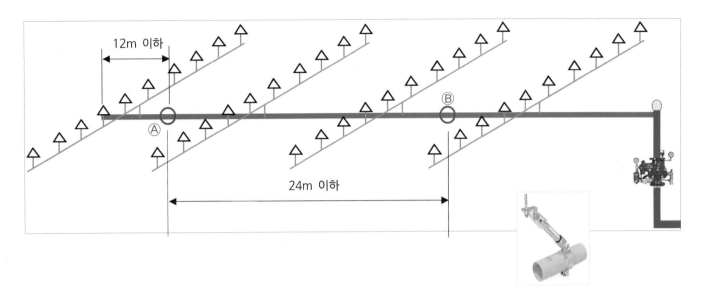

해 설 :

1. 종방향 흔들림 방지 버팀대는 배관 구경에 관계없이 모든 수평주행배관·교차배관 및 옥내소화전설비의 수평배관에 설치해야 한다.

기준 : 10조 ②
② 종방향 흔들림 방지 버팀대는 다음 각 호의 기준에 따라 설치하여야 한다.
   1. 배관 구경에 관계없이 모든 수평주행배관·교차배관 및 옥내소화전설비의 수평배관에 설치하여야 한다. 다만, 옥내소화전설비의 수직배관에서 분기된 구경 50mm 이하의 수평배관에 설치되는 소화전함이 1개인 경우에는 종방향 흔들림 방지 버팀대를 설치하지 않을 수 있다.

2. ⓐ와 ⓑ의 간격은 24m 이하로 해야 한다. ⓐ와 배관의 끝(단부)와의 거리는 12m 이하로 해야 한다.

기준 : 10조 ②
2. 종방향 흔들림 방지 버팀대의 설계하중은 설치된 위치의 좌우 12m를 포함한 24m 이내의 배관에 작용하는 수평지진하중으로 영향구역내의 수평주행배관, 교차배관 하중을 포함하여 산정하며, 가지배관의 하중은 제외한다.
3. 수평주행배관 및 교차배관에 설치된 종방향 흔들림 방지 버팀대의 간격은 중심선을 기준으로 24m를 넘지 않아야 한다.
4. 마지막 흔들림 방지 버팀대와 배관 단부 사이의 거리는 12m를 초과하지 않아야 한다.

9. 수직직선배관 흔들림 방지 버팀대 소방시설의 내진설계 기준 제11조

수직직선배관 흔들림 방지 버팀대는 다음 각 호의 기준에 따라 설치해야 한다.

가. 길이 1m를 초과하는 수직직선배관의 최상부에는 4방향 흔들림 방지 버팀대를 설치하여야 한다. 다만, 가지배관은 설치하지 아니할 수 있다.

나. 수직직선배관 최상부에 설치된 4방향 흔들림 방지 버팀대가 수평직선배관에 부착된 경우 그 흔들림 방지 버팀대는 수직직선배관의 중심선으로부터 0.6m 이내에 설치되어야 하고, 그 흔들림 방지 버팀대의 하중은 수직 및 수평방향의 배관을 모두 포함해야 한다.

다. 수직직선배관 4방향 흔들림 방지 버팀대 사이의 거리는 8m를 초과하지 않아야 한다.

라. 소화전함에 아래 또는 위쪽으로 설치되는 65mm 이상의 수직직선배관은 다음 각 목의 기준에 따라 설치한다.

　① 수직직선배관의 길이가 3.7m 이상인 경우, 4방향 흔들림 방지 버팀대를 1개 이상 설치하고, 말단에 U볼트 등의 고정장치를 설치한다.

　② 수직직선배관의 길이가 3.7m 미만인 경우, 4방향 흔들림 방지 버팀대를 설치하지 아니할 수 있고, U볼트 등의 고정장치를 설치한다.

마. 수직직선배관에 4방향 흔들림 방지 버팀대를 설치하고 수평방향으로 분기된 수평직선배관의 길이가 1.2m 이하인 경우 수직직선배관에 수평직선배관의 지진하중을 포함하는 경우 수평직선배관의 흔들림 방지 버팀대를 설치하지 않을 수 있다.

바. 수직직선배관이 다층건물의 중간층을 관통하며, 관통구 및 슬리브의 구경이 <u>제6조제3항제1호</u>에 따른 배관 구경별 관통구 및 슬리브 구경 미만인 경우에는 4방향 흔들림 방지 버팀대를 설치하지 아니할 수 있다.

제6조제3항제1호 : 관통구 및 배관 슬리브의 호칭구경은 배관의 호칭구경이 25㎜ 내지 100㎜ 미만인 경우 배관의 호칭구경보다 50㎜ 이상, 배관의 호칭구경이 100㎜ 이상인 경우에는 배관의 호칭구경보다 100㎜ 이상 커야 한다. 다만, 배관의 호칭구경이 50mm 이하인 경우에는 배관의 호칭구경 보다 50mm 미만의 더 큰 관통구 및 배관 슬리브를 설치할 수 있다.

수직직선배관 흔들림 방지 버팀대

4방향(수직) 흔들림 방지 버팀대

수직직선배관 흔들림 방지 버팀대 설치사례

해 설

①, ②, ③, ④, ⑤, ⑥의 흔들림 방지 버팀대

: 4방향 흔들림 방지 버팀대를 설치한다.

1. ①의 수직직선관 흔들림 방지 버팀대는 4방향 흔들림 방지 버팀대를 설치한다.

기준 : 길이 1m를 초과하는 수직직선배관의 최상부에는 **4방향 흔들림 방지 버팀대를** 설치해야 한다.

2. ①, ②, ③, ④, ⑤, ⑥의 사이 거리는 8m 이하로 해야 한다.

기준 : 수직직선배관 4방향 흔들림 방지 버팀대 사이의 거리는 8m를 초과하지 않아야 한다.

3. 소화전함의 수직직선배관 말단에 U볼트 등의 고정장치를 설치한다.

기준 : 소화전함의 수직직선배관은 다음 각 목의 기준에 따라 설치한다.

① 수직직선배관의 길이가 3.7m 이상인 경우, 4방향 흔들림 방지 버팀대를 1개 이상 설치하고, 말단에 U볼트 등의 고정장치를 설치한다.

U볼트

4방향(수직)
흔들림 방지 버팀대

4방향(수평)
흔들림 방지 버팀대

횡방향
흔들림 방지 버팀대

종방향
흔들림 방지 버팀대

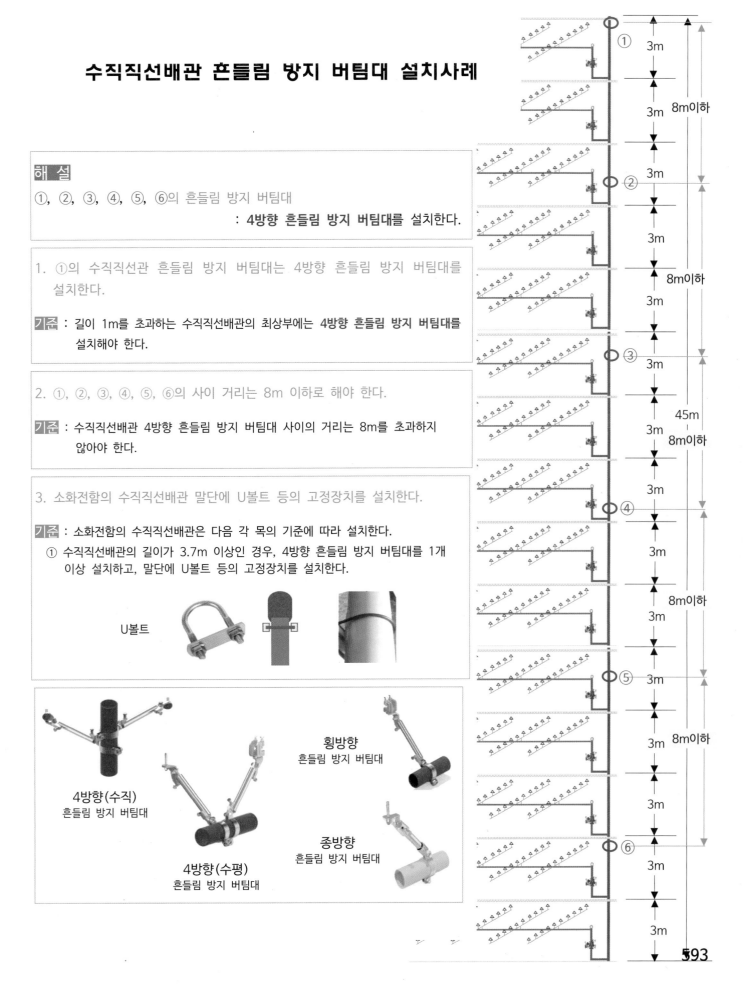

요 약 수직직선배관 흔들림 방지 버팀대

길이 등 조건		설치 버팀대	비고
길이 1m를 초과하는 수직직선배관		최상부에는 4방향 흔들림 방지 버팀대를 설치한다.	1. 가지배관은 설치하지 아니할 수 있다. 2. 수직직선배관 최상부에 설치된 4방향 흔들림 방지 버팀대가 수평직선배관에 부착된 경우 그 흔들림 방지 버팀대는 수직직선배관의 중심선으로부터 0.6m 이내에 설치되어야 하고, 그 흔들림 방지 버팀대의 하중은 수직 및 수평방향의 배관을 모두 포함해야 한다. 3. 수직직선배관 4방향 흔들림 방지 버팀대 사이의 거리는 8m를 초과하지 않아야 한다.
소화전함에 아래 또는 위쪽으로 설치되는 65mm 이상의 수직직선배관	수직직선배관의 길이가 3.7m 이상인 경우	4방향 흔들림 방지 버팀대를 1개 이상 설치하고, 말단에 U볼트 등의 고정장치를 설치한다.	![U볼트] U볼트
	수직직선배관의 길이가 3.7m 미만인 경우	4방향 흔들림 방지 버팀대를 설치하지 아니할 수 있고, U볼트 등의 고정장치를 설치한다.	
수직직선배관에 4방향 흔들림 방지 버팀대를 설치하고 수평방향으로 분기된 수평직선배관의 길이가 1.2m 이하인 경우			수직직선배관에 수평직선배관의 지진하중을 포함하는 경우 수평직선배관의 흔들림 방지 버팀대를 설치하지 않을 수 있다.

종방향 흔들림 방지 버팀대

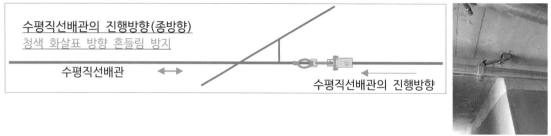

횡방향 흔들림 방지 버팀대

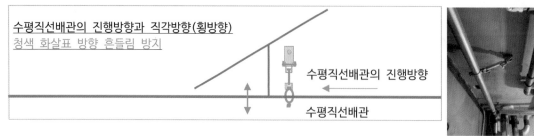

수직직선배관 내진 흔들림방지 버팀대, 지진분리이음 설치 사례
(슬리브 구경이 기준크기 이상인 경우 - 제6조제3항제1호)

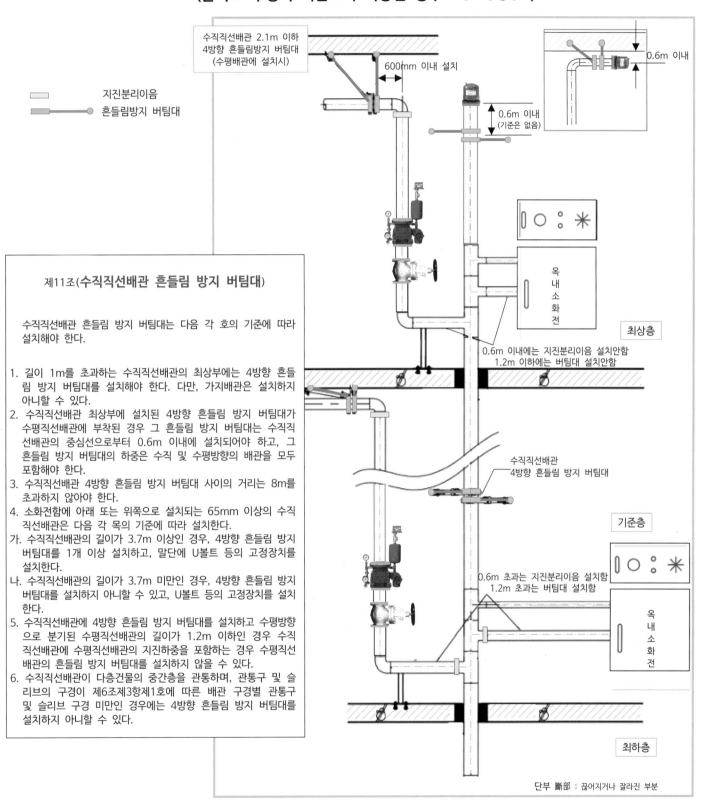

지진분리이음
흔들림방지 버팀대

수직직선배관 2.1m 이하
4방향 흔들림방지 버팀대
(수평배관에 설치시)

600mm 이내 설치

0.6m 이내

0.6m 이내
(기준은 없음)

옥내소화전

최상층

0.6m 이내에는 지진분리이음 설치안함
1.2m 이하에는 버팀대 설치안함

수직직선배관
4방향 흔들림 방지 버팀대

기준층

0.6m 초과는 지진분리이음 설치함
1.2m 초과는 버팀대 설치함

옥내소화전

최하층

단부 斷部 : 끊어지거나 잘라진 부분

제11조(수직직선배관 흔들림 방지 버팀대)

수직직선배관 흔들림 방지 버팀대는 다음 각 호의 기준에 따라 설치해야 한다.

1. 길이 1m를 초과하는 수직직선배관의 최상부에는 4방향 흔들림 방지 버팀대를 설치해야 한다. 다만, 가지배관은 설치하지 아니할 수 있다.
2. 수직직선배관 최상부에 설치된 4방향 흔들림 방지 버팀대가 수평직선배관에 부착된 경우 그 흔들림 방지 버팀대는 수직직선배관의 중심선으로부터 0.6m 이내에 설치되어야 하고, 그 흔들림 방지 버팀대의 하중은 수직 및 수평방향의 배관을 모두 포함해야 한다.
3. 수직직선배관 4방향 흔들림 방지 버팀대 사이의 거리는 8m를 초과하지 않아야 한다.
4. 소화전함에 아래 또는 위쪽으로 설치되는 65mm 이상의 수직직선배관은 다음 각 목의 기준에 따라 설치한다.
가. 수직직선배관의 길이가 3.7m 이상인 경우, 4방향 흔들림 방지 버팀대를 1개 이상 설치하고, 말단에 U볼트 등의 고정장치를 설치한다.
나. 수직직선배관의 길이가 3.7m 미만인 경우, 4방향 흔들림 방지 버팀대를 설치하지 아니할 수 있고, U볼트 등의 고정장치를 설치한다.
5. 수직직선배관에 4방향 흔들림 방지 버팀대를 설치하고 수평방향으로 분기된 수평직선배관의 길이가 1.2m 이하인 경우 수직직선배관에 수평직선배관의 지진하중을 포함하는 경우 수평직선배관의 흔들림 방지 버팀대를 설치하지 않을 수 있다.
6. 수직직선배관이 다층건물의 중간층을 관통하며, 관통구 및 슬리브의 구경이 제6조제3항제1호에 따른 배관 구경별 관통구 및 슬리브 구경 미만인 경우에는 4방향 흔들림 방지 버팀대를 설치하지 아니할 수 있다.

수직직선배관 내진 흔들림방지 버팀대, 지진분리이음 설치 사례

(슬리브 구경이 규정크기 미만인 경우 - 제6조제3항제1호)

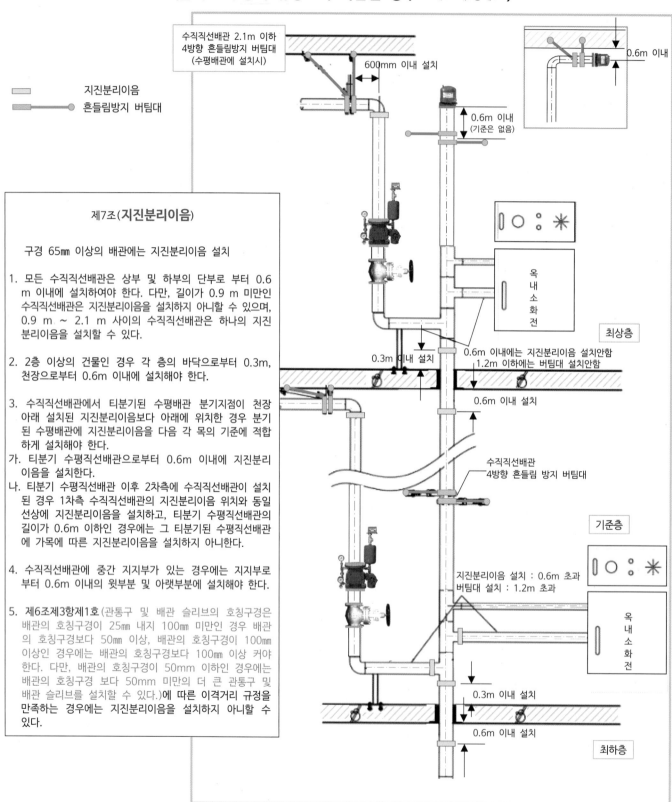

지진분리이음

흔들림방지 버팀대

수직직선배관 2.1m 이하
4방향 흔들림방지 버팀대
(수평배관에 설치시)

600mm 이내 설치

0.6m 이내

0.6m 이내
(기준은 없음)

옥
내
소
화
전

최상층

0.3m 이내 설치

0.6m 이내에는 지진분리이음 설치안함
1.2m 이하에는 버팀대 설치안함

0.6m 이내 설치

수직직선배관
4방향 흔들림 방지 버팀대

기준층

지진분리이음 설치 : 0.6m 초과
버팀대 설치 : 1.2m 초과

옥
내
소
화
전

0.3m 이내 설치

0.6m 이내 설치

최하층

제7조(지진분리이음)

구경 65㎜ 이상의 배관에는 지진분리이음 설치

1. 모든 수직직선배관은 상부 및 하부의 단부로 부터 0.6 m 이내에 설치하여야 한다. 다만, 길이가 0.9 m 미만인 수직직선배관은 지진분리이음을 설치하지 아니할 수 있으며, 0.9 m ~ 2.1 m 사이의 수직직선배관은 하나의 지진 분리이음을 설치할 수 있다.

2. 2층 이상의 건물인 경우 각 층의 바닥으로부터 0.3m, 천장으로부터 0.6m 이내에 설치해야 한다.

3. 수직직선배관에서 티분기된 수평배관 분기지점이 천장 아래 설치된 지진분리이음보다 아래에 위치한 경우 분기 된 수평배관에 지진분리이음을 다음 각 목의 기준에 적합 하게 설치해야 한다.
가. 티분기 수평직선배관으로부터 0.6m 이내에 지진분리 이음을 설치한다.
나. 티분기 수평직선배관 이후 2차측에 수직직선배관이 설치 된 경우 1차측 수직직선배관의 지진분리이음 위치와 동일 선상에 지진분리이음을 설치하고, 티분기 수평직선배관의 길이가 0.6m 이하인 경우에는 그 티분기된 수평직선배관 에 가목에 따른 지진분리이음을 설치하지 아니한다.

4. 수직직선배관에 중간 지지부가 있는 경우에는 지지부로 부터 0.6m 이내의 윗부분 및 아랫부분에 설치해야 한다.

5. 제6조제3항제1호(관통구 및 배관 슬리브의 호칭구경은 배관의 호칭구경이 25㎜ 내지 100㎜ 미만인 경우 배관 의 호칭구경보다 50㎜ 이상, 배관의 호칭구경이 100㎜ 이상인 경우에는 배관의 호칭구경보다 100㎜ 이상 커야 한다. 다만, 배관의 호칭구경이 50㎜ 이하인 경우에는 배관의 호칭구경 보다 50㎜ 미만의 더 큰 관통구 및 배관 슬리브를 설치할 수 있다.)에 따른 이격거리 규정을 만족하는 경우에는 지진분리이음을 설치하지 아니할 수 있다.

지진분리이음 설치 사례

【지진분리이음 기준】
1. 2층 이상의 건물인 경우 각 층의 바닥으로부터 0.3m, 천장으로부터 0.6m 이내에 설치해야 한다.
2. 티분기 수평직선배관으로부터 0.6m 이내에 지진분리이음을 설치한다.
3. 티분기 수평직선배관 이후 2차측에 수직직선배관이 설치된 경우 1차측 수직직선배관의 지진분리이음 위치와 동일선상에 지진분리이음을 설치하고, 티분기 수평직선배관의 길이가 0.6m 이하인 경우에는 그 티분기된 수평직선배관에 가목에 따른 지진분리이음을 설치하지 아니한다.

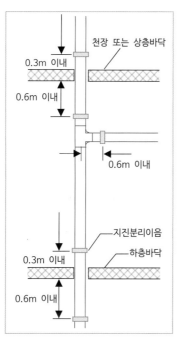

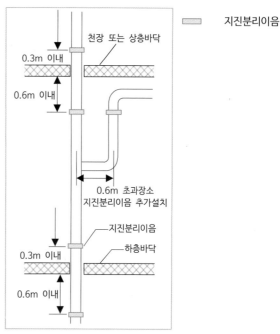

지진분리이음

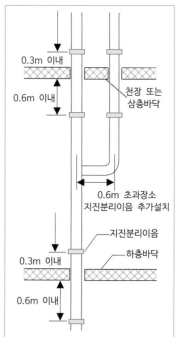

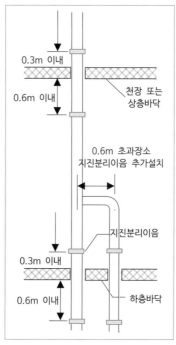

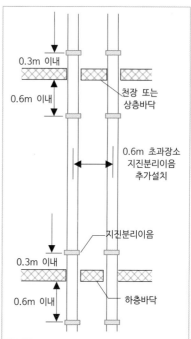

10. 내진설계 도면(계통도)

옥내소화전, 스프링클러설비 수직직선배관 내진 흔들림 방지 버팀대

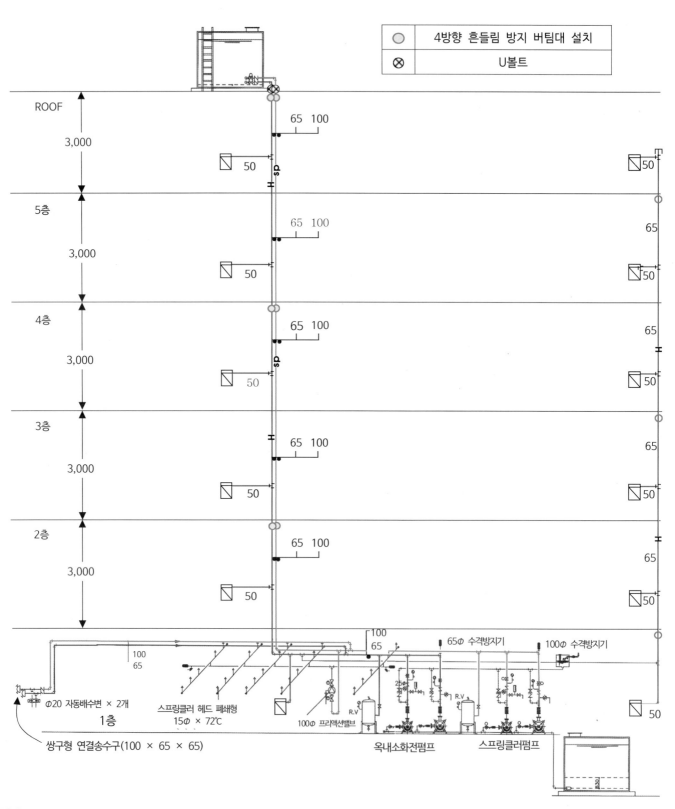

○	4방향 흔들림 방지 버팀대 설치
⊗	U볼트

13) 계통도

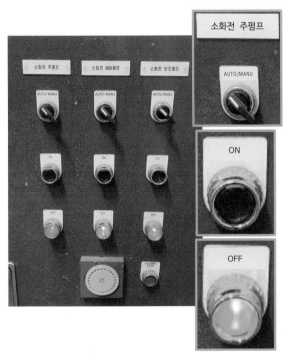

소방시설 동력제어반

1. 부분별 계통도 해설

가. 물탱크 및 주펌프 흡입측 배관

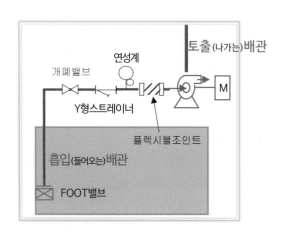

- 흡입배관에 개폐밸브 설치하지 않아도 된다. 관행적으로 설치하지만 밸브의 사용용도는 별로 없다.

- 개폐밸브와 스트레이너의 설치위치는 바뀌어도 상관없다.

나. 펌프 성능시험배관

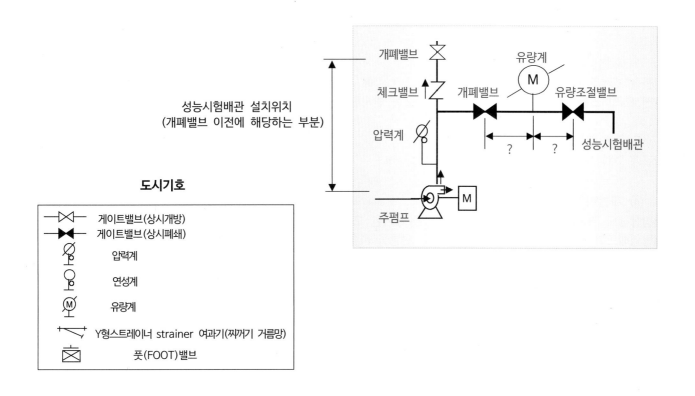

옥내소화전, 스프링클러설비 화재안전기준 <small>(옥내소화전설비의화재안전기술기준 2.3.7.1, 스프링클러설비의화재안전기술기준 2.5.6.1)</small>

성능시험배관은 펌프의 토출 측에 설치된 개폐밸브 이전에서 분기하여 직선으로 설치하고, 유량측정장치를 기준으로 전단 직관부에는 개폐밸브를 후단 직관부에는 유량조절밸브를 설치할 것. 이 경우 **개폐밸브와 유량측정장치 사이의 직관부 거리 및 유량측정장치와 유량조절밸브 사이의 직관부 거리는 해당 유량측정장치 제조사의 설치사양에 따르고, 성능시험배관의 호칭지름은 유량측정장치의 호칭지름에 따른다.**

해 설

펌프성능시험배관은 화재안전기준에서 개폐밸브 이전에 설치하도록 하고 있다.

유량측정장치(유량계)를 기준으로 전단(앞부분) 부분에 성능시험배관 구경(지름)의 8배(8D)이상 떨어진 위치에 개폐밸브를 설치하고, 후단(뒷부분) 부분에는 성능시험배관 구경(지름)의 5배(5D)이상 떨어진 위치에 유량조절밸브를 설치했었다.

그러나 유량계의 종류가 다양하게 생산하고 있으며 개폐밸브와 유량측정장치 사이의 직관부 거리 및 유량측정장치와 유량조절밸브 사이의 직관부 거리는 해당 유량측정장치 제조사의 설치사양에 따르고, 성능시험배관의 호칭지름은 유량측정장치의 호칭지름에 따른다.

다. 스프링클러설비 시험밸브함

① 시험밸브함을 설치해야 하는 설비
습식, 부압식, 건식스프링클러설비, 간이스프링클러설비에 설치한다.

② 시험장치의 배관 크기
시험장치 배관의 구경은 25mm 이상으로 하고, 그 끝에 개폐밸브 및 개방형헤드 또는 스프링클러헤드와 동등한 방수성능을 가진 오리피스를 설치할 것. 이 경우 개방형헤드는 반사판 및 프레임을 제거한 오리피스만으로 설치할 수 있다.

③ 시험밸브함의 설치하는 부품
압력계, 개폐(시험)밸브, 개방형헤드 순서로 설치한다.

④ 개방형헤드
개방형헤드 대신에 헤드의 반사판 및 프레임을 제거한 오리피스만으로 설치할 수 있다.
개방형헤드에 반사판과 프레임을 제거한 헤드 몸통을 시험배관의 끝에 끼워 설치하는 것을 말한다.

⑤ 시험밸브 설치위치
습식스프링클러설비 및 부압식스프링클러설비, 간이스프링클러설비(습식)에 있어서는 유수검지장치 2차측 배관에 연결하여 설치하고 건식스프링클러설비인 경우 유수검지장치에서 가장 먼 거리에 위치한 가지배관의 끝으로부터 연결하여 설치할 것. 유수검지장치 2차측 설비의 내용적이 2,840L를 초과하는 건식스프링클러설비의 경우 시험장치 개폐밸브를 완전 개방 후 1분 이내에 물이 방사되어야 한다.

참고

시험밸브함, 시험밸브함에 설치하는 압력계에 대한 설치기준은 없다. 소방청에서도 설치기준이 없으므로 필수적으로 설치해야 하는 것은 아니라고 해석하고 있다. 그러나 예전부터 설계나 현장에서는 시험밸브함과 함안에 압력계를 설치하고 있다.
기사시험문제에서는 시험밸브함에 설치되는 부품, 도시기호로 그리는 문제등이 출제되고 있으며, 있는 것으로 풀이하면 된다

라. 펌프의 토출측 배관

릴리프밸브는 그림과 같이 토출측배관에 설치한다.   릴리프밸브의 위치는 체크밸브와 펌프 사이에 설치해야 한다.

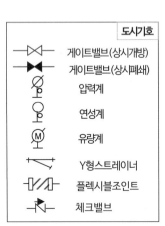

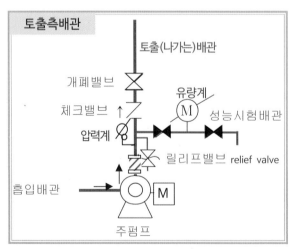

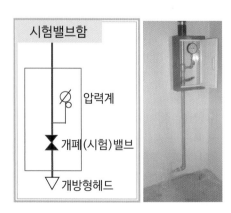

마. 습식스프링클러설비 알람밸브 주변 배관

(PS)	압력스위치
⋈	게이트밸브 (상시-항상개방)
▶◀	게이트밸브 (상시폐쇄)
●	경보밸브 (습식)
△	경보밸브 (건식)
Ⓐ	프리액션밸브
TS	게이트밸브 (탬퍼스위치 설치)

해 설

알람밸브에는 1차측 개폐밸브를 설치하고 2차측 개폐밸브는 설치하지 않는다. 2차측밸브는 사용용도가 없으므로 설치하지 않는다.

바. 준비작동식스프링클러설비 프리액션밸브 주변 배관

해 설

프리액션밸브에는 1차, 2차측 개폐밸브를 설치해야 한다.
1, 2차측 개폐밸브는 프리액션밸브의 점검 또는 수리를 할 때에 사용이 된다.

프리액션밸브의 기동(작동)용 부품은 전동기어볼밸브를 주로 사용하고 있으며, 예전에는 솔레노이드밸브를 많이 사용했다

사. 건식스프링클러설비 드라이밸브 주변 배관

해 설

드라이밸브에는 1차, 2차측 개폐밸브를 설치해야 한다.
1, 2차측 개폐밸브는 드라이밸브의 점검 또는 수리를 할 때에 사용이 된다.

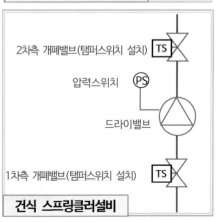

아. 물올림탱크 주변 부품

물올림탱크에는 볼탑(Ball tap)등의 자동급수장치에 의하여 물탱크에 물이 자동으로 공급이 되도록 해야 한다.
오브플로우배관에 릴리프밸브를 설치한 계통도를 볼 수 있지만, 현장에는 그렇게 설치하는 장소는 없다.
그림과 같이 펌프 토출측 주배관에 릴리프밸브를 설치한다.

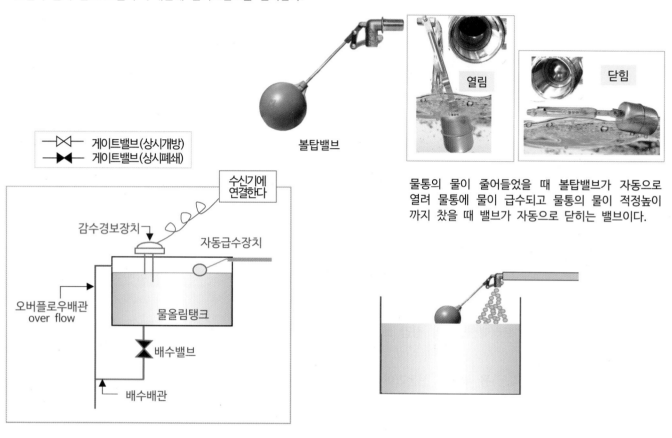

게이트밸브(상시개방)
게이트밸브(상시폐쇄)

볼탑밸브

열림

닫힘

물통의 물이 줄어들었을 때 볼탑밸브가 자동으로
열려 물통에 물이 급수되고 물통의 물이 적정높이
까지 찼을 때 밸브가 자동으로 닫히는 밸브이다.

수신기에
연결한다

감수경보장치

자동급수장치

오버플로우배관
over flow

물올림탱크

배수밸브

배수배관

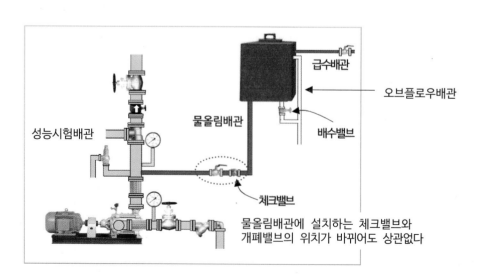

성능시험배관

물올림배관

급수배관

오브플로우배관

배수밸브

체크밸브

물올림배관에 설치하는 체크밸브와
개폐밸브의 위치가 바뀌어도 상관없다

자. 펌프 기동장치 및 주변 부품

1. 압력챔버 방식(기동용 수압개폐장치)

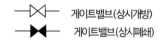

게이트밸브(상시개방)
게이트밸브(상시폐쇄)

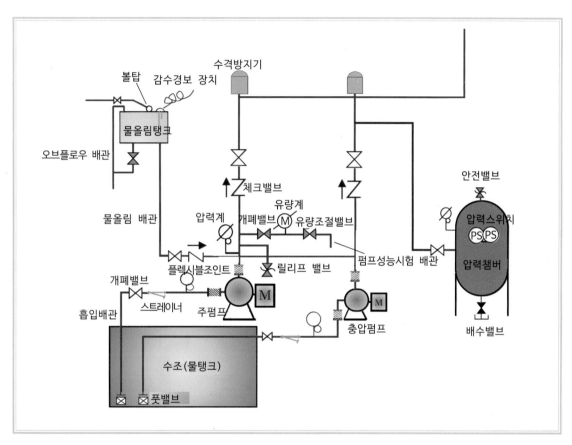

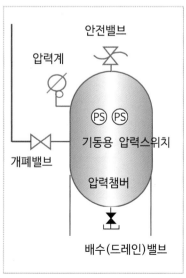

2. 압력스위치 방식

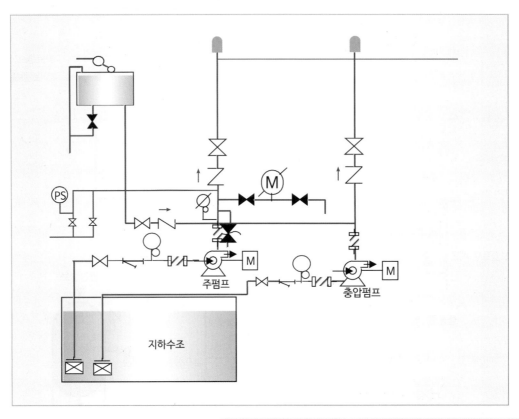

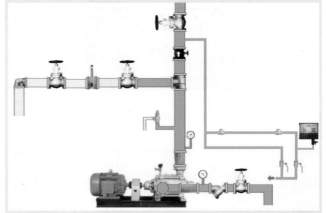

참고
압력스위치 방식의 압력스위치 설치는
제작회사의 설치 사양에 따라 설치해야 한다.
그림은 그림의 전자식압력스위치 제작사의 설치
사양이다.

부르동관 압력스위치   전자 압력스위치

2. 옥내소화전설비 계통도

도시기호	이름	도시기호	이름	도시기호	이름
	게이트밸브(상시개방)		체크밸브		압력계
	게이트밸브(상시폐쇄)		송수구		연성계
	유량계		풋(FOOT)밸브		자동배수밸브
	Y형스트레이너		옥내소화전함		수신기
	플렉시블조인트		펌프모터(수평)		제어반

전기배선

소화배관

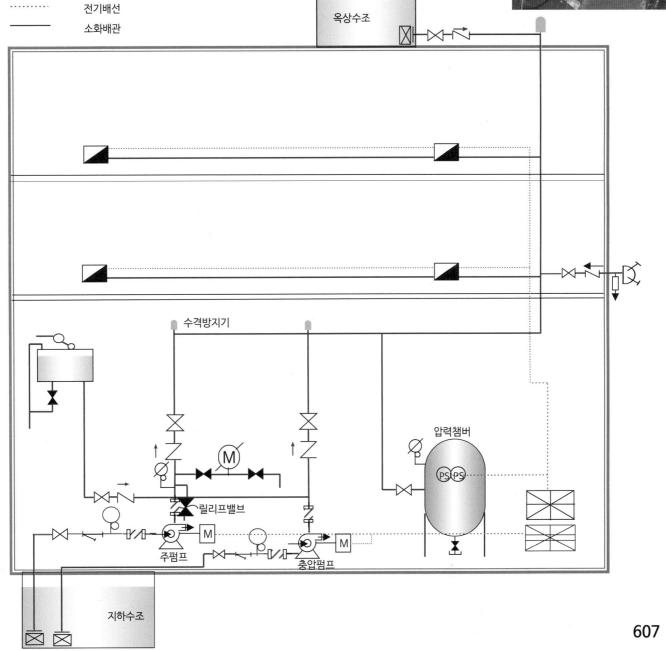

607

3. 스프링클러설비 계통도

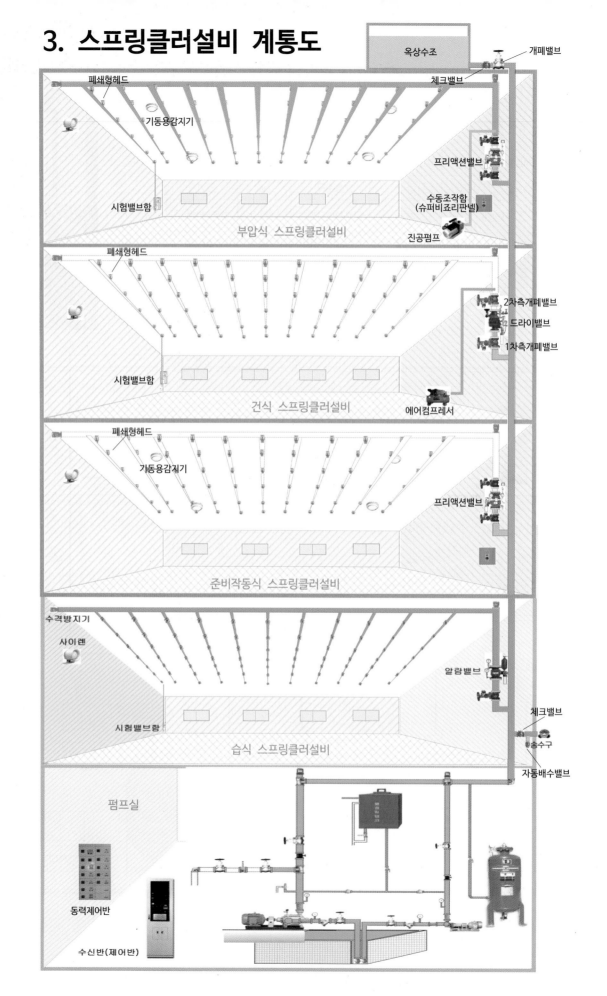

옥상수조

개폐밸브

체크밸브

폐쇄형헤드

기동용감지기

프리액션밸브

시험밸브함

수동조작함
(슈퍼비죠리판넬)

부압식 스프링클러설비

진공펌프

폐쇄형헤드

2차측개폐밸브

드라이밸브

1차측개폐밸브

시험밸브함

건식 스프링클러설비

에어컴프레서

폐쇄형헤드

기동용감지기

프리액션밸브

준비작동식 스프링클러설비

수격방지기

사이렌

알람밸브

체크밸브

송수구

시험밸브함

습식 스프링클러설비

자동배수밸브

펌프실

동력제어반

수신반(제어반)

가. 습식 스프링클러설비

도시기호

TS ▷◁	게이트밸브(상시개방) 탬퍼스위치 부착	→↗	체크밸브	∅	압력계
TS ▶◁	게이트밸브(상시폐쇄) 탬퍼스위치 부착	◢	경보밸브(습식)	⌀	연성계
Ⓜ	유량계	▷	사이렌	⊠	수신기
⊢⊣	Y형스트레이너	↓	자동배수밸브	⊠	제어반
⊣▨⊢	플렉시블조인트	↓ ↑	스프링클러헤드 하향형, 상향형(입면도)	Ⓟ⒮	압력스위치
⫯	송수구	⊠	FOOT밸브, 풋(후드)밸브	◉ Ⓜ	펌프모터(수평)

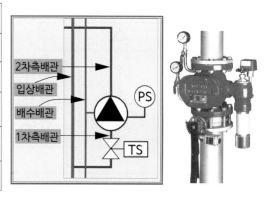

2차측배관
입상배관
배수배관
1차측배관
PS
TS

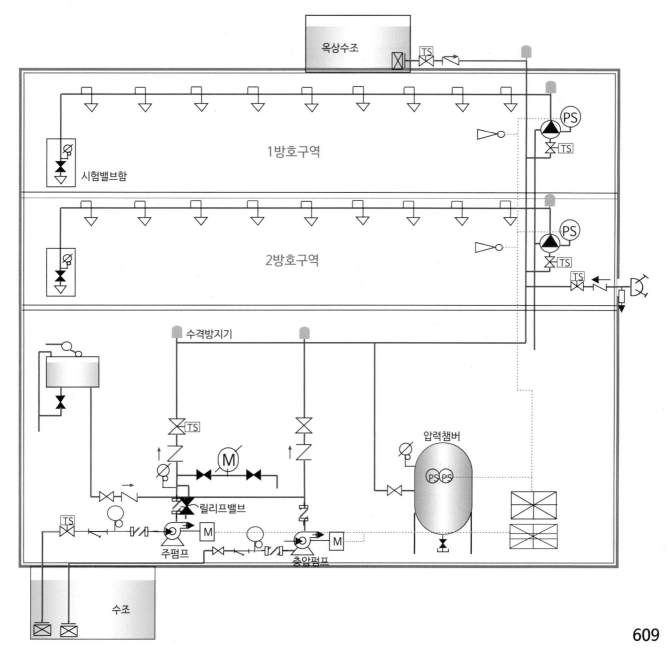

옥상수조

1방호구역

시험밸브함

2방호구역

수격방지기

압력챔버

릴리프밸브

주펌프

충압펌프

수조

나. 준비작동식 스프링클러설비

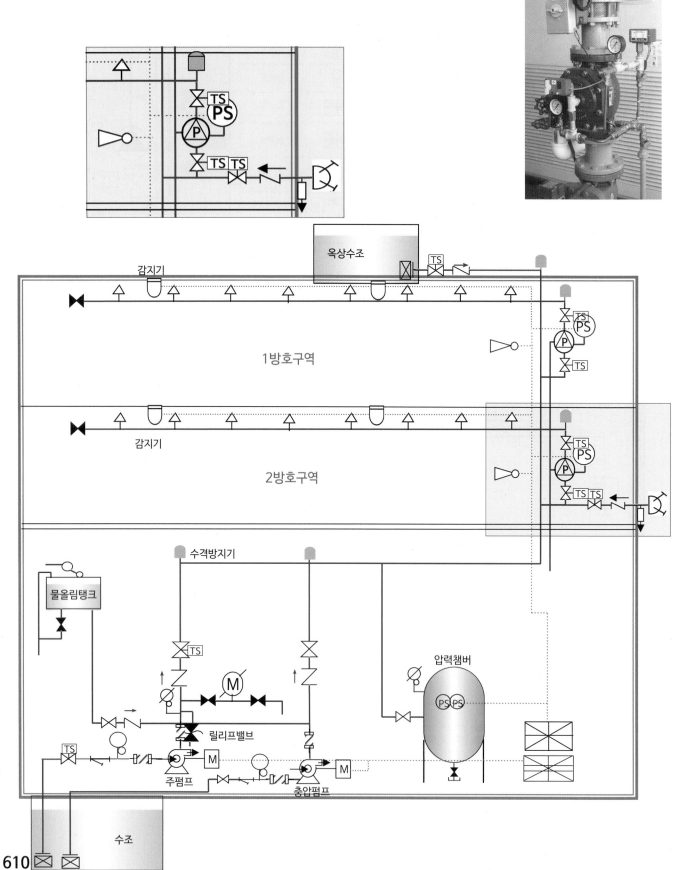

다. 부압식 스프링클러설비

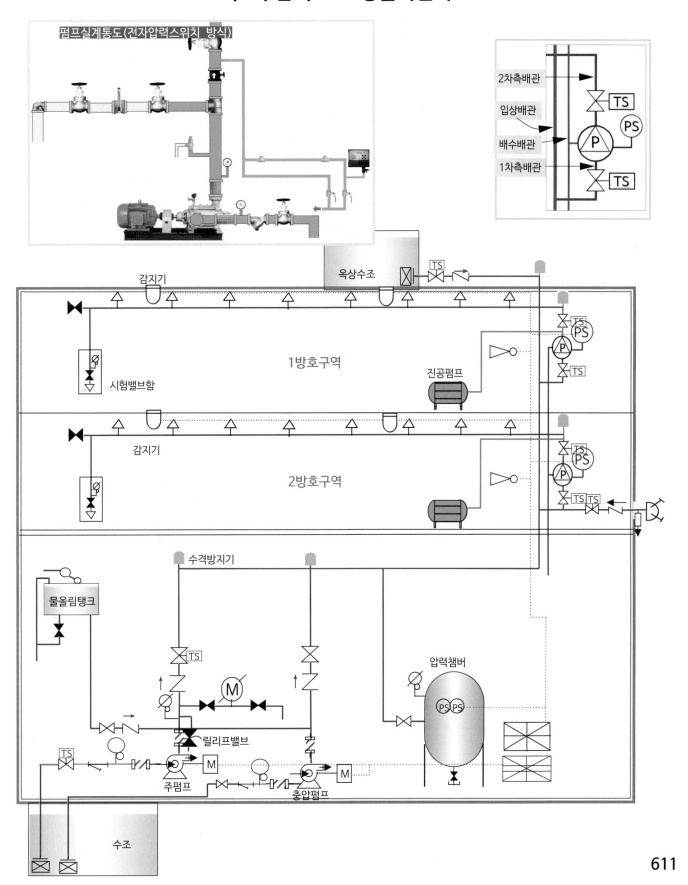

라. 건식 스프링클러설비

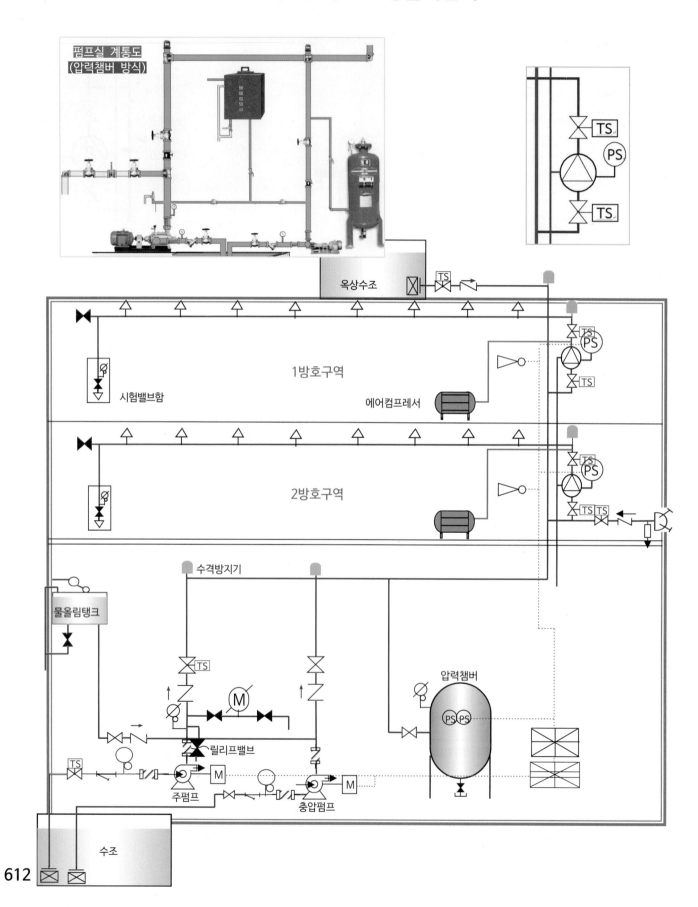

마. 일제살수식 스프링클러설비

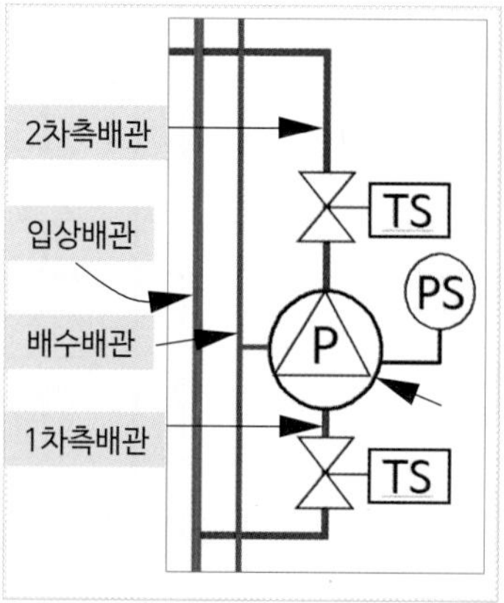

2차측배관

입상배관

배수배관

1차측배관

TS

PS

P

TS

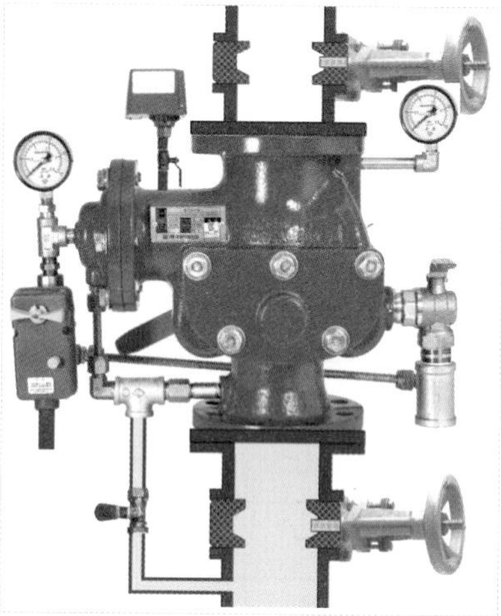

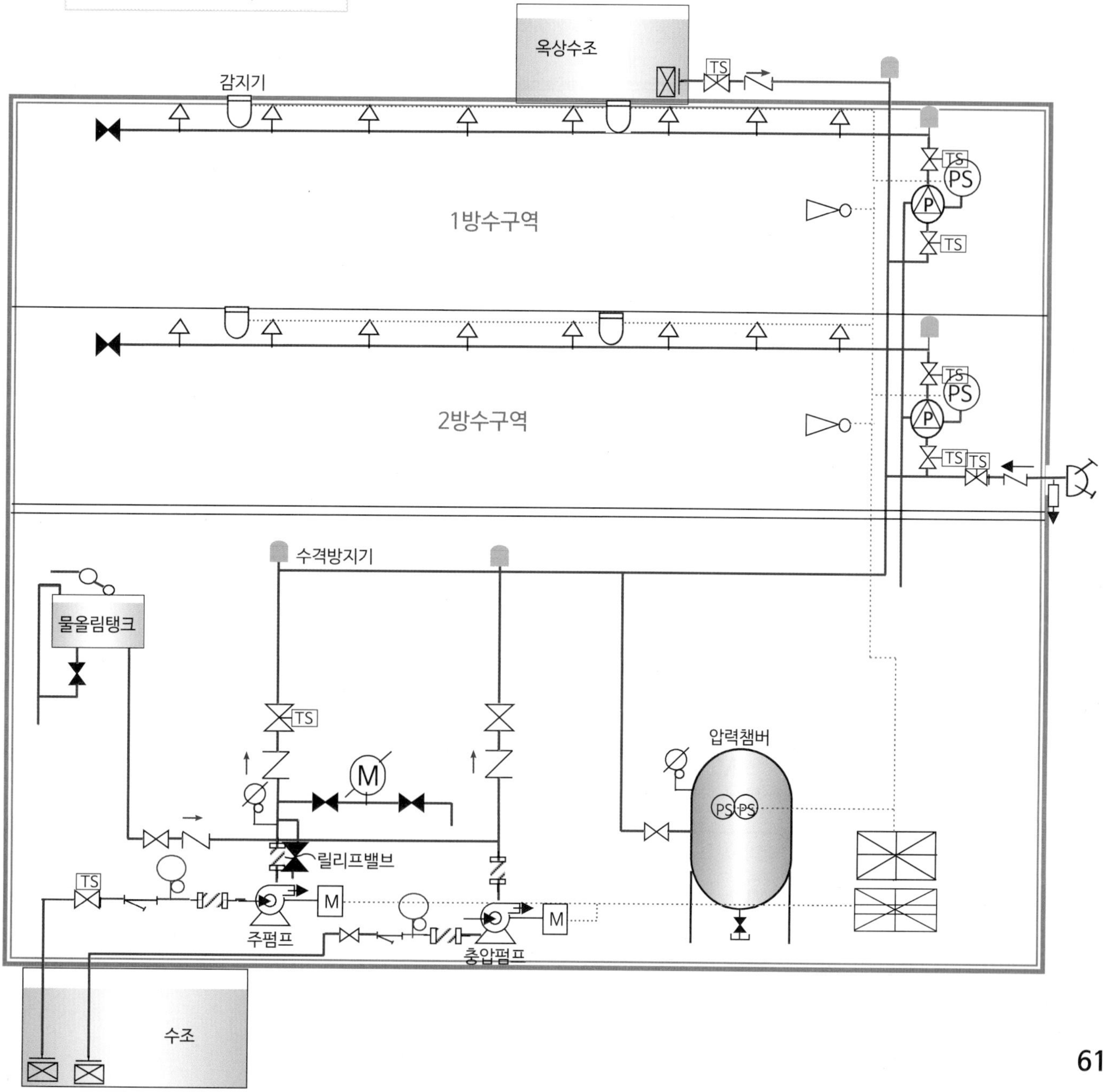

옥상수조

감지기

TS

1방수구역

TS
PS
P
TS

2방수구역

TS
PS
P
TS TS

수격방지기

물올림탱크

TS

M

릴리프밸브

주펌프

M

충압펌프

M

압력챔버

PS PS

TS

수조

4. 물분무소화설비 계통도   가. 감지기 기동방식

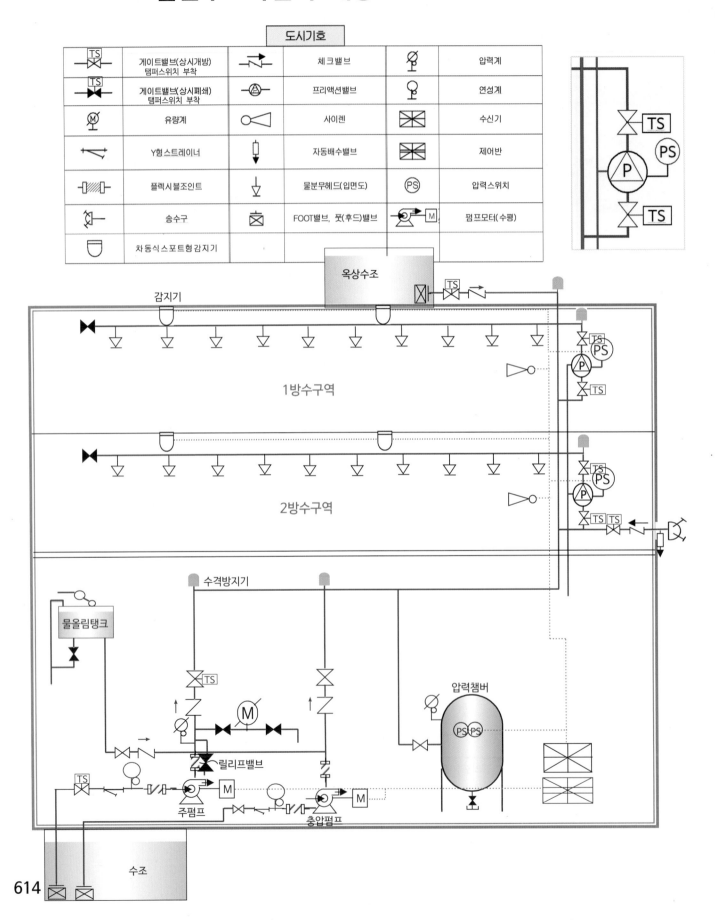

도시기호

	TS / 게이트밸브(상시개방) 탬퍼스위치 부착		체크밸브		압력계
	TS / 게이트밸브(상시폐쇄) 탬퍼스위치 부착		프리액션밸브		연성계
	유량계		사이렌		수신기
	Y형 스트레이너		자동배수밸브		제어반
	플렉시블조인트		물분무헤드(입면도)	PS	압력스위치
	송수구		FOOT밸브, 풋(후드)밸브		펌프모터(수평)
	차동식 스포트형 감지기				

옥상수조

감지기

1방수구역

2방수구역

수격방지기

물올림탱크

릴리프밸브

주펌프

충압펌프

압력챔버

수조

나. 폐쇄형스프링클러헤드 기동방식

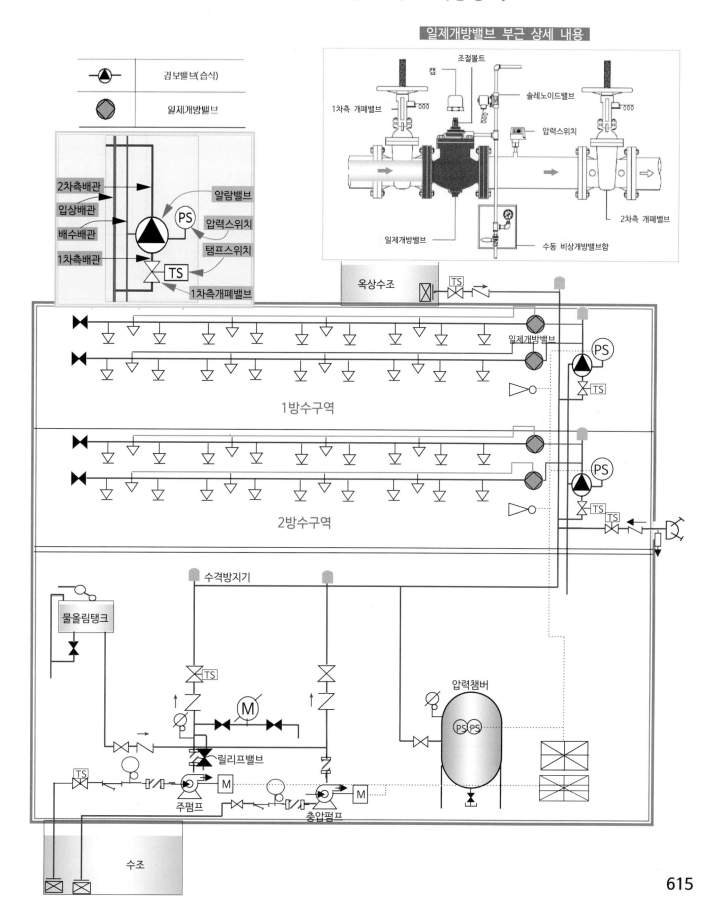

일제개방밸브 부근 상세 내용

조절볼트
캡
솔레노이드밸브
1차측 개폐밸브
압력스위치
2차측 개폐밸브
일제개방밸브
수동 비상개방밸브함

경보밸브(습식)
일제개방밸브

2차측배관
입상배관
배수배관
1차측배관
PS
알람밸브
압력스위치
탬프스위치
TS
1차측개폐밸브

옥상수조

일제개방밸브
PS
TS

1방수구역

PS
TS

2방수구역

PS
TS
TS

수격방지기

물올림탱크

TS
M
릴리프밸브
압력챔버
PS PS
주펌프
충압펌프
M
M
TS

수조

5. 포헤드설비   가. 감지기 기동방식

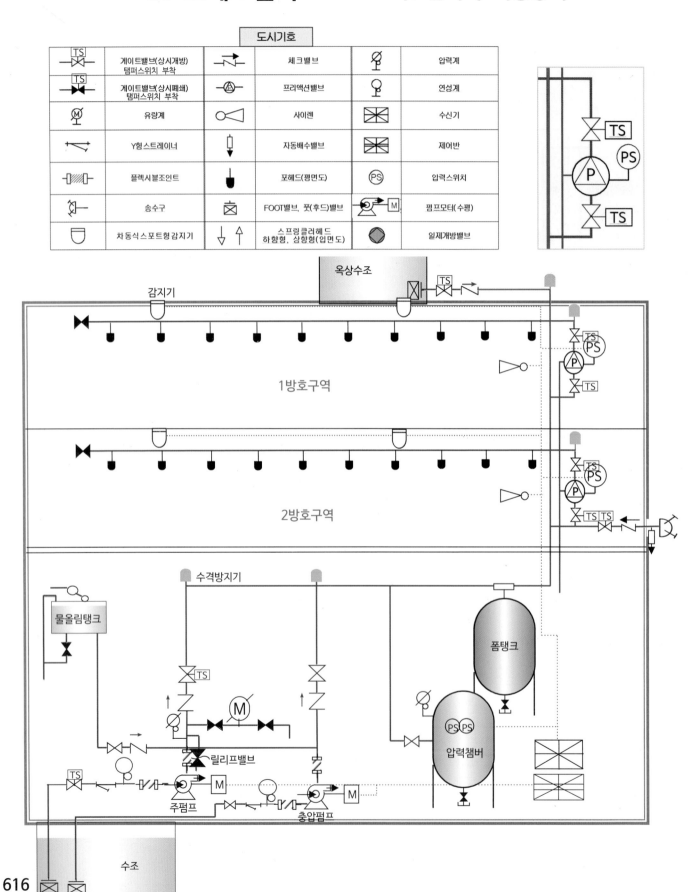

	도시기호				
	게이트밸브(상시개방) 탬퍼스위치 부착		체크밸브		압력계
	게이트밸브(상시폐쇄) 탬퍼스위치 부착		프리액션밸브		연성계
	유량계		사이렌		수신기
	Y형스트레이너		자동배수밸브		제어반
	플렉시블조인트		포헤드(평면도)	PS	압력스위치
	송수구		FOOT밸브, 풋(후드)밸브	M	펌프모터(수평)
	차동식스포트형감지기	↓ ↑	스프링클러헤드 하향형, 상향형(입면도)		일제개방밸브

옥상수조

감지기

1방호구역

2방호구역

수격방지기

물올림탱크

폼탱크

압력챔버

주펌프

충압펌프

수조

나. 폐쇄형스프링클러헤드 기동방식

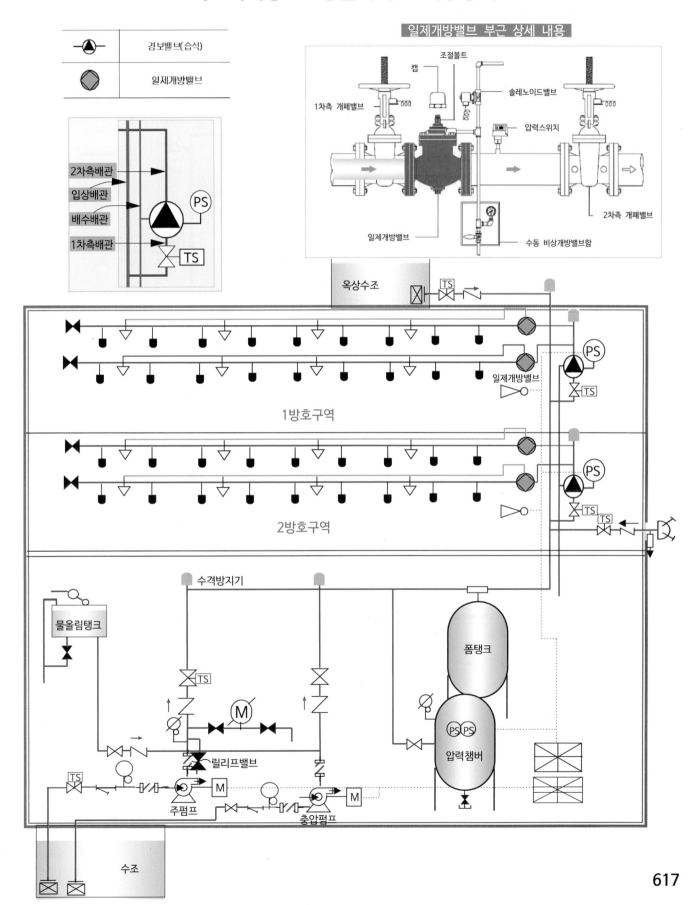

옥상수조

2차측배관
입상배관
배수배관
1차측배관

일제개방밸브 부근 상세 내용

조절볼트
캡
1차측 개폐밸브
솔레노이드밸브
압력스위치
2차측 개폐밸브
일제개방밸브
수동 비상개방밸브함

일제개방밸브

1방호구역

2방호구역

수격방지기

물올림탱크

폼탱크

릴리프밸브

압력챔버

주펌프

충압펌프

수조

경보밸브(습식)
일제개방밸브

6. 가스계소화설비 (이산화탄소·할론·할로겐화합물 및 불활성기체) 계통도

가. 가스압력식

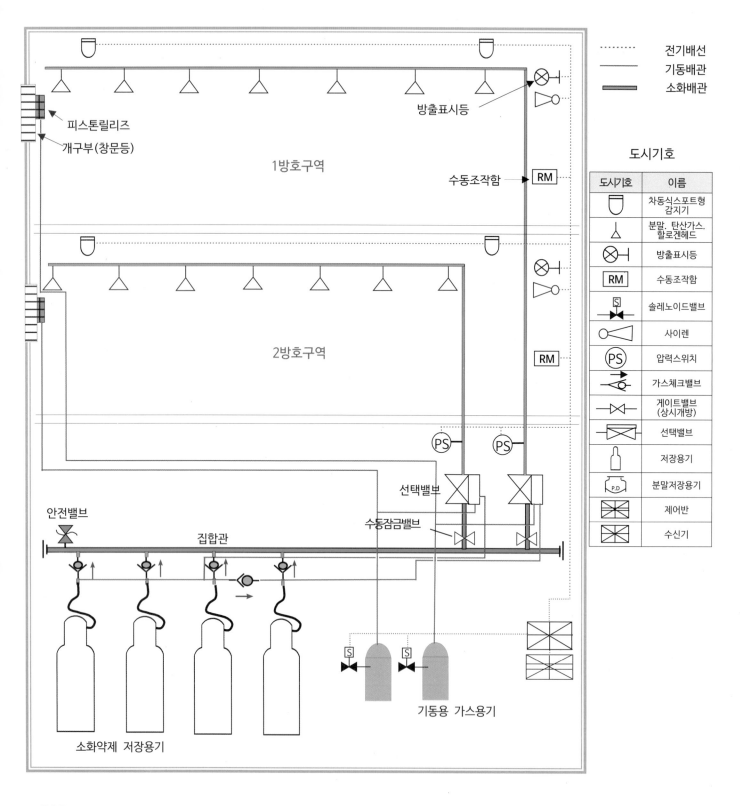

도시기호	이름
	차동식스포트형 감지기
	분말, 탄산가스. 할로겐헤드
	방출표시등
RM	수동조작함
	솔레노이드밸브
	사이렌
PS	압력스위치
	가스체크밸브
	게이트밸브 (상시개방)
	선택밸브
	저장용기
P.D	분말저장용기
	제어반
	수신기

전기배선
기동배관
소화배관

도시기호

방출표시등
수동조작함
1방호구역
피스톤릴리즈
개구부(창문등)
2방호구역
안전밸브
집합관
선택밸브
수동잠금밸브
기동용 가스용기
소화약제 저장용기

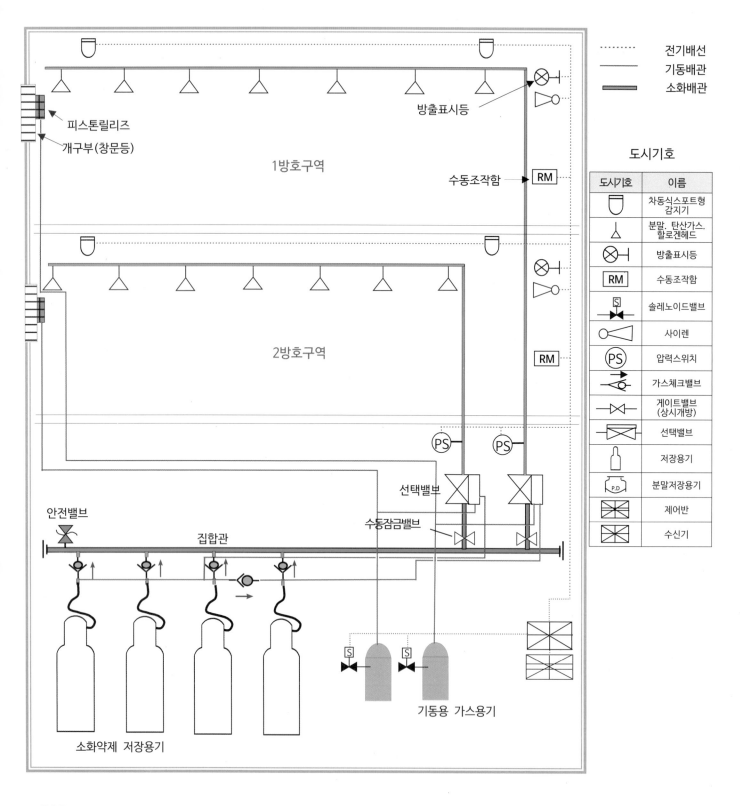

가스계 소화설비 계통도(가스압력식)

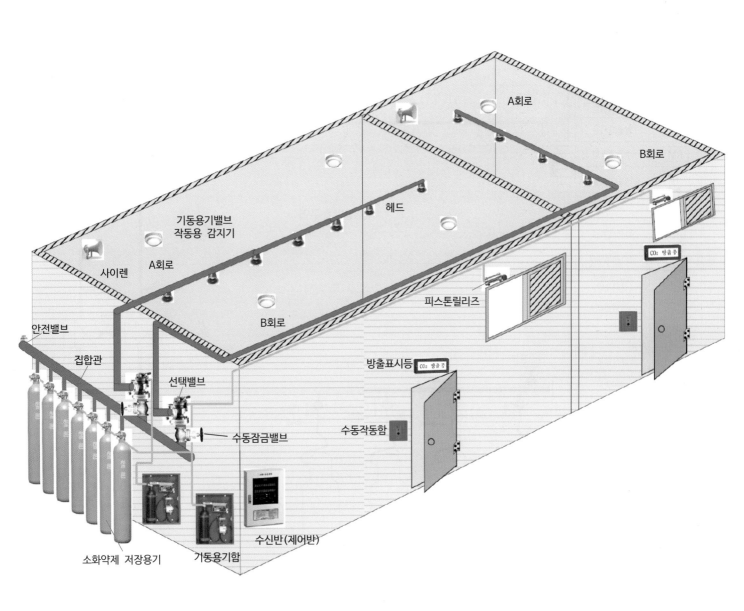

나. 전기식

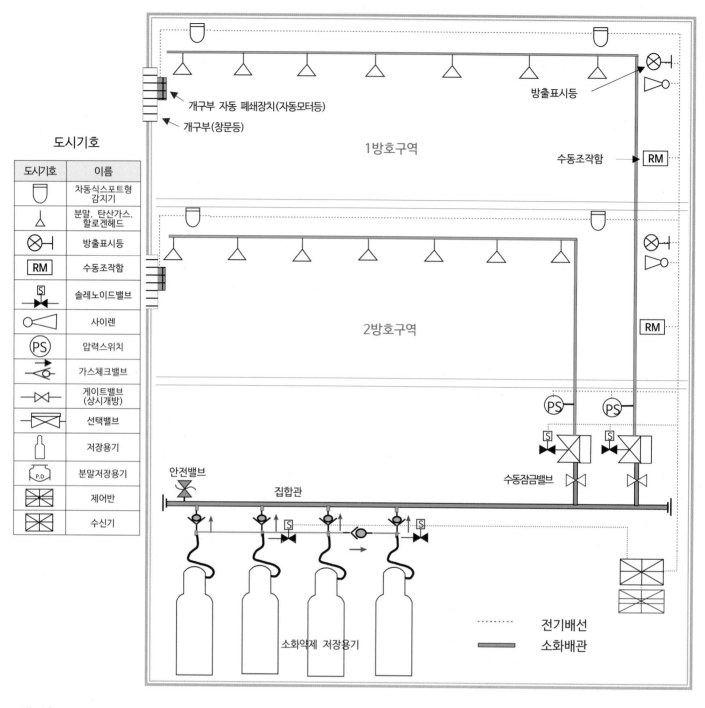

도시기호

도시기호	이름
⊓	차동식스포트형 감지기
△	분말. 탄산가스. 할로겐헤드
⊗ー	방출표시등
RM	수동조작함
S	솔레노이드밸브
◁○	사이렌
PS	압력스위치
▷	가스체크밸브
▷◁	게이트밸브 (상시개방)
▷◁	선택밸브
⌂	저장용기
P.D	분말저장용기
⊠	제어반
⊠	수신기

개구부 자동 폐쇄장치(자동모터등)
개구부(창문등)
방출표시등
1방호구역
수동조작함 RM
2방호구역
RM
PS   PS
S   S
수동잠금밸브
안전밸브
집합관
S   S
소화약제 저장용기
.... 전기배선
━━━ 소화배관

해설

● **전기식** : 감지기가 작동하면 수신기에서는 저장용기에 작동신호를 보내어 저장용기밸브가 개방되며, 선택밸브도 개방된다. 개구부는 모터가 작동하여 열려진 창문을 닫는다. 저장용기 밸브가 열리면 소화약제는 배관 및 헤드로 방출하는 방식이다.

● **기동용 가스용기** : 전기식설비는 기동용 가스용기가 없다.

● **저장용 가스용기밸브** : 용기밸브에 솔레노이드가 설치되어 수신기에서는 감지기 작동신호를 받으면 용기밸브의 솔레노이드밸브를 작동시킨다.

● **선택밸브** : 감지기가 작동하면 수신기에서는 선택밸브에 설치된 솔레노이드밸브에 신호를 보내어 선택밸브가 개방된다.

● **개구부폐쇄 모터** : 감지기가 작동하면 수신기에서 개구부에 설치된 개구부 폐쇄기능 모터를 작동시켜 개구부를 닫는다.

가스계 소화설비 계통도(전기식)

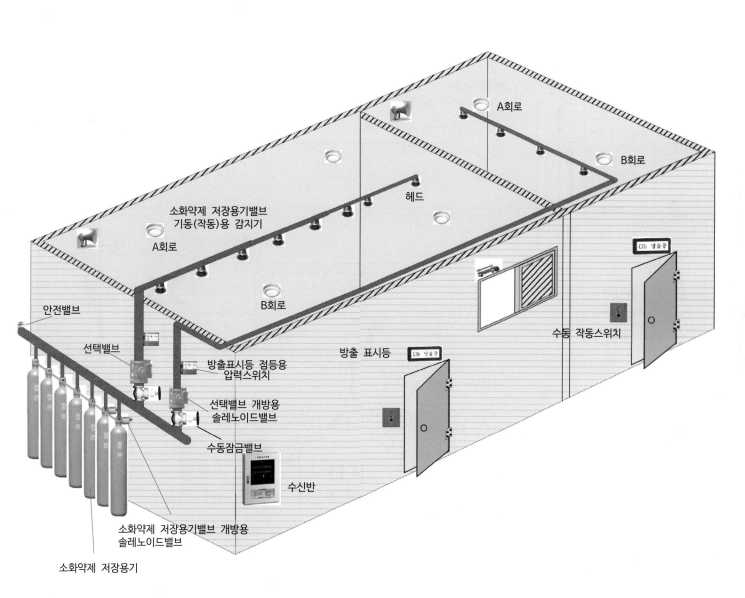

7. 분말소화설비 계통도. 가. 가압식

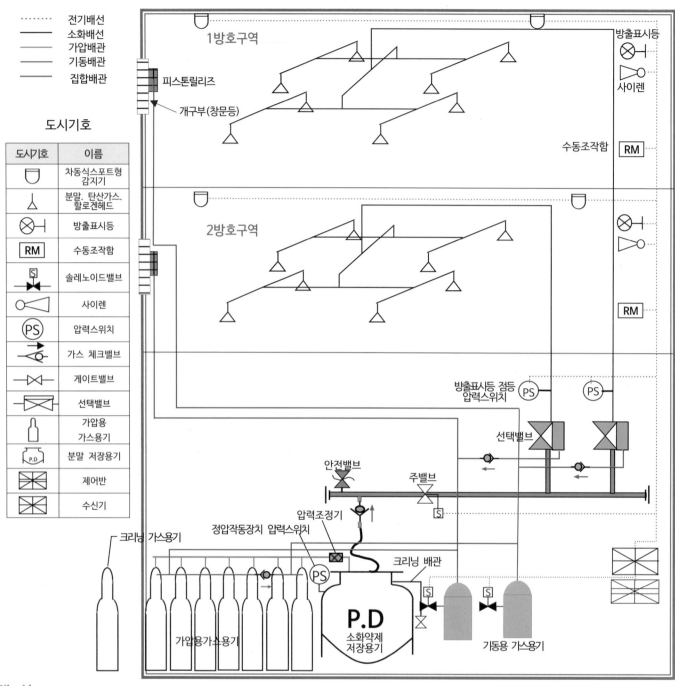

해 설

- **가압식** : 저장용기의 분말 소화약제를 가압용가스가 가스압력의 힘으로 저장용기에 들어가 약제를 배관 및 헤드로 내보내는 방식이다.

- **크리닝배관(밸브)** : 소화설비가 작동한 후에 저장용기와 배관에 남아 있는 소화약제를 헤드 밖으로 배출하기 위하여 크리닝 가스용기를 크리닝 배관에 연결하여 크리닝밸브를 열어 크리닝(청소)한다.

- **정압작동장치** : 정압작동장치는 3종류(압력스위치방식, 기계식, 시한 릴레이방식)가 있으며, 압력스위치방식이 현장에는 많이 설치하며,

가장 발전한 설비이다. 가압용가스가 소화약제 저장용기에 들어가 저장용기의 압력이 정압작동장치 압력스위치의 설정된 압력이 되면 압력스위치 작동신호가 수신기에 전달되어 주밸브를 개방한다.

- **기동용 가스용기** : 감지기가 작동하면 수신기에서 기동용기의 솔레노이드밸브에 신호가 전달되어 기동용기밸브가 개방된다. 기동가스는 기동배관으로 방출되어 해당방호구역의 선택밸브를 개방하고, 해당 가압용기의 밸브를 개방하며, 방호구역의 개구부 피스톤릴리즈를 작동하여 개구부를 닫는다.

분말소화설비(가압식) 계통도

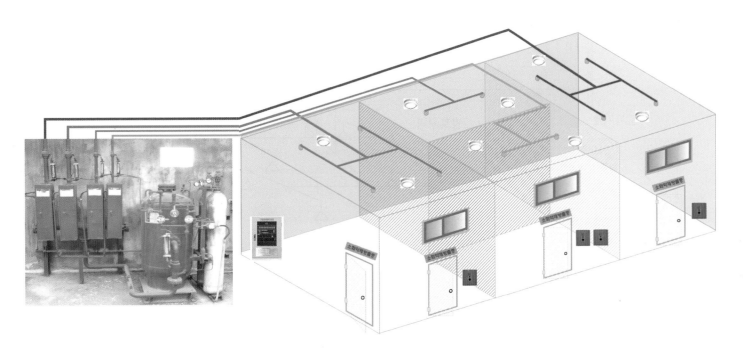

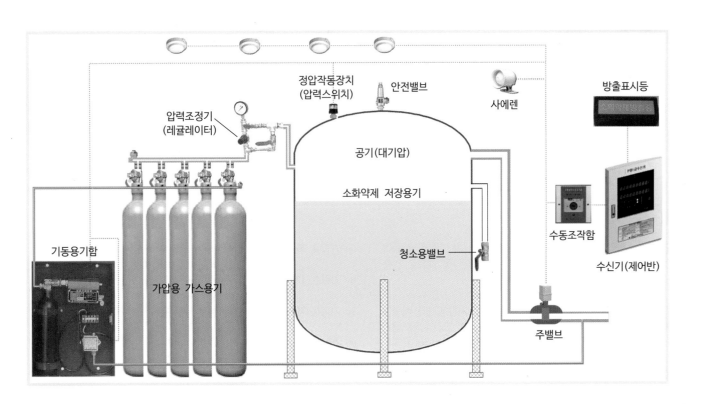

정압작동장치
(압력스위치)

안전밸브

사이렌

방출표시등

압력조정기
(레귤레이터)

공기(대기압)

소화약제 저장용기

수동조작함

기동용기함

수신기(제어반)

청소용밸브

가압용 가스용기

주밸브

7. 분말소화설비 계통도. 나. 축압식

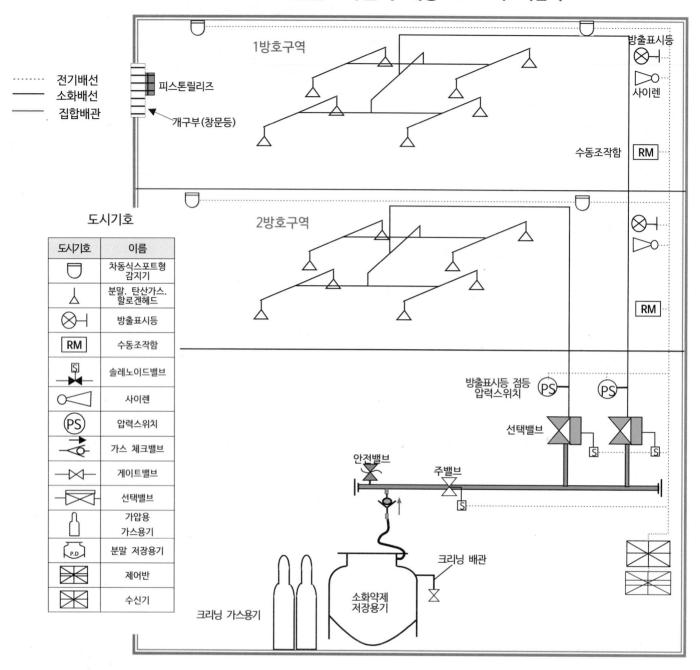

도시기호

도시기호	이름
⬭	차동식스포트형 감지기
△	분말. 탄산가스. 할로겐헤드
⊗⊢	방출표시등
RM	수동조작함
▷◁	솔레노이드밸브
◁	사이렌
PS	압력스위치
⧩	가스 체크밸브
⋈	게이트밸브
⟖	선택밸브
🜊	가압용 가스용기
⬭	분말 저장용기
⊠	제어반
⊠	수신기

해 설

⦿ **축압식** : 소화약제 저장용기에 분말소화약제와 가스가 함께 들어 있으며, 저장용기밸브가 열리면 소화약제는 배관 및 헤드로 방출 하는 방식이다.

⦿ **크리닝배관(밸브)** : 소화설비가 작동한 후에 저장용기와 배관에 남아있는 소화약제를 헤드 밖으로 배출하기 위하여 크리닝 가스용기 를 크리닝 배관에 연결하여 크리닝밸브를 열어 크리닝(청소)한다.

⦿ **정압작동장치** : 축압식설비는 정압작동장치가 없다.

⦿ **가압용 가스용기** : 축압식설비는 가압용 가스용기가 없다.

⦿ **압력조정기** : 축압식설비는 압력조정기가 없다.

⦿ **기동용 가스용기** : 축압식설비는 기동용 가스용기가 없다.

⦿ **선택밸브** : 감지기가 작동하면 수신기에서 선택밸브에 설치된 솔레 노이드밸브에 신호를 보내어 선택밸브가 개방된다.

⦿ **피스톤릴리즈** : 감지기가 작동하면 수신기에서 개구부에 설치된 피스톤릴리즈의 모터를 작동시켜 개구부를 닫는다.

8. 간이 스프링클러설비 계통도

가. 상수도 연결방식

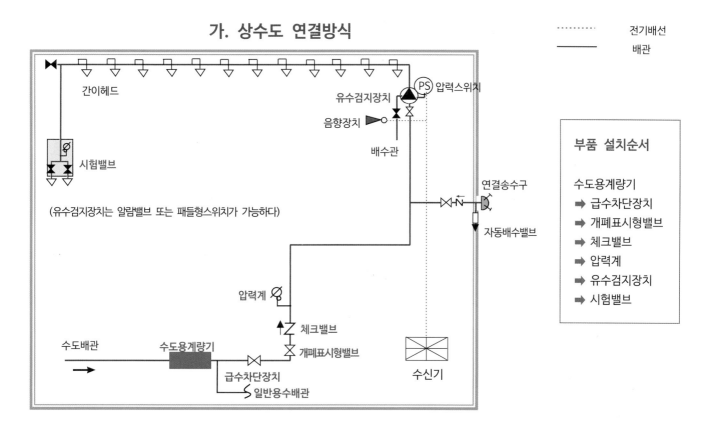

나. 고가수조 방식

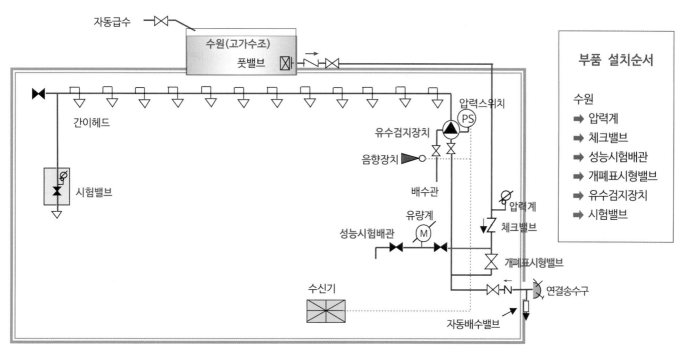

다. 압력수조 방식

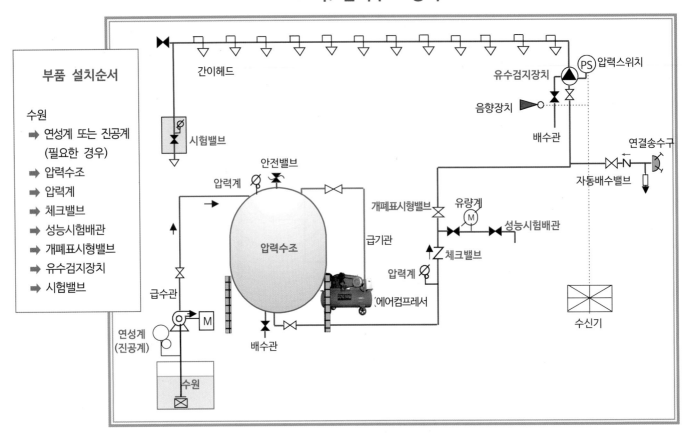

라. 가압_(加壓)수조 방식

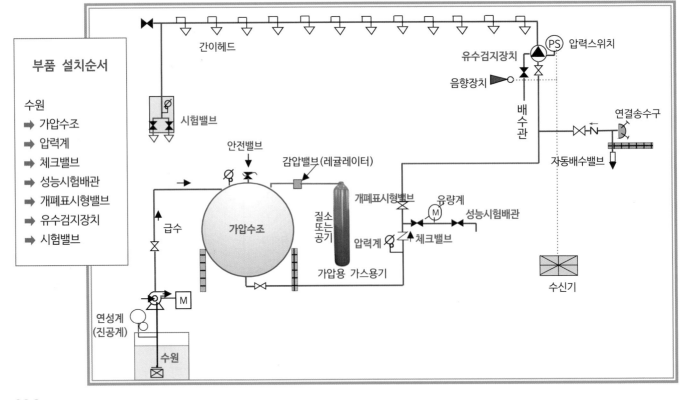

마. 펌프 방식(습식 간이스프링클러설비)

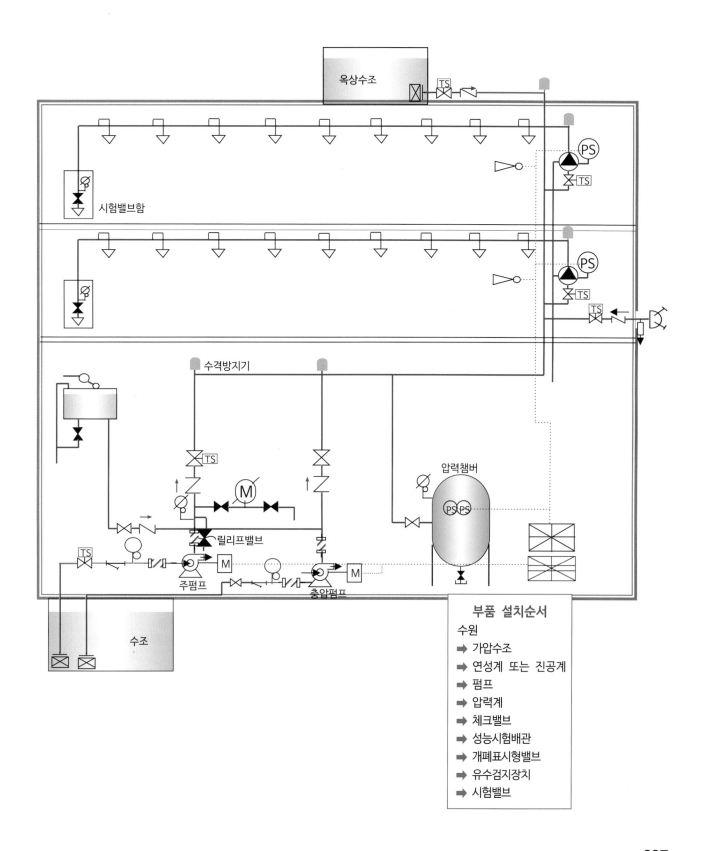

옥상수조

시험밸브함

수격방지기

압력챔버

릴리프밸브

주펌프

충압펌프

수조

부품 설치순서

수원
➡ 가압수조
➡ 연성계 또는 진공계
➡ 펌프
➡ 압력계
➡ 체크밸브
➡ 성능시험배관
➡ 개폐표시형밸브
➡ 유수검지장치
➡ 시험밸브

바. 주택전용 간이스프링클러설비

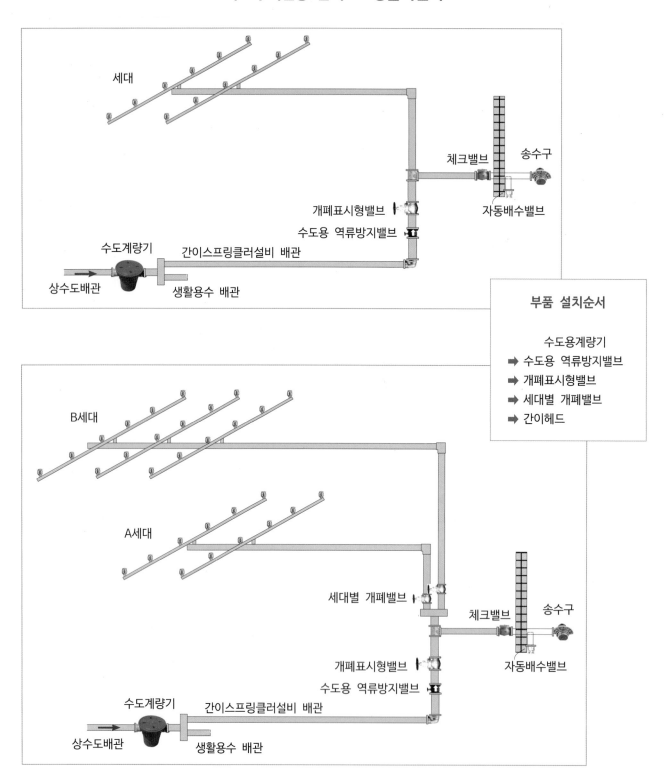

세대

체크밸브   송수구

개폐표시형밸브

수도용 역류방지밸브

자동배수밸브

수도계량기   간이스프링클러설비 배관

상수도배관   생활용수 배관

부품 설치순서

수도용계량기
➡ 수도용 역류방지밸브
➡ 개폐표시형밸브
➡ 세대별 개폐밸브
➡ 간이헤드

B세대

A세대

세대별 개폐밸브

체크밸브   송수구

자동배수밸브

개폐표시형밸브

수도용 역류방지밸브

수도계량기   간이스프링클러설비 배관

상수도배관   생활용수 배관

14) 소방설비 측정 및 시험장비

연기감지기용 테스터기

열감지기용 테스터기

열연기감지기 복합형테스터기

공기주입시험기
공기관식 감지기의 감지기 작동시험 장비로서
감지기 작동 시험 및 공기관 누설 검사기구

연기감지기 테스터기용 스프레이

차압계
제연설비의 차압측정기

소화전 압력계

풍속, 풍압계
제연설비 점검기구

방수압력측정기(피토게이지)
옥내,외소화전 방수압 및 방수량 측정기구

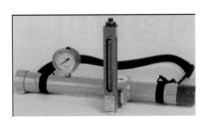

방수압력 유량 측정기

포채집기

수압계

수압계
위험물탱크 수압시험 장비

하론 및 이산화탄소 농도측정기
하론 및 이산화탄소 가스 소화설비가 설치되어있는 장소,
또는 가스가 방출된 화재현장에
진입전에 소화가스의 실내농도를 측정한다.

기동관누설시험기
하론 (Halon) 및 이산화탄소 (CO_2),
청정소화약제 설비 기동관 누설 시험

입도계
분말소화약제(Fire dry chemical powder)의
분말 입자 측정

가스누출탐지기

항온조
방염시료를 건조하는 장비

45도 연소시험기
목재, 합판등의 탄화면적,
잔신시간을 측정하는장비

데이게이터 및 실리카겔

방염시료(목재) 비흡습건조용으로 건조할 수 있는 장비

조도계

소방전기 시설물 (유도등, 표시등 및 기타)의
조명도 측정장비

누전계

음량계

음량, 소음 (db) 등을 측정하는 장비

면적계(포라니메타)

방염시료의 탄화면적을 측정하는 장비로서
불규칙한 도형의 면적을 측정할 수 있는 장비

비중계

폐쇄력 측정기

특별피난계단의 계단실 및 부속실 제연설비의
출입문 폐쇄력을 측정하는 기구

전기절연저항계

소방전기 시설물의 절연저항
상태를 점검하는 기구

수분계(습도계)

검량계

무게측정 장비

전류전압측정기

15) 공동주택 소방시설

1. 소방시설 종류

가. 소화기구 및 자동소화장치
나. 옥내소화전설비
다. 스프링클러설비
라. 물분무소화설비
마. 포소화설비
바. 옥외소화전설비
사. 자동화재탐지설비

아. 비상방송설비
자. 피난기구
차. 유도등
카. 비상조명등
타. 특별피난계단의 계단실 및 부속실 제연설비
파. 연결송수관설비
하. 비상콘센트

2. 소화기구 및 자동소화장치

가. 바닥면적 100㎡ 마다 1단위 이상의 능력단위를 기준으로 설치한다.
나. 아파트등의 경우 각 세대 및 공용부(승강장, 복도 등)마다 설치한다.
다. 아파트등의 세대 내에 설치된 보일러실이 방화구획되거나, 스프링클러설비·간이스프링클러설비·물분무등소화설비 중 하나가 설치된 경우에는 부속용도별로 사용되는 부분에 대하여는 소화기구 및 자동소화장치를 추가하여 설치하는 내용을 적용하지 않을 수 있다.
라. 아파트등의 경우 소화기의 감소 규정을 적용하지 않는다.
마. 주거용 주방자동소화장치는 아파트등의 주방에 열원(가스 또는 전기)의 종류에 적합한 것으로 설치하고, 열원을 차단할 수 있는 차단장치를 설치해야 한다.

3. 옥내소화전설비

가. 호스릴(hose reel) 방식으로 설치한다.
나. 복층형 구조인 경우에는 출입구가 없는 층에 방수구를 설치하지 아니할 수 있다.
다. 감시제어반 전용실은 피난층 또는 지하 1층에 설치한다. 다만, 상시 사람이 근무하는 장소 또는 관계인이 쉽게 접근할 수 있고 관리가 용이한 장소에 감시제어반 전용실을 설치할 경우에는 지상 2층 또는 지하 2층에 설치할 수 있다.

4. 스프링클러설비

가. 헤드 기준개수

폐쇄형스프링클러헤드를 사용하는 아파트등은 **기준개수 10개**(스프링클러헤드의 설치개수가 가장 많은 세대에 설치된 스프링클러헤드의 개수가 기준개수보다 작은 경우에는 그 설치개수를 말한다)에 **1.6㎥**를 곱한 양 이상의 수원이 확보되도록 한다. 다만, 아파트등의 각 동이 **주차장**으로 서로 연결된 구조인 경우 해당 주차장 부분의 **기준개수는 30개**로 한다.

나. 아파트등의 경우 화장실 반자 내부에는「소방용 합성수지배관의 성능인증 및 제품검사의 기술기준」에 적합한 소방용 합성수지배관으로 배관을 설치할 수 있다. 다만, 소방용 합성수지배관 내부에 항상 소화수가 채워진 상태를 유지한다.

다. 하나의 방호구역은 2개 층에 미치지 아니하도록 한다. 다만, 복층형 구조 공동주택에는 3개 층 이내로 할 수 있다.

라. 아파트등의 세대 내 스프링클러헤드를 설치하는 경우 천장 · 반자 · 천장과 반자사이 · 덕트 · 선반등의 각 부분으로부터 하나의 스프링클러헤드까지의 수평거리는 2.6m 이하로 할 것.

마. 외벽에 설치된 창문에서 0.6미터 이내에 스프링클러헤드를 배치하고, 배치된 헤드의 수평거리 이내에 창문이 모두 포함되도록 할 것. 다만, 다음 각 목의 어느 하나에 해당하는 경우에는 그렇지 않다

　가. 창문에 드렌처설비가 설치된 경우

　나. 창문과 창문 사이의 수직부분이 내화구조로 90센티미터 이상 이격되어 있거나,「발코니 등의 구조변경절차 및 설치기준」제4조제1항부터 제5항까지에서 정하는 구조와 성능의 방화판 또는 방화유리창을 설치한 경우

　다. 발코니가 설치된 부분

바. 거실에는 조기반응형 스프링클러헤드를 설치한다.

사. 감시제어반 전용실은 피난층 또는 지하 1층에 설치할 것. 다만, 상시 사람이 근무하는 장소 또는 관계인이 쉽게 접근할 수 있고 관리가 용이한 장소에 감시제어반 전용실을 설치할 경우에는 지상 2층 또는 지하 2층에 설치할 수 있다.

아. 「건축법 시행령」제46조제4항에 따라 설치된 대피공간에는 헤드를 설치하지 않을 수 있다.

자. 「스프링클러설비의 화재안전기술기준 2.7.7.1 및 2.7.7.3의 기준에도 불구하고 세대 내 실외기실 등 소규모 공간에서 해당 공간 여건상 헤드와 장애물 사이에 60센티미터 반경을 확보하지 못하거나 장애물 폭의 3배를 확보하지 못하는 경우에는 살수방해가 최소화되는 위치에 설치할 수 있다.

건물별 물탱크 용량

건축물 종류 \ 저수량		기준	사례(기준개수가 30개인 장소 경우)	
			수조 양	옥상수조 양
일반건축물 (29층 이하 건축물)		기준개수 × 1.6㎥	30개 × 1.6 = 48㎥	48㎥ × $\frac{1}{3}$ = 16㎥
고층건축물 (50층 이상은 제외)		기준개수 × 3.2㎥	30개 × 3.2 = 96㎥	96㎥ × $\frac{1}{3}$ = 32㎥
50층 이상 건축물		기준개수 × 4.8㎥	30개 × 4.8 = 144㎥	144㎥ × $\frac{1}{3}$ = 48㎥
공동주택 (아파트)	아파트	기준개수(10개) × 1.6㎥	10개 × 1.6㎥ = 16㎥	16㎥ × $\frac{1}{3}$ = 5.33㎥
	각 동이 주차장으로 서로 연결된 구조 (해당 주차장 부분)	기준개수(30개) × 1.6㎥	30개 × 1.6㎥ = 48㎥	48㎥ × $\frac{1}{3}$ = 16㎥

5. 물분무소화설비

물분무소화설비의 감시제어반 전용실은 피난층 또는 지하 1층에 설치해야 한다. 다만, 상시 사람이 근무하는 장소 또는 관계인이 쉽게 접근할 수 있고 관리가 용이한 장소에 감시제어반 전용실을 설치할 경우에는 지상 2층 또는 지하 2층에 설치할 수 있다.

6. 포소화설비

포소화설비의 감시제어반 전용실은 피난층 또는 지하 1층에 설치해야 한다. 다만, 상시 사람이 근무하는 장소 또는 관계인이 쉽게 접근할 수 있고 관리가 용이한 장소에 감시제어반 전용실을 설치할 경우에는 지상 2층 또는 지하 2층에 설치할 수 있다.

7. 옥외소화전설비

가. 기동장치는 기동용수압개폐장치 또는 이와 동등 이상의 성능이 있는 것을 설치한다.

나. 감시제어반 전용실은 피난층 또는 지하 1층에 설치할 것. 다만, 상시 사람이 근무하는 장소 또는 관계인이 쉽게 접근할 수 있고 관리가 용이한 장소에 감시제어반 전용실을 설치할 경우에는 지상 2층 또는 지하 2층에 설치할 수 있다.

8. 자동화재탐지설비

가. 감지기는 다음 각 호의 기준에 따라 설치해야 한다.

① 아날로그방식의 감지기, 광전식 공기흡입형 감지기 또는 이와 동등 이상의 기능·성능이 인정되는 것으로 설치한다.

② 감지기의 신호처리방식은 「자동화재탐지설비 및 시각경보장치의 화재안전성능기준 제3조2에 따른다.

③ 세대 내 거실(취침용도로 사용될 수 있는 통상적인 방 및 거실을 말한다)에는 연기감지기를 설치할 것

④ 감지기 회로 단선 시 고장표시가 되며, 해당 회로에 설치된 감지기가 정상 작동될 수 있는 성능을 갖도록 할 것

나. 복층형 구조인 경우에는 출입구가 없는 층에 발신기를 설치하지 아니할 수 있다.

9. 비상방송설비

가. 확성기는 각 세대마다 설치한다.

나. 아파트등의 경우 실내에 설치하는 확성기 음성입력은 2와트 이상일 것

10. 피난기구

가. 피난기구는 다음 각 호의 기준에 따라 설치해야 한다.
  1. 아파트등의 경우 각 세대마다 설치한다.
  2. 피난장애가 발생하지 않도록 하기 위하여 피난기구를 설치하는 개구부는 동일 직선상이 아닌 위치에 있을 것. 다만, 수직 피난방향으로 동일 직선상인 세대별 개구부에 피난기구를 엇갈리게 설치하여 피난장애가 발생하지 않는 경우에는 그렇지 않다.
  3. 「공동주택관리법」 제2조제1항제2호(마목은 제외함)에 따른 "의무관리대상 공동주택"의 경우에는 하나의 관리주체가 관리하는 공동주택 구역마다 공기안전매트 1개 이상을 추가로 설치할 것. 다만, 옥상으로 피난이 가능하거나 수평 또는 수직 방향의 인접세대로 피난할 수 있는 구조인 경우에는 추가로 설치하지 않을 수 있다.
나. 갓복도식 공동주택 또는 「건축법 시행령」 제46조제5항에 해당하는 구조 또는 시설을 설치하여 수평 또는 수직 방향의 인접세대로 피난할 수 있는 아파트는 피난기구를 설치하지 않을 수 있다.
다. 승강식 피난기 및 하향식 피난구용 내림식 사다리가 「건축물의 피난·방화구조 등의 기준에 관한 규칙」 제14조에 따라 방화구획된 장소(세대 내부)에 설치될 경우에는 해당 방화구획된 장소를 대피실로 간주하고, 대피실의 면적규정과 외기에 접하는 구조로 대피실을 설치하는 규정을 적용하지 않을 수 있다.

11. 유도등

가. 소형 피난구 유도등을 설치할 것. 다만, 세대 내에는 유도등을 설치하지 않을 수 있다.
나. 주차장으로 사용되는 부분은 중형 피난구유도등을 설치할 것.
다. 비상문자동개폐장치가 설치된 옥상 출입문에는 대형 피난구유도등을 설치할 것.
라. 내부구조가 단순하고 복도식이 아닌 층에는 「유도등 및 유도표지의 화재안전성능기준 제5조제3항 및 제6조제1항 제1호가목 기준을 적용하지 아니할 것

12. 비상조명등

비상조명등은 각 거실로부터 지상에 이르는 복도·계단 및 그 밖의 통로에 설치해야 한다. 다만, 공동주택의 세대 내에는 출입구 인근 통로에 1개 이상 설치한다.

13. 특별피난계단의 계단실 및 부속실 제연설비

특별피난계단의 계단실 및 부속실 제연설비는 「특별피난계단의 계단실 및 부속실 제연설비의 화재안전기술기준 2.2.의 기준에 따라 성능확인을 해야 한다. 다만, 부속실을 단독으로 제연하는 경우에는 부속실과 면하는 옥내 출입문만 개방한 상태로 방연풍속을 측정 할 수 있다.

14. 연결송수관설비

가. 방수구
① 층마다 설치할 것. 다만, 아파트등의 1층과 2층(또는 피난층과 그 직상층)에는 설치하지 않을 수 있다.
② 아파트등의 경우 계단의 출입구(계단의 부속실을 포함하며 계단이 2 이상 있는 경우에는 그 중 1개의 계단을 말한다)로부터 5m 이내에 방수구를 설치하되, 그 방수구로부터 해당 층의 각 부분까지의 수평거리가 50m를 초과하는 경우에는 방수구를 추가로 설치할 것
③ 쌍구형으로 할 것. 다만, 아파트등의 용도로 사용되는 층에는 단구형으로 설치할 수 있다.
④ 송수구는 동별로 설치하되, 소방차량의 접근 및 통행이 용이하고 잘 보이는 장소에 설치할 것.

나. 펌프의 토출량은 분당 2,400리터 이상(계단식 아파트의 경우에는 분당 1,200리터 이상)으로 하고, 방수구 개수가 3개를 초과(방수구가 5개 이상인 경우에는 5개)하는 경우에는 1개 마다 분당 800리터(계단식 아파트의 경우에는 분당 400리터 이상)를 가산해야 한다.

문제

계단식아파트의 1개층에 방수구가 1개 설치된 건물이다. (단, 설치 펌프는 양정 70m, 정격토출량 150/H ㎥이다)
1. 펌프 토출량?
2. 펌프의 성능시험을 위한 전용의 수조 용량?

정답

1. 펌프 토출량 : 1,200 ℓ/min

2. 수조 용량 : $\dfrac{150,000}{60}$ × 1.5(150%) × 5분 = 18,750ℓ

   (참고내용 : 정격토출량 150㎥/H = $\dfrac{150}{60}$ ㎥ · min = 2.5㎥ · min = 2,500 ℓ/ min)

   | 펌프 성능시험을 위한 전용 수조기준   연결송수관설비 화재안전기술기준 2.5.1.6 ~ 2.5.1.7 |

   1. 펌프의 성능시험을 위한 전용의 수조를 설치한다.
   2. 수조의 유효수량은 펌프 정격토출량의 150%로 5분 이상 시험할 수 있는 양 이상이 되도록 한다.

---

15. 비상콘센트

아파트등의 경우에는 계단의 출입구(계단의 부속실을 포함하며 계단이 2개 이상 있는 경우에는 그 중 1개의 계단을 말한다)로부터 5m 이내에 비상콘센트를 설치하되, 그 비상콘센트로부터 해당 층의 각 부분까지의 수평거리가 50m를 초과하는 경우에는 비상콘센트를 추가로 설치해야 한다.

16) 창고시설

1. 창고시설

소방시설설치및관리에관한법률 시행령 별표2에서 정한 창고를 말한다.
(위험물 저장 및 처리 시설 또는 그 부속용도에 해당하는 것은 제외한다)
  가. 창고(물품저장시설로서 냉장·냉동 창고를 포함한다)
  나. 하역장
  다. 「물류시설의 개발 및 운영에 관한 법률」에 따른 물류터미널
  라. 「유통산업발전법」 제2조제15호에 따른 집배송시설

2. 용어

가. 랙식 창고
물품 보관용 랙을 설치하는 창고시설을 말한다.   랙 rack : 창고에서 제품 또는 부품을 수납하기 위한 대(臺), 선반

나. 적층식 랙(선반)
선반을 다층식으로 겹쳐 쌓는 랙을 말한다.

다. 라지드롭형(large-drop type) 스프링클러헤드
동일 조건의 수압력에서 큰 물방울을 방출하여 화염의 전파속도가 빠르고 발열량이 큰 저장창고 등에서 발생하는 대형화재를 진압할 수 있는 헤드를 말한다.

라. 송기공간
랙을 일렬로 나란하게 맞대어 설치하는 경우 랙 사이에 형성되는 공간(사람이나 장비가 이동하는 통로는 제외한다.)을 말한다.

헤드
(일반형)

라지드롭형 헤드
(큰 물방울 방사형 헤드)

랙식 창고

3. 소방시설 기준

가. 소화기구 및 자동소화장치

창고시설 내 배전반 및 분전반마다 가스자동소화장치 · 분말자동소화장치 · 고체에어로졸자동소화장치 또는 소공간용 소화용구를 설치해야 한다.

나. 옥내소화전설비

① 수원의 저수량은 옥내소화전의 설치개수가 가장 많은 층의 설치개수(2개 이상 설치된 경우에는 2개)에 5.2㎥ (호스릴옥내소화전설비를 포함한다)를 곱한 양 이상이 되도록 해야 한다.

② 사람이 상시 근무하는 물류창고 등 동결의 우려가 없는 경우에는 「옥내소화전설비의 화재안전성능기준(NFPC 102)」제5조제1항제9호의 단서를 적용하지 않는다.(수동기동방식)

> 옥내소화전설비의 화재안전성능기준(NFPC 102)」제5조제1항제9호의 단서
> 다만, 학교 · 공장 · 창고시설(제4조제2항에 따라 옥상수조를 설치한 대상은 제외한다)로서 동결의 우려가 있는 장소에 있어서는 기동스위치에 보호판을 부착하여 옥내소화전함 내에 설치할 수 있다.

③ 비상전원은 자가발전설비, 축전지설비(내연기관에 따른 펌프를 사용하는 경우에는 내연기관의 기동 및 제어용 축전지를 말한다) 또는 전기저장장치(외부 전기에너지를 저장해 두었다가 필요한 때 전기를 공급하는 장치)로서 옥내소화전설비를 유효하게 40분 이상 작동할 수 있어야 한다.

요 약

1. 수원의 저수량
옥내소화전의 설치개수가 가장 많은 층의 설치개수(2개 이상 설치된 경우에는 2개)에 5.2㎥ 곱한 양 이상

【사 례】
창고에 설치된 옥내소화전 설치개수가 5개이다. 수원의 저수량은?
$$2개 \times 5.2㎥ = 10.4㎥$$

2. 비상전원 종류는?
자가발전설비, 축전지설비, 전기저장장치

3. 비상전원 용량은?
옥내소화전설비를 유효하게 40분 이상 작동할 수 있어야 한다.

다. 스프링클러설비

① 스프링클러설비의 설치방식

1. 창고시설에 설치하는 스프링클러설비는 라지드롭형 스프링클러헤드를 습식으로 설치할 것. 다만, 다음 각 목의 어느 하나에 해당하는 경우에는 건식스프링클러설비로 설치할 수 있다.
    가. 냉동창고 또는 영하의 온도로 저장하는 냉장창고
    나. 창고시설 내에 상시 근무자가 없어 난방을 하지 않는 창고시설
2. 랙식 창고의 경우에는 제1호에 따라 설치하는 것 외에 <u>라지드롭형 스프링클러헤드를 랙 높이 3m 이하마다 설치할 것</u>. 이 경우 수평거리 15㎝ 이상의 송기공간이 있는 랙식 창고에는 랙 높이 3m 이하마다 설치하는 스프링클러헤드를 송기공간에 설치할 수 있다.
3. 창고시설에 적층식 랙을 설치하는 경우 적층식 랙의 각 단 바닥면적을 방호구역 면적으로 포함한다.
4. 제1호 내지 제3호에도 불구하고 천장 높이가 13.7m 이하인 랙식 창고에는 「화재조기진압용 스프링클러설비의 화재안전성능기준(NFPC 103B)」에 따른 화재조기진압용 스프링클러설비를 설치할 수 있다.

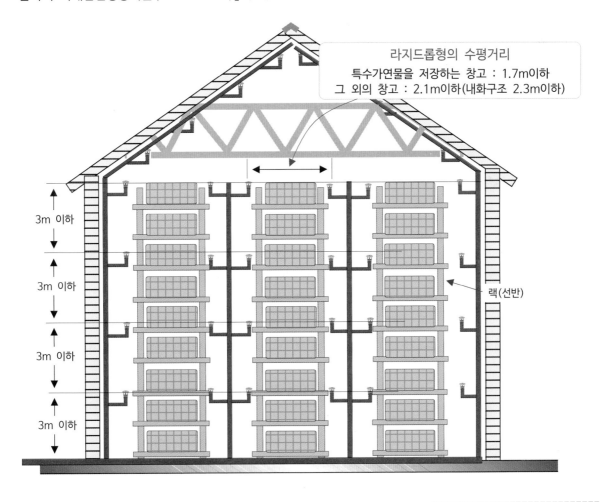

라지드롭형(large-drop type) **스프링클러헤드**
동일 조건의 수압력에서 큰 물방울을 방출하여 화염의 전파속도가 빠르고 발열량이 큰 저장창고 등에서 발생하는 대형화재를 진압할 수 있는 헤드를 말한다.

② 수원의 저수량

1. 라지드롭형 스프링클러헤드의 설치개수가 가장 많은 방호구역의 설치개수(30개 이상 설치된 경우에는 30개)에 3.2(랙식 창고의 경우에는 9.6)㎥를 곱한 양 이상이 되도록 한다.

2. 제1항제4호에 따라 화재조기진압용 스프링클러설비를 설치하는 경우 「화재조기진압용 스프링클러설비의 화재안전성능기준(NFPC 103B)」 제5조제1항에 따른다.

화재조기진압용 스프링클러설비의 수원은 수리학적으로 가장 먼 가지배관 3개에 각각 4개의 스프링클러헤드가 동시에 개방되었을 때 다음 표와 식에 따라, 헤드선단의 압력이 별표 3에 따른 값 이상으로 60분간 방사할 수 있는 양으로 계산식은 다음과 같다.

$$Q = 12 \times 60 \times K\sqrt{10P}$$

Q : 수원의 양(L)

K : 상수(L/min·MPa$^{1/2}$)

P : 헤드선단의 압력(MPa)

요 약

1. 수원의 저수량

라지드롭형 스프링클러헤드	방호구역의 설치개수(30개 이상 설치된 경우에는 30개) × 3.2(랙식 창고의 경우에는 9.6)㎥
화재조기진압용 스프링클러설비	$Q = 12 \times 60 \times K\sqrt{10P}$ Q : 수원의 양(L) K : 상수(L/min·MPa$^{1/2}$) P : 헤드선단의 압력(MPa)

【사 례】1

창고에 가장 많이 설치된 방호구역의 헤드(라지드롭형 헤드) 개수가 20개인 장소에 수원의 저수량은?

수원의 저수량 : 20개 × 3.2㎥ = 64㎥

【사 례】2

랙식창고에 가장 많이 설치된 방호구역의 헤드(라지드롭형 헤드) 개수가 20개인 장소에 수원의 저수량은?

수원의 저수량 : 20개 × 9.6㎥ = 192㎥

③ 가압송수장치의 송수량

1. 가압송수장치의 송수량은 0.1메가파스칼의 방수압력 기준으로 분당 160ℓ 이상의 방수성능을 가진 기준 개수의 모든 헤드로부터의 방수량을 충족시킬 수 있는 양 이상인 것으로 할 것. 이 경우 속도수두는 계산에 포함하지 않을 수 있다.
2. 제1항제4호에 따라 화재조기진압용 스프링클러설비를 설치하는 경우 「화재조기진압용 스프링클러설비의 화재 안전성능기준 제6조제1항제9호에 따른다.

④ 한쪽 가지배관에 설치되는 헤드의 개수

교차배관에서 분기되는 지점을 기점으로 한쪽 가지배관에 설치되는 헤드의 개수(반자 아래와 반자속의 헤드를 하나의 가지배관 상에 병설하는 경우에는 반자 아래에 설치하는 헤드의 개수)는 4개 이하로 해야 한다. 다만, 제1항제4호에 따라 화재조기진압용 스프링클러설비를 설치하는 경우에는 그렇지 않다

⑤ 스프링클러헤드

1. 라지드롭형 스프링클러헤드를 설치하는 천장·반자·천장과 반자사이·덕트·선반 등의 각 부분으로부터 하나의 스프링클러헤드까지의 수평거리는 「화재의 예방 및 안전관리에 관한 법률 시행령」 별표2의 특수가연 물을 저장 또는 취급하는 창고는 1.7m 이하, 그 외의 창고는 2.1미터(내화구조로 된 경우에는 2.3m를 말한다) 이하로 한다.
2. 화재조기진압용 스프링클러헤드는 「화재조기진압용 스프링클러설비의 화재안전성능기준 제10조에 따라 설치 한다.

⑥ 드렌처설비 설치

물품의 운반 등에 필요한 고정식 대형기기 설비의 설치를 위해 「건축법 시행령」 제46조제2항에 따라 방화구획이 적용되지 아니하거나 완화 적용되어 연소할 우려가 있는 개구부에는 「스프링클러설비의 화재안전성능기준 제10조 제7항제2호에 따른 방법으로 드렌처설비를 설치해야 한다.

⑦ 비상전원

비상전원은 자가발전설비, 축전지설비(내연기관에 따른 펌프를 사용하는 경우에는 내연기관의 기동 및 제어용 축전 지를 말한다) 또는 전기저장장치(외부 전기에너지를 저장해 두었다가 필요한 때 전기를 공급하는 장치를 말한다.) 로서 스프링클러설비를 유효하게 20분(랙식 창고의 경우 60분을 말한다) 이상 작동할 수 있어야 한다.

라. 비상방송설비

① 확성기의 음성입력은 3와트(실내에 설치하는 것을 포함한다) 이상으로 해야 한다.
② 창고시설에서 발화한 때에는 전 층에 경보를 발해야 한다.
③ 비상방송설비에는 그 설비에 대한 감시상태를 60분간 지속한 후 유효하게 30분 이상 경보할 수 있는 축전지 설비(수신기에 내장하는 경우를 포함한다) 또는 전기저장장치를 설치해야 한다.

마. 자동화재탐지설비

① 감지기 작동 시 해당 감지기의 위치가 수신기에 표시되도록 해야 한다.
② 영상정보처리기기를 설치하는 경우 수신기는 영상정보의 열람·재생 장소에 설치해야 한다.
③ 스프링클러설비를 설치하는 창고시설의 감지기는 다음 각 호의 기준에 따라 설치해야 한다.
  1. 아날로그방식의 감지기, 광전식 공기흡입형 감지기 또는 이와 동등 이상의 기능·성능이 인정되는 감지기를 설치한다.
  2. 감지기의 신호처리 방식은 다음과 같이 해야 한다.
      ㉮ "유선식"은 화재신호 등을 배선으로 송·수신하는 방식
      ㉯ "무선식"은 화재신호 등을 전파에 의해 송·수신하는 방식
      ㉰ "유·무선식"은 유선식과 무선식을 겸용으로 사용하는 방식

④ 창고시설에서 발화한 때에는 전 층에 경보를 발해야 한다.
⑤ 자동화재탐지설비에는 그 설비에 대한 감시상태를 60분간 지속한 후 유효하게 30분 이상 경보할 수 있는 비상전원으로서 축전지설비 또는 전기저장장치를 설치해야 한다. 다만, 상용전원이 축전지설비인 경우에는 그렇지 않다.

바. 유도등

① 피난구유도등과 거실통로유도등은 대형으로 설치해야 한다.
② 피난유도선은 연면적 15,000㎡ 이상인 창고시설의 지하층 및 무창층에 다음 각 호의 기준에 따라 설치해야 한다.
  1. 광원점등방식으로 바닥으로부터 1m 이하의 높이에 설치한다.
  2. 각 층 직통계단 출입구로부터 건물 내부 벽면으로 10m 이상 설치한다.
  3. 화재 시 점등되며 비상전원 30분 이상을 확보한다.
  4. 피난유도선은 소방청장이 정해 고시하는 「피난유도선 성능인증 및 제품검사의 기술기준」에 적합한 것으로 설치한다.

사. 소화수조 및 저수조

소화수조 또는 저수조의 저수량은 특정소방대상물의 연면적을 5,000㎡로 나누어 얻은 수(소수점 이하의 수는 1로 본다)에 20㎥를 곱한 양 이상이 되도록 해야 한다.

17) 건설현장 임시소방시설

1. 소방시설 종류

가. 소화기

나. 간이소화장치 : 건설현장에서 화재발생 시 신속한 화재 진압이 가능하도록 물을 방수하는 형태의 소화장치

다. 비상경보장치 : 발신기, 경종, 표시등 및 시각경보장치가 결합된 형태의 것으로서 화재위험작업 공간 등에서 수동조작에 의해서 화재경보상황을 알려줄 수 있는 비상벨 장치

라. 가스누설경보기 : 건설현장에서 발생하는 가연성가스를 탐지하여 경보하는 장치

마. 간이피난유도선 : 화재발생 시 작업자의 피난을 유도할 수 있는 케이블형태의 장치

바. 비상조명등 : 화재발생 시 안전하고 원활한 피난활동을 할 수 있도록 계단실 내부에 설치되어 자동 점등되는 조명등

사. 방화포 : 건설현장 내 용접·용단 등의 작업 시 발생하는 금속성 불티로부터 가연물이 점화되는 것을 방지해 주는 차단막

2. 임시소방시설 설치장소

특정소방대상물의 신축·증축·개축·재축·이전·용도변경·대수선 또는 설비 설치 등을 위한 공사 현장에서 인화성 물품을 취급하는 작업장소

3. 소화기

가. 소화기의 소화약제는 적응성이 있는 것을 설치해야 한다.

나. 각 층 계단실마다 계단실 출입구 부근에 능력단위 3단위 이상인 소화기 2개 이상을 설치한다.

다. 인화성 물품을 취급하는 작업을 하는 경우 작업종료 시까지 작업지점으로부터 5 m 이내의 쉽게 보이는 장소에 능력단위 3단위 이상인 소화기 2개 이상과 대형소화기 1개 이상을 추가 배치해야 한다.

라. "소화기"라고 표시한 축광식 표지를 소화기 설치장소 보기 쉬운 곳에 부착해야 한다.

공사장 (계단실, 출입구 부근)	3단위 소화기 2개
인화성 물품을 취급하는 작업장소 (용접작업 등을 하는 장소)	3단위 소화기 2개 대형소화기(분말 20㎏) 1개

4. 간이소화장치

가. 20분 이상의 소화수를 공급할 수 있는 수원을 확보해야 한다.
나. 소화수의 방수압력은 0.1 메가파스칼(MPa) 이상, 방수량은 분당 65 리터(ℓ) 이상이어야 한다.
다. 인화성 물품을 취급하는 작업 등에 해당하는 작업을 하는 경우 작업종료 시까지 작업지점으로부터 25 미터 이내에 배치하여 즉시 사용이 가능하도록 해야 한다.
라. 간이소화장치는 소방청장이 정하여 고시한 「간이소화장치의 성능인증 및 제품검사의 기술기준」에 적합한 것으로 해야 한다.
마. 소방시설을 사용승인 전이라도 완공검사를 받아 사용할 수 있게 된 경우 간이소화장치를 배치하지 않을 수 있다.
　　가. 옥내소화전설비
　　나. 연결송수관설비와 연결송수관설비의 방수구 인근에
　　　　대형소화기를 6개 이상 배치한 경우

5. 비상경보장치

가. 피난층 또는 지상으로 통하는 각 층 직통계단의 출입구마다 설치해야 한다.
나. 발신기를 누를 경우 해당 발신기와 결합된 경종이 작동해야 한다. 이 경우 다른 장소에 설치된 경종도 함께 연동하여 작동되도록 설치할 수 있다.
다. 경종의 음량은 부착된 음향장치의 중심으로부터 1 m 떨어진 위치에서 100 데시벨 이상이 되는 것으로 설치해야 한다.
라. 발신기의 위치표시등은 함의 상부에 설치하되, 그 불빛은 부착 면으로부터 15도 이상의 범위 안에서 부착지점으로부터 10 m 이내의 어느 곳에서도 쉽게 식별할 수 있는 적색등으로 할 것
마. 시각경보장치는 발신기함 상부에 위치하도록 설치하되 바닥으로부터 2 m 이상 2.5 m 이하의 높이에 설치하여 건설현장의 각 부분에 유효하게 경보할 수 있도록 할 것
바. 비상경보장치를 20분 이상 유효하게 작동시킬 수 있는 비상전원을 확보해야 한다.
사. 해당 특정소방대상물에 설치되는 자동화재탐지설비 또는 비상방송설비를 사용승인 전이라도 완공검사를 받아 사용할 수 있게 된 경우 비상경보장치를 설치하지 않을 수 있다.

6. 가스누설경보기

가연성가스를 발생시키는 작업을 하는 지하층 또는 무창층 내부(내부에 구획된 실이 있는 경우에는 구획실마다)에 가연성가스를 발생시키는 작업을 하는 부분으로부터 수평거리 10 m 이내에 바닥으로부터 탐지부 상단까지의 거리가 0.3 m 이하인 위치에 설치해야 한다.

7. 간이피난유도선

가. 임시소방시설을 설치하는 장소의 지하층이나 무창층에는 간이피난유도선을 녹색 계열의 광원점등방식으로 해당 층의 직통계단마다 계단의 출입구로부터 건물 내부로 10 m 이상의 길이로 설치해야 한다.

나. 바닥으로부터 1 m 이하의 높이에 설치하고, 피난유도선이 점멸하거나 화살표로 표시하는 등의 방법으로 작업장의 어느 위치에서도 피난유도선을 통해 출입구로의 피난방향을 알 수 있도록 해야 한다.

다. 층 내부에 구획된 실이 있는 경우에는 구획된 각 실로부터 가장 가까운 직통계단의 출입구까지 연속하여 설치해야 한다.

라. 공사 중에는 상시 점등되도록 하고, 간이피난유도선을 20분 이상 유효하게 작동시킬 수 있는 비상전원을 확보해야 한다.

마. 해당 특정소방대상물에 설치되는 피난유도선, 피난구유도등, 통로유도등 또는 비상조명등을 사용승인 전이라도 완공검사를 받아 사용할 수 있게 된 경우 간이피난유도선을 설치하지 않을 수 있다.

8. 비상조명등

가. 임시소방시설을 설치하는 장소의 지하층이나 무창층에서 피난층 또는 지상으로 통하는 직통계단의 계단실 내부에 각 층마다 설치해야 한다.

나. 비상조명등이 설치된 장소의 조도는 각 부분의 바닥에서 1 럭스 이상이 되도록 해야 한다.

다. 비상조명등을 20분(지하층과 지상 11층 이상의 층은 60분) 이상 유효하게 작동시킬 수 있는 비상전원을 확보해야 한다.

라. 비상경보장치가 작동할 경우 연동하여 점등되는 구조로 설치해야 한다.

9. 방화포

용접·용단 작업 시 11 m 이내에 가연물이 있는 경우 해당 가연물을 방화포로 보호하여야 한다.

18) 연습 문제 (연습문제에는 소방설비기사 기출문제가 있습니다)

문제 1 소방시설 <u>도시기호</u>의 명칭을 쓰시오.

1		2		3		4	
5		6		7		8	D
9		10		11		12	
13		14		15		16	
17		18		19		20	
21		22		23		24	

정답

1	체크밸브	2	습식 유수검지장치	3	편심레듀셔	4	원심레듀셔
5	티	6	게이트밸브	7	진공계	8	배수관
9	오리피스	10	선택밸브	11	조작밸브 (전자식)	12	가스체크밸브
13	맹플랜지	14	수신반	15	플랜지	16	U형 스트레이너
17	앵글밸브	18	플러그	19	유니온	20	캡
21	슬리브이음	22	Y형 스트레이너	23	분말, 탄산가스, 할로겐 헤드	24	안전밸브

도시기호 자료 : 소방청고시, 『소방시설 자체점검사항등에 관한 고시』 별표에 있다.
고시 자료와 다른 도시기호를 설계도면이나 서적등에서 사용하고 있지만 바람직하지 않다.

도시기호 : 그림이나 도표 따위에 그리는 기호
맹플랜지 : 배관의 끝을 막는 마개(부품)를 말한다
플렌지 : 배관과 배관을 연결하는 부품을 말한다

45도 엘보(elbow)

90도 엘보

이경엘보

캡(cap)

레듀셔(reducer)

부싱(bushing)

소켓(socket)

유니온(union)

이경티(reducing)

티(straight)

플랜지(flange)

플러그(plug)

로크너트(lock-nut)

니플(nipple)

이경니플

문제 3 아래 그림의 이산화탄소 소화설비에 체크밸브를 그려 넣어시오.

(체크밸브 5개를 사용하며, 도시기호 표기 ⟋⊘)

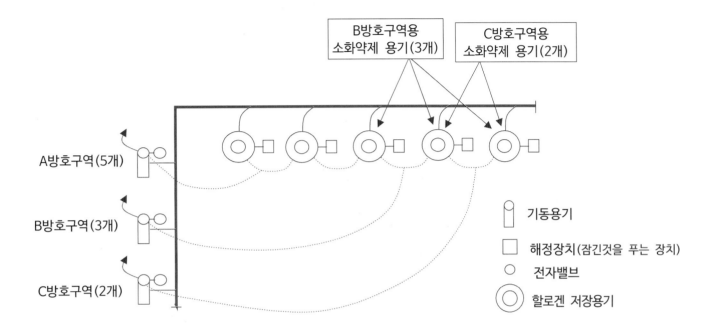

정 답

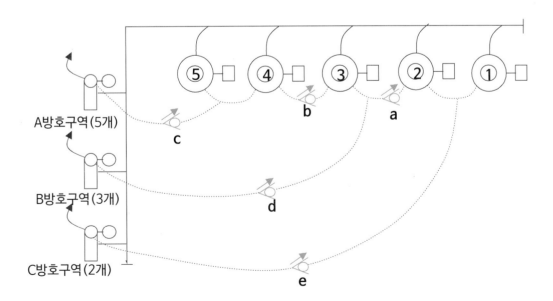

647

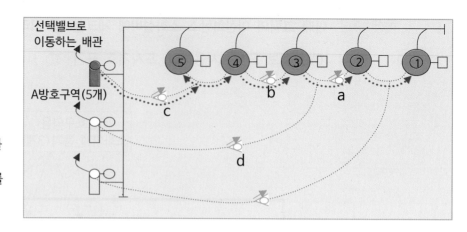

A방호구역은 소화약제통이 5개이다.
기동용기의 가스가 a, b의 체크밸브를
이동할 수 있으므로,
5, 4, 3, 2, 1의 소화약제 용기밸브를
개방한다.

C의 체크밸브에 의해 나가는 소화약제가 기동용기 쪽으로 되돌아 가지는 않는다.

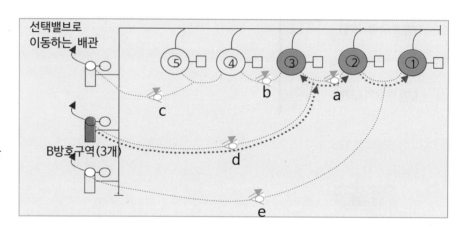

B방호구역은 소화약제통이 3개이다.
기동용기의 가스가 3의 용기를 열며
a의 체크밸브를 통과하여 1, 2의 용기를
개방한다.

b의 체크밸브 때문에 4의 소화약제 용기로 이동하지 못하게 되며,
d의 체크밸브에 의해 방출되는 소화약제가 기동용기 쪽으로 되돌아 가지는 않는다.

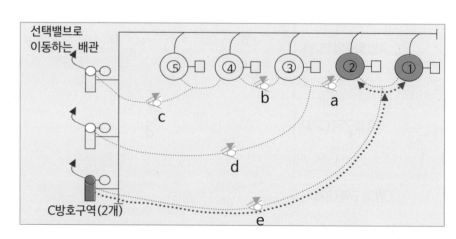

C방호구역은 소화약제통이 2개이다.
기동용기의 가스가
1, 2의 용기를 개방하며,
a의 체크밸브 때문에 3의 소화약제
용기로 이동하지 못하게 된다.

e의 체크밸브 때문에 나가는 소화약제가 기동용기 쪽으로 되돌아 가지는 않는다.

문제 4 이산화탄소 소화설비의 미완성된 계통도를 완성하시오?

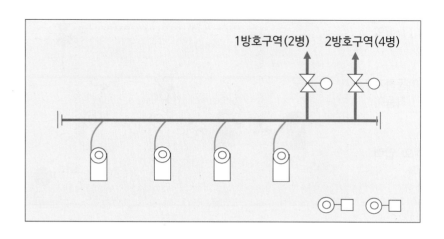

기동용기 솔레노이드밸브

안전장치

가스체크밸브

압력스위치

릴리프밸브

정 답

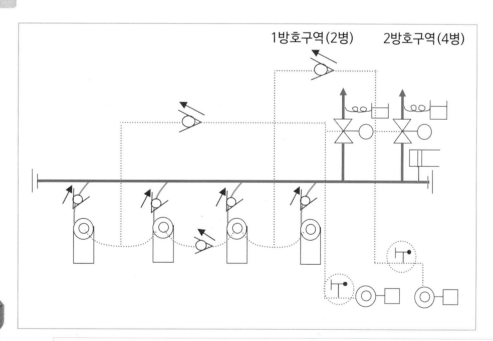

릴리프밸브

기동용기밸브와 선택밸브 사이의 기동배관에 릴리프밸브를 설치하는 것이 적합하다.

선택밸브와 저장용기 사이의 기동배관에 설치하면 기동용기밸브와 선택밸브 사이의 기동배관에 누설가스가 축적되면 선택밸브가 작동되며, 축적된가스가 저장용기 밸브도 개방될 우려가 있다.

화재안전기준에는 릴리프밸브에 대한 설치기준이 없다.

1방호구역의 감지기가 작동하면 ⑪의 기동용기
가스가 나와 ⑬의 선택밸브를 작동(개방)하고,
가스가 이동하여 ⑤의 체크밸브를 지나 ⓐ ⓑ의
저장용기 밸브를 개방한다.

⑯의 체크밸브에 의하여 가스가 이동하지
못하므로 ⓒ ⓓ의 저장용기밸브는 작동이
되지 않는다.

ⓐ ⓑ의 저장용기 가스가 나오면서 ⑦의 압력
스위치를 작동하여 방출표시등이 켜진다

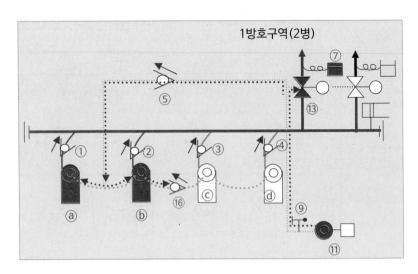

2방호구역의 감지기가 작동하면 ⑫의 기동용
기 가스가 나와 ⑭의 선택밸브를 작동(개방)
하고, 가스가 이동하여 ⑥의 체크밸브를 지나
ⓒ ⓓ의 저장용기 밸브를 개방한다.

⑯의 체크밸브를 거쳐 ⓐ ⓑ의 저장용기
밸브를 개방한다.

저장용기 가스가 나오면서 ⑧의 압력스위치를
작동하여 방출표시등이 켜진다.

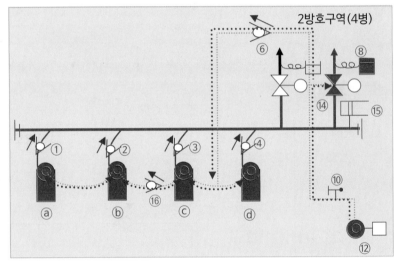

소화약제 저장용기와 집합관과 연결되는 배관에 설치된
① ② ③ ④의 체크밸브는 집합관으로 나온 소화가스가
역류하여 열리지 않은 소화약제 저장용기밸브를 열지
못하도록 설치하는 것이다.

⑤ ⑥의 체크밸브는 저장용기 가스가 기동배관으로 역류
하지 못하도록 설치한다

⑮의 안전장치(안전밸브)는 소화약제 저장용기가 개방
되었으나 선택밸브가 작동이 되지 않았을 경우에 집합
배관에는 방출된 가스의 압력으로 배관의 파손사고가
일어날 수 있으므로 배관을 보호하기 위해 소화가스가
외부로 나오도록 안전밸브를 설치한다.

기동용기의 가스가 소량으로 누출되었을 경우에 기동용
가스가 축적되어 소화약제 저장용기밸브를 개방하는
사고를 방지하기 위하여 소량의 가스 누출은 기동배관
에 축적되지 않고 외부로 나오도록 하는 것이 ⑨ ⑩의
릴리프밸브이다.

릴리프밸브의 설치는 화재안전기준에는 구체적인 기준이
없다. 방호구역별로 기동용기밸브와 선택밸브사이의
기동배관에 설치하면 된다.

릴리프밸브밸브 relief valve : 배관안의 높은 압력을 배관 밖으로 빼내는 기능을 한다

그림은 저압식 이산화탄소 소화설비 계통도이다.
평상시에 닫혀 있어야 하는 밸브와 열려 있어야 하는 밸브를 구분하시오?

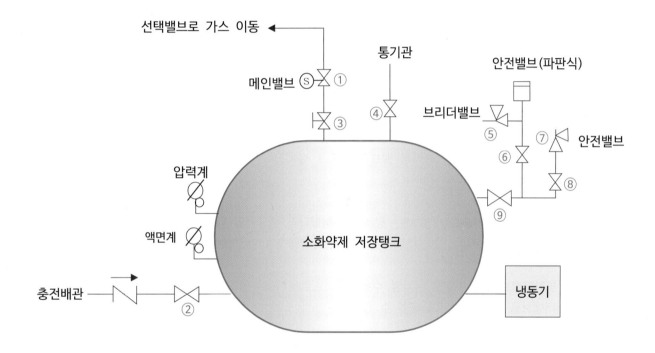

브리더밸브(breather valve) : 숨쉬는 밸브

해 설

①은 솔레노이드가 설치된 주밸브로서 평소 닫혀 있으며, 감지기가 작동하면 수신기에서 신호를 보내어 밸브가 열린다.

②는 충전배관에 설치된 밸브로서, 소화약제를 저장용기에 충전할 때만 열어 소화약제를 충전하며, 평소에는 밸브가 닫혀 있다(②밸브는 평소 열려있어야 한다는 책도 있지만 잘못된 것이다)

③은 주배관에 설치된 수동 개폐밸브로서 평소에는 열려 있으며, 수리, 보수 또는 수동 닫을 필요시에 수동으로 밸브를 닫는 용도로 사용한다.

④는 통기관의 배관에 설치된 개폐밸브로서 수리, 보수 등으로 용기내의 가스를 밖으로 배출시킬 필요가 있을 때 개방하는 밸브로서 평소에는 닫혀있다. 통기관에는 압력에 의해 자동으로 열리고 닫히는 브리더밸브가 설치되어 브리더밸브는 평소에 닫혀 있어야 하나, ⑤ 브리더 밸브가 별도로 설치되어 있다. 그림으로 봐서는 수동으로 소화약제를 방출할 필요시에 사용하는 용도이다.

⑤는 브리더밸브(breather valve-숨쉬는 밸브)는 평소에 닫혀있다가 탱크안의 압력이 높으면 자동으로 열리며, 압력이 낮아지면 자동으로 닫히는 밸브이다. 안전밸브와 브리더밸브는 탱크의 안전밸브의 기능을 한다.

⑥은 안전밸브 및 부리더밸브의 배관상에 설치된 수동개폐밸브로서 평소 열려 있어야 탱크의 압력이 과압상태일 때 안전밸브와 부리더밸브를 통하여 압력이 빠질 수 있다.

⑦의 안전밸브는 평소에 닫혀 있다가 탱크에 이상 과압이 발생하는 경우 자동으로 밸브가 열리게 된다.

⑧은 안전밸브의 배관상에 설치된 수동개폐밸브로서 평소 열려 있어야 탱크의 압력이 과압상태일 때 안전밸브를 통하여 압력이 빠질 수 있다.

⑨는 안전밸브의 배관상에 설치된 수동개폐밸브로서 평소 열려 있어야 탱크의 압력이 과압상태일 때 안전밸브를 통하여 압력이 빠질 수 있다.

브리더밸브(breather valve-숨쉬는 밸브) : 밸브가 압력에 따라 자동으로 열리고 닫히는 밸브로서 밸브이름을 브리더밸브(숨쉬는 밸브)라 한다. 옥외탱크저장소의 통기관에 대기밸브 부착 통기관에 브리더밸브를 설치한다.

문제 6

1. 습식스프링클러설비 계통도를 그리시오.
2. 설비(시스템)의 작동방식(작동순서 포함)을 기술하시오.
3. 설비의 기능점검 내용으로서 6가지를 기술하시오.

정 답   **1. 계통도**

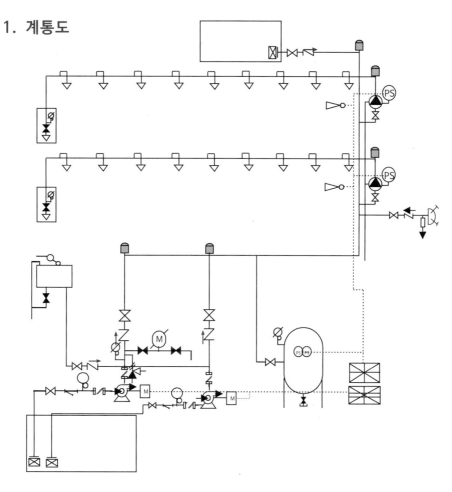

⋈	게이트밸브(상시개방)	체크밸브	압력계			

도시기호					
⋈	게이트밸브(상시개방)	→	체크밸브	⌀	압력계
►	게이트밸브(상시폐쇄)	●	경보밸브(습식)		연성계
Ⓜ	유량계	⊲	사이렌	⊠	수신기
⊢	Y형스트레이너	↓	자동배수밸브	⊠	제어반
⊣▨⊢	플렉시블조인트	↓ ↑	스프링클러헤드 하향형, 상향형(입면도)	(PS)	압력스위치
⚲	송수구	⊠	FOOT밸브, 풋(후드)밸브	Ⓜ	펌프모터(수평)

2. 작동방식(작동순서 포함)

가. 작동방식

습식 알람밸브를 중심으로 1차측과 2차측 배관안에 항시 가압수가 들어 있다.
화재가 발생하여 열에 의해 해드가 개방되면 개방된 헤드로 방수(살수)가 되어 화재를 소화한다.
헤드로 방수가 되어 배관내의 물의 압력이 낮아지면 펌프가 자동으로 작동하여 배관으로 물탱크의 물을 펌핑한다.

나. 작동순서

① 화재의 열에 의해 해드 개방 및 방수
② 배관의 물의 이동으로 유수검지장치 작동
③ 사이렌 경보 및 감시제어반에 화재표시등 점등, 알람밸브개방신호 표시
④ 압체챔버의 압력스위치 작동
⑤ 펌프 작동
⑥ 소화

정 답   **3. 설비의 기능점검 내용**

① 알람밸브 압력스위치 작동여부
② 배관의 압력 감소에 의한 압력챔버의 압력스위치 작동여부
③ 압력챔버의 압력스위치 작동하면 펌프의 기동여부
④ 배관내의 체절압력 미만에서 릴리프밸브 작동여부
⑤ 펌프의 성능이 정상인지 확인
⑥ 시험밸브 개방하여 방수압력의 적합여부
⑦ 시험밸브 개방하여 방수량의 적합여부
⑧ 물올림탱크의 감수경보회로 동작 및 도통시험
⑨ 압력챔버 압력스위치회로 동작 및 도통시험

문제 7

그림과 같이 연결송수구와 체크밸브 사이의 자동배수장치를
설치하는 이유(목적)를 간단히 설명하시오.

연결송수구   체크밸브   자동배수장치

문제 8

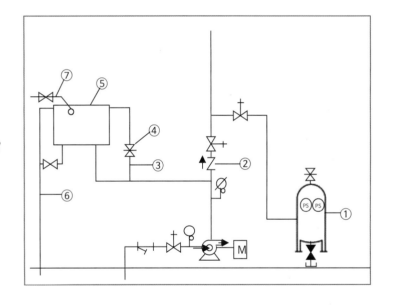

그림을 보고 물음에 답하시오?

1. ①의 이름과 최소의 용량은 몇리터 이상인가?
2. ②의 체크밸브 고유명칭과 기능 3가지를 쓰시오?
3. ③의 배관 이름과 규격(mm)을 쓰시오?
4. ④의 이름을 쓰시오?
5. ⑤의 이름과 최소의 용량은 몇리터 이상인가?
6. ⑥의 이름을 쓰시오?
7. ⑦배관의 이름과 구경은 몇mm 이상인가?

아래의 소방시설 도시기호 명칭을 쓰시오.

1. ——⊐   2. —╫—   3.   4. —╂—   5. —▭—   6. —╫—

정 답   1. 캡   2. 유니온   3. Y형 스트레이너   4. 나사이음   5. 슬리브 이음   6. 오리피스

다음 (   )안에 해당하는 밸브류 또는 관부속품을 쓰시오.

1. (   ) : 펌프의 체절운전 시 펌프 및 배관을 보호하기 위해 설치하는 안전밸브로 체절압력미만에서 작동하는 밸브
2. (   ) : 관 속을 흐르는 유체의 방향을 갑자기 변경하는데 사용하는 관이음
3. (   ) : 지름이 서로 다른 관과 관을 접속하는 데 사용하는 관 이음쇠
4. (   ) : 옥내소화전의 방수구에 사용하는 밸브로서 유체의 입구와 출구의 방향이 직각으로 되어 있는 밸브
5. (   ) : 펌프의 흡입측에 설치하여 물속의 이물질을 제거하는 기능
6. (   ) : 배관 중간에 설치한 밸브류, 펌프, 계기등 각종 기기의 수리, 배관해체 시 편리하다. 볼트 체결(연결) 시에는 대각선 방향으로 천천히 조여 체결한다.

정 답   1. 릴리프밸브   2. 엘보   3. 레듀샤   4. 앵글밸브   5. 스트레이너   6. 플렌지 이음

캡

유니온

Y형 스트레이너

나사이음

슬리브 sleeve **이음**
축 또는 배관 따위에 사용하는 이음 형식의 하나. 슬리브의 양단에 부재를 끼우고 볼트 체결, 용접 따위로 접합하는 이음이다

오리피스 orifice : 배관의 구멍

릴리프밸브

45도 엘보(elbow)

90도 엘보

레듀샤(reducer)

앵글밸브

아래 그림은 이산화탄소소화설비 계통도이다. 방호구역은 A, B 방호구역이며, A방호구역은 3병(B/T), B방호구역은 6병(B/T)이 필요할 때 물음에 답하시오?

1. 각 방호구역에 필요한 소화약제량을 방출할 수 있도록 기동배관에 설치할 체크밸브를 그리시오?

2. ①, ②, ③, ④ 부품의 명칭을 쓰시오?

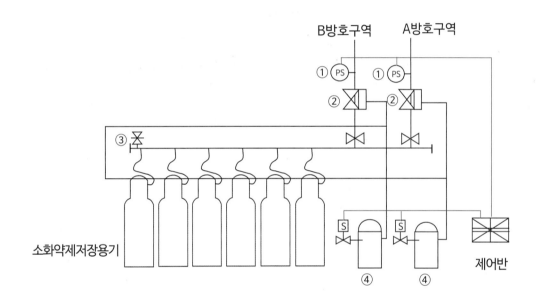

1. 체크밸브 설치장소에 체크밸브 표기

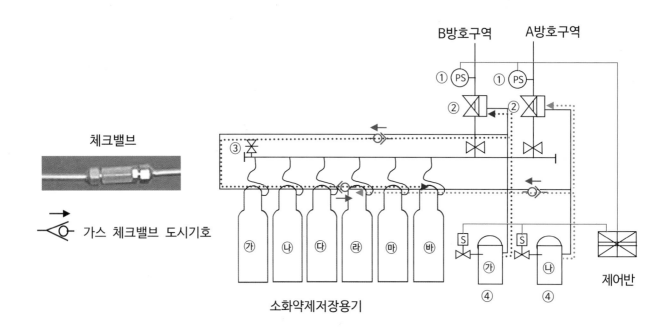

체크밸브 설치장소 해설

A방호구역의 기동용기 가스가 기동배관으로 방출되면 청색배관 점선(---)으로 가스가 이동하여 선택밸브를 개방하고 저장용기밸브 ㉣ ㉤ ㉥의 3병(B/T)을 개방한다.
그러나 ㉢와 ㉣사이의 체크밸브에 의해 ㉢ 용기로는 가스가 이동하지 못한다.
저장용기의 가스는 체크밸브에 의해 선택밸브 쪽으로 이동하지 못한다.

B방호구역의 기동용기 가스가 기동배관으로 방출되면 자주색배관 점선(---)으로 가스가 이동하여 선택밸브를 개방하고 저장용기밸브 ㉮ ㉯ ㉢ ㉣ ㉤ ㉥의 6병(B/T)을 개방한다.
저장용기의 가스는 체크밸브에 의해 선택밸브 쪽으로 이동하지 못한다.

2. ①, ②, ③, ④ 부품의 명칭

① 압력스위치 　　② 선택밸브 　　③ 안전밸브 　　④ 기동용 가스용기

문제 15

아래 계통도를 보고 스프링클러설비의 종류와 유검검지장치 또는 일제개방밸브의 종류를 쓰시오.

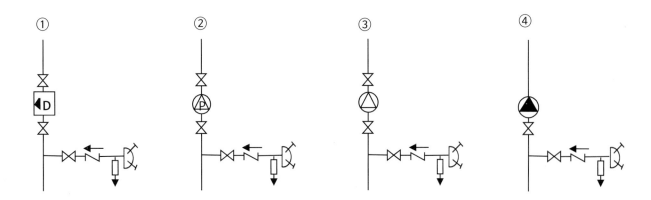

정 답

번호	종류	유검검지장치 또는 일제개방밸브 종류
①	일제살수식	델류지밸브
②	준비작동식	프리액션밸브
③	건식	드라이밸브
④	습식	알람밸브(알람체크밸브)

문제 16

그림은 펌프와 기동용수압개폐장치(압력챔버)의 주변 배관 계통도이다.
압력챔버의 공기를 재충전하는 조작순서를 쓰시오.

(단, 현재 펌프는 작동중지의 상태다)

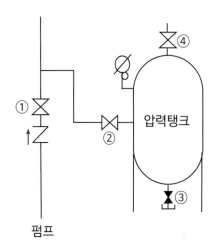

정 답

1. ② 밸브를 닫는다.
2. ③, ④밸브를 개방하여 압력탱크의 물을 배수한다.
3. 압력탱크의 물이 배수된 후 ③, ④밸브를 닫는다.
4. ② 밸브를 개방한다.
5. 제어반에서 펌프를 작동시킨다.

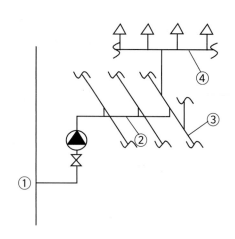

그림의 ①, ②, ③, ④ 의 배관이름을 쓰시오.

정 답

① 주배관
② 수평주행배관
③ 교차배관
④ 가지배관

해 설

문제 18

아래는 옥내소화전설비의 가압송수장치 주위 계통도이다.
잘못된 부분을 4가지 지적하고 잘못된 부분의
수정방법을 쓰시오.

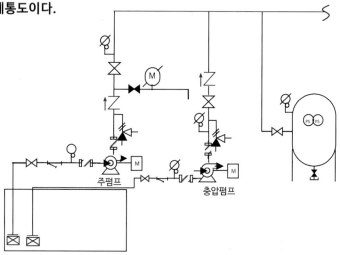

정 답

번호	잘못된 부분	수정방법
1	충압펌프 흡입배관에 설치된 압력계가 잘못 설치되었다	압력계 설치장소에 진공계(연성계)를 설치해야 한다
2	주펌프 토출측 주배관에 설치된 압력계 설치위치가 잘못되었다	주배관의 주펌프와 체크밸브 사이 배관에 압력계를 설치해야 한다
3	충압펌프 토출측 주배관에 설치된 체크밸브와 개폐밸브 설치위치가 잘못되었다	체크밸브와 개폐밸브 설치위치를 바꾼다
4	주펌프의 성능시험배관상에 유량조절밸브 설치가 누락되었다	성능시험배관상에 유량조절밸브를 설치한다

아래 그림은 스프링클러설비의 배관 주위 상세도이다. 다음 물음에 답하시오.

  1. ①부분의 배관구경 최소값(mm)은.

  2. ②부분의 배관구경 최소값(mm)은.

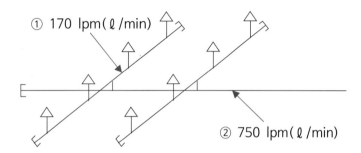

① 170 lpm(ℓ/min)

② 750 lpm(ℓ/min)

배관구경 기준

스프링클러설비 화재안전기술기준 2.5.3.3

배관의 구경은 2.2.1.10 및 2.2.1.11에 적합하도록 수리계산에 의하거나 표 2.5.3.3의 기준에 따라 설치할 것. 다만, 수리계산에 따르는 경우 가지배관의 유속은 6 ㎧, 그 밖의 배관의 유속은 10 ㎧를 초과할 수 없다.

> 2.2.1.10 가압송수장치의 정격토출압력은 하나의 헤드선단에 0.1 ㎫ 이상 1.2 ㎫ 이하의 방수압력이 될 수 있게 하는 크기일 것
> 2.2.1.11 가압송수장치의 송수량은 0.1 ㎫의 방수압력 기준으로 80 L/min 이상의 방수성능을 가진 기준개수의 모든 헤드로부터의 방수량을 충족시킬 수 있는 양 이상의 것으로 할 것. 이 경우 속도수두는 계산에 포함하지 않을 수 있다.

배관 구경 산출 공식

$$Q = A \cdot V \qquad A = \frac{Q}{V} \qquad A = \frac{\pi D^2}{4} \qquad \frac{\pi D^2}{4} = \frac{Q}{V} \qquad D^2 = \frac{4Q}{\pi V}$$

$$D = \sqrt{\frac{4Q}{\pi V}} \qquad Q : 유량(㎥/sec) \qquad D : 관경(m) \qquad V : 유속(m/sec)$$

1. ①부분의 배관구경(가지배관)

Q : 170 lpm(ℓ/min) = 0.17㎥/60sec = 0.0029㎥/sec

(Q의 단위는 ㎥/sec이므로, ℓ를 ㎥로 변환했다. 1,000ℓ(리터)는 1㎥이다. min(분)을 sec(초)로 변환했다)

V : 6m/sec 이하

$$D = \sqrt{\frac{4Q}{\pi V}} = \sqrt{\frac{4 \times 0.0029}{3.14 \times 6}} = 0.026457m = 26.46mm$$

(D의 단위는 m이다. m를 mm 변환하면 1m는 1,000mm이다)

∴ 배관구경은 **32mm**(26.46mm 보다 큰 배관은 32mm 배관이다)

2. ②부분의 배관구경(교차배관)

Q : 750 lpm(ℓ/min) = 0.75㎥/60sec = 0.0125㎥/sec

(Q의 단위는 ㎥/sec이므로, ℓ를 ㎥로 변환했다. 1,000ℓ(리터)는 1㎥이다. min(분)을 sec(초)로 변환했다)

V : 10m/sec 이하

$$D = \sqrt{\frac{4Q}{\pi V}} = \sqrt{\frac{4 \times 0.0125}{3.14 \times 10}} = 0.4m = 40mm$$

(D의 단위는 m이다. m를 mm 변환하면 1m는 1,000mm이다)

∴ 배관구경은 **40mm**

아래 도면은 옥내소화전설비 펌프실 계통도이다. 다음 각 물음에 답하시오.

1. 펌프 성능시험방법을 순서대로 쓰시오.
2. 성능시험결과 판정기준을 쓰시오.

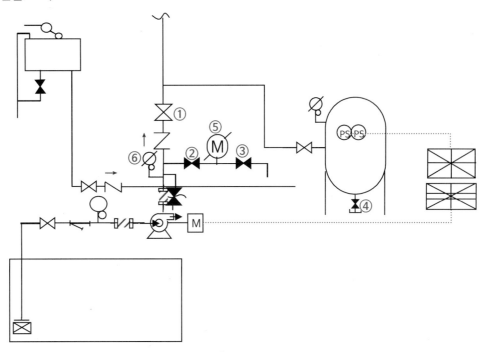

정답 1

정답내용 참고 : 간단한 정답을 쓸 때는 정답1처럼 최대부하운전(과부하운전)시험을 쓰고
상세한 정답을 쓸 때는 정답2처럼 체절운전시험, 정격운전시험, 최대부하운전(과부하운전)시험의 내용을 쓴다.

1. 펌프 성능시험방법 순서

① 펌프토출측 주배관의 개폐밸브①을 닫는다.
② 동력제어반의 주펌프스위치를 작동(ON) 한다.
③ 성능시험배관의 ②밸브를 개방하고, 2차측 개폐밸브③을 더욱 개방하여 유량계와 압력계를 확인하며,
　유량이 정격토출량의 150%일 때 압력은 정격토출압력의 65% 이상인지 확인한다.
④ 동력제어반의 주펌프스위치를 정지(OFF) 한다.
⑤ 성능시험배관의 1차측 개폐밸브②, 2차측 개폐밸브③을 닫는다.
⑥ 주배관의 개폐밸브①을 개방한다.

2. 성능시험결과 판정기준

정격토출량의 150%일 때 압력은 정격토출압력의 65% 이상이면 정상이다.

1. 펌프 성능시험방법 순서

가. 성능시험 준비
① 동력제어반의 주펌프와 충압펌프의 운전선택스위치를 수동으로 한다.
② 펌프토출측 주배관의 개폐밸브①을 닫는다.
④ 릴리프밸브의 캡을 열고 조정나사를 돌려 개방압력이 최대가 되게한다.

나. 체절운전시험
① 동력제어반의 주펌프스위치를 수동기동(ON)한다.
② 펌프가 체절운전(ON)하여 가장 높게 나오는 체절압력을 압력계⑥으로 확인하여 기록한다.
③ 체절압력을 확인한 후 동력제어반의 주펌프스위치를 정지(OFF)한다.

다. 정격운전시험
① 성능시험배관의 1차측 개폐밸브②를 개방한다.
② 동력제어반의 주펌프스위치를 작동(ON) 한다.
③ 성능시험배관의 2차측 개폐밸브③을 서서히 개방하여 유량계와 압력계의 자료를 성능시험표에 기재하며, 정격토출량(100% 유량)일 때 정격토출압력인지 확인한다.
④ 동력제어반의 주펌프스위치를 정지(OFF) 한다.

라. 최대부하운전(과부하운전)시험
① 동력제어반의 주펌프스위치를 작동(ON) 한다.
② 성능시험배관의 2차측 개폐밸브③을 더욱 개방하여 유량계와 압력계를 확인하며, 유량이 정격토출량의 150%일 때 압력은 정격토출압력의 65% 이상인지 확인한다.
③ 동력제어반의 주펌프스위치를 정지(OFF) 한다.

마. 복구
① 성능시험배관의 1차측 개폐밸브②, 2차측 개폐밸브③을 닫는다.
② 동력제어반의 주펌프스위치를 작동(ON)하여 릴리프밸브 개방압력을 재 설정한 후, 주펌프스위치를 정지(OFF)한다.
③ 주배관의 개폐밸브①을 개방한다.
④ 동력제어반의 주펌프와 충압펌프의 운전선택스위치를 자동으로 한다.

2. 성능시험결과 판정기준

> **펌프성능 자료**
> 옥내소화전 화재안전기술기준 2.2.1.7
> 펌프의 성능은 체절운전 시 정격토출압력의 140%를 초과하지 아니하고, 정격토출량의 150%로 운전 시 정격토출압력의 65% 이상이 되어야 한다.

가. 체절운전시험
체절압력이 정격토출량의 140%초과하지 않으면 정상이다.

나. 정격운전시험
정격토출량(100% 유량)일 때 정격토출압력 이상이면 정상이다.

다. 최대부하운전(과부하운전)시험
정격토출량의 150%일 때 압력은 정격토출압력의 65% 이상이면 정상이다.

18층의 복도식 아파트에 아래와 같은 조건으로 습식 스프링클러설비를 설치하고자 한다. 아래의 물음에 답하시오.

【조건】
　　층별 방호면적은 900㎡, 실 양정 65m, 마찰손실 수두 25m, 헤드의 방사압력 0.1MPa,
　　배관 내의 유속 2.0m/s, 펌프의 효율 60%, 전달계수 1.1 이다.

【물음】 아래의 물음에 계산과정과 답을 쓰시오

1. 소화설비의 주펌프 토출량을 구하시오..(단, 헤드 적용 개수는 최대 기준개수를 적용한다)
2. 전용 수원의 확보량을 구하시오.
3. 소화펌프의 축동력(KW)을 구하시오.
4. 만약 옥상수조를 없애면 추가되는 설비 2가지를 쓰시오.

정 답

1. 주펌프 토출량
　가. 계산과정 : Q = 헤드 기준개수 X 80ℓ/min = 10개 X 80ℓ/min = 800ℓ/min
　나. 답 : 800ℓ/min

2. 전용 수원의 확보량
　가. 계산과정 : Q = 헤드 기준개수 X 1.6㎥ = 10개 X 1.6㎥ = 16㎥
　나. 답 : 16㎥

3. 소화펌프의 축동력(KW)
　가. 계산과정 :
　전양정 H = 실 양정 + 마찰손실 수두 + 10m = 65m + 25m + 10m = 100m

$$P(KW) = \frac{\gamma \times Q \times H}{102 \times E} \times K \qquad \frac{1000 \times 0.8㎥/60sec \times 100}{102 \times 0.6} = 21.79KW$$

　나. 답 : 21.79KW

4. 옥상수조를 없애면 추가되는 설비　옥내소화전의 화재안전기술기준 2.1.2

　가. 주펌프와 동등 이상의 성능이 있는 별도의 펌프로서 내연기관의 기동과 연동하여 작동하는 경우
　나. 주펌프와 동등 이상의 성능이 있는 별도의 펌프로서 비상전원을 연결하여 설치한 경우

문제 23

아래 그림은 건식스프링클러설비의 압축공기 공급배관 계통도의 일부이다. 각 물음에 답하시오.

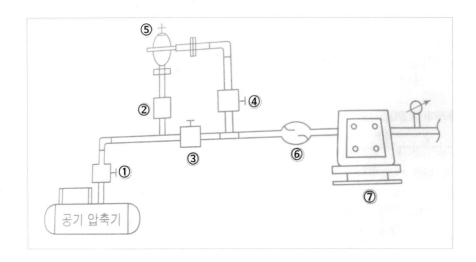

【물 음】

1. 항상 폐지되어 있는 밸브번호를 쓰시오.
2. ⑤ ⑥ ⑦의 명칭을 쓰시오.

에어레규레이터

바이패스 밸브

바이패스 배관

정 답

1. ③

2. ⑤ 에어레규레이터(공기압력조절기)
    ⑥ 체크밸브
    ⑦ 건식밸브(드라이밸브)

해 설

① ② ④ : 개폐밸브
③ : 바이패스 밸브(By Pass Valve)

번호	명칭
①	개폐밸브
②	개폐밸브
③	바이패스밸브
④	개폐밸브
⑤	에어레규레이터
⑥	체크밸브
⑦	건식(드라이)밸브

바이패스 배관에 설치된 바이패스 밸브는 평소에 잠겨져 관리된다.

에어레규레이터를 거쳐 압력조절된 압력의 공기가 건식밸브 및 배관에 공급된다.

바이패스밸브의 사용용도는 2차측 배관에 많은 양의 공기를 빠른 시간 내에 공급해야 할 필요가 있을 때 일시적으로 사용할 수 있다.

문제 24

스프링클러헤드 중 글라스벌버형 헤드의 구성요소 3가지만 쓰시오.

정 답

1. 반사판   2. 프레임   3, 글라스벌브   4. 노즐   5. 밸브 캡

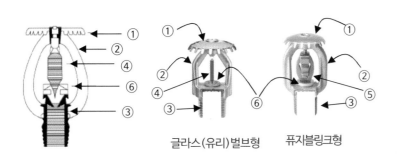

글라스(유리)벌브형   퓨지블링크형

헤드 구성요소

①	반사판(디프렉타 Deflector)
②	후레임(프레임) frame
③	노즐 nozzle
④	유리(글라스 glass)벌브 bulb
⑤	퓨지블링크 Fusible Link
⑥	밸브 캡 cap

문제 25

소화설비의 급수배관에 사용하는 개폐표시형 밸브 중 버터플라이 외의 밸브를 꼭 사용하여야 하는 배관의 이름과 그 이유를 기술하시오.

정 답

1. 배관 : 흡입(측) 배관
2. 이유 :
   ① 버터플라이밸브는 난류를 형성하고, 마찰손실이 커 공동현상이 발생하여 원활한 흡입에 장애를 줄 수 있다.
   ② 개폐(열고 닫힘)가 신속히 이루어지므로 수격작용이 발생할 가능성이 있다

알람체크밸브가 설치된 습식스프링클러설비에서 비화재시에도 수시로 오보가 울릴 경우 그 원인을 찾기 위하여
점검해야 할 내용 3가지를 쓰시오(단, 알람체크밸브에는 리타딩챔버가 설치되어 있는 것으로 한다)

정 답

1. 리타딩챔버의 자동배수장치 작동상태 점검
2. 리타딩챔버에 설치된 압력스위치 작동상태 점검
3. 알람밸브의 클래퍼와 시트 부위에 이물질이 끼어 있는지 점검
4. 배관에 누수가 되는 곳이 있는지 점검
5. 알람체크밸브의 압력스위치 설정압력 점검

탬퍼스위치의 설치목적과 설치위치 4곳만 쓰시오.

정 답

1. **설치목적** : 급수배관에 설치되어 언제나 열려있어야 하는 개폐밸브가 닫혀 있는지 감시제어반에서 확인하기
   위하여 설치한다.
2. **설치위치** :
   ① 주펌프의 흡입측 배관에 설치된 개폐밸브
   ② 주펌프의 토출측에 설치된 개폐밸브
   ③ 고가수조 및 옥상수조와 입상관(주배관)과 연결된 배관상의 개폐밸브
   ④ 유수검지장치, 일제개방밸브의 1, 2차측 개폐밸브
   ⑤ 송수구와 주배관 사이 배관상에 설치된 개폐밸브
   ⑥ 그밖에 수조에서부터 헤드까지의 사이에 방수를 차단할 수 있는 개폐밸브

해 설

충압펌프의 배관은 급수배관이 아니며 충압배관이다.
충압펌프의 흡입, 토출측배관에는 탬퍼스위치를 설치하지 않는다(소방청의 해석)

문제 28 기동용 수압개폐장치의 구성요소 중 압력챔버의 역할을 2가지로 요약하여 설명하시오.

정 답
1. 주펌프 및 충압펌프를 기동 및 정지하게 하는 기능을 한다.
2. 배관의 압력변동을 흡수하여 수격작용을 방지한다.
3. 필요한 방수압력을 유지한다.

문제 29 일제살수식 델류지밸브(Deluge Valve)의 작동방식의 종류를 쓰고 간단히 설명하시오.

정 답

1. 가압개방식
감지기가 작동하여 일제개방밸브에 설치된 전자밸브가 작동하면, 1차측 배관의 물이 중간챔버실에 들어와 피스톤을 밀어 (가압하여) 피스톤이 열리는 방식이다.

2. 감압개방식
감지기가 작동하여 일제개방밸브에 설치된 전자밸브가 작동하면, 일제개방밸브 중간챔버실의 물이 밖으로 빠지면 중간챔버실의 압력이 낮아져(감압되어) 피스톤이 열리는 방식이다.

해 설 (현장에는 주로 감압개방식 밸브를 설치하고 있다)

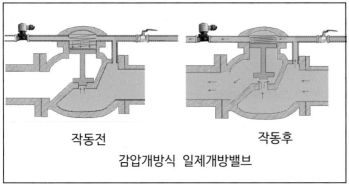

작동전　　　　작동후
감압개방식 일제개방밸브

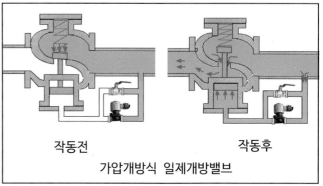

작동전　　　　작동후
가압개방식 일제개방밸브

지상 10층 건물에 각 층에 옥내소화전 3개씩을 설치한다. 다음 조건을 참고하여 각 물음에 답하시오.

【조 건】

1. 소화전 1개당 방수량 : 150ℓ/min
2. 낙차 : 24m
3. 배관의 마찰손실 : 8m
4. 소방호스의 마찰손실 : 7.8m
5. 펌프의 효율 : 55%,   여유율 : 10%
6. 20분간 연속 방수되는 것으로 한다.

【물 음】

1. 펌프의 최소 토출량(㎥/min)을 구하시오.
2. 전양정(m)을 구하시오.
3. 펌프모터의 최소동력(KW)을 구하시오.
4. 수원의 최소 저수량(㎥)을 구하시오.
   (주 펌프와 동등 이상의 성능이 있는 별도의 펌프로서 내연기관의 기동과 연동하여 작동한다)

정 답

1. 펌프의 최소 토출량(㎥/min)

　　가. 계산 : Q(토출량) = 1개층의 소화전 개수 × 1분 방수량
　　　　　　　　　　　2개 × 150ℓ/min = 300ℓ/min = 0.3㎥/min
　　나. 답 : 0.3㎥/min

펌프의 최소 토출량은 건물에서 가장 많이 설치된 소화전 설치개수(5개 이상인 경우 5개)에 분당 방수량을 곱하여 펌프의 토출량을 계산한다.

부피의 단위 1,000ℓ(리터) = 1㎥, 1ℓ = 0.001㎥, 10ℓ = 0.01㎥, 100ℓ = 0.1㎥

300ℓ/min를 ㎥/min로 환산하면, $\dfrac{300}{1000}$ = 0.3㎥/min

2. 전양정(m)

가. 계산 : H = h_1(낙차)+ h_2(배관 마찰손실)+ h_3(소방호스 마찰손실)+ 17m(방수압력 환산수두)
　　　　　 = 24m + 8m + 7.8m + 17m = 56.8m
나. 답 : 56.8m

전양정 계산식은, H(전양정) = h_1 + h_2 + h_3 + 17m

h_1 : 낙차수두(m)
h_2 : 배관의 마찰손실수두(m)
h_3 : 소방호스의 마찰손실수두(m)
17m : 소화전노즐의 방수압력 환산수두(m)

3. 펌프모터의 최소동력(KW)

가. 계산 : P(Kw) = $\dfrac{0.163 \times Q \times H}{E}$ × K = $\dfrac{0.163 \times 0.3 \times 56.8}{0.55}$ × 1.1 = 5.555Kw
나. 답 : 5.56Kw

4. 수원의 최소 저수량(㎥)

가. 계산 : Q = 소화전 개수 × 방수량 × 방수시간 = 2 × 150ℓ/min × 20분 = 6,000ℓ = 6㎥
나. 답 : 6㎥

지하2층, 지상 3층인 특정소방대상물의 각 층의 바닥면적이 1,500㎡인 경우 다음 조건을 참조하여 소화기의 총 소요개수를 계산하시오.(단, 건축물의 주요구조부가 내화구조가 아닌 경우이다)

【조 건】

1. 지하2층 : 용도는 주차장 1,400㎡,   보일러실 100㎡이다.
2. 지하1층 : 용도는 전체가 주차장이다.
3. 지상1층~지상3층 : 용도는 업무시설이다.
4. 소화기 1개의 능력단위는 3단위이다.
5. 소화설비 및 대형소화기의 설치에 따른 감소기준은 적용하지 않는다.
6. 모든 층은 구획된 장소 없이 개방된 공간이다.

1. 지하2층(주차장 및 보일러실) - 업무시설

가. 주차장 계산 : $\dfrac{\text{바닥면적}}{\text{기준면적}} \div 3\text{단위} = \dfrac{1400}{100} \div 3 = 4.66$개,   ∴ 소화기 5개

나. 보일러실(부속용도별로 추가해야 하는 소화기구) : $\dfrac{\text{바닥면적}}{\text{기준면적}} \div 3 = \dfrac{100}{25} \div 3 = 1.33$개,   ∴ 소화기 2개

자동확산소화기 : 보일러실 바닥면적이 100㎡로서 10㎡를 초과하므로 2개,   ∴ 자동확산소화기 2개

2. 지하1층(주차장) - 업무시설

계산 : $\dfrac{\text{바닥면적}}{\text{기준면적}} \div 3\text{단위} = \dfrac{1500}{100} \div 3 = 5$개,   ∴ 소화기 5개

3. 지상1층~지상3층 - 업무시설

1개층 계산 : $\dfrac{\text{바닥면적}}{\text{기준면적}} \div 3\text{단위} = \dfrac{1500}{100} \div 3 = 5$개

∴ 1층 소화기 5개, 2층 소화기 5개, 3층 소화기 5개

4. 총 소화기 개수

가. 3단위 소화기 : 27개
　　지하2층 주차장(5개) + 지하2층 보일러실(2개) + 지하1층(5개)
　　　　　　　　　　　　+ 1층(5개) + 2층(5개) + 3층(5개) = 27개

나. 자동확산소화기 : 2개
　　지하2층 보일러실 2개

> 참고 : 이 건축물은 업무시설이다, 그러므로 건물전체를 업무시설에 해당하는 소방시설을 설계를 해야 한다.
> 지하 주차장을 자동차관련시설로 적용하는 것은 잘못 판단한 것이다.
>
> (소방청 질의회신 내용)
> 건물속의 주차장은 건축물의 부속용도로 본다. 근린생활건물의 주차장은 근린생활시설,
> 복합건축물의 주차장은 복합건축물로 본다.

특 정 소 방 대 상 물	소화기구의 능력단위
3. 근린생활시설 · 판매시설 · 운수시설 · 숙박시설 · 노유자시설 · 전시장 · 공동주택 · 업무시설 · 방송통신시설 · 공장 · 창고시설 · 항공기 및 자동차관련시설 및 관광휴게시설	해당 용도의 바닥면적 100㎡ 마다 능력단위 1단위 이상

(주) 소화기구의 능력단위를 산출함에 있어서 건축물의 주요구조부가 내화구조이고, 벽 및 반자의 실내에 면하는 부분이 불연재료 · 준불연재료 또는 난연재료로 된 특정소방대상물에 있어서는 위 표의 기준면적의 2배를 해당 특정소방대상물의 기준면적으로 한다.

특정소방대상물의 바닥면적이 가로(25m), 세로(30m)의 사각형 건물일 때 아래의 용도에 따른 3단위 소화기가 몇 개 필요한지 계산하시오. (주요구조부는 내화구조이고, 벽 및 반자의 실내에 면하는 부분은 불연재료이다)

1. 위락시설
2. 판매시설
3. 공연장

정 답

1. 위락시설

가. 계산 : $\dfrac{\text{바닥면적}}{\text{기준면적} \times 2} \div 3$단위 $= \dfrac{25m \times 30m}{30㎡ \times 2} \div 3 = 4.166$개

나. 답 : 5개

2. 판매시설

가. 계산 : $\dfrac{\text{바닥면적}}{\text{기준면적} \times 2} \div 3$단위 $= \dfrac{25m \times 30m}{100㎡ \times 2} \div 3 = 1.25$개

나. 답 : 2개

3. 공연장

가. 계산 : $\dfrac{\text{바닥면적}}{\text{기준면적} \times 2} \div 3$단위 $= \dfrac{25m \times 30m}{50㎡ \times 2} \div 3 = 2.5$개

나. 답 : 3개

참고자료
기준면적 × 2를 한 이유는 아래 표 하단의 (주) 내용에서 내화구조, 불연재료이므로 2배를 적용한 것이다.

특 정 소 방 대 상 물	소화기구의 능력단위
1. 위락시설	해당 용도의 바닥면적 30㎡ 마다 능력단위 1단위 이상
2. 공연장 · 집회장 · 관람장 · 문화재 · 장례식장 및 의료시설	해당 용도의 바닥면적 50㎡ 마다 능력단위 1단위 이상
3. 근린생활시설 · 판매시설 · 운수시설 · 숙박시설 · 노유자시설 · 전시장 · 공동주택 · 업무시설 · 방송통신시설 · 공장 · 창고시설 · 항공기 및 자동차관련시설 및 관광휴게시설	해당 용도의 바닥면적 100㎡ 마다 능력단위 1단위 이상
4. 그밖의 것	해당 용도의 바닥면적 200㎡ 마다 능력단위 1단위 이상

(주) 소화기구의 능력단위를 산출함에 있어서 건축물의 주요구조부가 내화구조이고, 벽 및 반자의 실내에 면하는 부분이 불연재료 · 준불연재료 또는 난연재료로 된 특정소방대상물에 있어서는 위 표의 기준면적의 2배를 해당 특정소방대상물의 기준면적으로 한다.

스프링클러설비 및 옥내소화전설비 겸용 충압펌프가 평상시 자주 기동과 정지를 반복한다. 발생 원인으로 생각되는 사항을 4가지만 쓰고 방지대책을 쓰시오.

정 답

번호	발생원인	방지대책
1	옥상수조와 주배관과 연결되는 배관에 설치된 체크밸브의 고장 체크밸브가 고장이 나서 배관의 압력수가 옥상수조 쪽으로 흐르면 배관의 물의 압력이 낮아져 펌프가 기동(작동)하게 된다	체크밸브를 교체 또는 수리한다
2	펌프의 토출측 주배관에 설치된 스모렌스키 체크밸브의 By-Pass 밸브가 열려 있는 경우 스모렌스키 체크밸브의 By-Pass 밸브가 평소에 잠겨져 있으나, 밸브가 열려 있으면 펌프쪽으로 압력이 빠져 배관의 물의 압력이 낮아지면 펌프가 기동(작동)하게 된다	스모렌스키 체크밸브의 By-Pass밸브를 닫는다
3	송수구와 입상배관(주배관)의 연결부분에 설치된 체크밸브의 고장 송수구 부근에 설치된 체크밸브가 고장이 나서 배관의 압력수가 송수구쪽으로 압력이 빠져 송수구 부근에 설치된 자동배수밸브로 물이 흐르면 배관의 압력이 낮아져 펌프가 기동(작동)하게 된다	체크밸브를 교체 또는 수리한다
4	스프링클러설비의 알람밸브에 설치된 드레인밸브(배수밸브)가 조금 열려 소량의 물이 누수되는 경우 드레인밸브가 열려 있으면 물이 배수되는 소리가 들린다. 배관의 압력수가 빠지면 배관의 압력이 낮아져 펌프가 기동(작동)하게 된다	알람밸브의 드레인밸브를 닫는다
5	스프링클러설비의 시험밸브가 조금 열려 소량의 물이 누수되는 경우 시험밸브가 열려 있으면 물이 배수되는 소리가 들린다. 배관의 압력수가 빠지면 배관의 압력이 낮아져 펌프가 기동(작동)하게 된다	시험밸브를 닫는다
6	배관의 연결부분 등에 소량으로 누수되는 현상	배관의 누수되는 부분을 찾아 수리한다
7	압력챔버의 배수밸브 미세한 개방, 누수현상	배수밸브 닫는다

문제 34

옥내소화전설비 배관에 일어나는 수격작용을 설명하시오.

정 답

배관내에서 유체가 흐르고 있을 때에 펌프의 정지 또는 밸브를 차단할 경우 흐르고 있는 유체의 운동에너지가 압력에너지로 변하여 배관내의 유체가 고압이 발생하고 유속이 급변하면서 압력변화를 가져와 압력파가 배관의 벽면을 타격(때려 침)하는 현상이다.

문제 35

옥내소화전설비 배관에 일어나는 수격작용의 발생원인을 2가지 쓰시오.

정 답

1. 배관내에서 유체가 흐르고 있을 때 작동하고 있는 펌프가 갑자기 정지할 때
2. 배관에 설치된 개폐밸브를 급히 닫는 경우
3. 소화전 노즐에서 방수 중 갑자기 노즐을 닫을 때

문제 36

스프링클러설비 배관에 일어나는 수격작용의 방지대책 4가지 쓰시오.

1. 배관의 관경을 크게한다.
2. 배관내의 유속을 낮게한다.
3. 펌프의 플라이 휠(Fly Wheel)을 설치하여 펌프의 급변속을 방지한다.
4. 수격방지기(Water Hamber Cushion)를 설치한다.
5. 조압수조(surge tank)를 설치한다.
6. 펌프 송출구 가까이 밸브를 설치하여 압력상승시 제어한다.
7. 압력챔버에 공기를 채운다.

문제 37

스프링클러설비의 배관에 수격방지기를 설치하는 장소 4곳을 쓰시오.

1. 펌프실의 펌프 수직배관 끝
2. 주배관의 수직배관 끝
3. 유수검지장치의 수직배관 끝
4. 수평주행배관의 끝
5. 교차배관의 끝
6. 수평배관과 교차배관이 분기되는 곳

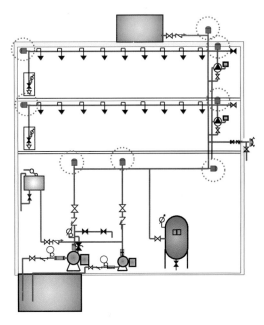

수격방지기 설치하는 장소

플라이 휠(Fly Wheel) : 회전하는 물체의 회전 속도를 고르게 하기 위하여 회전축에 달아 놓은 바퀴
조압(調壓)**수조** : 압력 조절용 물탱크

배관의 관부속품 중 체크밸브(Check Valve)의 종류를 2가지만 간단히 설명하고 단면도를 간단히 그리시오.

정 답

	체크밸브(Check Valve) 종류 및 설명	단면도
1	스윙 체크밸브(Swing Check Valve) 설명 : 물의 흐름에 따라 클래프(디스크)가 위로 열리며, 유체의 흐름이 없으면 열렸던 클래퍼가 자체의 무게에 의해 닫히는 밸브이다	
2	리프트 체크밸브(Lift Check Valve) 설명 : 유체의 압력에 밸브 클래프(디스크)가 수직으로 올라가고 유체의 흐름이 없으면 올라간 클래퍼가 자체의 무게에 의해 내려오는 밸브이다.	
3	스모렌스키 체크밸브(Smolensky Check Valve) 설명 : 리프트 체크밸브의 일종이며 스모렌스키라는 용어는 상품이름이다. 밸브내부의 유체를 일시적으로 역류할 수 있도록 바이패스밸브(by pass Valve)가 설치되어 있다. 펌프의 토출측 주배관에 설치한다.	
4	볼 체크밸브(Ball Check Valve) 설명 : 체크밸브 내부에 볼(쇠구슬)이 있어 볼의 무게에 의해 체크 기능을 한다. 유수검지장치의 주변배관에 설치한다.	

문제 39

글로브밸브와 앵글밸브의 기능상 차이점은 무엇인가? (단, 유체의 흐름방향에 따라)

정 답

1. 글로브밸브 : 유체의 흐름을 수평(180°)으로 흐르게 하면서 유량을 조절하는 밸브다.
2. 앵글밸브 : 유체의 흐름을 90° 방향으로 흐르게 하면서 유량을 조절하는 밸브다.

해 설

글로브밸브(globe valve)	
앵글밸브(Angle Valve)	

용도가 판매시설인 지하1층으로서 바닥면적이 3,000㎡ 이고 수동식 분말소화기를 설치하고자 한다. 분말소화기 1개의 능력단위가 A급 화재기준으로 3단위인 경우 최저로 필요한 소요 소화기 개수를 개산하시오? (단, 언급되지 않은 가타 조건은 무시한다)

정답

계산 내용

· 판매시설은 바닥면적 100㎡ 마다 능력단위 1단위 이상 이어야 한다.

· 필요한 능력단위 : $\dfrac{3,000\,\text{㎡}}{100\,\text{㎡}}$ = 30단위

· 3단위 소화기 필요 개수 = $\dfrac{30}{3}$ = 10개

해설

특 정 소 방 대 상 물	소화기구의 능력단위
1. 위락시설	해당 용도의 바닥면적 30㎡ 마다 능력단위 1단위 이상
2. 공연장 · 집회장 · 관람장 · 문화재 · 장례식장 및 의료시설	해당 용도의 바닥면적 50㎡ 마다 능력단위 1단위 이상
3. 근린생활시설 · 판매시설 · 운수시설 · 숙박시설 · 노유자시설 · 전시장 · 공동주택 · 업무시설 · 방송통신시설 · 공장 · 창고시설 · 항공기 및 자동차관련시설 및 관광휴게시설	해당 용도의 바닥면적 100㎡ 마다 능력단위 1단위 이상
4. 그밖의 것	해당 용도의 바닥면적 200㎡ 마다 능력단위 1단위 이상

글쓴이

▶ **주요 경험**

· 화재진압 · 구조 · 구급업무

· 소방점검 · 소방시설 시공 · 완공업무

· 위험물 허가업무 · 건축허가(소방)동의 업무

· 화재조사업무 · 다중이용업 완비, 방염 후처리 등의 업무

· 중앙소방학교 근무 (강의과목 : 소방시설공학기계, 소방시설공학전기, 위험물시설, 소방검사론, 민원업무)

· 소방기술자 근무(공사현장) – 두산, 롯데건설

▶ **근무한 곳**은 진해 · 동마산 · 울산남부소방서 · · · 중앙소방학교

그림 · 사진으로 배우는 **소방시설의 이해 Ⅰ** (1)

저　자 : 김태완

발행자 : 하복순

ISBN ： 979-11-92928-14-2

출　판 : 소방문화사(☎ 010-4615-8414)

출판일자 : 2025 . 1. 3

값 45000 원

93530

9 791192 928142

ISBN 979-11-92928-14-2

정가 45,000원